43,-

Willi Bohl
Strömungsmaschinen 2
Berechnung und Konstruktion

Kamprath-Reihe Technik

Prof. Dipl.-Ing.
Willi Bohl

# Strömungsmaschinen 2

Berechnung und Konstruktion

3. Auflage

VOGEL Buchverlag Würzburg

Professor Dipl.-Ing. Willi Bohl

Geboren 1936 in Kaiserslautern. Nach dem 1955 abgelegten Abitur und kurzem Industriepraktikum Studium des Maschinenbaus an der Technischen Hochschule (heute Universität) Karlsruhe. Abschluß mit der Diplomprüfung im Frühjahr 1960. Nach zweijähriger Industrietätigkeit als Ingenieur im Strömungsmaschinenbau Übernahme einer Dozentur an der Fachhochschule (früher Staatliche Ingenieurschule) Heilbronn. Neben dem Aufbau und der Betreuung der Vorlesungen und Übungen in Strömungslehre und Strömungsmaschinen auch mit Neuaufbau und Einrichtung eines Laboratoriums für Strömungsmaschinen betraut.
Leiter des Transferzentrums
für Strömungstechnik Heilbronn.



CIP-Titelaufnahme der Deutschen Bibliothek

**Bohl, Willi:**
Strömungsmaschinen / Willi Bohl. – Würzburg: Vogel.
(Vogel-Fachbuch) (Kamprath-Reihe: Technik)
2. Berechnung und Konstruktion. – 3. Aufl. – 1988.
ISBN 3-8023-0127-7

ISBN 3-8023-0127-7
3. Auflage. 1988

Printed in Germany

Satz: Schmitt u. Köhler, Würzburg
Druck: Alois Erdl KG, Trostberg

# Vorwort

*Das vorliegende Buch stellt eine Ergänzung und Weiterführung des Buches „Strömungsmaschinen – Aufbau und Wirkungsweise" in der Weise dar, daß es dem Leser nach seiner Lektüre nunmehr möglich ist, nicht nur die Wirkungsweise der verschiedenen Strömungsmaschinen zu verstehen, sondern auch Turbomaschinen hinsichtlich ihrer Abmessungen zu berechnen, festigkeitsmäßig zu überprüfen und ihre Bauteile konstruktiv zu gestalten.*
*Das Buch gliedert sich in zwei Teile, Teil A bringt die strömungstechnischen Berechnungen, Teil B enthält die Festigkeitsrechnungen und konstruktiven Hinweise.*
*Strömungstechnische Auslegung und konstruktive Gestaltung der wesentlichen Teile eines Axialventilators und einer radialen Kreiselpumpe sind als Folgebeispiele in den Text eingefügt. Zum Verständnis des möglichst einfach und praxisnahe dargebotenen Stoffes sind Kenntnisse in Strömungslehre, Wärmelehre, Festigkeitslehre und Maschinenelementen wünschenswert, der Stoff des Buches „Strömungsmaschinen – Aufbau und Wirkungsweise" wird als bekannt vorausgesetzt.*
*Da es nicht möglich ist, das sehr große Gebiet der Berechnung und Konstruktion von Strömungsmaschinen im relativ bescheidenen Umfang eines Lehrbuches unterzubringen, wird dem an Einzelheiten interessierten Leser empfohlen, die zahlreich zitierte Spezialliteratur zu Rate zu ziehen. Die umfangreichen Literaturverzeichnisse bei den einzelnen Abschnitten können zur Anlage eigener Archive genützt werden, denn nichts ist für Studierende und auch für in der Praxis tätige Ingenieure wichtiger als der Besitz eigener aktueller Archive mit Fachliteratur, Firmenschriften und Katalogen!*
*Bei den Mitarbeitern des Vogel-Verlages bedanke ich mich für die gewohnt gute Zusammenarbeit, ebenso bei meinen Mitarbeitern, Kollegen und Studenten, die mir mit Rat und Tat geholfen haben. Ohne die tatkräftige Unterstützung durch die Industrie wäre es jedoch nicht möglich gewesen das Buch so praxisnahe zu gestalten, weshalb ich mich für diese großzügige Hilfe besonders bedanken möchte.*
*Vielleicht kann auch dieses Buch dazu beitragen, die praxisnahe Ausbildung der Studenten, vor allem an den Fachhochschulen, und auch die Weiter- und Fortbildung der in der Praxis bereits tätigen Kollegen zu gewährleisten und auch die dazu unerläßlichen Kontakte zur einschlägigen Industrie zu vertiefen.*
*Meine Leser bitte ich, mich über Sach- und Druckfehler zu informieren und mir Verbesserungsvorschläge und Änderungswünsche für eine eventuelle weitere Auflage zu unterbreiten.*

*Heilbronn* *Willi Bohl*

# Inhaltsverzeichnis

# Die wichtigsten Formelzeichen und Einheiten

| Formelzeichen | empfohlene Einheit | Bedeutungen |
|---|---|---|
| $A$ | $m^2$, $mm^2$ | Fläche, Querschnitt |
| $a$ | m, mm | Abstand, Breite |
| $a$ | m/s | Schallgeschwindigkeit |
| $B$ | m, mm | Breite |
| $b$ | m, mm | Breite |
| $C$ | – | Beiwert |
| $C$ | N | dynamische Tragzahl von Wälzlagern |
| $c$ | m/s | Absolutgeschwindigkeit |
| $c_a$ | – | Auftriebsbeiwert |
| $c_w$ | – | Widerstandsbeiwert |
| $D$ | m, mm | Durchmesser |
| $d$ | m, mm | Durchmesser, Dicke |
| $E$ | m | Höhe |
| $E$ | $N/m^2$, $N/mm^2$ | Elastizitätsmodul |
| $e$ | m, mm | axiale Schaufellänge, Exzentrizität |
| $F$ | N | Kraft |
| $F$ | – | Faktor |
| $f$ | – | Faktor |
| $f$ | – | Erhitzungsfaktor |
| $f$ | $s^{-1}$ | Frequenz |
| $f$ | m, mm | Schaufelwölbung |
| $f$ | m, mm | Durchbiegung |
| $G$ | N | Gewicht, Gewichtskraft |
| $G$ | $N/m^2$, $N/mm^2$ | Gleitmodul |
| $g$ | $m/s^2$ | Erdbeschleunigung |
| $H$ | m | Fallhöhe, Förderhöhe |
| $h$ | J/kg | spezifische Enthalpie |
| $h$ | m, mm | Höhe |
| $h$ | m, mm | Kanalweite |
| $h$ | m, mm | Spaltweite |
| $I$ | $m^4$, $mm^4$ | Flächenträgheitsmoment |
| $I_t$ | $m^4$, $mm^4$ | Drillungswiderstand |
| $I_p$ | $m^4$, $mm^4$ | polares Trägheitsmoment |
| $K$ | – | Konstante, Beiwert |
| $K$ | $N/mm^2$ | Festigkeitskennwert |
| $k$ | – | Faktor, Beiwert |
| $k$ | mm | Rauhigkeit |
| $L$ | m, mm | Länge |
| $L$ | h | Lebensdauer |
| $l$ | m, mm | Länge, Profillänge |

| Formelzeichen | empfohlene Einheit | Bedeutungen |
|---|---|---|
| $M$ | – | Mach-Zahl |
| $M$ | $N \cdot m$ | Drehmoment, Biegemoment, Torsionsmoment, Reibmoment |
| $m$ | kg | Masse |
| $\dot{m}$ | kg/s | Massenstrom |
| $n$ | $s^{-1}$, $min^{-1}$ | Drehzahl |
| $n$ | – | Ordnungsnummer |
| $n_q$ | $min^{-1}$ | spezifische Drehzahl |
| $P$ | W, kW, MW | Leistung, Leistungsbedarf |
| $p$ | Pa, bar | Druck |
| $q$ | $N/m^2$, $N/mm^2$ | Flächenpressung |
| $R$ | m, mm | Radius, Krümmungsradius |
| $Re$ | – | REYNOLDS-Zahl |
| $R_i$ | $J/(kg \cdot K)$ | individuelle Gaskonstante |
| $r$ | m, mm | Radius |
| r | – | Reaktionsgrad |
| $S$ | $m^2$, $mm^2$ | statisches Moment |
| $S$ | – | Beiwert |
| $S$ | – | Sicherheit |
| $S$ | – | Spaltfaktor |
| $S$ | – | Schluckfähigkeit |
| $So$ | – | SOMMERFELD-Zahl |
| $s$ | m, mm | Schaufelstärke, Blechstärke, Wandstärke |
| $s$ | m, mm | Abstand |
| $T$ | K | Temperatur |
| $T$ | $N \cdot m$ | Drehmoment |
| $t$ | °C | Temperatur |
| $t$ | m, mm | Teilung, Abstand |
| $u$ | m/s | Umfangsgeschwindigkeit |
| $\dot{V}$ | $m^3/s$, $m^3/h$ | Volumenstrom, Förderstrom, Leckage |
| $v$ | $m^3/kg$ | spezifisches Volumen |
| $v$ | – | Verschwächungsbeiwert |
| $v$ | m/s | Gleitgeschwindigkeit |
| $w$ | m/s | Relativgeschwindigkeit |
| $x$ | m, mm | Länge |
| $x$ | m, mm | Koordinate |
| $Y$ | J/kg | spezifische Stutzenarbeit |
| $y$ | m, mm | Koordinate |
| $y$ | m, mm | Durchbiegung |
| $z$ | m, mm | Höhenkote |

| Formelzeichen | empfohlene Einheit | Bedeutungen |
|---|---|---|
| $z$ | – | Zahl, Anzahl, Schaufelzahl |
| $\alpha$ | grd | Winkel |
| $\alpha$ | 1/K | Wärmeausdehnungszahl |
| $\alpha$ | – | Maxwellsche Einflußzahl |
| $\beta$ | grd | Winkel |
| $\beta$ | – | Beiwert |
| $\gamma$ | grd | Winkel |
| $\delta$ | | Durchmesserzahl |
| $\delta$ | | relative Schmierfilmdicke |
| $\delta$ | grd | Winkel |
| $\varepsilon$ | – | Beaufschlagungsverhältnis, Einlaufziffer |
| $\varepsilon$ | | Gleitzahl, Dehnung, Ausflußzahl |
| $\varepsilon$ | grd | Winkel |
| $\zeta$ | – | Verlustbeiwert, Beiwert |
| $\eta$ | – | Wirkungsgrad |
| $\eta$ | Pa · s | dynamische Viskosität |
| $\theta$ | grd | Winkel, Strömungsumlenkung |
| $\theta$ | kg · m² | Massenträgheitsmoment |
| $\theta$ | – | Erwärmungskennzahl |
| $\vartheta$ | grd | Winkel |
| $\varkappa$ | – | Isotropenexponent |
| $\varkappa$ | – | Beiwert |

| Formelzeichen | empfohlene Einheit | Bedeutungen |
|---|---|---|
| $\Lambda$ | – | Beiwert |
| $\lambda$ | – | Rohrreibungszahl |
| $\lambda$ | – | Leistungszahl |
| $\mu$ | – | Minderleistungsfaktor |
| $\mu$ | – | Querzahl (POISSONsche Zahl) |
| $\mu$ | – | Reibungsbeiwert |
| $\mu$ | – | Durchflußbeiwert |
| $\nu$ | $m^2/s$ | kinematische Viskosität |
| $\pi$ | – | Druckverhältnis |
| $\varrho$ | m, mm | Radius |
| $\varrho$ | $kg/m^3$ | Dichte |
| $\sigma$ | – | Laufzahl |
| $\sigma$ | $N/m^2$, $N/mm^2$ | Spannung |
| $\tau$ | $N/m^2$, $N/mm^2$ | Torsionsspannung |
| $\Phi$ | – | Durchflußbeiwert |
| $\varphi$ | – | Durchflußzahl |
| $\varphi$ | grd | Winkel |
| $\chi$ | – | Beiwert |
| $\psi$ | – | Druckzahl |
| $\psi$ | – | Beiwert |
| $\psi$ | – | relatives Lagerspiel |
| $\Omega$ | – | Abminderungsfaktor |

# Teil A

## Strömungstechnische Auslegung und Berechnung der Bauteile von Strömungsmaschinen

# 1 Bestimmung der Hauptabmessungen des Laufrades

## 1.1 Einleitung

Die Ermittlung der Abmessungen eines Laufrades, d.h. insbesondere die Festlegung der Durchmesser, Breiten, Winkel, Schaufelformen und Schaufelzahlen auf rein theoretischem Wege ist nicht möglich. Auch bei physikalisch und mathematisch aufwendigen Berechnungen dreidimensionaler Strömungen im Laufrad einer Strömungsmaschine müssen Reibungseinflüsse und instationäre Schwankungen durch empirische Beiwerte berücksichtigt werden. Ohne **Versuchswerte** aus Abnahmeversuchen an ausgeführten Maschinen oder aus Modellversuchen an Modellmaschinen ist daher eine absolut sichere, rechnerische Auslegung der Laufräder von Turbomaschinen, d.h. die Festlegung der Laufradabmessungen für bestimmte Betriebsdaten eines Arbeitsmediums nicht durchführbar.

Um jedoch Studierenden die Ausführung von Übungen und Studienarbeiten anhand realistischer, praxisnaher Werte zu ermöglichen, werden auf den folgenden Seiten Rechenverfahren und Zahlenwerte für die strömungstechnische Dimensionierung der Laufräder der verschiedenen Strömungsmaschinen angegeben.

Der im Wasserturbinenbau, Dampfturbinen- oder Gasturbinenbau tätige Konstrukteur erhält die Abmessungen der von ihm zu konstruierenden Laufräder von den Versuchs- und Berechnungsingenieuren vorgeschrieben.

Im Pumpen-, Ventilatoren- und Gebläsebau, die vor allem auch von zahlreichen kleinen und mittleren Herstellern betrieben werden, die über kleine Mitarbeiterstäbe verfügen und oft keine gut ausgerüsteten Laboratorien besitzen, muß der Konstrukteur die gesamte Maschine berechnen und konstruieren, d.h. auch die Laufradabmessungen festlegen.

Für diesen zahlenmäßig sicherlich bedeutenden Anwenderkreis wurden die Auslegedaten für **Kreiselpumpen, Ventilatoren** und **Gebläse** besonders ausführlich und aktuell gehalten, um mit relativ geringem Rechenaufwand schnell realistische, in der Praxis durchaus verwendbare Laufradabmessungen zu erhalten.

Anhand des Stoffes von Kapitel 2 können die so dimensionierten Laufräder bezüglich der genauen Ausführung ihrer Beschaufelungen nochmals nachgerechnet werden.

Eine sorgfältige Auslegung des Laufrades ist auch deshalb erforderlich, weil auch die Abmessungen vor- oder nachgeschalteter Strömungselemente wie beispielsweise Leiträder oder Spiralgehäuse im wesentlichen von den Laufradmaßen abhängen.

Der Entwurf einer Strömungsmaschine beginnt normalerweise mit der Dimensionierung des Laufrades als wichtigstem Bauteil, in dem die Energie umgesetzt wird. Die weiteren Bauteile werden ans Laufrad angepaßt.

## 1.2 Die Laufräder der Wasserturbinen

### 1.2.1 Das Laufrad der Freistrahlturbine

Die Freistrahlturbine ist eine **Gleichdruckturbine**, bei der die gesamte Nettofallhöhe in der Düse (bzw. in den Düsen bei mehrdüsigen Maschinen) in Geschwindigkeit umgesetzt wird. An den Laufradbechern wird der Freistrahl um etwa 170° umgelenkt (Bild 1.3). Die durch die Strahlumlenkung entstehende Impulskraft ergibt das am Laufrad wirkende Drehmoment. Das Laufrad wird **teilbeaufschlagt,** da immer nur einige Laufradbecher vom Freistrahl beaufschlagt werden.

Für die Turbinenauslegung sind i.a. vorgegeben:

Volumenstrom $\dot{V}$

Fallhöhe $H$

Nach Festlegung der Laufradzahl und Düsenzahl beispielsweise unter Zuhilfenahme von Bild 7.4 in [1.1] können die wichtigsten Laufraddaten, nämlich

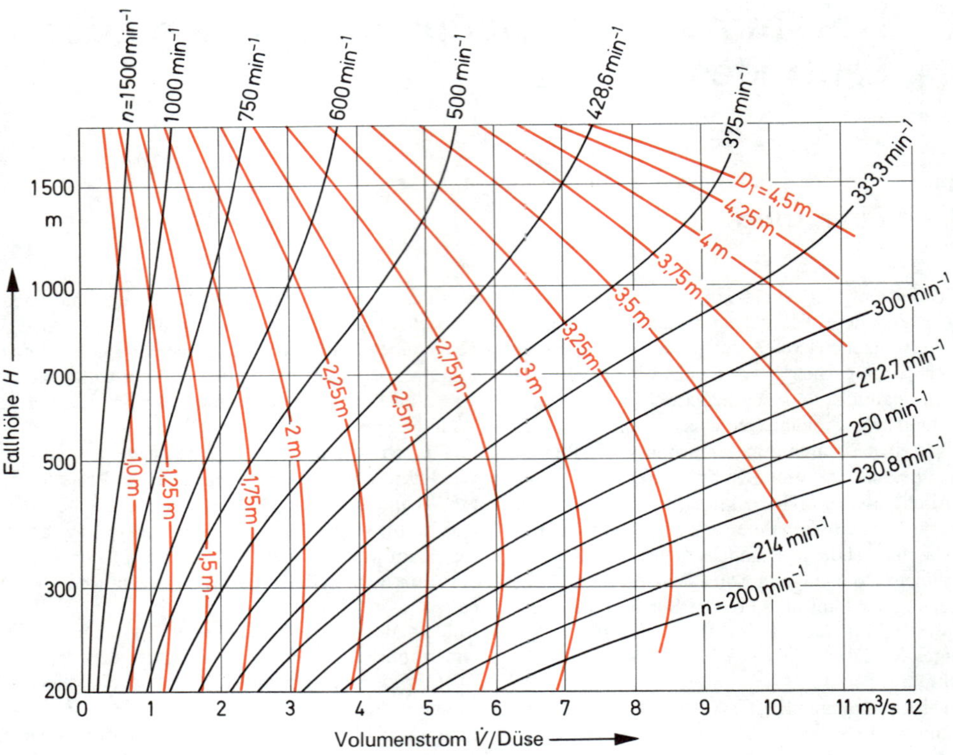


*Bild 1.1 Auslegediagramm für Freistrahlturbinen (nach Fa. Escher-Wyss)*

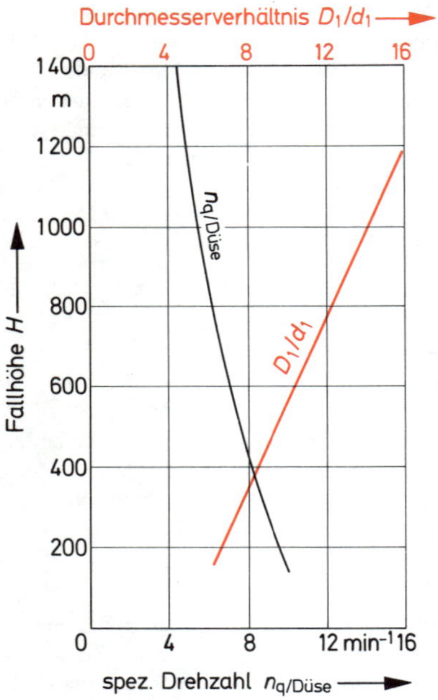


◄ *Bild 1.2 Auslegewerte für Freistrahlturbinen*

Drehzahl $n$
Strahlkreisdurchmesser $D_1$ } Bild 1.3
Strahldurchmesser $d_1$

bestimmt werden:

a) Die **Drehzahl** $n$ kann entweder aus Bild 1.1 abhängig von Fallhöhe $H$ und Volumenstrom $\dot{V}$/Düse entnommen (die Drehzahlwerte sind Synchrondrehzahlen für 50 Hz) oder über die spezifische Drehzahl $n_q$ berechnet werden:

$$n_{q/\text{Düse}} = n \cdot \frac{\sqrt{\dot{V}/\text{Düse}}}{H^{0,75}} \qquad \text{(Gl. 4.17 in [1.1])}$$

$$n = n_{q/\text{Düse}} \cdot \frac{H^{0,75}}{\sqrt{\dot{V}/\text{Düse}}} \qquad (1.1)$$

$n$ = Turbinendrehzahl in $\text{min}^{-1}$
$n_{q/\text{Düse}}$ = spezifische Drehzahl in $\text{min}^{-1}$
$H$ = Fallhöhe in m
$\dot{V}/\text{Düse}$ = Volumenstrom pro Düse

Die spezifische Drehzahl $n_{q/\text{Düse}}$ kann abhängig von der Fallhöhe $H$ aus Bild 1.2 oder aus Bild 7.5 in [1.1] bzw. aus Tabelle 1.1 abgelesen werden.

b) Den **Strahlkreisdurchmesser** $D_1$ (Bild 1.3) bestimmt man über die optimale Umfangsgeschwindigkeit:

$$u_1 = k_u \cdot \sqrt{2 \cdot g \cdot H} \qquad (1.2)$$

$u_1$ = optimale Umfangsgeschwindigkeit am Strahlkreisdurchmesser
$k_u$ = Beiwert ≈ 0,45 bis 0,49

$$D_1 = \frac{u_1}{\pi \cdot n} \qquad (1.3)$$

Der so berechnete Wert kann mittels Bild 1.1 nachkontrolliert, ggf. korrigiert werden.

c) Aus der Kontinuitätsgleichung folgt für den **Strahldurchmesser** $d_1$ (Bild 1.3):

$$d_1 = \sqrt{\frac{4 \cdot \dot{V}/\text{Düse}}{\pi \cdot c_1}} \qquad (1.4)$$

$d_1$ = Strahldurchmesser
$\dot{V}/\text{Düse}$ = Volumenstrom pro Düse
$c_1$ = Strahlgeschwindigkeit (Bild 1.3)
$c_1 = k_c \cdot \sqrt{2 \cdot g \cdot H}$
$k_c$ = Düsenbeiwert ≈ 0,96 bis 0,99

Mit Hilfe von Bild 1.2 kann der Quotient $D_1/d_1$ nachgeprüft werden.

d) Die **Becherzahl** $z_B$ kann entweder in einem grafischen Verfahren [1.2] bis [1.4] ermittelt oder nach

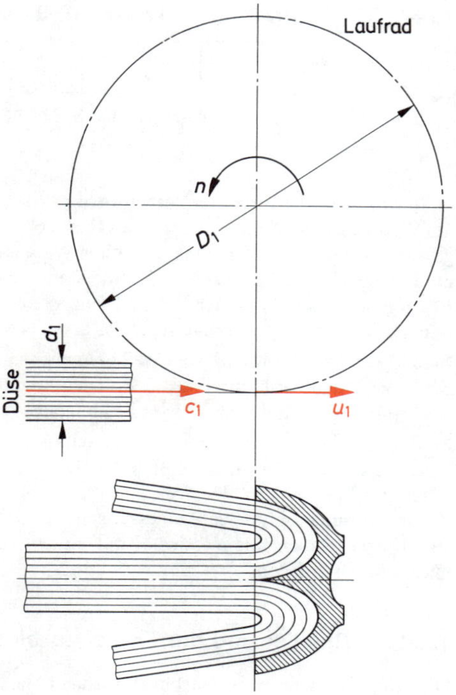


*Bild 1.3 Grundbegriffe der Freistrahlturbine*

einer der folgenden Faustformeln abgeschätzt werden:

$$z_B = \frac{D_1 \cdot \pi}{2 \cdot d_1} \qquad (1.5a)$$

$$z_B = \frac{D_1}{2 \cdot d_1} + 14 \text{ bis } 16 \qquad (1.5b)$$

Eine zusätzliche Information enthält Tabelle 1.2:

**Tabelle 1.1 Spezifische Drehzahl $n_{q|\text{Düse}}$ von Freistrahlturbinen**

| Fallhöhe $H$ in m | Spez. Drehzahl $n_{q/\text{Düse}}$ in $\text{min}^{-1}$ |
|---|---|
| 1800 ... 1650 | 3 ... 4 |
| 1650 .... 700 | 4 ... 6 |
| 700 .... 350 | 6 ... 9 |

**Tabelle 1.2 Becherzahl $z_B$ von Freistrahl(Pelton)rädern**

| Verhältnis $d_1/D_1$ | 1/6 | 1/8 | 1/10 | 1/15 | 1/20 | 1/25 |
|---|---|---|---|---|---|---|
| Becherzahl $z_B$ | 17...21 | 18...22 | 19...24 | 22...27 | 24...30 | 26...33 |

e) Die ideale **Becherform** und **Bechergröße** kann nicht auf theoretischem Wege, sondern nur über Versuche gewonnen werden. Im Hinblick auf hohen Wirkungsgrad, ausreichende Festigkeit und Widerstand gegen Erosion hat Escher Wyss den in Bild 1.5 dargestellten Bereich für das Breitenverhältnis $D_1/b_a$ angegeben.

In Bild 1.4 sind die wichtigsten **Becherabmessungen,** bezogen auf den Strahldurchmesser $d_1$, nach Angaben der Firmen Voith und Escher-Wyss zusammengestellt.

In Bild 1.6 ist die zeichnerische Darstellung einer Peltonschaufel in etwas vereinfachter Darstellung wiedergegeben.
Zur Ermittlung optimaler Abmessungen von Freistrahlturbinen dienende Versuche sind u.a. in [1.5] und [1.6] beschrieben.

## 1.2.2 Das Laufrad der Francisturbine

Die Laufräder von Francisturbinen werden üblicherweise anhand von Daten ausgeführter Turbinen oder von **Modellturbinen** ausgelegt. Mit Hilfe der folgenden Formeln, Diagramme und Hinweise ist es möglich, die Hauptabmessungen eines Francisrades abzuschätzen.

a) Die **Drehzahl** der Turbine, die die Abmessungen und das Kavitationsverhalten wesentlich mitbestimmt, kann über die spezifische Drehzahl $n_q$, die ihrerseits wieder von der Fallhöhe $H$ (Bild 7.5 in [1.1]) abhängt, ermittelt werden:

$$n = n_q \frac{H^{0,75}}{\sqrt{\dot{V}}} \qquad (1.6)$$

$n$ = Drehzahl in $\text{min}^{-1}$
$n_q$ = spezifische Drehzahl in $\text{min}^{-1}$ nach Bild 7.5 in [1.1]
$H$ = Fallhöhe in m
$\dot{V}$ = Vollastwasserstrom in $m^3/s$

Die nach Gleichung 1.6 errechnete Drehzahl wird auf die nächstliegende Synchrondrehzahl auf- oder abgerundet (vgl. Abschnitt 2.6 in [1.1]), falls ein Synchrongenerator direkt angetrieben wird.

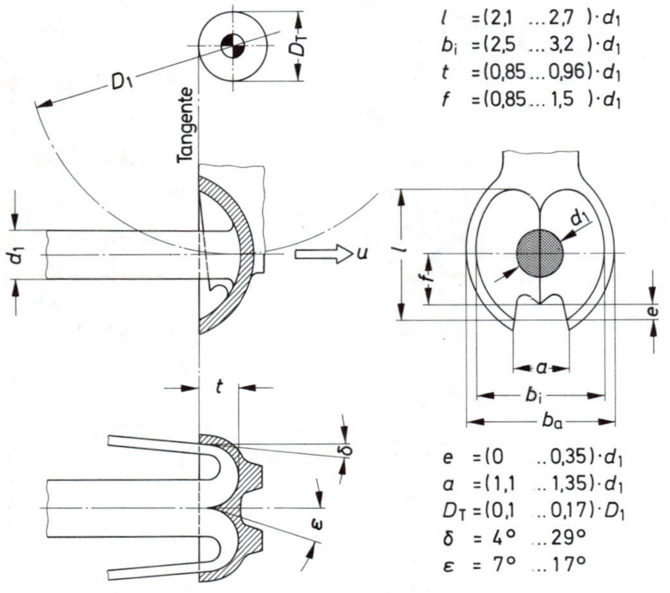


*Bild 1.4 Laufschaufel der Freistrahlturbine*

*Bild 1.5 Laufradbreiten der Freistrahlturbine (nach Fa. Escher-Wyss)*

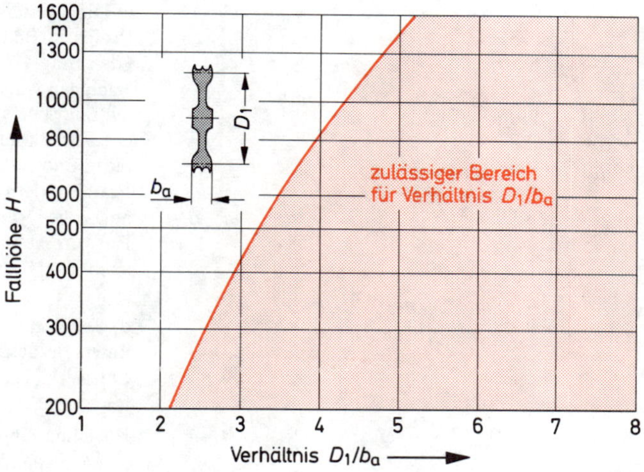


*Bild 1.6 Darstellung der Freistrahlturbinenschaufel*

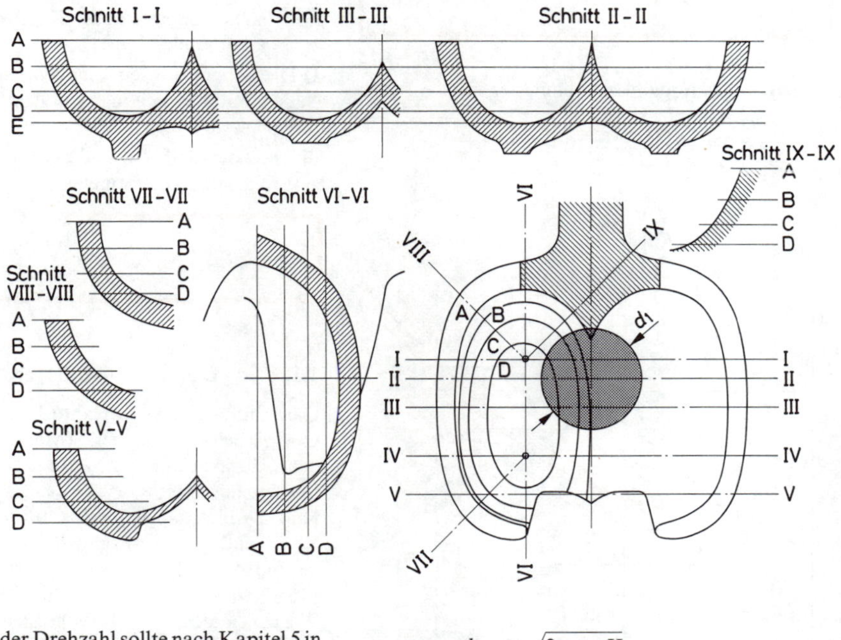


Nach Festlegung der Drehzahl sollte nach Kapitel 5 in [1.1] oder nach anderen Quellen eine Kontrolle der Kavitationsverhältnisse erfolgen, d.h. die Saug- oder Zulaufhöhe abgeschätzt werden. Wenn die Zulaufhöhe zu groß wird, sollte auf die nächst niedrigere Synchrondrehzahl gegangen werden.

b) Den **Bezugsaußendurchmesser** $D_{1a}$ (Bild 1.7) bestimmt man über die zulässige Umfangsgeschwindigkeit:

$$u_{1a} = k_{u1a} \cdot \sqrt{2 \cdot g \cdot H}$$

$$u_{1a} = \frac{n \cdot \pi \cdot D_{1a}}{60}$$

$$D_{1a} = \frac{60 \cdot u_{1a}}{n \cdot \pi}$$

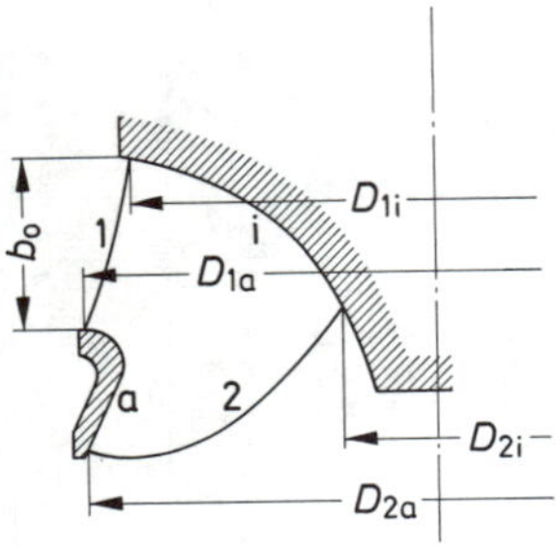


*Bild 1.7 Hydraulisches Profil des Francisturbinenlaufrades*

$$D_{1a} = \frac{60}{n \cdot \pi} \sqrt{2 \cdot g} \cdot k_{u1a} \cdot \sqrt{H}$$

$$D_{1a} = 84{,}6 \, \frac{k_{u1a} \cdot \sqrt{H}}{n} \qquad (1.7)$$

$D_{1a}$ = Laufradaußendurchmesser in m
$H$ = Fallhöhe in m
$n$ = Turbinendrehzahl in $\text{min}^{-1}$
$k_{u1a}$ = Beiwert nach Bild 1.8

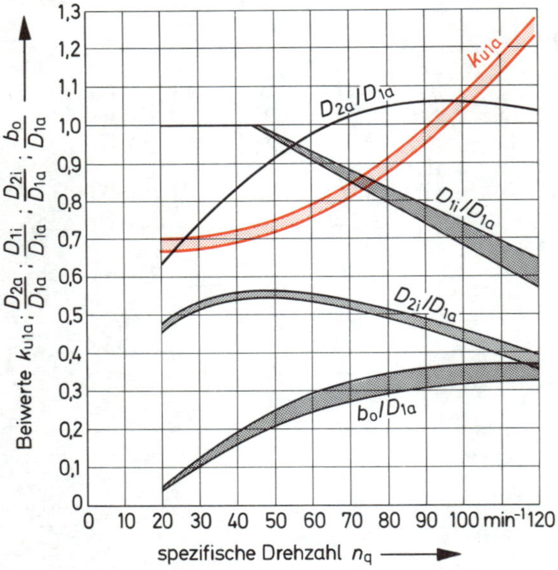


*Bild 1.8 Auslegewerte für Francisturbinen*

c) Die weiteren Abmessungen des **hydraulischen Profils** in Bild 1.7 werden – bezogen auf den nach Gleichung 1.7 bestimmten Außendurchmesser $D_{1a}$ – nach den Angaben von Bild 1.8 abgeschätzt und das hydraulische Profil aufskizziert. Bei der Festlegung der Kanalkonturen und der Schaufelkanten können die in Bild 1.9 dargestellten hydraulischen Profile von Francisrädern unterschiedlicher Schnelläufigkeit herangezogen werden. Genauere Angaben über den Entwurf des hydraulischen Profils, insbesondere auch der Kanalkonturen finden sich in [1.7] und [1.84].

d) Die Wahl der **Schaufelzahl** erfolgt nach Erfahrung unter Berücksichtigung der Fallhöhe, des Kavitationsverhaltens, der Radfestigkeit und des Herstellungsverfahrens (Gießen oder Schweißen).

Folgende Hinweise sollten berücksichtigt werden:

1) Die Schaufelteilung $t_2$ am Radaustritt (Bild 1.10) sollte an keiner Stelle kleiner sein als der Abstand zwischen den Stäben des Einlaßrechens, da sonst das Laufrad verstopft werden könnte!

2) Es sollte eine ausreichende Schaufelüberdeckung $\varphi_s > \varphi_t$ vorhanden sein!

3) Die Schaufellängen $l_i$ und $l_a$ an der Innen- und Außenkontur sollten in etwa die in Bild 1.11 angegebenen Werte haben.

Einen ersten Anhalt für die Wahl der Schaufelzahl gibt folgende Faustformel:

$$z_{La} \approx \frac{10 \text{ bis } 12}{k_{u1a}} \qquad (1.8)$$

## 1.2.3 Das Laufrad der Kaplanturbine

Die Laufräder von Kaplanturbinen werden anhand von Arbeitsdiagrammen (Muschelkurvendiagrammen), die in ausführlichen Modellversuchen ermittelt werden, ausgelegt.

Jede Turbinenfabrik besitzt für die verschiedenen Kombinationen von Gefälle und Volumenstrom besondere Laufradmodelle, die sich in Flügelform, Flügelzahl und Nabenverhältnis durchaus von den Werten anderer Turbinenhersteller unterscheiden können [1.8]. Die folgenden Formeln, Tabellen und Diagramme enthalten Durchschnittswerte, mit deren Hilfe die Hauptabmessungen eines Kaplanlaufrades und das hydraulische Profil der Turbine einigermaßen praxisnah abgeschätzt werden können. Über Versuche und Erfahrungen an Modellturbinen und Großausführungen wird u.a. in [1.9] bis [1.12] berichtet. Ein modernes numerisches Berechnungsverfahren ist in [1.85] beschrieben.

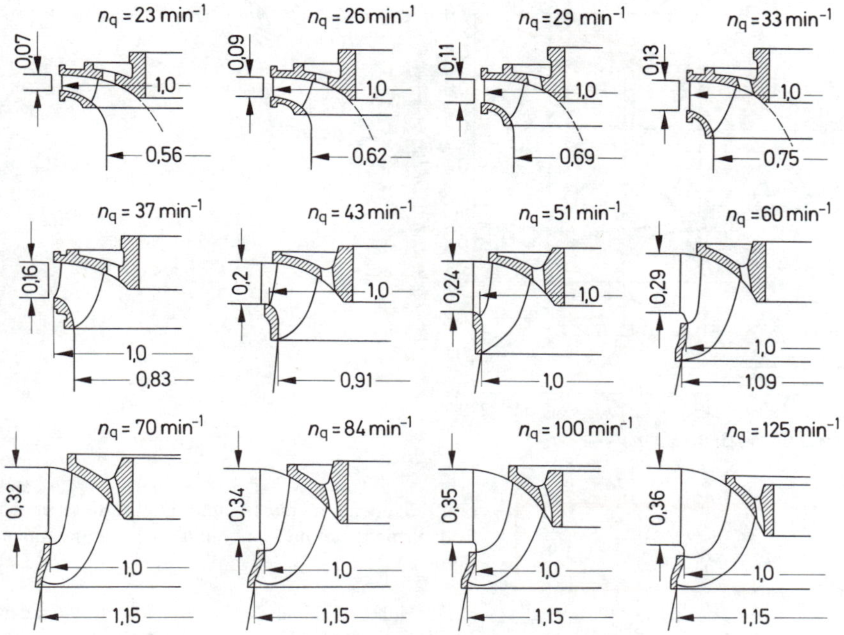


*Bild 1.9 Hydraulische Profile von Francisturbinenlaufrädern abhängig von der spezifischen Drehzahl $n_q$*

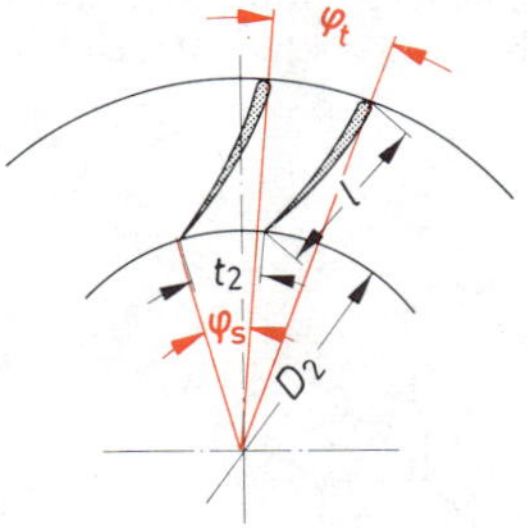


*Bild 1.10 Schaufelabwicklung eines Francisturbinenlaufrades*

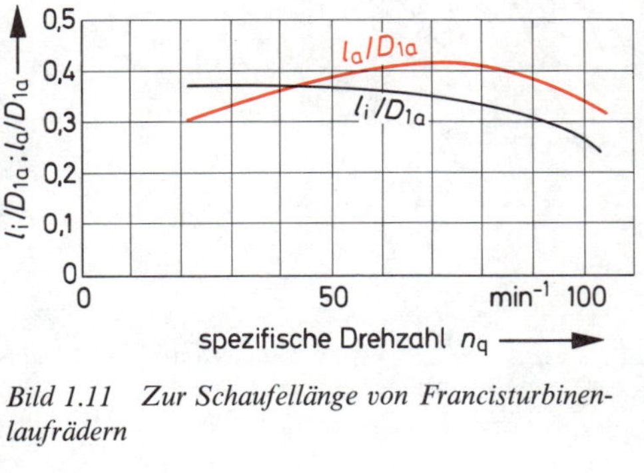


*Bild 1.11 Zur Schaufellänge von Francisturbinenlaufrädern*

a) Zur Abschätzung der **Drehzahl** $n$ in Abhängigkeit von der Fallhöhe $H$ wird, wie schon bei der Francisturbine, Bild 7.5 in [1.1] benützt.

Der Fallhöhenbereich reicht von etwa 70 m bis 2 m, die spez. Drehzahl $n_q$ von etwa 80 bis 270 min$^{-1}$. Mit abnehmender Fallhöhe nimmt die spezifische Drehzahl zu.

Nach Abgreifen des Bereiches für $n_q$ in Funktion der Fallhöhe $H$ wird nach Gleichung 1.6 der zugehörige Drehzahlbereich berechnet und die diesem Drehzahlbereich zuzuordnenden Synchrondrehzahlen bestimmt. Größere Drehzahlen ergeben zwar kleinere Laufraddurchmesser und damit billigere Turbinen und Generatoren, erfordern aber im Hinblick auf die Kavitationsgefährdung größere Zulaufhöhen, d.h. tiefer gründende Saugrohre.

b) Den **Laufradaußendurchmesser** $D_1 \approx D_2$ bestimmt man wie bei der Francisturbine über die Umfangsgeschwindigkeit $u_1 = k_{u1} \cdot \sqrt{2 \cdot g \cdot H}$ und die Drehzahl $n$:

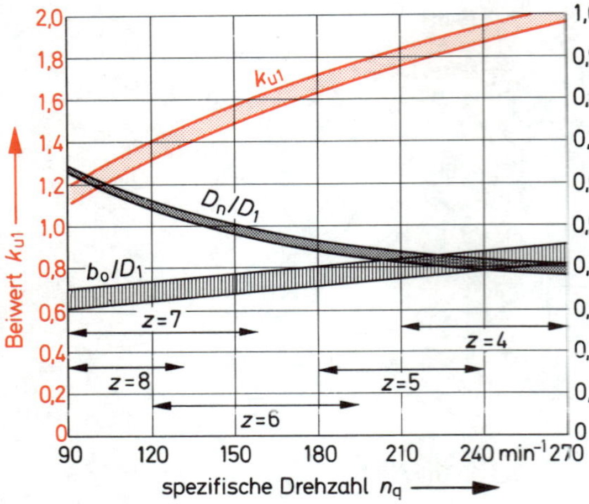


*Bild 1.12 Auslegewerte für Kaplanturbinen*

$$D_1 = 84{,}6 \frac{k_{u1} \cdot \sqrt{H}}{n} \quad (1.9)$$

$D_1$ = Laufradaußendurchmesser in m
$k_{u1}$ = Beiwert nach Bild 1.12
$H$ = Fallhöhe in m
$n$ = Drehzahl in $min^{-1}$

Laufradaußendurchmesser und Drehzahl kleinerer Rohrturbinen können aus Bild 1.13 entnommen werden.

c) Das **Nabenverhältnis** $D_n/D_1$ kann abhängig von der spezifischen Drehzahl $n_q$ aus Bild 1.12 entnommen werden. Es nimmt mit größer werdender Fallhöhe zu, was aus Tabelle 1.3 ersehen werden kann.

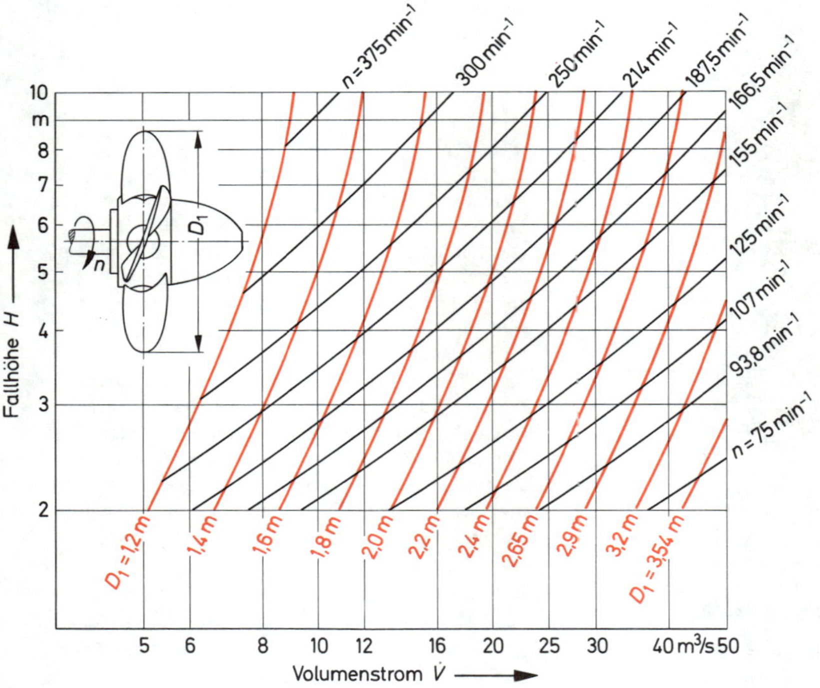


*Bild 1.13 Auslegediagramm für Kaplan-Rohrturbinen (nach Fa. J.M. Voith)*

**Tabelle 1.3 Richtwerte – Kaplanturbine**

| Fallhöhe $H$ | bis 5 | bis 25 | bis 40 | bis 50 | bis 60 | m |
|---|---|---|---|---|---|---|
| spez. Drehzahl $n_q$ | 210 ... 300 | 170 ... 250 | 120 ... 200 | 80 ... 160 | 60 ... 130 | $\text{min}^{-1}$ |
| Nabenverh. | 0,4 | 0,5 | 0,55 | 0,6 | 0,65 | |
| Schaufelzahl | 4 | 5 | 6 | 7 | 8 | |
| $b_0/D_1$ | 0,45 | 0,4 | 0,4 | 0,39 | 0,37 | |

d) die **Anzahl der Laufschaufeln** ist in erster Linie durch die Fallhöhe, das Kavitationsverhalten und die Festigkeit bestimmt. Kleinere Schaufelzahlen ermöglichen höhere $k_u$-Werte bzw. größere spezifische Drehzahlen und damit höhere Turbinendrehzahlen [1.10]. Zur Abschätzung der Laufschaufelzahl dienen Bild 1.12 und Tabelle 1.3.

e) In Bild 1.14 sind die **hydraulischen Profile** der vertikalen Kaplanturbine und der Rohrturbine nach Angaben von Fa. Voith dargestellt. Die angegebenen Werte sind Durchschnittswerte und stellen nur eine Orientierungshilfe dar. Weitere Angaben zum hydraulischen Profil finden sich in [1.4].

## 1.2.4 Das Laufrad der Diagonalturbine

Obwohl nur wenige Exemplare der Diagonal-Turbine (Bild 7.24 in [1.1]) gebaut wurden, werden im folgenden doch einige Angaben zur Abschätzung der Laufradabmessungen gemacht, die hauptsächlich aus [1.13] entnommen wurden. Die meisten Lehrbücher über Wasserturbinen enthalten keine Unterlagen zur Dimensionierung der Diagonalturbine.

a) Die **Turbinendrehzahl** $n$ wird wie bei Francis- und Kaplanturbinen über die spezifische Drehzahl $n_q$ bestimmt (Gleichung 1.6), die ihrerseits abhängig von der Fallhöhe $H$ aus Bild 1.15 entnommen wird.

b) Den **Laufradaußendurchmesser** $D_1$ ermittelt man über den Geschwindigkeitsbeiwert $k_{u1}$, der als Funktion der spezifischen Drehzahl $n_q$ in Bild 1.16 dargestellt ist.

c) Die **weiteren Durchmesser,** d.h. das **hydraulische Profil** des Laufrades werden mittels Quotienten bestimmt, die abhängig von der spezifischen Drehzahl $n_q$ aus Bild 1.17 ersehen werden können.

Die Bilder 1.15 bis 1.17 enthalten Angaben für Diagonal-Turbinen und Diagonal-Pumpenturbinen.

## 1.2.5 Das Laufrad der Durchströmturbine

Obwohl Durchströmturbinen nur für kleine Leistungen bis etwa 750 kW gebaut werden, werden diese kleinen, preiswerten Wasserturbinen in zunehmendem Maße eingesetzt.

Zur Dimensionierung dienen die folgenden Hinweise:

a) Die **Drehzahl** $n$ wird über die spezifische Drehzahl $n_q$ abgeschätzt (Gleichung 1.6), wobei die spezifische Drehzahl wie folgt gewählt wird:

Fallhöhe $H \leqq 10\,\text{m} \rightarrow n_q \approx 30\,\text{min}^{-1}$

Fallhöhe $H \geqq 10\,\text{m} \rightarrow n_q \approx 16\,\text{min}^{-1}$

b) Den **Laufraddurchmesser** $D_1$ (Bild 1.18) bestimmt man mittels folgender empirischer Beziehung:

$$D_1 \approx (35 \text{ bis } 39) \cdot \frac{\sqrt{H}}{n} \qquad (1.10)$$

$D_1$ = Laufradaußendurchmesser in m
$H$ = Fallhöhe in m
$n$ = Drehzahl in $\text{min}^{-1}$

Gleichung 1.10 gilt unter der Bedingung, daß die Winkel $\beta_1$ bis $\beta_4$ etwa folgende Werte haben:

$$\beta_1 \approx 150°$$
$$\beta_2 \approx 90°$$
$$\beta_3 \approx 90°$$
$$\beta_4 \approx 30°$$

Der **Laufradinnendurchmesser** $D_2$ beträgt etwa 2/3 des Laufradaußendurchmessers $D_1$, die **Laufradbreite** $B$ etwa

$$B \approx (2 \text{ bis } 3{,}5) \cdot D_1$$

Die Schaufelzahl $z$ liegt üblicherweise zwischen 26 und 30. Nach Festlegung der Laufradabmessungen

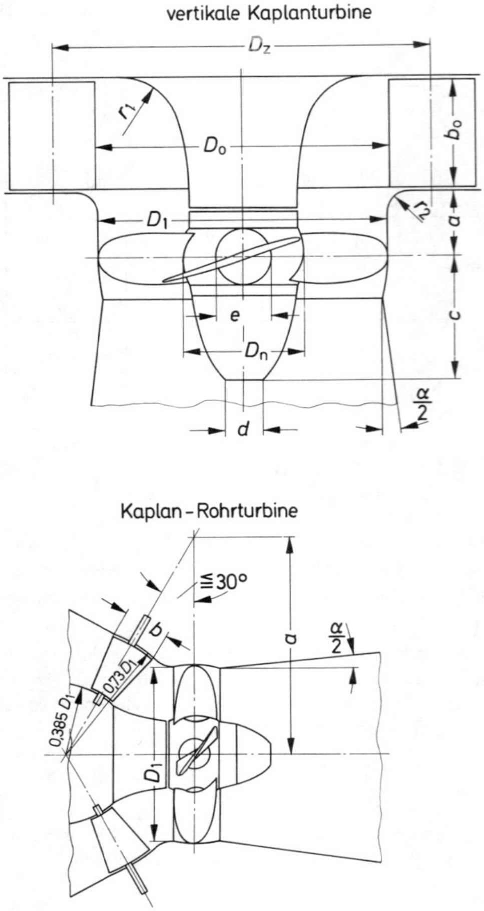


$D_n = (0{,}4 \div 0{,}6\ )D_1$
$D_z = (1{,}2 \div 1{,}45)D_1$
$D_0 = (1{,}0 \div 1{,}08)D_1$
$b_0 = (0{,}3 \div 0{,}4\ )D_1$
$e = (0{,}15 \div 0{,}2\ )D_1$
$d = (0{,}1 \div 0{,}15)D_1$
$a = (0{,}23 \div 0{,}28)D_1$
$c = (0{,}45 \div 0{,}6\ )D_1$
$r_1 = (0{,}15 \div 0{,}2\ )D_1$
$r_2 = (0{,}05 \div 0{,}09)D_1$
$\frac{\alpha}{2} \leqq 5°$

*Bild 1.14 Hydraulische Profile von vertikalen Kaplanturbinen und Kaplan-Rohrturbinen*

$a \approx 1{,}25 \cdot D_1$
$b \approx (0{,}22 \div 0{,}28)D_1$
$\frac{\alpha}{2} \leqq 5°$

*Bild 1.15 Spezifische Drehzahl $n_q$ von Diagonalturbinen und Diagonal-Pumpenturbinen*

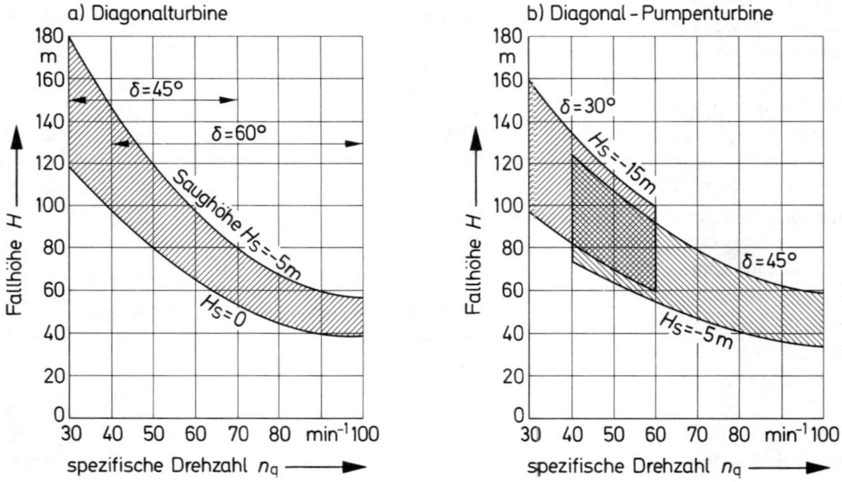

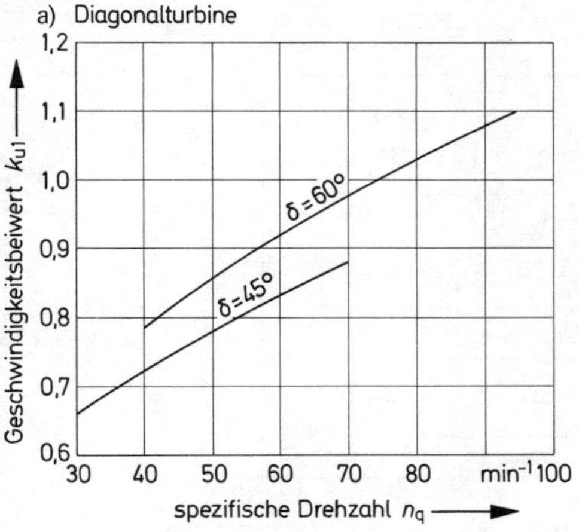


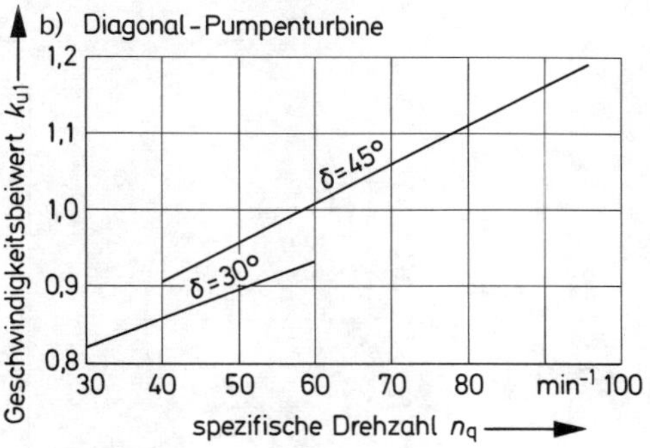


*Bild 1.16 Geschwindigkeitsbeiwerte von Diagonalturbinen und Diagonal-Pumpenturbinen*

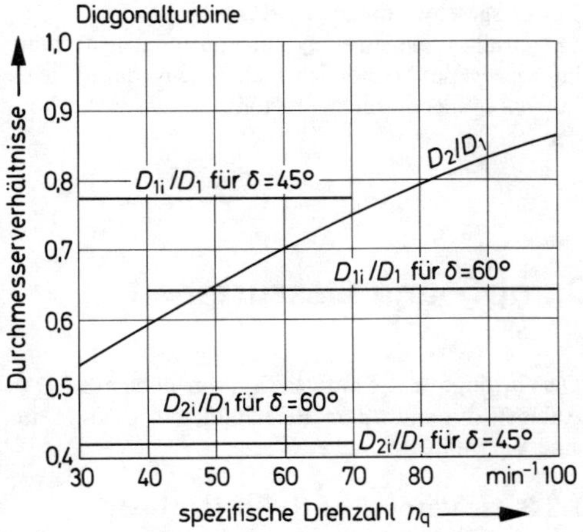


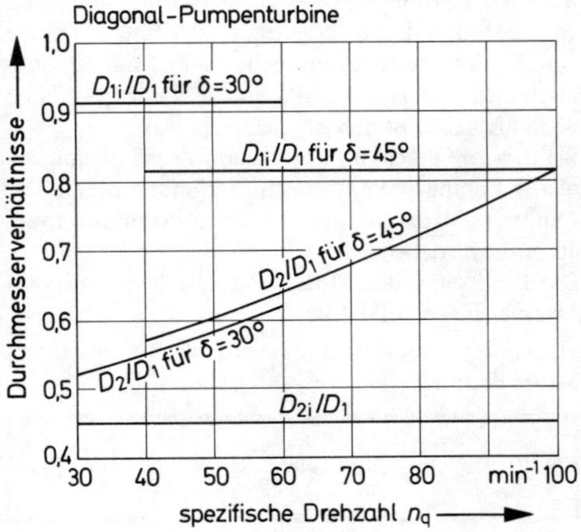


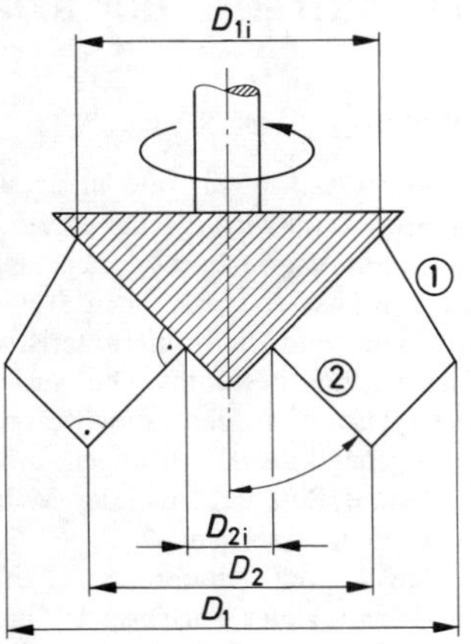


*Bild 1.17 Durchmesserverhältnisse von Diagonalturbinen und Diagonal-Pumpenturbinen*

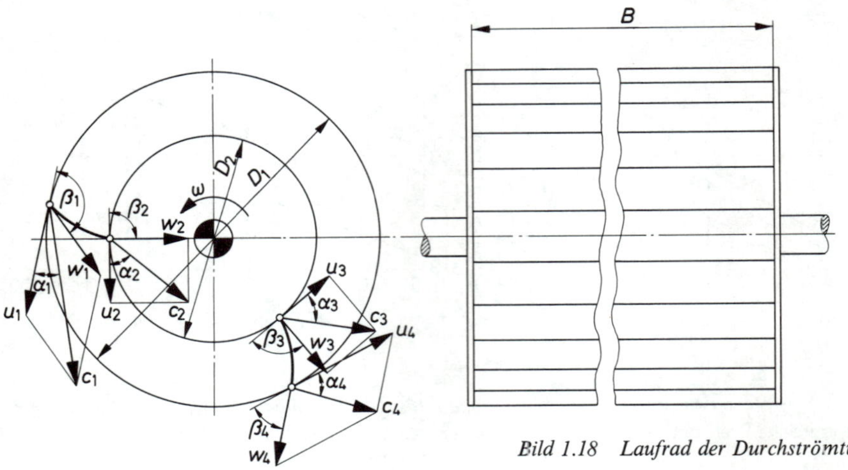


*Bild 1.18 Laufrad der Durchströmturbine*

können die Geschwindigkeitspläne (Bild 1.18) gezeichnet werden und die Geschwindigkeiten und Winkel über Kontinuitätsgleichung und EULERsche Turbinenhauptgleichung nachgeprüft und ggf. korrigiert werden.
Da es sich um eine **Gleichdruckturbine** handelt, ist die Eintrittsgeschwindigkeit $c_1 \approx \sqrt{2 \cdot g \cdot H}$.
Die Drallkomponente $c_{u4}$ am Laufradaustritt sollte im Auslegepunkt möglichst klein sein, damit keine nutzbare Energie mehr am Laufradaustritt vorhanden ist.

# 1.3 Die Laufräder der axialen Dampf- und Gasturbinen

## 1.3.1 Einleitung

Axiale Dampf- und Gasturbinen sind in der Regel mehrstufig. Die Stufenzahl wird aus der spezifischen Stutzenarbeit der gesamten Turbine oder bei mehrgehäusigen Maschinen aus der spezifischen Stutzenarbeit der Teilturbine und den charakteristischen Werten der **Turbinenstufe** bestimmt. Die Auslegung einer thermischen Turbine in der Praxis stützt sich nach wie vor weitgehend auf Erfahrungen, d.h. auf **Versuchswerte,** die auf Einzelstufen- oder Mehrstufenprüfständen gewonnen werden.
In dem folgenden kurzen Abschnitt werden die **elementare Theorie der axialen Turbinenstufe** und die wichtigsten **Stufenkennwerte** so behandelt, daß ein Anfänger eine axiale thermische Turbine **grob dimensionieren** kann. Die in der Praxis angewandten Rechenverfahren (vgl. z.B. [1.14] und [1.15]) zur Auswahl des optimalen Schaufelprofils berücksichtigen folgende Gesichtspunkte:

Aerodynamik der Schaufel
Festigkeit der Schaufel
Werkstoff- und Herstellkosten der Schaufel

Dies bedingt relativ aufwendige, nur noch auf EDV-Anlagen durchführbare Berechnungen, gestützt auf eine Vielzahl empirischer Werte.

## 1.3.2 Vereinfachte Stufentheorie

In Bild 1.19 ist eine axiale Turbinenstufe, bestehend aus Leitrad und Laufrad dargestellt. Obwohl i.a. die Durchströmungsrichtung nicht exakt axial ist, sondern meist leicht diagonal sollen derartige Stufen doch als axiale Stufen bezeichnet werden.
Bei der vereinfachten Stufentheorie wird die an sich relativ komplizierte räumliche Strömung durch eine gemittelte Strömung auf der Mittelstromlinie annähernd beschrieben.
Die Festlegung der Mittelstromlinie kann auf zwei Arten erfolgen (Bild 1.20):

a) Der mittlere Radius $r_m$ wird als arithmetisches Mittel definiert:

$$r_m = \frac{r_N + r_S}{2} \qquad (1.11\,a)$$

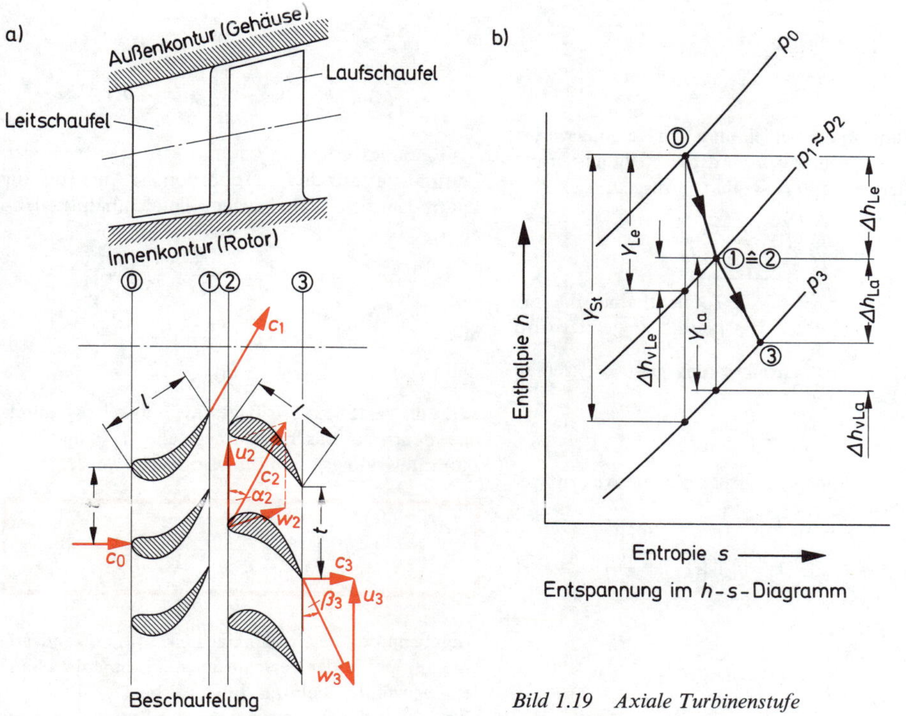


*Bild 1.19 Axiale Turbinenstufe*

b) Der mittlere Radius $\bar{r}$ wird so festgelegt, daß er die Querschnittsfläche $\pi \cdot (r_S^2 - r_N^2)$ in zwei gleichgroße Teilflächen zerlegt:

$$\bar{r} = \sqrt{\frac{r_N^2 + r_S^2}{2}} \qquad (1.11\,b)$$

Bei der Betrachtung des **Energieumsatzes** in der Stufe werden folgende Schnittstellen (Kontrollflächen) festgelegt (Bild 1.19):

⓪ Eintritt Leitrad
① Austritt Leitrad
② Eintritt Laufrad
③ Austritt Laufrad

Die Anwendung der Energiegleichung auf die **Leitradbeschaufelung** ergibt folgenden Ansatz:

$$h_0 + \frac{c_0^2}{2} = h_1 + \frac{c_1^2}{2}$$

Die Enthalpiedifferenz $h_0 - h_1$ entspricht dem im Leitrad effektiv umgesetzten Wärmegefälle $\Delta h_{Le}$

$$\Delta h_{Le} = \frac{1}{2}(c_1^2 - c_0^2)$$

Die im Leitrad verarbeitete Energie $\Delta h_{Le}$ ist wegen der Reibungsverluste kleiner als das isentrope Wärmegefälle $Y_{Le}$:

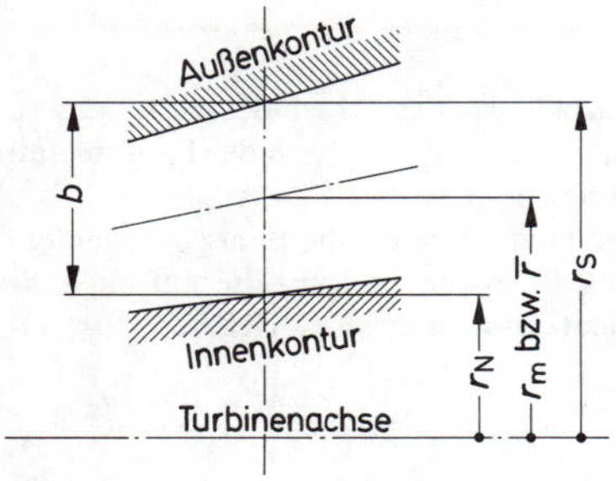


*Bild 1.20 Zur Geometrie der axialen Turbinenstufe*

$$\Delta h_{Le} = Y_{Le} - \Delta h_{vLe}$$
$$\Delta h_{vLe} = Y_{Le} - \Delta h_{Le} = Y_{Le} - \frac{1}{2}(c_1^2 - c_0^2)$$

In Anlehnung an die Berechnung von Reibungsverlusten bei Rohrströmungen wird der Reibungsverlust $\Delta h_{vLe}$ mittels einer **Verlustzahl** $\zeta_{Le}$ ausgedrückt:

$$\Delta h_{vLe} = \zeta_{Le} \underbrace{\left(Y_{Le} + \frac{c_0^2}{2}\right)}$$

≙ Totalenthalpie, die im Leitrad umgesetzt wird

Führt man einen **Leitradwirkungsgrad** $\eta_{Le}$ gemäß folgender Definition ein:

$$\eta_{Le} = 1 - \zeta_{Le}$$

erhält man folgenden Ausdruck für die Austrittsgeschwindigkeit $c_1$:

$$\frac{1}{2}(c_1^2 - c_0^2) = Y_{Le} - (1 - \eta_{Le})\left(Y_{Le} + \frac{c_0^2}{2}\right)$$

$$\frac{c_1^2}{2} - \frac{c_0^2}{2} = Y_{Le} - Y_{Le} + \eta_{Le} \cdot Y_{Le} - \frac{c_0^2}{2} + \eta_{Le} \cdot \frac{c_0^2}{2}$$

$$\frac{c_1^2}{2} = \eta_{Le}\left(Y_{Le} + \frac{c_0^2}{2}\right)$$

$$c_1 = \sqrt{2 \cdot \eta_{Le}\left(Y_{Le} + \frac{c_0^2}{2}\right)} \qquad (1.12)$$

Das isentrope Leitradgefälle $Y_{Le}$ kann aus dem isentropen Stufengefälle $Y_{St}$ über den **Reaktionsgrad** $\mathfrak{r}$ bestimmt werden:

$$Y_{Le} = (1 - \mathfrak{r}) \cdot Y_{St} \qquad (1.13)$$

Die Leitradaustrittsgeschwindigkeit $c_1$ kann bei vereinfachter Betrachtung gleich der Laufradeintrittsgeschwindigkeit $c_2$ gesetzt werden.

Für das **Laufrad** liefert die Energiegleichung folgenden Ansatz, zweckmäßigerweise auf ein **rotierendes Koordinatensystem** bezogen [1.16]:

$$h_3 + \frac{w_3^2}{2} = h_2 + \frac{w_2^2}{2} + \underbrace{\frac{u_3^2 - u_2^2}{2}}_{\text{Fliehkraftanteil}}$$

mit $\Delta h_{La} = h_2 - h_3$ ausgedrückt:

$$\Delta h_{La} = \frac{1}{2}(w_3^2 - w_2^2 + u_2^2 - u_3^2)$$

Als Reibungsverlust im Laufrad wird wieder ein der Laufrad-Verlustzahl $\zeta_{La}$ proportionaler Anteil der am Laufradeintritt vorhandenen Totalenthalpie definiert:

$$\Delta h_{vLa} = \zeta_{La}\left(Y_{La} + \frac{w_2^2}{2} + \frac{u_3^2 - u_2^2}{2}\right)$$

mit $\Delta h_{vLa} = Y_{La} - \Delta h_{La}$

und $\zeta_a = 1 - \eta_{La}$

kann die relative Austrittsgeschwindigkeit $w_3$ durch das isentrope Laufradwärmegefälle $Y_{La}$ und den Laufradwirkungsgrad $\eta_{La}$ ausgedrückt werden:

$$w_3 = \sqrt{2 \cdot \eta_{La}\left(Y_{La} + \frac{w_2^2 - u_2^2 + u_3^2}{2}\right)} \qquad (1.14)$$

Angaben über die Größen der Leitrad- und Laufradwirkungsgrade der verschiedenen Turbinenbeschaufelungen finden sich u.a. in [1.15] bis [1.20].

Zur groben Orientierung kann der Stufenwirkungsgrad

$$\eta_{St} \approx \frac{\Delta h_{Le} + \Delta h_{La}}{Y_{St}}$$

gleich dem Laufradwirkungsgrad $\eta_{La}$ und dem Leitradwirkungsgrad $\eta_{Le}$ gesetzt werden und nach Bild 1.21 aus [1.17] abgeschätzt werden (vgl. auch Bild 8.9 in [1.1]).

Die **Eulersche Turbinenhauptgleichung** liefert folgende Beziehung für die Umfangskomponenten $c_{u2}$ und $c_{u3}$:

$$\Delta h_{Le} + \Delta h_{La} + \frac{c_0^2 - c_3^2}{2} = u_2 \cdot c_{u2} - u_3 \cdot c_{u3} \qquad (1.15)$$

Der Ausdruck links vom Gleichheitszeichen stellt die Netto-Totalenthalpie dar, die in der Stufe umgesetzt wird.

Die Anwendung der **Kontinuitätsgleichung** auf die Strömung in der Turbinenstufe ergibt folgende Ausdrücke:

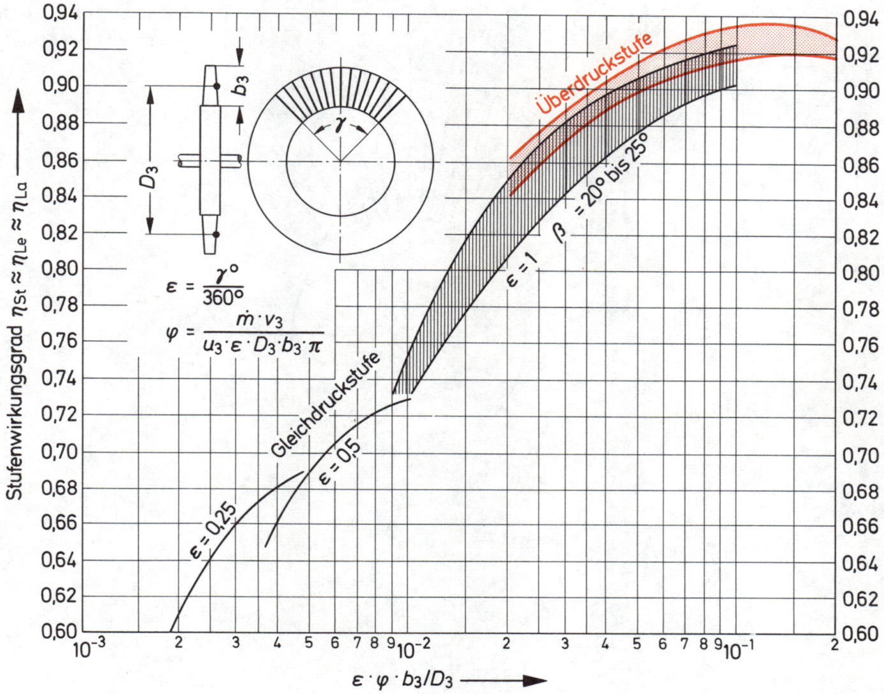


*Bild 1.21 Stufenwirkungsgrade axialer Turbinenstufen* (nach [1.17])

$$\dot m \cdot v_0 = \varepsilon \cdot A_0 \cdot f_0 \cdot c_0 \cdot \sin\alpha_0 \cdot \cos\delta_0$$
$$\dot m \cdot v_1 = \varepsilon \cdot A_1 \cdot f_1 \cdot c_1 \cdot \sin\alpha_1 \cdot \cos\delta_1 = \dot m \cdot v_2$$
$$\dot m \cdot v_2 = \varepsilon \cdot A_2 \cdot f_2 \cdot c_2 \cdot \sin\alpha_2 \cdot \cos\delta_2$$
$$\dot m \cdot v_3 = \varepsilon \cdot A_3 \cdot f_3 \cdot c_3 \cdot \sin\alpha_3 \cdot \cos\delta_3 \qquad (1.16)$$

$\dot m$ = Massenstrom
$v$ = spezifisches Volumen
$\varepsilon$ = Beaufschlagungsverhältnis = $\frac{\gamma}{360°}$ (Bild 1.22)
$A$ = Querschnittsfläche
$f$ = Faktor $>1$ zur Berücksichtigung der Leckagen
$c$ = Absolutgeschwindigkeit
$\alpha$ = Winkel zwischen Absolutgeschwindigkeit und Umfangsgeschwindigkeit — vgl. Bild 1.23
$\delta$ = Winkel zwischen Mittelstromlinie und axialer Strömungsrichtung — Bild 1.22

Professor Traupel gibt in [1.16] drei Verfahren zur Auslegung der Stufe an, je nachdem welche Parameter gegeben bzw. gesucht sind (Tabelle 1.4).

### 1.3.3 Kennwerte der Stufe

In Anlehnung an Kapitel 4 in [1.1] und in Abweichung von Kapitel 5.6 in [1.16] werden folgende Stufenkennwerte eingeführt:

$$\text{Druckzahl } \psi = \frac{Y_{St}}{u_3^2/2} \qquad (1.17)$$

$$\text{Durchflußzahl } \varphi = \frac{\dot m \cdot v_3}{u_3 \cdot \varepsilon \cdot D_3 \cdot b_3 \cdot \pi} \qquad (1.18)$$

$$\text{Leistungszahl } \lambda = \frac{u_2 \cdot c_{u2} - u_3 \cdot c_{u3}}{u_3^2/2} \qquad (1.19)$$

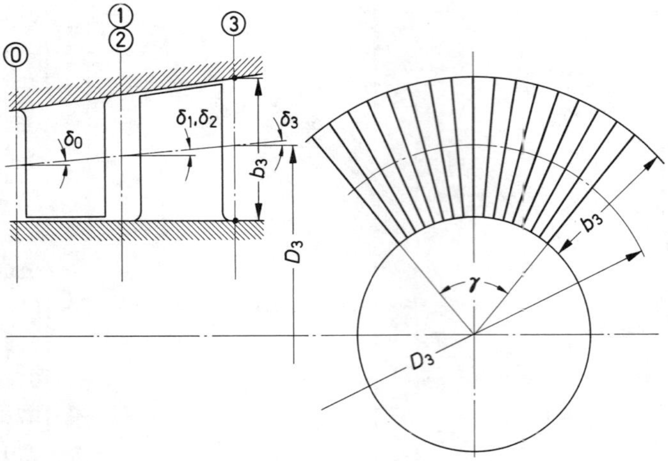


*Bild 1.22 Zur Geometrie der axialen Turbinenstufe*

**Tabelle 1.4 Auslegung axialer Turbinenstufen**

| | Verfahren 1 | Verfahren 2 | Verfahren 3 |
|---|---|---|---|
| Gegeben | Massenstrom $\dot{m}$<br>Eintrittsdruck $p_0$<br>Eintrittsenthalpie $h_0$<br>Eintrittsgeschwindigkeit $c_0$<br>Drücke $p_1$ und $p_3$<br>Geschwindigkeit $u_2$ und $u_3$<br>Drehzahl $n$<br>Winkel $\alpha_0$, $\alpha_1$, $\beta_2$ | Massenstrom $\dot{m}$<br>Eintrittsdruck $p_0$<br>Eintrittsenthalpie $h_0$<br>Geschwindigkeitspläne<br><br>Drehzahl $n$ | Massenstrom $\dot{m}$<br>Eintrittsdruck $p_0$<br>Eintrittsenthalpie $h_0$<br>Drücke $p_1$ und $p_3$<br>Winkel $\alpha_0$<br>alle Durchmesser $D$<br>alle Längen $b$ |
| Berechnung | aus $Y_{Le} \rightarrow c_1$<br>$\Delta h_{Le} \rightarrow$ Punkt ①<br>im $h$-$s$-Diagramm<br><br>$\left.\begin{matrix} c_1 \\ \alpha_1 \\ u_1 \end{matrix}\right\} \rightarrow w_1$<br>aus $Y_{La} \rightarrow w_2$<br>aus der Kontinuitäts-<br>gleichung ergeben sich die<br>Querschnitte $A_0$ bis $A_3$<br>daraus berechnen sich<br>die Längen $b_0$ bis $b_3$ | $Y_{Le}$ bestimmen<br>$p_1$ aus $h$-$s$-Diagramm<br>abgreifen<br>Punkt ① im $h$-$s$-Diagramm<br>festlegen<br>$\Delta h_{La}$ bestimmen<br>Punkt ③ im $h$-$s$-Diagramm<br>festlegen<br>Aus der Kontinuitäts-<br>gleichung ergeben sich<br>die Querschnitte $A_0$ bis $A_3$<br>und die Längen $b_0$ bis $b_3$ | Geschw. $c_0$ berechnen<br>Geschw. $c_1$ berechnen<br>Punkt ① im<br>$h$-$s$-Diagramm festlegen<br>Winkel $\alpha_1$ bestimmen<br>Geschw. $w_1$ berechnen<br>Geschw. $w_2$ berechnen |

*Bild 1.23 Geschwindigkeitsplan einer axialen Turbinenstufe*

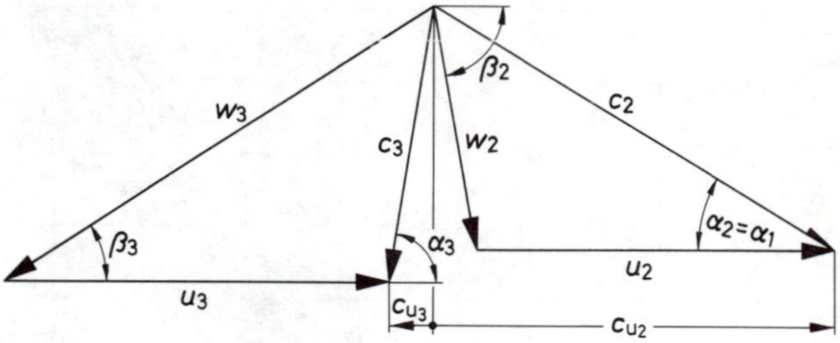


**Tabelle 1.5 Kennzahlen axialer Turbinenstufen**

| Kennzahl | Gleichdruckstufe | Überdruckstufe | Curtisrad (zweikränzig) |
|---|---|---|---|
| Reaktionsgrad r | 0 bis 0,25 | 0,5 | 0,05 bis 0,15 |
| Druckzahl $\psi$ | 3,8 bis 7,0 | 2,0 bis 4,0 | 16 bis 24 |
| Durchflußzahl $\varphi$ | 0,4 bis 1,2 | 0,35 bis 1,2 | 0,4 bis 0,9 |
| Leistungszahl $\lambda$ | 3,4 bis 6,0 | 2,0 bis 4,0 | 13 bis 20 |
| Winkel $\alpha_2$ | 12° bis 30° | 15° bis 45° | 11° bis 15° |
| Winkel $\beta_3$ | 18° bis 45° | 15° bis 45° | ÷ |

Die geometrischen Größen können aus Bild 1.22 bzw. aus der Legende von Gleichung 1.16, die Geschwindigkeiten aus dem Geschwindigkeitsplan in Bild 1.23 entnommen werden.

Zur groben Orientierung sind in der folgenden Tabelle 1.5 die wichtigsten Kennzahlen axialer Turbinenstufen zusammengestellt:

Da der Turbinenbauer bei der Auslegung der Stufen viele Freiheitsgrade hat, können die in Tabelle 1.5 aufgeführten Werte nur Richtwerte zur Findung eines günstigen Kompromisses sein.

### 1.3.4 Abschätzung der Stufenzahl

Die Wahl der Stufenzahl hat einen großen Einfluß auf den Turbinenwirkungsgrad, allerdings auch auf die Turbinengröße und den Preis. Nach [1.21] kann der Zusammenhang zwischen Turbinenwirkungsgrad und Stufenzahl mit folgender empirischer Formel beschrieben werden:

$$\eta_T = \eta_0 - \frac{A}{\sqrt[3]{z}}$$

Wirkungsgrad $\eta_0$ und Beiwert $A$ hängen von Turbinenart und -größe ab. Zur Charakterisierung dieses Zusammenhanges dient das in Bild 1.24 [1.21] dargestellte Diagramm $\eta_T = f(z)$.

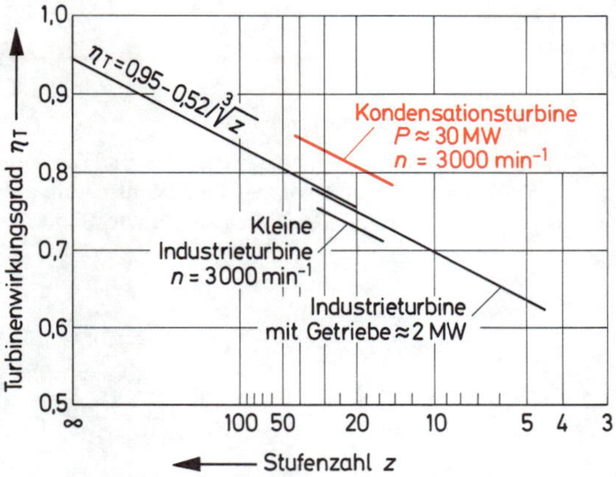


*Bild 1.24 Stufenzahl axialer Dampfturbinen* (nach [1.21])

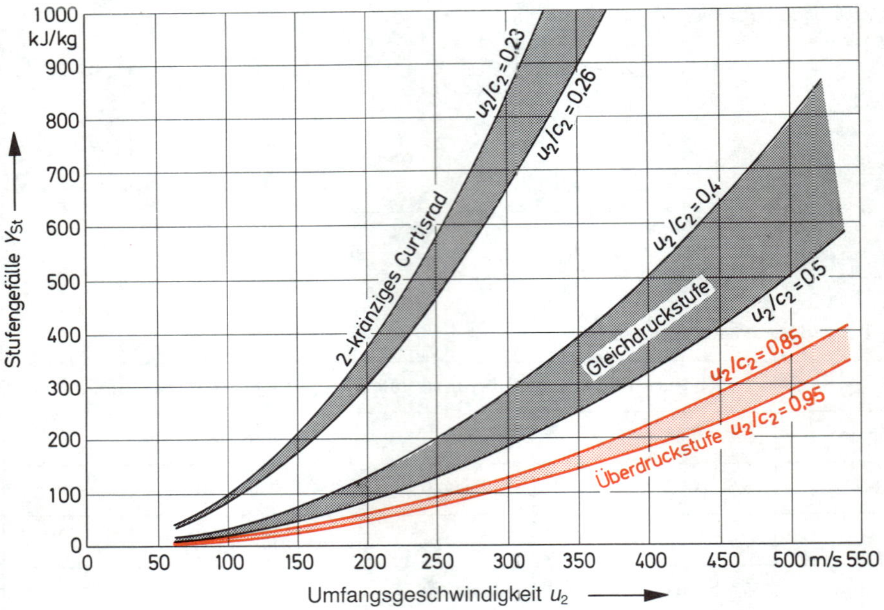


*Bild 1.25 Stufengefälle axialer Turbinenstufen (nach [1.17])*



Ein schon von STODOLA angegebenes grafisches Verfahren zur Ermittlung der Stufengefälle und damit der Stufenzahl ist in [1.22] beschrieben.
Für eine überschlägige Abschätzung der Stufenzahl kann das Stufengefälle $Y_{St}$ abhängig von der Umfangsgeschwindigkeit $u_3$ aus Bild 1.25 entnommen werden.
Die Stufenzahl beträgt dann:

$$z \approx \frac{Y_{Turbine}}{Y_{St}} \qquad (1.20)$$

## 1.3.5 Kanalverlauf

Der Kanalverlauf, d.h. die Zunahme der radialen Schaufelhöhe $b$ hängt von der Gefälleaufteilung auf die einzelnen Stufen ab. Üblich sind die in Bild 1.26 dargestellten Längsschnittverläufe. Die Kanalhöhen $b$ ergeben sich aus Gleichung 1.18. Die Außen- und Innenkontur des Längsschnittes werden aus den Schaufelhöhen $b$ durch Glätten der Begrenzungslinien zu Geraden gewonnen, wodurch Zylinder oder Kegel als Begrenzungsflächen entstehen. Nähere Einzelheiten und Beispiele finden sich z.B. in [1.19] und [1.21].

## 1.3.6 Profilform

In modernen Gas- und Dampfturbinen werden heute fast ausschließlich mitteldicke, tropfenförmige Schaufelprofile eingesetzt. Dünne, scharfkantige Schaufeln, insbesondere Blechschaufeln, werden nicht mehr verwendet.

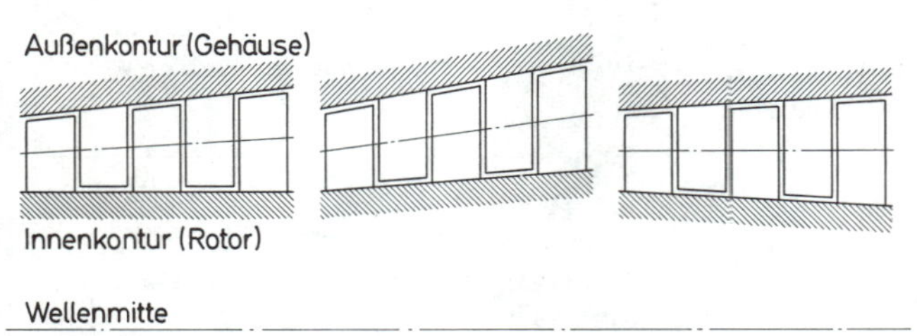


*Bild 1.26 Kanalformen axialer Turbinen*

*Bild 1.27 Optimales Teilungsverhältnis axialer Turbinenbeschaufelungen* (nach [1.16])

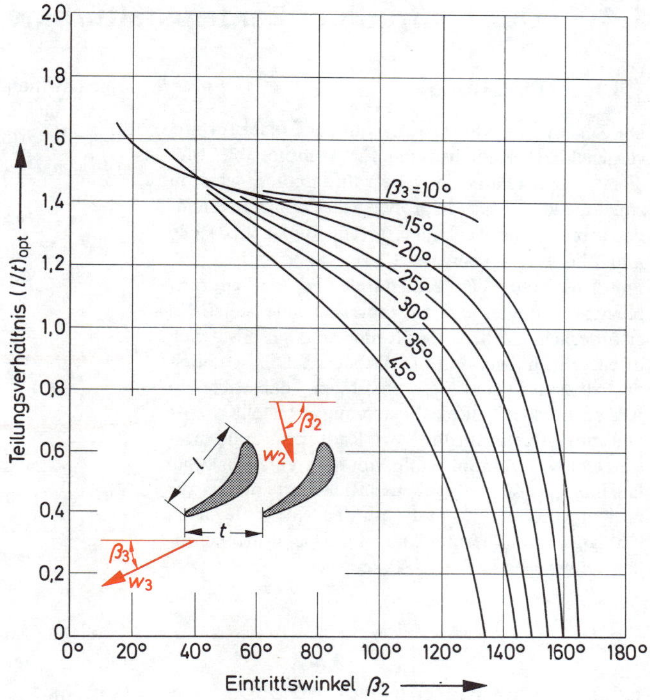


Eine konstruktive, d.h. zeichnerische Ermittlung der Schaufelform anhand der Geschwindigkeitspläne, wie es in der älteren Literatur noch beschrieben ist, wird heute in der Praxis nicht mehr angewandt. Bei der Formgebung der Schaufel sind neben den aerodynamischen Gesichtspunkten auch die mechanische Beanspruchung und die Fertigungskosten zu berücksichtigen [1.14] und [1.23].

Wichtig ist die Wahl eines günstigen Teilungsverhältnisses $l/t$ (Bild 1.27 nach [1.16]) und eine günstige Form des Kanals zwischen den Schaufeln, die möglichst geringe Reibungsverluste ergibt und Ablösungen vermeidet. Professor TRAUPEL empfiehlt die örtliche Höchstgeschwindigkeit $w_{max}$ auf das 1,4-fache der Austrittsgeschwindigkeit $w_3$ zu begrenzen. Gleichdruckschaufeln haben i.a. spitze Profilnasen, Überdruckschaufeln wesentlich dickere, runde Profilnasen (Bild 1.28). Zwar hat ein dünnes Profil bei richtiger Zuströmung einen etwas höheren Wirkungsgrad als ein dickes, ist jedoch bei abweichender Zuströmung unterlegen.

Genauere Schaufelberechnungen sind dreidimensional [1.24, 1.25] und berücksichtigen alle gasdynamischen Einflüsse, insbesondere bei transsonischer oder supersonischer Strömung.

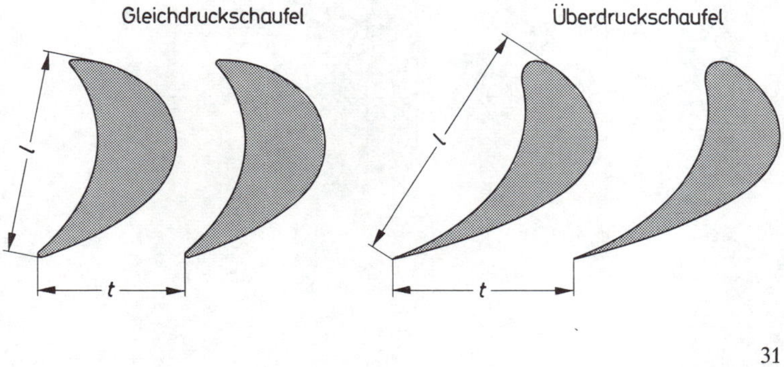


*Bild 1.28 Schaufelprofile*

# 1.4 Das Laufrad der Zentripetalturbine

## 1.4.1 Einleitung

Die Zentripetalturbine ist eine mit der Francisturbine vergleichbare Radialturbine für kompressible Medien. Diese relativ junge Kraftmaschine wird in zunehmendem Maße in großen Stückzahlen in Kleingasturbinen und Turboladern (vgl. Bilder 9.16, 9.26 und 13.6 in [1.1]) eingesetzt.

Durch die hohen Drehzahlen treten große Fliehkraftbeanspruchungen auf, die radialstehende Schaufeln erforderlich machen. Die Räder sind grundsätzlich offen, d.h. haben keine Deckscheibe. Die Schaufelaustrittszonen sind so verwunden, daß sich im Auslegepunkt drallfreie Abströmung einstellt.

Die endgültige Festlegung von Radform, Radabmessungen und Drehzahl erfolgt auf dem Versuchswege. Die im folgenden angegebenen Richtwerte dienen zur groben Orientierung und gestatten eine erste überschlägige Projektierung eines Zentripetalturbinenrades bei gegebenen Betriebsdaten.

## 1.4.2 Vereinfachte Stufentheorie

Das Arbeitsmedium strömt dem Leitrad mit dem Zustand ⓪ zu und expandiert im Leitrad auf den Zustand ①. Die Einströmgeschwindigkeit $c_2$ am Laufrad kann näherungsweise gleich der Austrittsgeschwindigkeit $c_1$ des Leitrades gesetzt werden. Die Relativgeschwindigkeit $w_2$ am Laufradeintritt ist identisch mit der Meridiangeschwindigkeit $c_{m2}$.

Da der Gasaustritt drallfrei erfolgen soll, wird die Unfangskomponente $c_{u3}$ gleich Null, d.h. die Absolutgeschwindigkeit $c_3$ steht senkrecht auf der Umfangsgeschwindigkeit $u_3$.

Folgende Grundgleichungen müssen erfüllt werden:

a) EULERsche Turbinenhauptgleichung:

$$Y_{\text{th}\,\infty} = c_{u2} \cdot u_2$$

$$Y_{\text{th}\,\infty} = Y_{\text{St}} \cdot \eta_i \cdot \mu$$

$$u_2 = c_{u2}, \text{ da } \beta_2 = 90^\circ \text{ (Bild 1.29)}$$

$$u_2^2 = Y_{\text{St}} \cdot \eta_i \cdot \mu$$

$$u_2 = \sqrt{Y_{\text{St}} \cdot \eta_i \cdot \mu} \qquad (1.21)$$

$u_2$ = Umfangsgeschwindigkeit am Laufradeintritts(außen)durchmesser

$Y_{\text{St}}$ = spezifische Stutzenarbeit der Turbine, d.h. isentropes Wärmegefälle

$\eta_i$ = innerer Wirkungsgrad der Turbine — Erfahrungswerte

$\mu$ = Minderleistungsfaktor — Erfahrungswerte

b) Kontinuitätsgleichung am Laufradeintritt:

$$c_{m2} = w_2 = \frac{\dot{V}_2}{D_2 \cdot \pi \cdot b_2} \qquad (1.22)$$

$c_{m2}$ = Meridiangeschwindigkeit am Laufradeintritt

$w_2$ = Relativgeschwindigkeit am Laufradeintritt

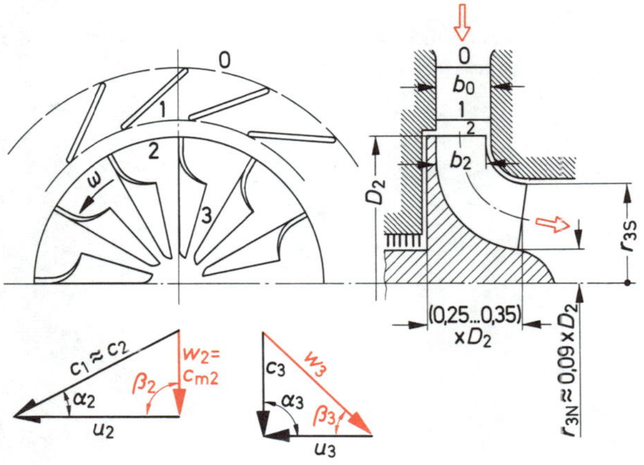


*Bild 1.29 Zentripetalturbine*

$\dot{V}_2$ = Volumenstrom am Laufradeintritt
$D_2$ = Laufradaußendurchmesser
$b_2$ = Laufradeintrittsbreite

c) Kontinuitätsgleichung am Laufradaustritt:

$$c_3 = c_{m3} = \frac{\dot{V}_3}{A_3}$$

$$A_3 = \pi \cdot (r_{3S}^2 - r_{3N}^2)$$

$$c_3 = \frac{\dot{V}_3}{\pi\,(r_{3S}^2 - r_{3N}^2)} \qquad (1.23)$$

$c_3$ = Austrittsgeschwindigkeit
$\dot{V}_3$ = Volumenstrom am Laufradaustritt
$r_{3S}$ = äußerer Radius der Austrittsfläche
$r_{3N}$ = innererer Radius der Austrittsfläche

### 1.4.3 Festlegung der Hauptabmessungen mit Hilfe von Kennzahlen

a) Die Aufteilung der spezifischen Stutzenarbeit $Y_{St}$ auf Lauf- und Leitrad erfolgt über den **Reaktionsgrad** r:

$$\mathrm{r} = \frac{Y_{La}}{Y_{La} + Y_{Le}} \approx \frac{Y_{La}}{Y_{St}} = 0{,}4 \text{ bis } 0{,}5$$

b) Den **Außendurchmesser** $D_2$ bestimmt man am besten über die **Druckzahl** $\psi$:

$$\psi = \frac{Y_{St}}{u_2^2/2}$$

$$u_2 = D_2 \cdot \pi \cdot n$$

$$D_2 = \sqrt{\frac{2}{\pi^2 \cdot n^2}} \cdot \sqrt{\frac{Y_{St}}{\psi}}$$

$$D_2 = \frac{0{,}45}{n} \cdot \sqrt{\frac{Y_{St}}{\psi}} \qquad (1.24)$$

$D_2$ = Außendurchmesser (in m)
$n$ = Drehzahl (in $s^{-1}$)
$Y_{St}$ = spezifische Stutzenarbeit (in J/kg)
$\psi$ = Druckzahl = 2,4 bis 3,2 nach [1.16]

c) Die **Laufradeintrittsbreite** $b_2$ erhält man über die **Durchflußzahl** $\varphi$:

$$\varphi = \frac{\dot{V}_2}{D_2 \cdot b_2 \cdot \pi \cdot u_2}$$

$$u_2 = D_2 \cdot \pi \cdot n$$

$$b_2 = \frac{\dot{V}_2}{D_2^2 \cdot \pi^2 \cdot n \cdot \varphi} \qquad (1.25)$$

$b_2$ = Laufradeintrittsbreite (in m)
$\dot{V}_2$ = Volumenstrom am Laufradeintritt (in $m^3/s$)
$D_2$ = Laufradaußendurchmesser (in m)
$n$ = Drehzahl (in $s^{-1}$)
$\varphi$ = Durchflußzahl = 0,3 bis 0,65 nach [1.16]

d) Die **Austrittsfläche** $A_3 = \pi(r_{3S}^2 - r_{3N}^2)$ wird so gewählt, daß die axial gerichtete Austrittsgeschwindigkeit $c_3$ etwa die gleiche Größenordnung hat wie die Meridiankomponente $c_{m2}$ der Eintrittsgeschwindigkeit (siehe Geschwindigkeitsplan in Bild 1.29). Zusätzlich kann ein in [1.26] angegebenes Diagramm (Bild 1.30) zur Bestimmung der Austrittsfläche $A_3$ herangezogen werden. Weitere Gestaltungshinweise finden sich in [1.27].

e) Für die **Schaufelzahl** wird in [1.26] empfohlen:

$$z_{La} = 2 \cdot \pi \cdot \frac{u_2}{c_{m2}} \cdot \sin \beta_2 \qquad (1.26)$$

$z_{La}$ = Schaufelzahl
$u_2$ = Umfangsgeschwindigkeit am Radaußendurchmesser
$c_{m2}$ = Meridiankomponente der Eintrittsgeschwindigkeit
$\beta_2$ = Eintrittswinkel (praktisch immer 90° !)

Für Laufradaußendurchmesser $D_2 < 250$ mm wurden mit Schaufelzahlen $z_{La}$ zwischen 11 und 14 gute Erfahrungen gemacht.

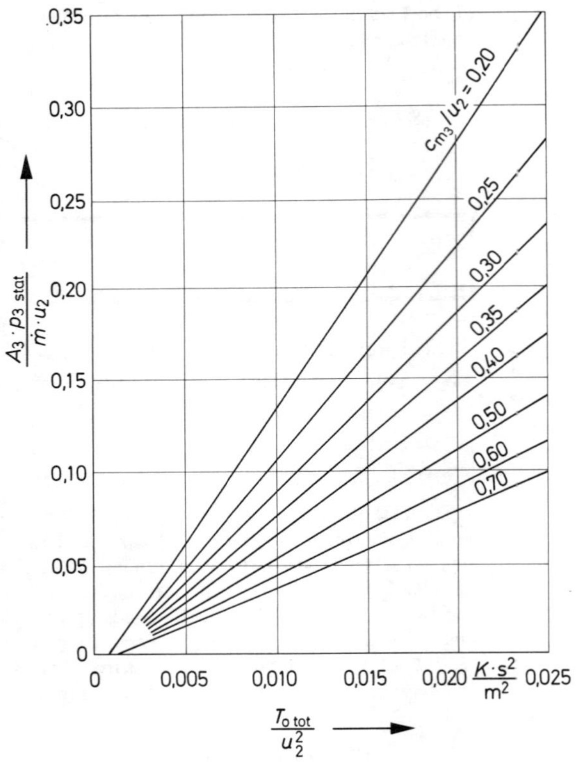


*Bild 1.30 Diagramm zur Festlegung des Austrittsquerschnittes von Zentripetalturbinen* (nach [1.26])

## 1.5 Die Laufräder der Kreiselpumpen

### 1.5.1 Einleitung

Die optimale Form eines Kreiselpumpenlaufrades bezüglich Strömungstechnik, Festigkeit und günstiger Herstellkosten wird nach wie vor auf halbempirischen Wege gefunden.

Die Berechnung der dreidimensionalen, reibungsbehafteten Strömung durch ein Laufrad mit endlicher Schaufelzahl allein mit theoretischen Ansätzen unter Anwendung beispielsweise der konformen Abbildungen oder des Singularitätenverfahrens ergibt noch keine befriedigenden Ergebnisse. Insbesondere die theoretische Berechnung der Radialräder, in denen eine Kanalströmung vorliegt, bereitet noch große Schwierigkeiten im Gegensatz zu den Axialrädern, in denen Tragflügelströmung herrscht und die für eine mathematisch-theoretische Berechnung eher geeignet sind.

Im folgenden Abschnitt werden einfache Rechenverfahren und Gestaltungsrichtlinien angegeben, mit deren Hilfe man die Hauptabmessungen von Kreiselpumpenrädern festlegen kann. Eine genaue Nachrechnung kann nach den Angaben von Kapitel 2 erfolgen.

### 1.5.2 Das Laufrad der Radialpumpe

a) Wahl der spezifischen Drehzahl $n_q$

Bei der Auslegung eines Pumpenrades sind i.a. gegeben:

Volumenstrom $\dot V$
spezifische Stutzenarbeit $Y$ (Förderhöhe $H$)

Die Drehzahl $n$ ist in vielen Fällen durch den Antriebsmotor, der im Regelfall ein Drehstrom-Asynchronmotor ist, vorgegeben. Kann die Drehzahl gewählt werden, besteht die Möglichkeit, einen möglichst hohen Wirkungsgrad zu erzielen, da der

*Bild 1.31 Wirkungsgrade von Radialpumpen*

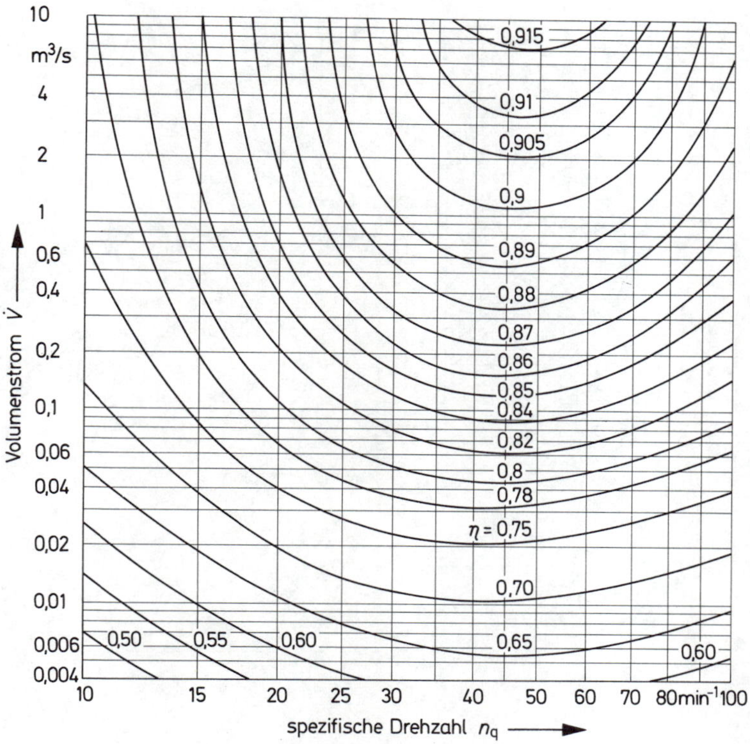


Wirkungsgrad sowohl von der spezifischen Drehzahl $n_q$ als auch von der Pumpengröße, ausgedrückt durch den Volumenstrom $\dot{V}$, abhängt (Bild 1.31). Die spezifische Drehzahl nach Gleichung 4.17 in [1.1]

$$n_q = n \cdot \frac{\sqrt{\dot{V}}}{H^{3/4}}$$

von Radialrädern liegt zwischen 10 und 80 min$^{-1}$. $n_q$-Werte über 80 min$^{-1}$ gehören bereits zum Diagonalrad, dessen Dimensionierung im Rahmen dieses Buches nicht behandelt wird. Mit Rücksicht auf einen nicht zu niedrigen Wirkungsgrad sollte $n_q$ nicht zu klein gewählt werden, ggf. ist es besser, die Stufenzahl der Pumpe zu erhöhen.

b) Die Wahl des Laufradaußendurchmessers $D_{2a}$

Analog zu den Laufrädern anderer Strömungsmaschinen bestimmt man den Laufradaußendurchmesser $D_{2a}$ (Bild 1.32) des Radialpumpenlaufrades über die **Druckzahl** $\psi$:

$$\psi = \frac{2 \cdot Y}{u_{2a}^2} \quad \text{(Gleichung 4.10 in [1.1])}$$

$$u_{2a} = D_{2a} \cdot \pi \cdot n$$

$$D_{2a} = 0{,}45 \cdot \frac{1}{n} \cdot \sqrt{\frac{Y}{\psi}} \qquad (1.27)$$

$D_{2a}$ = Laufradaußendurchmesser (in m)
$n$ = Drehzahl (in s$^{-1}$)
$Y$ = spezifische Stutzenarbeit (in J/kg) = $g \cdot H$
$\psi$ = Druckzahl

Die Druckzahl $\psi$ kann abhängig von der spezifischen Drehzahl $n_q$ aus Bild 1.33 entnommen werden.
In [1.28] werden folgende Richtwerte für die Druckzahl $\psi$ empfohlen:

| | |
|---|---|
| Pumpen mit Spiralgehäuse | $\psi = 0{,}9 \cdots 1{,}0$ |
| Pumpen mit Leitrad | $\psi = 1{,}0 \cdots 1{,}1$ |
| Pumpen mit Leitring | $\psi = 0{,}85 \cdots 0{,}95$ |

In [1.29] werden folgende Näherungsformeln für die Funktion $\psi = f(n_q)$ angegeben:

$$\psi \approx \frac{2}{n_q^{1/5}} \quad \text{für den Bereich } n_q = 15 \cdots 60\,\text{min}^{-1}$$

$$\psi \approx \frac{14}{n_q^{2/3}} \quad \text{für den Bereich } n_q > 60\,\text{min}^{-1}$$

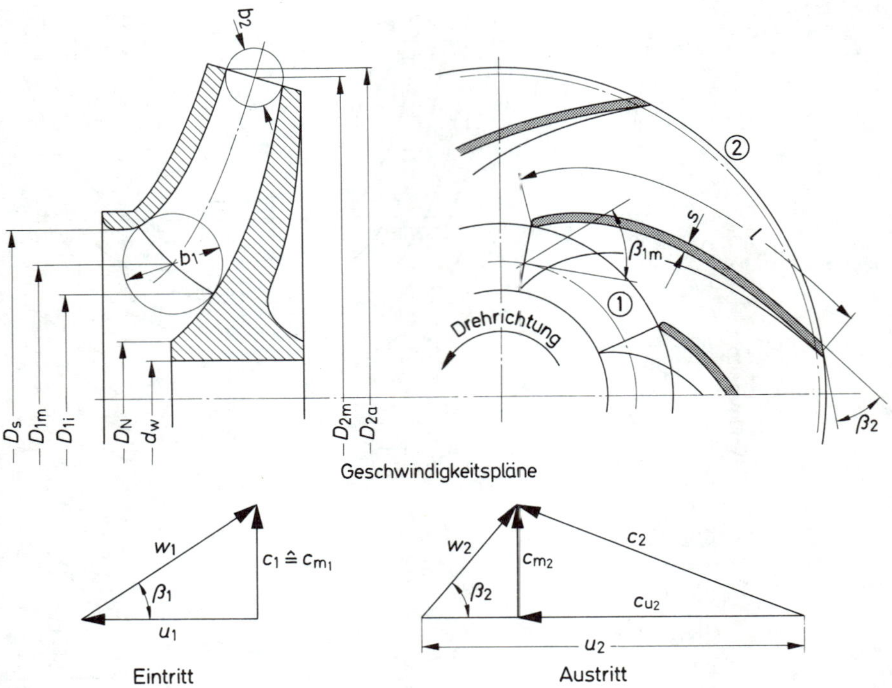


*Bild 1.32 Radiales Pumpenlaufrad*

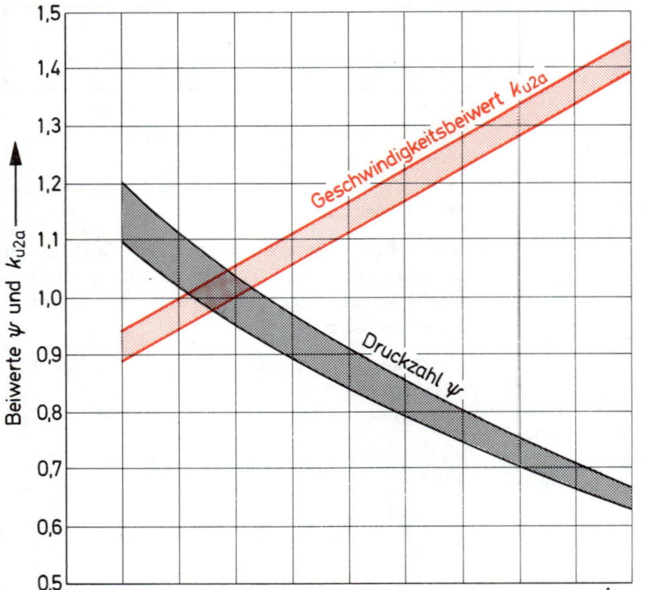


*Bild 1.33 Auslegewerte für radiale Pumpenlaufräder*

Eine Nachprüfung des nach Gleichung 1.27 berechneten Durchmessers kann nach verschiedenen Quellen erfolgen:
STEPANOFF [1.30] schlägt vor, die Umfangsgeschwindigkeit $u_{2a}$ über folgende Beziehung zu bestimmen:

$$u_{2a} = k_{u2a} \cdot \sqrt{2\,Y} \qquad (1.28)$$

$u_{2a}$ = Umfangsgeschwindigkeit am Außendurchmesser (in m/s)
$k_{u2a}$ = Beiwert nach Bild 1.33
$Y$ = spezifische Stutzenarbeit (in J/kg)

Die Verwendung der in [1.28] angegebenen Beziehung

$$u_{2a} = \frac{c_{m2} \cdot \cot \beta_2}{2} + \sqrt{Y_{th\infty} + \left(\frac{c_{m2} \cdot \cot \beta_2}{2}\right)^2}$$

setzt eine Abschätzung der Geschwindigkeit $c_{m2}$, des Winkels $\beta_2$, des Minderleistungseffekts und des inneren Wirkungsgrades voraus und eignet sich deshalb weniger für den Beginn der Dimensionierungsrechnung.
In [1.31] wird folgende rein empirisch hergeleitete Überschlagsformel vorgeschlagen:

$$D_{2a} = \frac{0{,}45 \cdot n_q + K}{n} \cdot \sqrt{H} \qquad (1.29)$$

$D_{2a}$ = Laufradaußendurchmesser in m
$n_q$ = spezifische Drehzahl in $\text{min}^{-1}$
$K$ = Beiwert = 71 bis 75 $\text{m}^{0,5} \cdot \text{min}^{-1}$
$n$ = Drehzahl in $\text{min}^{-1}$
$H$ = Förderhöhe in m

Weiterhin empfiehlt sich eine Nachprüfung des Durchmessers anhand ausgeführter Pumpen, wobei jedoch gewisse Streuungen auftreten, wie in [1.31] in Tabellen und Diagrammen ausführlich dargestellt ist. Eine zusätzliche Kontrolle führt über die in [1.1] eingeführte **Durchmesserzahl** $\delta$, die abhängig von der Laufzahl $\sigma$ ($\sigma = n_q/157{,}8$) aus dem Cordier-Diagramm (Bild 4.7 in [1.1]) entnommen oder aus folgender Näherungsgleichung berechnet werden kann:

$$\delta \approx \frac{138{,}5}{n_q^{0,96}}$$

In der Praxis wird meist ein bereits vorhandenes Radmodell ausgewählt, das u.U. noch nach den Gesetzen der Ähnlichkeitsmechanik auf einen größeren oder kleineren Durchmesser umgerechnet wird.

c) Festlegung des Saugdurchmessers $D_s$

Den Eintrittsquerschnitt

$$A_s = \frac{\pi}{4} \cdot (D_s^2 - D_N^2)$$

legt man im Hinblick auf ein gutes Saugverhalten über die nicht zu groß zu wählende Ansauggeschwindigkeit $c_s$ fest:

$$c_s = \varepsilon \cdot \sqrt{2\,Y} \qquad (1.30)$$

$c_s$ = Ansauggeschwindigkeit
$\varepsilon$ = Einlaufziffer (nach Bild 1.34)
$Y$ = spezifische Stutzenarbeit

In [1.28] wird für $c_s$ der Bereich empfohlen:

$$c_s = 2 \text{ bis } 4\,\text{m/s}$$

PFLEIDERER gibt in [1.33] folgenden Bereich für die Einlaufziffer $\varepsilon$ an:

$$\varepsilon = (1{,}5 \text{ bis } 3{,}0) \cdot 10^{-2} \cdot n_q^{2/3}$$

Nach Festlegung des Wellendurchmessers $d_w$ über die Festigkeitsrechnung der Welle bzw. der Nabenverbindung zwischen Welle und Laufrad kann der Nabendurchmesser $D_N$ abgeschätzt ($D_N \approx (1{,}3 \text{ bis } 1{,}4) \cdot d_W$) und damit der Saugmunddurchmesser $D_s$ berechnet werden:

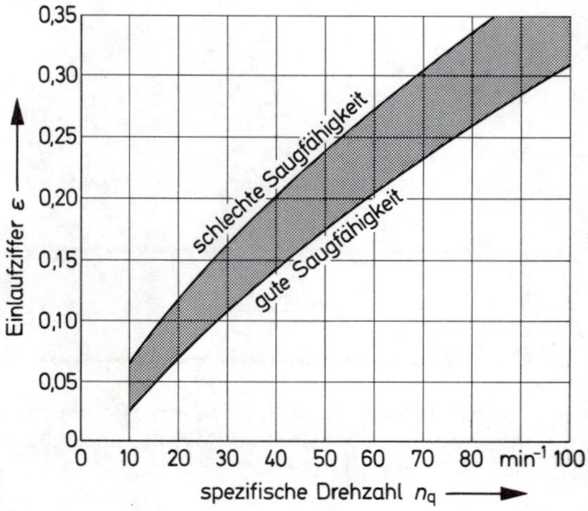


*Bild 1.34 Einlaufziffer radialer Pumpenlaufräder*

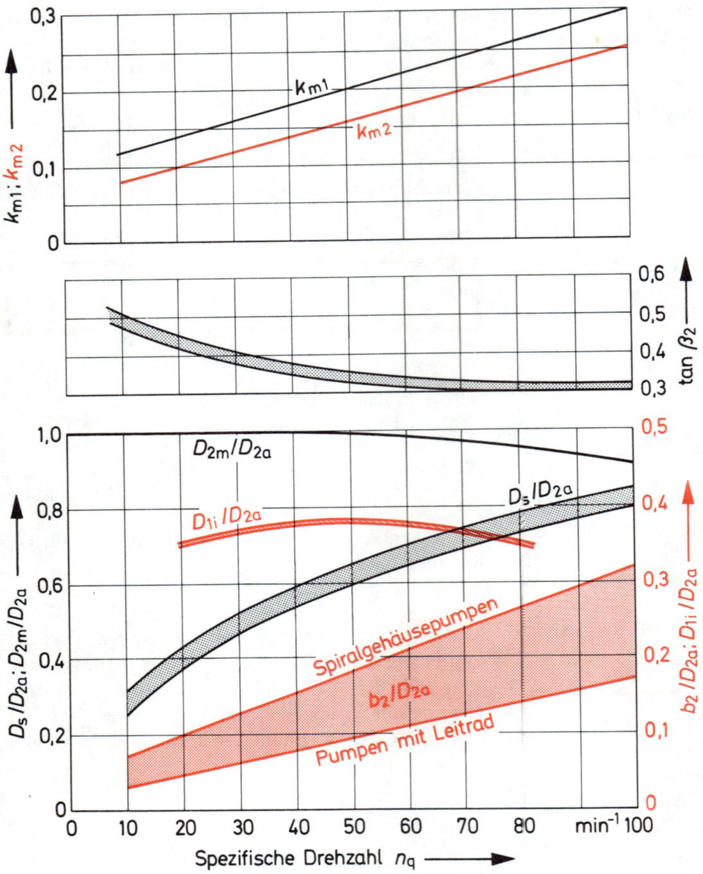


*Bild 1.35 Auslegewerte für radiale Pumpenlaufräder*

$$A_s = \frac{\dot{V}'}{c_s} = \frac{\pi}{4}(D_s^2 - D_N^2)$$

$$\dot{V}' = \frac{\dot{V}}{\eta_l}; \; \eta_l = \text{volumetrischer Wirkungsgrad}$$

$$D_s = \sqrt{\frac{4 \cdot \dot{V}}{\pi \cdot \eta_l \cdot c_s} + D_N^2} \qquad (1.31)$$

Zur Abschätzung des volumetrischen Wirkungsgrades $\eta_l$ wird in [1.34] eine von LOMAKIN angegebene empirische Formel zitiert:

$$\frac{1}{\eta_l} \approx 1 + \frac{0{,}287}{n_q^{2/3}}$$

Zusätzlich ist in Bild 1.35 das Verhältnis $D_s/D_{2a}$ eingetragen.

d) Festlegung der Laufradbreiten $b_2$ und $b_1$

Die Laufradbreiten $b_2$ und $b_1$ bestimmt man über die Meridiangeschwindigkeiten $c_{m2}$ und $c_{m1}$, die proportional zur spezifischen Stutzenarbeit $Y$ sind:

$$c_{m2} = k_{m2} \cdot \sqrt{2\,Y} \qquad (1.32a)$$

$$c_{m1} = k_{m1} \cdot \sqrt{2\,Y} \qquad (1.32b)$$

Die Beiwerte $k_{m2}$ und $k_{m1}$ sind von der spezifischen Drehzahl $n_q$ abhängig und können aus Bild 1.35 entnommen werden.

Nach Tabelle 3.2 in [1.1] betragen damit die Radbreiten:

$$b_2 = \frac{\dot{V}}{D_{2m} \cdot \pi \cdot c_{m2}} \cdot k_2 \qquad (1.33\,a)$$

$$b_1 = \frac{\dot{V}}{D_{1m} \cdot \pi \cdot c_{m1}} \cdot k_1 \qquad (1.33\,b)$$

Die die Schaufelstärke berücksichtigenden Beiwerte $k_1$ und $k_2$ werden im nächsten Kapitel 2 definiert.
Zur Kontrolle der nach 1.33a bestimmten Austrittsbreite $b_2$ kann die in Bild 1.35 eingetragene Kurve $b_2/D_{2a} = f(n_q)$ benützt werden.
In verschiedenen Literaturquellen wird für die Größe der Meridiangeschwindigkeit der Bereich

$$c_{m1} \approx (1{,}1 \text{ bis } 1{,}3) \cdot c_s$$

empfohlen.
Neuzeitliche Pumpenlaufräder haben in den Saugmund vorgezogene, räumlich gekrümmte Schaufeleintrittskanten zur Erhöhung der Saugfähigkeit des Rades.

e) Festlegung der Schaufelwinkel $\beta_1$ und $\beta_2$

Der Eintrittswinkel $\beta_1$ ergibt sich unter der Annahme drallfreier Zuströmung aus der Umfangsgeschwindigkeit unter der meridianen Geschwindigkeitskomponente am Laufradeintritt:

$$\beta_1 = \arctan \frac{c_{m1}}{u_1} \qquad (1.34)$$

Bei schrägliegender Eintrittskante ändert sich der Winkel $\beta_1$ mit der vom Radius abhängenden Umfangsgeschwindigkeit $u_1$ und es ergibt sich eine räumlich gekrümmte Schaufeleintrittszone.
Der übliche Bereich für $\beta_1$ liegt bei 10° bis 30°.
Den Austrittswinkel $\beta_2$ bestimmt man über die Umfangskomponente $c_{u2}$ am Radaustritt:

$$\beta_2 = \arctan \frac{c_{m2}}{u_2 - c_{u2}} \qquad (1.35)$$

$c_{u2} = Y_{th\,\infty}/u_2$ (EULERsche Turbinenhauptgleichung)

In der einschlägigen Literatur wird für $\beta_2$ der Bereich 15° bis 45° vorgeschlagen, wobei der Bereich 20° bis 30° besonders empfohlen wird. Zur Orientierung beim Radentwurf ist in Bild 1.35 auch der Winkel $\beta_2$ abhängig von der spez. Drehzahl $n_q$ eingetragen.

f) Wahl der Schaufelzahl

Die Schaufelzahl wird nach Erfahrung festgelegt.
Da die zu erzielende Förderhöhe proportional zum Quadrat der Umfangsgeschwindigkeit und der **Schaufelfläche** ist, ergeben wenige lange Schaufeln nahezu das gleiche Betriebsverhalten (Kennlinien) wie viele kurze Schaufeln [1.34].
In [1.35] werden Regeln für die Wahl der Laufschaufelzahl bei mehrstufigen, mit Leitrad ausgerüsteten Radialpumpen angegeben. Die empfohlenen Schaufelzahlen gewährleisten einen schwingungsarmen Lauf der Pumpen.
Zur Abschätzung der Schaufelzahl werden in der einschlägigen Fachliteratur folgende empirischen Formeln vorgeschlagen:

in [1.30] $\quad z \approx \beta_2/3 \qquad (1.36)$

in [1.28] $\quad z \approx 2 \cdot \pi \dfrac{D_{1m} + D_{2m}}{D_{2m} - D_{1m}} \cdot \sin \dfrac{\beta_1 + \beta_2}{2} \qquad (1.37)$

in [1.36] $\quad z \approx 7{,}85 \dfrac{D_{2m}}{1} \dfrac{1 - D_{1m}/D_{2m}}{\ln D_{2m}/D_s} \qquad (1.38)$

Die in den obigen Gleichungen benutzten geometrischen Größen sind in Bild 1.32 eingetragen.
Aus Platzgründen konnten nicht alle in der Fachliteratur enthaltenen Gedanken und Aussagen aufgenommen werden. Zur Ergänzung wird noch das Studium der unter [1.37] bis [1.44] aufgeführten weiterführenden Literatur empfohlen.

### 1.5.3 Das Laufrad der Axialpumpe

a) Wahl der spezifischen Drehzahl $n_q$

Gegeben sind meist Volumenstrom $\dot{V}$ und Förderhöhe $H$ der auszulegenden Pumpe.
Nach [1.45] besteht zwischen der Förderhöhe $H$ und der zugehörigen optimalen spezifischen Drehzahl $n_q$ der in Bild 1.36 angegebene Zusammenhang. Zusätzlich kann aus [1.1] Bilder 10.36, 10.37 oder 10.38 die

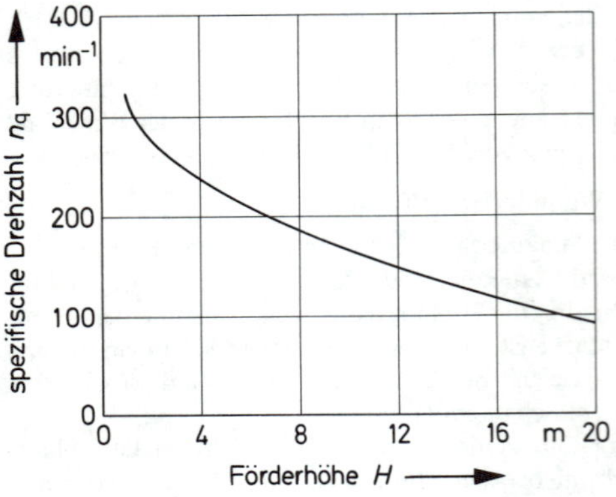


*Bild 1.36 Spezifische Drehzahl $n_q$ von Axialpumpen*

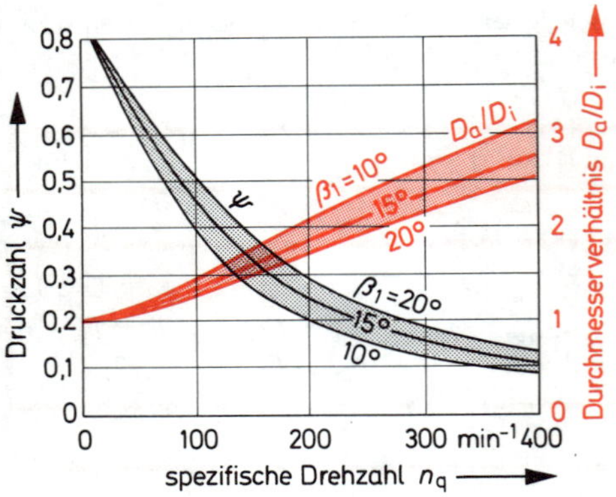


*Bild 1.37 Auslegewerte für axiale Pumpenlaufräder*

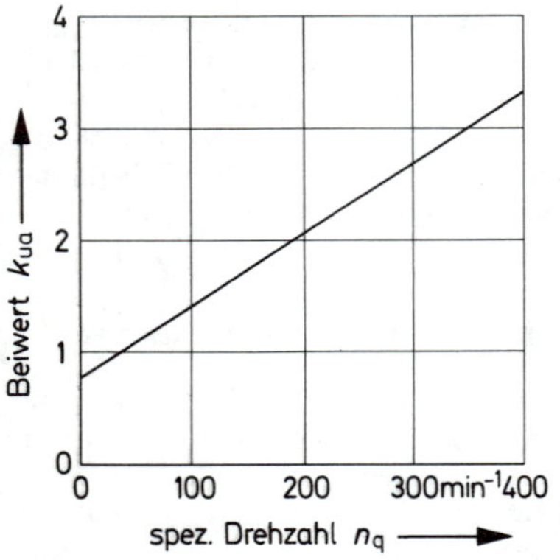


*Bild 1.38 Beiwert $k_{ua}$ für axiale Pumpenlaufräder*

von $\dot{V}$ bzw. $H$ abhängige, in der Praxis übliche Pumpendrehzahl $n$ entnommen und daraus die spezifische Drehzahl nach der Beziehung

$$n_q = n \cdot \frac{\sqrt{\dot{V}}}{H^{3/4}}$$

berechnet werden.

b) Festlegung des Laufradaußendurchmessers $D_a$

In Anlehnung an das Verfahren bei der Radialpumpe bestimmt man den Laufradaußendurchmesser $D_a$ der Axialpumpe ebenfalls über die **Druckzahl** $\psi$, die ihrerseits von der spezifischen Drehzahl $n_q$ abhängt.

$$D_a = 0{,}45 \cdot \frac{1}{n} \cdot \sqrt{\frac{Y}{\psi}} \qquad (1.39)$$

$D_a$ = Laufradaußendurchmesser (in m)
$n$ = Drehzahl (in $s^{-1}$)
$Y$ = spezifische Stutzenarbeit (in J/kg)
$\psi$ = Druckzahl nach Bild 1.37

Eine Kontrolle kann über den Beiwert der Umfangsgeschwindigkeit $u_a$ erfolgen:

$$u_a = k_{ua} \cdot \sqrt{2 \cdot Y}$$

Der Beiwert $k_{ua}$ kann aus Bild 1.38 (nach [1.30]) entnommen oder aus folgender empirischer Beziehung [1.46] abgeschätzt werden:

$$k_{ua} = \frac{n_q}{160} + 0{,}8$$

Zusätzlich sind in Bild 1.39 die Zusammenhänge zwischen Volumenstrom $\dot{V}$, Durchmesser $D_a$ und Drehzahl $n$ eingetragen [1.47]. Auch die oben zitierten Bilder 10.36, 10.37 und 10.38 in [1.1] enthalten Angaben über den Durchmesser $D_a$.

c) Wahl des Nabenverhältnisses $D_i/D_a$

Zur Bestimmung des Nabenverhältnisses $D_i/D_a$ können mehrere, aus verschiedenen Quellen stammende Beziehungen benutzt werden. In Bild 1.37 ist das Durchmesserverhältnis $D_a/D_i$ als Funktion von $n_q$ angegeben.

In [1.37] wird der in Bild 1.40 dargestellte Verlauf des Nabenverhältnisses zitiert.

Eine Kontrolle kann über die mittlere Meridiangeschwindigkeit $c_m$ erfolgen:

$$c_m \approx \frac{\dot{V}}{\frac{\pi}{4} \cdot (D_a^2 - D_i^2)} = k_{cm} \cdot \sqrt{2 \cdot Y}$$

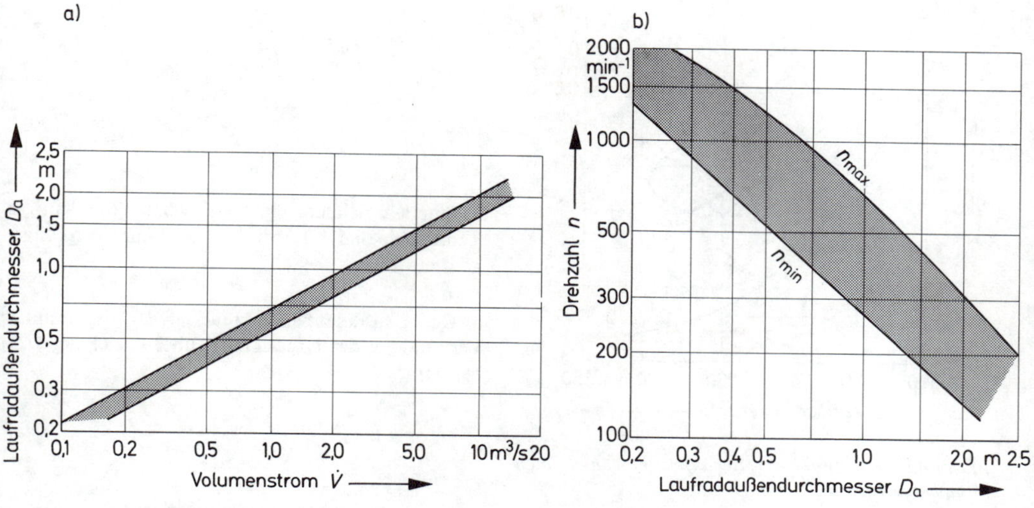


*Bild 1.39 Zur Wahl von Drehzahl und Laufraddurchmesser von Axialpumpen*

$$D_i = \sqrt{D_a^2 - \frac{4 \cdot \dot{V}}{\pi \cdot k_{cm} \sqrt{2 \cdot Y}}} \qquad (1.40)$$

$D_i$ = Nabendurchmesser (in m)
$D_a$ = Außendurchmesser (in m)
$\dot{V}$ = Volumenstrom (in $m^3/s$)
$k_{cm}$ = Beiwert der Meridiangeschwindigkeit
$Y$ = spezifische Stutzenarbeit (in J/kg)

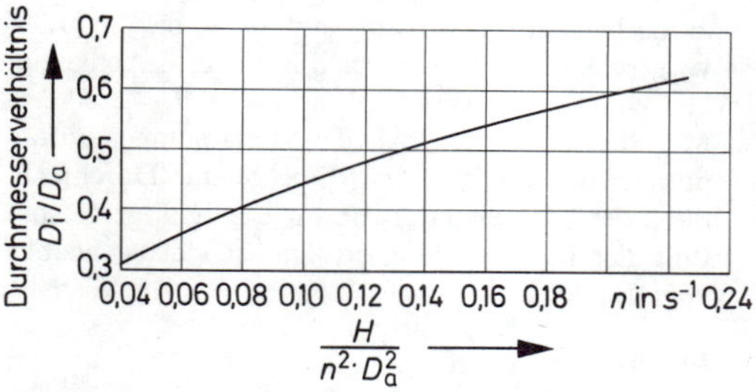


*Bild 1.40 Nabenverhältnis von Axialpumpen*

Der Beiwert $k_{cm}$ kann aus Bild 1.41 entnommen oder aus der empirischen Formel

$$k_{cm} \approx 1{,}168 \cdot 10^{-3} \cdot n_q + 0{,}255$$

nach [1.46] berechnet werden.
Nach [1.37] sollte die Meridiangeschwindigkeit $c_m$ innerhalb des Bereiches

$$c_m = (0{,}06 \text{ bis } 0{,}08) \sqrt[3]{\dot{V} \cdot n^2}$$

liegen ($\dot{V}$ in $m^3/s$; $n$ in $min^{-1}$).

d) Wahl der Schaufelzahl

Die Schaufelzahl $z$ liegt i.a. zwischen 3 und 6. Spezifisch schnelläufige Räder haben weniger Schaufeln als Langsamläufer. In [1.48] werden die in Tabelle 1.6 angegebenen Schaufelzahlen empfohlen:

Als zusätzliche Information dient das Verhältnis $z \cdot l_a/D_a$ in Funktion von $n_q$ [1.46], das in Bild 1.42

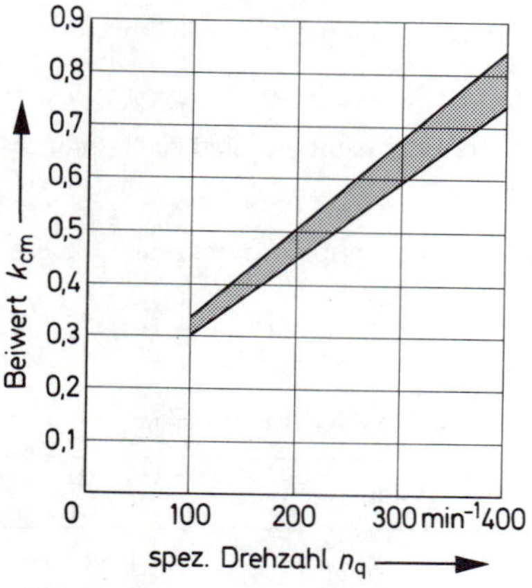


*Bild 1.41 Beiwert der Meridiangeschwindigkeit von Axialpumpen*

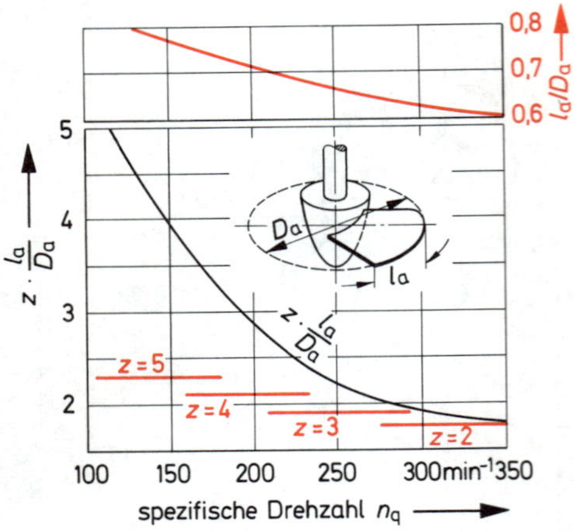


*Bild 1.42 Zur Wahl der Schaufelzahl von axialen Pumpenlaufrädern*

dargestellt ist. Außerdem sind noch die in [1.30] vorgeschlagenen Schaufelzahlbereiche in Abhängigkeit von $n_q$ eingetragen.
Mit diesen Werten ist das Axialpumpenlaufrad hinreichend dimensioniert. Eine genaue Durchrechnung des Schaufelgitters und die endgültige Gestaltung der Beschaufelung erfolgt nach den Angaben von Kapitel 2.

**Beispiel 1**

**Aufgabenstellung:**

Eine einstufige Radialkreiselpumpe für kaltes Wasser hat folgende Betriebsdaten:

Volumenstrom $\dot{V} = 300\,m^3/h = 0{,}0833\,m^3/s$
Förderhöhe $H = 50\,m$
Drehzahl $n = 1450\,min^{-1}$

Die Abmessungen des Laufrades sind zu bestimmen!

**Lösung:**

a) Zunächst wird die spezifische Drehzahl $n_q$ berechnet:

$$n_q = n \cdot \frac{\sqrt{\dot{V}}}{H^{0,75}}$$

$$n_q = 1450 \cdot \frac{\sqrt{0{,}0833}}{50^{0,75}}$$

$$n_q = 22{,}3\ min^{-1}$$

Es handelt sich um ein spezifisch langsamläufiges Rad. Nach Bild 1.31 beträgt der Pumpenwirkungsgrad etwa 0,8.

b) Der Laufradaußendurchmesser $D_{2a}$ wird unter Verwendung der Druckzahl $\psi$ über Gleichung 1.27 bestimmt:

$$D_{2a} = 0{,}45 \cdot \frac{1}{n} \cdot \sqrt{\frac{Y}{\psi}}$$

$n = 24{,}17\,s^{-1}$
$Y = g \cdot H = 9{,}81 \cdot 50 = 490{,}5\ J/kg$
$\psi = 1{,}0$ bis $1{,}08$ nach Bild 1.33

$$D_{2a} = 0{,}45 \cdot \frac{1}{24{,}17} \cdot \sqrt{\frac{490{,}5}{1{,}0 \text{ bis } 1{,}08}}$$

$$D_{2a} = 0{,}397 \text{ bis } 0{,}412\,m$$

Nach [1.28] hätte sich mit $\psi = 1{,}0$ (Spiralgehäusepumpe) ein Laufradaußendurchmesser von 0,412 m ergeben.
Nach [1.29] ergibt sich folgender Wert für:

$$\psi \approx \frac{2}{n_q^{1/5}}$$

$$\psi \approx \frac{2}{22{,}3^{1/5}}$$

$$\psi \approx 1{,}075$$

und für $D_{2a} \approx 0{,}398\,m$.
Eine Kontrollrechnung über den Beiwert $k_{u2a}$ liefert folgenden Bereich für den Laufradaußendurchmesser:

$$u_{2a} = k_{u2a}\sqrt{2 \cdot Y}$$

$k_{u2a} = 0{,}96$ bis $1{,}02$ nach Bild 1.33

**Tabelle 1.6 Schaufelzahlen der Axialpumpe**

| | | | | | |
|---|---|---|---|---|---|
| spezifische Drehzahl $n_q$ | 105 | 165 | 220 | 275 | $min^{-1}$ |
| Schaufelzahl $z$ | 6 | 5 | 4 | 3 | |
| maximale Förderhöhe $H_{max}$ | 22 | 15 | 10 | 6 | m |

$$u_{2a} = (0{,}96 \text{ bis } 1{,}02)\,\sqrt{2 \cdot 490{,}5}$$
$$u_{2a} = 30{,}07 \text{ bis } 31{,}95\,\text{m/s}$$
$$D_{2a} = \frac{u_{2a}}{\pi \cdot n}$$
$$D_{2a} = \frac{30{,}07 \text{ bis } 31{,}95}{\pi \cdot 24{,}17}$$
$$D_{2a} = 0{,}396 \text{ bis } 0{,}420\,\text{m}$$

Die empirische Formel 1.29 ergibt folgenden Wert:

$$D_{2a} = \frac{0{,}45 \cdot n_q + K}{n} \cdot \sqrt{H}$$
$$D_{2a} = \frac{0{,}45 \cdot 22{,}3 + (71 \text{ bis } 75)}{1450} \cdot \sqrt{H}$$
$$D_{2a} = 0{,}395 \text{ bis } 0{,}415\,\text{m}$$

Unter Verwendung der Durchmesserzahl $\delta$ kommt man zu folgendem Laufradaußendurchmesser:

$$\delta \approx \frac{138{,}5}{n_q^{0{,}96}}$$
$$\delta \approx \frac{138{,}5}{22{,}3^{0{,}96}}$$
$$\delta \approx 7{,}03$$
$$D_{2a} = \delta \cdot \frac{\sqrt{\dot{V}}}{(2 \cdot Y)^{1/4}} \frac{2}{\sqrt{\pi}}$$
$$D_{2a} = 7{,}03 \cdot \frac{\sqrt{0{,}0833}}{(2490{,}5)^{1/4}} \frac{2}{\sqrt{\pi}}$$
$$D_{2a} = 0{,}409\,\text{m}$$

Man erkennt, daß trotz Anwendung verschiedener Berechnungsverfahren die verschiedenen Werte in einem sehr engen Intervall um $D_{2a} \approx 400$ mm liegen. Im Hinblick auf das Auswahlkennfeld für Normpumpen nach DIN 24255 (Bild 10.16 in [1.1]) wird folgender Außendurchmesser festgelegt:

$$D_{2a} = 400\,mm$$

Der mittlere Durchmesser $D_{2m}$ ist bei dieser kleinen spezifischen Drehzahl gleich dem Außendurchmesser $D_{2a}$.

c) Den Saugdurchmesser $D_s$ ermittelt man über die Einlaufziffer $\varepsilon$ und kontrolliert nach verschiedenen anderen Quellen:

$$c_s = \varepsilon \cdot \sqrt{2 \cdot Y} \quad \text{(Gleichung 1.30)}$$
$$\varepsilon = 0{,}08 \text{ bis } 0{,}13 \text{ nach Bild 1.34}$$

oder: $\varepsilon = (1{,}5 \text{ bis } 3{,}0) \cdot 10^{-2} \cdot n_q^{2/3}$

$$\varepsilon = (1{,}5 \text{ bis } 3{,}0) \cdot 10^{-2} \cdot 22{,}3^{2/3}$$
$$\varepsilon = 0{,}12 \text{ bis } 0{,}24$$
$$c_s = (0{,}08 \text{ bis } 0{,}24)\,\sqrt{2 \cdot 490{,}5}$$
$$c_s = 2{,}5 \text{ bis } 7{,}52\,\text{m/s}$$

Der obere Wert von 7,52 m/s liegt zu hoch! $c_s$ sollte i.a. kleiner als 4 m/s sein.
Den Nabendurchmesser schätzt man über den Wellendurchmesser ab. Die Pumpenleistung beträgt:

$$P = \frac{\varrho \cdot \dot{V} \cdot Y}{\eta}$$
$$P = \frac{1000 \cdot 0{,}08333 \cdot 490{,}5}{0{,}8}$$
$$P = 51\,092\,\text{W} = 51{,}1\,\text{kW}$$

Der nächstliegende Normmotor hat eine Nennleistung von 55 kW, was eine geringe Leistungsreserve bedeutet.

Damit beträgt der Wellendurchmesser:

$$d_w = \sqrt[3]{\frac{M_d}{0{,}2 \cdot \tau_{t\,zul}}}$$
$$M_d = \text{Drehmoment} = \frac{P}{\omega} = \frac{P}{2 \cdot \pi \cdot n}$$
$$M_d = \frac{55\,000}{2 \cdot \pi \cdot 24{,}17} = 362\,\text{N} \cdot \text{m} = 362\,000\,\text{N} \cdot \text{mm}$$
$$\tau_{t\,zul} = 40 \text{ bis } 60\,\text{N/mm}^2 \text{ für üblichen Wellenstahl}$$
$$d_w = \sqrt[3]{\frac{362\,000}{0{,}2\,(40 \text{ bis } 60)}}$$
$$d_w = 31{,}13 \text{ bis } 35{,}64\,\text{mm}$$

Da eine Paßfederverbindung vorgesehen werden soll, wird der Wellendurchmesser auf 40 mm erhöht. Der Nabendurchmesser $D_N$ wird auf 52 mm festgelegt. Damit kann der Saugdurchmesser $D_s$ aus Gleichung 1.31 berechnet werden:

$$D_s = \sqrt{\frac{4 \cdot \dot{V}}{\pi \cdot \eta_l \cdot c_s} + D_N^2}$$
$$\frac{1}{\eta_l} = 1 + \frac{0{,}287}{n_q^{2/3}}$$
$$\frac{1}{\eta_l} = 1 + \frac{0{,}287}{22{,}3^{2/3}} = 1{,}0362$$

$$\eta_l = 0{,}965$$

$$D_s = \sqrt{\frac{4 \cdot 0{,}0833}{\pi\, 0{,}965\,(2{,}5 \text{ bis } 7{,}52)} + 0{,}052^2}$$

$$D_s = 0{,}13 \text{ bis } 0{,}216\,\text{m}$$

Nach Bild 1.35 beträgt das Durchmesserverhältnis $D_s/D_{2a}$ etwa 0,4 bis 0,45 und damit der Saugmunddurchmesser $D_s$:

$$D_s = (0{,}4 \text{ bis } 0{,}45) \cdot 400$$
$$D_s = 160 \text{ bis } 180\,\text{mm}$$

gewählt wird:

$$D_s = \mathit{175\,mm}$$

In Anlehnung an DIN 24255 beträgt die Eintrittsnennweite 200 mm. Der Eintrittsstutzen wird als Konfusor gestaltet.

d) die Laufradbreiten $b_1$ und $b_2$ sollten wie folgt gewählt werden:

Laufradeintritt:

$$c_{m1} = k_{m1} \cdot \sqrt{2 \cdot Y}$$
$$k_{m1} = 0{,}14 \text{ nach Bild 1.35}$$
$$c_{m1} = 0{,}14 \cdot \sqrt{2 \cdot 490{,}5}$$
$$c_{m1} = 4{,}38\,\text{m/s}$$

mit einem geschätzten Beiwert $k_1 = 1{,}2$, der im Beispiel 3 noch nachgeprüft wird, ergibt sich folgende Schaufeleintrittsbreite $b_1$:

$$b_1 = \frac{\dot{V}}{D_{1m} \cdot \pi \cdot c_{m1}} \cdot k_1$$

$$D_{1m} \approx \frac{D_s + D_{1i}}{2}$$

$$D_{1i} \approx 0{,}35 \cdot D_{2a} \text{ nach Bild 1.35}$$

$$D_{1i} \approx 0{,}35 \cdot 400 = 140\,\text{mm}$$

$$D_{1m} \approx \frac{175 + 140}{2} \approx 158\,\text{mm}$$

$$b_1 = \frac{0{,}0833}{0{,}158 \cdot \pi \cdot 4{,}38} \cdot 1{,}2$$

$$b_1 = 0{,}04598\,\text{m}$$

$$b_1 = \mathit{46\,mm}$$

Laufradaustritt:

$$c_{m2} = k_{m2} \cdot \sqrt{2 \cdot Y}$$
$$k_{m2} = 0{,}11 \text{ nach Bild 1.35}$$
$$c_{m2} = 0{,}11 \sqrt{2 \cdot 490{,}5}$$
$$c_{m2} = 3{,}45\,\text{m/s}$$

Der Beiwert $k_2$ wird zunächst auf 1,05 geschätzt und später im Beispiel 3 nachgeprüft und eventuell korrigiert.

$$b_2 = \frac{\dot{V}}{D_{2m} \cdot \pi \cdot c_{m2}} \cdot k_2$$

$$D_{2m} = D_{2a} = 400\,\text{mm}$$

$$b_2 = \frac{0{,}0833}{0{,}4 \cdot \pi \cdot 3{,}45} \cdot 1{,}05$$

$$b_2 = 0{,}020\,\text{m}$$

$$b_2 = \mathit{20\,mm}$$

e) Für die Schaufelwinkel $\beta_1$ und $\beta_2$ ergeben sich folgende Werte:

$$\beta_1 = \arctan \frac{c_{m1}}{u_1}$$

$$c_{m1} = 4{,}38\,\text{m/s}$$
$$u_1 = D_{1m} \cdot \pi \cdot n$$
$$u_1 = 0{,}158 \cdot \pi \cdot 24{,}17$$
$$u_1 = 12\,\text{m/s}$$

$$\beta_1 = \arctan \frac{4{,}38}{12}$$

$$\beta_1 = \mathit{20°}$$

$$\tan \beta_2 \approx 0{,}4 \text{ bis } 0{,}43 \text{ nach Bild 1.35}$$
$$\beta_2 \approx \mathit{21{,}8° \text{ bis } 23{,}3°}$$

Eine genaue Nachprüfung von $\beta_2$ erfolgt in Beispiel 3.

f) Die Schaufelzahl wird wie folgt festgelegt:

nach (1.36)

$$z \approx \beta_2/3$$

$$z \approx \frac{21{,}8 \text{ bis } 23{,}3}{3}$$

$$z \approx 7 \text{ bis } 8 \text{ Schaufeln}$$

nach (1.37)

$$z \approx 2 \cdot \pi \cdot \frac{D_{1m} + D_{2m}}{D_{2m} - D_{1m}} \sin \frac{\beta_1 + \beta_2}{2}$$

$$z \approx 2 \cdot \pi \cdot \frac{158 + 400}{400 - 158} \sin \frac{20° + (21{,}8° \text{ bis } 23{,}3°)}{2}$$

$$z \approx 5{,}17 \text{ bis } 5{,}34$$

Es werden 7 Schaufeln vorgesehen!

# 1.6 Die Laufräder der Ventilatoren

## 1.6.1 Einleitung

Nach neuer Definition [1.49] sind Ventilatoren Strömungsmaschinen zur Förderung von Luft oder Gasen bis zu einem maximalen Totaldruckverhältnis von 1,3.

Im folgenden Abschnitt werden Verfahren zur überschlägigen Dimensionierung der Laufräder von Radial-, Axial- und Querstromventilatoren angegeben. Eine genaue Durchrechnung kann dann nach Kapitel 2 erfolgen.

Auch im Ventilatorenbau genügt die rein theoretische Berechnung der Laufradgeometrie nicht, vielmehr sind auch hier Versuche zur Gewinnung empirischer Beiwerte zur Korrektur der Rechenergebnisse erforderlich, insbesondere, wenn man einen Ventilator nicht nur für einen bestimmten Betriebspunkt sondern mit einer bestimmten Kennlinie bauen will.

Da kleine und mittlere Ventilatoren in Baureihen mit veränderlichen Abmessungen und Drehzahlen in großen Stückzahlen hergestellt werden, müssen die Prototypen derartiger Ventilatorfamilien besonders sorgfältig ausgelegt werden. Aus diesen Prototypen können dann Sonderkonstruktionen abgeleitet werden.

## 1.6.2 Das Laufrad des Radialventilators

a) Wahl der Laufzahl $\sigma$ (bzw. der spezifischen Drehzahl $n_q$)

Gegeben sind beim Ventilatorentwurf meistens der Volumenstrom $\dot{V}$ und die spezifische Stutzenarbeit $Y$ bzw. die Totaldruckerhöhung $\Delta p_t$.

Die Laufzahl $\sigma$, die nach [1.1] wie folgt definiert ist

$$\sigma = n \frac{\sqrt{\dot{V}}}{(2 \cdot Y)^{3/4}} \cdot 2 \cdot \sqrt{\pi} \qquad (1.41)$$

$\sigma$ = Laufzahl
$n$ = Drehzahl (in $s^{-1}$)
$\dot{V}$ = Volumenstrom (in $m^3/s$); bei merklicher Kompressibilität $\dot{V} \mathrel{\hat{=}} \dot{V}_1$
$Y$ = spezifische Stutzenarbeit (in J/kg)

sollte möglichst so gewählt werden, daß ein hoher Wirkungsgrad erzielt wird.

In Bild 1.43 ist der Wirkungsgrad $\eta$ von Ventilatoren mittlerer Größe in Funktion der Laufzahl $\sigma$ dargestellt.

Mit der Wahl der Laufzahl $\sigma$ legt man auch die Druckzahl $\psi$ und damit den Laufraddurchmesser fest. Auch die Kennlinienform und die Geräuschentwicklung hängen von der spezifischen Schnelläufigkeit ab.

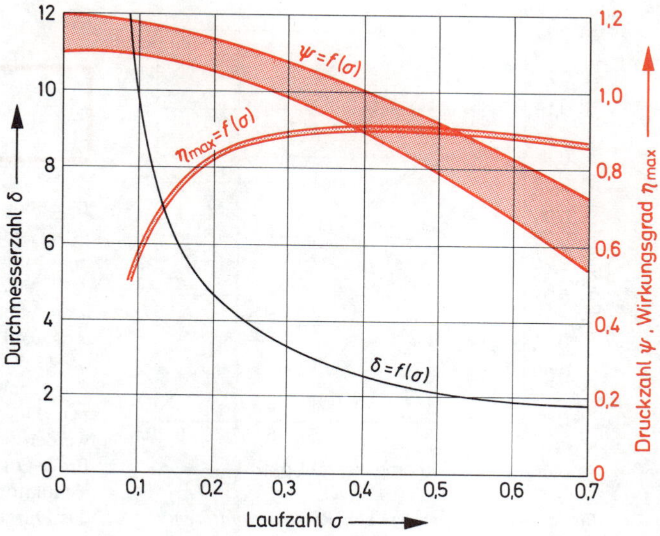


*Bild 1.43 Auslegewerte von Radialventilatoren*

Bei direkt auf der Motorwelle angebrachtem Laufrad ist die Drehzahl durch die Motordrehzahl vorgegeben und damit auch die Laufzahl $\sigma$ festgelegt.
Zwischen Laufzahl $\sigma$ und spezifischer Drehzahl $n_q$ besteht der bekannte Zusammenhang:

$$\sigma = n_q/157{,}8$$

b) Wahl des Laufradaußendurchmessers $D_2$

Den Laufradaußendurchmesser $D_2$ bestimmt man üblicherweise über die Druckzahl $\psi$, die von der Laufzahl $\sigma$ abhängt.

$$D_2 = \frac{0{,}45}{n} \cdot \sqrt{\frac{Y}{\psi}} \qquad (1.42)$$

$D_2$ = Laufradaußendurchmesser (in m)
$Y$ = spezifische Förderhöhe (in J/kg)
$\psi$ = Druckzahl

Die Druckzahl $\psi$ kann aus Bild 1.43 oder aus Tabelle 1.7 entnommen werden.

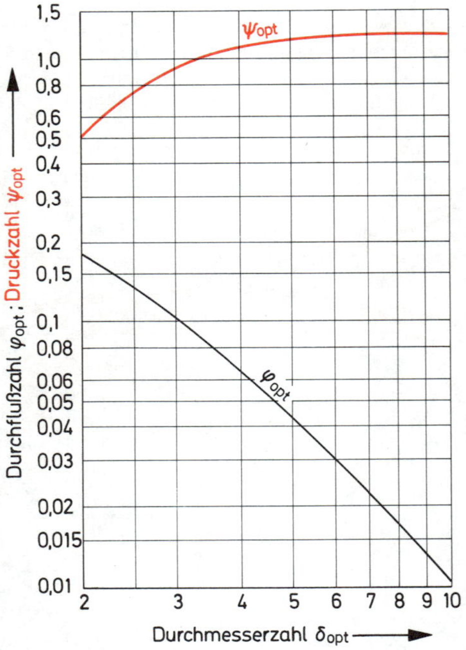


*Bild 1.44 Auslegewerte von Radialventilatoren*

Die Kontrolle des nach Gleichung 1.42 berechneten Durchmessers kann über die Durchmesserzahl $\delta$ oder über die Durchflußzahl $\varphi$ erfolgen:

$$D_2 = \delta \cdot \frac{\sqrt{\dot{V}}}{(2 \cdot Y)^{1/4}} \cdot \frac{2}{\sqrt{\pi}} \qquad (1.43)$$

$$D_2 = \sqrt[3]{\frac{4 \cdot \dot{V}}{\varphi \cdot \pi^2 \cdot n}} \qquad (1.44)$$

Die Durchmesserzahl $\delta$ kann aus Bild 1.43 oder aus Tabelle 1.7 genommen werden. Die Durchflußzahl ist in Tabelle 1.7 eingetragen. Zusätzlich ist in Bild 1.44 der optimale Zusammenhang zwischen den Kennzahlen $\delta$, $\psi$ und $\varphi$ nach [1.50] dargestellt.
Weitere Angaben zur Ähnlichkeitsmechanik von Radialventilatoren finden sich in [1.51 bis 1.53].

c) Wahl des Saugdurchmessers $D_s$

Ähnlich wie bei der Radialkreiselpumpe erfolgt die Festlegung des Saugdurchmessers $D_s$ über die Geschwindigkeit $c_s$ im Saugmund des Laufrades:

$$c_s = \frac{\dot{V}_1'}{A_s}$$

$$c_s = \varepsilon \cdot \sqrt{2 \cdot Y}$$

$$A_s = \frac{\pi}{4} \cdot D_s^2$$

$\dot{V}_1' = \dot{V}_1/\eta_1$; $\eta_1$ = volumetrischer Wirkungsgrad

$$D_s = \sqrt{\frac{4 \cdot \dot{V}_1}{\pi \cdot \eta_1 \cdot \varepsilon \cdot \sqrt{2\,Y}}} \qquad (1.45)$$

$D_s$ = Saugmunddurchmesser (in m), siehe Bild 1.45
$\dot{V}_1$ = Volumenstrom (in $m^3/s$)
$\eta_1$ = volumetrischer Wirkungsgrad ≈ 0,95 bis 0,98 je nach Ausführung des Spaltes
$\varepsilon$ = Einlaufziffer $= f(\sigma)$ nach Bild 1.46
$\varepsilon \approx 0{,}64 \cdot \sigma^{1/3}$ im Mittel nach [1.54]

Zur Kontrolle können die in Tabelle 1.7 eingetragenen Durchmesserverhältnisse $D_s/D_2$ herangezogen werden.
Prof. Eck empfiehlt in seinem Standardwerk über Ventilatoren [1.55] folgenden unteren Grenzwert für das Durchmesserverhältnis $D_s/D_2$:

**Tabelle 1.7 Auslegewerte von Radialventilatoren in Anlehnung an [1.55]**

| Lauf-zahl $\sigma$ | Meridian-schnitt | Schaufel-form | Druck-zahl $\psi$ | Durchfluß-zahl $\varphi$ | Durch-messer-zahl $\delta$ | Anwendungs-bereich |
|---|---|---|---|---|---|---|
| 0,04 | 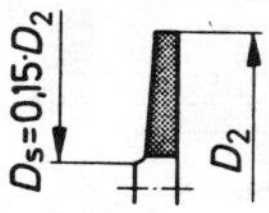 | rückwärts gekrümmt | 1,1 | 0,0019 | 24 | ausgesprochenes Hochdruckrad für kleine Volumenströme |
| 0,16 | 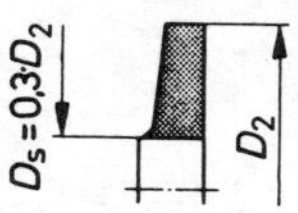 | rückwärts gekrümmt | 1,1 | 0,03 | 6 | Hochdruckrad für mittlere Volumenströme |
| 0,36 | 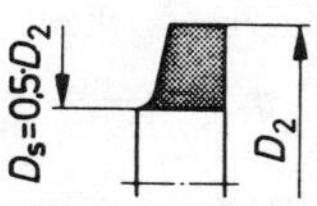 | rückwärts gekrümmt | 1,0 | 0,13 | 2,7 | Mitteldruck |
| 0,66 | 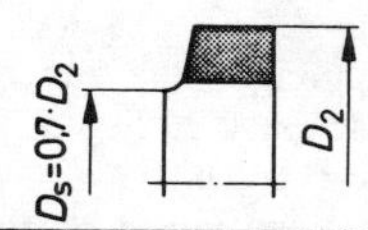 | rückwärts gekrümmt | 0,6 | 0,2 | 2,0 | Niederdruckrad |
| 0,45 … 0,6 | 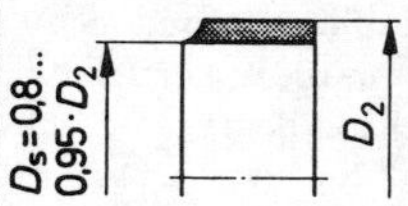 | rückwärts oder vorwärts gekrümmt oder radialendend | 2 … 3 | 1,0 … 1,4 | 1,2 … 1,3 | Trommelläufer für große Volumenströme |

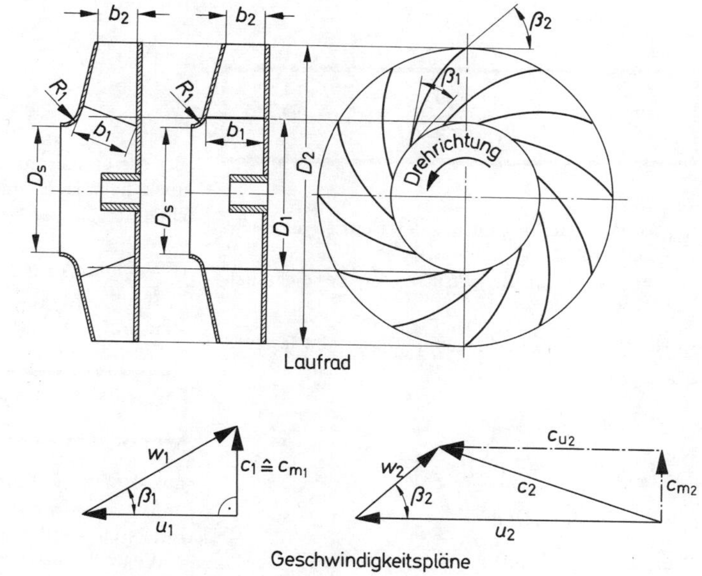


*Bild 1.45*
*Radiales Ventilatorlaufrad*

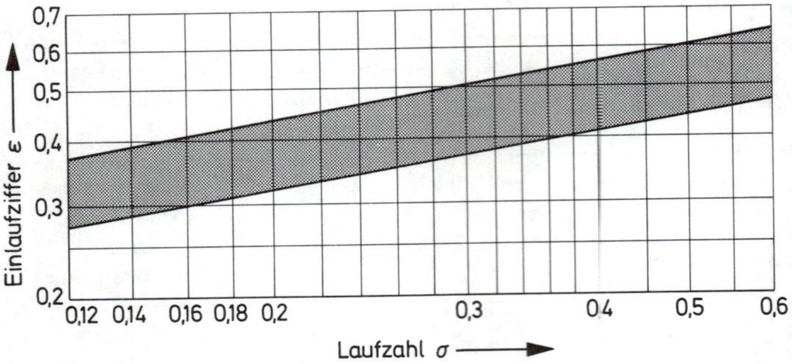


*Bild 1.46 Einlaufziffer radialer Ventilatorlaufräder*

$$\frac{D_s}{D_2} \geqq 1{,}194 \cdot \sqrt[3]{\varphi} \qquad (1.46)$$

$$\varphi = \text{Durchflußzahl} = \frac{4 \cdot \dot{V}}{D_2^3 \cdot \pi^2 \cdot n}$$

d) Wahl von Eintrittsdurchmesser $D_1$ und Eintrittsbreite $b_1$

Den Schaufeleintrittsdurchmesser $D_1$ wählt man etwa gleich dem Saugmunddurchmesser $D_s$

$$D_1 \approx D_s$$

sowohl bei achsparalleler als auch bei schrägliegender Schaufeleintrittskante (Bild 1.45).

Die Schaufeleintrittsbreite $b_1$ ergibt sich aus der Kontinuitätsgleichung:

$$\dot{V}_1' = c_{m1} \cdot \pi \cdot D_1 \cdot b_1 \cdot \frac{1}{k_1}$$

$$b_1 = \frac{\dot{V}_1'}{c_{m1} \cdot \pi \cdot D_1} \cdot k_1 \qquad (1.47)$$

$\dot{V}_1' = \dot{V}_1/\eta_l$
$c_{m1}$ = Meridiankomponente der Eintrittsgeschwindigkeit $c_1$
$k_1$ = Faktor zur Berücksichtigung der Schaufelstärke

In [1.54] wird vorgeschlagen, $c_{m1}$ wie folgt festzulegen:

$$c_{m1} = m \cdot c_s$$

$$m = 0{,}463 \left(\frac{1}{\sigma}\right)^{1/6}$$

$$\sigma = \text{Laufzahl}$$

Prof. ECK empfiehlt die Laufradbreite $b_1$ so zu wählen, daß eine beschleunigte Strömung eintritt und gibt folgende Gestaltungsregel an:

$$b_1 \approx D_2/4{,}8$$

e) Wahl der Eintrittskrümmung $R_1$ und des Eintrittswinkels $\beta_1$

Die Eintrittskrümmung sollte innerhalb des Bereiches $R_1/D_1 \approx 0{,}15$ bis 0,20 liegen. In [1.54] wird $R_1/D_1 \approx 0{,}14$ vorgeschlagen.

Nach [1.55] besteht ein Zusammenhang zwischen dem Krümmungsradius $R_1$ und dem Schaufeleintrittswinkel $\beta_1$. Der mittlere, korrigierte Eintrittswinkel $\overline{\beta}_1$ errechnet sich aus dem theoretisch berechneten Eintrittswinkel $\beta_1$:

$$\tan \overline{\beta}_1 = \tan \beta_1 \cdot n$$

$$\tan \beta_1 = \frac{c_{m1}}{u_1} = \frac{m \cdot c_s}{u_1}$$

$$n = \frac{1}{3}\left(1 + 2 \cdot e^{-\frac{b_1}{2 \cdot R_1}}\right)$$

Bei der Gestaltung der Schaufeleintrittszone sollten auch die in [1.56] und [1.57] beschriebenen Untersuchungsergebnisse berücksichtigt werden.

f) Wahl des Austrittswinkels $\beta_2$

In [1.54] wird vorgeschlagen, den Austrittswinkel $\beta_2$ zunächst nach folgender Regel anzunehmen

$$\beta_2 \approx \beta_1 + 10^\circ \qquad (1.48)$$

und dann unter Einbeziehung des Reibungsverlustes und des Minderleistungseffektes (vgl. Kap. 2) über die EULERsche Turbinenhauptgleichung nachzurechnen und ggf. zu korrigieren.

$$\tan\beta_2 = \frac{c_{m2}}{u_2 - c_{u2}}$$

$$c_{u2} = \frac{Y_{th\infty}}{u_2} = \frac{Y}{\eta_i \cdot \mu \cdot u_2}$$

Der innere Wirkungsgrad $\eta_i$ liegt etwa 5 bis 10% über dem in Bild 1.43 eingetragenen Gesamtwirkungsgrad $\eta$; der Minderleistungsfaktor $\mu$ kann nach Kapitel 2 bestimmt werden.

g) Wahl der Austrittsbreite $b_2$

Die Laufradaustrittsbreite $b_2$ kann über die Kontinuitätsgleichung bestimmt werden:

$$b_2 = \frac{\dot{V}'_2}{c_{m2} \cdot \pi \cdot D_2} \cdot k_2 \qquad (1.49)$$

$b_2$ = Laufradaustrittsbreite (in m)
$\dot{V}'_2$ = Austrittsvolumenstrom (in $m^3/s$)
$c_{m2}$ = Meridiankomponente der Austrittsgeschwindigkeit $c_2$ (in m/s)
$c_{m2} \approx (0{,}6 \text{ bis } 0{,}8)\, c_{m1}$ (nach [1.54]) der kleinere Beiwert gilt für niedrige Laufzahlen $\sigma$, der größere Beiwert für höhere Laufzahlen.
$D_2$ = Laufradaußendurchmesser (in m)
$k_2$ = Faktor zur Berücksichtigung der Schaufelstärke

In [1.55] werden keine direkten Angaben zur Festlegung der Austrittsbreite $b_2$ gemacht, sondern folgende Regel für die Gestaltung des **Schaufelkanals** angegeben:

$$w_2/w_1 \geqq D_1/D_2 \qquad (1.50)$$

$w_2$ = Relativgeschwindigkeit am Laufradaustritt
$w_1$ = Relativgeschwindigkeit am Laufradeintritt

Durch Beachtung dieser Regel wird das Maß der Verzögerung von $w_1$ auf $w_2$ in Grenzen gehalten, d.h. Strömungsablösung im Schaufelkanal vermieden. In [1.56] und [1.58] sind detaillierte, meist durch Versuchsergebnisse untermauerte Aussagen zur Laufradbreite enthalten.

h) Wahl der Schaufelzahl

Für Radialräder läßt sich keine theoretische Beziehung für die optimale Schaufelzahl herleiten.

Prof. Eck empfiehlt, die Schaufellänge etwa doppelt so groß zu machen als die Schaufeltiefe am Schaufelaustritt, was zu folgender Gleichung für die Abschätzung der Schaufelzahl führt:

$$z \approx 8{,}5 \frac{\sin\beta_2}{1 - D_1/D_2} \qquad (1.51)$$

Diese Formel gilt nicht für sogenannte Trommelläufer, wie z.B. in Bild 11.8 [1.1] einer dargestellt ist. Trommelläufer haben wesentlich größere Schaufelzahlen als die normalen Radialräder mit rückwärts gekrümmten Schaufeln.

Die in [1.54] vorgeschlagene, von Pfleiderer übernommene Beziehung

$$z = k\,\frac{D_2 + D_1}{D_2 - D_1}\,\sin\frac{\beta_1 + \beta_2}{2}$$

ist für die Praxis wenig geeignet, da für den Faktor $k$ der große Bereich 3 bis 8 angegeben wird, was sich auch in einem großen Werteintervall für die Schaufelzahl ausdrückt.

Bei der Entwicklung von Radialventilatorrädern muß die optimale Schaufelzahl auf dem Versuchswege gefunden werden.

### 1.6.3 Das Laufrad des Axialventilators

a) Einleitung

Vor Auslegung eines Axialventilators, d.h. Bestimmung von Außendurchmesser $D_a$ und Nabenverhältnis $D_i/D_a$, Wahl der Drehzahl $n$ und Abschätzung von Schaufelzahl und Schaufelform müssen zuerst folgende Größen und Begriffe abgeklärt sein:

1. **Druckerhöhung** bzw. **spezifische Stutzenarbeit**
2. **Ausführungsform** des Ventilators, d.h. Laufrad allein, mit Nach- oder Vorleitrad, mit nachgeschaltetem Diffusor
3. **Einbauart,** d.h. Einbau als Rohrventilator oder als Wandventilator

Nach der neuen Norm DIN 24163 [1.49] und nach [1.59] und [1.60] unterscheidet man zwei Begriffe für die Druckerhöhung und entsprechend für die spezifische Stutzenarbeit (Förderarbeit):

1. Druckerhöhung $\Delta p_{fa}$ („freiblasend“)

$$\Delta p_{fa} = p_{st2} - p_{t1} \qquad (1.52)$$

$\Delta p_{fa}$ = Druckerhöhung
$p_{st2}$ = statischer Druck am Ventilatoraustritt
$p_{t1}$ = Totaldruck am Ventilatoreintritt
$p_{t1} = p_{st1} + p_{d1}$

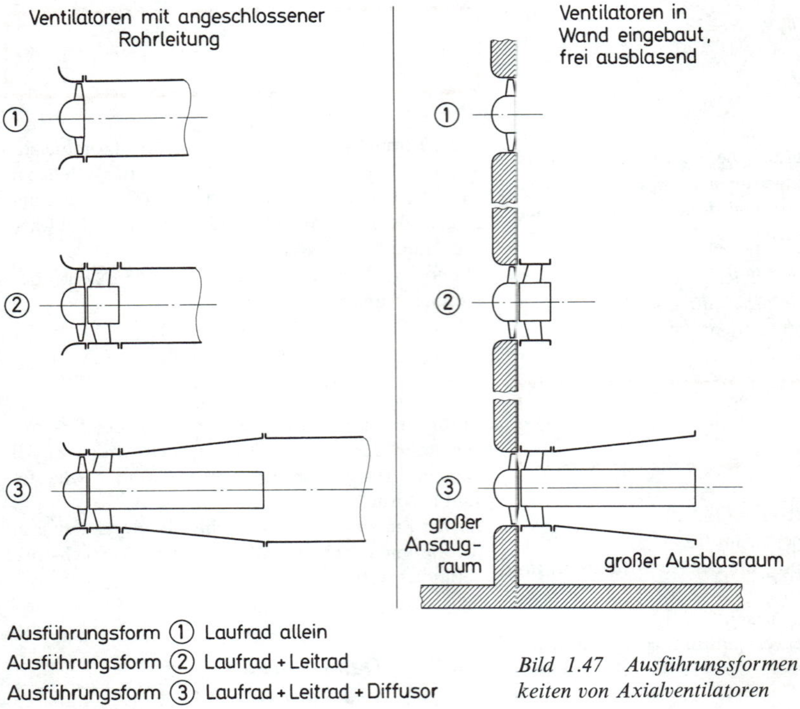


*Bild 1.47 Ausführungsformen und Einbaumöglichkeiten von Axialventilatoren*

$p_{st1}$ = statischer Druck am Ventilatoreintritt
$p_{d1} = \varrho_1/2 \cdot \bar{c}_1^2$ = dynamischer Druck am Ventilatoreintritt
$\varrho_1$ = Dichte am Ventilatoreintritt
$\bar{c}_1$ = mittlere Strömungsgeschwindigkeit am Ventilatoreintritt

2. Totaldruckerhöhung des Ventilators $\Delta p_t$

$$\Delta p_t = p_{t2} - p_{t1} = \Delta p_{fa} + p_{d2} \qquad (1.53)$$

$\Delta p_t$ = Totaldruckerhöhung
$p_{t2}$ = Totaldruck am Ventilatoraustritt
$p_{t1}$ = Totaldruck am Ventilatoreintritt
$p_{d2} = \varrho_2/2 \cdot \bar{c}_2^2$ = dynamischer Druck am Ventilatoraustritt

In Bild 1.47 sind die typischen Ausführungsformen und Einbauarten von Axialventilatoren gegenübergestellt. Da Axialventilatoren kaum noch mit Vorleitrad ausgeführt werden, fehlt diese Ausführung in der Aufstellung.
Maßgebend für die Auslegung, d.h. Berechnung des Ventilatorlaufrades ist die Totaldruckerhöhung $\Delta p_t$ bzw. die zugehörige spezifische Stutzenarbeit (Förderarbeit) $Y_t$:

$$Y \triangleq Y_t = \frac{\Delta p_t}{\varrho_m} \qquad (1.54)$$

$Y$ = spezifische Stutzenarbeit
$\Delta p_t$ = Totaldruckerhöhung nach Gleichung 1.53
$\varrho_m = (\varrho_1 + \varrho_2)/2$ = mittlere Dichte
$\varrho_1$ = Dichte am Ventilatoreintritt
$\varrho_2$ = Dichte am Ventilatoraustritt

b) Bestimmung des Laufradaußendurchmessers $D_a$

Gegeben sind normalerweise die Hauptbetriebsdaten

Volumenstrom $\dot{V}$ (meist der angesaugte Volumenstrom $\dot{V}_1$)
spezifische Stutzenarbeit $Y$ nach Gleichung 1.54

Gewählt wird die Drehzahl $n$, die in den meisten Fällen identisch ist mit der Drehzahl des Antriebsmotors, da die Laufräder von Axialventilatoren fast immer direkt mit dem Motor gekuppelt werden. Ausgenommen sind hiervon Fahrzeugkühllüfter, bei

*Bild 1.48 Auslegediagramm für Axialventilatoren*
(nach [1.60])

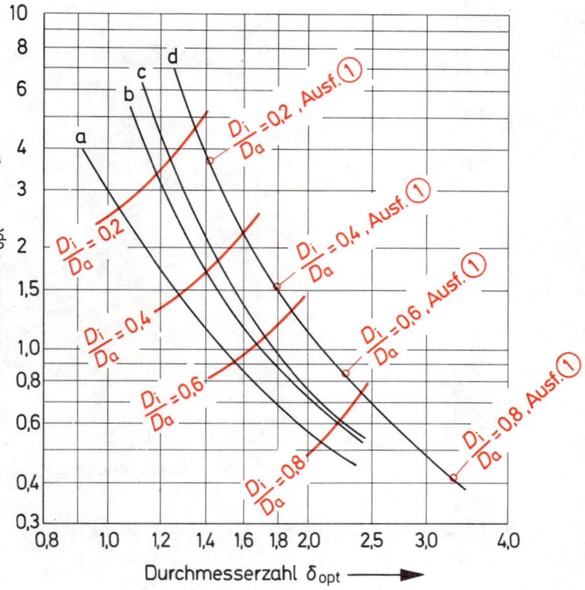


a Rohrventilator Ausführungsform ②
b Rohrventilator Ausführungsform ③
c Wandventilator Ausführungsform ③
d Wandventilator Ausführungsformen ① und ②

denen vielfach der Durchmesser und eine obere Drehzahlgrenze vorgegeben sind.
Nach Festlegung der Drehzahl $n$ wird die Laufzahl $\sigma$ nach Gleichung 1.41 berechnet. Aus Bild 1.48 nach [1.60] kann für verschiedene Ausführungsformen und Einbauarten die optimale Durchmesserzahl $\delta$ entnommen und daraus über Gleichung (1.43) der Laufradaußendurchmesser berechnet werden.

$$D_a = \delta \cdot \frac{\sqrt{\dot{V}}}{(2 \cdot Y)^{1/4}} \cdot \frac{2}{\sqrt{\pi}}$$

Für extrem schnelläufige Axialventilatoren ohne Leitrad, mit Laufzahlen über 2 kann das von BÜHNING in [1.61] angegebene Diagramm in Bild 1.49 zur Bestimmung des optimalen Zusammenhanges zwischen Laufzahl und Durchmesserzahl benützt werden.
In [1.62] bis [1.64] werden die Optimalbetrachtungen nach [1.60] und [1.61] zumindest teilweise in Zweifel gezogen und etwas abweichende Auslegekriterien und Diagramme angegeben. In Bild 1.50 aus [1.63] sind in einem $\sigma$-$\delta$-Diagramm auch Kurven konstanten Wirkungsgrades $\eta$ und konstanter Druckzahl $\psi$ eingetragen. Die eingetragene Optimallinie $\sigma_{opt} = f(\delta_{opt})$ weicht von der Optimallinie nach [1.60] ab. Das Wirkungsgradniveau ist etwas niedrig.
Zur Kontrolle des über die Durchmesserzahl $\delta$ nach Gleichung 1.43 berechneten Außendurchmessers $D_a$

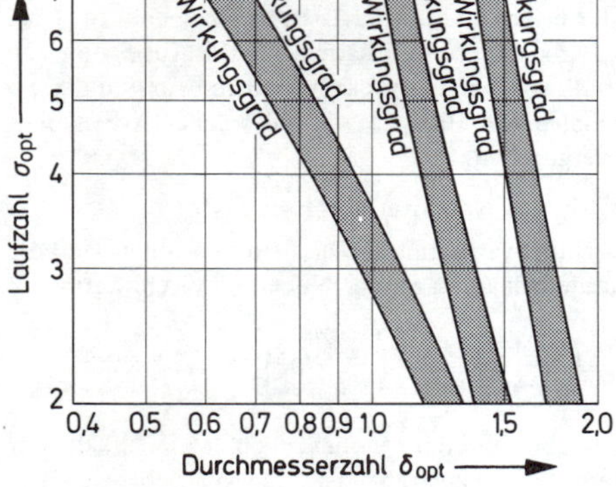


a Rohrventilator
b Wandventilator mit Austrittsdiffusor
c Wandventilator frei ausblasend

*Bild 1.49 Auslegediagramm für Axialventilatoren*
(nach [1.61])

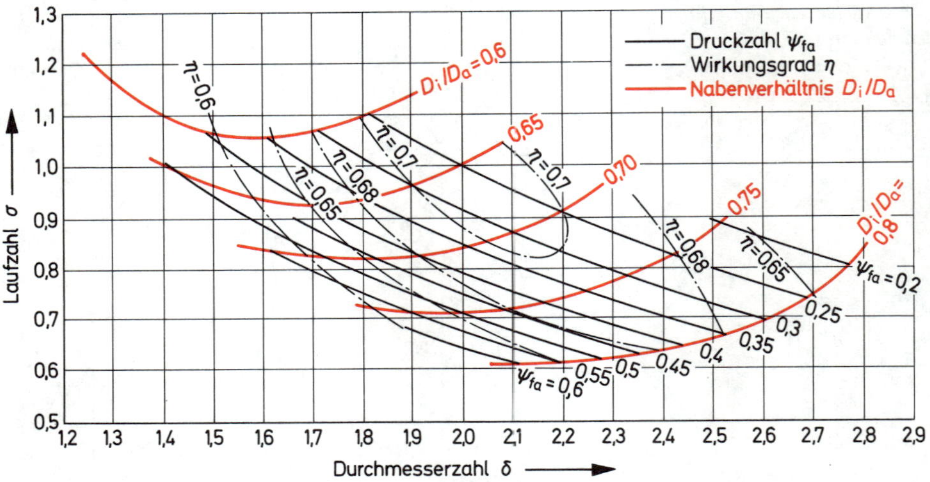


*Bild 1.50 Auslegediagramm für Axialventilatoren* (nach [1.63])

kann eine Nachprüfung über die Druckzahl $\psi$ erfolgen, die in Funktion von Laufzahl $\sigma$ und Wirkungsgrad $\eta$ aus Bild 1.50 entnommen werden kann.

Vom Verfasser wurden mehrere Axialventilatoren nach [1.60] und Bild 1.48 ausgelegt und anschließend auf einem Prüfstand nachgemessen [1.65], wobei sich durchwegs zufriedenstellende Betriebswerte ergaben. Eine Überprüfung des Außendurchmessers und evtl. auch der Drehzahl kann auch anhand von Auswahlkennfeldern erfolgen, wie sie beispielsweise in [1.1] Bilder 11.2; 11.12 und 11.18 dargestellt sind. In [1.66] sind Arbeitsblätter enthalten, die die Auslegung von leitradlosen Niederdruckventilatoren für Kühler ermöglichen. In Bild 1.51 ist ein solches Arbeitsblatt wiedergegeben.

c) Wahl des Nabenverhältnisses $D_i/D_a$

Das Nabenverhältnis $D_i/D_a$ ist so zu wählen, daß die Schaufelbelastung an der Nabe den Grenzwert

$$\left(2\,\frac{\Delta w_u}{w}\right)_{\text{Nabe}} = \left(\frac{c_a \cdot l}{t}\right)_{\text{Nabe}} \leqq 1{,}5 \text{ bis } 2{,}5$$

nicht überschreitet, wobei nach Möglichkeit der untere Wert anzustreben ist. Der Auftriebsbeiwert $c_a$ sollte möglichst nicht größer als 1,1 sein.

Der von DE HALLER angegebene Grenzwert für die Verzögerung

$$\frac{w_2}{w_1} \geqq 0{,}75$$

kann nach Ansicht des Verfassers aufgrund eigener Messungen bei ein- und zweistufigen Axialventilatoren etwas unterschritten werden, ohne daß dadurch Ablösung bzw. Verstopfung des Schaufelgitters eintreten.

Als wichtigstes Kriterium für die Wahl des günstigsten Nabenverhältnisses gilt die Betrachtung der **Drallströmung,** wie sie insbesondere von STRSCHELETZKY [1.67] angestellt wurde. Danach darf der Innendurchmesser $D_i$ nicht kleiner gemacht werden als es dem Innendurchmesser einer „gesunden" Drallströmung entspricht. In Bild 1.52 ist das Nabenverhältnis $D_i/D_a$ als Funktion des Ausdruckes $\varphi/\psi_{th}$ nach STRSCHELETZKY und anderen Autoren eingetragen.

Zusätzlich sind in den Bildern 1.48 und 1.50 die Linienzüge $D_i/D_a$ = konst. angegeben.

d) Zur Wahl der Spaltweite

Die Wahl der Spaltweite $s$ hat großen Einfluß auf den Volumenstrom, die Druckerhöhung und vor allem den Wirkungsgrad des Ventilators. Der Wirkungsgradabfall mit zunehmender Spaltweite ist bei profilierten Schaufeln stärker ausgeprägt als bei einfachen, unprofilierten Blechschaufeln [1.68]. Bei sehr großen Spaltweiten von mehr als 10% besteht praktisch kein Unterschied mehr zwischen den Wirkungsgraden profilierter und unprofilierter Axialräder. In Bild 1.53 ist der Bereich der üblichen Wirkungsgradverringerungen in Abhängigkeit der relativen Spaltweite $s/D_a$ nach [1.68], [1.52] und nach eigenen Messungen aufgetragen.

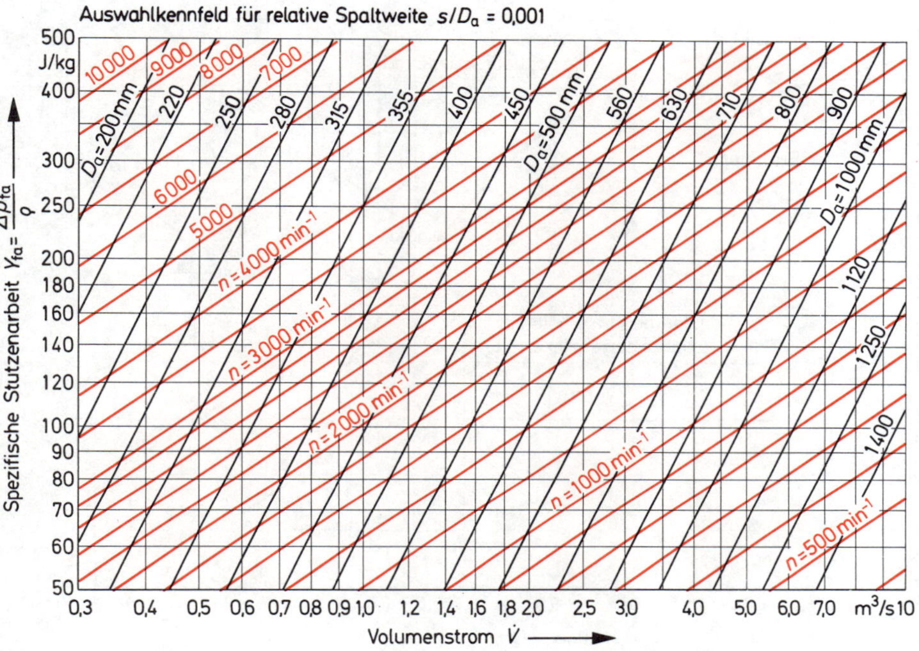


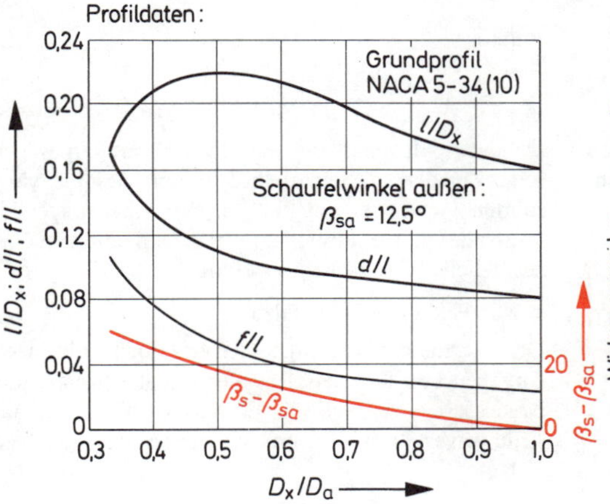


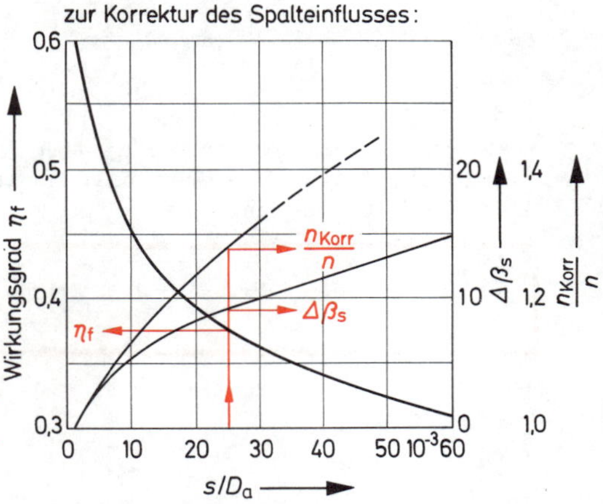


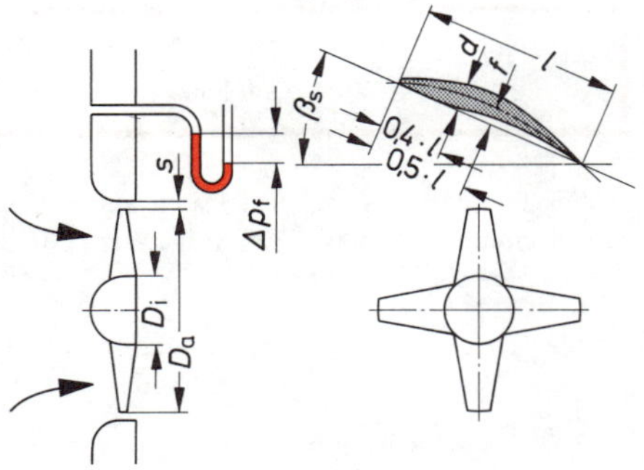


Berücksichtigung des Laufradspaltes:

a.) Vergrößerung des Schaufelwinkels bei gleichbleibender Drehzahl:

$$\beta_{s\,Korr} = \beta_s + \Delta\beta_s$$

b.) Vergrößerung der Drehzahl bei gleichbleibendem Schaufelwinkel:

$$n_{Korr} = n \cdot \left(\frac{n_{Korr}}{n}\right)$$

*Bild 1.51 Auswahlkennfeld für Axialventilatoren eines bestimmten Typs*
(nach [1.66])

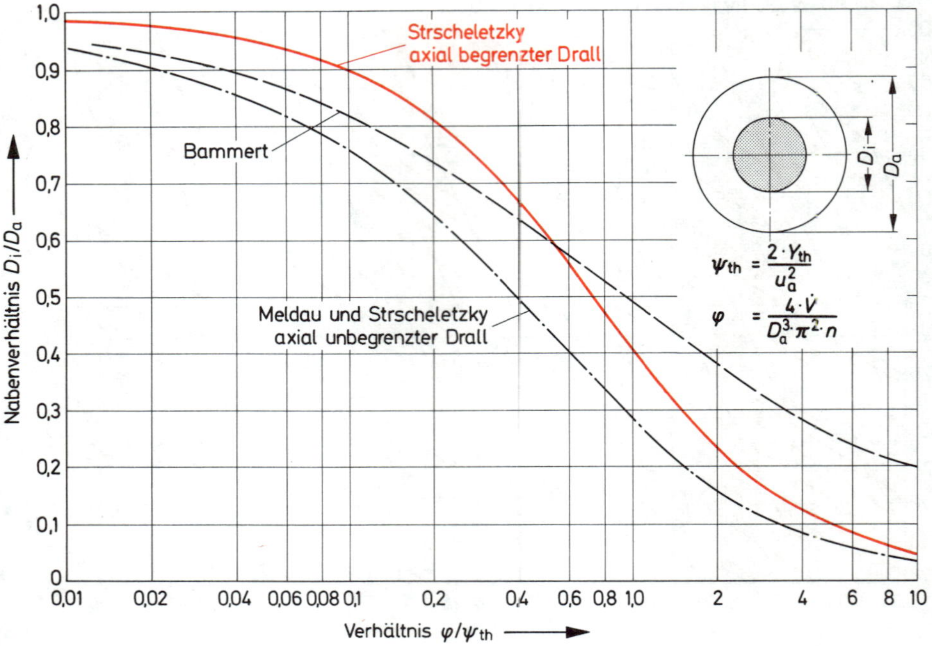


*Bild 1.52 Zur Wahl des Nabenverhältnisses von Axialventilatoren*

ECKERT [1.69] drückt den Spaltverlust über den volumetrischen Wirkungsgrad $\eta_l$ aus und gibt folgende empirische Beziehung an:

$$\eta_l = e^{-\frac{2 \cdot s \cdot \psi}{D_a \cdot \varphi^2}\left(3{,}1 - 8{,}1\frac{2s}{D_a}\right)} \; * \qquad (1.55)$$

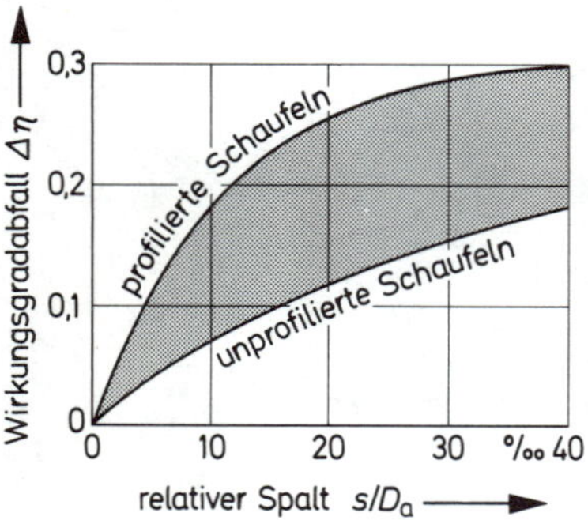


*Bild 1.53 Wirkungsgrad von Axialventilatoren in Abhängigkeit vom Laufradspalt*

Da die Spaltweiten der einzelnen Schaufeln wegen unterschiedlicher Schaufelhöhen und des nie ganz runden Gehäuses und evtl. exzentrischer Lage des Laufrades im Gehäuse nicht gleich sind, entsteht eine zusätzliche Geräuschentwicklung.

e) Zur Wahl der Schaufelzahl

Der Verfasser hat mit Schaufelzahlen, die nach Angaben von ECKERT [1.69] festgelegt wurden, gute Ergebnisse erzielt [1.65]. ECKERT schlägt vor, das Teilungsverhältnis $l/t$ an der Nabe wie folgt zu wählen:

$$\frac{l}{t} \approx \frac{\Delta w_u}{(0{,}4 \text{ bis } 0{,}5)\, w_\infty} \qquad (1.56)$$

wobei die Profillänge mit Rücksicht auf eine ausreichend hohe REYNOLDS-Zahl folgenden Grenzwert nicht unterschreiten sollte:

* In Gl. 1.55 ist $\varphi$ wie folgt definiert: $\varphi = \frac{4 \cdot \dot V}{\pi^2 (D_a^2 - D_i^2) \cdot D_a \cdot n}$!

*Bild 1.54 Schaufelgitter eines Axialventilators*

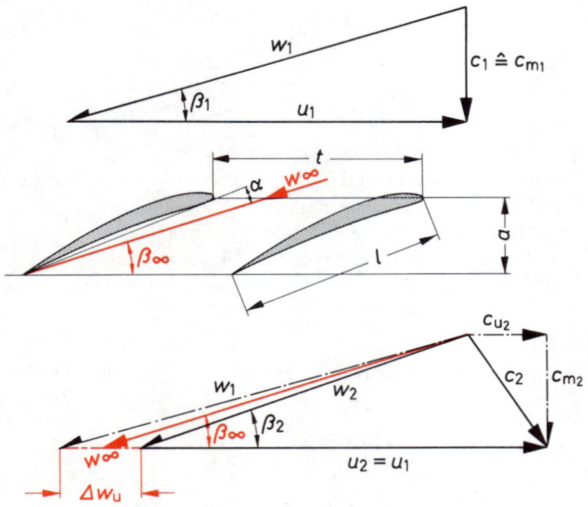


$$l \geqq \frac{v}{w_\infty} (150\,000 \text{ bis } 300\,000) \qquad (1.57)$$

$v$ = kinematische Viskosität des Strömungsmediums
$l$, $t$, $\Delta w_u$, $w_\infty$ siehe Bild 1.54

Auf die Höhe der Mach-Zahl braucht bei Ventilatoren meist nicht geachtet zu werden.
ECK empfiehlt in [1.55] die Schaufelteilung nach einer Arbeit von ZWEIFEL [1.70] festzulegen:

$$\frac{a}{t} = 2{,}5 \cdot \sin^2 \beta_2 (\cot \beta_1 - \cot \beta_2) \qquad (1.58)$$

Nach Erfahrungen des Verfassers ergeben sich nach diesem Verfahren meist etwas höhere Schaufelzahlen als nach den in den Gleichungen (1.56) und (1.57) ausgedrückten Regeln.
Neuere Literatur über Untersuchungen an Axialventilatoren findet sich in [1.86 bis 1.88].
Eine ausführliche Behandlung des Axialschaufelgitters erfolgt in Kapitel 2.

**Beispiel 2**

**Aufgabenstellung:**

Es soll ein einstufiger Axialventilator zum Absaugen kalter Luft ($\varrho_m = 1{,}2\,\text{kg/m}^3$) für folgende Betriebsdaten projektiert werden:

Volumenstrom $\dot{V} = 4{,}5\,\text{m}^3/\text{s}$

Totaldruckerhöhung $\Delta p_t = 1400$ Pa

Drehzahl $n = 2950\,\text{min}^{-1} = 49{,}17\,\text{s}^{-1}$

Der Ventilator soll als Rohrventilator mit Nachleitrad wie Ausführungsform ② in Bild 1.47 ausgelegt werden.

a) Wie groß ist der Außendurchmesser zu wählen?
b) Welches Nabenverhältnis ist vorzusehen?

**Lösung:**

zu a) Zunächst wird die Laufzahl $\sigma$ aus Volumenstrom $\dot{V}$, spezifischer Stutzenarbeit $Y$ und Drehzahl $n$ berechnet:

$$Y \mathrel{\hat{=}} Y_t = \frac{\Delta p_t}{\varrho_m}$$

$$Y = \frac{1400}{1{,}2} = 1166{,}7\,\text{J/kg}$$

$$\sigma = n \cdot \frac{\sqrt{\dot{V}}}{(2 \cdot Y)^{3/4}} \cdot 2 \cdot \sqrt{\pi}$$

$$\sigma = 49{,}17 \cdot \frac{\sqrt{4{,}5}}{(2 \cdot 1166{,}7)^{3/4}} \cdot 2 \cdot \sqrt{\pi}$$

$$\sigma = 1{,}1$$

Dazu gehört nach Bild 1.48 folgende optimale Durchmesserzahl $\delta$:

$$\delta = 1{,}42$$

damit beträgt der Außendurchmesser $D_a$:

$$D_a = \delta \cdot \frac{\sqrt{\dot{V}}}{(2 \cdot Y)^{1/4}} \cdot \frac{2}{\sqrt{\pi}}$$

$$D_a = 1{,}42 \cdot \frac{\sqrt{4{,}5}}{(2 \cdot 1166{,}7)^{1/4}} \cdot \frac{2}{\sqrt{\pi}}$$

$$D_a = 0{,}489\,\mathrm{m}$$

Nach Bild 1.50 [1.63] ergibt sich eine optimale Druckzahl $\psi_{fa}$ von etwa 0,23.

Da Bild 1.50 nur für sogenannte frei ausblasende Ventilatoren (was Kurve *d* in Bild 1.48 entsprechen würde!) gilt, muß zunächst $Y \mathrel{\hat{=}} Y_t$ auf $Y_{fa}$ umgerechnet werden:

$$Y_{fa} = Y_t - c_2^2/2$$

mit einem geschätzten Durchmesser $D_a$ von 500 mm wird $c_2^2/2$:

$$c_2 = \frac{\dot{V}}{D_a^2 \cdot \frac{\pi}{4}} = \frac{4{,}5}{0{,}5^2 \cdot \frac{\pi}{4}} = 22{,}92\,\mathrm{m/s}$$

$$c_2^2/2 = 262{,}62\,\mathrm{m^2/s^2}\ (= \mathrm{J/kg}\,!)$$

$$Y_{fa} = 1166{,}7 - 262{,}62 = 904{,}1\,\mathrm{J/kg}$$

$$D_a = \frac{0{,}45}{n} \sqrt{\frac{Y_{fa}}{\psi_{fa}}}$$

$$D_a = \frac{0{,}45}{49{,}17} \cdot \sqrt{\frac{904{,}1}{0{,}23}}$$

$$D_a = 0{,}57\,\mathrm{m}$$

gewählt wird mit Rücksicht auf **geringen Platzbedarf**

$$D_a = 500\,\mathrm{mm}$$

auch wenn dadurch der Wirkungsgrad etwas niedriger wird.

zu b) Nach Bild 1.48 ergibt sich ein Nabenverhältnis von etwa 0,53, d.h. ein Innendurchmesser von:

$$D_i = D_a \cdot \frac{D_i}{D_a} = 500 \cdot 0{,}53$$

$$D_i = 265\,\mathrm{mm}$$

Nach Bild 1.50 liegt das Nabenverhältnis wesentlich höher, nämlich bei etwa 0,61 und damit ergibt sich auch ein höherer Nabendurchmesser:

$$D_i = 500 \cdot 0{,}61$$

$$D_i = 305\,\mathrm{mm}$$

Wie in Beispiel 4 genau begründet wird, beträgt die theoretische Stutzenarbeit

$$Y_{th\infty} = 1500\,\mathrm{J/kg}$$

und damit die theoretische Druckzahl $\psi_{th}$:

$$\psi_{th} = \frac{2 \cdot Y_{th\infty}}{u_a^2} = \frac{2 \cdot 1500}{77{,}24^2}$$

$$u_a = \pi \cdot D_a \cdot n = \pi \cdot 0{,}5 \cdot 49{,}17 = 77{,}24\,\mathrm{m/s}$$

$$\psi_{th} = 0{,}5$$

Die Durchflußzahl $\varphi$ ergibt sich aus dem Volumenstrom $\dot{V}$:

$$\varphi = \frac{\dot{V}}{\frac{\pi}{4} \cdot D_a^2 \cdot u_a} = \frac{4{,}5}{\frac{\pi}{4} \cdot 0{,}5^2 \cdot 77{,}24}$$

$$\varphi = 0{,}3$$

Damit kann aus Bild 1.52 aus der von STRSCHELETZKY angegebenen Kurve $D_i/D_a = f(\varphi/\psi_{th})$ folgendes günstiges Nabenverhältnis abgegriffen werden:

für $\varphi/\psi_{th} = 0{,}3/0{,}5 = 0{,}6$

ergibt sich $D_i/D_a = 0{,}56$

und daraus der Nabendurchmesser:

$$D_i = D_a \cdot D_i/D_a = 500 \cdot 0{,}56$$

$$\underline{D_i = 280\,\mathrm{mm}}$$

Dieser Wert wird vorgesehen, zumal er auch ein Mittelwert der nach Bild 1.48 und 1.50 gefundenen Nabendurchmesser darstellt.

### 1.6.4 Das Laufrad des Querstromventilators

Querstromventilatoren werden als Kleinlüfter, Heizlüfter, in Kleinklimageräten, Haartrocknern usw. eingestzt.

Die Durchströmung des Laufrades unterscheidet sich grundsätzlich von der Strömung im Radial- und Axialrad.

Die Strömung tritt am Außendurchmesser ein, durchströmt die Schaufeln von außen nach innen, verläßt die Schaufeln am Innenrand, strömt durch den Innenraum und tritt auf der Austrittsseite am Innenrand wieder in die Schaufeln ein. Die Strömung wird nochmals stark umgelenkt und verläßt das Laufrad am Außendurchmesser $D_a$.

Wie in [1.52] ausführlich nachgewiesen wird, beträgt die theoretische Druckerhöhung bei stoßfreier Durchströmung:

$$\Delta p_{th\infty} = \varrho \cdot u_a \cdot (c_{u4} - c_{u1})$$

ECK und andere [1.71] bis [1.73] haben theoretisch und durch Versuche gezeigt, daß die Schaufelauslegung des Querstromventilators weitgehend unabhängig von der geforderten Druckerhöhung ist, da es sich um ein Gleichdruckrad handelt, das im wesentlichen

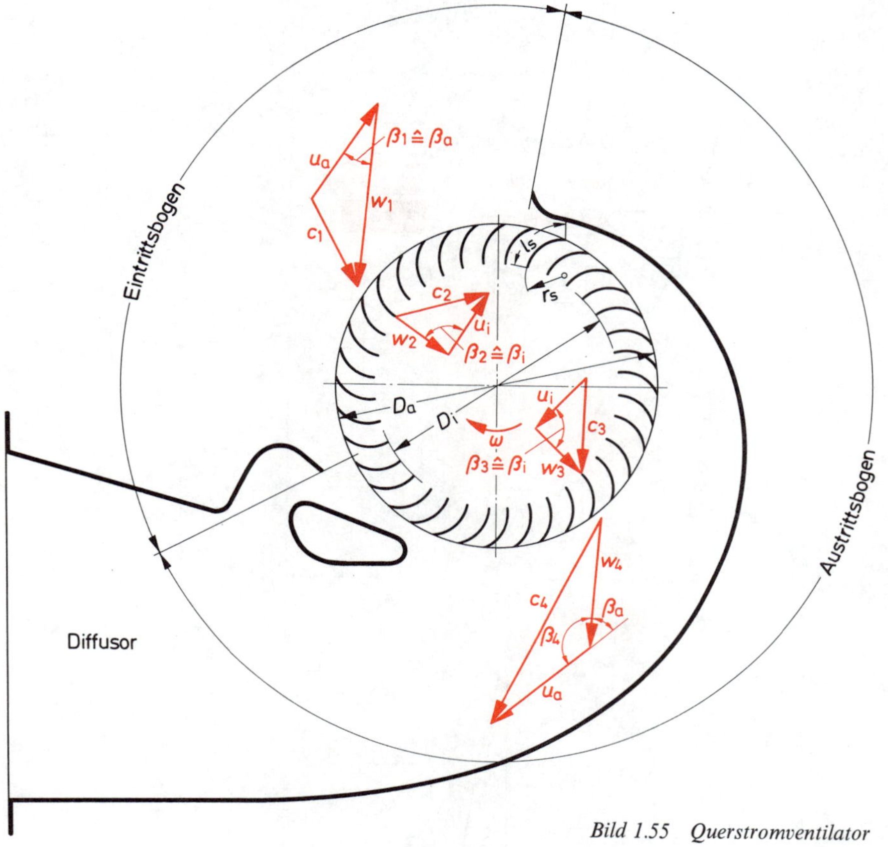


*Bild 1.55 Querstromventilator*

nur Geschwindigkeit erzeugt, die im Austrittsdiffusor erst in statischen Druck umgewandelt werden muß. Die optimale Auslegung ist nur in Zusammenhang mit der Gehäuseform und nur auf dem Versuchswege möglich!

Besonders wichtig ist neben der Diffusorausführung auch die Aufteilung des Eintrittsbogens und Austrittsbogens (Bild 1.55), wobei die hierüber in der Literatur zu findenden Aussagen teilweise voneinander abweichen.

In [1.71] wird durch Versuche nachgewiesen, daß die Geschwindigkeitsverteilung auf der Ein- und Austrittsseite des Laufrades von der REYNOLDS-Zahl und vom Drosselzustand abhängen.

Bei richtiger Ausbildung des Diffusors sind die Kennlinien stabil. Auch bei niedrigen REYNOLDS-Zahlen bleiben die Kennnien stabil und liegen die $\varphi$–$\psi$-Werte höher als bei Axial- und Radialventilatoren (Bild 1.56). Die kritische REYNOLDS-Zahl ab der ein deutlicher Abfall der $\varphi$–$\psi$-Werte entsteht, liegt nach [1.71] bei 10 000 bis 20 000. Die relativ großen $\varphi$–$\psi$-Werte ergeben eine besonders platzsparenden und geräuscharmen Ventilator, der trotz des im Vergleich zum Axial- und Radialventilator niedrigeren Wirkungsgrades in großen Stückzahlen gebaut wird.

Für einen überschlägigen Entwurf können folgende aus [1.53] und [1.71] entnommenen Richtwerte dienen:

a) Laufzahl $\sigma = 0{,}35$ bis $0{,}6$

b) Durchmesserzahl $\delta = 1{,}14$ bis $1{,}19$

c) Durchflußzahl $$\varphi = \frac{\dot{V}}{D_a^2 \cdot \frac{\pi}{4} \cdot u_a} = 1{,}0$$

d) Druckzahl $$\psi = \frac{\Delta p_t}{\frac{\varrho}{2} \cdot u_a^2} = 2 \text{ bis } 4$$

e) Eintrittswinkel $\beta_a = 25°$ bis $30°$

f) Austrittswinkel $\beta_i \approx 90°$

g) Durchmesserverhältnis $D_i/D_a = 0{,}7$ bis $0{,}85$

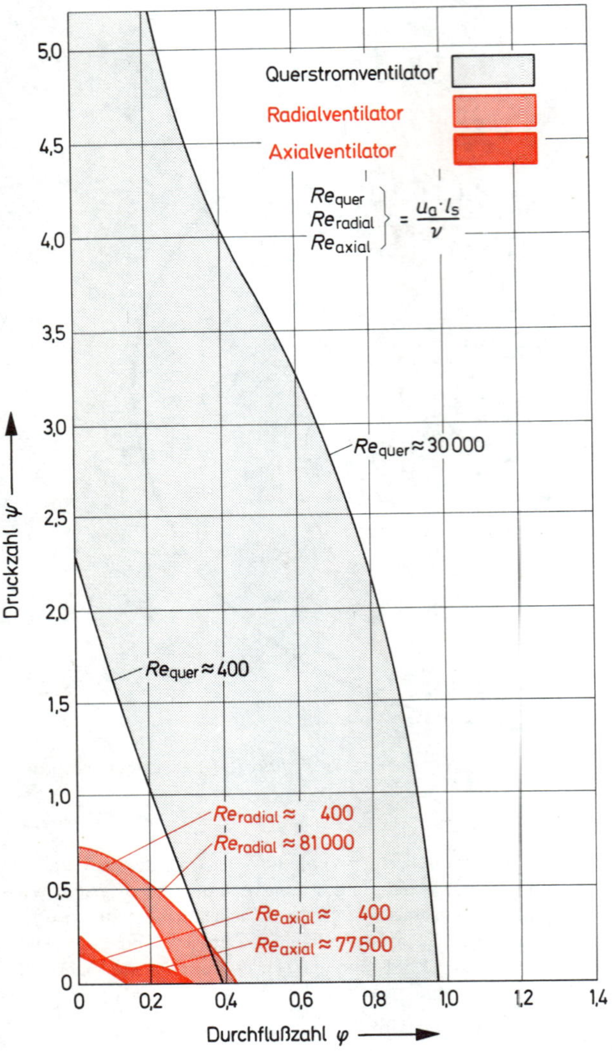


*Bild 1.56 Vergleich der dimensionslosen Kennlinien verschiedener Ventilatorbauarten*

# 1.7 Die Laufräder der Verdichter

## 1.7.1 Kurze Einführung in die Theorie der Verdichterstufe

Betrachtet man den Energieumsatz in einer Verdichterstufe, bestehend aus Lauf- und Leitrad (Bild 1.57), so ergeben sich unter der Annahme adiabatischer Verdichtung folgende Beziehungen für die Zustandsänderungen:

a) im Laufrad (Verdichtung von ① auf ②)

$$h_2 + \frac{w_2^2}{2} - \frac{u_2^2}{2} = h_1 + \frac{w_1^2}{2} - \frac{u_1^2}{2}$$

$$h_2 - h_1 = \Delta h_{La}$$

Enthalpieumsatz im Laufrad:

$$\Delta h_{La} = \frac{1}{2}\,(w_1^2 - w_2^2 + u_2^2 - u_1^2)$$

*Bild 1.57 Verdichterstufe (Prinzip)*

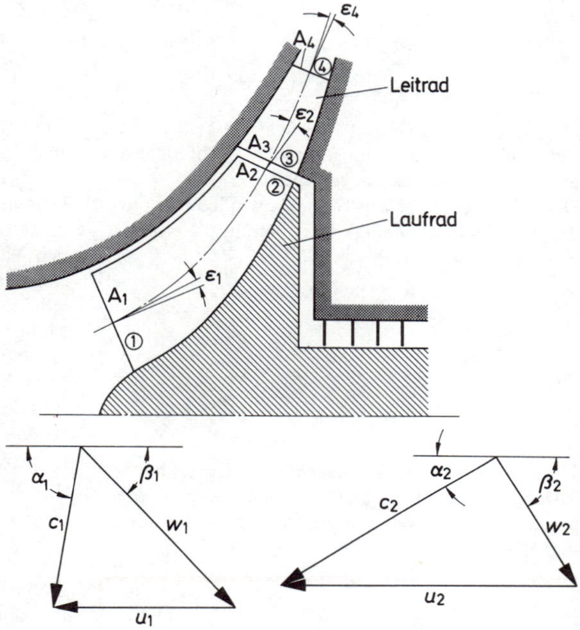


Die bei der Verdichtung auftretenden Verluste werden über den Beiwert $\zeta_{La}$ ausgedrückt:

$$\Delta h_{vLa} = \zeta_{La} \cdot \frac{1}{2}(w_1^2 + u_2^2 - u_1^2)$$

wobei zwischen dem Verlustbeiwert $\zeta_{La}$ und dem inneren Wirkungsgrad des Laufrades folgender angenäherter Zusammenhang besteht:

$$\zeta_{La} \approx 1 - \eta_{iLa}$$

In Bild 1.58 ist der Verdichtungsvorgang in einem Enthalpie-Entropie($h$–$s$)-Diagramm dargestellt:
Die tatsächliche spezifische Förderarbeit des Laufrades $\Delta h_{La}$ setzt sich demnach aus dem isentropen Anteil $\Delta h_{sLa}$ und dem Verlustanteil $\Delta h_{vLa}$ zusammen:

$$\Delta h_{La} = \Delta h_{sLa} + \Delta h_{vLa}$$

Angaben über die Abschätzung des Wirkungsgrades $\eta_{iLa}$ bzw. des Verlustbeiwertes $\zeta_{La}$ finden sich in [1.16] Kapitel 8.6 und in [1.69] Abschnitt D IV.
Im beschaufelten Leitraddiffusor oder im unbeschaufelten Ringraum erhöht sich die Enthalpie nochmals um den Betrag

$$\Delta h_{Le} = h_4 - h_3 \qquad h_3 \approx h_2\,!$$

$$\Delta h_{Le} = \frac{1}{2}(c_3^2 - c_4^2)$$

Erfaßt man die Verluste im Leitrad bzw. Ringraum über eine Verlustzahl $\zeta_{Le}$, kann der Zusammenhang zwischen dem isentropen und dem tatsächlichen Energieumsatz angegeben werden:

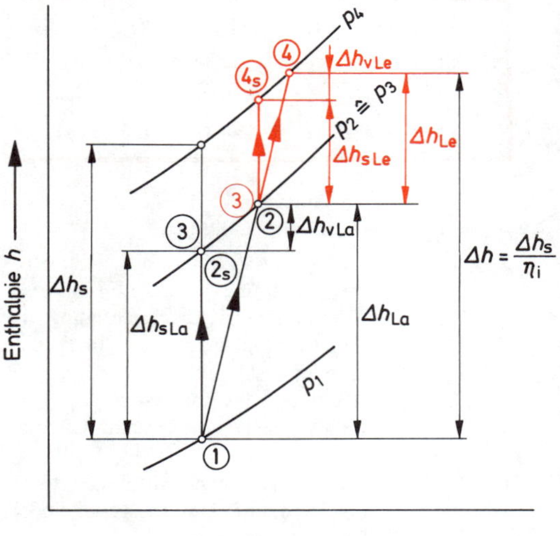


*Bild 1.58 Verdichtungsvorgang, dargestellt im h-s-Diagramm*

$$\Delta h_{vLe} = \zeta_{Le} \cdot \frac{c_3^2}{2}$$

$$\Delta h_{Le} = \Delta h_{sLe} + \Delta h_{vLe}$$

Die Beiwerte $\zeta_{La}$ und $\zeta_{Le}$ berücksichtigen nur die Verluste in den Strömungskanälen, nicht dagegen beispielsweise die Radseitenreibung.
Unter Einschluß der Zuströmgeschwindigkeit $c_1$ und der Abströmgeschwindigkeit $c_4$ beträgt die effektive Förderarbeit der Stufe:

$$\Delta h_{Stufe} = \Delta h + \frac{c_4^2 - c_1^2}{2} = \\ = \Delta h_{La} + \Delta h_{Le} + \frac{c_4^2 - c_1^2}{2}$$

Nach der **Eulerschen Turbinenhauptgleichung** besteht folgender Zusammenhang zwischen dieser Förderarbeit und den Geschwindigkeiten an Laufradein- und -austritt:

$$\frac{\Delta h_{Stufe}}{\mu} \mathrel{\hat{=}} Y_{th\infty,\,Stufe} = u_2 \cdot c_{u2} - u_1 \cdot c_{u1} \qquad (1.59)$$

$\mu$ = Minderleistungsfaktor

Die **Kontinuitätsgleichung** liefert folgende Aussagen über Massenstrom, Geschwindigkeiten und Querschnittsflächen:

$$\begin{aligned} \dot{m} \cdot v_1 &= A_1 \cdot f_1 \cdot c_1 \cdot \sin\alpha_1 \cdot \cos\varepsilon_1 \\ \dot{m} \cdot v_2 &= A_2 \cdot f_2 \cdot w_2 \cdot \sin\beta_2 \cdot \cos\varepsilon_2 \\ \dot{m} \cdot v_3 &= A_3 \cdot f_3 \cdot c_3 \cdot \sin\alpha_3 \cdot \cos\varepsilon_3 \\ \dot{m} \cdot v_4 &= A_4 \cdot f_4 \cdot c_4 \cdot \sin\alpha_4 \cdot \cos\varepsilon_4 \end{aligned} \qquad (1.60)$$

$\dot{m}$ = Massenstrom
$v_1$ bis $v_4$ = spezifisches Volumen
$A_1$ bis $A_4$ = Querschnittsflächen normal zur Strömungsrichtung
$f_1$ bis $f_4$ = Faktoren zur Berücksichtigung der Geschwindigkeitsprofile über dem Kanalquerschnitt
$c_1, c_3, c_4$ = Absolutgeschwindigkeiten
$w_2$ = Relativgeschwindigkeit am Laufradaustritt
$\alpha_1, \alpha_3, \alpha_4$ = Winkel zwischen Absolutgeschwindigkeiten und Umfangsgeschwindigkeiten
$\beta_2$ = Winkel zwischen $w_2$ und Umfangsrichtung
$\varepsilon_1$ bis $\varepsilon_4$ = Neigungswinkel nach Bild 1.57

## 1.7.2 Dimensionierung der radialen Verdichterstufe

### 1.7.2.1 Einleitung

Um hohe Wirkungsgrade und gutes Teillastverhalten zu erhalten, werden in stationären Radialverdichtern meist Räder mit Deckscheiben und rückwärtsgekrümmten Schaufeln eingesetzt. Hochleistungsverdichter zum Einsatz in Turboladern, Kleingasturbinen und kleinen Strahltriebwerken haben radial endende Schaufeln und sind offen, d.h. ohne Deckscheibe ausgeführt.
Moderne Berechnungsverfahren sind dreidimensional und erfassen Strömungsverluste, Ablösungen und Minderleistung. Die damit berechneten Schaufeln sind räumlich gekrümmt und meist in den Saugmund vorgezogen [1.74]. Die endgültige Festlegung der Radformen erfolgt in der Praxis anhand der Ergebnisse von Entwicklungsversuchen [175, 176].
In den folgenden Abschnitten werden Richtwerte und Auslegediagramme angegeben, die es dem Nichtspezialisten gestatten, die Hauptabmessungen von Radialverdichterlaufrädern abzuschätzen und das Laufrad zumindest grob zu projektieren.

### 1.7.2.2 Festlegung der Laufradabmessungen mittels dimensionsloser Kennzahlen

Wie bei den Laufrädern der thermischen Turbinen kann man auch bei Verdichterlaufrädern die Hauptabmessungen mittels dimensionsloser Kennzahlen festlegen [1.16]:

a) den **Laufradaußendurchmesser** $D_2$ über die **Druckzahl** $\psi$

$$\psi = \frac{Y_{Stufe}}{u_2^2/2}; \quad u_2 = D_2 \cdot \pi \cdot n$$

$$D_2 = \frac{0{,}45}{n} \cdot \sqrt{\frac{Y_{Stufe}}{\psi}} \qquad (1.61)$$

$D_2$ = Laufradaußendurchmesser in m
$Y_{Stufe}$ = spezifische Stutzenarbeit der Stufe in J/kg
$Y_{Stufe} = \Delta h_s$ in Bild 1.58!
$n$ = Drehzahl in $s^{-1}$
$\psi$ = Druckzahl nach Tabelle 1.8

b) die **Laufradaustrittsbreite** $b_2$ über die **Durchflußzahl** $\varphi$

$$\varphi = \frac{\dot{V}_2}{D_2 \cdot \pi \cdot b_2 \cdot u_2} = \frac{\dot{V}_2}{D_2^2 \cdot \pi^2 \cdot b_2 \cdot n}$$

**Tabelle 1.8 Kennzahlen von Radialverdichter-Laufrädern**

| | Druckzahl $\psi$ | Durchflußzahl $\varphi$* | $c_{u2}/u_2$ | $\beta_2$ | $D_1/D_2$ |
|---|---|---|---|---|---|
| geschlossenes Rad 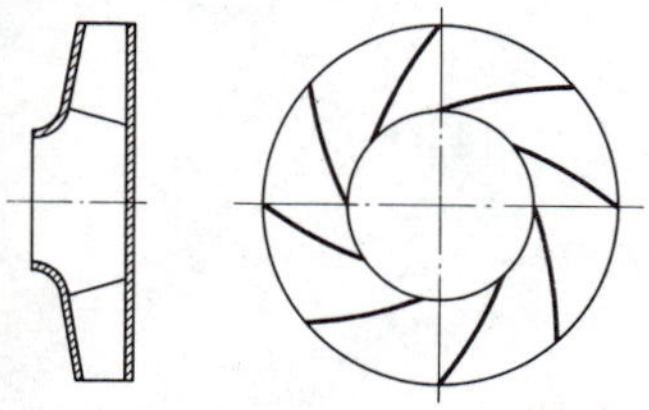 | 1,4 bis 1,6 | 0,2 bis 0,35 | 0,6 bis 0,8 | 30° bis 55° | 0,5 bis 0,63 |
| Rad ohne Deckscheibe 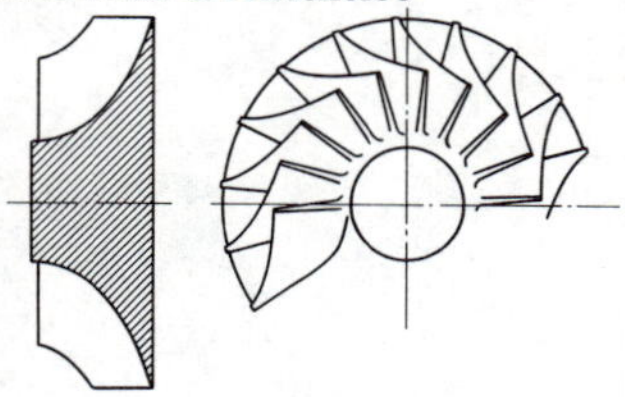 | 1,0 bis 1,3 | 0,25 bis 0,5 | 0,9 | 90° | 0,4 bis 0,63 |

* $\varphi = \dfrac{\dot{V}_2}{D_2 \cdot \pi \cdot b_2 \cdot u_2}$

$$b_2 = \frac{\dot{V}_2}{D_2^2 \cdot \pi^2 \cdot n \cdot \varphi} \qquad (1.62)$$

$b_2$ = Laufradaustrittbreite in m
$\dot{V}_2$ = Volumenstrom am Laufradaustritt $= \dot{m} \cdot v_2$ in m³/s
$v_2$ = spezifisches Volumen am Laufradaustritt in m³/kg
$D_2$ = Laufradaußendurchmesser in m
$n$ = Drehzahl in $s^{-1}$
$\varphi$ = Durchflußzahl nach Tabelle 1.8

c) Zusätzlich sind in Tabelle 1.8 noch Angaben über
den Austrittswinkel $\beta_2$
das Durchmesserverhältnis $D_1/D_2$
den Quotienten $c_{u2}/u_2$
enthalten.

d) Bezüglich der **Schaufelzahlen** empfiehlt TRAUPEL [1.16] folgende Richtwerte:

Schaufelwinkel $\beta_2 \approx 30°$ – Schaufelzahl $z_{La} \approx 12$

Schaufelwinkel $\beta_2 = 45°$ bis $60°$ – Schaufelzahl $z_{La} \approx 16$

Schaufelwinkel $\beta_2 = 90°$ (Rad ohne Deckscheibe) – Schaufelzahl $z_{La}$ bis 20

### 1.7.2.3 Festlegung der Laufradabmessungen mittels Auslegediagrammen und Richtwerten

In den beiden „klassischen" Werken über Radialverdichter [1.69, 1.77] werden folgende Richtlinien und Diagramme zur Laufraddimensionierung angegeben: Nach Wahl der Drehzahl $n$, die beispielsweise in Anlehnung an Bild 1.59 erfolgen kann, wird zunächst die **Laufzahl** $\sigma$ des Laufrades berechnet:

$$\sigma = n \cdot \frac{\sqrt{\dot{V}}}{(2 \cdot Y)^{3/4}} \cdot 2 \cdot \sqrt{\pi}$$

und in das Auslegediagramm in Bild 1.60 (nach [1.69]) so eingetragen, daß sich ein optimaler Wirkungsgrad ergibt.
Weitere Auslegediagramme finden sich auch in [1.78] und [1.79]. Für die weiteren Abmessungen empfiehlt Eckert [1.69] folgende Werte:

a) Durchmesserverhältnis $D_1/D_2$:

$$\left(\frac{D_1}{D_2}\right)_{opt} = 1{,}3\,\sqrt[3]{\varphi}$$

mit $$\varphi = \frac{\dot{V}_1}{\frac{\pi}{4} \cdot D_2^2 \cdot u_2} = \frac{4 \cdot \dot{V}_1}{D_2^3 \cdot \pi^2 \cdot n}$$

b) optimaler Eintrittswinkel $\beta_{1\,opt} \approx 30°$

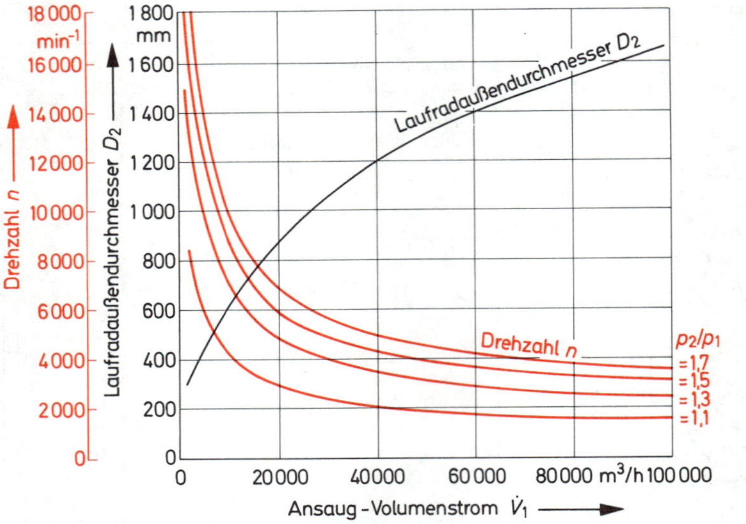


*Bild 1.59 Auslegediagramm für Radialverdichter*
(nach [1.77])

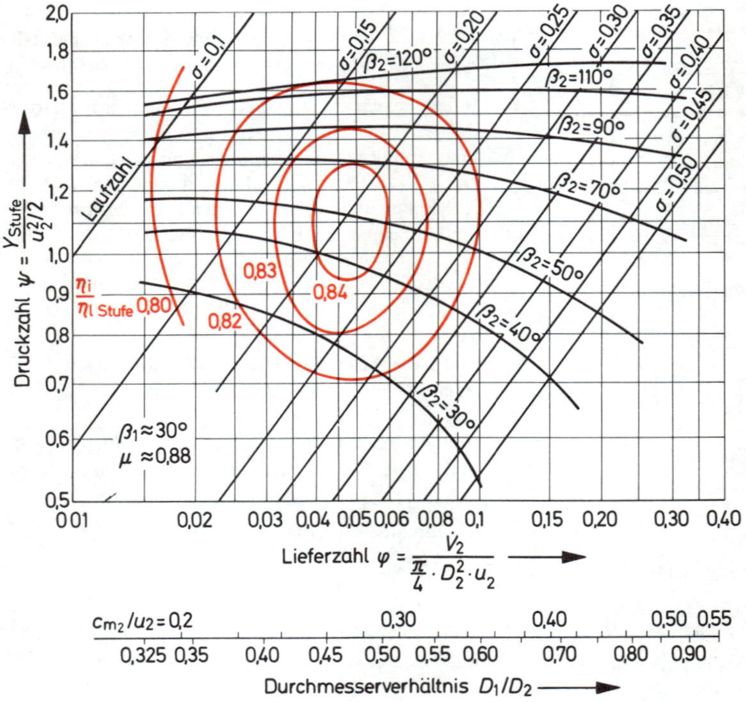


*Bild 1.60 Auslegediagramm für Radialverdichter*
(nach [1.69])

*Bild 1.61*
*Radialverdichterlaufrad*

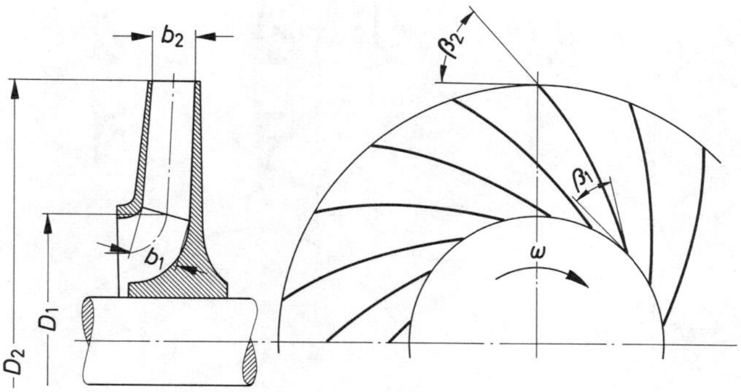


c) Austrittswinkel

$$\beta_2 = 35° \text{ bis } 50° \; (\beta_{2\text{opt}} \approx 45°)$$

d) Schaufeleintrittsbreite $b_1$:

$$b_1 \approx \frac{D_1}{4{,}4 \text{ bis } 5{,}9}$$

e) Schaufelaustrittsbreite $b_2$:

$$b_2 = \frac{\dot{V}_2}{\pi \cdot D_2 \cdot c_{\text{m2}}}$$

$$c_{\text{m2}} = \frac{c_{\text{m2}}}{u_2} \cdot u_2$$

$\frac{c_{\text{m2}}}{u_2}$ aus Bild 1.60

f) Schaufelzahl $z$:

$$z = \frac{2 \cdot \pi \cdot \sin\left(\frac{\beta_1 + \beta_2}{2}\right)}{(0{,}35 \text{ bis } 0{,}45) \cdot \ln\left(\frac{D_2}{D_1}\right)}$$

In [1.74] wird empfohlen, die Durchmesserzahl $\delta$ im Bereich

$$2{,}2 \leqq \delta \leqq 5$$

zu wählen, da sich dann gute Wirkungsgrade ergeben (Bild 1.62). Die besten Wirkungsgrade gehören zum Bereich $\delta = 2$ bis 3. Für die Schaufelkonturen werden die in Bild 1.63 dargestellten Schnitte in Abhängigkeit von der Durchmesserzahl $\delta$ und vom Nabenverhältnis $D_{1\text{i}}/D_2$ vorgeschlagen [1.74].

### 1.7.2.4 Wahl der Stufenzahl

Durch die Begrenzung von Druckzahl $\psi$, d.h. Schaufelbelastung und Umfangsgeschwindigkeit, d.h. Festigkeit, ist das Verdichtungsverhältnis einer Stufe nach obenhin beschränkt (vgl. Kap. 4.7. in [1.1]). Bei größeren Verdichtungsverhältnissen müssen deshalb mehrstufige Verdichter, die auf einer gemeinsamen Welle mehrere Laufräder haben, gebaut werden.

Das Verdichtungsverhältnis eines mehrstufigen Verdichters ist gleich dem Produkt der Verdichtungsverhältnisse seiner Stufen. Die Stufung kann nach folgenden Regeln erfolgen:

a) Die Stufen sind geometrisch ähnlich, d.h. ihre Kennzahlen $\psi$ und $\varphi$ sind gleich. Die Durchmesser und Radbreiten nehmen in Strömungsrichtung ab [1.80].

b) Die Durchmesser sind gleich, die Laufzahlen $\sigma$ der Stufen nehmen in Strömungsrichtung ab.

c) Eine Kombination aus a) und b)

In [1.80] und [1.81] sind Auslegediagramme enthalten, die die Festlegung der Stufenzahl erleichtern, desgleichen ist in [1.1] – Bild 11.24 ein Diagramm eines Verdichterherstellers wiedergegeben, mit dessen Hilfe man die Stufenzahl von Radialverdichtern schnell abschätzen kann.

ECKERT [1.69] schlägt vor, die Laufzahl des Verdichters zu berechnen:

$$\sigma_{\text{Verd}} = n \cdot \frac{\sqrt{\dot{V}_{1\,\text{der 1. Stufe}}}}{(2 \cdot Y_{\text{ges}})^{3/4}} \cdot 2 \cdot \sqrt{\pi}$$

und die Stufenzahl $i$ dieser Ersatzlaufzahl zuzuordnen (Bild 1.64). Das genaue, allerdings aufwendigere Vorgehen bei der Festlegung der Stufenzahl ist in einem ausführlichen Beispiel in [1.69] Seite 433 ff beschrieben.

Sowohl bei der Festlegung der Stufenzahl $i$ als auch

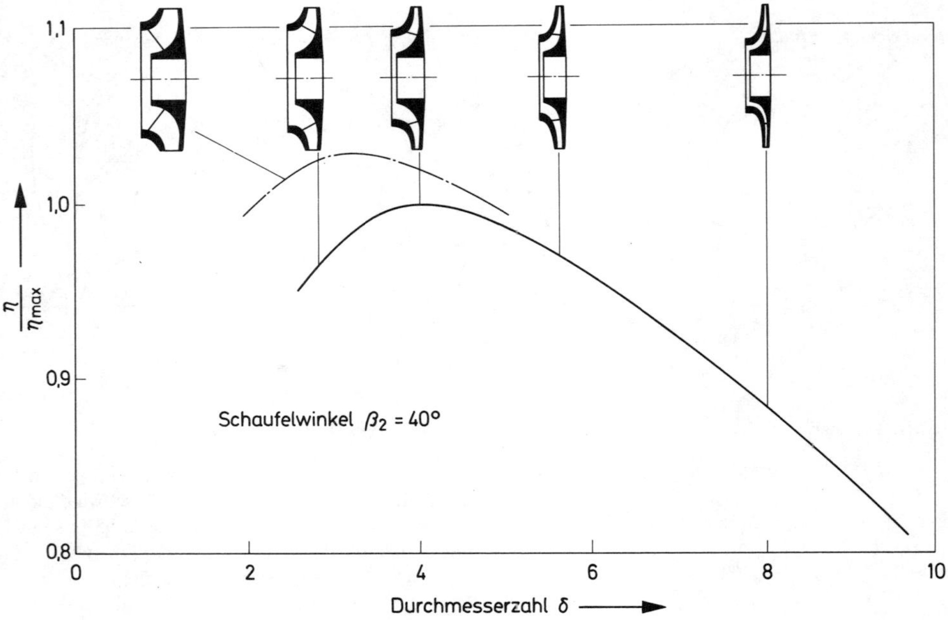


*Bild 1.62 Relativer Wirkungsgrad von Radialverdichterlaufrädern unterschiedlicher Durchmesserzahl δ (nach [1.74])*

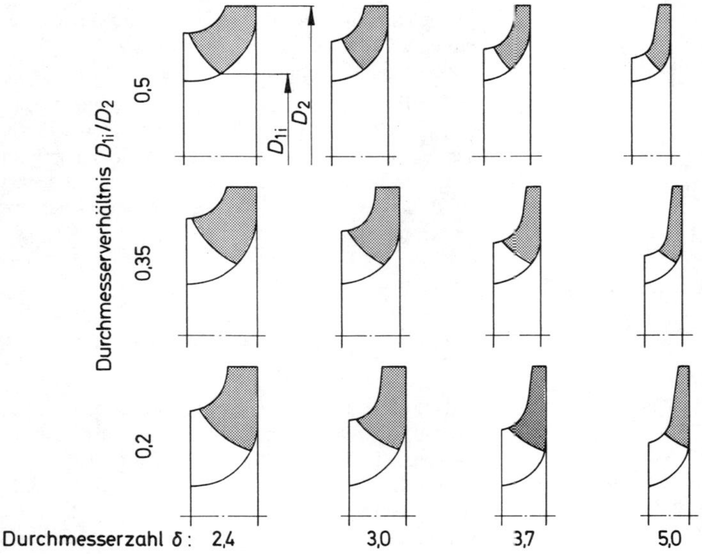


*Bild 1.63 Radformen von Radialverdichterlaufrädern (nach [1.74])*

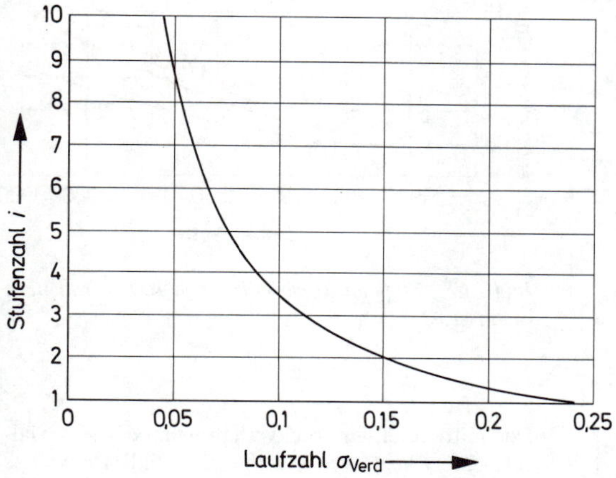


*Bild 1.64 Stufenzahl von Radialverdichtern*

bei der Dimensionierung der Einzelstufe wurden, mit Ausnahme der unteren Zeile von Tabelle 1.8, nur Werte für die üblichen Radialverdichterlaufräder mit Deckscheibe und rückwärts gekrümmten Schaufeln angegeben.

Die Dimensionierung eines vorne offenen Laufrades mit radial endenden Schaufeln kann grob mit den Richtwerten aus Tabelle 1.8 erfolgen. Genauere Angaben, sowie die Durchrechnung eines ausführlichen Beispieles finden sich in [1.69], Kapitel IX, Seite 439 ff. Mit diesen sogenannten Grenzleistungsverdichtern sind Stufendruckverhältnisse bis 5 realisierbar.

Weitere Unterlagen über diese Verdichterart finden sich in [1.84].

## 1.7.3 Dimensionierung der axialen Verdichterstufe

### 1.7.3.1 Einleitung

Axialverdichter werden heute mittels Großrechnern ausgelegt und in allen Einzelheiten berechnet. Diese Rechenprogramme erfassen nicht nur die thermodynamischen und strömungstechnischen Parameter, sondern auch die Festigkeit und das Schwingungsverhalten der einzelnen Verdichterkomponenten. Auch das Anfahr- und das Teillastverhalten, insbesondere die Lage der Pumpgrenze werden berücksichtigt. Den Rechnungen liegen Versuchsergebnisse zugrunde, die auf modernen Prüfständen mit genauen Meßgeräten gewonnen werden. So ist es möglich, hinsichtlich hoher Wirkungsgrade, großer Stufendruckverhältnisse und großer Schluckfähigkeit optimal ausgelegte Axialverdichter für alle Anwendungsfälle zu bauen. Der folgende kurze Abschnitt kann deshalb nur einen Überblick über die Hauptparameter geben, wodurch es möglich wird, Stufenzahl und Hauptabmessungen eines Axialverdichters wenigstens grob abzuschätzen.

### 1.7.3.2 Hauptparameter eines Axialverdichters

In [1.82] werden folgende Hauptparameter definiert und folgende Richtwerte angegeben:

a) Die Schluckfähigkeit $S$
b) Die Umfangs-Mach-Zahl $M_u$
c) Das Stufendruckverhältnis $\pi_{st}$

Mit Hilfe dieser Parameter kann eine Abschätzung der Verdichterdrehzahl, der Stufenzahl und des Außen- bzw. Innendurchmessers erfolgen.

Die **Schluckfähigkeit** $S$ wird dabei wie folgt definiert:

$$S = \frac{\dot{m} \cdot \omega^2}{\varrho_0 \cdot a_0^3} \qquad (1.63)$$

$S$ = Schluckfähigkeit (dimensionslos)
$\dot{m}$ = Massenstrom
$\omega$ = Winkelgeschwindigkeit
$\varrho_0$ = Dichte am Verdichtereintritt
$a_0$ = Schallgeschwindigkeit am Verdichtereintritt

Nach Angaben von Fa. Brown, Boveri & Cie [1.82] haben heutige Axialverdichter eine Schluckfähigkeit $S$ von etwa 1. Der Trend geht zu größeren Werten (Bild 1.65).

Durch Auflösen von Gleichung (1.63) nach der Winkelgeschwindigkeit kann die Drehzahl $n$ des Verdichters abgeschätzt werden.

Die **Umfangs-Mach-Zahl** $M_u = u/a$ konnte in den letzten Jahren ebenfalls merklich gesteigert werden und übersteigt am Außendurchmesser inzwischen den Wert 1,0 (Bild 1.66).

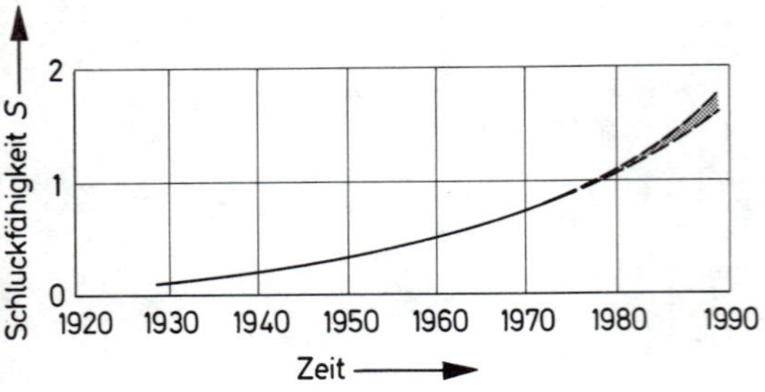


*Bild 1.65 Schluckfähigkeit von Axialverdichtern* (nach [1.82])

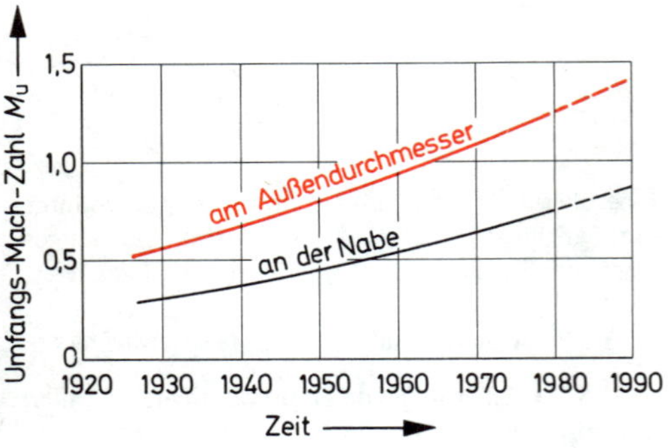


*Bild 1.66 Umfangs-Mach-Zahl von Axialverdichtern* (nach [1.82])

Aus $u = a \cdot M_u$ können die Umfangsgeschwindigkeiten am Außen- und Nabendurchmesser berechnet werden und, da über Gleichung (1.63) die Drehzahl bekannt ist, auch die Durchmesser selbst über die Beziehung

$$D = \frac{u}{\pi \cdot n}$$

bestimmt werden.

Über die heute üblichen mittleren **Stufendruckverhältnisse** $\bar{\pi}_{St}$ kann die Stufenzahl $i$ abgeschätzt werden:

$$\bar{\pi}_{St} = \sqrt[i]{\pi_{ges}}$$

$$i = \frac{\ln \pi_{ges}}{\ln \bar{\pi}_{St}} \qquad (1.64)$$

$i$ = Stufenzahl
$\pi_{ges}$ = Gesamtdruckverhältnis
$\bar{\pi}_{St}$ = mittleres Stufendruckverhältnis

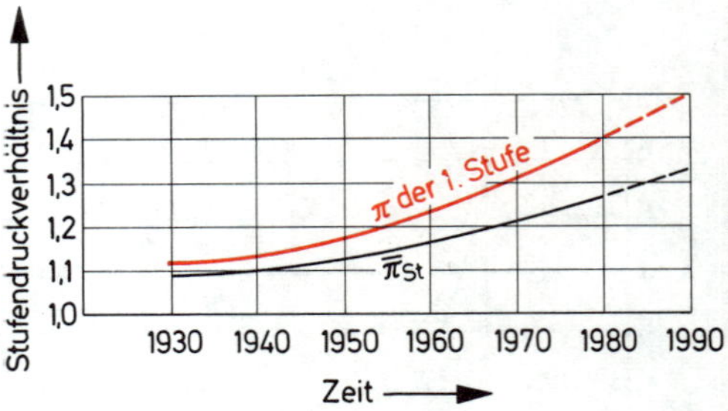


*Bild 1.67 Stufendruckverhältnis von Axialverdichtern* (nach [1.82])

Das mittlere Stufendruckverhältnis moderner Axialverdichter liegt bei etwa 1,25 (Bild 1.67), das Druckverhältnis der ersten Stufe bei etwa 1,35. Beide Werte werden in den nächsten Jahren noch ansteigen.

### 1.7.3.3 Bestimmung der Hauptabmessungen über dimensionslose Kennzahlen

Nach Festlegung der Drehzahl und Stufenzahl z.B. nach Abschnitt 1.7.3.2. oder 1.7.3.4. können Außen- und Nabendurchmesser über die für den Nabendurchmesser $D_i$ definierte Druckzahl $\psi_i$ und die Durchflußzahl $\varphi$ bestimmt werden:

$$\psi_i = \frac{Y_{Stufe}}{u_i^2/2}$$

Nabendurchmesser:

$$D_i = \frac{0{,}45}{n} \cdot \sqrt{\frac{Y_{Stufe}}{\psi_i}} \qquad (1.65)$$

$D_i$ = Nabendurchmesser
$n$ = Drehzahl (in $s^{-1}$)
$Y_{Stufe}$ = spez. Stutzenarbeit der Stufe (in J/kg)
$Y_{Stufe} \mathrel{\hat=} \Delta h_s$ in Bild 1.58!
$\psi_i$ = Druckzahl siehe Tabelle 1.9!

$$\varphi = \frac{\dot{V}_2}{u_i \cdot \frac{\pi}{4} \cdot (D_a^2 - D_i^2)}$$

Außendurchmesser:

$$D_a = \sqrt{D_i^2 + \frac{4 \cdot \dot{V}_2}{D_i \cdot \pi^2 \cdot n \cdot \varphi}} \qquad (1.66)$$

**Tabelle 1.9 Dimensionslose Kennzahlen von Axialverdichterstufen nach Prof. W. Traupel**

| Durchflußzahl $\varphi$ | Druckzahl $\psi_i$ bei Reaktionsgrad r = 0,5 | Druckzahl $\psi_i$ bei Reaktionsgrad r = 1,0 |
|---|---|---|
| 0,5 | 0,52 bis 0,64 | 0,64 bis 0,8 |
| 0,7 | 0,8 bis 1,0 | 0,76 bis 0,94 |
| 0,9 | 1,12 bis 1,4 | 0,92 bis 1,14 |
| 1,1 | 1,44 bis 1,8 | 1,16 bis 1,44 |

$D_a$ = Außendurchmesser
$D_i$ = Nabendurchmesser
$\dot{V}_2$ = Volumenstrom am Luftradaustritt
$n$ = Drehzahl (in $s^{-1}$)
$\varphi$ = Durchflußzahl siehe Tabelle 1.9!

### 1.7.3.4 Auslegung von Axialverdichtern mit Hilfe von Auslegediagrammen

Es wird ein einfaches Verfahren nach [1.69] beschrieben, das es gestattet, die Hauptdaten eines Axialkompressors mit konstantem Außendurchmesser, dessen Schaufeln nach dem Gesetz des konstanten Dralles (Wirbelflußmaschine) ausgelegt sind zu bestimmen. Mit dem mittleren Volumenstrom

$$\dot{V}_m = \frac{\dot{V}_1 + \dot{V}_2}{2}$$

und der spezifischen Stutzenarbeit des Verdichters

$$Y_{ges} = h_{2s} - h_1 + \frac{c_2^2 - c_1^2}{2}$$

wird die Laufzahl des gesamten Kompressors wie folgt festgelegt:

$$\sigma_{Verd} = n \frac{\sqrt{\dot{V}_m}}{(2 \cdot Y_{ges})^{3/4}} 2 \cdot \sqrt{\pi} \qquad (1.67)$$

$\sigma_{Verd}$ = Laufzahl des Verdichters

$\dot{V}_m$ = mittlerer Volumenstrom $= \frac{\dot{V}_1 + \dot{V}_2}{2}$

$\dot{V}_1$ = Volumenstrom am Verdichtereintritt
$\dot{V}_2$ = Volumenstrom am Verdichteraustritt

$$\dot{V}_2 = \dot{V}_1 \cdot \frac{p_1}{p_2} \cdot \left( 1 + \frac{\left(\frac{p_2}{p_1}\right)^{\frac{\varkappa - 1}{\varkappa}} - 1}{\eta_{iV}} \right)$$

$p_1$ = Druck am Verdichtereintritt
$p_2$ = Druck am Verdichteraustritt
$\eta_{iV}$ = innerer Wirkungsgrad des Verdichters, kann aus Bild 1.68 entnommen werden
$Y_{ges}$ = spezifische Stutzenarbeit des Verdichters

Mit dieser Laufzahl $\sigma_{Verd}$ kann aus Bild 1.69 die Stufenzahl $i$ abgeschätzt werden.
Die Summe der spezifischen Stutzenarbeiten der einzelnen Stufen ergibt sich für Axialverdichter, die bekanntlich ungekühlt sind:

$$\Sigma Y_{Stufe} = Y_{ges}(1 + f) \qquad (1.68)$$

$Y_{Stufe}$ = spez. Stutzenarbeit einer Stufe
$Y_{ges}$ = spez. Stutzenarbeit des Verdichters
$f$ = Erhitzungsfaktor

$$f = f_\infty \left(1 - \frac{1}{i}\right)$$

$$f_\infty = \eta_{pol} \frac{(p_2/p_1)^{\frac{1}{\eta_{pol}} \frac{\varkappa - 1}{\varkappa}} - 1}{(p_2/p_1)^{\frac{\varkappa - 1}{\varkappa}} - 1} - 1$$

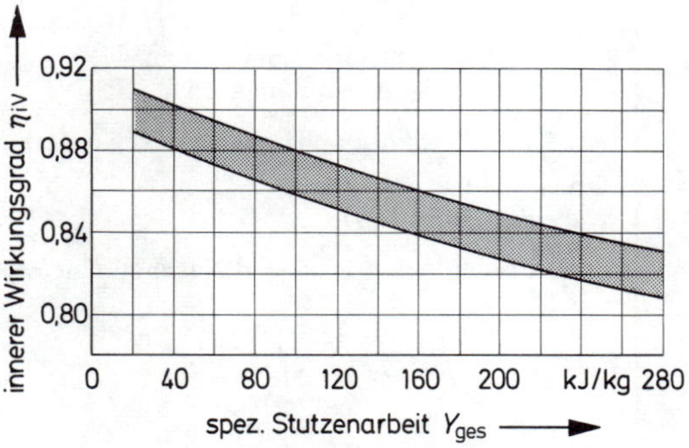


*Bild 1.68 Innerer Wirkungsgrad von Axialverdichterstufen* (nach [1.69])

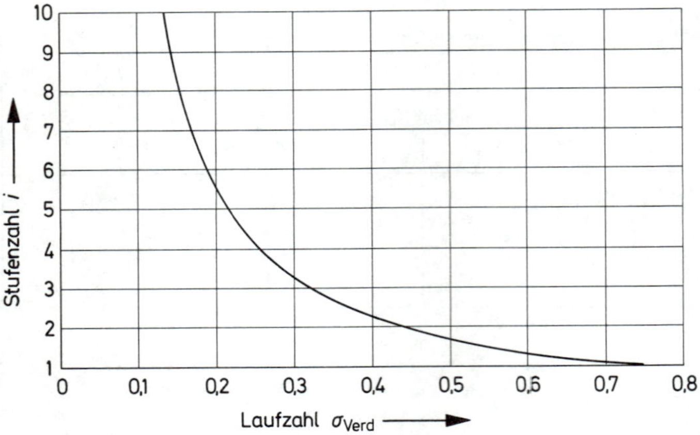


*Bild 1.69 Stufenzahl von Axialverdichtern*

$$\eta_{pol} = \frac{\varkappa - 1}{\varkappa} \cdot \frac{\log \frac{p_2}{p_1}}{\log \frac{T_2}{T_1}}$$

$i$ = Stufenzahl
$\varkappa$ = Isentropenexponent
$p_2$ = Druck am Verdichteraustritt
$p_1$ = Druck am Verdichtereintritt
$T_2$ = Temperatur am Verdichteraustritt
$T_1$ = Temperatur am Verdichtereintritt

Die mittlere spezifische Stufenförderarbeit $\bar{Y}_{Stufe}$ beträgt dann:

$$\bar{Y}_{Stufe} = \frac{\Sigma Y_{Stufe}}{i} \quad (1.69)$$

Für die 1. Stufe (Eintrittsstufe) wird die spezifische Stutzenarbeit etwas kleiner als der mittlere Wert $\bar{Y}_{Stufe}$, für die letzte Stufe (Austrittsstufe) etwas größer angesetzt:

$$Y_{Stufe\,1} \approx (0{,}8 \text{ bis } 0{,}9) \cdot \bar{Y}_{Stufe}$$
$$Y_{Stufe\,i} \approx (1{,}1 \text{ bis } 1{,}2) \cdot \bar{Y}_{Stufe} \quad (1.70)$$

Mit diesen beiden Werten können nunmehr die erste und letzte Stufe projektiert werden:

| erste Stufe | letzte Stufe |
|---|---|
| Laufzahl $\sigma_1$: $\sigma_1 = n \frac{\sqrt{\dot{V}_1}}{(2 \cdot Y_{Stufe\,1})^{3/4}} \cdot 2 \cdot \sqrt{\pi}$ <br> $\dot{V}_1$ = mittlerer Volumenstrom der ersten Stufe | Laufzahl $\sigma_i$: $\sigma_i = n \frac{\sqrt{\dot{V}_i}}{(2 \cdot Y_{Stufe\,i})^{3/4}} \cdot 2 \cdot \sqrt{\pi}$ <br> $\dot{V}_i$ = mittlerer Volumenstrom der letzten Stufe |
| aus Bild 1.70 werden abhängig von der Laufzahl $\sigma$ entnommen: | |
| Druckzahl $\psi_1$ <br> Nabenverhältnis $D_i/D_a$ | Druckzahl $\psi_i$ <br> Nabenverhältnis $D_i/D_a$ |
| daraus lassen sich Außen- und Nabendurchmesser bestimmen: | |
| $D_{a1} = \frac{0{,}45}{n} \sqrt{\frac{Y_{Stufe\,1}}{\psi_1}}$ <br> $D_{i1} = D_{a1} \left(\frac{D_i}{D_a}\right)_1$ | $D_{ai} = \frac{0{,}45}{n} \sqrt{\frac{Y_{Stufe\,i}}{\psi_i}}$ <br> $D_{ii} = D_{ai} \left(\frac{D_i}{D_a}\right)_i$ |

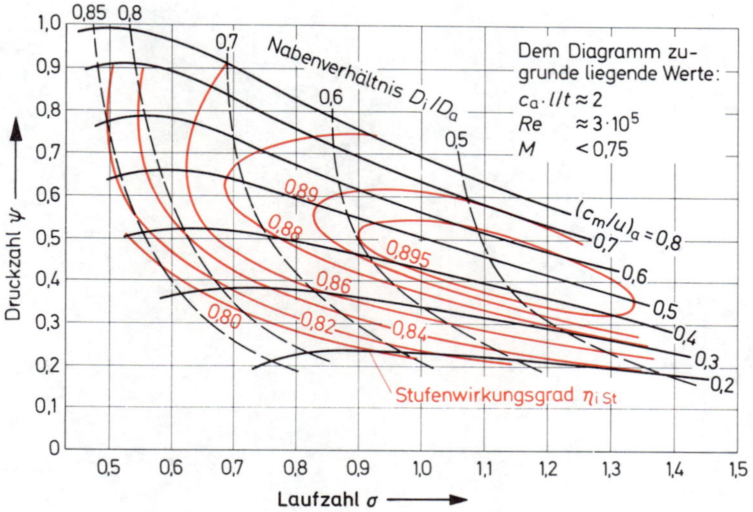


*Bild 1.70 Auslegediagramm für Axialverdichter (nach* [1.69])

Mit einem mittleren Außendurchmesser

$$D_a \approx \frac{D_{a1} + D_{ai}}{2}$$

kann die Rechnung notfalls nochmals wiederholt werden, bis sich ein gemeinsamer Wert $D_a$ für Ein- und Austrittsstufe ergibt. Für eine einfache Projektstudie kann dann der in Bild 1.71 eingetragene Kanalverlauf angenommen und die Zwischenstufen ausgelegt werden.

In [1.69] Seiten 199/201 ist ein sehr anschauliches Beispiel beschrieben.

Nach Festlegung dieser Hauptabmessungen können die ersten Kontrollen hinsichtlich Mach-Zahl-Einfluß durchgeführt werden und der Entwurf der Beschaufelung begonnen werden.

In [1.83] wird der Entwurf von Axialverdichtern von der Berechnung der Schaufelgitter ausgehend beschrieben, wobei allerdings einfache Überschlagsverfahren, wie oben beschrieben, fehlen.

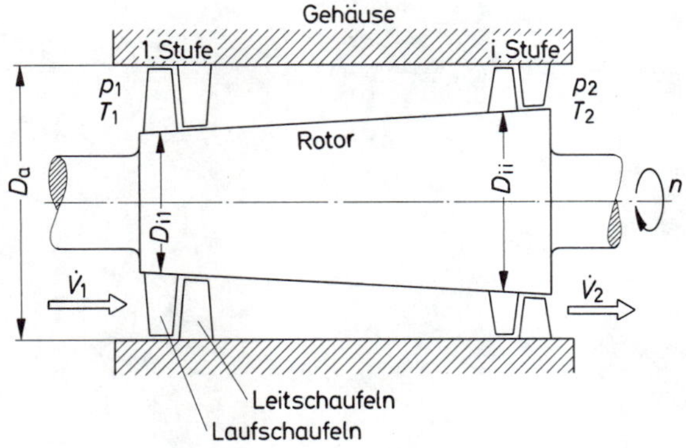


*Bild 1.71 Schnitt durch einen Axialverdichter (Prinzip)*

# 2 Schaufelgitter

## 2.1 Einleitung

Unter einem Schaufelgitter versteht man ein System gleicher, drehsymmetrisch oder nebeneinander angeordneter Schaufelblätter mit gleichem gegenseitigen Abstand (gleicher Teilung).
Schaufelgitter sind die wichtigsten Bauelemente von Strömungsmaschinen; die Gitterströmung stellt den wesentlichsten strömungsphysikalischen Vorgang in der Maschine dar, da hierbei der größte Teil der Energie umgesetzt wird.
Nach der Funktion unterscheidet man **rotierende** (bewegte) **Schaufelgitter** in **Laufrädern** und **stehende Schaufelgitter** in **Leiträdern.** Nach der Änderung von Geschwindigkeiten und Drücken in der Strömung kann man die Gitter in **Beschleunigungsgitter** und **Verzögerungsgitter** einteilen. Beschleunigungsgitter erhöhen die Geschwindigkeit und senken den Druck ab, werden also in Turbinen eingesetzt; Verzögerungsgitter verringern die Geschwindigkeit und steigern den Druck, kommen also in Strömungsarbeitsmaschinen zum Einsatz.
Nimmt man die Gittergeometrie als Einteilungskriterium, so kann man **Radialgitter** (Kreisgitter) mit einer rotationssymmetrischen ebenen Strömung und **Axialgitter** mit einer geraden ebenen Strömung unterscheiden.
Radial- und Axialgitter sind an sich Grenzfälle des **konischen Gitters,** wie es in diagonalen Lauf- und Leiträdern vorkommt.
Bei der Gitterauslegung gibt es zwei typische Aufgabenstellungen:

a) Die 1. Hauptaufgabe oder indirekte Methode (Entwurfsaufgabe), bei der Zu- und Abströmung, d.h. die Geschwindigkeitspläne gegeben und die Geometrie des Gitters gesucht sind.
b) Die 2. Hauptaufgabe oder direkte Methode (Nachrechnungsaufgabe), bei der die Zuströmungsverhältnisse und das Schaufelgitter gegeben, die Abströmverhältnisse und evtl. Druck und Geschwindigkeitsverteilung an den Profilen gesucht sind.

Im Hinblick auf den Buchumfang und die mathematischen Kenntnisse der meisten Leser wird auf eine Behandlung der mathematischen Berechnungsverfahren wie konforme Abbildungen und Singularitätenverfahren verzichtet und auf die einschlägige Fachliteratur (z.B. [2.1] bis [2.4]) verwiesen.
Die folgenden Abhandlungen beschränken sich deshalb auf eine Weiterführung der bereits in Kapitel 3 des 1. Bandes „Strömungsmaschinen – Aufbau und Wirkungsweise“ behandelten **Stromfadentheorie** und die Angabe von empirischen Korrekturverfahren zur Erfassung des Einflusses von Schaufelzahl, Schaufelform und Schaufeldicke sowie Aussagen zur Abschätzung der wichtigsten Verluste im Schaufelgitter.
Die beschriebenen Rechenverfahren beschränken sich i.a. auf **zweidimensionale Strömungen** im reinen Radial- oder Axialgitter. Angaben über die Berechnung dreidimensionaler Strömungen müssen der einschlägigen Fachliteratur entnommen werden.

## 2.2 Radialgitter

### 2.2.1 Rotierende Radialgitter (Laufräder)

#### 2.2.1.1 Grundsätzliches zur Strömung in rotierenden Radialgittern

Die Strömungsvorgänge in den Kanälen von radialen Laufrädern sind infolge des Einflusses der Rotation, der Kanalkrümmung und der Wandrauhigkeit äußerst verwickelt und lassen sich weder durch mathematische Berechnungen noch durch Interpretation nur einfacher Versuche beschreiben.
Um den Leser in die Problematik dieser Strömung einzuführen, werden die Strömungsverhältnisse in einem Pumpen- oder Verdichterlaufrad qualitativ beschrieben, da es der Ingenieur in der Praxis ungleich häufiger mit Pumpen, Ventilatoren oder Verdichtern als mit Turbinen zu tun hat und auch die Abweichungen zwischen theoretischer Strömung und realer Strömung bei der verzögerten Strömung im Pumpen-

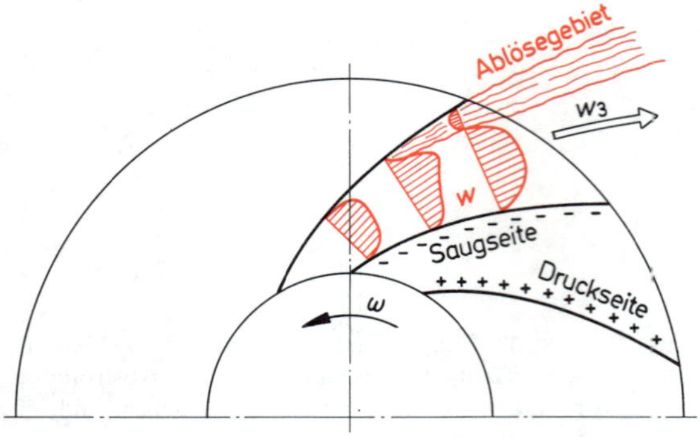


*Bild 2.1 Strömungsverhältnisse in einem Radiallaufrad*

laufrad wesentlich größer sind als bei der beschleunigten Strömung im Turbinenlaufrad.

Betrachtet man das Geschwindigkeitsfeld im Laufradkanal (Bild 2.1), so erkennt man eine sehr ungleiche Geschwindigkeitsverteilung sowohl quer zum Schaufelkanal als auch in Strömungsrichtung.

An einem Masseteilchen $\Delta m$, das sich mit der Relativgeschwindigkeit $w$ bewegt greift, da sich das System mit der Winkelgeschwindigkeit $\omega$ dreht, die **Corioliskraft** $F_c$ an:

$$F_c = 2 \cdot \omega \cdot \Delta m \cdot w$$

Diese Corioliskraft steht senkrecht auf der Strömungsrichtung, d.h. senkrecht auf dem Geschwindigkeitsvektor $w$. Die Summe dieser Corioliskräfte bewirkt eine Druckerhöhung auf der Schaufelvorderseite, die deshalb **Druckseite** genannt wird, und eine Druckabsenkung auf der Schaufelrückseite, die entsprechend als **Saugseite** bezeichnet wird. Da aber nach dem Energiesatz auf einem konzentrischen Kreis um den Radmittelpunkt die Summe aus Druckenergie und kinetischer Energie konstant sein muß

$$p + \varrho \cdot \frac{w^2}{2} = \text{konst.}$$

folgt wegen der Druckzunahme auf der Druckseite eine Abnahme der Geschwindigkeit $w$ und auf der Saugseite eine Zunahme der Geschwindigkeit. Druckabnahme und Geschwindigkeitszunahme auf der Schaufelsaugseite können so groß werden, daß es zu der in Bild 2.1 dargestellten **Ablösung** kommt, d.h. daß nur noch ein Teil des Kanals von einer „gesunden" Strömung erfüllt ist.

PFLEIDERER hat diese ungleichförmige Geschwindigkeits- und Druckverteilung mittels des sogenannten **relativen Kanalwirbels** erklärt. Verschließt man Ein- und Austrittsseite des Schaufelkanals, bildet sich infolge der Laufradrotation im Kanal der in Bild 2.2 dargestellte relative Kanalwirbel aus. Öffnet man den Laufradkanal, kommt es zur Durchströmung von innen nach außen, d.h. der Wirbelströmung überlagert sich eine Längsströmung, was zur Saugseite hin wegen der Addition von Geschwindigkeiten zur Geschwindigkeitserhöhung und Druckabsenkung führt, zur Druckseite hin zur Subtraktion von Geschwindigkeiten und damit zur Geschwindigkeitsabnahme und Druckanstieg.

Zu diesen einfachen Überlegungen kommt noch die Betrachtung der **Grenzschichtströmung**, d.h. auch der

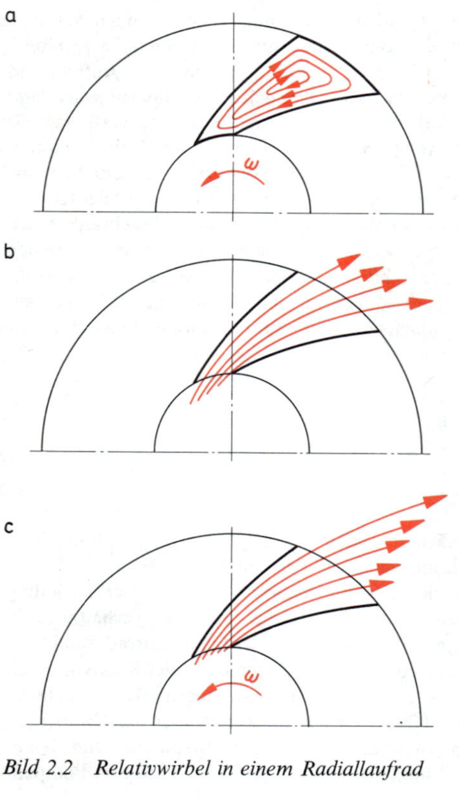


*Bild 2.2 Relativwirbel in einem Radiallaufrad*

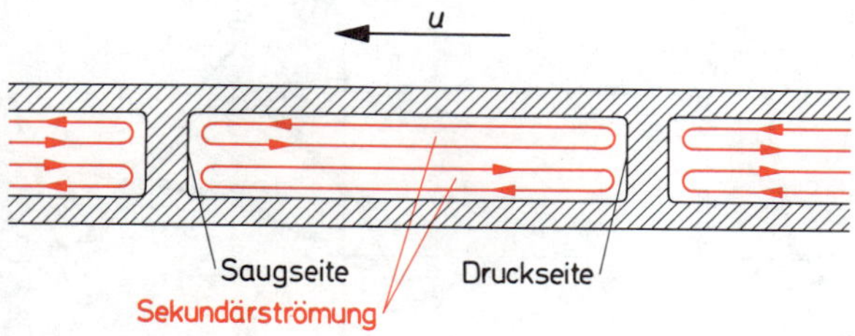


*Bild 2.3 Sekundärströmung in einem Radiallaufrad*

Einfluß der **Reibung** in Wandnähe hinzu. Da die Geschwindigkeit auf der Schaufelsaugseite größer ist als auf der Druckseite ist auch die Grenzschichtdicke und der Energieverlust größer, es kommt zu Ablösungen und damit Verringerung des Strömungsquerschnittes. Im abgewickelten Zylinderschnitt des Laufrades (Bild 2.3) stellt sich die **Sekundärströmung** so dar, daß an der Boden- und Deckscheibe des Rades die Richtung der Strömungsgeschwindigkeit mit der Richtung der Winkelgeschwindigkeit $\omega$ zusammenfällt, während sie in Kanalmitte ähnlich wie bei der Krümmerströmung ihre Richtung umkehrt.
Besonders erschwerend kommt noch hinzu, daß nicht nur sehr große lokale Schwankungen der Geschwindigkeiten auftreten, sondern die Strömung auch **instationär** ist, was sich besonders stark unmittelbar hinter dem Laufrad bemerkbar macht. Diese instationäre Störungen reichen wie auch das Totwassergebiet weit in den Raum hinter dem Laufrad hinein und verursachen dort Folgestörungen.
Zum vertieften Studium der hier nur kurz und oberflächlich beschriebenen Phänomene wird die Literatur [2.5] bis [2.10] empfohlen, wobei in [2.6] bis [2.10] auf experimentellem Wege gefundenen Geschwindigkeitsfelder beschrieben sind, die die in [2.5] mehr grundsätzlich gemachten Aussagen stützen.
Zur Demonstration der ungleichförmigen Geschwindigkeitsverteilung wird die relative Meridiankomponente $c_m/u$ am Laufradaustritt eines Radialverdichters (nach [2.7]) in Bild 2.4 dargestellt.
Bei der Entwicklung neuer Radiallaufräder, beispielsweise im Pumpen- und Ventilatorenbau spielen die rein mathematischen Berechnungsmethoden wie Annahme von Potentialströmung, konforme Abbildungen und Singularitätenverfahren praktisch keine Rolle, vielmehr wendet man „gemischte" Rechenverfahren an unter Benützung empirischer, auf dem Versuchswege gewonnener Beiwerte.
Zwei dieser Beiwerte, nämlich der **Verengungsfaktor** $k$ zur Berücksichtigung der Schaufelstärke und der **Minderleistungsfaktor** $\mu$ zur Erfassung des Einflusses der Schaufelzahl werden in den beiden folgenden Abschnitten behandelt.

### 2.2.1.2 Der Verengungsfaktor $k$

Zur Abschätzung des Einflusses der Schaufelstärke $s$ auf die Zu- und Abströmung des Laufrades wird der bereits im Band „Strömungsmaschinen 1 – Aufbau und Wirkungsweise" – Tabelle 3.2 eingeführte Verengungsfaktor benutzt.
Unmittelbar vor den Laufschaufeln, an der Stelle 0 (Bild 2.5) beträgt nach der Kontinuitätsgleichung die Meridiangeschwindigkeit:

$$c_{m0} = \frac{\dot{V}_0}{D_0 \cdot \pi \cdot b_0}$$

Da der Volumenstrom an der Stelle 0 praktisch gleich dem Volumenstrom an der Stelle 1 gesetzt werden kann und auch die Durchmesser $D_0$ und $D_1$ bzw. Radbreiten $b_0$ und $b_1$ nur geringfügig voneinander abweichen, kann $c_{m0}$ auch durch die Werte an der Stelle 1 hinreichend genau ausgedrückt werden:

$$c_{m0} = \frac{\dot{V}_1}{D_1 \cdot \pi \cdot b_1}$$

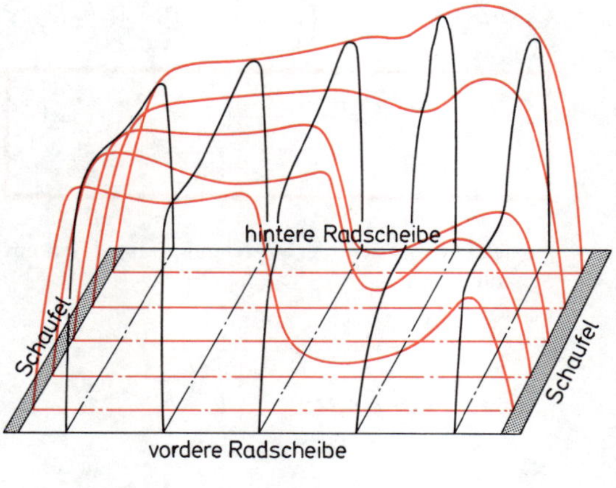


*Bild 2.4 Verteilung der Meridiangeschwindigkeit am Austritt eines radialen Laufrades*

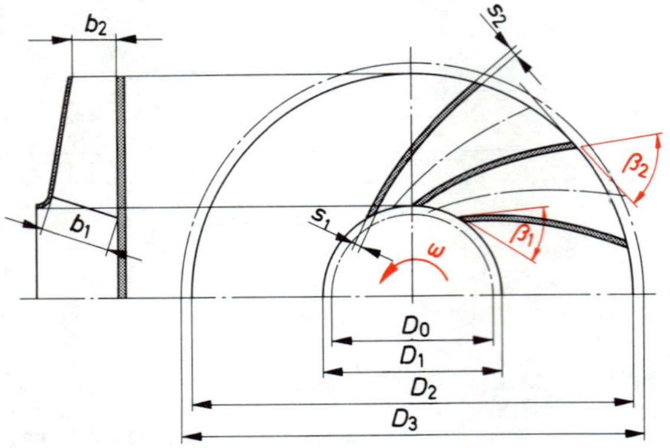


*Bild 2.5 Geometrische Größen an einem Radiallaufrad*

Die Verengung des Schaufelkanals unmittelbar am Kanaleintritt infolge der Schaufelstärke $s_1$ führt zu einer Vergrößerung der Meridiangeschwindigkeit:

$$c_{m1} > c_{m0}$$

$$c_{m1} = \frac{\dot V_1}{D_1 \cdot \pi \cdot b_1 - z \cdot b_1 \cdot \sigma_1}$$

$z$ = Schaufelzahl
$\sigma_1$ = Projektion der Schaufelstärke $s_1$ auf die Umfangsrichtung
$\sigma_1 = s_1/\sin\beta_1$

Aus der Definition

$$c_{m1} = k_1 \cdot c_{m0}$$

kann der Verengungsfaktor $k_1$ hergeleitet werden:

$$\frac{\dot V_1}{D_1 \cdot \pi \cdot b_1 - z \cdot b_1 \cdot \sigma_1} = k_1 \frac{\dot V_1}{D_1 \cdot \pi \cdot b_1}$$

$$k_1 = \frac{D_1 \cdot \pi}{D_1 \cdot \pi - z \dfrac{s_1}{\sin\beta_1}} \tag{2.1}$$

Analog ergibt sich der Verengungsfaktor $k_2$ am Schaufelaustritt:

$$c_{m3} = \frac{\dot V_3}{D_3 \cdot \pi \cdot b_3}$$

$$\dot V_3 \approx \dot V_2\,;\; D_3 \approx D_2\,;\; b_3 \approx b_2$$

$$c_{m2} = k_2 \cdot c_{m3}$$

$$c_{m2} = \frac{\dot V_2}{D_2 \cdot \pi \cdot b_2 - z \cdot b_2 \cdot \sigma_2}$$

$$\frac{\dot V_2}{D_2 \cdot \pi \cdot b_2 - z \cdot b_2 \cdot \sigma_2} = k_2 \cdot \frac{\dot V_2}{D_2 \cdot \pi \cdot b_2}$$

$$\sigma_2 = s_2/\sin\beta_2$$

$$k_2 = \frac{D_2 \cdot \pi}{D_2 \cdot \pi - z \cdot \dfrac{s_2}{\sin\beta_2}} \tag{2.2}$$

Die Korrektur der mittleren Meridiangeschwindigkeiten $c_{m1}$ am Schaufeleintritt und $c_{m2}$ am Schaufelaustritt mit Hilfe der Gleichungen (2.1) und (2.2) ist nicht besonders genau, da diese Beziehungen weder die Dicke der Grenzschicht noch die Stärke des Totwassergebietes in der Austrittszone berücksichtigen. So beträgt beispielsweise nach [2.11] Seite 349 die tatsächliche, von der gesunden Strömung ausgefüllte Kanalbreite nur 70 bis 80% der Schaufelteilung, was einer Erhöhung der mittleren Meridiangeschwindigkeit um 20 bis 30% entspricht!

### 2.2.1.3 Der Minderleistungsfaktor

Im ersten Band „Strömungsmaschinen – Aufbau und Wirkungsweise" wurde der Minderleistungsfaktor $\mu$ definiert als das Verhältnis aus spezifischer Stutzenarbeit $Y_{th\infty}$ und spezifischer Stutzenarbeit $Y_{th}$:

| Kraftmaschinen | Arbeitsmaschinen |
|---|---|
| $\mu = \dfrac{Y_{th\infty}}{Y_{th}}$ | $\mu = \dfrac{Y_{th}}{Y_{th\infty}}$ |

Im Folgenden wird nur der Minderleistungsfaktor für

**Arbeitsmaschinen** behandelt, da er im Turbinenbau in dieser Definition kaum verwendet wird.
Nimmt man drallfreien Eintritt der Strömung an ($c_{u1} = 0$), so ergibt sich aus der EULERschen Turbinenhauptgleichung folgender Ausdruck für den Minderleistungsfaktor $\mu$:

$$Y_{th\infty} = u_2 \cdot c_{u2\infty}$$

$$Y_{th} = u_2 \cdot c_{u2}$$

$$\mu = \frac{u_2 \cdot c_{u2}}{u_2 \cdot c_{u2\infty}}$$

$$\mu = \frac{c_{u2}}{c_{u2\infty}} \qquad (2.3)$$

d.h. die tatsächliche $c_u$-Komponente $c_{u2}$ am Laufradaustritt ist kleiner als die rein rechnerische Komponente $c_{u2\infty}$, die sich aus dem Schaufelwinkel $\beta_2$ bei Annahme schaufelkongruenter Strömung ergeben würde. Die Richtung der wirklichen Strömung ($w_2'$) weicht von der Schaufelrichtung ($w_2$) ab, u. U. sogar erheblich!

In Bild 2.6 sind idealer Geschwindigkeitsplan ohne Berücksichtigung von Kanalverengung und Minderleistung und realer Geschwindigkeitsplan unter Einschluß von Kanalverengung und Minderleistung gegenübergestellt.
Die Verminderung der Umfangskomponente $c_{u2\infty}$ auf $c_{u2}$ kann man sich auch aus der Betrachtung des relativen Kanalwirbels, dargestellt in Bild 2.2, herleiten, indem man von $c_{u2\infty}$ den Anteil $\Delta w_u$ resultierend aus der Rotation des Kanals abzieht:

$$c_{u2} = c_{u2\infty} - \Delta w_u = c_{u2\infty} - \omega \cdot \frac{h}{2}$$

mit $h$ als Kanalweite

$$h \approx \frac{D_2 \cdot \pi}{z} \sin \beta_2$$

$$c_{u2} = c_{u2\infty} - \omega \cdot \frac{D_2 \cdot \pi}{2 \cdot z} \cdot \sin \beta_2$$

$$\mu = \frac{c_{u2}}{c_{u2\infty}} = 1 - \frac{\omega \cdot \frac{D_2 \cdot \pi}{2 \cdot z} \sin \beta_2}{c_{u2\infty}}$$

$$\mu = 1 - \frac{u_2 \cdot \frac{\pi}{z} \cdot \sin \beta_2}{c_{u2}/\mu}$$

$$c_{u2} = \frac{Y_{th}}{u_2}$$

$$\mu = 1 - \mu \frac{\sin \beta_2}{z \cdot Y_{th}/u_2^2} \cdot \pi$$

$$\frac{Y_{th}}{u_2^2} = \psi_{th}/2$$

$$\mu = 1 - \mu \frac{2 \cdot \pi \cdot \sin \beta_2}{z \cdot \psi_{th}}$$

$$\mu = \frac{1}{1 + \frac{2 \cdot \pi \cdot \sin \beta_2}{z \cdot \psi_{th}}} \qquad (2.4)$$

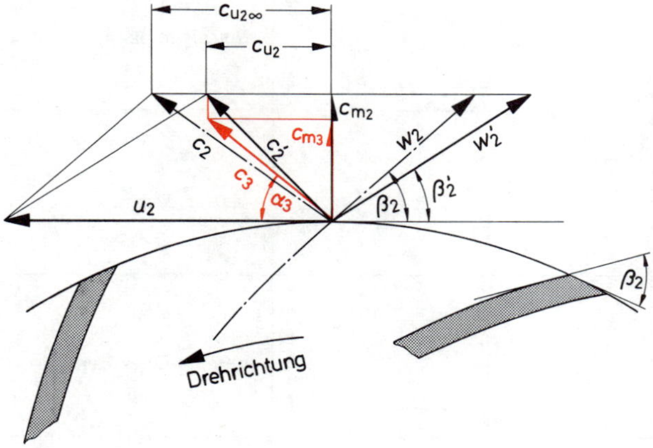


*Bild 2.6 Geschwindigkeitsplan am Austritt eines Radiallaufrades*

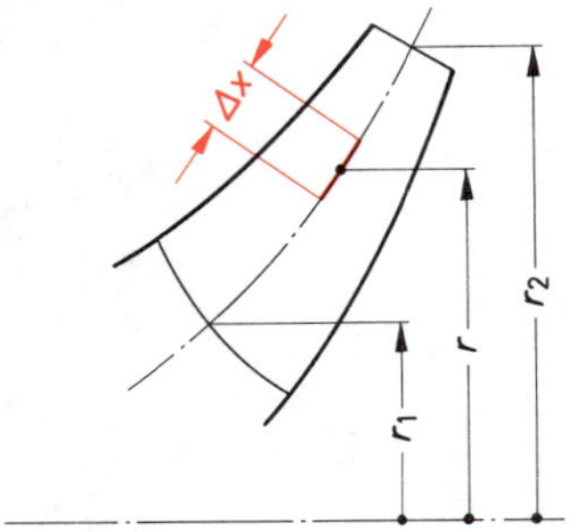


*Bild 2.7 Zur Erklärung des statischen Momentes der Radialschaufel*

Diese bereits von STODOLA angegebene Beziehung liefert eine erste Aussage über den Einfluß von Schaufelzahl $z$, Austrittswinkel $\beta_2$ und Druckzahl $\psi_{th}$, die eine für die **Radform** typische Kenngröße ist, auf den Minderleistungseffekt.
Man erkennt, daß der Minderleistungsfaktor $\mu$ umso größer, d.h. umso besser wird, je größer die Schaufelzahl $z$ und die Druckzahl $\psi_{th}$ und umso kleiner der Schaufelaustrittswinkel $\beta_2$ sind. Dies stimmt auch mit experimentellen Ergebnissen überein.
Die folgenden Angaben über die Größe des Minderleistungsfaktors für Pumpen-, Ventilatoren- und Verdichterlaufräder berücksichtigen ebenfalls Schaufelzahl $z$ und Austrittswinkel $\beta_2$ als Hauptparameter.

a) **Minderleistungsfaktor $\mu$ von radialen Pumpenlaufrädern**

Nach einem auf PFLEIDERER [2.12] zurückgehenden Verfahren wird der Minderleistungsfaktor für Pumpenlaufräder nach folgender empirischer Beziehung abgeschätzt:

$$\mu = \frac{1}{1 + \chi \cdot \frac{r_2^2}{z \cdot S}} \qquad (2.5)$$

Nach Versuchen an Radialpumpen mit einfach und räumlich gekrümmten Laufschaufeln und den üblichen Schaufelzahlen kann der Beiwert $\chi$ die in Tabelle 2.1 aufgeführten Werte annehmen.
$r_2$ ist der Außenradius des Laufrades, d.h. $D_2/2$ und $z$ die Schaufelzahl. $S$ ist als **statisches Moment** der mittleren Stromlinie, bezogen auf die Laufradachse (Bild 2.7) definiert:

$$S = \int_{r_1}^{r_2} r \cdot \mathrm{d}x \qquad (2.6)$$

Für einfache Radialschaufeln kann das Integral analytisch ausgerechnet werden:

**Tabelle 2.1 Beiwert $\chi$ nach Pfleiderer**

| | Art der Leitvorrichtung | Beiwert $\chi$ |
|---|---|---|
| 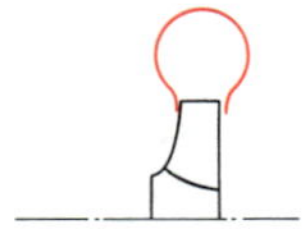 | Spiralgehäuse | $\chi = (0{,}65 \text{ bis } 0{,}85)\left(1 + \frac{\beta_2^\circ}{60^\circ}\right)$ |
| 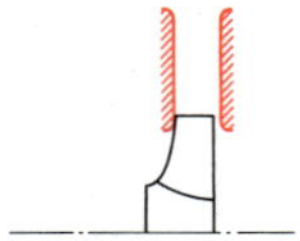 | glatter Leitring | $\chi = (0{,}85 \text{ bis } 1{,}0)\left(1 + \frac{\beta_2^\circ}{60^\circ}\right)$ |
|  | beschaufeltes Leitrad | $\chi = 0{,}6\left(1 + \frac{\beta_2^\circ}{60^\circ}\right)$ |

*Bild 2.8 Zum Minderleistungsfaktor von radialen Pumpenlaufrädern*

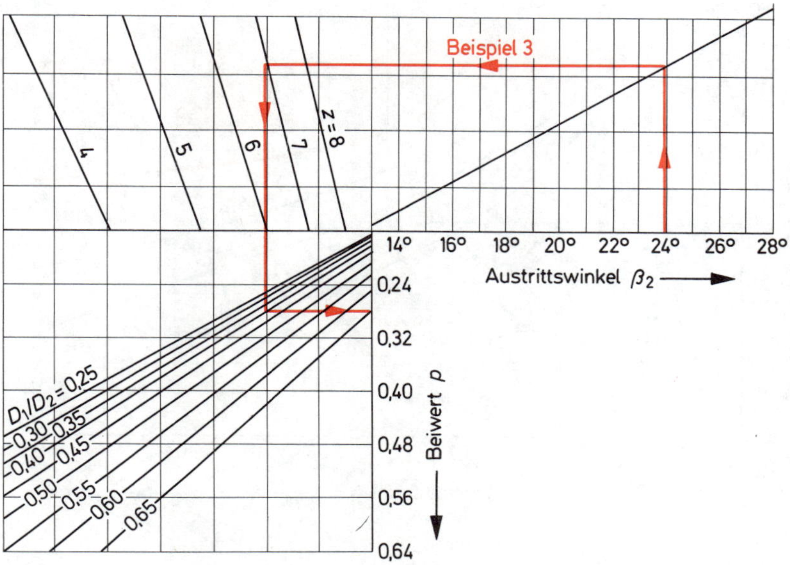


$$S = \frac{1}{2}(r_2^2 - r_1^2)$$

Bei doppelt gekrümmten Schaufeln wird das Integral grafisch gelöst:

$$S = \sum_{r_1}^{r_2} \Delta x \cdot r$$

Nach [2.13] kann $\mu$ für die üblichen Radialpumpen aus der Beziehung

$$\mu = \frac{1}{1+p} \qquad (2.7)$$

bestimmt werden, wobei $p$ in Abhängigkeit vom Austrittswinkel $\beta_2$, von der Schaufelzahl $z$ und vom Durchmesserverhältnis $D_1/D_2$ aus Bild 2.8 entnommen werden kann. Leider macht der Autor keine Angaben über die Genauigkeit und die Bereichsgrenzen des von ihm angegebenen Minderleistungsfaktors.

Die Bestimmung des Minderleistungsfaktors ist nach wie vor Erfahrungssache des Pumpenkonstrukteurs, wobei u. U. die Durchführung systematischer Versuche erforderlich ist.

b) **Minderleistungsfaktor $\mu$ von radialen Ventilator- oder Verdichterlaufrädern**

Für Ventilatorlaufräder mit gegenseitiger Schaufelüberdeckung (Bild 2.9a) empfiehlt Prof. Eck [2.14] folgende Formel zur Abschätzung des Minderleistungsfaktors $\mu$:

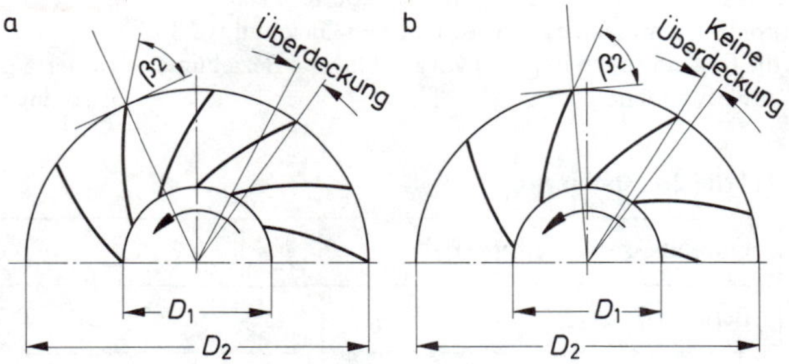


*Bild 2.9 Zur Erklärung der Überdeckung von radialen Laufrädern*

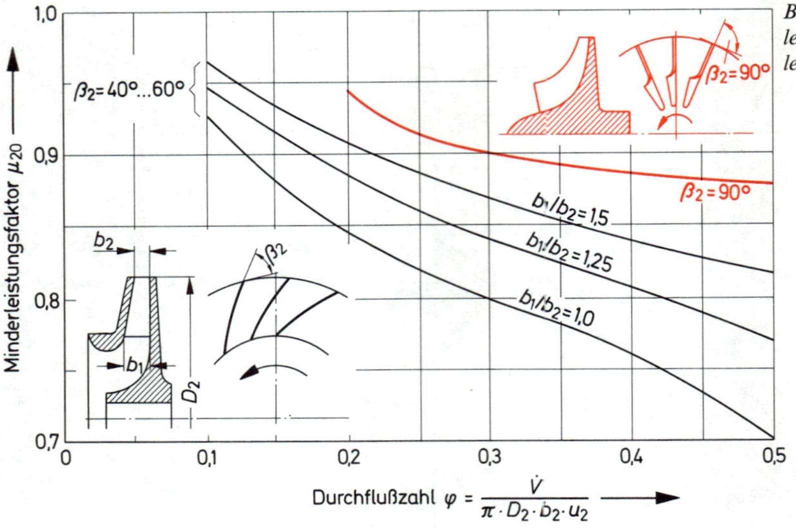


*Bild 2.10 Minderleistungsfaktor von radialen Verdichterlaufrädern*

$$\mu = \frac{1}{1 + \dfrac{1{,}4 + 2{,}7 \cdot \dfrac{\beta_2}{90°}}{z\,[1 - (D_1/D_2)^2]}} \qquad (2.8)$$

Bei fehlender Schaufelüberdeckung (Bild 2.9b) kann folgende Beziehung benützt werden:

$$\mu = \frac{1}{1 + \dfrac{\sin \beta_2}{z\,[C - (D_1/D_2)^2]}} \qquad (2.9)$$

wobei der Beiwert $C$ seinerseits vom Durchmesserverhältnis $D_1/D_2$ abhängt (Tabelle 2.2):

Für größere Schaufelwinkel $\beta_2$ über 45° und den Breitenverlauf $b \cdot r =$ konst., wie er bei Hochdruckventilatorrädern und Verdichterrädern meist vorkommt, empfiehlt es sich, anstelle von Gleichung (2.8) die folgende auch in [2.11] vorgeschlagene Beziehung zu verwenden:

$$\mu = \frac{1}{1 + \dfrac{\sin \beta_2}{2 \cdot z\,(1 - D_1/D_2)}} \qquad (2.10)$$

Man erkennt die Ähnlichkeit dieser Formel mit der weiter oben abgeleiteten theoretischen Beziehung in Gleichung (2.4)!

Zur Abschätzung des Minderleistungsfaktors von Verdichterlaufrädern gibt Prof. TRAUPEL im 1. Band/2. Auflage seiner „Thermischen Strömungsmaschinen" ein Diagramm an (Bild 2.10), das $\mu_{20}$ von 20-schaufeligen Rädern in Abhängigkeit von Durchflußzahl $\varphi$ und Austrittswinkel $\beta_2$ enthält. Für andere Schaufelzahlen kann $\mu$ mit Hilfe folgender Beziehung aus dem Diagrammwert $\mu_{20}$ bestimmt werden:

$$\mu = 1 - (1 - \mu_{20}) \cdot \frac{20}{z} \qquad (2.11)$$

In der 3. Auflage seines Buches [2.3] sowie in [2.15] wird dagegen das obige Diagramm nicht wiedergege-

**Tabelle 2.2 Beiwert** ***C***

| Durchmesserverhältnis $D_1/D_2$ | 0,7 | 0,6 | 0,5 | 0,4 |
|---|---|---|---|---|
| Beiwert $C$ | 0,785 | 0,743 | 0,677 | 0,618 |

ben, sondern vielmehr die nach wie vor unbefriedigenden Ergebnisse von Theorie und Versuchen erwähnt und Vergleiche zwischen den Theorien von BUSEMANN und STANITZ und eigenen Versuchen angestellt, die nur teilweise Übereinstimmungen zeigen.

Das Gebiet des Minderleistungseffektes bedarf auch in Zukunft noch intensiver Forschungen.

### 2.2.1.4 Die Schaufelkonstruktion

Die Schaufeln müssen am Eintritt $D_1$ unter dem festgelegten Winkel $\beta_1$ beginnen und am Austritt $D_2$ unter dem Winkel $\beta_2$ enden. Dazwischen soll die Schaufelkontur stetig verlaufen.

In vielen Fällen genügt die einfach herzustellende **Kreisbogenschaufel** mit konstanter Krümmung $R$ (Bild 2.11),

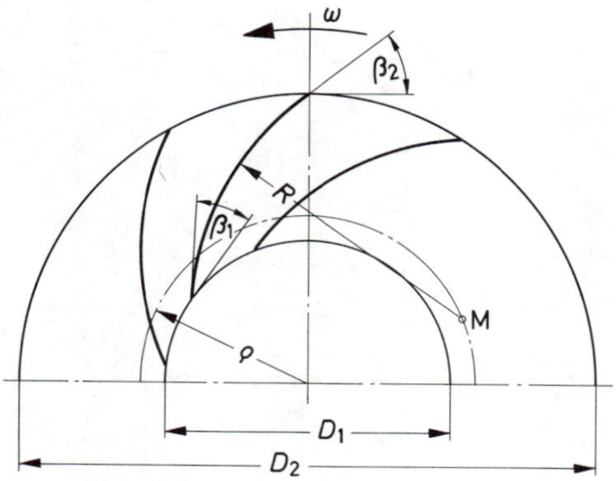


*Bild 2.11 Radiales Laufrad mit Kreisbogenschaufeln*

$$R = \frac{r_2^2 - r_1^2}{2\,(r_2 \cdot \cos\beta_2 - r_1 \cdot \cos\beta_1)} \qquad (2.12)$$

wobei der geometrische Ort der Krümmungsmittelpunkte, d.h. der Radius $\varrho$ wie folgt bestimmt werden kann:

$$\varrho = \sqrt{r_1^2 + R^2 - 2 \cdot r_1 \cdot R \cdot \cos\beta_1} \qquad (2.13)$$

Für die Darstellung einer beliebigen Schaufelkontur in **Polarkoordinaten** $r$ und $\varphi$ (Bild 2.12) ergibt sich folgendes Verfahren:

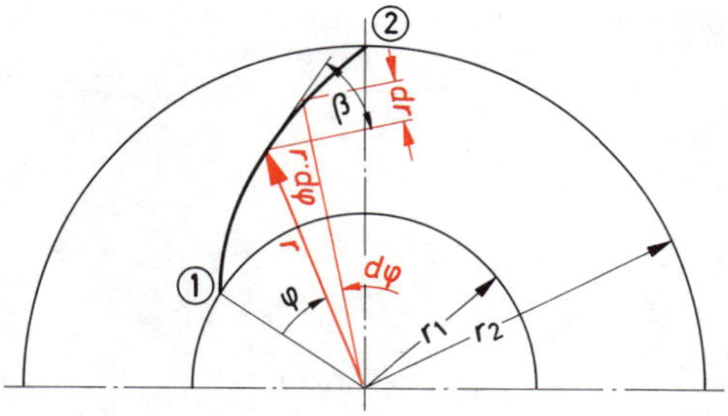


*Bild 2.12 Darstellung der Schaufelkontur in Polarkoordinaten*

$$\tan\beta = \frac{\mathrm{d}r}{r \cdot \mathrm{d}\varphi}$$

$$\mathrm{d}\varphi = \frac{\mathrm{d}r}{r \cdot \tan\beta}$$

$$\varphi = \int_{r_1}^{r} \mathrm{d}\varphi = \int_{r_1}^{r} \frac{\mathrm{d}r}{r \cdot \tan\beta} \qquad (2.14)$$

Die Integration von Gleichung (2.14) kann durch Vorgabe der Funktion $\beta = f(r)$ entweder numerisch oder grafisch durchgeführt werden.

Häufig ist die Annahme eines linearen $\beta$-Verlaufes, wie er in Bild 2.13 dargestellt ist. Der Abstand zwischen $r_1$ und $r_2$ wird in eine Anzahl gleicher Intervalle $\Delta r$ unterteilt.

Gleichung (2.14) wird nun durch Einsetzen von Differenzen $\Delta\varphi$ und $\Delta r$ angenähert:

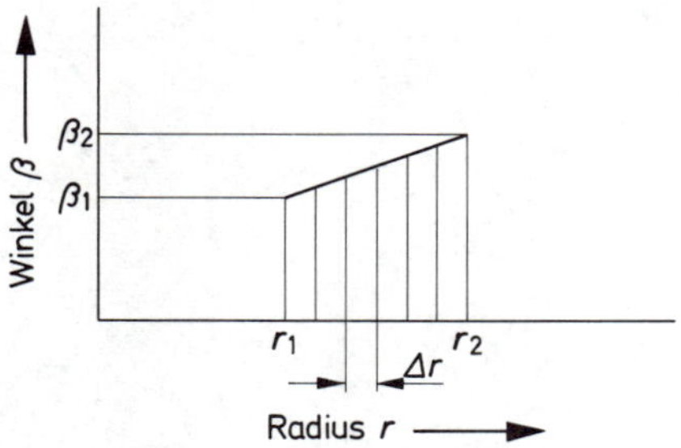


*Bild 2.13 Linearer Winkelverlauf über dem Radius*

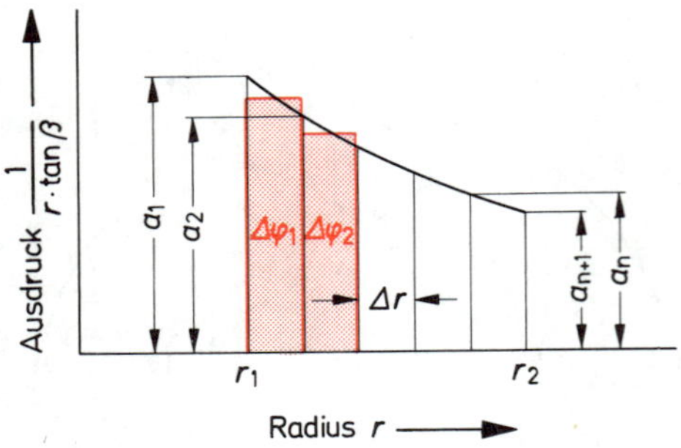


*Bild 2.14 Hilfsdiagramm zur Schaufeldimensionierung*

$$\Delta\varphi = \Delta r \int_{r}^{r+\Delta r} \frac{1}{r \cdot \tan\beta}$$

Die Funktion $\frac{1}{r \cdot \tan\beta} = f(r)$ wird als Kurve aufgetragen (Bild 2.14) und die Winkelzunahme $\Delta\varphi$ als Teilfläche unter der Kurve bestimmt.

$$\Delta\varphi_1 = \frac{a_1 + a_2}{2} \cdot \Delta r$$

$$\Delta\varphi_2 = \frac{a_2 + a_3}{2} \cdot \Delta r$$

$$\Delta\varphi_n = \frac{a_n + a_{n+1}}{2} \cdot \Delta r$$

Der Gesamtwinkel $\varphi$ ergibt sich als Summe aller Teilwinkel $\Delta\varphi$ (Bild 2.15). Bei hinreichend feiner Einteilung, d.h. bei nicht zu groß gewählten Abständen $\Delta r$ ist dieses einfache Näherungsverfahren ausreichend genau.

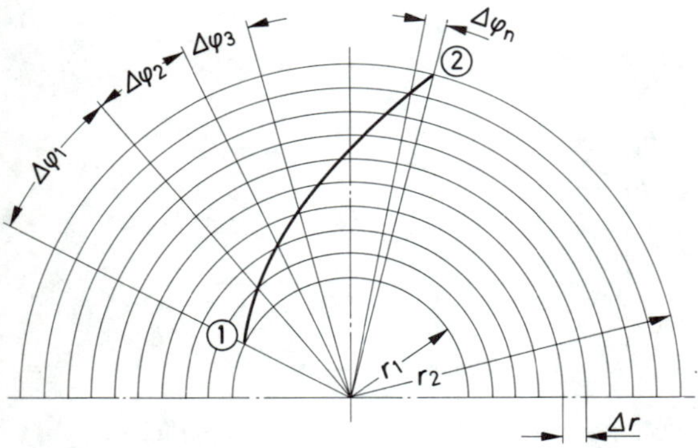


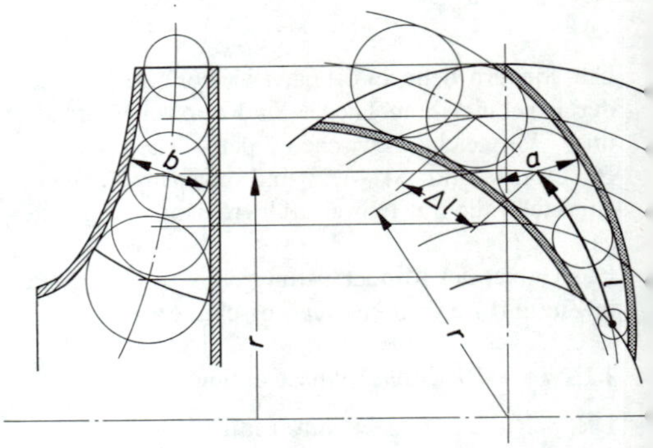


*Bild 2.16 Zur Definition der Abmessungen des Schaufelkanals eines Radialrades*

Nach Aufzeichnen des Kanalverlaufes in der Draufsicht und im Meridianschnitt (Bild 2.16) empfiehlt sich eine Überprüfung des Querschnittsverlaufes des Schaufelkanals, d.h. die Ermittlung der Funktion $A_K = f(l)$. Dazu werden in beiden Schnitten durch Einschreiben von Kreisen mit den Durchmessern $a$ und $b$ die Mittenstromlinien eingezeichnet. Der Kanalquerschnitt an einem Radius $r$ ist gleich dem Produkt aus $a$ und $b$:

$$A_k = a \cdot b$$

Der Verlauf der Funktion $A_K = f(l)$ sollte stetig, d.h. ohne Sprünge und Extremwerte sein (Bild 2.17). Ggf. muß der Kanalverlauf korrigiert werden.

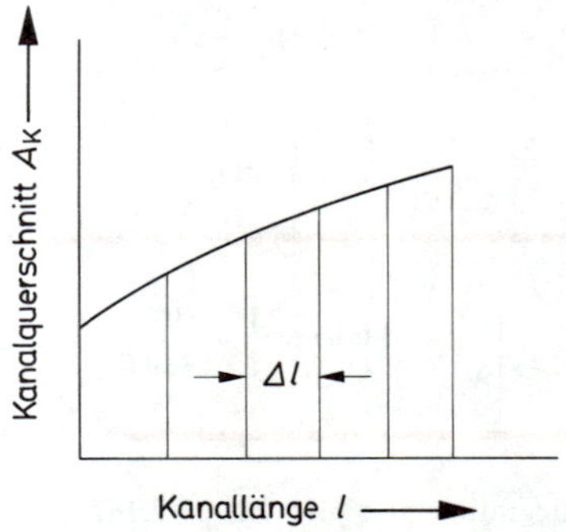


*Bild 2.17 Verlauf des Kanalquerschnittes über der Kanallänge*

*Bild 2.15 Punktweise errechnete Schaufel*

**Beispiel 3**

**Aufgabenstellung:**

Das in Beispiel 1 Seite 42/44 berechnete radiale Kreiselpumpenrad soll nachgerechnet und die Schaufelform festgelegt werden.

**Lösung:**

a) Festlegung des Eintrittswinkels $\beta_1$:

Der mittlere Eintrittsdurchmesser $D_{1m}$ wurde in Beispiel 1 mit 158 mm, die Eintrittsbreite $b_1$ mit 46 mm und die Schaufelzahl $z$ mit 7 festgelegt.
Die Schaufelstärke wird im Hinblick auf die Radgröße ($D_{2a} = 400$ mm) zu $s = 5$ mm gewählt.
Mit dem in Beispiel 1 geschätzten Eintrittswinkel $\beta_1 = 20°$ ergibt sich folgende Nachrechnung:
Verengungsfaktor $k_1$ nach (2.1):

$$k_1 = \frac{D_1 \cdot \pi}{D_1 \cdot \pi - z \cdot \dfrac{s_1}{\sin \beta_1}}$$

$$k_1 = \frac{158 \cdot \pi}{158 \cdot \pi - 7 \cdot \dfrac{5}{\sin 20°}}$$

$k_1 = 1{,}3$ d.h. größer als der in Beispiel 1 angenommene Wert 1,2

Mit diesem Beiwert $k_1 = 1{,}3$ ergibt sich ein neuer Wert für den Eintrittswinkel $\beta_1$:

$$c_{m1} = k_1 \frac{\dot{V}'}{\pi \cdot D_1 \cdot b_1}$$

$$\dot{V}' = \dot{V}/\eta_l$$

$$\eta_l = 0{,}965$$

$$\dot{V}' = 0{,}08333/0{,}965$$

$$\dot{V}' = 0{,}0864\,\text{m}^3/\text{s}$$

$$c_{m1} = 1{,}3 \frac{0{,}0864}{\pi \cdot 0{,}158 \cdot 0{,}046}$$

$$c_{m1} = 4{,}92\,\text{m/s}$$

$$\tan \beta_1 = \frac{c_{m1}}{u_1} = \frac{4{,}92}{12}$$

$$\beta_1 = 22{,}3°$$

Eine Nachrechnung mit $\beta_1 = 22°$ ergibt eine ausreichende Übereinstimmung zwischen Winkel $\beta_1$ und Beiwert $k_1$.

$$k_1 = \frac{158 \cdot \pi}{158 \cdot \pi - 7 \dfrac{5}{\sin 22°}}$$

$$k_1 = 1{,}23$$

$$c_{m1} = 1{,}23 \frac{0{,}0864}{\pi \cdot 0{,}158 \cdot 0{,}046}$$

$$c_{m1} = 4{,}66\,\text{m/s}$$

$$\tan \beta_1 = 4{,}66/12$$

$$\beta_1 = 21{,}22°$$

Der Eintrittswinkel $\beta_1$ wird im Mittelschnitt auf $\beta_1 = 22°$ festgelegt.

b) Festlegung des Austrittswinkels $\beta_2$:

Der Austrittsdurchmesser $D_{2a}$ wurde in Beispiel 1 mit 400 mm berechnet, die Austrittsbreite $b_2$ vorläufig mit 20 mm angenommen.
Der Austrittswinkel $\beta_2$ wird mit 24° angenommen und die Radbreite $b_2$ korrigiert.
Verengungsfaktor $k_2$ nach (2.2):

$$k_2 = \frac{D_2 \cdot \pi}{D_2 \cdot \pi - z \cdot \dfrac{s_2}{\sin \beta_2}}$$

$$k_2 = \frac{400 \cdot \pi}{400 \cdot \pi - 7 \dfrac{5}{\sin 24°}}$$

$$k_2 = 1{,}074$$

Beiwert $p$ aus Bild 2.8 mit $\beta_2 = 24°$ und $D_1/D_{2a} = 158/400 \approx 0{,}4$:

$$p \approx 0{,}28$$

Minderleistungsfaktor $\mu$ (2.7):

$$\mu = \frac{1}{1+p} = \frac{1}{1{,}28} = 0{,}78$$

Unter Verwendung von Gleichung (2.5) und Tabelle 2.1 ergibt sich folgender Minderleistungsfaktor:

$$\mu = \frac{1}{1 + \chi \dfrac{r_2^2}{z \cdot S}}$$

$$\chi = (0{,}65 \text{ bis } 0{,}85)\left(1 + \frac{\beta_2^0}{60°}\right)$$

(Spiralgehäusepumpe)

$$\chi = (0{,}65 \text{ bis } 0{,}85)\left(1 + \frac{24°}{60°}\right)$$

$$\chi = 0{,}91 \text{ bis } 1{,}19$$

$$r_2 = 200\,\text{mm}$$

$$z = 7$$

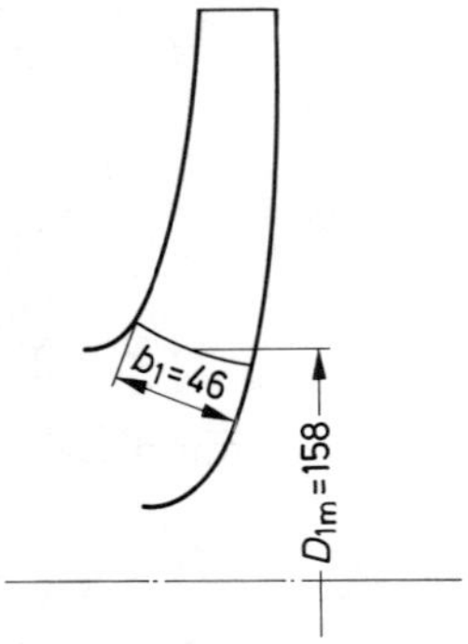


*Bild 2.18*
*zu Beispiel 3*

$$S = \frac{1}{2}(r_2^2 - r_1^2)$$

$$S = \frac{1}{2}(200^2 - 79^2)$$

$$S = 16\,880\,\text{mm}^2$$

$$\mu = \frac{1}{1 + (0{,}91 \text{ bis } 1{,}19)\,\dfrac{200^2}{7 \cdot 16\,880}}$$

$$\mu = 0{,}71 \text{ bis } 0{,}76$$

Die weitere Rechnung wird mit dem aus Bild 2.8 gewonnenen Wert $\mu = 0{,}78$ weitergeführt.

Umfangskomponente $c_{u2\infty}$:

$$c_{u2\infty} = Y_{th\infty}/u_2$$

$$Y_{th\infty} = Y/(\eta_i \cdot \mu)$$

$$Y = 50 \cdot 9{,}81 = 490{,}5\,\text{J/kg}$$

$$\eta_i \approx 0{,}85 \text{ in Anlehnung an Bild 1.31}$$

$$Y_{th\infty} = 490{,}5/(0{,}85 \cdot 0{,}78) = 739{,}8\,\text{J/kg}$$

$$u_2 = D_2 \cdot \pi \cdot n = 0{,}4 \cdot \pi \cdot 24{,}17 = 30{,}37\,\text{m/s}$$

$$c_{u2\infty} = 739{,}8/30{,}37 = 24{,}36\,\text{m/s}$$

$$c_{m2} = (u_2 - c_{u2\infty})\tan\beta_2$$

$$c_{m2} = (30{,}37 - 24{,}36)\tan 24°$$

$$c_{m2} = 2{,}68\,\text{m/s}$$

$$b_2 = \frac{\dot{V}'}{\pi \cdot D_2 \cdot c_{m2}} \cdot k_2 = \frac{0{,}0864}{\pi \cdot 0{,}4 \cdot 2{,}68} \cdot 1{,}074$$

$$b_2 = 0{,}0275\,\text{m}$$

$$b_2 = 28\,\text{mm}$$

Wäre die ursprünglich angenommene Breite von 20 mm beibehalten worden, hätte der Winkel $\beta_2$ Werte über 30° erreicht, was für ein Pumpenlaufrad mit den vorliegenden Betriebsdaten zu groß gewesen wäre.

c) **Festlegung der Schaufelform als Kreisbogenschaufel**

Die Kreisbogenschaufel erhält folgende Krümmung:

$$(2.12){:}\quad R = \frac{r_2^2 - r_1^2}{2(r_2 \cdot \cos\beta_2 - r_1 \cdot \cos\beta_1)}$$

$$R = \frac{200^2 - 79^2}{2(200 \cdot \cos 24° - 79 \cdot \cos 22°)}$$

$$R = 154{,}2\,\text{mm}$$

Die Krümmungsmittelpunkte liegen auf folgendem Radius:

$$(2.13){:}\quad \varrho = \sqrt{r_1^2 + R^2 - 2 \cdot r_1 \cdot R \cdot \cos\beta_1}$$

$$\varrho = \sqrt{79^2 + 154{,}2^2 - 2 \cdot 79 \cdot 154{,}2 \cdot \cos 22°}$$

$$\varrho = 86{,}2\,\text{mm}$$

Faßt man die Ergebnisse von Beispiel 1 und 3 zusammen, kann man die in Bild 2.19 wiedergegebene Skizze des Laufrades anfertigen. Trägt man in beide Schnitte von Bild 2.19 in die Kanalkonturen Kreise mit den Radien $a$ und $b$ ein und ermittelt die Kanalquerschnittsflächen als Produkte der Abstände $a$ und $b$, so erhält man den in Bild 2.20 dargestellten Querschnittsverlauf über der Kanallänge. Der Querschnittsverlauf wird als ausreichend stetig angesehen, so daß keine Korrektur des Kanalverlaufes durchgeführt werden muß.

## 2.2.2 Stehende Radialgitter (Leiträder)

### 2.2.2.1 Einleitung

Radiale Leiträder werden sowohl in Strömungsarbeitsmaschinen (Pumpen, Verdichter) als auch in Turbinen (Francisturbinen, Kaplanturbinen, Zentripetalturbinen) eingesetzt. In Pumpen und Verdichtern dienen sie als **Nachleiträder** zum Abbau von Drall, d.h. zur Umsetzung von kinetischer Energie in statischen Druck, in Turbinen als **Vorleiträder** zur Erzeugung des erforderlichen Dralles. Bei Radialverdichtern kommen gelegentlich auch verstellbare radiale Vorleitschaufeln als Drallregler vor (vgl. Bild 11.6 in Band 1 „Strömungsmaschinen – Aufbau und Wirkungsweise“). Die Leitschaufeln der Wasserturbinen sind i.a. verstellbar, Zentripetalturbinen haben meist nicht verstellbare Leitapparate. Mehrstufige Pumpen und Turboverdichter haben i.a. Leitschaufeln unmittelbar hinter dem Laufrad und sogenannte Umlenkschaufeln zur Umlenkung der Strömung zum nächstfolgenden Laufrad hin, das drallfrei angeströmt werden soll.

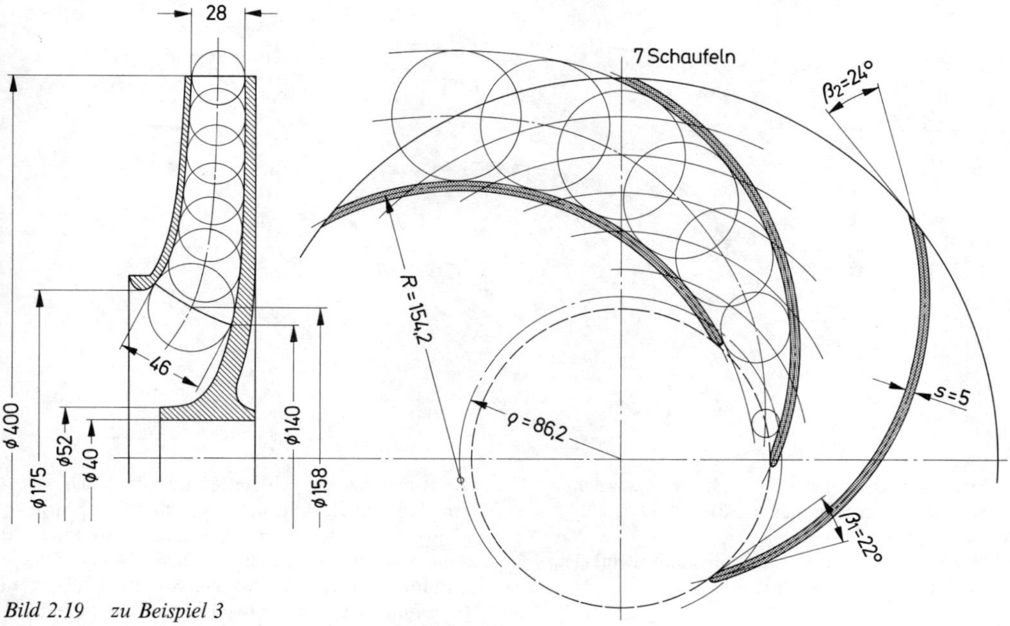


*Bild 2.19 zu Beispiel 3*

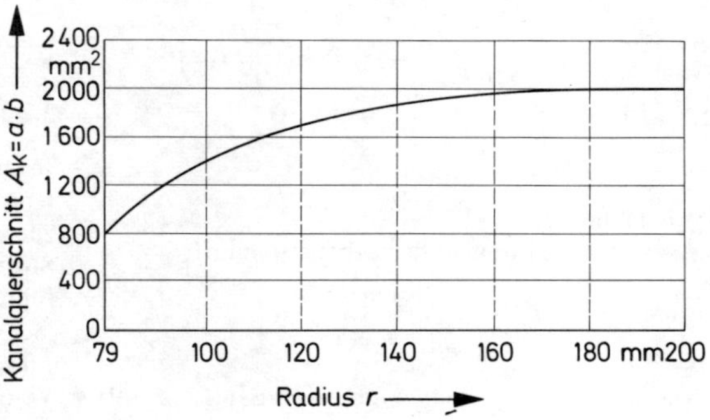


*Bild 2.20 zu Beispiel 3*

Die Zahl der Leitschaufeln sollte möglichst verschieden sein von der Zahl der Laufschaufeln. Falls durchführbar, sollten beide Schaufelzahlen auch kein gemeinsames Vielfaches haben.

### 2.2.2.2 Leiträder von Pumpen

Bezüglich der Gestaltung des Kanalverlaufes des in Bild 2.21 dargestellten radialen Pumpenleitrades werden die in [2.16 bis 2.19] angegebenen Empfehlungen kurz zusammengefaßt:

Eintrittsdurchmesser $D_4 \approx (1{,}01 \text{ bis } 1{,}04)\, D_2$

Austrittsdurchmesser $D_5 \approx (1{,}35 \text{ bis } 1{,}6)\, D_2$

Breite $b_4 = b_5 \approx b_2 + 1 \text{ bis } 2\,\text{mm}$

Eintrittswinkel $\tan\alpha_4 \approx \varkappa \cdot k_4 \dfrac{b_2}{b_4} \tan\alpha_3$

$\varkappa \approx 1{,}2$ bis $1{,}6$ (Erfahrungswert zur Berücksichtigung von Strahleinschnürung, Sekundärströmungen und ungleicher Geschwindigkeitsverteilung)

Beiwert $k_4 = \dfrac{D_4 \cdot \pi}{D_4 \cdot \pi - z_{\text{Le}} \dfrac{s_4}{\sin\alpha_4}}$

Eintrittsbreite $a_4 \approx \dfrac{\pi \cdot D_4 \cdot \sin\alpha_4}{z_{\text{Le}}} - s_4$

Schaufelzahl $z_{\text{Le}} \approx \dfrac{\pi \cdot D_4 \cdot \sin\alpha_4}{b_4 + s_4}$

Austrittsbreite $a_5 \approx (1{,}5 \text{ bis } 1{,}8) \cdot a_4$

Kanallänge $l \approx 4 \cdot a_4$

Diffusoröffnungswinkel $\vartheta = 7^\circ$ bis $10^\circ$

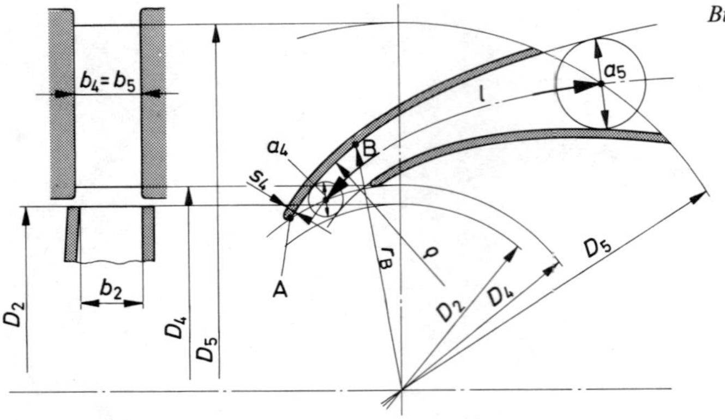


*Bild 2.21 Pumpenleitrad*

Der Austrittswinkel $\alpha_6$ der Strömung weicht, z.T. erheblich vom Schaufelaustrittswinkel $\alpha_5$ ab.

Nach PFLEIDERER kann der Strömungswinkel $\alpha_6$ wie folgt abgeschätzt werden:

$$\tan \alpha_6 = c_{m5}/c_{u6}$$

$$c_{u6} = \frac{1}{1 + p_{Le}} \left( c_{u5} + p_{Le} \cdot \frac{D_4}{D_5} \cdot c_{u3} \right)$$

$$p_{Le} = \frac{\chi \cdot r_5^2}{z_{Le} \cdot S}$$

$\chi = 0{,}8$ bis $1{,}0$
$S$ = statisches Moment der Mittelstromlinie

$c_{u5} = c_{m5}/\tan \alpha_5$

$c_{u3} = c_{u4} = \mu \cdot c_{u2\infty}$
(wirkliche Umfangskomponente nach dem Laufrad!)

Die Kanäle sollen sich stetig und allmählich erweitern. Am Eintritt sollte die Querschnittsfläche $a_4 \cdot b_4$ möglichst quadratisch sein. Den Eintrittsbogen A–B kann man in Form einer logarithmischen Spirale ausführen, da dies in etwa der Stromlinienform im Ringraum zwischen Lauf- und Leitrad entspricht.

$$\varrho = (r_4 + r_B) \cdot \frac{1}{2 \cdot \cos \alpha_4}$$

### 2.2.2.3 Rückführschaufeln

In mehrstufigen Radialpumpen und Radialverdichtern werden zur Umlenkung des Mediums von einer zur anderen Stufe Umlenkkanäle angeordnet, die die Strömung umlenken, d.h. von außen nach innen führen und den Drall aus der Strömung herausnehmen. Die Gestaltung dieser Kanäle hat großen Einfluß auf den Wirkungsgrad der Maschine, bei Verdichtern auch auf die Lage der Pumpgrenze.

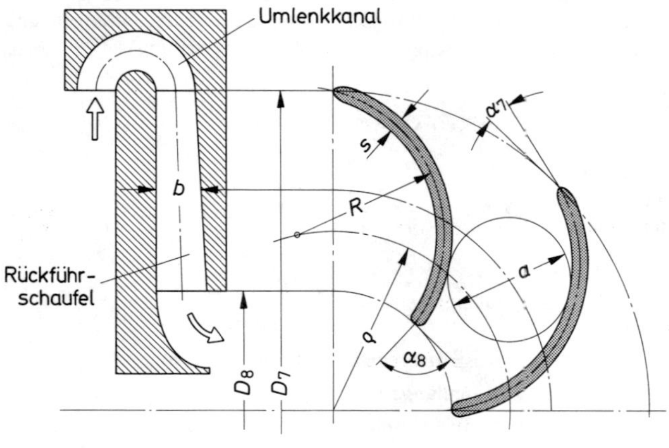


*Bild 2.22 Rückführbeschaufelung von mehrstufigen Pumpen*

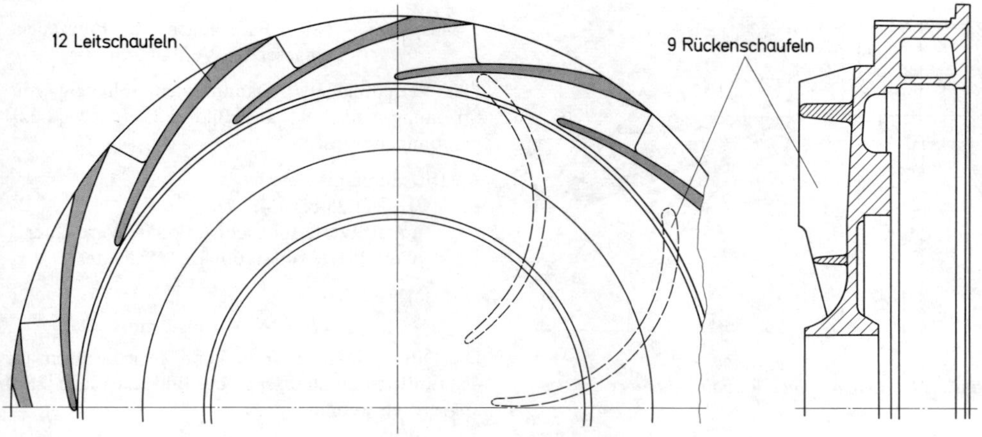


*Bild 2.23 Pumpenleitrad mit Rückführschaufeln (nach Fa. KSB)*

Für die Ausführung der Schaufelgeometrie (Bild 2.22) sollten folgende Richtwerte eingehalten werden:

Eintrittswinkel $\tan\alpha_7 = \varkappa_7 \cdot k_7 \cdot \tan\alpha_6$

$\varkappa_7 =$ Erfahrungswert $\approx 1{,}2$ bis $1{,}3$

$$k_7 = \frac{\pi \cdot D_7}{\pi \cdot D_7 - z_{\text{Rü}} \dfrac{s_7}{\sin\alpha_7}}$$

Winkel $\alpha_6$ siehe vorigen Abschnitt!

Diese Beziehung für den Winkel $\alpha_7$ gilt nur, wenn der Eintrittsdurchmesser der Rückführbeschaufelung $D_7$ gleich dem Austrittsdurchmesser $D_5$ des Leitrades gemacht wird.

Austrittswinkel $\alpha_8 \approx 95°$ bis $100°$

Durch eine Winkelübertreibung von 5° bis 10° gegenüber dem theoretischen Abströmwinkel von 90° wird, zumindest im Auslegepunkt, eine drallfreie Abströmung von der Rückführbeschaufelung gewährleistet.

Den Austrittsdurchmesser $D_8$ wählt man unter Berücksichtigung der Abmessungen des folgenden Laufrades so klein wie möglich. Die Schaufelzahl der Rückführbeschaufelung wird etwas niedriger als die Leitschaufelzahl gewählt.

In der Fachliteratur wird vielfach empfohlen, die Schaufel als Kreisbogenschaufel mit dem Krümmungsradius

$$R = \frac{r_7^2 - r_8^2}{2\,(r_7 \cdot \cos\alpha_7 - r_8 \cos\alpha_8)}$$

auszuführen.

Der geometrische Ort der Krümmungsmittelpunkte liegt auf dem Radius

$$\varrho = \sqrt{r_7^2 + R^2 - 2 \cdot r_7 \cdot R \cdot \cos\alpha_7}$$

Der Querschnittsverlauf des Kanals, d.h. der Verlauf des Produktes aus Kanalbreite b mal Kanalbreite a über der Kanallänge sollte möglichst stetig verlaufen (vgl. Bild 2.17).

In Hochleistungspumpen werden gelegentlich die Leitschaufeln kontinuierlich in die Rückführschaufeln übergeführt, was hohe Wirkungsgrade ergibt [2.19] aber auch einen sehr großen und damit teuren gießtechnischen Aufwand bedeutet.

Die schaufellosen Umlenkkanäle werden in großen Pumpen, z.B. in Speicherpumpen und Speisepumpen kreisbogenförmig nach außen geführt (Bild 2.22), in kleineren und mittleren Pumpen werden in der Rückwand der Leiträder dreieckige Öffnungen gelassen, durch die die Flüssigkeit vom Leitrad zu den Rückführschaufeln strömt (Bild 2.23).

Die Gestaltung von Rückführschaufeln in mehrstufigen Radialverdichtern kann näherungsweise nach den obigen Angaben für Pumpen erfolgen. Genauere Angaben, insbesondere eine bessere Erfassung der Reibung und der Geschwindigkeitsverteilungen können aus [2.11] entnommen werden.

Die endgültige Form der Rückführkanäle und -schaufeln kann nur in systematischen Versuchen gefunden werden [2.9; 2.10; 2.11; 2.20 und 2.21]

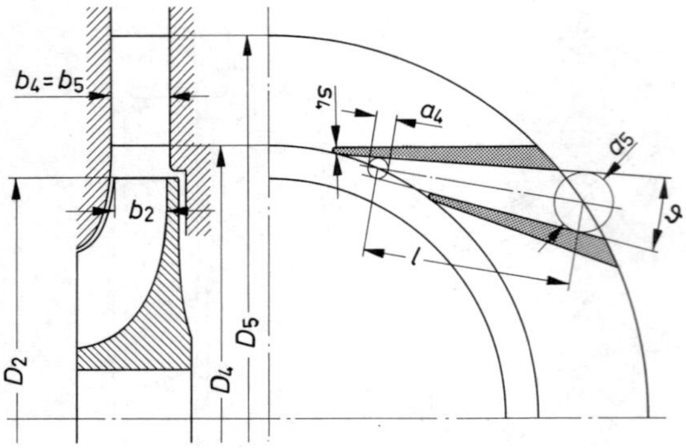

*Bild 2.24 Leitrad eines Radialverdichters*

### 2.2.2.4 Leiträder von Radialverdichtern

Bei kleinen Abströmwinkeln $\alpha_2$ unter etwa 30° lohnt sich i.a. der Einsatz eines beschaufelten Diffusors (Bild 2.24) zur Umwandlung kinetischer Strömungsenergie in „statische" Druckenergie. Für die Gestaltung des Leitrades werden aus [2.3; 2.11 und 2.22] folgende Richtwerte und Hinweise zusammengestellt:

Eintrittsdurchmesser:

$$D_4 = D_2 \left(1 + \frac{1}{x}\right)$$

$D_2$ = Laufradaußendurchmesser

$\frac{1}{x} = \frac{1}{5}$ bis $\frac{1}{7}$ bei stationär eingesetzten Verdichtern

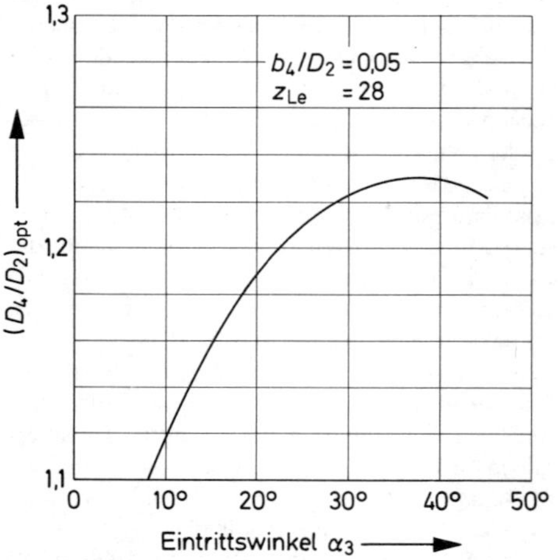

*Bild 2.25 Optimales Durchmesserverhältnis von Verdichterleiträdern* (nach [2.22])

$\frac{1}{x} = \frac{1}{8}$ bis $\frac{1}{14}$ bei in Fahrzeugen oder Flugzeugen eingesetzten Verdichtern

Das Verhältnis $D_4/D_2$ kann auch abhängig vom Strömungswinkel $\alpha_3$ aus Bild 2.25 (nach [2.22]) entnommen werden.

Austrittsdurchmesser:

$D_5 = (1{,}25 \text{ bis } 1{,}4) \cdot D_4$
untere Werte für nichtstationäre Verdichter
obere Werte für stationäre Verdichter

Diffusorbreite:

$$b_5 = b_4 = b_2 + 1 \text{ bis } 2\,\text{mm}$$

Die Diffusorbreite $b_4 = b_5$ kann auch bezogen auf den Eintrittsdurchmesser $D_4$ aus Bild 2.26 (nach [2.3]) abgegriffen werden.

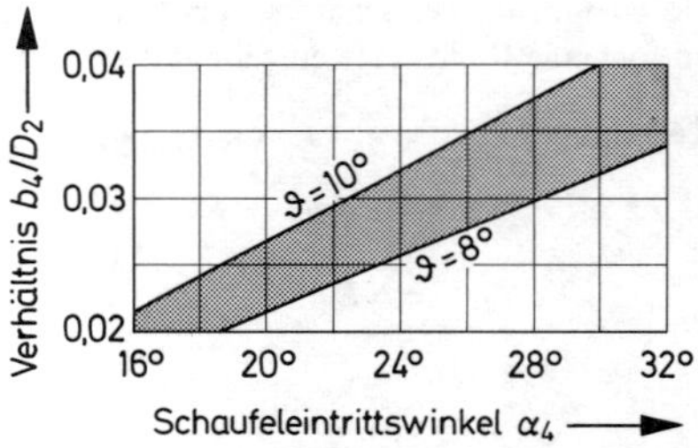

*Bild 2.26 Breitenverhältnis von Verdichterleiträdern* (nach [2.3])

Diffusorerweiterungswinkel $\vartheta$:
Der Diffusorerweiterungswinkel $\vartheta$ ist wie folgt definiert:

$$\tan\vartheta \approx \frac{a_5 - a_4}{l}$$

und sollte nicht größer als 10° sein, da sonst Ablösungen auftreten können.
Die Schaufelzahl $z_{Le}$ kann aus der Beziehung

$$z_{Le} \approx \frac{\pi \cdot D_4 \cdot \sin\alpha_4}{a_4}$$

abgeschätzt werden; wobei die Kanalbreite $a_4$ innerhalb des Bereiches

$$0{,}5 < \frac{b_4}{a_4} < 1$$

liegen sollte. Der Wert $b_4/a_4 \approx 1$ (quadratischer Querschnitt) ist anzustreben.

Der Eintrittswinkel $\alpha_4$ kann aus den Abströmverhältnissen des Laufrades ermittelt werden:

$$\tan \alpha_4 \approx \varkappa_4 \cdot k_4 \cdot \tan \alpha_3$$

$\varkappa_4 \approx 1{,}1$ bis 1,3 (Zuschlag zur Berücksichtigung der Reibung)

$$k_4 = \frac{\pi \cdot D_4}{\pi \cdot D_4 - z_{Le} \cdot \dfrac{s_4}{\sin \alpha_4}}$$

Der Strömungswinkel $\alpha_3$ ergibt sich aus dem Geschwindigkeitsplan am Laufradaustritt unter Berücksichtigung des Minderleistungseffektes und der endlichen Schaufeldicke der Laufschaufel.

Optimale Leitradformen können nur durch systematische Versuche ermittelt werden [2.22].

Abschließend werden einige allgemeingültige Aussagen zusammengestellt:

1. Ein beschaufeltes Leitrad wirkt sich nur bei kleinen Eintrittswinkeln $\alpha_4$ merklich auf den erzielbaren Druckanstieg aus. Bei großen Eintrittswinkeln ab etwa 40° ergibt sich praktisch kein Druckanstieg mehr im Vergleich zum schaufellosen Ringraum.
2. Große Durchmesserverhältnisse $D_4/D_2$ sind bei kleinen Winkeln $\alpha_4$ wegen der großen Verluste im schaufellosen Ringraum ungünstig.
3. Beschaufelte Diffusoren sind bei großen $D_4/D_2$-Verhältnissen unempfindlich gegen Winkelabweichungen in der Strömung, die bei der Drosselung des Verdichters auftreten.
4. Ein Diffusor mit langen Leitschaufeln ist weniger empfindlich gegen Winkelabweichungen in der Strömung als ein Diffusor mit kurzen Schaufeln.

### 2.2.2.5 Leiträder der Francisturbine und der Kaplanturbine

Francisturbinen und Kaplanturbinen (nicht dagegen Kaplanrohrturbinen) haben radiale, verstellbare Leiträder zur Erzeugung des Laufraddralles. Die Leitschaufeln sind symmetrische (gerade) oder leicht gekrümmte Tragflügel, die um einen Drehpunkt schwenkbar sind. Obwohl es sehr schwierig ist allgemeingültige Richtwerte für die Gestaltung anzugeben, da nur spärliche Hinweise in der Fachliteratur enthalten sind, wird versucht einige Anleitungen zusammenzustellen, die es vor allem Studierenden erleichtern sollen Entwürfe anzufertigen. Den Durchmesser $D_0$ des Leitschaufelspitzenkreises (Bild 2.27) wählt man in Bezug auf den Laufraddurchmesser $D_1$ so, daß bei Francisturbinen kein Anstreifen des Laufrades bei maximal geöffnetem Leitrad eintritt, bei Kaplanturbinen gleich oder geringfügig größer als den Laufraddurchmesser.

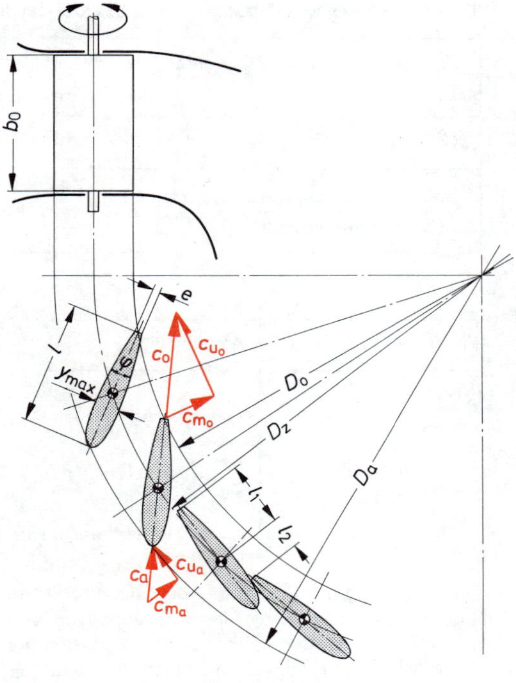


*Bild 2.27 Wasserturbinenleitrad*

Die Höhe $b_0$ des Leitrades wird bezogen auf den Laufraddurchmesser $D_1$ und kann für Francisturbinen aus den Bildern 1.8 und 1.9, für Kaplanturbinen aus Bild 1.12 oder Tabelle 1.3 entnommen werden.

Die Leitschaufelzahlen $z_{Le}$ sowie das Verhältnis Bolzenkreisdurchmesser $D_z$/Laufraddurchmesser $D_1$ sind in Tabelle 2.3 zusammengestellt. Die Leitschaufelzahl soll gerade sein und nach Möglichkeit durch 4 teilbar.

Die Profillänge $l$ sollte etwa 15 bis 20% des Laufraddurchmessers betragen, das Verhältnis der Längen $l_1$ und $l_2$ im geschlossenen Zustand etwa $l_1/l_2 \approx 1{,}55$ bis 1,65. Den Nasenradius wählt man mit etwa 20% der größten Profildicke $y_{max}$, die Schaufeldicke $e$ am Profilende mit etwa 4 bis 6% der Profillänge $l$. Der Erweiterungswinkel des geradwandigen Profilhinterteiles sollte im Bereich um etwa 10° bis 15° liegen.

Weitere Angaben über die Gestaltung der Wasserturbinenleiträder finden sich in [1,2; 1,3; 1,4; 1,7 und 2.23].

Die Geschwindigkeiten am Leitradein- und -austritt berechnen sich unter Vernachlässigung des Minderleistungseffektes und der Schaufeldicke aus der Kontinuitätsgleichung und dem Drallsatz:

**Tabelle 2.3 Leitschaufelzahlen und Bolzenkreisdurchmesser von Francis- und Kaplanturbinen**

| Laufraddurchmesser $D_1$ in mm | bis 250 | bis 500 | bis 700 | bis 1200 | bis 2200 | bis 4000 und darüber |
|---|---|---|---|---|---|---|
| Leitschaufelzahl $z_{Le}$ | 8 | 12 | 14 | 16 | 20 | 24 |
| $\frac{\text{Bolzenkreisdurchmesser } D_z}{\text{Laufraddurchmesser } D_1}$ | 1,65 | 1,55 | 1,45 | 1,35 | 1,25 | 1,20 |

| Eintritt a | Austritt 0 |
|---|---|
| $c_{ma} \approx \frac{\dot{V}}{D_a \cdot \pi \cdot b_0}$ | $c_{mo} \approx \frac{\dot{V}}{D_0 \cdot \pi \cdot b_0}$ |
| $c_{ua} \approx \frac{\text{Spiralendrall}}{D_a/2}$ | $c_{uo} \approx \frac{c_{u1} \cdot D_1}{D_0}$ |
| | $c_{u1} \cdot D_1$ ist der Laufradeintrittsdrall |

Die Festlegung der Leitschaufelzahl, der Profilform und -abmessungen hängt letztlich auch von den hydraulischen Daten Fallhöhe und Wasserstrom, sowie von der Festigkeit des Leitrades und der konstruktiven Ausführung des Verstellmechanismus ab und kann nicht für alle Turbinenarten und Maschinengrößen anhand einfacher, allgemein gültiger Regeln erfolgen. Es empfiehlt sich die Lektüre spezieller Fachliteratur, insbesondere Voith „Forschung und Konstruktion" und Escher-Wyss „Mitteilungen" bzw. SULZER „Technische Rundschau".

### 2.2.2.6 Leitrad der Zentripetalturbine

Im Leitrad der Zentripetalturbine (Bild 2.28) wird ein Teil des der Turbine zur Verfügung stehenden Wärmegefälles in Geschwindigkeitsenergie umgewandelt:

$$c_1 = \eta_{Le} \sqrt{2 \cdot Y_{Le} + c_0^2}$$

$c_1$ = Geschwindigkeit am Leitradaustritt
$\eta_{Le}$ = Leitradwirkungsgrad
$Y_{Le}$ = spezifische Stutzenarbeit, die im Leitrad umgesetzt wird
$Y_{Le} = Y_{St}(1 - r)$
$Y_{St}$ = spezifische Stutzenarbeit der Turbine
r = Reaktionsgrad
$c_0$ = Eintrittsgeschwindigkeit

Den Leitradaustrittsdurchmesser $D_1$ wählt man 2 bis 3% größer als den Laufraddurchmesser $D_2$, der nach Gleichung (1.24) festgelegt werden kann.
Die Leitradbreite $b_0 = b_1$ wird geringfügig kleiner ausgeführt als die Laufradeintrittsbreite $b_2$ nach Gleichung (1.25).
Den Winkel $\alpha_1$ legt man üblicherweise innerhalb des Bereichs 15° bis 27° fest und führt die Schaufeln gerade aus.
Die Leitschaufelzahl $z_{Le}$ ist größer als die Laufschaufelzahl $z_{La}$ (nach Gleichung (1.26)); beide Schaufelzahlen sollten nach Möglichkeit keinen gemeinsamen Teiler haben. Betrachtet man den Strömungskanal zwischen zwei Leitschaufeln, so sollte die Schaufel-

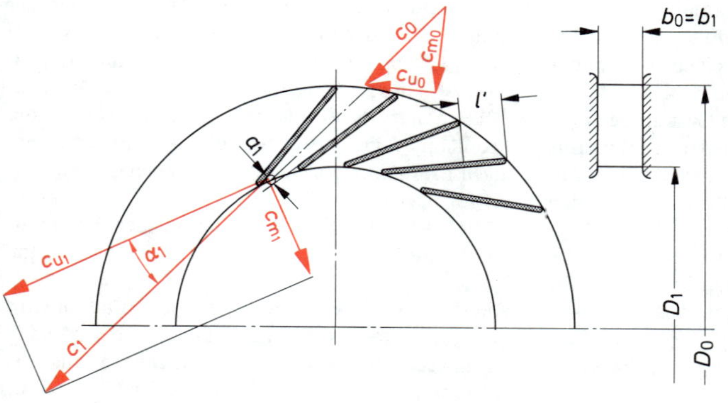


*Bild 2.28 Leitrad einer Zentripetalturbine*

zahl $z_{Le}$ so gewählt werden, daß der Kanalaustrittsquerschnitt $a_1 \times b_1$ möglichst einem Quadrat nahekommt und die Schaufelüberdeckung $l'$ am Kanalanfang nicht kleiner wird als $1{,}5 \cdot a_1$.

Hat man nach den obigen Hinweisen das Leitrad entworfen, erfolgt die Abschätzung des Einflusses der Leitradströmung auf die Strömung in der Spirale. U.U. ist nach Auslegung der Spirale eine Korrektur des Leitrades erforderlich.

## 2.3 Axialgitter

### 2.3.1 Einleitung

Axialgitter sind periodische, drehsymmetrische Anordnungen von meist profilierten, tragflügelartigen Schaufelprofilen zum Zwecke der Strömungsumlenkung. Die Teilchen des Arbeitsmediums bewegen sich bei der Durchströmung des Gitters in erster Annäherung auf koaxialen Zylindern um die Mittellinie des Gitters, die identisch ist mit der Achse der axialen Turbomaschine.

Man unterscheidet, wie schon in 2.1. bemerkt, **bewegte Axialgitter** in Laufrädern, **stehende Axialgitter** in Leiträdern, die vor oder nach dem Laufrad angeordnet werden, **Beschleunigungsgitter,** die die Strömung beschleunigen und **Verzögerungsgitter,** die die Strömung verzögern. Schwach umlenkende, weitstehende Axialgitter können wie einzelne Tragflügel behandelt werden, ohne daß große Fehler auftreten. Engstehende Axialbeschaufelungen für große Umlenkungen müssen nach speziellen, meist relativ aufwendigen Rechenverfahren ausgelegt werden.

Bei der exakten Berechnung von Axialgittern müssen neben den Zu- und Abströmgeschwindigkeiten und den geometrischen Parametern des Gitters auch der Einfluß von Reynolds-Zahl und ggf. Mach-Zahl sowie die Verluste durch Reibung und das Auftreten von Sekundärströmungen, Spaltverluste, Ablösungen d.h. die Grenzschichtverhältnisse und andere Phänomene berücksichtigt werden. Dies bedingt neben der Beherrschung der Theorien auch die Kenntnis empirischer, aus Versuchen und Betriebserfahrungen gewonnener Beiwerte.

Es würde den Rahmen dieses Buches überschreiten, die heute in der Praxis bei der Auslegung von Hochleistungsaxialgittern gebräuchlichen Berechnungsverfahren wie

Singularitätenmethode
Konforme Abbildung
Hodographenmethode
Relaxationsmethode
Analogie-Verfahren

darstellen zu wollen. Dies muß speziellen Fachbüchern (z.B. [2.1] und [2.3]), Aufsätzen und Tagungsbeiträgen vorbehalten werden.

Die folgenden Abschnitte beschränken sich deshalb auf einfache, auch für Studierende geeignete Verfahren zur Dimensionierung von Axialgittern, wie sie aber durchaus auch in der Praxis bei der Auslegung von Axialventilatoren und Axialpumpen angewandt werden können ohne deshalb allzu große Fehler zu begehen.

### 2.3.2 Einteilung der Axialgitter und Grundbegriffe

Die Einteilung der Axialgitter nach ihrer Funktion und nach Art der Strömungsumlenkung ist in Tabelle 2.4 dargestellt. Neben den typischen geometrischen Profilformen und -anordnungen sind auch die Ge-

**Tabelle 2.4 Einteilung der Axialgitter**

| | Beschleunigungsgitter | Verzögerungsgitter |
|---|---|---|
| stehendes Gitter (Leitrad) | 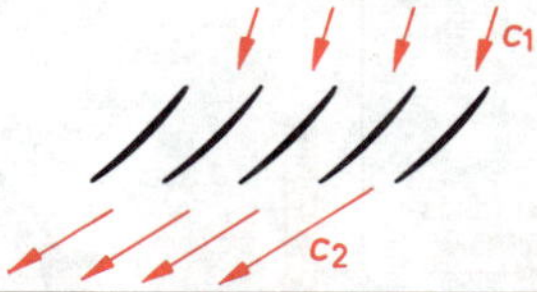  | 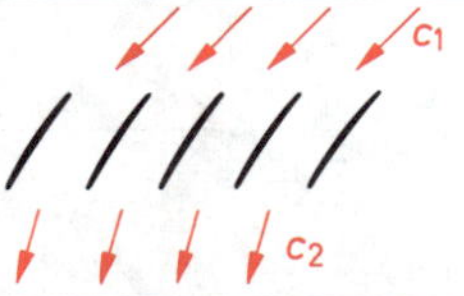  |
| bewegtes Gitter (Laufrad) | 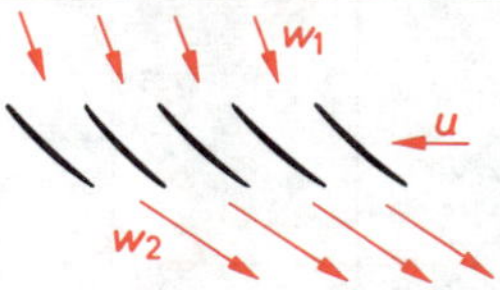  |   |

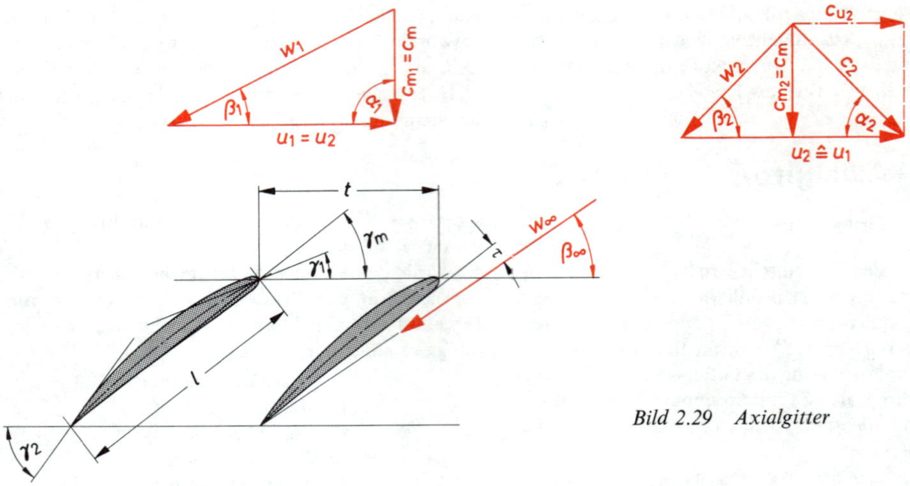


*Bild 2.29 Axialgitter*

schwindigkeiten am Gitterein- und -austritt eingetragen. In den Gleichungen und Diagrammen zur Berechnung von Axialgittern sowie bei der zeichnerischen Darstellung der Profile spielen folgende Größen und Begriffe eine wichtige Rolle (Bild 2.29)

- Zuströmgeschwindigkeiten $w_1$, $u_1$, $c_1$
- Abströmgeschwindigkeiten $w_2$, $u_2$, $c_2$
- Winkel der Zuströmung $\beta_1$, $\alpha_1$,
- Winkel der Abströmung $\beta_2$, $\alpha_2$
- Strömungsumlenkung $\theta = |\beta_1 - \beta_2|$
- Staffelungswinkel $\gamma_m$
- Profilwinkel $\gamma_1$ und $\gamma_2$
- Profilanstellwinkel $\tau$
- Profillänge $l$
- Gitterteilung $t$
- Teilungsverhältnis $t/l$
- Auftriebsbeiwert $c_a$
- Nabenverhältnis $D_i/D_a$
- Gleitzahl $\varepsilon$

### 2.3.3 Strömung und Kraftwirkungen in Axialgittern

Unter Annahme schaufelkongruenter, inkompressibler und reibungsfreier Strömung ergeben sich für rein axiale Lauf- und Leitradgitter folgende Zusammenhänge zwischen den **Geschwindigkeiten** und den **Kräften**:

| Leitrad | Laufrad |
| --- | --- |
| 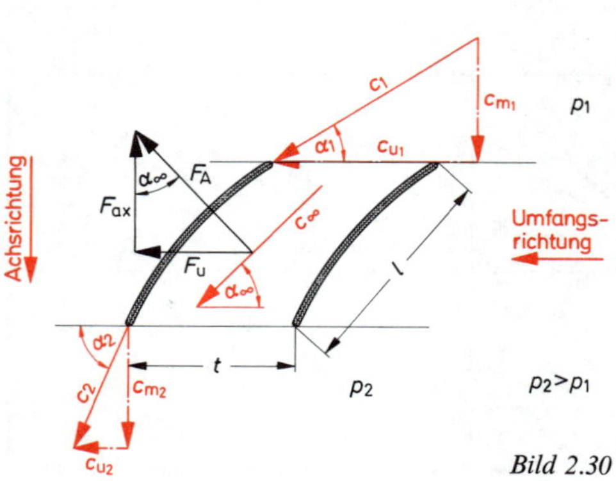 | 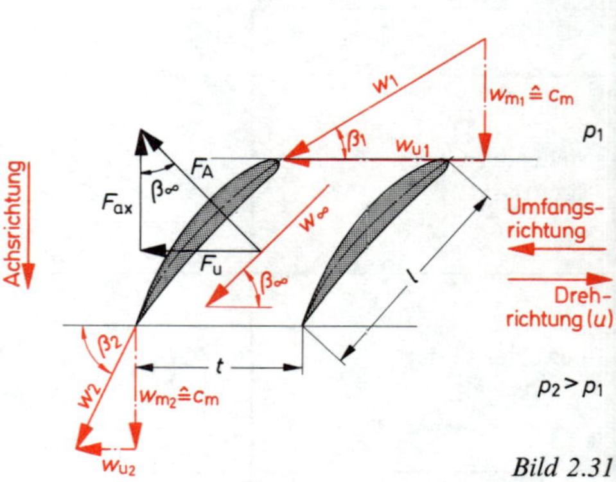 |
| *Bild 2.30* | *Bild 2.31* |

| Leitrad | Laufrad |
|---|---|

Die in Achsrichtung auftretende Kraft, der sogenannte **Axialschub** $F_{ax}$ berechnet sich aus der Druckdifferenz $p_1 - p_2$ und den Gitterabmessungen:

$$F_{ax} = (p_2 - p_1) \cdot b \cdot t \cdot z$$

$p_2$ = Druck hinter dem Gitter
$p_1$ = Druck vor dem Gitter
$b$ = radiale Länge der Schaufel
$t$ = Gitterteilung
$z$ = Schaufelzahl

Nach der **Energiegleichung** besteht zwischen Geschwindigkeiten und Drücken bei reibungsfreier, inkompressibler Strömung und Vernachlässigung von Höhenunterschieden folgende Abhängigkeit:

| Leitrad | Laufrad |
|---|---|
| $\frac{p_1}{\varrho} + \frac{c_1^2}{2} = \frac{p_2}{\varrho} + \frac{c_2^2}{2}$ | $\frac{p_1}{\varrho} + \frac{w_1^2}{2} = \frac{p_2}{\varrho} + \frac{w_2^2}{2}$ |
| $p_2 - p_1 = \frac{\varrho}{2}(c_1^2 - c_2^2)$ | $p_2 - p_1 = \frac{\varrho}{2}(w_1^2 - w_2^2)$ |
| $c_1^2 = c_{u1}^2 + c_{m1}^2$ | $w_1^2 = w_{u1}^2 + w_{m1}^2$ |
| $c_2^2 = c_{u2}^2 + c_{m2}^2$ | $w_2^2 = w_{u2}^2 + w_{m2}^2$ |

Da die Strömung inkompressibel sein soll und Ein- und Austrittsquerschnitt gleich groß sind, sind auch die Meridiankomponenten am Ein- und Austritt gleich groß:

| Leitrad | Laufrad |
|---|---|
| $c_m = c_{m1} = c_{m2} = \frac{\dot{V}}{z \cdot b \cdot t}$ | $w_m = w_{m1} = w_{m2} = c_{m1} = c_{m2} = \frac{\dot{V}}{z \cdot b \cdot t}$ |
| $p_2 - p_1 = \frac{\varrho}{2}(c_{u1}^2 + c_{m1}^2 - c_{u2}^2 - c_{m2}^2)$ | $p_2 - p_1 = \frac{\varrho}{2}(w_{u1}^2 + w_{m1}^2 - w_{u2}^2 - w_{m2}^2)$ |
| $p_2 - p_1 = \frac{\varrho}{2}(c_{u1}^2 - c_{u2}^2)$ | $p_2 - p_1 = \frac{\varrho}{2}(w_{u1}^2 - w_{u2}^2)$ |
| $F_{ax} = \frac{\varrho}{2}(c_{u1}^2 - c_{u2}^2)\, b \cdot t \cdot z$ (2.15a) | $F_{ax} = \frac{\varrho}{2}(w_{u1}^2 - w_{u2}^2)\, b \cdot t \cdot z$ (2.15b) |

$F_{ax}$ ist die auf das Gitter wirkende Gesamtkraft in Achsrichtung, auf die einzelne Schaufel entfällt nur ein Anteil von $F_{ax}/z$!

Die in Umfangsrichtung wirkende Kraft $F_u$ läßt sich unter Anwendung des **Impulssatzes** herleiten:

| Leitrad | Laufrad |
|---|---|
| $F_u = \dot{m}(c_{u1} - c_{u2})$ | $F_u = \dot{m}(w_{u1} - w_{u2})$ |
| $\dot{m} = \varrho \cdot \dot{V}$ | $\dot{m} = \varrho \cdot \dot{V}$ |
| $\dot{V} = c_m \cdot b \cdot t \cdot z$ | $\dot{V} = w_m \cdot b \cdot t \cdot z$ |
| $F_u = \varrho \cdot c_m \cdot b \cdot t \cdot z(c_{u1} - c_{u2})$ (2.16a) | $F_u = \varrho \cdot c_m \cdot b \cdot t \cdot z(w_{u1} - w_{u2})$ (2.16b) |

| Leitrad | Laufrad |
|---|---|

$F_u$ ist die Gesamtkraft, die in Umfangsrichtung auf das Gitter wirkt, an der einzelnen Schaufel greift nur die Umfangskraft $F_u/z$ an!
Die resultierende Kraft $F_A$ aus Axialschubkraft $F_{ax}$ und Umfangskraft $F_u$

$$F_A = \sqrt{F_{ax}^2 + F_u^2} \qquad (2.17)$$

kann man in Ahnlehnung an die **Tragflügelberechnung** als die an den Profilen angreifende dynamische **Auftriebskraft** bezeichnen:

**Leitrad**

$$F_A = c_a \cdot \frac{\varrho}{2} \cdot c_\infty^2 \cdot b \cdot l \cdot z \qquad (2.18a)$$

Unter dem Winkel $\alpha_\infty$ versteht man den Neigungswinkel der mittleren Anströmgeschwindigkeit $c_\infty$ gegen die Umfangsrichtung:

$$\tan \alpha_\infty = \frac{F_u}{F_{ax}}$$

$$\tan \alpha_\infty = \frac{\varrho \cdot c_m \cdot b \cdot t \cdot z\,(c_{u1} - c_{u2})}{\frac{\varrho}{2}\,(c_{u1}^2 - c_{u2}^2)\; b \cdot t \cdot z}$$

mit $c_{u1}^2 - c_{u2}^2 = (c_{u1} - c_{u2})\,(c_{u1} + c_{u2})$

ergibt sich:

$$\tan \alpha_\infty = \frac{c_m}{\frac{c_{u1} + c_{u2}}{2}} \qquad (2.19a)$$

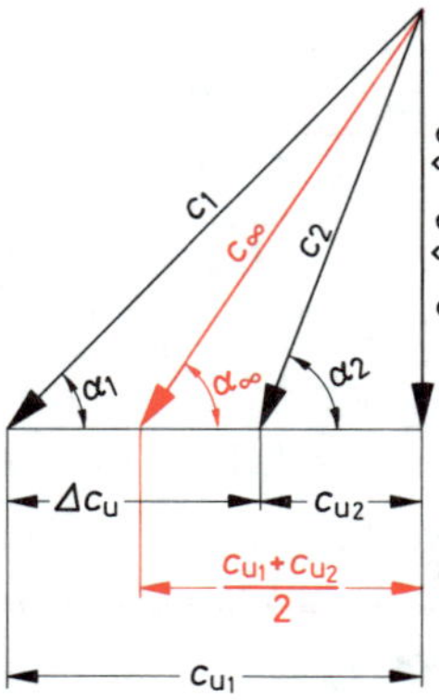


*Bild 2.32*

**Laufrad**

$$F_A = c_a \cdot \frac{\varrho}{2} \cdot w_\infty^2 \cdot b \cdot l \cdot z \qquad (2.18b)$$

Definiert man den Winkel $\beta_\infty$ als Neigungswinkel der mittleren Anströmgeschwindigkeit $w_\infty$ gegen die Umfangsrichtung, so erhält man folgende Beziehung:

$$\tan \beta_\infty = \frac{F_u}{F_{ax}}$$

$$\tan \beta_\infty = \frac{\varrho \cdot c_m \cdot b \cdot t \cdot z\,(w_{u1} - w_{u2})}{\frac{\varrho}{2}\,(w_{u1}^2 - w_{u2}^2)\; b \cdot t \cdot z}$$

mit $w_{u1}^2 - w_{u2}^2 = (w_{u1} - w_{u2})\,(w_{u1} + w_{u2})$

ergibt sich:

$$\tan \beta_\infty = \frac{c_m}{\frac{w_{u1} + w_{u2}}{2}} \qquad (2.19b)$$

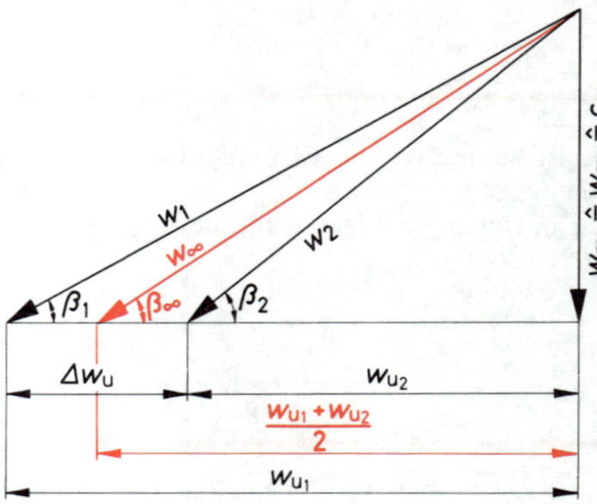


*Bild 2.33*

| Leitrad | Laufrad |
|---|---|
| Die mittlere Anströmgeschwindigkeit $c_\infty$, auf der die Auftriebskraft $F_A$ senkrecht steht, berechnet sich aus der Anströmgeschwindigkeit $c_1$ und der Abströmgeschwindigkeit $c_2$: | Die Auftriebskraft $F_A$ steht senkrecht auf der mittleren Anströmgeschwindigkeit $w_\infty$, die wie folgt definiert ist: |
| $$c_\infty = \sqrt{c_m^2 + \left(\frac{c_{u1} + c_{u2}}{2}\right)^2} \qquad (2.20a)$$ | $$w_\infty = \sqrt{c_m^2 + \left(\frac{w_{u1} + w_{u2}}{2}\right)^2} \qquad (2.20b)$$ |

Die obigen Beziehungen wurden exemplarisch am Verzögerungsgitter abgeleitet, sie gelten aber ebenso für Beschleunigungsgitter.

In der **reibungsbehafteten Strömung** tritt zusätzlich eine Reibungskraft $F_w$ in Richtung der mittleren Anströmgeschwindigkeit $c_\infty$ bzw. $w_\infty$ auf; die axiale Kraftkomponente $F_{ax}$ und die Umfangskraft $F_u$ ändern sich, wenn auch meist nur geringfügig.

In den folgenden beiden Übersichten sind die Kraftverhältnisse unter Einschluß des Reibungseffektes für Verzögerungs- und Beschleunigungsgitter gegenübergestellt:

### Verzögerungsgitter

Leitrad

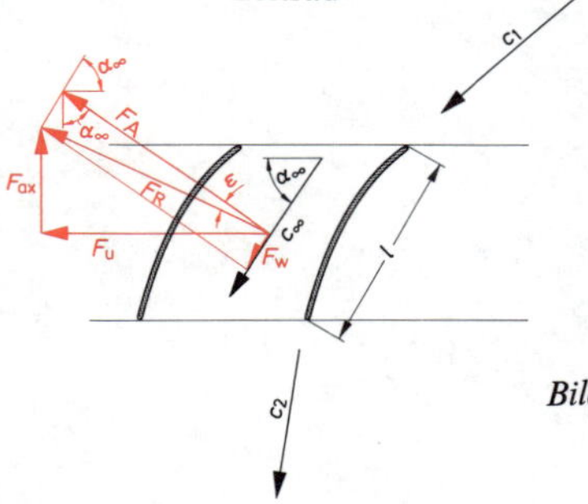


*Bild 2.34*

$$F_u = F_A \cdot \sin\alpha_\infty + F_W \cdot \cos\alpha_\infty$$

$$F_A = c_a \cdot \frac{\varrho}{2} \cdot c_\infty^2 \cdot l \cdot b \cdot z$$

$$F_W = c_w \cdot \frac{\varrho}{2} \cdot c_\infty^2 \cdot l \cdot b \cdot z$$

Laufrad

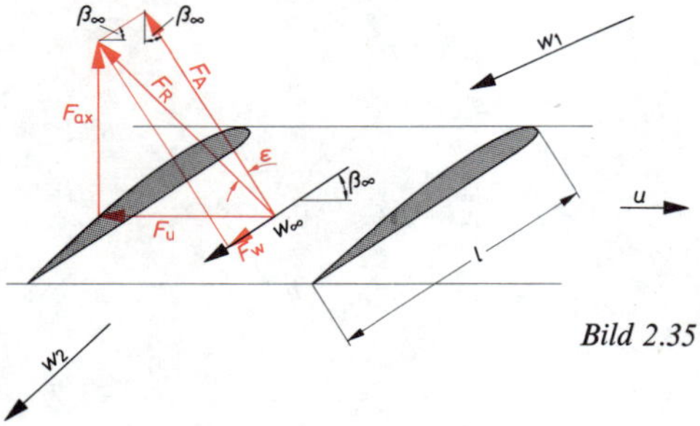


*Bild 2.35*

$$F_u = F_A \cdot \sin\beta_\infty + F_W \cdot \cos\beta_\infty$$

$$F_A = c_a \cdot \frac{\varrho}{2} \cdot w_\infty^2 \cdot l \cdot b \cdot z$$

$$F_W = c_w \cdot \frac{\varrho}{2} \cdot w_\infty^2 \cdot l \cdot b \cdot z$$

Gleitzahl $\varepsilon = \frac{c_w}{c_a}$

| Leitrad | Laufrad |
|---|---|
| $F_W = \varepsilon \cdot c_a \cdot \frac{\varrho}{2} c_\infty^2 \cdot l \cdot b \cdot z$ | $F_W = \varepsilon \cdot c_a \cdot \frac{\varrho}{2} \cdot w_\infty^2 \cdot l \cdot b \cdot z$ |
| (2.21a) $F_u = c_a \cdot \frac{\varrho}{2} \cdot c_\infty^2 \cdot l \cdot b \cdot z\,(\sin\alpha_\infty + \varepsilon \cdot \cos\alpha_\infty)$ | (2.21b) $F_u = c_a \cdot \frac{\varrho}{2} \cdot w_\infty^2 \cdot l \cdot b \cdot z\,(\sin\beta_\infty + \varepsilon \cdot \cos\beta_\infty)$ |

**Leitrad**

$$F_{ax} = F_A \cdot \cos\alpha_\infty - F_W \cdot \sin\alpha_\infty$$

$$F_{ax} = c_a \cdot \frac{\varrho}{2} \cdot c_\infty^2 \cdot l \cdot b \cdot z\,(\cos\alpha_\infty - \varepsilon \cdot \sin\alpha_\infty) \tag{2.22a}$$

**Laufrad**

$$F_{ax} = F_A \cdot \cos\beta_\infty - F_W \cdot \sin\beta_\infty$$

$$F_{ax} = c_a \cdot \frac{\varrho}{2} \cdot w_\infty^2 \cdot l \cdot b \cdot z\,(\cos\beta_\infty - \varepsilon \cdot \sin\beta_\infty) \tag{2.22b}$$

Die Kräfte in den Gleichungen (2.21) und (2.22) sind Gesamtkräfte. Auf die einzelne Schaufel wirkt nur der $z$-te Anteil dieser Gesamtkräfte.

## Beschleunigungsgitter

**Leitrad**

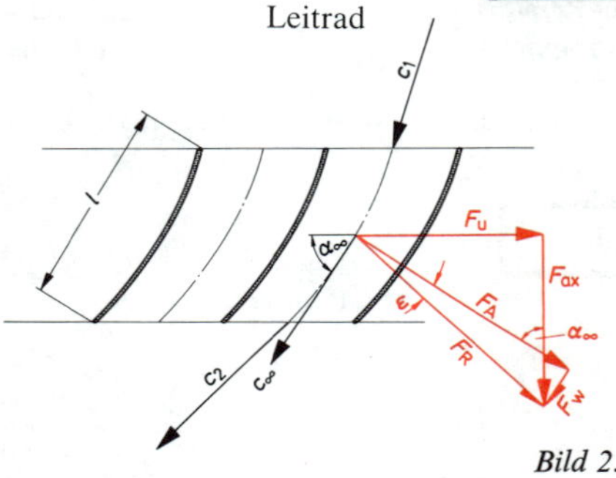


*Bild 2.36*

$$F_u = F_A \cdot \sin\alpha_\infty - F_W \cdot \cos\alpha_\infty$$

$$F_A = c_a \cdot \frac{\varrho}{2} \cdot c_\infty^2 \cdot l \cdot b \cdot z$$

$$F_W = c_w \cdot \frac{\varrho}{2} \cdot c_\infty^2 \cdot l \cdot b \cdot z$$

$$F_W = \varepsilon \cdot c_a \cdot \frac{\varrho}{2} \cdot c_\infty^2 \cdot l \cdot b \cdot z$$

$$F_u = c_a \cdot \frac{\varrho}{2} \cdot c_\infty^2 \cdot l \cdot b \cdot z\,(\sin\alpha_\infty - \varepsilon \cdot \cos\alpha_\infty) \tag{2.23a}$$

$$F_{ax} = F_A \cdot \cos\alpha_\infty + F_W \cdot \sin\alpha_\infty$$

$$F_{ax} = c_a \cdot \frac{\varrho}{2} \cdot c_\infty^2 \cdot l \cdot b \cdot z\,(\cos\alpha_\infty + \varepsilon \cdot \sin\alpha_\infty) \tag{2.24a}$$

**Laufrad**

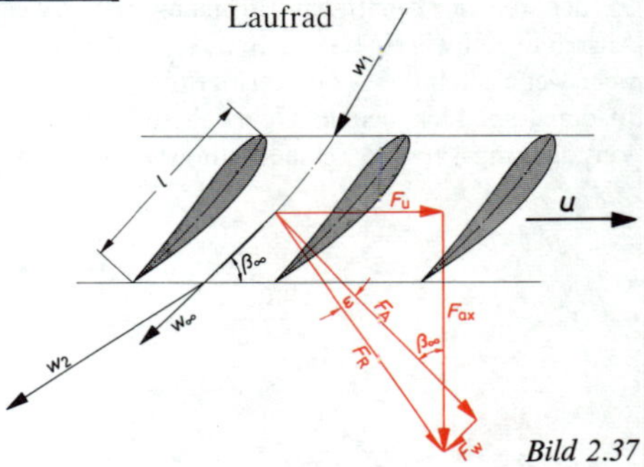


*Bild 2.37*

$$F_u = F_A \cdot \sin\beta_\infty - F_W \cdot \cos\beta_\infty$$

$$F_A = c_a \cdot \frac{\varrho}{2} \cdot w_\infty^2 \cdot l \cdot b \cdot z$$

$$F_W = c_w \cdot \frac{\varrho}{2} \cdot w_\infty^2 \cdot l \cdot b \cdot z$$

$$F_W = \varepsilon \cdot c_a \cdot \frac{\varrho}{2} \cdot w_\infty^2 \cdot l \cdot b \cdot z$$

$$F_u = c_a \cdot \frac{\varrho}{2} \cdot w_\infty^2 \cdot l \cdot b \cdot z\,(\sin\beta_\infty - \varepsilon \cdot \cos\beta_\infty) \tag{2.23b}$$

$$F_{ax} = F_A \cdot \cos\beta_\infty + F_W \cdot \sin\beta_\infty$$

$$F_{ax} = c_a \cdot \frac{\varrho}{2} \cdot w_\infty^2 \cdot l \cdot b \cdot z\,(\cos\beta_\infty + \varepsilon \cdot \sin\beta_\infty) \tag{2.24b}$$

Der auf die einzelne Schaufel entfallende Anteil der Kräfte $F_u$ und $F_{ax}$ ergibt sich durch Division der nach Gleichungen (2.23) und (2.24) errechneten Werte durch die Schaufelzahl $z$.

## 2.3.4 Hauptbemessungsgleichung für Axialgitter

Durch Gleichsetzen der auf verschiedenen Wegen abgeleiteten Ausdrücke für die Umfangskraft $F_u$ in den Gleichungen (2.16) und (2.21) bzw. (2.23) erhält man den wichtigen Zusammenhang zwischen den Gitterparametern $l$, $t$ und $c_a$ und den Geschwindigkeiten bzw. Winkeln des Geschwindigkeitsplanes. Die Ableitung dieser wichtigen Beziehung erfolgt **exemplarisch** für das **bewegte Verzögerungsgitter** (Laufrad):

$F_u$ nach Gleichung (2.21b)
$\triangleq F_u$ nach Gleichung (2.16b)

$$c_a \cdot \frac{\varrho}{2} \cdot w_\infty^2 \cdot l \cdot b \cdot z \cdot (\sin\beta_\infty + \varepsilon \cdot \cos\beta_\infty) = \varrho \cdot c_m \cdot b \cdot t \cdot z \cdot (w_{u1} - w_{u2})$$

$$c_m = w_\infty \cdot \sin\beta_\infty$$

$$w_{u1} - w_{u2} \triangleq \Delta w_u$$

$$c_a \cdot \frac{1}{2} \cdot w_\infty^2 \cdot l \cdot (\sin\beta_\infty + \varepsilon \cdot \cos\beta_\infty) = w_\infty \cdot \sin\beta_\infty \cdot t \cdot \Delta w_u$$

$$\frac{c_a \cdot l}{t} = \frac{2 \cdot \Delta w_u}{w_\infty} \frac{\sin\beta_\infty}{\sin\beta_\infty + \varepsilon \cdot \cos\beta_\infty}$$

$$\frac{c_a \cdot l}{t} = \frac{2 \cdot \Delta w_u}{w_\infty} \frac{1}{1 + \varepsilon \cdot \cot\beta_\infty} \qquad (2.25)$$

Diese Gleichung bezeichnet man als **Hauptbemessungsgleichung für Axialgitter.** Auf der linken Gleichungsseite stehen die Größen des Gitters $c_a$, $l$ und $t$, auf der rechten Seite, sieht man von der Gleitzahl ab, Größen aus dem Geschwindigkeitsplan (Bild 2.33).
Bei Beschleunigungsgittern ändert sich das + Zeichen im Nenner des 2. Bruches der rechten Gleichungsseite in ein − Zeichen; bei Leiträdern muß die Relativgeschwindigkeit $w$ durch die Absolutgeschwindigkeit $c$ ersetzt werden.
In der folgenden Tabelle 2.5 sind die Hauptbemessungsgleichungen der verschiedenen Gitter zusammengestellt:
Nimmt man reibungsfreie Strömung an, entfällt auf der rechten Seite der Gleichungen (2.25) und (2.28) der 2. Bruch und es verbleibt der einfache Ausdruck:

$$\frac{c_a \cdot l}{t} = \frac{2 \cdot \Delta w_u}{w_\infty}$$

Nach der **Eulerschen Turbinenhauptgleichung** ist das Produkt aus Differenz der Umfangskomponenten $\Delta w_u = |w_{u1} - w_{u2}|$ und der Umfangsgeschwindigkeit $u$ gleich der theoretischen spezifischen Stutzenarbeit $Y_{th\infty}$ für unendliche Schaufelzahl:

$$u \cdot \Delta w_u = Y_{th\infty}$$

$$\Delta w_u = \frac{Y_{th\infty}}{u}$$

$$\frac{c_a \cdot l}{t} = \frac{2 \cdot Y_{th\infty}}{u \cdot w_\infty}$$

$$Y_{th\infty} = \frac{c_a \cdot l}{t} \cdot \frac{u \cdot w_\infty}{2} \qquad (2.29)$$

Die tatsächliche spezifische Stutzenarbeit $Y$ ist bei Kraftmaschinen (Turbinen) größer als $Y_{th\infty}$, bei Arbeitsmaschinen (Verdichter, Ventilatoren, Pumpen) kleiner als $Y_{th\infty}$. Grob vereinfachend kann der Zusammenhang zwischen theoretischen und wirklichen Werten über den inneren Wirkungsgrad $\eta_i$ und den Minderleistungsfaktor $\mu$ hergestellt werden (vgl. W. Bohl „Strömungsmaschinen 1 – Aufbau und Wirkungsweise" – Kap. 3.3.):

**Tabelle 2.5 Hauptbemessungsgleichung von Axialgittern**

| | Beschleunigungsgitter | Verzögerungsgitter |
|---|---|---|
| Leitrad | $\frac{c_a \cdot l}{t} = \frac{2 \cdot \Delta c_u}{c_\infty} \frac{1}{1 - \varepsilon \cdot \cot\alpha_\infty}$ (2.26) | $\frac{c_a \cdot l}{t} = \frac{2 \cdot \Delta c_u}{c_\infty} \frac{1}{1 + \varepsilon \cdot \cot\alpha_\infty}$ (2.27) |
| Laufrad | $\frac{c_a \cdot l}{t} = \frac{2 \cdot \Delta w_u}{w_\infty} \frac{1}{1 - \varepsilon \cdot \cot\beta_\infty}$ (2.28) | $\frac{c_a \cdot l}{t} = \frac{2 \cdot \Delta w_u}{w_\infty} \frac{1}{1 + \varepsilon \cdot \cot\beta_\infty}$ (2.25) |

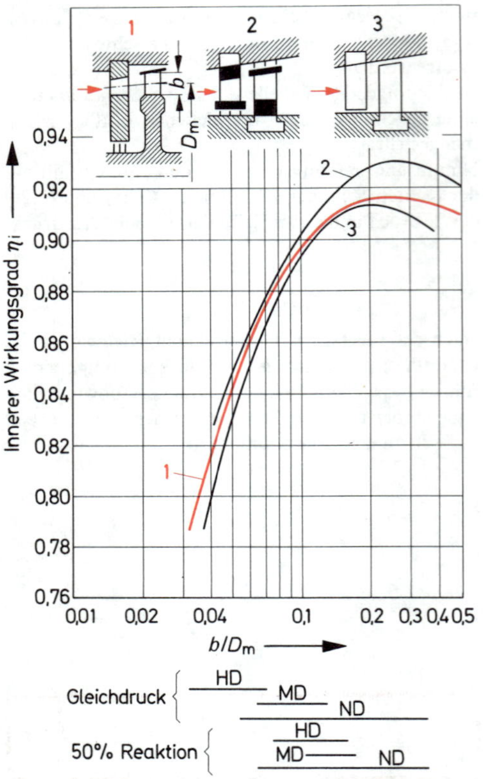


*Bild 2.38 Innerer Wirkungsgrad von axialen Turbinenstufen*

| Kraftmaschinen | Arbeitsmaschinen |
|---|---|
| $$Y = \frac{Y_{\text{th}\,\infty}}{\eta_i \cdot \mu} \qquad (2.30\text{a})$$ | $$Y = Y_{\text{th}\,\infty} \cdot \eta_i \cdot \mu \qquad (2.30\text{b})$$ |

Der innere Wirkungsgrad von axialen Turbinen- und Verdichterstufen kann mit Hilfe der Diagramme in den Bildern 2.38 und 2.39 abgeschätzt werden.

Für Kaplanpumpen und Kaplanturbinen kann der innere Wirkungsgrad $\eta_i$ näherungsweise aus folgender empirischer Beziehung ermittelt werden:

$$\eta_i \approx \sqrt{\eta} - (0{,}01 \text{ bis } 0{,}02) \qquad (2.31)$$

An sich müßte der innere Wirkungsgrad $\eta_i$ nach der Beziehung

$$\eta_i = 1 - \Sigma\,\zeta_v \qquad (2.32)$$

genauer bestimmt werden, wobei $\Sigma\,\zeta_v$ die **Summe aller Profilverlustbeiwerte** ist. In [2.1, 2.3, 2.4] und zahlreichen anderen Literaturstellen sind die einzelnen Verlustbeiwerte von Axialschaufeln von Verzögerungs- und Beschleunigungsgittern zusammengestellt.

Näherungsweise kann man den inneren Wirkungsgrad einer Axialstufe auch aus der Gleitzahl ε bestimmen:

$$\eta_i \approx \frac{\tan\beta_\infty}{\tan(\beta_\infty + \varepsilon_{La})} + \frac{\tan\alpha_\infty}{\tan(\alpha_\infty + \varepsilon_{Le})} \qquad (2.33)$$

$\beta_\infty$ = Neigungswinkel der mittleren Anströmgeschwindigkeit $w_\infty$ (Bilder 2.35/*2.37*)

$\alpha_\infty$ = Neigungswinkel der mittleren Anströmgeschwindigkeit $c_\infty$ (Bilder 2.34/*2.3* )

$\varepsilon_{La}$ = Gleitzahl der Laufradschaufel

$\varepsilon_{Le}$ = Gleitzahl der Leitschaufel

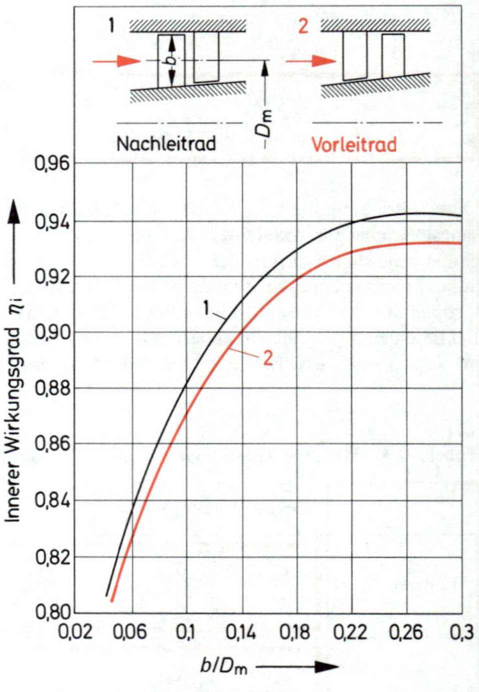


*Bild 2.39 Innerer Wirkungsgrad von axialen Verdichterstufen*

Da sich die Winkel $\beta_\infty$ und $\alpha_\infty$ sowie die Gleitzahlen $\varepsilon_{La}$ und $\varepsilon_{Le}$ längs der Schaufel (in radialer Richtung!) ändern, ist auch der innere Wirkungsgrad $\eta_i$ nicht über der gesamten Schaufelerstreckung konstant, sondern mit dem Radius $r$ veränderlich. I.a. hilft man sich durch einfache Mittelwertbildung bzw. wendet Gleichung (2.33) für einen mittleren Schnitt an.
Die Gleitzahlen $\varepsilon_{La}$ und $\varepsilon_{Le}$ können den Profildaten entnommen werden.
MARCINOWSKI schlägt für axiale Verzögerungsgitter in Ventilatoren folgende Näherungsformel vor [1.60]:

$$\varepsilon_{La} \approx 0{,}02 + \frac{0{,}008}{1 - \dfrac{D_i}{D_a}} \qquad (2.34)$$

Bei vor den Laufschaufeln angeordneten Leiträdern (Vorleitrad) sind die Gleitzahlen $\varepsilon_{Le}$ kleiner als die des Laufrades $\varepsilon_{La}$, bei nach den Laufrädern angebrachten Leiträdern (Nachleitrad) sind die Gleitzahlen $\varepsilon_{Le}$ i.a. wesentlich größer als $\varepsilon_{La}$ im Laufrad.
Der **Minderleistungsfaktor** $\mu$ ist nur sehr schwer richtig, d.h. genau zu ermitteln, insbesondere da er sich längs der Schaufel (in radialer Richtung!) ändert. PFLEIDERER [2.24] empfiehlt folgende Werte für den Minderleistungsfaktor von Axialgittern:

$$\mu = \frac{1}{1 + p} \qquad (2.35)$$

$$p = \frac{\psi' \cdot r}{z \cdot e} \qquad (2.36)$$

$r$ = Radius
$e$ = axiale Schaufellänge } Bild 2.40
$z$ = Schaufelzahl

$\psi' = (1 \text{ bis } 1{,}2)\left(1 + \dfrac{\bar{\beta}_2}{60°}\right)$ für Verzögerungsgitter

$\bar{\beta}_2$ = Austrittswinkel auf der mittleren Flußlinie (Radius $\bar{r}$)

$\psi' = (0{,}3 \text{ bis } 0{,}4)\left(1 + \dfrac{180°}{\beta_1}\right)\left[1 + \left(\dfrac{t}{l}\right)^{\cos\beta_1}\right]$ für Beschleunigungsgitter

$\beta_1$ = Anströmwinkel

Mit Hilfe von Gleichung (2.29) und der geschätzten Beiwerte $\eta_i$ und $\mu$ ist es möglich aus der spezifischen Stutzenarbeit der Stufe und den Geschwindigkeiten $u$

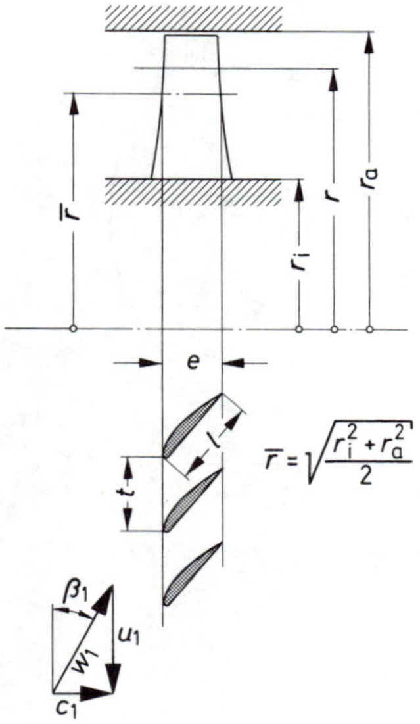


*Bild 2.40 Axialgitter*

und $w_\infty$ die Gitterbeiwerte $c_a$, $l$ und $t$ des Laufradgitters in der Kombination $(c_a \cdot l)/t$ zu bestimmen. Die Festlegung der einzelnen Parameter erfolgt nach den Angaben des folgenden Abschnittes.

### 2.3.5 Der Gitterentwurf

Beim Entwurf eines Axialgitters geht man in folgenden Schritten vor:

a) **Festlegung der Hauptabmessungen** von Lauf- und Leitrad, insbesondere Wahl von Außen- und Nabendurchmesser, nach Kapitel 1.

b) **Einteilung des Strömungsquerschnittes** in eine Anzahl flächengleicher Ringe und **Aufzeichnen der Geschwindigkeitspläne** für die Trenndurchmesser der Ringe.
Die Trenndurchmesser $D_x$ (Bild 2.41) berechnen sich nach folgender Formel:

$$D_x = \sqrt{D_{x+1}^2 - \frac{4 \cdot A_m}{i \cdot \pi}} \qquad (2.37)$$

$A_m$ = Strömungsquerschnitt $= \dfrac{\pi}{4}(D_a^2 - D_i^2)$
$i$ = Anzahl der Teilflächen
$i$ = Anzahl der Trenndurchmesser − 1

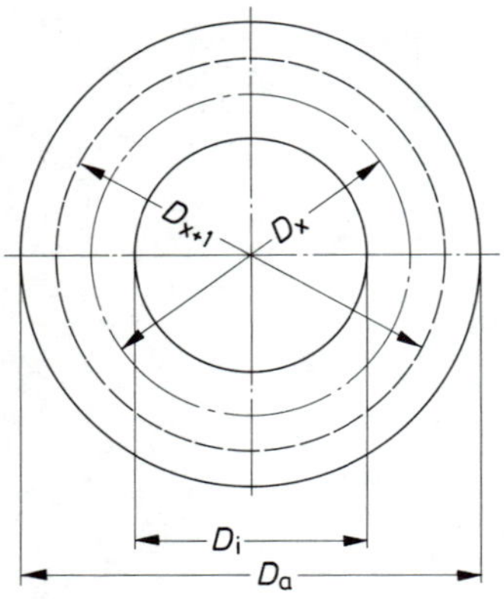


*Bild 2.41 Querschnittseinteilung*

Eine Einteilung in äquidistante Ringe ist weniger zu empfehlen.

Für die Berechnung der Geschwindigkeiten und Winkel auf den verschiedenen Schnitten (am besten in Tabellenform) werden neben den geometrischen Abmessungen der axialen Stufe auch der Volumenstrom und die theoretische spezifische Stutzenarbeit benötigt, da die Meridiankomponenten proportional zum Volumenstrom und die Umfangskomponenten proportional zur spezifischen Stutzenarbeit sind.

Bei der Bestimmung der theoretischen spezifischen Stutzenarbeit sollte neben dem inneren Wirkungsgrad $\eta_i$, der die Reibung berücksichtigt und dem Minderleistungsfaktor $\mu$, der die Abweichung der Stromlinien von der Schaufelkontur korrigiert auch noch die ungleiche Verteilung der Meridiangeschwindigkeiten über dem Strömungsquerschnitt beachtet werden (Bild 2.42). Diese ungleichförmige Geschwindigkeitsverteilung führt, wie z.B. in [2.11] und [2.14] nachgewiesen wurde, zu einem Verlust an Drall und damit an Energieumsatz. Es wird empfohlen, diesen Verlust durch einen Abminderungsfaktor $\Omega$ zu berücksichtigen, der im wesentlichen vom Nabenverhältnis abhängt und aus Bild 2.43 entnommen oder nach Gleichung (2.38) abgeschätzt werden kann.

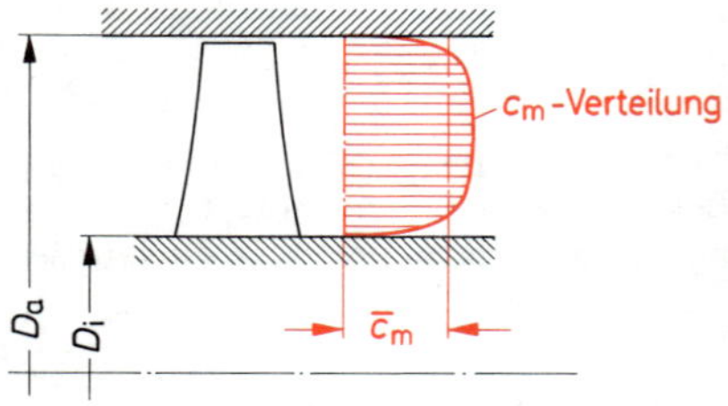


*Bild 2.42 Verteilung der Meridiangeschwindigkeit hinter einem axialen Laufradgitter*

$$\Omega \approx 1 - 0{,}28 \left(\frac{D_i}{D_a}\right)^2 \qquad (2.38)$$

Genau genommen gelten Bild 2.43 und Gleichung (2.38) mit einiger Zuverlässigkeit nur für Axialventilatoren und Axialverdichter. Da aber auch bei Kaplanturbinen und Axialpumpen dieser Minderungseffekt auftritt, wird in Ermangelung spezifischer Unterlagen für die hydraulischen Axialmaschinen ebenfalls die Benützung der obigen Beiwerte vorgeschlagen.

Damit lautet die Beziehung für die spezifische Stutzenarbeit $Y_{th\infty}$:

| Kraftmaschinen | Arbeitsmaschinen |
|---|---|
| (2.39a) $Y_{th\infty} = Y \cdot \eta_i \cdot \mu \cdot \Omega$ | (2.39b) $Y_{th\infty} = \dfrac{Y}{\eta_i \cdot \mu \cdot \Omega}$ |

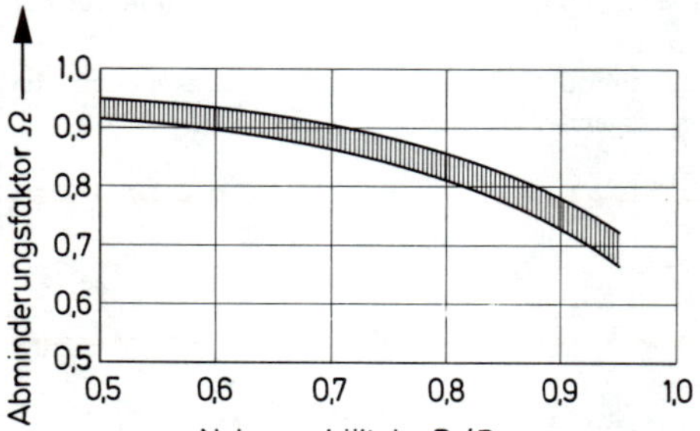


*Bild 2.43 Abminderungsfaktor $\Omega$*

Falls die Abweichung der Stromlinienform von der Schaufelkontur nicht durch den Minderleistungsfaktor $\mu$ sondern durch eine **Schaufelkorrektur,** meist in Form der sogenannten **Winkelübertreibung** erfolgen soll, kann in Gleichung (2.39) der Minderleistungsfaktor $\mu = 1$ gesetzt werden!

Die Berechnung der verschiedenen Geschwindigkeiten und Strömungswinkel erfolgt für die einzelnen Schnitte am besten in Form einer Tabelle (Tabelle 2.6):

Die formelmäßigen Zusammenhänge zwischen Geschwindigkeiten und Winkeln sind bei Verzögerungs- und Beschleunigungsgittern bei Anwendung von Vor- oder Nachleitrad prinzipiell ähnlich, d.h. unterscheiden sich formal nur geringfügig, meist in Vorzeichen. Sie können aus den verschiedenen Geschwindigkeitsplänen leicht hergeleitet werden.

**Tabelle 2.6 Werte zu den Geschwindigkeitsplänen**

| Schnitt Nr. | *a* (außen) | 1 | 2 | ... | *i* (innen) |
|---|---|---|---|---|---|
| Durchmesser $D_x$ | $D_a$ | $D_1$ | $D_2$ | ... | $D_i$ |
| $c_m = \dfrac{\dot{V}}{\frac{\pi}{4}(D_a^2 - D_i^2)}$ | | | | | |
| $u_x = D_x \cdot \pi \cdot n$ | | | | | |
| $c_{u2x} = Y_{th\,\infty}/u_x$ | | | | | |
| $c_1$ | | | | | |
| $c_2$ | | | | | |
| $w_1$ | | | | | |
| $w_2$ | | | | | |
| $w_\infty$ | | | | | |
| $\beta_1$ | | | | | |
| $\beta_2$ | | | | | |
| $\beta_\infty$ | | | | | |
| $\alpha_1$ | | | | | |
| $\alpha_2$ | | | | | |
| $\alpha_\infty$ | | | | | |

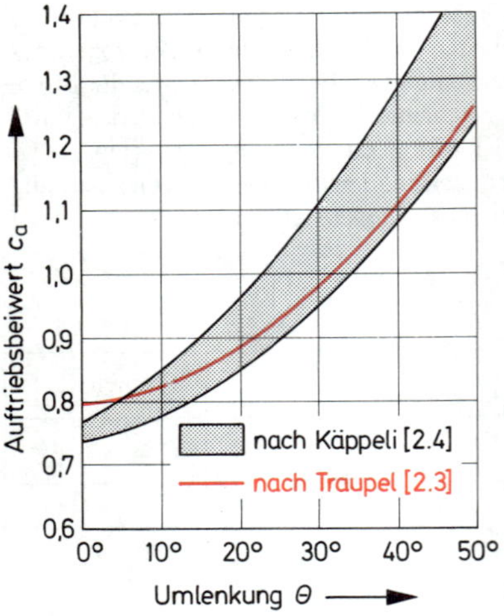


*Bild 2.44 Empfohlene Auftriebsbeiwerte von Verzögerungsgittern*

Nach Berechnung der einzelnen Geschwindigkeiten und Winkel können die Geschwindigkeitspläne für die einzelnen Durchmesser aufgezeichnet und die Rechnung der Tabelle 2.6 kontrolliert werden.

c) aus Gleichung (2.29) wird der **Ausdruck**

$$c_a \cdot \frac{l}{t} = \frac{2 \cdot Y_{th\infty}}{u \cdot w_\infty}$$

für die einzelnen Schnitte bestimmt und anschließend die Werte $c_a$, $l$ und $t$ nach folgenden Kriterien festgelegt bzw. nachgeprüft:

1. Der **Auftriebsbeiwert** $c_a$ des Schaufelprofils sollte einen bestimmten oberen Grenzwert, der von der Umlenkung $\theta$, der Profilform, der Reynolds-Zahl und der Mach-Zahl abhängt, nicht überschreiten. In [2.4] wird für Verzögerungsgitter der in Bild 2.44 angegebene Bereich für $c_a$ in Abhängigkeit vom Umlenkwinkel $\theta = \beta_2 - \beta_1$ bei Laufrädern bzw. $\theta = \alpha_2 - \alpha_1$ bei Leiträdern empfohlen.

Nach verschiedenen anderen Autoren sollte der Auftriebsbeiwert $c_a$ an der Nabe nicht größer werden als etwa 1,1 bis 1,2 und nach außen hin abnehmen.

2. Nach Wahl des Auftriebsbeiwertes $c_a$ liegt auch das **Teilungsverhältnis** $l/t$ fest, für dessen optimalen Bereich ebenfalls in der Fachliteratur Aussagen gemacht werden. So empfiehlt z.B. ECKERT [2.11] für Axialventilatoren und Axialverdichter den Wertebereich

$$\frac{l}{t} = \frac{\Delta w_u}{(0{,}4 \text{ bis } 0{,}5)\ w_\infty} \qquad (2.40)$$

Diese Abschätzungsformel kann in Ermangelung besserer Angaben auch für Kaplanpumpen- und -turbinenräder angewandt werden.

Da andererseits nach den verschiedenen Unterabschnitten des Kapitels 1 die Schaufelzahl $z$ und damit die Teilung $t = (\pi \cdot D_x)/z$ für jeden Schnitt festliegt und auch die Reynolds-Zahl $\mathrm{Re} = (w_\infty \cdot l)/\nu$ bzw. $(c_\infty \cdot l)/\nu$ bestimmte Grenzwerte nicht unterschreiten sollte, ist eine weitere Kontrollmöglichkeit gegeben. Nach Abschätzung des Teilungsverhältnisses $l/t$ nach Gleichung (2.40) und Berechnung der Teilung $t$ werden

3. die **Reynolds-Zahlen** Re für die einzelnen Schnitte berechnet und überprüft:

$$\mathrm{Re} \geqq \mathrm{Re}_{grenz} \qquad (2.41)$$

Als unterster Wert für $\mathrm{Re}_{grenz}$ gilt allgemein etwa 100 000, in der Praxis sind wesentlich höhere Werte bis 500 000 und darüber gebräuchlich.

4. Für **Beschleunigungsgitter** (Turbinengitter) können die optimalen Teilungsverhältnisse $(l/t)_{opt}$ aus Bild 1.27 oder Bild 2.45 entnommen werden. Bild 1.27, das an sich nur für Laufradgitter dargestellt ist kann auch für Leitradgitter verwendet werden, wenn die Relativgeschwindigkeiten $w$ durch die Absolutgeschwindigkeiten $c$ und die Winkel $\beta$ durch die Winkel $\alpha$ ersetzt werden.

5. Eine weitere Kontrolle bei **Verzögerungsgittern** ist die Nachprüfung des Geschwindigkeitsverhältnisses $w_2/w_1$, das nach DE HALLER an der Nabe den Wert 0,75 nicht unterschreiten sollte. Diese Begrenzung der Verzögerung gilt insbesondere für vielstufige Axialmaschinen. Einstufige Maschinen können durchaus Werte $w_2/w_1$ etwas kleiner als 0,75 an der Nabe haben, ohne daß deshalb Ablösung eintritt.

Nicht in jedem Falle geht die Profilauswahl und die Festlegung der Schaufelform über Gleichung (2.29); in vielen Fällen wird das Gitter direkt an die Ein- und Austrittsgeschwindigkeit angepaßt wie im folgenden Abschnitt für einige Profilarten gezeigt wird.

d) Bei der **Auswahl der Schaufelform** wird entweder ein **Tragflügelprofil** aus der einschlägigen Fachliteratur (beispielsweise [2.25]) so ausgesucht, daß sich der geforderte Auftriebsbeiwert $c_a$ bei einem möglichst kleinen Widerstandsbeiwert $c_w$ einstellt oder ein Profil geometrisch beispielsweise in Form eines

Bild 2.45 *Optimales Teilungsverhältnis*

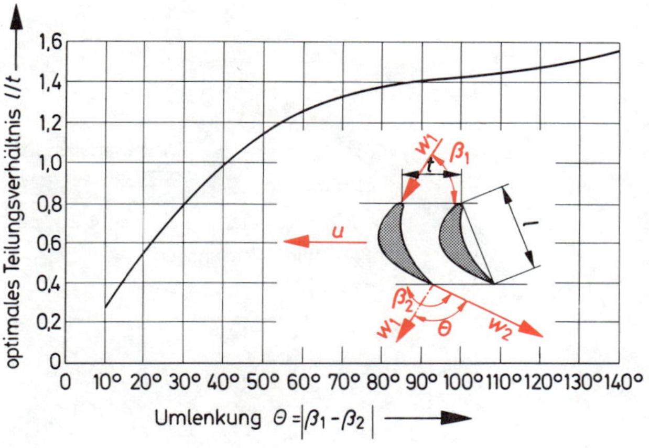


**Kreisbogenprofiles** an die Zu- und Abströmgeschwindigkeit angepaßt.

Bei der Suche eines Tragflügelprofiles beliebiger Kontur, vor allem bei der Festlegung des **Anstellwinkels** $\tau$ geht man am besten von der **Polaren** des Tragflügels aus (Bild 2.46). Durch Eintragen des nach Gleichung (2.29) und den Aussagen unter Punkt c) dieses Abschnittes bestimmten Auftriebsbeiwertes in das Polardiagramm (Bild 2.46) erhält man den Anstellwinkel $\tau$ des Profiles gegen die mittlere Anströmgeschwindigkeit $w_\infty$ und kann kontrollieren ob die Gleitzahl $\varepsilon = c_w/c_a$ möglichst klein ist, da dies nach Gleichung (2.33) einen hohen Wirkungsgrad ergibt.

In [2.24] sind die Polaren zahlreicher Profile in gemeinsamen Diagrammen dargestellt und außerdem empirische Beziehungen für den Zusammenhang zwischen Auftriebsbeiwert $c_a$ und Anstellwinkel $\tau$ angegeben. Diese Unterlagen erleichtern die Auswahl geeigneter Profile.

Hat man gerade keine Profilunterlagen zur Hand, so kann man wenigstens das Profilwölbungsverhältnis $f/l$ abhängig vom geforderten Auftriebsbeiwert $c_a$ aus Bild 2.47 abschätzen und das Profil grob skizzieren. Beim **Kreisbogenprofil** ist die Skelettlinie ein Kreisbogen mit der Krümmung $R$ und dem Zentriwinkel $\vartheta$. Wird die Abweichung zwischen Strömung und Schaufelkontur bereits durch den Minderleistungsfaktor $\mu$ berücksichtigt, wird der Kreisbogen so konstruiert, daß Ein- und Austrittsgeschwindigkeitsvektor Tangenten an den Kreisbogen werden (Bild 2.48). In diesem Fall kann der Zentriwinkel $\vartheta$ direkt aus dem An- und Abströmwinkel bestimmt werden (Tabelle 2.7):

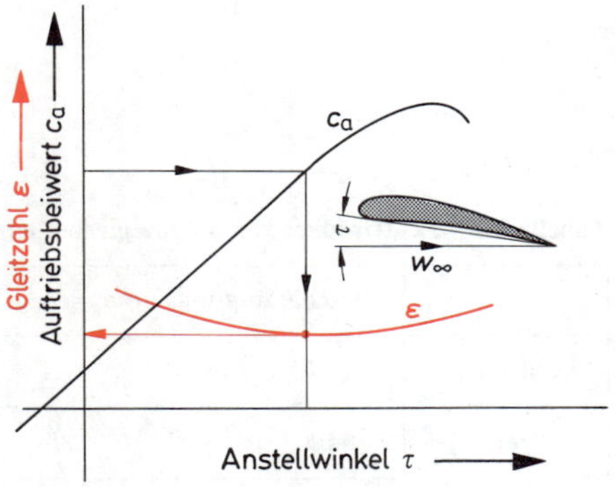


Bild 2.46 *Polardiagramm eines Tragflügels*

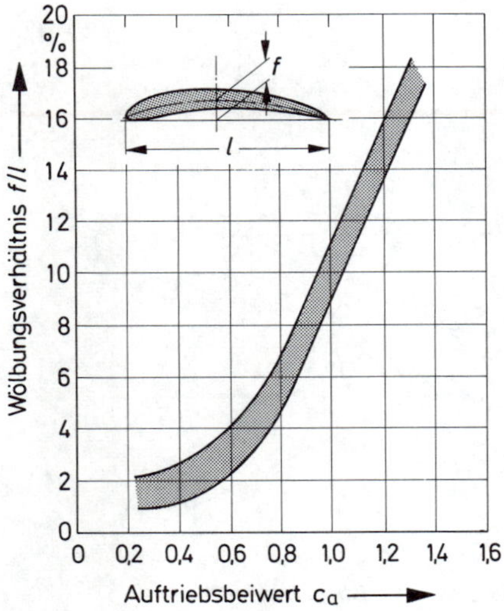


Bild 2.47 *Wölbungsverhältnis abhängig vom Auftriebsbeiwert*

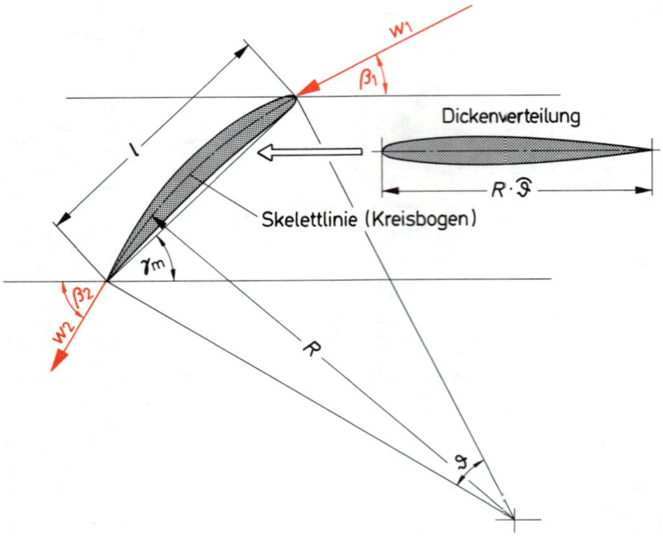


*Bild 2.48 Kreisbogenprofil mit Dickenverteilung*

**Tabelle 2.7 Zentriwinkel von unkorrigierten Kreisbogenprofilen**

| | Beschleunigungsgitter | Verzögerungsgitter |
|---|---|---|
| Laufrad | $\vartheta = \beta_1 - \beta_2 \triangleq \theta$ | $\vartheta = \beta_2 - \beta_1 \triangleq \theta$ |
| Leitrad | $\vartheta = \alpha_1 - \alpha_2 \triangleq \theta$ | $\vartheta = \alpha_2 - \alpha_1 \triangleq \theta$ |

Der Krümmungsradius $R$ ergibt sich aus Profillänge $l$ und Zentriwinkel $\vartheta$:

$$R = \frac{l}{2 \cdot \sin \frac{\vartheta}{2}} \qquad (2.42)$$

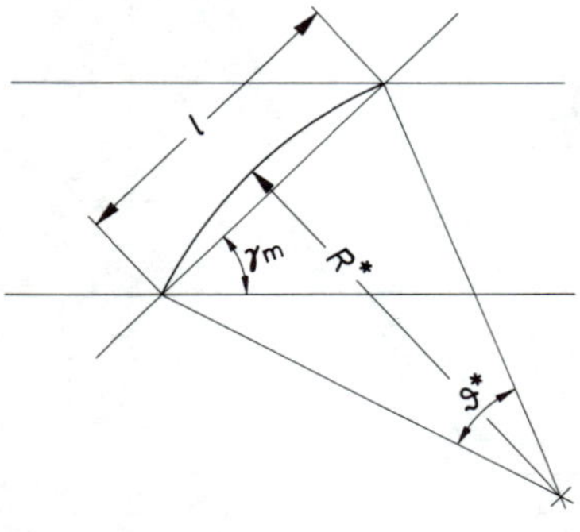


*Bild 2.49 Kreisbogenskelettlinie*

Der Kreisbogenskelettlinie wird dann noch eine **Dickenverteilung** überlagert (Bild 2.48).

Wird der Minderleistungseffekt nicht schon bei der Abschätzung der theoretischen Stutzenarbeit $Y_{th}$ und damit bei der Berechnung der Umfangskomponente $c_{u2}$ mitberücksichtigt, kann das Verfahren der **Winkelübertreibung** angewandt werden, wobei die Schaufelkrümmung korrigiert wird. Schaufelzentriwinkel $\vartheta$ und Umlenkung $\theta$ sind nicht mehr identisch. Die Geschwindigkeitsvektoren sind keine Tangenten mehr an die Profilskelettlinie (Bild 2.49).

Der Zentriwinkel $\vartheta^*$ des korrigierten Profiles berechnet sich aus dem Umlenkwinkel $\theta$ und dem **Winkelübertreibungsfaktor** $\delta$:

$$\vartheta^* = \frac{\theta}{\delta} \qquad (2.43)$$

Der Winkelübertreibungsfaktor $\delta$ kann beispielsweise nach dem von WEINIG angegebenen Verfahren in Abhängigkeit vom **Staffelungswinkel** $\gamma_m$

$$\gamma_m = \frac{\beta_1 + \beta_2}{2} \text{ bzw. } \frac{\alpha_1 + \alpha_2}{2}$$

und vom Teilungsverhältnis $t/l$ aus Bild 2.50 entnommen werden.

Die Winkelübertreibung, d.h. die Winkel zwischen Strömungsrichtung und Schaufeltangente sind an Schaufelein- und -austritt gleich groß und lassen sich aus dem Zentriwinkel $\vartheta^*$ und dem Winkelübertreibungsfaktor berechnen:

bei Laufrädern:

$$\Delta\beta = \frac{(1-\delta)\cdot\vartheta^*}{2} \qquad (2.44\text{a})$$

bei Leiträdern:

$$\Delta\alpha = \frac{(1-\delta)\,\vartheta^*}{2} \qquad (2.44\text{b})$$

Damit lassen sich An- und Abströmwinkel für die verschiedenen Gittertypen aus den Schaufeldaten $\gamma_m$ und $\vartheta^*$ angeben (Tabelle 2.8):

Weitere Einzelheiten zum Verfahren der Winkelübertreibung können u.a. in [2.4], [2.11], [2.14], [2.24] und [2.26] nachgelesen werden. Zur Korrektur des Minderleistungseffektes durch Winkelübertreibung kommt noch eine Berücksichtigung des **Einflusses der Profildicke** hinzu. Da die Versperrung des Kanalquerschnittes durch die endliche Profildicke eine Veränderung der Schaufelumströmung zur Folge hat, wirkt sich dies auch auf die Strömungsumlenkung aus.

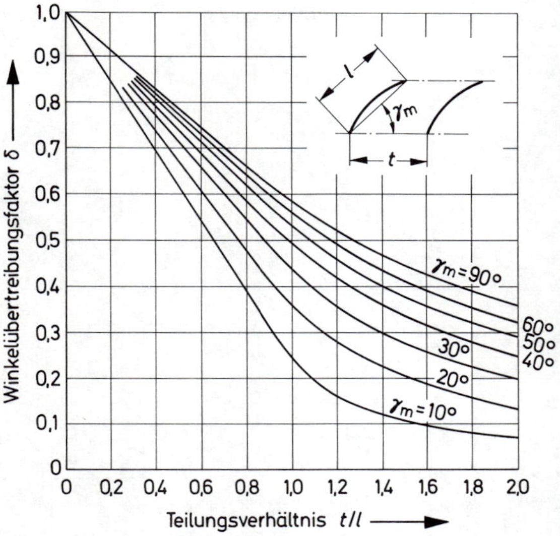


*Bild 2.50 Winkelübertreibungsfaktor δ*

Im Verzögerungsgitter macht sich dieses Phänomen durch eine Verringerung der Umlenkung, im Beschleunigungsgitter durch eine Zunahme bemerkbar. Korrigiert wird dieses Verhalten durch eine **Änderung** des **Staffelungswinkels** $\gamma_m$ (Bild 2.51):

$$\gamma^* = \gamma_m + \Delta\gamma \qquad (2.45)$$

**Tabelle 2.8 Zusammenhänge zwischen Strömungswinkeln und Schaufeldaten**

| | | Beschleunigungsgitter | Verzögerungsgitter |
|---|---|---|---|
| Laufrad | Eintritt | $\beta_1 = \gamma_m + \frac{\vartheta^*}{2}\cdot\delta$ | $\beta_1 = \gamma_m - \frac{\vartheta^*}{2}\cdot\delta$ |
| | Austritt | $\beta_2 = \gamma_m - \frac{\vartheta^*}{2}\cdot\delta$ | $\beta_2 = \gamma_m + \frac{\vartheta^*}{2}\cdot\delta$ |
| Leitrad | Eintritt | $\alpha_1 = \gamma_m + \frac{\vartheta^*}{2}\cdot\delta$ | $\alpha_1 = \gamma_m - \frac{\vartheta^*}{2}\cdot\delta$ |
| | Austritt | $\alpha_2 = \gamma_m - \frac{\vartheta^*}{2}\cdot\delta$ | $\alpha_2 = \gamma_m + \frac{\vartheta^*}{2}\cdot\delta$ |

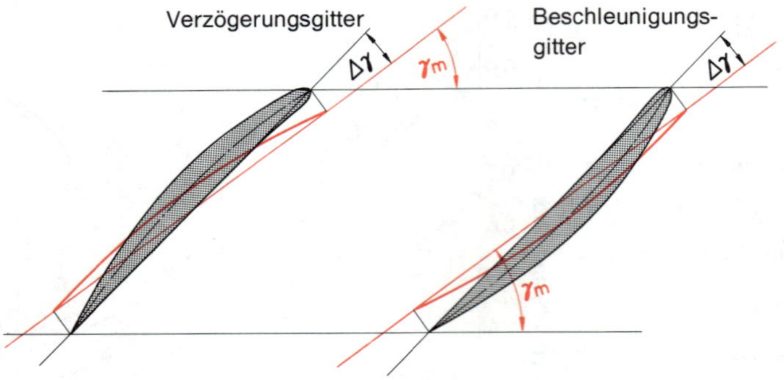


*Bild 2.51 Winkelkorrektur*

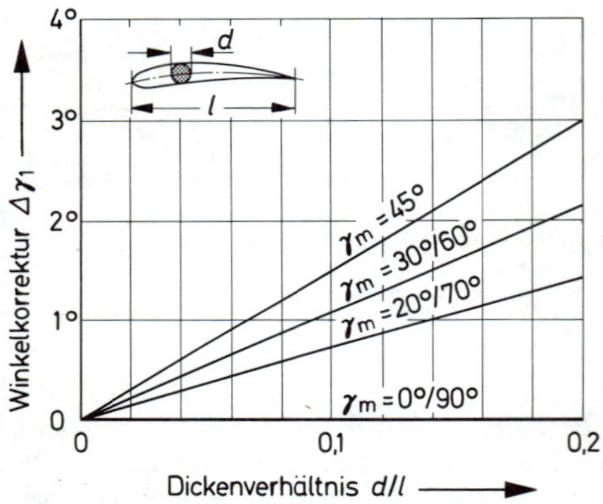


*Bild 2.52 Winkelkorrekturwerte*

Der Korrekturwert $\Delta\gamma$ kann aus der Beziehung

$$\Delta\gamma = \Delta\gamma_1 \cdot \left(\frac{l}{t}\right)^2 \qquad (2.46)$$

unter Zuhilfenahme von Bild 2.52 ermittelt werden. Für **schwach umlenkende Beschleunigungsgitter** mit angenähert axialer Zuströmung, wie sie vor allem als Leitgitter verwendet werden, kann der Zusammenhang zwischen Strömungswinkel $\alpha_2$ und Schaufelwinkel $\gamma_2$ aus Bild 2.53 abgelesen werden. Zwischen Schaufelkrümmung $R$, Schaufellänge $l$ und Schaufelaustrittswinkel $\gamma_2$ besteht dabei folgender Zusammenhang:

$$\frac{R}{l} = \frac{1}{\sqrt{2(1 - \sin\gamma_2)}} \qquad (2.47)$$

Nach Festlegung bzw. Berechnung der verschiedenen geometrischen Größen und Strömungswerte sollten die wichtigsten Größen z.B. der Ausdruck $(c_a \cdot l)/t$, der Auftriebsbeiwert $c_a$, die Schaufellänge $l$, die Schaufelanstellwinkel beispielsweise gegen die Umfangsrichtung u.a. Werte über dem Durchmesser $D_x$ in einem Diagramm aufgetragen werden (Bild 2.58). Sollten einzelne Kurven unstetig verlaufen, können sie in einem zweiten Rechengang korrigiert werden. Dies gilt insbesondere für den Verlauf der Schaufellänge $l$ und der Schaufelverwindung.

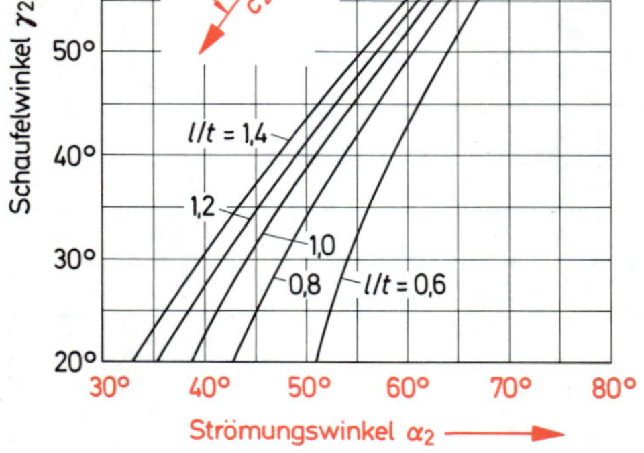


*Bild 2.53 Austrittswinkel von Beschleunigungsgittern*

### 2.3.6 Einige Hinweise zur Festlegung des Abstandes zwischen Leitrad und Laufrad

a) **Axialturbinen**

Im Hinblick auf kurze Bauform der mehrstufigen Axialturbine ist die Wahl des axialen Abstandes zwischen Leit- und Laufrad von großer Bedeutung. Wird der Abstand zu klein, verschlechtert sich der Wirkungsgrad, da sich Leit- und Laufschaufel störend beeinflussen, die Strömung wird periodisch **instationär.**

Bei Vergrößerung des Axialspaltes nimmt der Wirkungsgrad wegen der zunehmenden Wandreibung ab, wobei dieser Effekt bei Gleichdruckturbinen stärker in Erscheinung tritt als bei Überdruckturbinen.

Der optimale Abstand kann nur in Versuchen gefunden werden. So zeigt beispielsweise Bild 2.54 den Stufenwirkungsgrad $\eta_{St}$ von Überdruckstufen abhängig vom relativen Axialspalt $s_{ax}/l$ und der auf die Mittelstromlinie bezogenen Druckzahl $\psi$ (nach [2.27]).

b) **Axialpumpen**

Auch bei Axialpumpen kann der günstigste Abstand zwischen Laufrad und Leitrad nicht durch theoretische Berechnung der instationären Strömung im Raum zwischen bewegten Lauf- und feststehenden Leitschaufeln gefunden werden, es müssen vielmehr systematische Versuche durchgeführt werden.

In [2.28] wird empfohlen, den axialen Abstand zwischen Lauf- und Leitrad mit

$$\frac{s_{ax}}{l} = 0{,}05 \text{ bis } 0{,}1$$

festzulegen. Durch Einhalten eines kleinen Axialspaltes werden erreicht:

- Erhöhung des Wirkungsgrades
- Erhöhung der Druckzahl, d. h. der Förderhöhe, vor allem im Bereich zwischen Bestpunkt und Abrißpunkt
- Verschiebung des Abrißpunktes zu kleineren Volumenströmen hin, d.h. Verbesserung der Kennlinienstabilität

PFENNINGER [2.29] schlägt vor, den Axialspalt auf der Mittelstromlinie in den Bereich

$$\frac{s_{ax}}{l} = 0{,}1 \text{ bis } 0{,}15$$

zu legen.

Ein zu kleiner Abstand führt zur Entstehung von unzulässigen Schwingungen, ein zu großer Abstand verursacht zu hohe Strömungsverluste. Der günstigste Kompromiß kann bei der Vielfalt von Schaufelformen und Schaufelzahlen nur auf dem Versuchswege gefunden werden.

c) **Axialverdichter und Axialventilatoren**

Leider fehlen in der einschlägigen Fachliteratur (z. B. [2.11] und [2.14]) Hinweise für die Wahl des axialen Abstandes zwischen Lauf- und Leitrad. In der Dissertation von H. MÖHLE [2.30] sind zahlreiche Versuche beschrieben bei denen an einstufigen Axialventilatoren ein starker Einfluß des Axialspaltes auf den Wirkungsgrad festgestellt wurde. Leider läßt sich aus diesen Versuchen keine einfache Konstruktionsregel ableiten, da auch Profilform, Schaufeldicke, Schaufelzahl, Teilungsverhältnis $t/l$, Reynolds- und Mach-Zahl, Strömungswinkel und Nabenverhältnis $D_i/D_a$ die Ergebnisse stark beeinflussen. Aus den zahlreichen Diagrammen mit Versuchswerten läßt sich herauslesen, den relativen Axialspalt $s_{ax}/l$ nach Möglichkeit nicht größer als 0,08 auszuführen, da sonst mit starken Wirkungsgradeinbußen zu rechnen ist. Für alle Maschinenarten wird empfohlen auf jeden Fall die Schaufelzahlen von Lauf- und Leitrad verschieden zu wählen, nach Möglichkeit so, daß sie keinen gemeinsamen Teiler haben.

Bei Axialventilatoren ist auch der Einfluß des Axialspaltes auf die Geräuschentwicklung zu untersuchen und der Abstand zwischen Lauf- und Leitrad so festzulegen, daß die Geräuschemission ein Minimum wird.

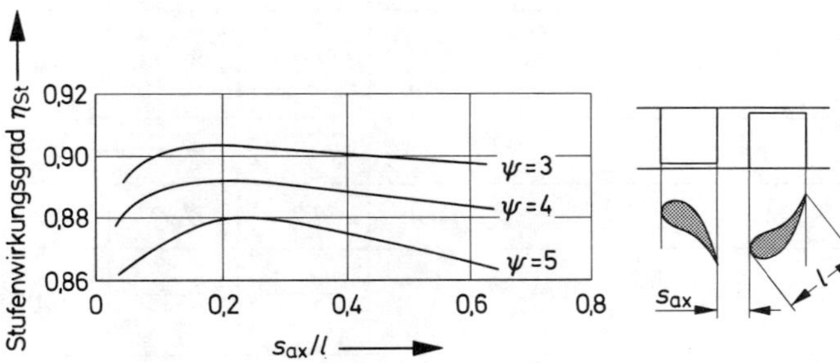


*Bild 2.54 Stufenwirkungsgrad von axialen Turbinenstufen abhängig vom Axialspiel zwischen Leitrad und Laufrad*

**Tabelle 2.9 Geschwindigkeiten und Winkel für Geschwindigkeitspläne**

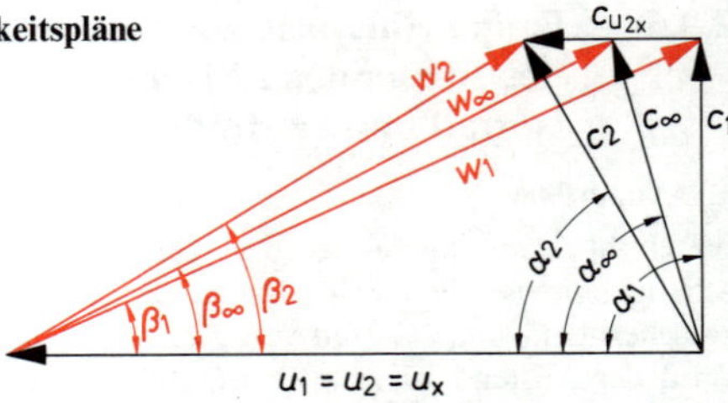


| Schnitt Nr. | $1 = a$ | 2 | 3 | 4 | $5 = i$ | |
|---|---|---|---|---|---|---|
| $D_x = \sqrt{D_{x+1}^2 - 0{,}0429}$ | 0,5 | 0,455 | 0,405 | 0,348 | 0,28 | m |
| $c_m = \frac{\dot{V}}{A_m} = \frac{4{,}5}{0{,}1348} \mathrel{\widehat{=}} c_1$ | ← 33,38 → | | | | | m/s |
| $u_x = D_x \cdot \pi \cdot n$ | 77,24 | 70,28 | 62,56 | 53,76 | 43,25 | m/s |
| $c_{u2x} = \frac{Y_{th\,\infty}}{u_x} = \frac{1505}{u_x}$ | 19,48 | 21,41 | 24,06 | 27,99 | 34,80 | m/s |
| $c_2 = \sqrt{c_m^2 + c_{u2x}^2}$ | 38,65 | 39,66 | 41,15 | 43,56 | 48,22 | m/s |
| $c_\infty = \sqrt{c_m^2 + (c_{u2x}/2)^2}$ | 34,77 | 35,05 | 35,48 | 36,20 | 37,64 | m/s |
| $w_1 = \sqrt{c_m^2 + u_x^2}$ | 84,14 | 77,80 | 70,91 | 63,28 | 54,63 | m/s |
| $w_2 = \sqrt{c_m^2 + (u_x - c_{u2x})^2}$ | 66,71 | 59,18 | 50,96 | 42,17 | 34,43 | m/s |
| Kontrolle nach DE HALLER: $\frac{w_2}{w_1}$ | 0,79 | 0,76 | 0,72 | 0,67 | 0,63 | |
| | da einstufige Maschine Werte zulässig! | | | | | |
| $w_\infty = \sqrt{c_m^2 + \left(u_x - \frac{c_{u2x}}{2}\right)^2}$ | 75,30 | 68,29 | 60,58 | 51,92 | 42,22 | m/s |
| $\beta_1 = \text{arc tan}\,\frac{c_m}{u_x}$ | 23,37° | 25,41° | 28,08° | 31,84° | 37,66° | |
| $\beta_2 = \text{arc tan}\,\frac{c_m}{u_x - c_{u2x}}$ | 30,02° | 34,33° | 40,93° | 52,33° | 75,80° | |
| $\beta_\infty = \text{arc tan}\,\frac{c_m}{u_x - c_{u2x}/2}$ | 26,31° | 29,26° | 33,45° | 40,01° | 52,25° | |
| $\alpha_1 =$ | ← 90° → | | | | | |
| $\alpha_2 = \text{arc tan}\,c_m/c_{u2x}$ | 59,7° | 57,32° | 54,22° | 50,02° | 43,81° | |
| $\alpha_\infty = \text{arc tan}\,\frac{c_m}{c_{u2x}/2}$ | 73,73° | 72,22° | 70,18° | 67,25° | 62,47° | |

**Beispiel 4**

**Aufgabenstellung:**

Lauf- und Leitradgitter des in Beispiel 2 dimensionierten Axialventilators mit den Betriebsdaten und Hauptabmessungen

Volumenstrom $\dot{V} = 4{,}5\,\mathrm{m^3/s}$
Totaldruckerhöhung $\Delta p_t = 1400\,\mathrm{Pa}$
Drehzahl $n = 2950\,\mathrm{min^{-1}} = 49{,}17\,\mathrm{s^{-1}}$
Außendurchmesser $D_a = 500\,\mathrm{mm}$
Nabendurchmesser $D_i = 280\,\mathrm{mm}$

sollen berechnet und aufskizziert werden.

**Lösung:**

a) **Laufradbeschaufelung**

Zunächst wird der Kreisringquerschnitt $A_m$ in 4 gleichgroße Teilflächen zerlegt, so daß 5 Trenndurchmesser $D_x$ (einschließlich Außendurchmesser $D_a$ und Nabendurchmesser $D_i$) entstehen:

$$A_m = \frac{\pi}{4}\,(D_a^2 - D_i^2)$$

$$A_m = \frac{\pi}{4}\,(0{,}5^2 - 0{,}28^2)$$

$$A_m = 0{,}1348\,\mathrm{m^2}$$

Nach Gleichung (2.37) werden die verschiedenen Trenndurchmesser berechnet:

$$D_x = \sqrt{D_{x+1}^2 - \frac{4 \cdot A_m}{i \cdot \pi}}$$

$$i = 4$$

$$D_x = \sqrt{D_{x+1}^2 - \frac{0{,}1348}{\pi}} = \sqrt{D_{x+1}^2 - 0{,}0429}$$

Die Durchmesser stehen in Zeile 1 der folgenden Tabelle 2.9, in der die Geschwindigkeiten und Winkel der Geschwindigkeitspläne der 5 Trenndurchmesser berechnet werden.

Zur Berechnung der Umfangskomponente $c_{u2x}$ benötigt man die theoretische spezifische Stutzenarbeit $Y_{th\infty}$ nach Gleichung (2.39b).

$$Y_{th\infty} = \frac{Y}{\eta_i \cdot \mu \cdot \Omega}$$

$Y = 1166{,}7\,\mathrm{J/kg}$ gemäß Beispiel 2

$\eta_i = 0{,}85$ angenommen (Erfahrungswert, der sich u.a. auch auf eigene Versuche des Verfassers stützt [2.31])

$\mu = 1{,}0$, da Winkelübertreibungsverfahren angewandt wird

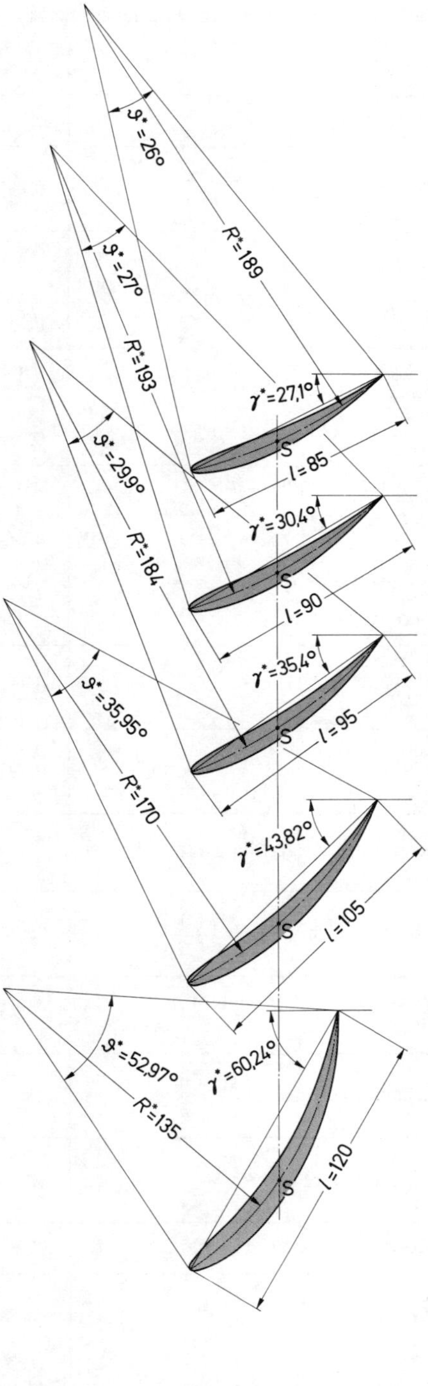


*Bild 2.56 Beispiel 4 – Schaufelschnitte*

**Tabelle 2.10 Ermittlung der Profilabmessungen**

| Schnitt | $1 = a$ | 2 | 3 | 4 | $5 = i$ | |
|---|---|---|---|---|---|---|
| Durchmesser $D_x$ | 0,5 | 0,455 | 0,405 | 0,348 | 0,28 | m |
| Teilung $t = \frac{D_x \cdot \pi}{z_{La}} = \frac{D_x \cdot \pi}{12}$ | 0,131 | 0,119 | 0,106 | 0,091 | 0,073 | m |
| $\frac{l}{t} = \frac{\Delta w_u}{(0{,}4 \text{ bis } 0{,}5) \cdot w_\infty}$ (2.40) | 0,517 ... 0,647 | 0,627 ... 0,784 | 0,794 ... 0,993 | 1,078 ... 1,348 | 1,649 ... 2,061 | |
| $l = \frac{l}{t} \cdot t$ | 0,068 ... 0,085 | 0,075 ... 0,093 | 0,084 ... 0,105 | 0,098 ... 0,123 | 0,120 ... 0,150 | m |
| gewählte Profillänge $l$ | 0,085 | 0,090 | 0,095 | 0,105 | 0,120 | m |
| Kontrolle: $Re = \frac{w_\infty \cdot l}{\nu}$ | $4{,}27 \cdot 10^5$ | $4{,}10 \cdot 10^5$ | $3{,}84 \cdot 10^5$ | $3{,}63 \cdot 10^5$ | $3{,}38 \cdot 10^5$ | |
| ($\nu = 15 \cdot 10^{-6}\ m^2/s$) | Die Reynolds-Zahlen liegen ausreichend hoch! | | | | | |
| $c_a \cdot \frac{l}{t} = \frac{2 \cdot Y_{th\infty}}{u_x \cdot w_\infty}$ (2.29) | 0,518 | 0,627 | 0,794 | 1,078 | 1,648 | |
| $c_a = c_a \cdot \frac{l}{t} \cdot \frac{t}{l}$ | 0,798 | 0,829 | 0,886 | 0,934 | 1,0 | |
| Kontrolle von $c_a$ (Bild 2.44) | in Ordnung | in Ordnung | etwas hoch | in Ordnung | etwas niedrig | |
| Staffelungswinkel $\gamma_m = \frac{\beta_1 + \beta_2}{2}$ | 26,70° | 29,87° | 34,51° | 42,09° | 56,73° | |
| Winkelübertreibungsfaktor $\delta$ (Bild 2.50) | 0,25 | 0,33 | 0,43 | 0,57 | 0,72 | |
| Schaufelzentriwinkel $\vartheta^* = \frac{\theta}{\delta}$ | 26° | 27° | 29,9° | 35,95° | 52,97° | |
| Krümmungsradius $R^* = \frac{l}{2 \cdot \sin \vartheta^*/2}$ | 0,189 | 0,193 | 0,184 | 0,170 | 0,135 | m |
| Korrekturwert $\Delta\gamma_1$ aus Bild 2.52 | 0,9° | 1,0° | 1,1° | 1,3° | 1,3° | |
| $\Delta\gamma = \Delta\gamma_1 \cdot \left(\frac{l}{t}\right)^2$ (2.46) | 0,38° | 0,57° | 0,88° | 1,73° | 3,51° | |
| Staffelungswinkel $\gamma^* = \gamma_m + \Delta\gamma$ | 27,1° | 30,4° | 35,4° | 43,82° | 60,24° | |

$$\Omega = 1 - 0{,}28 \cdot \left(\frac{D_i}{D_a}\right)^2 \qquad (2.38)$$

$$\Omega = 1 - 0{,}28 \left(\frac{280}{500}\right)^2$$

$\Omega = 0{,}912$, deckt sich auch mit Bild 2.43!

$$Y_{\text{th}\infty} = \frac{1166{,}7}{0{,}85 \cdot 1{,}0 \cdot 0{,}912}$$

$$Y_{\text{th}\infty} = 1505\,\text{J/kg}$$

Aus Versuchen mit ähnlichen Ventilatoren ergab sich, auch mit Rücksicht auf die Fertigungskosten eine Schaufelzahl von $z_{\text{La}} = 12$.

Damit kann für jeden Profilschnitt die Teilung $t$ angegeben werden. In der folgenden Tabelle 2.10 werden die Profillänge $l$ und der Krümmungsradius $R$ der Kreisbogenprofile der 5 Trenndurchmesser berechnet.

Damit können die einzelnen Profilskelettlinien aufgezeichnet (Bild 2.56) und eine Dickenverteilung überlagert werden.

Bei mehreren vom Verfasser entwickelten Axialventilatoren hat sich als Dickenverteilung das Profil NACA 0009 bewährt. Die Konturmaße dieses symmetrischen Profiles sind in Tabelle 2.11 aufgeführt:

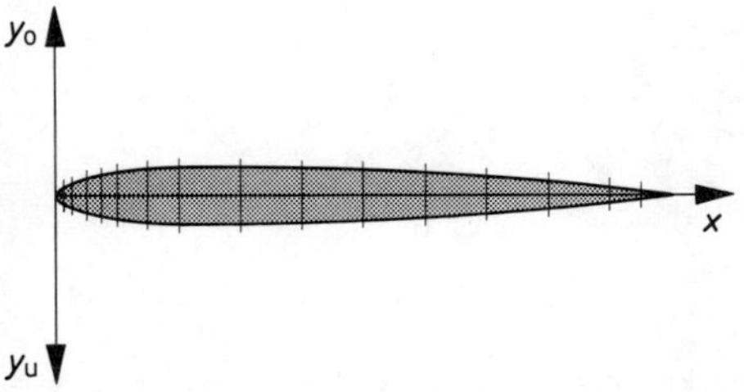


*Bild 2.57 Beispiel 4 – Dickenverteilung*

Zusätzlich sind in einem Diagramm in Bild 2.58 die Größen $c_a \cdot \frac{l}{t}$; $c_a$; $l$ und $\gamma^*$ über dem Durchmesser $D_x$ aufgetragen. Alle Kurvenzüge verlaufen stetig.

Die Profile werden so angeordnet, daß die Schwerpunkte der Profile (vgl. hierzu Kap. 4) radial übereinander liegen.

b) **Leitradbeschaufelung**

Die Leitschaufel wird als zylindrische, d.h. unverwundene Kreisbogenschaufel für den mittleren Trenndurchmesser $D_3 = 0{,}405$ m ausgelegt. Die Leitschaufelzahl wird mit 13 festgelegt. Leit- und Laufschaufelzahlen sind verschieden und haben keinen gemeinsamen Teiler.

Die Berechnung der geometrischen Daten der Leitschaufel erfolgt in gleicher Weise wie diejenige der Laufschaufel:

Trenndurchmesser $D_3 = 0{,}405$ m

$$\text{Teilung } t = \frac{\pi \cdot D_3}{z_{\text{Le}}} = \frac{\pi \cdot 0{,}405}{13} = 0{,}0979\,\text{m}$$

$c_m \mathrel{\hat=} c_{m3} \mathrel{\hat=} c_{m4} \mathrel{\hat=} c_4 = 33{,}38$ m/s nach Tabelle 2.9

$c_3 \mathrel{\hat=} c_2 = 41{,}15$ m/s nach Tabelle 2.9

$c_\infty = 35{,}48$ m/s nach Tabelle 2.9

$\alpha_3 \mathrel{\hat=} \alpha_2 = 54{,}22°$ nach Tabelle 2.9

$\alpha_4 = 90°$

$$\frac{l}{t} = \frac{\Delta c_u}{(0{,}4 \text{ bis } 0{,}5) \cdot c_\infty} =$$

$$= \frac{24{,}06}{(0{,}4 \text{ bis } 0{,}5) \cdot 35{,}48} = 1{,}356 \text{ bis } 1{,}695$$

$$l = \frac{l}{t} \cdot t = 0{,}133 \text{ bis } 0{,}166\,\text{m}$$

$l = 0{,}135$ m gewählt

$$c_a \cdot \frac{l}{t} = \frac{2 \cdot Y_{\text{th}\infty}}{u_x \cdot c_\infty} = 1{,}356$$

$$c_a = c_a \cdot \frac{l}{t} \cdot \frac{t}{l} = 1{,}356 \cdot \frac{0{,}0979}{0{,}135} = 0{,}983$$

Nach Bild 2.44 ist für eine Umlenkung $\theta = \alpha_4 - \alpha_3 = 90° - 54{,}22° = 35{,}78°$ ein $c_a$-Wert von 1,0 bis 1,2 zulässig.

Da nur eine einfache, unprofilierte Blechschaufel verwendet wird, ist der geforderte Auftriebsbeiwert von 0,98 angebracht, d.h. nicht zu niedrig!

**Tabelle 2.11 Konturmaße des Profils NACA 0009**

| $x$ | 1,25 | 2,5 | 5 | 7,5 | 10 | 15 | 20 | 30 | 40 | 50 | 60 | 70 | 80 | 90 | 95 | 100 % $l$ |
|---|---|---|---|---|---|---|---|---|---|---|---|---|---|---|---|---|
| $y_o = -y_u$ | 1,42 | 1,96 | 2,67 | 3,15 | 3,51 | 4,01 | 4,30 | 4,50 | 4,35 | 3,97 | 3,42 | 2,75 | 1,97 | 1,09 | 0,6 | 0,1 % $l$ |

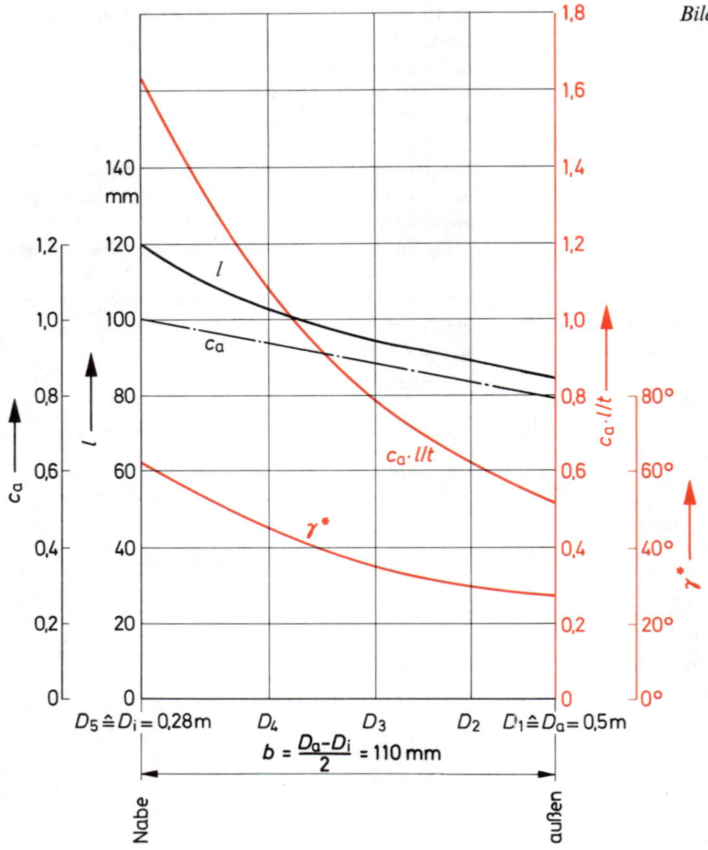


*Bild 2.58 Beispiel 4 – Gitterwerte*

$$\gamma_m = \frac{\alpha_3 + \alpha_4}{2} = \frac{54{,}22^\circ + 90^\circ}{2} = 72{,}11^\circ$$

Winkelübertreibungsfaktor $\delta$ aus Bild 2.50:

$$\delta = 0{,}68$$

Schaufelzentriwinkel

$$\vartheta^* = \frac{\theta}{\delta} = \frac{35{,}78^\circ}{0{,}68} = 52{,}62^\circ$$

Krümmungsradius

$$R^* = \frac{l}{2 \cdot \sin \vartheta^*/2} = \frac{0{,}135}{2 \cdot \sin 52{,}62/2} = 0{,}152\,\text{m}$$

Korrekturwert $\Delta\gamma_1$ aus Bild 2.52: $\Delta\gamma_1 \approx 0{,}1^\circ$

Korrektur des Staffelungswinkels

$$\Delta\gamma = \Delta\gamma_1 \cdot \left(\frac{l}{t}\right)^2 = 0{,}1^\circ \cdot \left(\frac{0{,}135}{0{,}0979}\right)^2 = 0{,}19^\circ$$

Staffelungswinkel

$$\gamma^* = \gamma_m + \Delta\gamma = 72{,}11^\circ + 0{,}19^\circ$$
$$\gamma^* = 72{,}30^\circ$$

Die Schaufelstärke $s$ wurde mit 3 mm angenommen. Mit den oben berechneten Werten kann die Leitschaufel gezeichnet werden (Bild 2.59).
Aus der Schaufelskizze wird eine Wölbung $f$ von etwa 16 mm abgegriffen. Das Wölbungsverhältnis $f/l$ beträgt demnach $16/135 \approx 0{,}12$ oder 12%. Nach Bild 2.47 würde ein Wölbungsverhältnis von 12% einem Auftriebsbeiwert $c_a$ von etwa 1,03 bis 1,13 entspre-

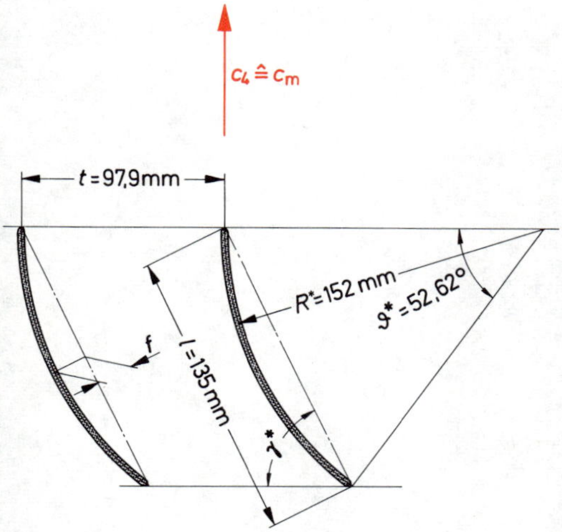


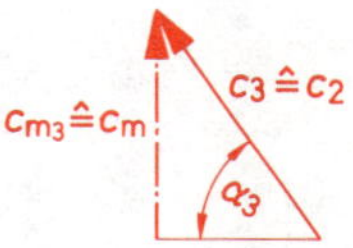


*Bild 2.59*
*Beispiel 4 – Leitschaufel*

chen. Da aber keine profilierte Schaufel, sondern eine Blechschaufel vorliegt, dürfte die 12%-ige Wölbung wohl den geforderten Auftriebsbeiwert $c_a = 0{,}98$ bringen.

Die endgültige Optimierung des Leitrades erfolgt durch Versuche mit verschiedenen Leitschaufelformen, Leitschaufelzahlen und Staffelungswinkeln beispielsweise auch im Labor des Verfassers, wo derartige Untersuchungen im Rahmen von Studien- und Diplomarbeiten durchgeführt werden.

Die Berechnung der Geschwindigkeiten, Strömungswinkel und Schaufelformen erfolgt an der Fachhochschule Heilbronn mit Personalcomputern; die Darstellung der Schaufelprofile mittels CAD.

Den axialen Abstand zwischen Lauf- und Leitschaufel an der Nabe wählt man mit Rücksicht auf die Möglichkeit der **Verstellung der Laufschaufeln** um etwa $+15°$ bis $+20°$, wodurch sich dieses Spiel verringert:

$$s_{ax} \approx 0{,}15 \cdot l_5$$
$$s_{ax} \approx 0{,}15 \cdot 120$$
$$s_{ax} \approx 18\,\text{mm}$$

# 3 Weitere Bauteile von Strömungsmaschinen

## 3.1 Düsen

### 3.1.1 Einlaufdüsen

Einlaufdüsen am Eintritt von Pumpen, Ventilatoren und Verdichtern (Bild 3.1) sollen die Strömung dem Laufrad möglichst drallfrei und mit gleichmäßiger Geschwindigkeit zuführen. Ein gleichmäßiges Geschwindigkeitsfeld ist besonders wichtig im Einlauf von Axialmaschinen.

Zur Erzielung von drallfreier Zuströmung empfiehlt sich der Einbau eines Einlaufkreuzes, das eine gewisse Gleichrichterwirkung hat.

Für die Strömung zwischen Eintrittsquerschnitt $A_e$ und Austrittsquerschnitt $A_a$ kann nach der Energiegleichung folgende Beziehung angesetzt werden:

$$g \cdot z_e + \frac{p_e}{\varrho} + \frac{c_e^2}{2} = g \cdot z_a + \frac{p_a}{\varrho} + \frac{c_a^2}{2} + \frac{\Delta p_v}{\varrho}$$

Hierbei ist inkompressible Strömung vorausgesetzt. Die Geschwindigkeiten $c_e$ und $c_a$ betragen dabei:

$$c_e = \frac{\dot{V}}{A_e} = \frac{\dot{V}}{\frac{\pi}{4} \cdot D_e^2}$$

$$c_a = \frac{\dot{V}}{A_a} = \frac{\dot{V}}{\frac{\pi}{4} \cdot D_a^2}$$

Der Druck im Austrittsquerschnitt kann durch die anderen Größen ausgedrückt werden:

$$p_a = p_e - \varrho \cdot g \cdot \Delta z - \frac{\varrho}{2}(c_a^2 - c_e^2) - \Delta p_v \qquad (3.1)$$

Bei Einlaufdüsen mit horizontaler Achse entfällt das Glied $\varrho \cdot g \cdot \Delta z$. Desgleichen bei gasförmigen Medien, wegen der geringen Dichte $\varrho$. Der Druckverlust $\Delta p_v$ ist im wesentlichen ein Reibungsverlust und kann nach folgender Beziehung abgeschätzt werden:

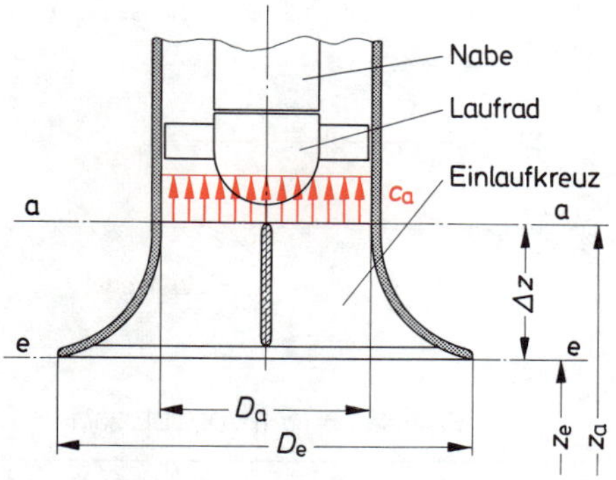


*Bild 3.1 Einlaufdüse mit Einlaufkreuz*

$$\Delta p_v = \zeta_v \cdot \frac{\varrho}{2} \cdot c_a^2 \qquad (3.2)$$

Wobei der Verlustbeiwert $\zeta_v$ je nach Ausführung der Düsenkontur, dem Vorhandensein eines Einlaufkreuzes und der Oberflächenrauhigkeit zwischen 0,05 und 0,15 liegen kann.

Bezüglich der Gestaltung der Kontur von Pumpeneinlaufdüsen findet man in der Literatur nur spärliche Hinweise, meist nur den Ratschlag, den Eintrittsdurchmesser $D_e$ etwa doppelt so groß zu machen wie den Austrittsdurchmesser $D_a$.

Von Fa. KSB [3.1] werden die in Bild 3.2 eingetragenen Abmessungen für Pumpeneinlaufdüsen vorgeschlagen. U.U. kann das Anbringen eines **Einlaufkegels** vor der Düse zur besseren Führung der Strömung sinnvoll sein.

Für Einlaufdüsen von Ventilatoren wird empfohlen, die in den meßtechnischen Regelwerken [3.2] und [3.3] angegebenen Abmessungen zu übernehmen (Bild 3.3). (Siehe auch [3.41])

Sowohl die optimalen Formen der Düsen selbst als auch die richtigen Abstände zu Wänden vor dem Düseneinlauf, d.h. die Gestaltung der **Kammern,** aus denen die Düsen ansaugen, können letztlich nur auf experimentellem Wege gefunden werden ([3.4] bis [3.6]).

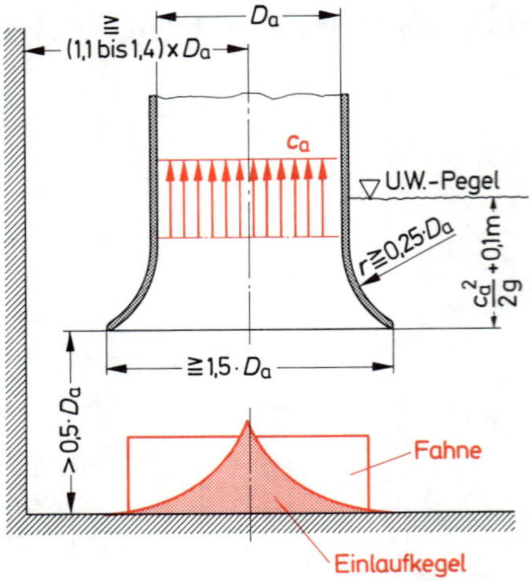


*Bild 3.2 Einlaufdüse mit Einlaufkegel*

*Bild 3.3 Einlaufdüsenformen*

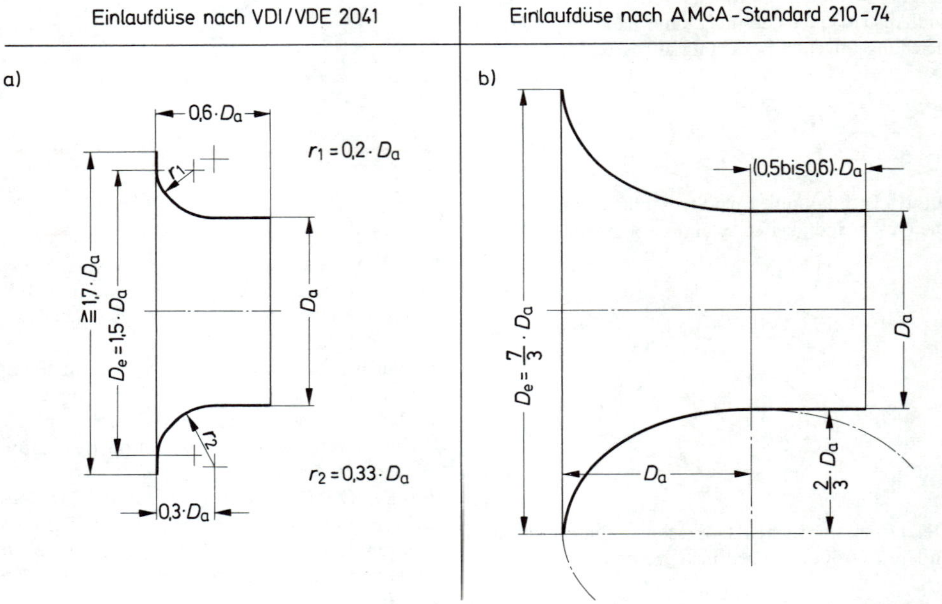


**Beispiel 5**

**Aufgabenstellung:**

Zu dem in den Beispielen 2 und 4 behandelten Axialventilator soll die Einlaufdüse entworfen werden.

Der Laufraddurchmesser wurde in Beispiel 2 mit 500 mm festgelegt.

**Lösung:**

Laufradaußendurchmesser $D_a = 500$ mm und Düsenaustrittsdurchmesser $D_a$ sind identisch.

Die weiteren Abmessungen werden nach Bild 3.3a bestimmt, da dies die wirtschaftlich kleineren Werte ergibt, wie sie für den vorliegenden Axialventilator angebracht sind.

Eintrittsdurchmesser

$$D_e = 1{,}5 \cdot D_a = 1{,}5 \cdot 500 = 750\,\text{mm}$$

axiale Länge zwischen Düseneintrittsebene und Laufradmitte:

$$l_{ax} = 0{,}6 \cdot D_a = 0{,}6 \cdot 500 = 300\,\text{mm}$$

Krümmungsradius $r_1$:

$$r_1 = 0{,}2 \cdot D_a = 0{,}2 \cdot 500 = 100\,\text{mm}$$

Krümmungsradius $r_2$:

$$r_2 = 0{,}33 \cdot D_a = 0{,}33 \cdot 500 = 166{,}7\,\text{mm}$$

im Abstand $0{,}3 \cdot D_a = 0{,}3 \cdot 500 = 150\,\text{mm}$ angreifend.

In Bild 3.4 ist die Einlaufdüse maßstäblich dargestellt.

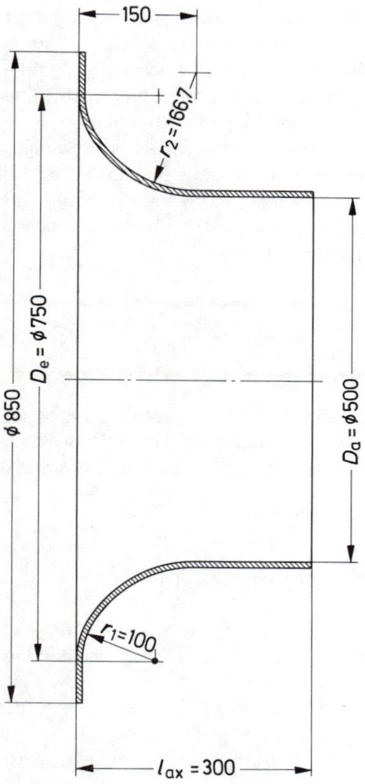


*Bild 3.4 Beispiel 5*

## 3.1.2 Lavaldüsen

Lavaldüsen sind Düsen in denen gas- und dampfförmige Medien **überkritisch** expandieren, d.h. an deren Austritt Geschwindigkeiten herrschen, die größer sind als die Schallgeschwindigkeit.

Da bei der Expansion des Mediums unter den kritischen Druck

$$p_{krit} = p_{1tot} \left(\frac{2}{\varkappa + 1}\right)^{\frac{\varkappa}{\varkappa - 1}} \tag{3.3}$$

$p_{1tot}$ = Totaldruck am Düsenanfang
$\varkappa$ = Isentropenexponent

das spezifische Volumen $v$ prozentual stärker anwächst als die Geschwindigkeit zunimmt, müssen ab dem kritischen Querschnitt $A_{krit}$ (Bild 3.5) die Querschnitte wieder zunehmen.

*Bild 3.5*
*Lavaldüsenformen*

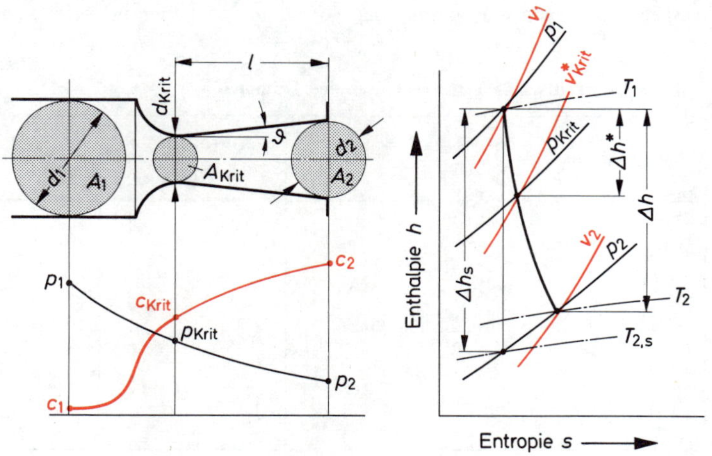

Die Lavaldüse ist demnach eine Kombination aus einer **konvergenten Düse** zwischen $A_1$ und $A_{krit}$ und einer **divergenten Düse** zwischen $A_{krit}$ und $A_2$. Im konvergenten Teil herrscht **Unterschallströmung**, im divergenten Teil **Überschallströmung.**

Die folgenden Gleichungen zur überschlägigen Dimensionierung werden aus Platzgründen nicht abgeleitet, sondern aus [3.7] bis [3.9] übernommen: Die **Austrittsgeschwindigkeit** $c_2$ berechnet sich aus der Enthalpieabnahme $\Delta h_s$:

$$c_2 = \sqrt{2 \cdot \eta_{Düse} \cdot \Delta h_s + c_1^2} \qquad (3.4)$$

Die Enthalpiedifferenz $\Delta h_s$ entnimmt man am besten einem $h$-$s$-Diagramm (Bild 3.5). Für ideale Gase und Dämpfe kann $\Delta h_s$ auch rechnerisch bestimmt werden:

$$\Delta h_s = c_p \cdot (T_1 - T_{2,s})$$

$$\Delta h_s = c_p \cdot T_1 \cdot \left[1 - \left(\frac{p_2}{p_1}\right)^{\frac{\varkappa - 1}{\varkappa}}\right]$$

Der Düsenwirkungsgrad $\eta_{Düse} = \Delta h / \Delta h_s$ liegt je nach Form, Größe und Rauhigkeit der Düse zwischen 0,9 und 0,99.

Der **Austrittsquerschnitt** $A_2$ ergibt sich nach der Kontinuitätsgleichung aus dem durch die Düse strömenden Massenstrom $\dot{m}$ und der Austrittsgeschwindigkeit $c_2$:

$$A_2 = \frac{\dot{m} \cdot v_2}{c_2} \qquad (3.5)$$

Das spezifische Volumen $v_2$ im Expansionsendpunkt wird ebenfalls dem $h$-$s$-Diagramm (Bild 3.5) entnommen oder unter Annahme idealen Verhaltens des Mediums berechnet:

$$v_2 = \frac{R_i \cdot T_2}{p_2} \qquad (3.6)$$

$p_2$ = Austrittsdruck
$R_i$ = individuelle Gaskonstante

$$T_2 = T_1 \left[1 - \eta_{Düse} \left(\frac{p_2}{p_1}\right)^{\frac{\varkappa - 1}{\varkappa}}\right]$$

Der **engste Querschnitt** $A_{krit}$, an dem die Schallgeschwindigkeit $c_{krit}$ herrscht kann ebenfalls aus der Enthalpieabsenkung zwischen Eintritt und Austritt bestimmt werden:

$$A_{krit} = \frac{\dot{m} \cdot v^*_{krit}}{c^*_{krit}}$$

$$c^*_{krit} = \sqrt{2 \cdot \Delta h^*}$$

$$A_{krit} = \frac{\dot{m} \cdot v^*_{krit}}{\sqrt{2 \cdot \Delta h^*}} \qquad (3.7)$$

Das kritische Druckverhältnis $p_{krit}$, der Isentropenexponent $\varkappa$, sowie die reibungsfreie kritische Geschwindigkeit $c_{krit} \approx c^*_{krit} / \sqrt{\eta_{Düse}}$ der verschiedenen gas- und dampfförmigen Medien können aus Tabelle 3.1 entnommen werden:

Störungen im Expansionsverlauf bei Abweichen der verschiedenen Größen, insbesondere des Austrittsdruckes $p_2$ von den der Düsenauslegung zugrunde liegenden Daten sind in [3.7] bis [3.9] beschrieben.

**Tabelle 3.1 kritische Werte von Gasen und Dämpfen**

| Medium | Isentropen-exponent | $\frac{p_{1krit}}{p_{1tot}}$ | $c_{krit}$ |
|---|---|---|---|
| Luft, zweiatomige Gase | 1,4 | 0,528 | $1{,}08 \cdot \sqrt{\frac{p_{1tot}}{\varrho_1}}$ * |
| überhitzter Dampf, dreiatomige Gase | 1,3 | 0,546 | $1{,}06 \cdot \sqrt{\frac{p_{1tot}}{\varrho_1}}$ |
| Sattdampf | 1,135 | 0,577 | $0{,}968 \cdot \sqrt{\frac{p_{1tot}}{\varrho_1}}$ |

* $p_{1tot}$ in Pa; $\varrho_1$ in kg/m³

Wird die Düse mit Kreisquerschnitten ausgeführt, beträgt die **Länge** $l$

$$l = \frac{d_2 - d_{krit}}{2 \cdot \tan \vartheta} \qquad (3.8)$$

wobei der Winkel $\vartheta$ mit Rücksicht auf die Ablösegefahr möglichst nicht größer als 8° werden sollte.
Lavaldüsen mit langem divergentem Teil werden in thermischen Turbinen wegen der relativ hohen Reibungsverluste kaum noch eingesetzt, meist nur noch in Kleindampfturbinen oder Druckluftturbinen.
In den sogenannten Regelstufen von größeren Dampfturbinen werden mehrere **Düsensegmente** – unterteilt in Schaufelkanäle, die als Lavaldüsen ausgebildet sind – eingesetzt. Die Seitenwände der Lavaldüsen sind dann speziell geformte Schaufelprofile (vgl. Bild 5.28 in [3.7]).

### 3.1.3 Die Düse der Freistrahlturbine

Die Düse der Freistrahlturbine ist eine verstellbare **Nadeldüse,** die am Ende der Druckleitung angebracht ist und aus der das Wasser in **freiem Strahl** zum Laufrad hin ausströmt. In der Düse wird der statische Anteil der Fallhöhe in Geschwindigkeit umgesetzt:

$$c_1 = k_c \cdot \sqrt{2 \cdot g \cdot H} \mathrel{\hat{=}} k_c \cdot \sqrt{2 \cdot Y} \qquad (3.9)$$

$c_1$ = Strahlgeschwindigkeit
$H$ = Fallhöhe
$Y$ = spezifische Stutzenarbeit
$k_c$ = Düsenbeiwert = 0,96 bis 0,99

Damit kann nach Gleichung (1.4) der **Strahldurchmesser** $d_1$ berechnet werden:

$$d_1 = \sqrt{\frac{4 \cdot \dot{V}/\text{Düse}}{\pi \cdot c_1}} \qquad (3.10)$$

$\dot{V}$/Düse = Volumenstrom pro Düse

Der Entwurf der Düse, d.h. die Festlegung der Abmessungen von Düse und Nadel ist weitgehend Erfahrungssache, d.h. beruht bei den Turbinenherstellern auf Versuchsergebnissen und Betriebserfahrungen.
Um Studierenden für konstruktive Entwürfe eine Hilfe an die Hand zu geben, wurden in Bild 3.6 die Konturenverläufe von außen- und innengeregelter Düse nach Angaben der Firmen VOITH und ESCHER WYSS unter Berücksichtigung der Hinweise in [3.10] und [3.11] dargestellt.
Die Abmessungen des **Düsenkrümmers** können nach Bild 3.7 festgelegt werden. Die **Kräfte** an der Düsennadel können mit Hilfe der in Tabelle 3.2 zusammengestellten Formeln wenigstens grob abgeschätzt werden. Die kraftmäßige Auslegung der Düse erfolgt bei den Turbinenherstellern ebenfalls unter Berücksichtigung von empirischen, d.h. in Versuchen gewonnenen Beiwerten [3.12].

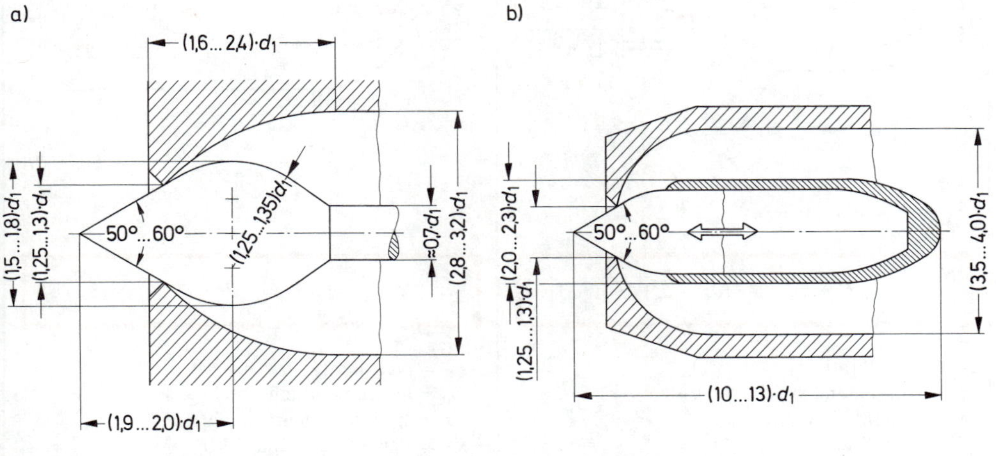


*Bild 3.6 Düsen von Freistrahlturbinen*

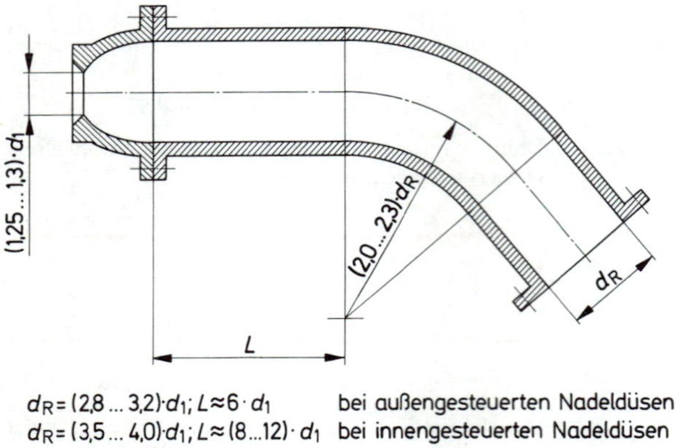


*Bild 3.7*
*Düsenkrümmer von Freistrahlturbinen*

**Tabelle 3.2 Kräfte an der Freistrahldüsennadel**

| Außengeregelte Düse | Innengeregelte Düse |
|---|---|
| 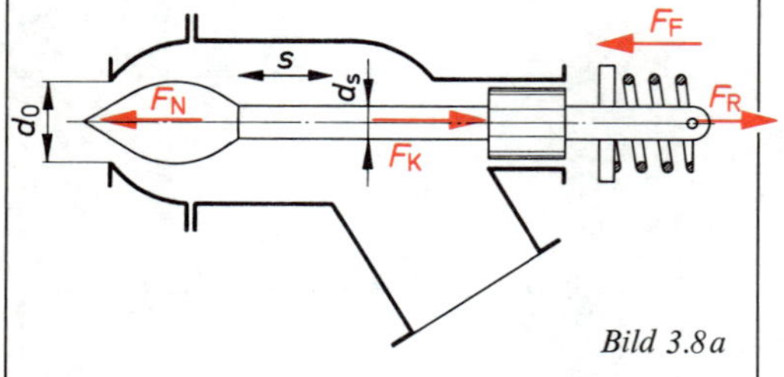  *Bild 3.8a* | 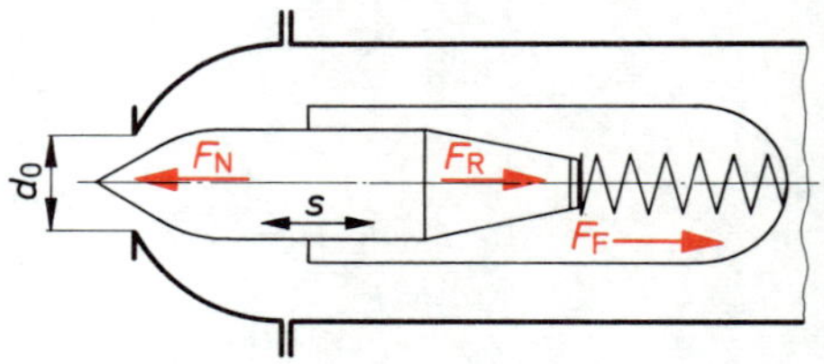  *Bild 3.8b* |
| $F_N = k_D \cdot Y \cdot (d_0^2 - d_s^2)$ (3.11a) | $F_N = k_D \cdot d_0^2 \cdot Y$ (3.11b) |
| $F_N$ = Nadelkraft<br>$d_0$ = Düsenmündungsdurchmesser<br>$d_s$ = Schaftdurchmesser<br>$Y$ = spez. Stutzenarbeit = $g \cdot H$<br>$k_D$ = Beiwert nach Bild 3.9a | $F_N$ = Nadelkraft<br>$d_0$ = Düsenmündungsdurchmesser<br>$Y$ = spez. Stutzenarbeit = $g \cdot H$<br>$k_D$ = Beiwert nach Bild 3.9b |

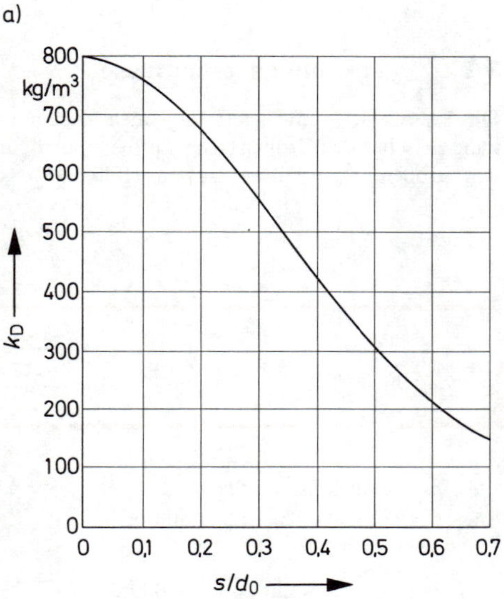


*Bild 3.9 a*

Bei der außengeregelten Düse kommt zur Federkraft $F_F$ noch eine Ausgleichskolbenkraft $F_K$ hinzu:

$$F_R = F_N - F_K + F_F \qquad (3.12\text{a})$$

$F_R$ = Stellkraft
$F_N$ = Nadelkraft
$F_K$ = Ausgleichskolbenkraft
$F_F$ = Federkraft

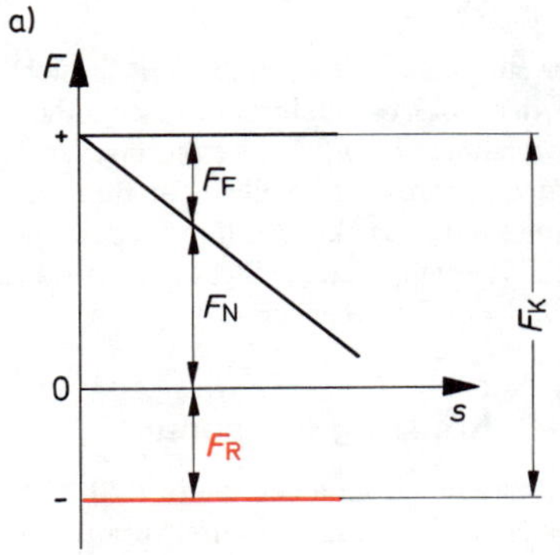


*Bild 3.10 a*

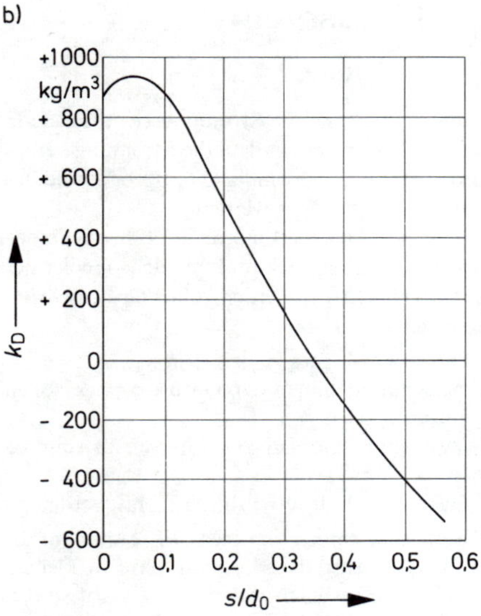


*Bild 3.9 b*

Bei der innengeregelten Düse wirkt der Nadelkraft noch die Gegenkraft einer vorgespannten Feder entgegen, so daß vom Servomotor nur die Kraftdifferenz zwischen Nadel- und Federkraft aufgebracht werden muß:

$$F_R = F_N - F_F \qquad (3.12\text{b})$$

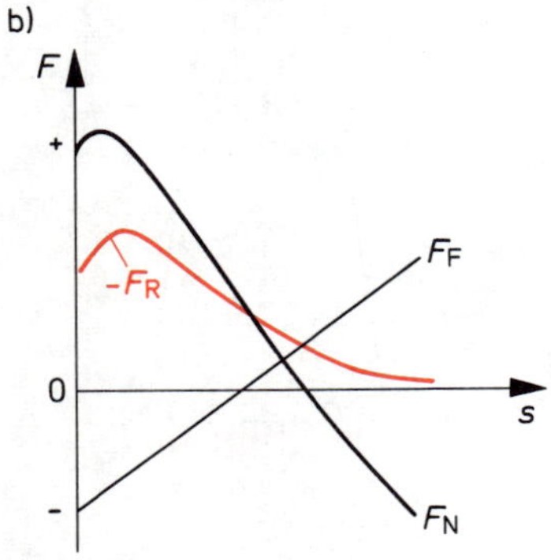


*Bild 3.10 b*

# 3.2 Diffusoren

## 3.2.1 Einleitung

Ein Diffusor ist ein sich in Strömungsrichtung stetig erweiterndes Rohrstück, in dem die Strömung verzögert wird, d. h. die Geschwindigkeit abgebaut und der statische Druck gesteigert werden.

Da der folgende Abschnitt nur als Einführung in das sehr interessante aber auch umfangreiche Gebiet der Diffusoren gedacht ist, werden folgende Einschränkungen gemacht:

a) der Diffusor soll geradachsig sein

b) Die Außenmantellinien der Diffusorwände sollen Geraden sein

c) bei Gasen und Dämpfen soll Unterschallströmung vorliegen

d) der Diffusor soll drallfrei durchströmt werden

In Strömungsmaschinen kommen Diffusoren auf die diese Prämissen zutreffen als Saugrohre in kleinen Überdruckwasserturbinen oder als Austrittsdiffusoren in Pumpen, Ventilatoren und Verdichtern vor. Gekrümmte Diffusoren, Diffusoren mit Drallströmungen und andere Sonderbauformen oder Durchströmungen von Diffusoren sind in der zahlreichen Literatur eingehend behandelt ([3.13] bis [3.19]) und [3.9]).

Da schon SPRENGER [3.13] festgestellt hat, daß die Qualität der Energieumsetzung in Diffusoren entscheidend von den Zuströmbedingungen abhängt, lassen sich die folgenden Aussagen immer nur bedingt auf eine konkrete Strömungsmaschine anwenden.

In der Praxis ist es wichtig bei der Auslegung d. h. Dimensionierung eines Diffusors die Grenzwerte des Erweiterungswinkels $\vartheta$ zu kennen und die Verluste abschätzen zu können.

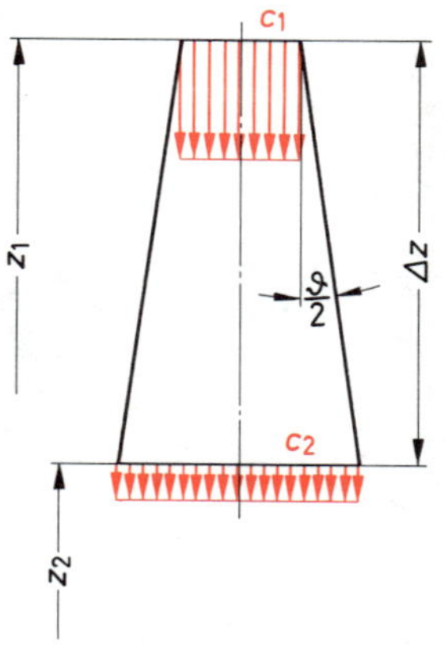


*Bild 3.11 Diffusor*

## 3.2.2 Strömungsverhältnisse

Die Energiegleichung liefert folgenden Zusammenhang zwischen den Größen ① am Diffusoreintritt und den Größen ② am Diffusoraustritt (Bild 3.11):

$$g \cdot z_1 + \frac{p_1}{\varrho} + \frac{c_1^2}{2} = g \cdot z_2 + \frac{p_2}{\varrho} + \frac{c_2^2}{2} + \frac{\Delta p_R}{\varrho}$$

$$p_2 - p_1 = \pm\, \varrho \cdot g \cdot \Delta z + \frac{\varrho}{2}\,(c_1^2 - c_2^2) - \Delta p_R \qquad (3.13)$$

$p_2$ = Druck am Diffusorende
$p_1$ = Druck am Diffusoranfang
$\varrho$ = Dichte

$+\ \varrho \cdot g \cdot \Delta z$, wenn $z_2 < z_1$ (Bild 3.11)
$-\ \varrho \cdot g\ \Delta z$, wenn $z_2 > z_1$

bei horizontalachsigen Diffusoren und bei gas- und dampfförmigen Medien entfällt das Glied $\varrho \cdot g \cdot \Delta z$.

$c_1$ = Eintrittsgeschwindigkeit
$c_2$ = Austrittsgeschwindigkeit
$\Delta p_R$ = Reibungsverlust

$$\Delta p_R = \zeta_D \cdot \frac{\varrho}{2} \cdot c_1^2$$

$$\zeta_D = \left(1 - \frac{\eta_{D,u}}{1 - \left(\frac{A_1}{A_2}\right)^2}\right)\left[1 - \left(\frac{A_1}{A_2}\right)^2\right]$$

$\eta_{D,u} = f(l/D_1$ und $D_2/D_1)$ nach Bild 3.12 (nach [3.15])

Der Erweiterungswinkel $\vartheta$ muß mit Rücksicht auf die Gefahr der Ablösung unterhalb bestimmter von der Diffusorgeometrie und den Strömungsverhältnissen abhängiger Grenzwerte bleiben. In Bild 3.13 ist ein Diagramm mit Grenzkurven für geradachsige Diffusoren für vier verschiedene Strömungszustände nach [3.17] und [3.18] angegeben.

## 3.2.3 Kreisringdiffusoren

In Axialmaschinen kommen die in Bild 3.14 zusammengestellten Kreisringdiffusoren zum Einsatz. Weitere Sonderformen finden sich in [3.20], Diffusoren mit gekrümmten Mantellinien in [3.14]. Zuverlässige Aussagen über die Strömungsverhältnisse in Kreis-

*Bild 3.12 Diffusorwirkungsgrad* (nach [3.15])

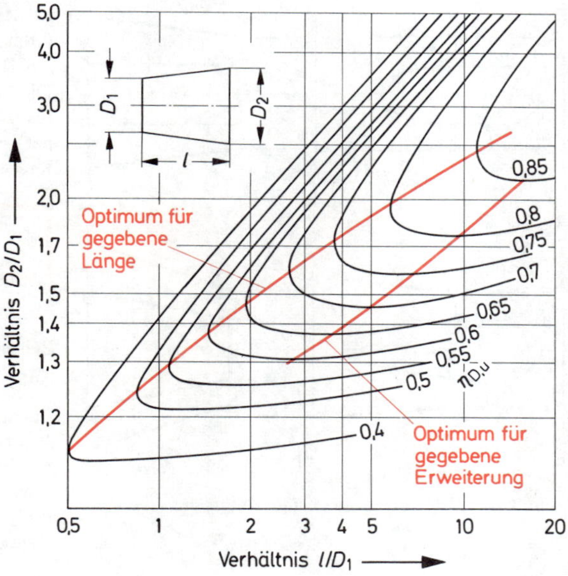


*Bild 3.13 Zulässiger Öffnungswinkel von Diffusoren* (nach [3.19])

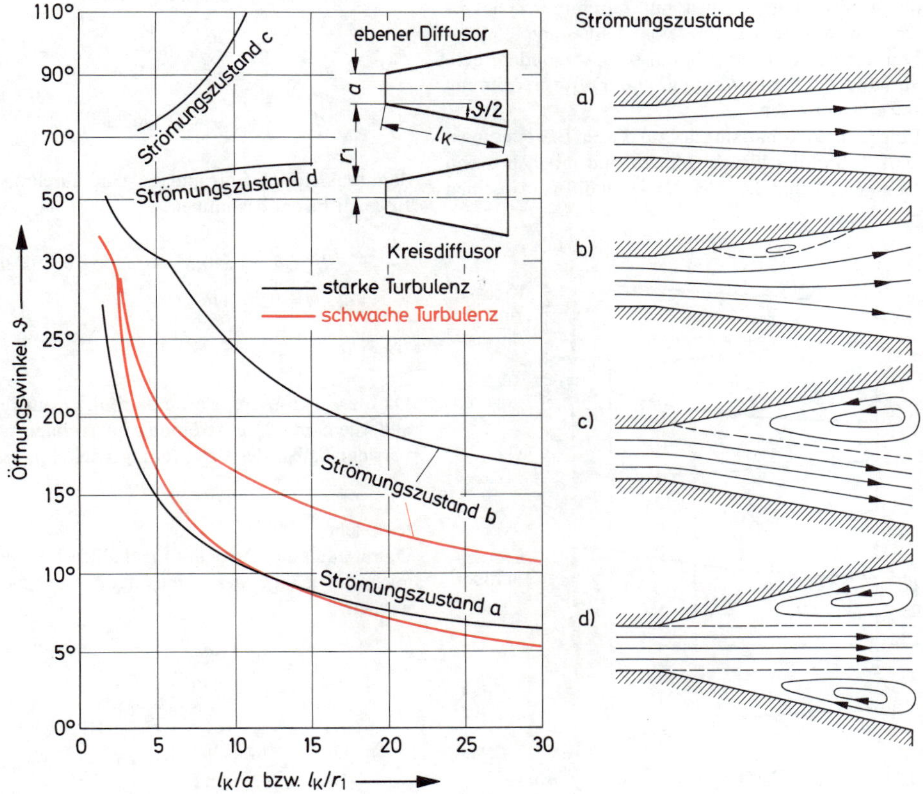

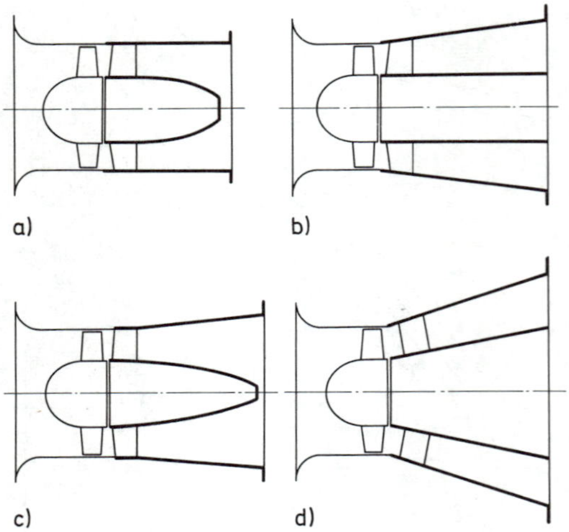


*Bild 3.14 Diffusoren von Axialmaschinen*

ringdiffusoren, d.h. über die Druckumsetzung und die Ablösegefahr können nur durch Versuche gewonnen werden, da die von Lauf- und Leitrad bestimmten Zuströmverhältnisse, insbesondere evtl. vorhandene Drallströmung, die Diffusorströmung stark beeinflussen.

Eine grobe Abschätzung des zulässigen Erweiterungswinkels und des Druckverlustes sind möglich, wenn man gemäß Bild 3.15 den Kreisringdiffusor in einen **Ersatzdiffusor** umwandelt und dafür die Werte des Grenzwinkels aus Bild 3.13 und den Verlustbeiwert aus Bild 3.12 entnimmt.

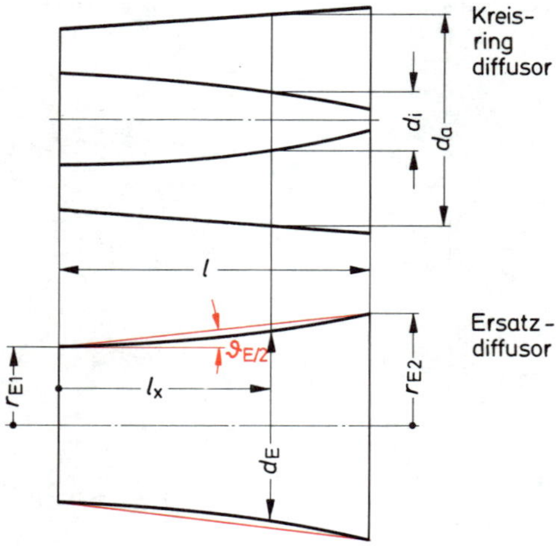


*Bild 3.15 Zur Definition des Ersatzdiffusors*

Die Längen des Kreisringdiffusors und des Ersatzdiffusors sind gleich. Der Ersatzdurchmesser $d_E$ berechnet sich aus Außen- und Innendurchmesser des Kreisringdiffusors:

$$d_E = \sqrt{d_a^2 - d_i^2} \qquad (3.14)$$

**Beispiel 6**

**Aufgabenstellung:**

Zu dem in den Beispielen 2, 4 und 5 behandelten Axialventilator sollen bei konstantbleibendem Außendurchmesser die Kontur des Nabeneinsatzes eines innen eingeschnürten Kreisringdiffusors gemäß Bild 3.14a bestimmt und der Druckverlust $\Delta p_R$ abgeschätzt werden.

**Lösung:**

Ein- und Austrittsquerschnitt des Diffusors betragen:

$$A_1 = \frac{\pi}{4} \cdot (d_a^2 - d_i^2) = \frac{\pi}{4} \cdot (0{,}5^2 - 0{,}28^2) = 0{,}1348\,\mathrm{m}^2$$

$$A_2 = \frac{\pi}{4} \cdot d_a^2 = \frac{\pi}{4} \cdot 0{,}5^2 = 0{,}1963\,\mathrm{m}^2$$

damit lassen sich Ein- und Austrittsdurchmesser des Ersatzdiffusors bestimmen:

$$d_{E1} = \sqrt{d_a^2 - d_i^2} = \sqrt{0{,}5^2 - 0{,}28^2} = 0{,}4142\,\mathrm{m}$$

$$r_{E1} = d_{E1}/2 = 0{,}2071\,\mathrm{m}$$

$$d_{E2} = d_a = 0{,}5\,\mathrm{m}$$

Da die Zuströmung starke Turbulenz aufweist und außerdem mit Drallströmung zu rechnen ist, wird vorsichtshalber der Erweiterungswinkel $\vartheta_E$ nur zu

$$\vartheta_E = 10°$$

festgelegt.

Damit kann die Länge des Ersatzdiffusors und damit auch die Länge des Kreisringdiffusors berechnet werden:

$$l = \frac{d_{E2} - d_{E1}}{2 \cdot \tan \frac{\vartheta_E}{2}}$$

$$l = \frac{0{,}5 - 0{,}414}{2 \cdot \tan 5°} = 0{,}49\,\mathrm{m}$$

**Tabelle 3.3 Diffusorberechnung**

| Schnittstelle | I | II | III | |
|---|---|---|---|---|
| Länge $l_x$ | 0,125 | 0,25 | 0,375 | m |
| $d_{Ex} = d_{E1} + 2 \cdot l_x \cdot \tan 5°$ | 0,4361 | 0,4579 | 0,4798 | m |
| $d_{ix} = \sqrt{d_a^2 - d_{Ex}^2}$ | 0,245 | 0,201 | 0,14 | m |

Die Diffusorlänge wird zu 500 mm festgelegt.
Ein Eintrag des Wertepaares $l/r_{E1} = 2{,}4$ und $\vartheta_E = 10°$ in Bild 3.13 ergibt einen genügend sicheren Abstand von der Grenzkurve *a*.
An drei Schnittstellen I, II und III (Bild 3.16) werden die Durchmesser der Diffusornabe bestimmt (Tabelle 3.3).
Den Druckverlust $\Delta p_R$ bestimmt man unter Benützung der Werte am Ersatzdiffusor mit Hilfe von Bild 3.12:

$$\Delta p_R = \zeta_D \cdot \frac{\varrho}{2} \cdot c_1^2$$

$$\zeta_D = \left(1 - \frac{\eta_{D,u}}{1 - \left(\frac{A_1}{A_2}\right)^2}\right)\left[1 - \left(\frac{A_1}{A_2}\right)^2\right]$$

$\eta_{D,u} = 0{,}48$ nach Bild 3.12

$$\left(\frac{A_1}{A_2}\right)^2 = \left(\frac{0{,}1348}{0{,}1963}\right)^2 = 0{,}472$$

$$\zeta_D = \left(1 - \frac{0{,}48}{1 - 0{,}472}\right)(1 - 0{,}472)$$

$$\zeta_D = 0{,}048$$

$$\left.\begin{array}{l}\varrho = 1{,}2\,\text{kg/m}^3\\ \dot{V} = 4{,}5\,\text{m}^3/\text{s}\end{array}\right\}\text{laut Beispiel 2}$$

$$c_1 = \frac{\dot{V}}{A_1} = \frac{4{,}5}{0{,}1348} = 33{,}38\,\text{m/s}$$

$$\Delta p_R = 0{,}048 \cdot 0{,}6 \cdot 33{,}38^2$$

$$\Delta p_R = 32\,Pa$$

Hinzu kommt noch der kleine Stoßverlust am Querschnitt III:

$$\Delta p_{St} = \left(\frac{A_2}{A_{III}} - 1\right)^2 \cdot \frac{\varrho}{2} \cdot c_2^2$$

$$c_2 = \frac{\dot{V}}{A_2} = \frac{4{,}5}{0{,}1963} = 22{,}92\,\text{m/s}$$

$$A_{III} = \frac{\pi}{4}(d_a^2 - d_{iIII}^2) = \frac{\pi}{4}(0{,}5^2 - 0{,}14^2)$$

$$A_{III} = 0{,}1810\,\text{m}^2$$

$$\Delta p_{St} = \left(\frac{0{,}1963}{0{,}1810} - 1\right)^2 \cdot \frac{1{,}2}{2} \cdot 22{,}92^2$$

$\Delta p_{St} = 2{,}25\,Pa$ (an sich vernachlässigbar klein!)

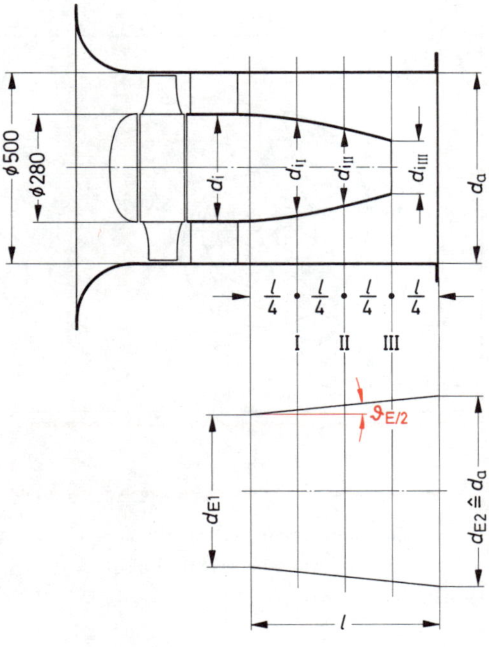


*Bild 3.16 Beispiel 6*

Das Ergebnis der Berechnung des Stoßverlustes beweist auch die Berechtigung, den letzten Teil, d.h. das letzte Viertel der Länge des Diffusornabenkernes zu kürzen.
Damit beträgt die Druckumsetzung im Diffusor nach Gleichung (3.13):

$$p_2 - p_1 = \frac{\varrho}{2}(c_1^2 - c_2^2) - \Delta p_{\mathrm{R}} - \Delta p_{\mathrm{St}}$$

$$p_2 - p_1 = \frac{1{,}2}{2}(33{,}38^2 - 22{,}92^2) - 32 - 2{,}25$$

$p_2 - p_1 = 319\,\mathrm{Pa}$ d.h. rund 23% der Druckerhöhung des Ventilators!

## 3.3 Spiralgehäuse

### 3.3.1 Abschätzung des Ein- bzw. Austrittsquerschnitts

Spiralgehäuse dienen in Turbinen der Strömungszuführung zum Leitrad bzw. Laufrad, in Strömungsarbeitsmaschinen zur Aufnahme der vom Laufrad oder Leitrad kommenden Strömung. Die Eintrittsstutzen der Turbinenspiralen bzw. die Austrittsstutzen der Spiralen von Arbeitsmaschinen werden mit den Druckleitungen verbunden.
Zur Festlegung der Querschnittsflächen des Ein- bzw. Austrittsstutzens wird folgende einfache Überschlagsrechnung empfohlen (Tabelle 3.4):

Bei der Dimensionierung einer Spirale hat die richtige Wahl des Ein- bzw. Austrittsquerschnitts eine größere Bedeutung als die Festlegung der Spiralenquerschnitte [3.21, 3.22].

### 3.3.2 Festlegung der Spiralenquerschnitte

Größe und Form des Spiralenquerschnittes $A_\varphi$ in Abhängigkeit vom Winkel $\varphi$ (Bild 3.17) können nach verschiedenen Verfahren (Gesichtspunkten) bestimmt werden:

**Tabelle 3.4 Bestimmung des Spiralein- bzw. -austrittsquerschnitts**

| Kraftmaschinen | Arbeitsmaschinen |
|---|---|
| a)<br>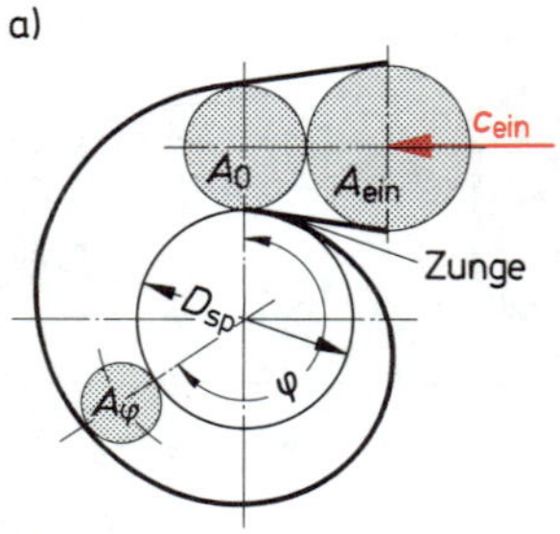<br><br>Bild 3.17a | b)<br>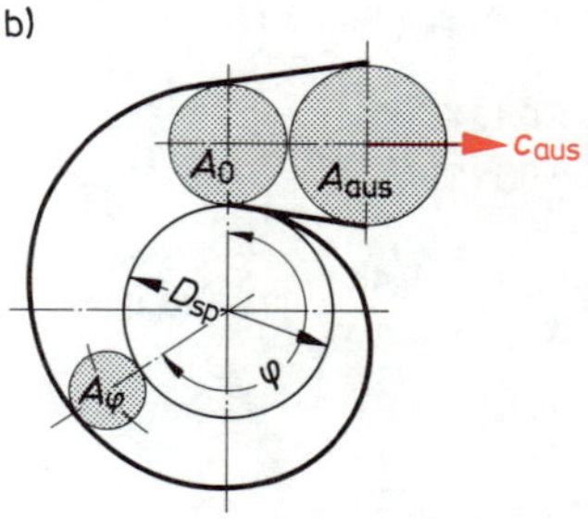<br><br>Bild 3.17b |
| $c_{\mathrm{ein}} = k_{\mathrm{e}} \cdot \sqrt{2Y}$ (3.15a)<br><br>$c_{\mathrm{ein}}$ = Eintrittsgeschwindigkeit<br>$k_{\mathrm{e}}$ = Erfahrungsbeiwert 0,15 bis 0,25<br><br>$A_{\mathrm{ein}} = \frac{\dot{V}}{c_{\mathrm{ein}}}$ | $c_{\mathrm{aus}} = k_{\mathrm{a}} \cdot \sqrt{2Y}$ (3.15b)<br><br>$c_{\mathrm{aus}}$ = Austrittsgeschwindigkeit<br>$k_{\mathrm{a}}$ = Erfahrungsbeiwert = 0,1 bis 0,3<br><br>$A_{\mathrm{aus}} = \frac{\dot{V}}{c_{\mathrm{aus}}}$ |

a) linearer Zusammenhang zwischen Querschnittsfläche $A_\varphi$ und Winkel $\varphi$, d.h. Annahme konstanter Geschwindigkeit in allen Querschnitten
b) Annahme konstanten Dralles in der Spirale – beliebige Querschnittsform
c) Annahme konstanten Dralles in der Spirale – Kreisquerschnitte
d) Annahme konstanten Dralles in der Spirale – Rechteckquerschnitte

zu a) Nimmt man an, daß die Geschwindigkeitsverteilung ähnlich ungleichförmig ist wie im geraden Rohr [3.23] und rechnet mit einer mittleren Geschwindigkeit $\bar{c} = \dot{V}/A_\varphi$, so ergibt sich ein linearer Zusammenhang zwischen dem Querschnitt $A_0$ am eigentlichen Spiralenbeginn und einem beliebigen Querschnitt $A_\varphi$:

$$A_\varphi = A_0 \cdot \frac{\varphi^\circ}{360^\circ} \qquad (3.16)$$

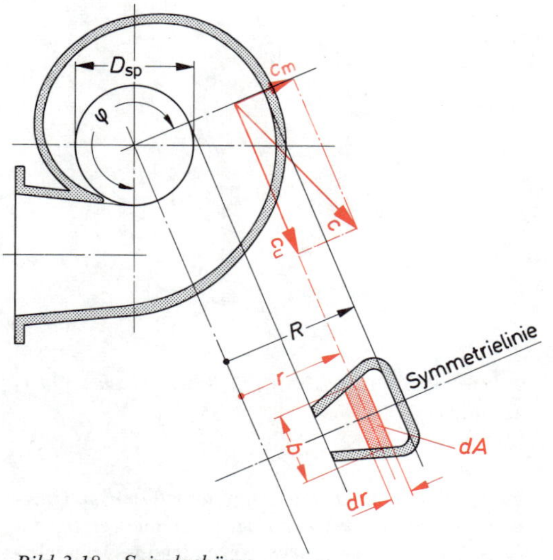

*Bild 3.18 Spiralgehäuse*

Den Querschnitt $A_0$ wählt man etwa 10 bis 20% kleiner als den Querschnitt $A_{ein}$ bzw. $A_{aus}$.
Die optimalen Größen der Spirale, d.h. Grundkreis $D_{Sp}$, Breite $b_{Sp}$, Lage und Form der Zunge können letztlich nur durch Versuche gewonnen werden [3.21, 3.22].
zu b) Idealisiert man die Strömung, die aus dem Laufrad (Leitrad) kommt oder zum Laufrad (Leitrad) gerichtet ist als

1. reibungsfrei
2. achssymmetrisch
3. mit konstantem Drall behaftet

kann man folgenden Zusammenhang zwischen dem durch die Spirale strömenden Volumenstrom $\dot{V}$, dem Drall und den Spiralenabmessungen herstellen:
Der Teilvolumenstrom $d\dot{V}_\varphi$ im Querschnittsteil $dA$ (Bild 3.18) beträgt:

$$\mathrm{d}\dot{V}_\varphi = c_\mathrm{u} \cdot \mathrm{d}A$$

$$c_\mathrm{u} \cdot r = \text{Konst.} = K_\mathrm{D}$$

$$K_\mathrm{D} = \text{Laufrad- bzw. Leitraddrall}$$

$$c_\mathrm{u} = K_\mathrm{D}/r$$

$$\mathrm{d}A = \mathrm{d}r \cdot b$$

$$\mathrm{d}\dot{V}_\varphi = \frac{K_\mathrm{D}}{r} \cdot \mathrm{d}r \cdot b$$

Der gesamte durch den Querschnitt $A_\varphi$ strömende Volumenstrom ergibt sich durch Integration:

$$\dot{V}_\varphi = \int_{D_{sp}/2}^{R} \mathrm{d}\dot{V}_\varphi = K_\mathrm{D} \int_{D_{sp}/2}^{R} \frac{b}{r} \mathrm{d}r$$

Dieser Volumenstrom $\dot{V}_\varphi$ ist identisch mit dem auf dem Bogen $\varphi$ ein- bzw. austretenden Volumenstrom:

$$\dot{V}_\varphi = \frac{\varphi^\circ}{360^\circ} \cdot \dot{V}$$

wobei $\dot{V}$ der auch durch den Spiralenein- bzw. -austrittsquerschnitt strömende Volumenstrom ist.

$$\frac{\varphi^\circ}{360^\circ} \cdot \dot{V} = K_\mathrm{D} \int_{D_{sp}/2}^{R} \frac{b}{r} \mathrm{d}r$$

$$\varphi^\circ = \frac{360^\circ \cdot K_\mathrm{D}}{\dot{V}} \int_{D_{sp}/2}^{R} \frac{b}{r} \cdot dr \qquad (3.17)$$

Die Ermittlung des Zusammenhanges zwischen dem Zentriwinkel $\varphi$ und dem Spiralenquerschnitt erfolgt am besten durch grafische Integration der Gleichung (3.17). Die praktische Durchführung des Verfahrens kann in [3.24] oder [3.25] nachgelesen werden.
Für die in der Praxis sehr häufig vorkommenden Kreis- und Rechteckquerschnitte kann Gleichung (3.17) in einfacher expliziter Form angegeben werden.

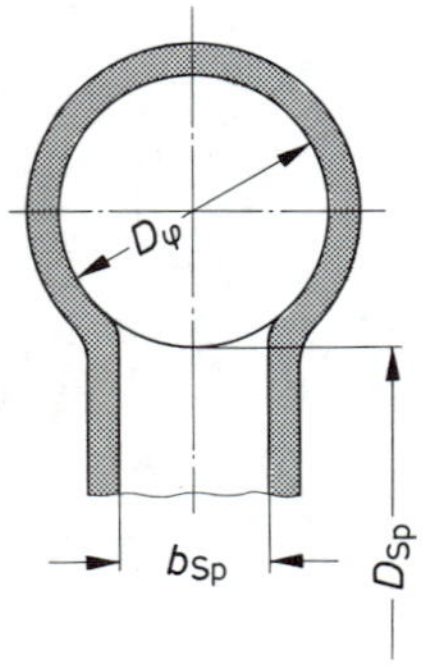


*Bild 3.19 Spiralgehäuse mit kreisförmigen Querschnitten*

zu c) Für Spiralgehäuse mit **kreisförmigen Querschnitten** (Bild 3.19) kann der Durchmesser $D_\varphi$ des Kreisquerschnittes $A_\varphi$ nach folgender aus Grundgleichung (3.17) hergeleiteter Beziehung berechnet werden:

$$D_\varphi = \frac{\varphi^\circ \cdot \dot{V}}{360^\circ \cdot \pi \cdot K_D} + \sqrt{D_{Sp} \frac{\varphi^\circ \cdot \dot{V}}{180^\circ \cdot \pi \cdot K_D}} \qquad (3.18)$$

Bei Vorhandensein eines Leitrades, wie es bei Wasserturbinen, Zentripetalgasturbinen und Hochdruckverdichtern grundsätzlich der Fall ist und auch bei einstufigen Radialkreiselpumpen gelegentlich vorkommt, ist die Spiralenbreite $b_{Sp}$ identisch mit der Leitradbreite.

Bei leitradlosen Maschinen kann die Spiralenbreite $b_{Sp}$ etwa 1,2 bis 1,8 mal größer ausgeführt werden als die Laufradaustrittsbreite $b_2$. Der kleine Wert gilt für große spezifische Drehzahlen, der große Wert für kleine spezifische Drehzahlen.

zu d) Bei Spiralgehäusen mit **parallelen Seitenwänden,** deren Abstand größer ist als die Laufradbreite, wie sie vor allem in Radialventilatoren eingesetzt werden, kann nach ECK [3.20] folgende Beziehung zur Berechnung der Spiralenkontur (Bild 3.20) verwendet werden:

$$\ln \frac{r_{Sp}}{r_2} = \hat{\varphi} \cdot \frac{b_2}{b_{Sp}} \cdot \frac{c_{m2}}{c_{u2}} \qquad (3.19)$$

$r_{Sp}$ = Spiralenradius = $f(\varphi)$
$r_2$ = Außenradius des Laufrades
$\hat{\varphi}$ = Umschlingungswinkel (im Bogenmaß)
$b_2$ = Laufradaustrittsbreite
$b_{Sp}$ = Spiralenbreite
$c_{m2}$ = Meridiankomponente der Austrittsgeschwindigkeit
$c_{u2}$ = Umfangskomponente der Austrittsgeschwindigkeit

Nach [3.26] sollte das Verhältnis $b_{Sp}/b_2$ im Bereich 2 bis 3 liegen. In [3.20] sind weitere Formen und Besonderheiten von Ventilatorspiralen ausführlich behandelt.

Angaben über die hydraulische Auslegung von **Betonhalbspiralen** für Kaplanturbinen bis zu Fallhöhen von etwa 20 m finden sich in [3.11] und [3.27].

Zur groben Orientierung dienen die Angaben von Bild 3.21, wobei die Eintrittshöhe $E$ etwa wie folgt gewählt werden sollte:

$$E \approx \frac{\dot{V}}{3{,}25 \cdot D_a \cdot c_{ein}} \qquad (3.20)$$

$E$ = Eintrittshöhe der Spirale
$\dot{V}$ = Volumenstrom
$D_a$ = Laufradaußendurchmesser
$c_{ein}$ = mittlere Eintrittsgeschwindigkeit
$c_{ein} = (0{,}1 \text{ bis } 0{,}12) \cdot \sqrt{2 \cdot g \cdot H}$
$H$ = Fallhöhe

Für eine vertiefte Beschäftigung mit der Auslegung von Spiralgehäusen wird die unter [3.28] bis [3.31] aufgeführte weiterführende Literatur empfohlen.

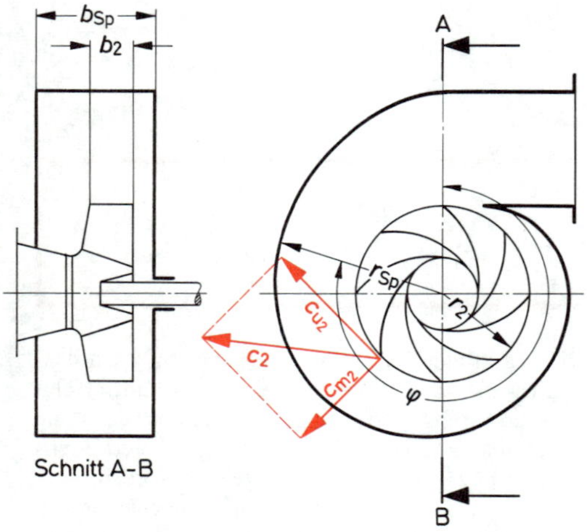


*Bild 3.20 Spiralgehäuse mit parallelen Seitenwänden*

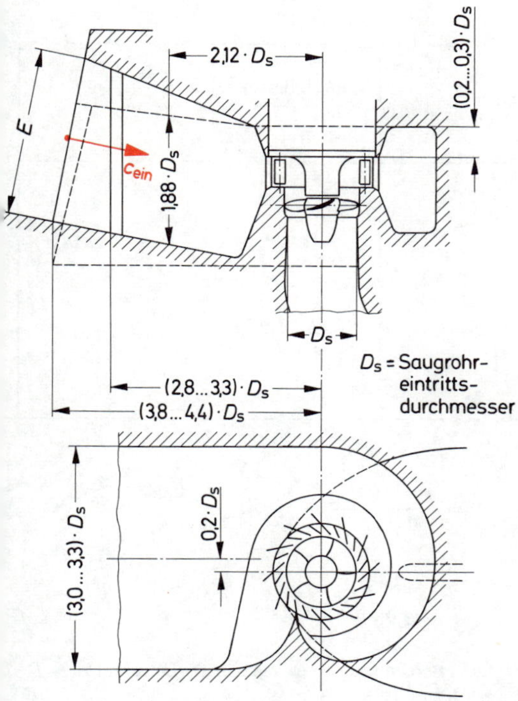


*Bild 3.21 Betonhalbspirale*

**Beispiel 7**

**Aufgabenstellung:**

Zu der in den Beispielen 1 und 3 behandelten einstufigen, leitradlosen Radialkreiselpumpe ist die Spirale mit Kreisquerschnitten auszulegen.

a) für die Annahme konstanter Geschwindigkeit in allen Querschnitten

b) für die Annahme konstanten Dralles

Von Beispiel 1 und 3 her sind bekannt:

Förderhöhe $H = 50\,\text{m}$

Volumenstrom $\dot{V} = 300\,\text{m}^3/\text{h} = 0{,}08333\,\text{m}^3/\text{s}$

Laufradaußendurchmesser $D_2 = 400\,\text{mm}$

Umfangskomponente

$c_{u2} = c_{u2\infty} \cdot \mu = 24{,}36 \cdot 0{,}78 = 19\,\text{m/s}$

Laufradaustrittsbreite $b_2 = 28\,\text{mm}$

**Lösung:**

zu a) Zunächst wird der Spiralenaustrittsquerschnitt mit Hilfe von Gleichung (3.15b) bestimmt:

$$c_{aus} = k_a \cdot \sqrt{2 \cdot Y}$$

$$c_{aus} = (0{,}1 \text{ bis } 0{,}3) \cdot \sqrt{2 \cdot 9{,}81 \cdot 50}$$

$$c_{aus} = 3{,}13 \text{ bis } 9{,}40\,\text{m/s}$$

$$A_{aus} = \frac{\dot{V}}{c_{aus}} = \frac{0{,}08333}{3{,}13 \text{ bis } 9{,}40}$$

$$A_{aus} = 8{,}865 \cdot 10^{-3} \text{ bis } 2{,}66 \cdot 10^{-2}\,\text{m}^2$$

$$D_{aus} = \sqrt{\frac{4 \cdot A_{aus}}{\pi}}$$

$$= \sqrt{\frac{4\,(8{,}865 \cdot 10^{'3} \text{ bis } 2{,}66 \cdot 10^{'2})}{\pi}}$$

$$D_{aus} = 0{,}106 \text{ bis } 0{,}184$$

Gewählt wird als Austrittsdurchmesser nach DIN 24255 „Kreiselpumpen mit Spiralgehäuse“ (Tabelle 10.2, Seite 156 in Bohl „Strömungsmaschinen 1 – Aufbau und Wirkungsweise“)

$$D_{aus} = 150\,\text{mm}\ (= \text{DN}\,150);$$

Damit ist die Austrittsfläche $A_{aus}$:

$$A_{aus} = \frac{D_{aus}^2 \cdot \pi}{4} = \frac{150^2 \cdot \pi}{4}$$

$$A_{aus} = 17671\,\text{mm}^2$$

Den Spiralenquerschnitt $A_0$ wählt man etwa 10 bis 20% kleiner als den Austrittsquerschnitt $A_{aus}$:

$$A_0 = (0{,}8 \text{ bis } 0{,}9) \cdot A_{aus}$$

$$A_0 = (0{,}8 \text{ bis } 0{,}9) \cdot 17671$$

$$A_0 = 14137 \text{ bis } 15904\,\text{mm}^2$$

festgelegt wird:

$$A_0 = 15000\,\text{mm}^2$$

nach Gleichung (3.16) ergeben sich die in Tabelle 3.5 zusammengestellten Querschnitte $A_\varphi$ und Durchmesser $D_\varphi$:

Der Spiralengrundkreis $D_{Sp}$ wird nur wenig größer als der Laufradaußendurchmesser $D_2$ gewählt:

$$D_{Sp} = 410\,\text{mm}$$

Die Spiralenbreite $b_{Sp}$ wird etwa 20% größer ausgeführt als die Laufradaustrittsbreite $b_2$:

$$b_{Sp} \approx 1{,}2 \cdot 28$$

$$b_{Sp} \approx 33{,}6\,\text{mm}$$

endgültig festgelegt:

$$b_{Sp} = 34\,\text{mm}$$

zu b) Zur Bestimmung der Spiralenquerschnittsdurchmesser $D_\varphi$ nach Gleichung (3.18) benötigt man den Drall $K_D$:

**Tabelle 3.5 Spiralenauslegung nach Gl. (3.16)**

| Winkel $\varphi$ | Querschnitt $A_\varphi = A_0 \cdot \frac{\varphi^\circ}{360^\circ}$ in $mm^2$ | Durchmesser $D_\varphi = \sqrt{\frac{4 \cdot A_\varphi}{\pi}}$ in mm |
|---|---|---|
| 360° = 0° | 15000 | 138,2 |
| 45° | 1875 | 48,9 |
| 90° | 3750 | 69,1 |
| 135° | 5625 | 84,6 |
| 180° | 7500 | 97,7 |
| 225° | 9375 | 109,3 |
| 270° | 11250 | 119,7 |
| 315° | 13125 | 129,3 |
| 360° | 15000 | 138,2 |

$$K_D = r_2 \cdot c_{u2} = \frac{D_2}{2} \cdot c_{u2}$$

$$K_D = \frac{0,4}{2} \cdot 19$$

$$K_D = 3,8\,m^2/s$$

In Gleichung (3.18) eingesetzt ergibt sich folgende für das vorliegende Beispiel zugeschnittene Gleichung:

$$D_\varphi = \frac{\varphi^\circ \cdot 0,08333}{360^\circ \cdot \pi \cdot 3,8} + \sqrt{0,41\,\frac{\varphi^\circ \cdot 0,08333}{180^\circ \cdot \pi \cdot 3,8}}$$

$$D_\varphi = 1,9389 \cdot 10^{-5} \cdot \varphi^\circ + 3,9874 \cdot 10^{-3}\sqrt{\varphi^\circ}$$
($D_\varphi$ in m!)

Die Berechnung der einzelnen Durchmesser $D_\varphi$ erfolgt in Tabelle 3.6:

**Tabelle 3.6 Spiralenauslegung nach Gl. (3.18)**

| Winkel $\varphi$ | $D_\varphi = 1,9389 \cdot 10^{-5} \cdot \varphi^\circ + 3,9874 \cdot 10^{-3} \cdot \sqrt{\varphi^\circ}$ in m | $D_\varphi$ in mm |
|---|---|---|
| 360° = 0° | 0,082 | 82 |
| 45° | 0,076 | 28 |
| 90° | 0,040 | 40 |
| 135° | 0,049 | 49 |
| 180° | 0,057 | 57 |
| 225° | 0,064 | 64 |
| 270° | 0,071 | 71 |
| 315° | 0,077 | 77 |
| 360° | 0,082 | 82 |

Die nach der Prämisse konstanten Dralles ausgelegte Spirale hat wesentlich kleinere Querschnitte als die unter a) berechnete Spirale mit linearer Querschnittsabnahme.

In Bild 3.22 sind die Durchmesser $D_\varphi$ abhängig vom Winkel $\varphi$ dargestellt.

*Bild 3.22 Zu Beispiel 7*

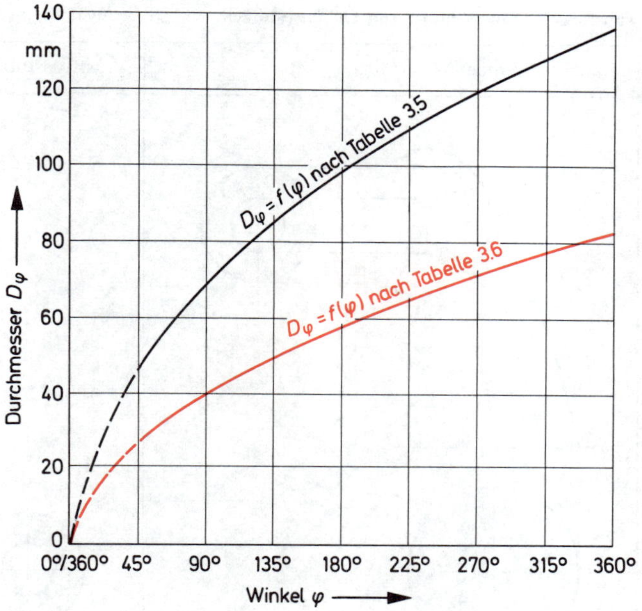


## 3.4 Einlauf- und Abströmgehäuse

Einlaufgehäuse von Strömungsmaschinen haben die Aufgabe, der Beschaufelung eine möglichst homogene Strömung bei geringen Reibungsverlusten zuzuführen, wobei die Strömung in den meisten Fällen um 90° umgelenkt wird.

Abströmgehäuse sollen für eine reibungsarme Abströmung aus der Beschaufelung sorgen, ohne daß die Strömung in den letzten Stufen störend beeinflußt wird und gleichzeitig nachfolgende Teile, z.B. Kondensatoren bei Dampfturbinen, mit gleichmäßiger Geschwindigkeit angeströmt werden. Auch Abströmgehäuse lenken die Strömung meist um etwa 90° um.

Von den zahlreichen Anwendungen von Einlauf- und Abströmgehäusen im Strömungsmaschinenbau werden die wichtigsten Fälle aufgeführt:

a) Einlaufkrümmer (Saugkrümmer) von Pumpen, Ventilatoren und Verdichtern [3.32] bis [3.35] und [3.41]

b) Einlaufkammern für Axial- und Halbaxialpumpen [3.4, 3.5, 3.6 und 3.36]

c) Einlaufkammern bei Wasserturbinen kleiner Leistung [3.32]

d) Abströmgehäuse thermischer Turbomaschinen, z.B. Abdampfstutzen von Dampfturbinen [3.37] bis [3.39].

e) Saugkrümmer von Francis- und Kaplanturbinen [3.10, 3.11, 3.27 und 3.40]

Die optimale Gestaltung der Zu- und Abströmgehäuse kann letztlich nur auf dem Versuchswege erfolgen. Die angegebene Spezialliteratur enthält ausführliche Beschreibungen von Versuchsdurchführungen und -ergebnissen. Zur Abschätzung der Eintritts- und Austrittsquerschnitte können die in Tabelle 3.7 enthaltenen Richtwerte benützt werden:

Die Druckverluste in den Gehäusen können nach der bekannten Beziehung abgeschätzt werden:

Eintrittsgehäuse:

$$\Delta p_{vE} = \zeta_{vE} \cdot \frac{\varrho}{2} \cdot c_a^2 \qquad (3.21)$$

$\Delta p_{vE}$ = Druckverlust
$\zeta_{vE}$ = Verlustbeiwert ≈ 0,05 bis 0,15
$\varrho$ = Dichte
$c_a$ = Austrittsgeschwindigkeit (Bild 3.23)
$c_a = \dot{V}_a / A_a$

**Tabelle 3.7 Querschnitte von Gehäusestutzen**

| Eintrittskrümmer | Austrittsstutzen |
|---|---|
| 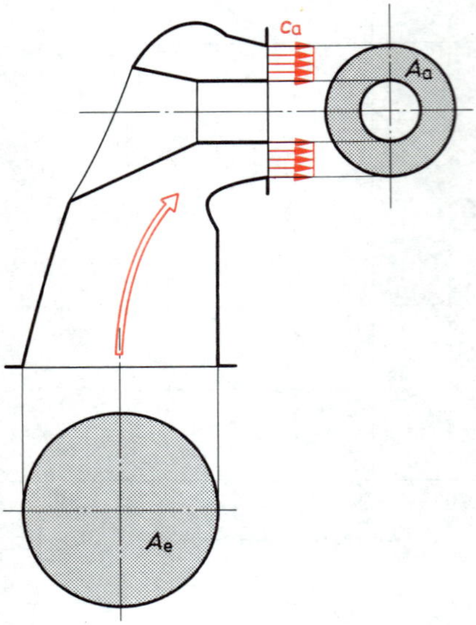 *Bild 3.23 Einströmgehäuse* | 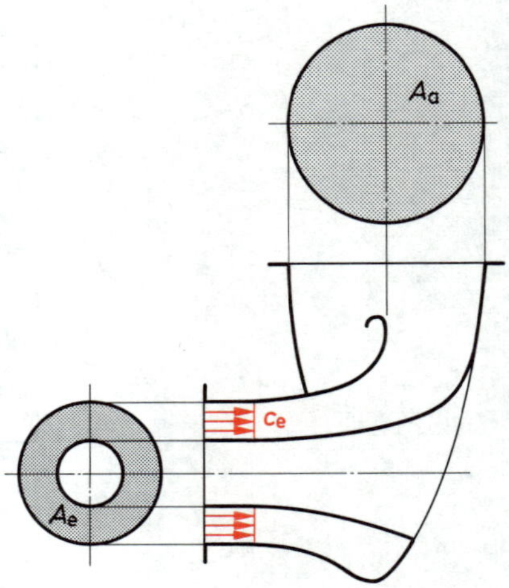 *Bild 3.24 Abströmgehäuse* |
| $\frac{A_e}{A_a} \geqq 2$ bis 3,5 | $\frac{A_a}{A_e} \geqq 2$ bis 3 |

Austrittsgehäuse:

$$\Delta p_{vA} = \zeta_{vA} \cdot \frac{\varrho}{2} \cdot c_e^2 \qquad (3.22)$$

$\Delta p_{vA}$ = Druckverlust
$\zeta_{vA}$ = Verlustbeiwert ≈ 0,4 bis 1,0
$\varrho$ = Dichte
$c_e$ = Eintrittsgeschwindigkeit
$c_e = \dot{V}_e / A_e$

In der zitierten Spezialliteratur finden sich detailliertere Angaben über die Verlustbeiwerte, insbesondere in [3.4, 3.9, 3.33, 3.37 und 3.39].

# Teil B

## Festigkeitsberechnung und Konstruktion der Bauteile von Strömungsmaschinen

# 4 Rotierende Teile

## 4.1 Einfache Grundelemente

### 4.1.1 Prismatischer Stab

Der prismatische, radial stehende Stab (Bild 4.1) kann als vereinfachtes Modell einer Axialschaufel angesehen werden.

Im folgenden Abschnitt werden Beziehungen zur Ermittlung von Spannungen und Dehnungen unter der Fliehkraftwirkung sowie der Biege- und Torsionseigenfrequenz angegeben. Strömungskräfte werden bei dieser vereinfachten Betrachtung nicht berücksichtigt.

#### 4.1.1.1 Spannungen

Die Fliehkraft des differentiell kleinen Prismaabschnittes $\mathrm{d}m$ beträgt:

$$\mathrm{d}F = \mathrm{d}m \cdot r \cdot \omega^2$$

Die Masse $\mathrm{d}m$ wird durch Dichte und Volumen ausgedrückt:

$$\mathrm{d}m = \varrho \cdot A \cdot \mathrm{d}r \quad \text{mit} \quad A = a \cdot \mathrm{d}$$
$$\mathrm{d}F = \varrho \cdot A \cdot \omega^2 \cdot r \cdot \mathrm{d}r$$

Die Fliehkraft des gesamten Prismas ergibt sich durch Summierung aller differentiellen Fliehkräfte $\mathrm{d}F$:

$$F = \int_{r_i}^{r_a} \mathrm{d}F = \varrho \cdot A \cdot \omega^2 \int_{r_i}^{r_a} r \cdot \mathrm{d}r$$

$$F = \varrho \cdot A \cdot \omega^2 \cdot \frac{1}{2} \cdot (r_a^2 - r_i^2) \qquad (4.1)$$

An einem beliebigen Radius $r$ zwischen $r_i$ und $r_a$ beträgt die Fliehkraft des äußeren Stabteiles:

$$F_{(r)} = \int_{r}^{r_a} \mathrm{d}F = \varrho \cdot A \cdot \omega^2 \int_{r}^{r_a} r \cdot \mathrm{d}r$$

$$F_{(r)} = \varrho \cdot A \cdot \omega^2 \cdot \frac{1}{2} \cdot (r_a^2 - r^2)$$

Daraus läßt sich die am Radius $r$ vorhandene **Zugspannung** $\sigma_{(r)}$ berechnen:

$$\sigma_{(r)} = \frac{F_{(r)}}{A} = \frac{\varrho \cdot A \cdot \omega^2 \cdot \frac{1}{2} \cdot (r_a^2 - r^2)}{A}$$

$$\sigma_{(r)} = \frac{\varrho \cdot \omega^2}{2} \cdot (r_a^2 - r^2) \qquad (4.2)$$

Die Zugspannung $\sigma_{(r)}$ ist, wie zu erwarten war, unabhängig von Größe und Form des Querschnittes $A$!

Die **maximale Zugspannung** $\sigma_{max}$ herrscht am inneren Radius $r_i$:

$$\sigma_{max} = \frac{\varrho \cdot \omega^2}{2} (r_a^2 - r_i^2) \qquad (4.3)$$

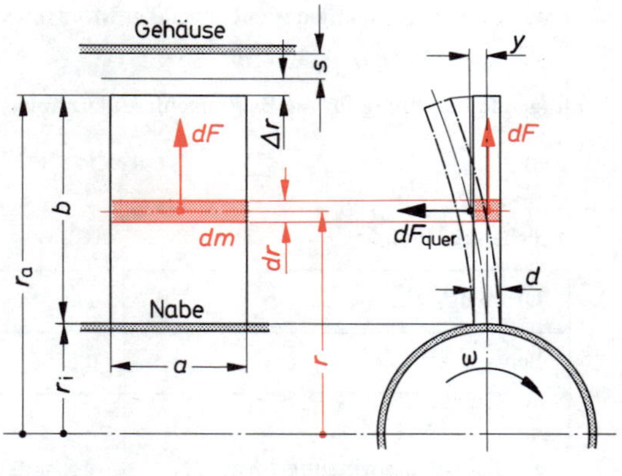


*Bild 4.1 Prismatischer Stab unter Einwirkung der Zentrifugalkraft*

#### 4.1.1.2 Die radiale Dehnung

Die radiale Dehnung $\Delta r$ wird unter der Annahme fester Einspannung am Innenradius ($r_i$ = konst) und homogenen Stabmaterials aus Spannung und Elastizitätsmodul berechnet:

$$\frac{d(\mathrm{d}r)}{\mathrm{d}r} = \frac{\sigma_{(r)}}{E} = \frac{\varrho \cdot \omega^2}{2 \cdot E} \cdot (r_a^2 - r^2)$$

$$d(\mathrm{d}r) = \frac{\varrho \cdot \omega^2}{2 \cdot E} \cdot (r_a^2 - r^2) \cdot \mathrm{d}r$$

$$\Delta r = \int_{r_i}^{r_a} d(\mathrm{d}r) = \frac{\varrho \cdot \omega^2}{2 \cdot E} \cdot \int_{r_i}^{r_a} (r_a^2 - r^2) \cdot \mathrm{d}r$$

$$\Delta r = \frac{\varrho \cdot \omega^2}{2 \cdot E} \cdot \left(\frac{2}{3} \cdot r_a^3 - r_a^2 \cdot r_i + \frac{r_i^3}{3}\right) \quad (4.4)$$

In der Praxis ist die, wenn auch nur angenäherte Bestimmung der radialen Dehnung des Stabes wegen der Festlegung des radialen Schaufelspieles $s$ (Spalt) erforderlich. Im Stillstand muß zwischen Schaufelspitze und Gehäuse ein Spiel $s + \Delta r$ vorhanden sein, wenn $s$ das Betriebsspiel bei umlaufendem Rotor ist.

#### 4.1.1.3 Die Biegeeigenfrequenz

Für den einseitig eingespannten prismatischen Stab läßt sich aus der allgemeinen Schwingungsgleichung

$$\mathrm{d}F_{\text{quer}} = -\,\mathrm{d}m \cdot \ddot{y} = -\,c \cdot y$$

unter Vernachlässigung des entstehenden Momentes

$$\mathrm{d}M_{\text{quer}} = -\,\mathrm{d}\theta \cdot \ddot{\varphi}$$

folgende Beziehung für die Biegeeigenfrequenz ableiten:

$$f_B = \frac{K_B}{b^2} \cdot \sqrt{\frac{E \cdot I}{A \cdot \varrho}} \quad (4.5)$$

$f_B$ = Biegeeigenfrequenz
$K_B$ = Beiwert nach Tabelle 4.1
$b$ = Stablänge (Schaufelbreite)
$E$ = Elastizitätsmodul
$I$ = Trägheitsmoment $= \frac{a \cdot d^3}{12}$
$A$ = Querschnitt $= a \cdot d$
$\varrho$ = Dichte

In Tabelle 4.1 sind auch die Schwingungsbilder des Stabes dargestellt.

#### 4.1.1.4 Die Torsionseigenfrequenz

Ausgehend von der Schwingungsgleichung des einseitig eingespannten Prismas

$$\mathrm{d}M_t = -\,\mathrm{d}\theta \cdot \ddot{\varphi} = -\,c_t \cdot \varphi$$

kann durch Integration und Einsetzen der Randbedingungen folgender einfacher Ausdruck für die Torsionseigenfrequenz gefunden werden [4.1]:

$$f_T = \frac{n - 1/2}{2 \cdot b} \cdot \sqrt{\frac{G \cdot I_t}{\varrho \cdot I_p}} \quad (4.6)$$

$f_T$ = Torsionseigenfrequenz
$n$ = Ordnungs-Nr. d.h. 1, 2, 3 usw.
$b$ = radiale Schaufellänge (Schaufelbreite) (Bild 4.2)
$G$ = Gleitmodul

$$G = \frac{E}{2(1 + \mu)}$$

**Tabelle 4.1 Beiwert $K_B$**

| Ordnungs-Nr. | 1 | 2 | 3 |
|---|---|---|---|
| Beiwert $K_B$ | 0,5596 | 3,506 | 9,819 |
| zugehörige Schwingungsform | 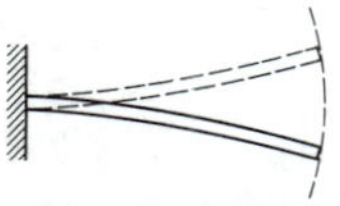 | 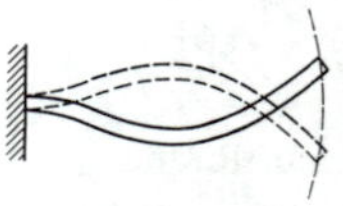 | 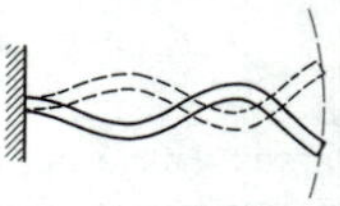 |

$E$ = Elastizitätsmodul
$\mu$ = Querzahl (Poissonsche Zahl)
$\varrho$ = Dichte
$I_t$ = Drillungswiderstand
$I_t = K_t \cdot a \cdot d^3$
$K_t$ = Beiwert nach Bild 4.3
$I_p$ = polares Flächenträgheitsmoment

$$I_p = I_x + I_y = \frac{a \cdot d^3}{12} + \frac{a^3 \cdot d}{12}$$

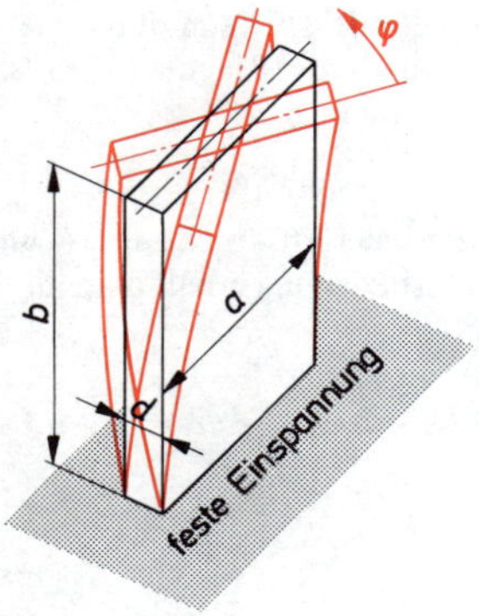


*Bild 4.2 Torsion eines prismatischen Stabes*

## 4.1.2 Ring (Trommel, Kranz)

Die an einem differentiell kleinen Element des in Bild 4.4 dargestellten Ringes angreifende Fliehkraft beträgt:

$$\mathrm{d}F_r = \mathrm{d}m \cdot \frac{d}{2} \cdot \omega^2$$

Die Masse d$m$ kann durch die Dichte und die Abmessungen des Elementes ausgedrückt werden:

$$\mathrm{d}m = \varrho \cdot \mathrm{d}V = \varrho \cdot b \cdot s \cdot \frac{d}{2} \cdot \mathrm{d}\alpha$$

$$\mathrm{d}F_r = \varrho \cdot b \cdot s \cdot \frac{d}{2} \cdot \mathrm{d}\alpha \cdot \frac{d}{2} \cdot \omega^2$$

$$\mathrm{d}F_r = \varrho \cdot b \cdot s \cdot \frac{d^2}{4} \cdot \omega^2 \cdot \mathrm{d}\alpha$$

Das Ringelement muß unter der Wirkung der Fliehkraft und der an den Schnittstellen übertragenen Tangentialkräfte im Gleichgewicht sein (Bild 4.4):

$$\mathrm{d}F_r = \mathrm{d}F_t \cdot \mathrm{d}\alpha$$

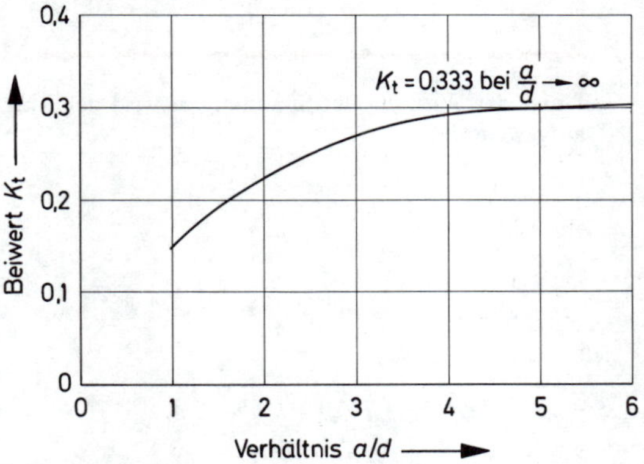


*Bild 4.3 Beiwert $K_t$*

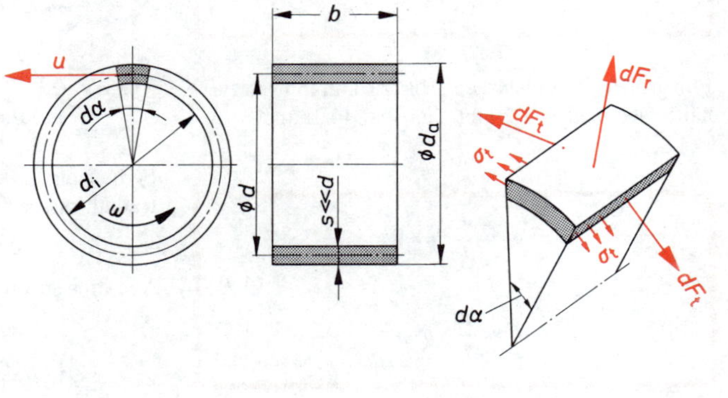


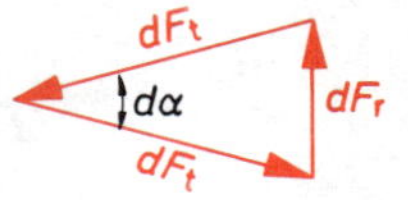


*Bild 4.4 Trommel unter der Einwirkung der Zentrifugalkraft*

Die Tangentialkraft $dF_t$ kann durch die Tangentialspannung $\sigma_t$ und die Ringquerschnittsfläche $b \cdot s$ ausgedrückt werden:

$$dF_t = \sigma_t \cdot b \cdot s$$

Durch Einsetzen der Ausdrücke für $dF_r$ und $dF_t$ in die Gleichgewichtsbeziehung erhält man die Tangentialspannung $\sigma_t$:

$$\varrho \cdot b \cdot s \cdot \frac{d^2}{4} \cdot \omega^2 \cdot d\alpha = \sigma_t \cdot b \cdot s \cdot d\alpha$$

$$\sigma_t = \varrho \cdot \frac{d^2}{4} \cdot \omega^2$$

Setzt man für $\frac{d}{2} \cdot \omega$ die Umfangsgeschwindigkeit $u$ ein, vereinfacht sich die Beziehung für $\sigma_t$:

$$\sigma_t = \varrho \cdot u^2 \quad (4.7)$$

Unter der Wirkung der Spannung $\sigma_t$ wird der Ring aufgeweitet:

$$\varepsilon = \frac{\sigma_t}{E}$$

$$\varepsilon = \frac{\Delta d \cdot \pi}{d \cdot \pi} = \frac{\Delta d}{d}$$

$$\Delta d = d \cdot \frac{\sigma_t}{E}$$

$$\Delta d = \frac{d}{E} \cdot \varrho \cdot u^2 \quad (4.8)$$

Für größere Wandstärken $s$ bis zu Durchmesserverhältnissen $d_a/d_i = 1{,}2$ gibt Traupel [4.2] an:

$$\sigma_i = \frac{d}{d_i} \cdot \varrho \cdot u^2$$

$$\sigma_a = \frac{d}{d_a} \cdot \varrho \cdot u^2 \quad (4.9)$$

$$d = \frac{d_a + d_i}{2}$$

### 4.1.3 Scheiben gleicher Dicke (konstanter Breite)

Eine Scheibe konstanter Breite $b$ rotiert mit konstanter Winkelgeschwindigkeit $\omega$. Da keine Axialkräfte auftreten sollen, handelt es sich um ein ebenes Problem, d.h. es treten nur Radial- und Tangentialspannungen auf, die unabhängig von der Scheibenbreite sind. Auch der Temperatureinfluß, der z.B. bei Turbinenscheiben auftritt soll unberücksichtigt bleiben. Am Außen- und Innenrand sollen zunächst keine zusätzlichen Randspannungen vorhanden sein, d.h. $\sigma_{ri}$ und $\sigma_{ra}$ sind Null.

Zur Ermittlung der Beziehungen für die Spannungsverteilung in der Scheibe werden zwei Bedingungen herangezogen:

a) das Kräftegleichgewicht an einem differentiell kleinen Scheibenelement der Masse $dm$ (Bild 4.5),
b) die elastische Verformung des Elementes unter der Einwirkung der Spannungen

Zur Aufstellung des Gleichgewichtsansatzes am Scheibenelement $dm$ werden folgende Einzelkräfte herangezogen:

a) die Fliekraft $dF_F$:

$$dF_F = dm \cdot r \cdot \omega^2$$
$$= \varrho \cdot dV \cdot r \cdot \omega^2 = \varrho \cdot r \cdot d\alpha \cdot dr \cdot b \cdot r \cdot \omega^2$$
$$dF_F = \varrho \cdot r^2 \cdot \omega^2 \cdot b \cdot d\alpha \cdot dr$$

b) die aus den Radialspannungen resultierende Radialkraft:

$$dF_{R,r} = (\sigma_r + d\sigma_r)(r + dr)\, d\alpha \cdot b - \sigma_r \cdot r \cdot d\alpha \cdot b$$
$$dF_{R,r} = \sigma_r \cdot r \cdot d\alpha \cdot b + d\sigma_r \cdot r \cdot d\alpha \cdot b + \sigma_r \cdot dr \cdot d\alpha \cdot b + d\sigma_r \cdot dr \cdot d\alpha \cdot b - \sigma_r \cdot r \cdot d\alpha \cdot b$$
$$dF_{R,r} = \sigma_r \cdot dr \cdot d\alpha \cdot b + d\sigma_r \cdot r \cdot d\alpha \cdot b + d\sigma_r \cdot dr \cdot d\alpha \cdot b$$

c) die aus der Tangentialspannung resultierende Radialkraft:

$$dF_{R,t} = -\sigma_t \cdot dr \cdot b \cdot d\alpha$$

Alle drei Kräfte müssen im Gleichgewicht sein:

$$dF_F + dF_{R,r} + dF_{R,t} = 0$$

$$\varrho \cdot r^2 \cdot \omega^2 \cdot b \cdot d\alpha \cdot dr + \sigma_r \cdot dr \cdot d\alpha \cdot b + d\sigma_r \cdot r \cdot d\alpha \cdot b + \underbrace{d\sigma_r \cdot dr \cdot d\alpha \cdot b} - \sigma_t \cdot dr \cdot b \cdot d\alpha = 0$$

von 2. Ordnung klein!

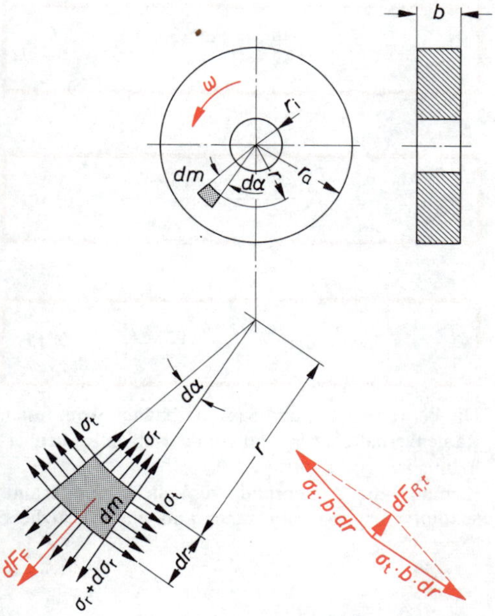


*Bild 4.5 Scheibe unter der Einwirkung der Zentrifugalkraft*

$$\varrho \cdot r^2 \cdot \omega^2 \cdot \mathrm{d}r + \sigma_r \cdot \mathrm{d}r + \mathrm{d}\sigma_r \cdot r - \sigma_t \cdot \mathrm{d}r = 0$$

$$\sigma_r + r\,\frac{\mathrm{d}\sigma_r}{\mathrm{d}r} - \sigma_t + \varrho \cdot r^2 \cdot \omega^2 = 0 \quad (4.10)$$

Durch Betrachtung der **Dehnungen** am Element (Bild 4.6) erhält man eine weitere Bedingung für den Zusammenhang zwischen Radial- und Tangentialspannungen:

Radialdehnung:

$$\varepsilon_r = \frac{(u + \mathrm{d}u) - u}{\mathrm{d}r} = \frac{\mathrm{d}u}{\mathrm{d}r}$$

Tangentialdehnung:

$$\varepsilon_t = \frac{(r + u)\,\mathrm{d}\alpha - r \cdot \mathrm{d}\alpha}{r \cdot \mathrm{d}\alpha} = \frac{u}{r}$$

$$u = \varepsilon_t \cdot r$$

$$\frac{\mathrm{d}u}{\mathrm{d}r} = \varepsilon_t + r\,\frac{\mathrm{d}\varepsilon_t}{\mathrm{d}r} = \varepsilon_r$$

$$\varepsilon_t - \varepsilon_r + r \cdot \frac{\mathrm{d}\varepsilon_t}{\mathrm{d}r} = 0$$

Nach dem HOOKEschen Gesetz können die Dehnungen durch die Spannungen ausgedrückt werden:

$$\varepsilon_r = \frac{1}{E}\,(\sigma_r - \mu \cdot \sigma_t)$$

$$\varepsilon_t = \frac{1}{E}\,(\sigma_t - \mu \cdot \sigma_r)$$

mit $E$ als Elastizitätsmodul und $\mu$ als Querzahl (POISSONsche Zahl).

$$\frac{1}{E}\,(\sigma_t - \mu \cdot \sigma_r) - \frac{1}{E}\,(\sigma_r - \mu \cdot \sigma_t) + r \cdot \frac{1}{E}\left(\frac{\mathrm{d}\sigma_t}{\mathrm{d}r} - \mu \cdot \frac{\mathrm{d}\sigma_r}{\mathrm{d}r}\right) = 0$$

$$(1+\mu)(\sigma_t - \sigma_r) + r\left(\frac{\mathrm{d}\sigma_t}{\mathrm{d}r} - \mu \cdot \frac{\mathrm{d}\sigma_r}{\mathrm{d}r}\right) = 0 \quad (4.11)$$

Eine Lösung beider Differentialgleichungen (4.10) und (4.11) [4.3] ergibt folgende Ansätze für Radial- und Tangentialspannung:

Radialspannung:

$$\sigma_r = \frac{\varrho \cdot \omega^2 (3+\mu)}{8}\left(r_i^2 + r_a^2 - \frac{r_i^2 \cdot r_a^2}{r^2} - r^2\right) \quad (4.12)$$

Tangentialspannung:

$$\sigma_t = \frac{\varrho \cdot \omega^2 (3+\mu)}{8}\left(r_i^2 + r_a^2 + \frac{r_i^2 \cdot r_a^2}{r^2} - \frac{1+3\mu}{3+\mu}\,r^2\right) \quad (4.13)$$

Eine Zusammenfassung der beiden Spannungen zu einer **Vergleichsspannung** erfolgt in der Praxis [4.4] üblicherweise nach der **Hypothese konstanter Gestaltungsänderungsarbeit**:

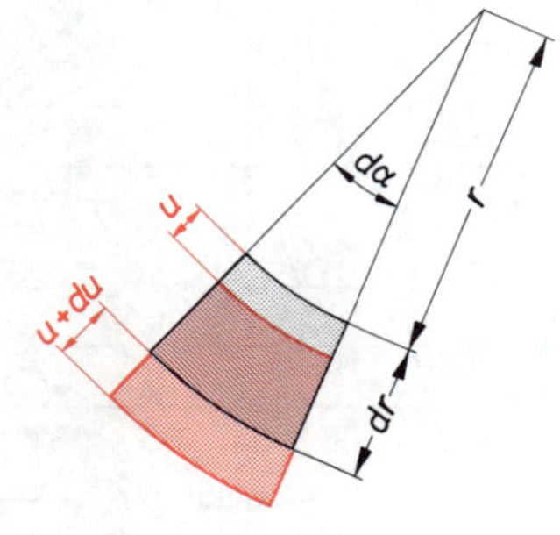


*Bild 4.6 Scheibenelement*

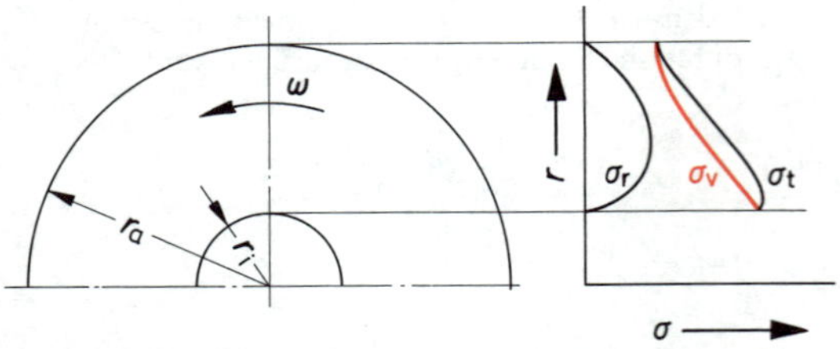


*Bild 4.7 Spannungen in einer rotierenden Scheibe*

$$\sigma_v = \sqrt{\sigma_r^2 + \sigma_t^2 - \sigma_r \cdot \sigma_t} \qquad (4.14)$$

In Bild 4.7 ist der Verlauf der Spannungen über dem Radius dargestellt.
Eine vereinfachte Berechnung der Spannungen kann mit Hilfe des in Bild 4.8 dargestellten Diagrammes (aus [4.4]) erfolgen:

$$\sigma_r = S_r \cdot \frac{\varrho \cdot r_a^2 \cdot \omega^2 (3 + \mu)}{8} \qquad (4.15)$$

$$\sigma_t = S_t \cdot \frac{\varrho \cdot r_a^2 \cdot \omega^2 (3 + \mu)}{8} \qquad (4.16)$$

$$\sigma_v = S_v \cdot \frac{\varrho \cdot r_a^2 \cdot \omega^2 (3 + \mu)}{8} \qquad (4.17)$$

Die Beiwerte $S_r$, $S_t$ und $S_v$ sind abhängig vom festen Radienverhältnis $r_i/r_a$ und vom variablen Radienverhältnis $r/r_a$ (Bild 4.8).
Kommt am Außenrand zusätzlich eine Randspannung $\sigma_a$ und am Innenrand eine zusätzliche

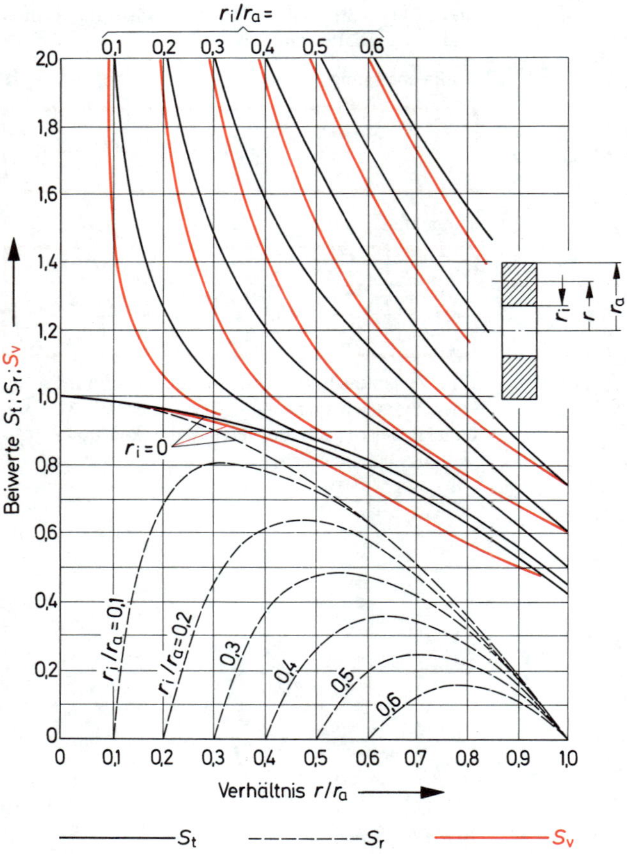


*Bild 4.8 Schaubild zur Ermittlung der Spannungen in einer rotierenden Scheibe* (nach [4.4])

Pressung $p_i$ hinzu (Bild 4.9), ergeben sich folgende Spannungsverteilungen [4.5]:

Radialspannung:

$$\sigma_r = K_1 + \frac{K_2}{r^2} - \frac{\varrho \cdot r^2 \cdot \omega^2 (3 + \mu)}{8} \quad (4.18)$$

Tangentialspannung:

$$\sigma_t = K_1 - \frac{K_2}{r^2} - \frac{1 + 3\,\mu}{8} \cdot \varrho \cdot \omega^2 \cdot r^2 \quad (4.19)$$

mit den Konstanten:

$$K_1 = \frac{\sigma_a \cdot r_a^2 - p_i \cdot r_i^2}{r_a^2 - r_i^2} + \frac{3 + \mu}{8} \cdot \varrho \cdot \omega^2 (r_a^2 + r_i^2)$$

$$K_2 = -(\sigma_a - p_i) \frac{r_a^2 \cdot r_i^2}{r_a^2 - r_i^2} - \frac{3 + \mu}{8} \cdot \varrho \cdot \omega^2 \cdot r_i^2 \cdot r_a^2$$

An der Bohrung entstehen nach [4.4] folgende radialen Dehnungen (Tabelle 4.2). Weitere Einzelheiten über Spannungen und Dehnungen von Scheiben, auch unter Temperatureinfluß, können aus [4.2; 4.3 und 4.6] entnommen werden.

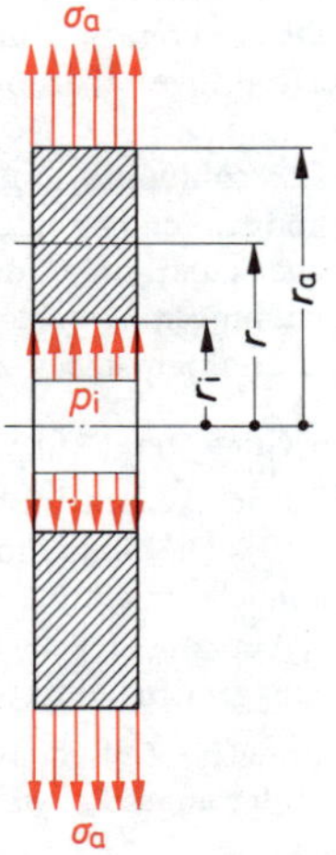


*Bild 4.9 Randspannungen an einer rotierenden Scheibe*

**Tabelle 4.2 Dehnungen der Scheibenbohrung**

| Unter Einfluß der Pressung an der Bohrung | Unter Einfluß der Rotation | Unter Einfluß der Spannung am Außenrand (Außenzug) |
|---|---|---|
| 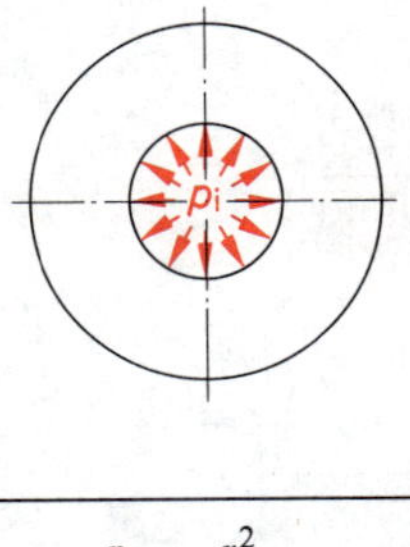  | 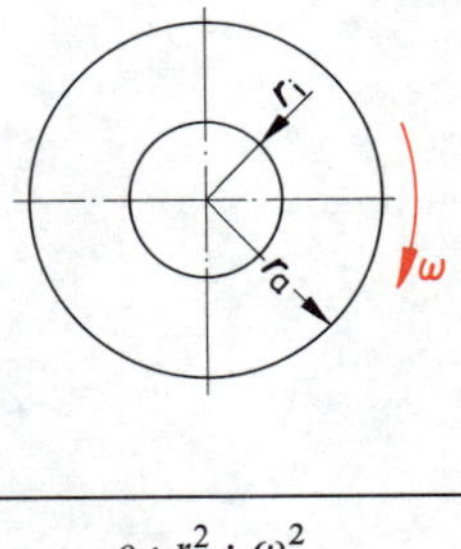  | 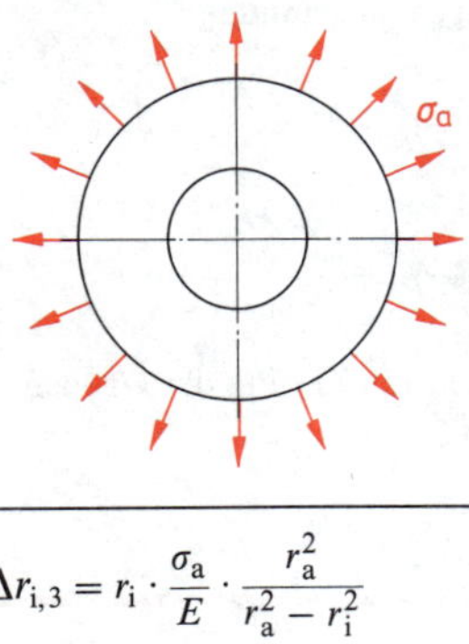  |
| $\Delta r_{i,1} = r_i \frac{p_i}{E} \cdot \frac{r_i^2}{r_a^2 - r_i^2} \cdot \left[(1-\mu) + \frac{r_a^2}{r_i^2}(1+\mu)\right]$ | $\Delta r_{i,2} = r_i \cdot \frac{\varrho \cdot r_i^2 \cdot \omega^2}{4E} \cdot \left[\frac{r_a^2}{r_i^2}(3+\mu) + (1-\mu)\right]$ | $\Delta r_{i,3} = r_i \cdot \frac{\sigma_a}{E} \cdot \frac{r_a^2}{r_a^2 - r_i^2}$ |
| $\Delta r_{iges} = \Delta r_{i,1} + \Delta r_{i,2} + \Delta r_{i,3}$ | | |

## 4.2 Scheiben beliebigen Profiles (veränderlicher Dicke)

Spannungen und Verformungen von Scheiben mit veränderlicher Dicke können durch Aufteilen in Teilscheiben oder Teilringe näherungsweise berechnet werden.
Am einfachsten sind rotationssymmetrische Scheiben ohne Beanspruchung durch Drehmomente, d. h. ohne Torsionsspannungen und ohne durch Axialkräfte erzeugte Biegespannungen zu behandeln.
Folgende Rechenverfahren stehen zur Verfügung:

a) **Verfahren von GRAMMEL** [4.6]

Die Scheibe wird in Teilscheiben gleicher Dicke eingeteilt (Bild 4.10). Die Spannungen in den Teilscheiben werden nach Abschnitt 4.1.2. berechnet, wobei an den Übergangsstellen der Teilscheiben sogenannte „Sprunggrößen" eingeführt werden.

Für die ringförmigen Teilscheiben können die Spannungen wie folgt angesetzt werden:

Radialspannung:

$$\sigma_r = K_1 + \frac{K_2}{r^2} - a \cdot \omega^2 \cdot r^2$$

$$\text{mit} \begin{cases} K_1 = \dfrac{\sigma_a \cdot r_a^2 - \sigma_i \cdot r_i^2}{r_a^2 - r_i^2} + a \cdot \omega^2 \, (r_a^2 + r_i^2) \\[2ex] K_2 = -(\sigma_a - \sigma_i) \dfrac{r_a^2 \cdot r_i^2}{r_a^2 - r_i^2} - a \cdot \omega^2 \cdot r_a^2 \cdot r_i^2 \\[2ex] a = \dfrac{3 + \mu}{8} \cdot \varrho \end{cases}$$

Tangentialspannung:

$$\sigma_t = K_1 - \frac{K_2}{r^2} - b \cdot \omega^2 \cdot r^2$$

$$b = \frac{1 + 3 \cdot \mu}{8} \cdot \varrho$$

Durch Einführung der Größen

$$\frac{1}{r^2} = x$$

$$s = \sigma_r + a \cdot \omega^2 \cdot r^2 \qquad (4.20)$$

$$t = \sigma_t + b \cdot \omega^2 \cdot r^2 \qquad (4.21)$$

können die Spannungen vereinfacht dargestellt werden:

$$s = K_1 + K_2 \cdot x \qquad (4.22)$$

$$t = K_1 - K_2 \cdot x \qquad (4.23)$$

Bei der Berechnung der Spannungsverläufe längs des Scheibenradius beginnt man am besten an der äußeren Teilscheibe oder inneren Teilscheibe, wo die äußeren oder inneren Radialspannungen bekannt sind. Die Tangentialspannungen werden zunächst angenommen und in einer späteren Nachrechnung korrigiert. Mit den bekannten bzw. angenommenen Spannungen $\sigma_r$ und $\sigma_t$ können für den Außenradius $R_a$ oder den Innenradius $R_i$ aus den Gleichungen (4.20) bzw. (4.21) die „Ersatzspannungen" $s$ und $t$ berechnet werden und aus den Gleichungen (4.22) und (4.23) mit $x = 1/R_a^2$ bzw. $x = 1/R_i^2$ die Integrationskonstanten $K_1$ und $K_2$ bestimmt werden.
Für den Innenradius $r_{i1}$ der äußeren Teilscheibe oder für den Außenradius $r_{an}$ der inneren Teilscheibe können nunmehr unter Verwendung der Größen $1/r_{i1}^2$ bzw. $1/r_{an}^2$ die Ersatzspannungen $s$ und $t$ an diesen Radien aus den Gleichungen (4.22) oder (4.23) berechnet werden.

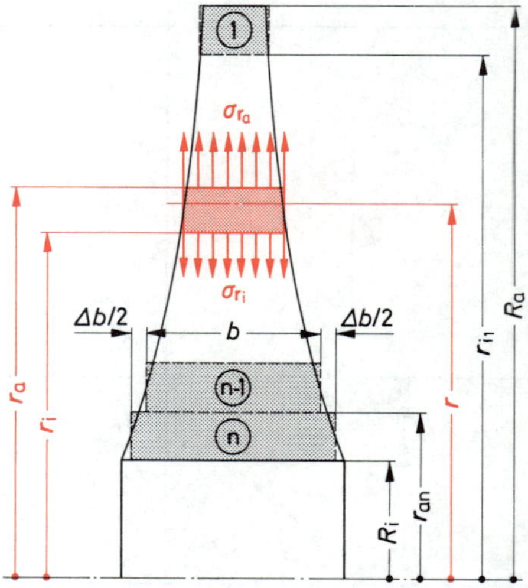


*Bild 4.10 Scheibe beliebiger Kontur*

Da am Übergang zur nächsten Teilscheibe ein Breitensprung vorliegt, sind die so berechneten Ersatzspannungen $s$ oder $t$ nicht gleich den Ersatzspannungen am Rand der nächsten Scheibe. Mit der Änderung der Scheibendicke um $\Delta b$ ändern sich die Ersatzspannungen um den Wert:

$$\Delta s = -\frac{\Delta b}{b + \Delta b} \cdot \sigma_{ri}$$ bei Rechnung von außen nach innen

$$\Delta s = +\frac{b + \Delta b}{\Delta b} \cdot \sigma_{ra}$$ bei Rechnung von innen nach außen

$$\Delta t = \mu \cdot \Delta s$$

Die Ersatzspannungen am Rand der nächsten Teilscheibe betragen damit:

$s'_a = s_i + \Delta s$ bei Rechnung von außen nach innen

$t'_a = t_i + \Delta t$

$s'_i = s_a + \Delta s$ bei Rechnung von innen nach außen

$t'_i = t_a + \Delta t$

Diese Rechnung wird nun für alle Teilscheiben schrittweise, am besten tabellarisch, durchgeführt, bis man am äußeren Scheibenradius $R_a$ oder am Bohrungsradius $R_i$ anlangt.

Da die für diese Begrenzungsradien errechneten Radialspannungen mit den gegebenen Randspannungen nicht übereinstimmen, muß entweder die Rechnung so oft wiederholt werden, bis dies der Fall ist oder man wiederholt die Rechnung für die nichtrotierende Scheibe ($\omega = 0$) unter der Annahme $\sigma_{r,Ri} = 0$ bzw. $\sigma_{r,Ra} = 0$. Man erhält in diesem zweiten Rechengang die rechnerischen Radialspannungen am Außen- oder Innenrand $\sigma^*_{r,Ra}$ bzw. $\sigma^*_{r,Ri}$. Um die tatsächlich vorhandenen Radialspannungen an den Scheibenrändern auch in der Rechnung zu erhalten wird nun zu dem im ersten Rechengang erhaltenen Spannungsverlauf noch ein Vielfaches des neuen Spannungsverlaufes hinzugefügt:

$$\sigma_{r,Ri} = \sigma_{r,Ri\,1.\,Rechengang} + z \cdot \sigma^*_{r,Ri}$$

bzw.

$$\sigma_{r,Ra} = \sigma_{r,Ra\,1.\,Rechengang} + z \cdot \sigma^*_{r,Ra}$$

wobei $z$ wie folgt definiert ist:

$$z = \frac{\sigma_{r,Ri\,gegeben} - \sigma_{r,Ri\,1.\,Rechengang}}{\sigma^*_{r,Ri}}$$

bzw.

$$z = \frac{\sigma_{r,Ra\,gegeben} - \sigma_{r,Ra\,1.\,Rechengang}}{\sigma^*_{r,Ra}}$$

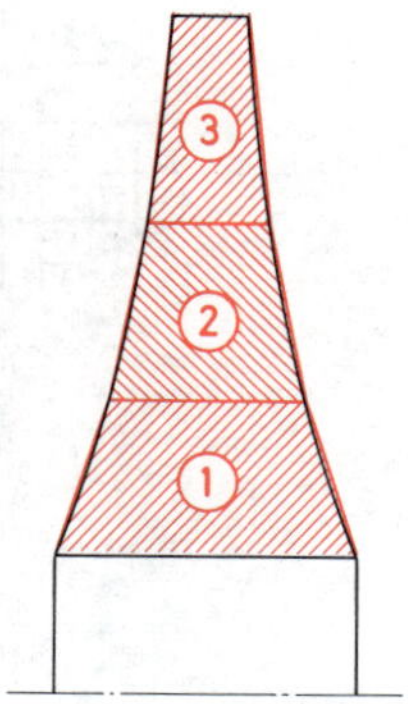


*Bild 4.11 Einteilung einer Scheibe beliebiger Kontur in Ringe mit Trapezprofil*

Der endgültige Spannungsverlauf in der Scheibe ergibt sich dann durch Addition der Spannungen des 1. Rechenganges mit dem $z$-fachen Spannungen des 2. Rechenganges ($\omega = 0$).

Weitere Angaben zur Spannungsberechnung in rotierenden Scheiben veränderlicher Dicke finden sich in [4.2; 4.3; 4.5; 4.6; 4.7; 4.8; 4.9 und 4.10].

### b) Verfahren von Keller, Salzmann und Kissel

Bei dem Verfahren von Keller, Salzmann und Kissel ([4.11] und [4.12]) wird die Scheibe beliebiger Kontur in eine Anzahl **konischer Teilringe** (Bild 4.11) unterteilt. Dadurch entfallen die Breitensprünge, die das unter a) beschriebene Verfahren ungenau machen und man kommt auch mit weniger Teilringen aus. Die Radial- und Tangentialspannungen der konischen Teilscheiben werden für verschiedene Randbedingungen in dimensionslosen Diagrammen dargestellt. Eine ausführliche Beschreibung des Verfahrens mit Wiedergabe der Diagramme und mit Beispielen findet sich in [4.2 und 4.13].

### c) Methode der finiten Elemente

Bei der Methode der finiten Elemente wird die Scheibe in eine größere Anzahl diskreter Elemente in Form von Dreiecken, Rechtecken oder Trapezen eingeteilt und mittels **Matrizenrechnung** die Verschiebungen dieser kleinen Elemente berechnet. Diese elegante und genaue Rechenmethode, die neben der Spannungsverteilung auch die Verformung der Scheibe liefert, kann nur angewandt werden, wenn geeignete Rechenprogramme und große Digitalrechenanlagen zur Verfügung stehen.

In Bild 4.12 aus [4.4] ist die Verteilung der Vergleichsspannung $\sigma_v$ in einem scheibenförmigen Rotor des Niederdruckteiles einer Dampfturbine dargestellt.

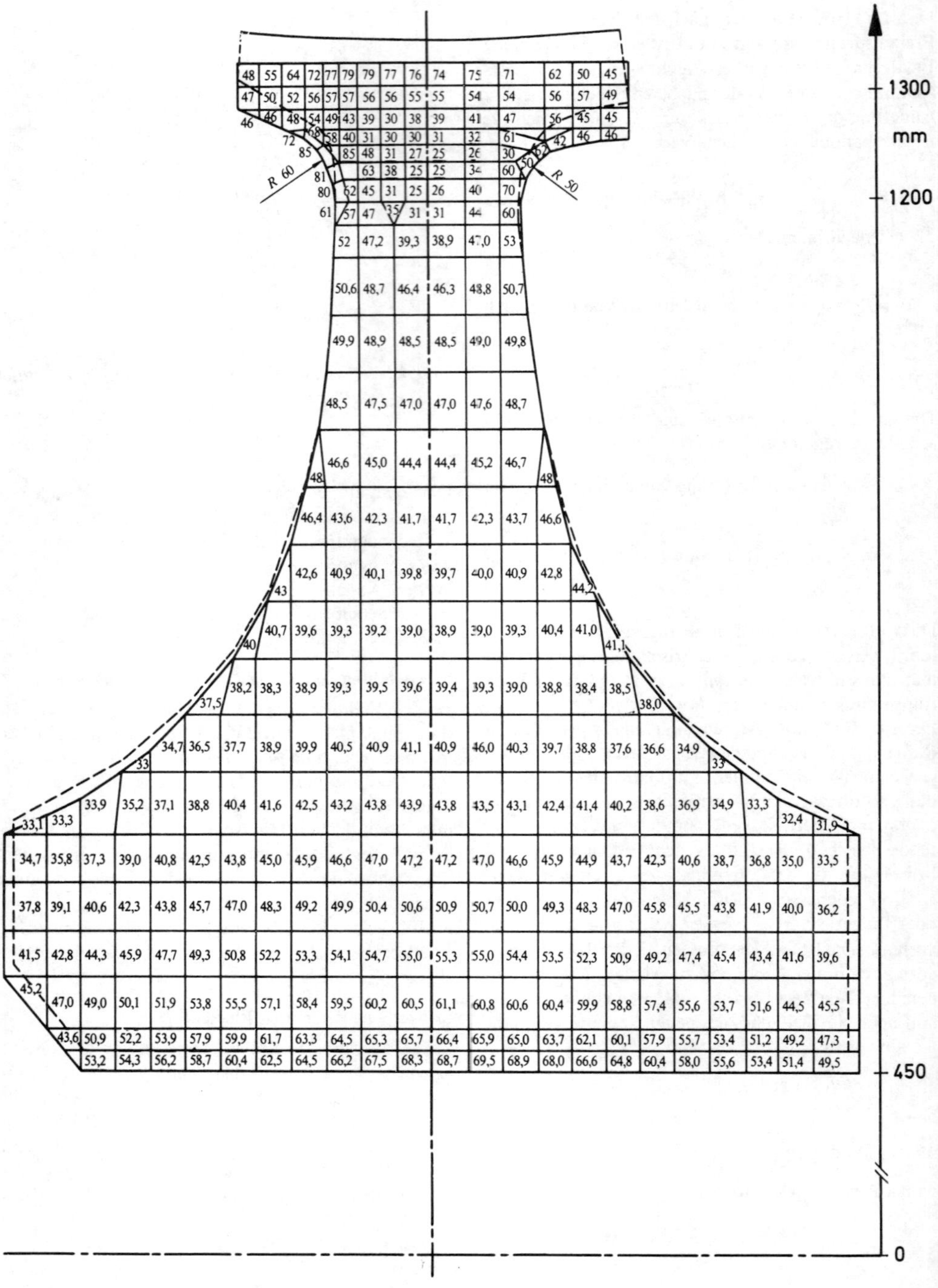


*Bild 4.12 Vergleichsspannungen in einer rotierenden Scheibe einer Dampfturbine* (nach [4.4])

Die Zahlenangaben sind Spannungen in $kp/mm^2$. Weiterführende Literatur über diese relativ neue Verfahren findet sich in [4.14 und 4.15].

d) **Experimentelle Bestimmung der Spannungen und Dehnungen**

Die Spannungen und Dehnungen der Scheibe unter Fliehkrafteinfluß und Berücksichtigung von inneren und äußeren Randspannungen lassen sich am Scheibenoriginal oder an geometrisch ähnlichen Modellen mittels Dehnmeßstreifen oder durch spannungsoptische Untersuchungen messen. In [4.16 u. 4.17] sind spannungsoptische Versuche an Axialturbinenrädern beschrieben.

Eine einfache Untersuchung stellt auch die Ermittlung der Berstdrehzahl auf einem Schleuderprüfstand dar.

I.a. sind die Biegebeanspruchungen rotierender Scheiben geringer als die von der Fliehkraft herrührenden Zugspannungen. Die Berechnung der Biegespannungen in Scheiben beliebiger Kontur erfordert einen sehr großen mathematischen Aufwand. In [4.2] und [4.3] finden sich die Ansätze zur Behandlung biegebeanspruchter Scheiben, in [4.3] auch für verrippte Scheiben.

Bei Scheiben in thermischen Turbinen überlagert sich der Zug-, Torsions- und Biegebeanspruchung noch der Temperatureinfluß, wodurch die Rechnung weiter kompliziert wird [4.2; 4.3; 4.18].

Die Berechnung von **rotierenden Schalen,** d.h. unsymmetrischen Scheiben ist wesentlich komplizierter d.h. aufwendiger als die Berechnung rotationssymmetrischer Scheiben. Die Differentialgleichungen der Spannungen und Dehnungen von rotierenden Schalen und die Beschreibung numerischer Lösungsverfahren werden u.a. in [4.2 und 4.3] ausführlich behandelt.

## 4.3 Scheiben gleicher Festigkeit

Unter einer Scheibe gleicher Festigkeit versteht man eine Scheibe, bei der die Kontur so gewählt wird, daß in jedem Punkt der Scheibe Radial- und Tangentialspannung gleich und über die gesamte Scheibe konstant sind. Diese Aussage gilt nur, wenn keine Wärmespannungen vorhanden sind. Eine Integration der Differentialgleichung der Spannungsverteilung in einer Scheibe beliebigen Profils liefert für den vorgegebenen Sonderfall folgenden Breitenverlauf (Kontur):

$$b = b_0 \cdot e^{-\frac{\varrho \cdot (r \cdot \omega)^2}{2 \cdot \sigma}} \qquad (4.24)$$

$b$ = Breite am Radius $r$ (Bild 4.13)
$b_0$ = Breite bei $r = 0$
$e$ = Basis des natürlichen Logarithmus
$\varrho$ = Dichte der Scheibe
$r$ = Radius
$\omega$ = Winkelgeschwindigkeit
$\sigma = \sigma_t = \sigma_r$ = Spannung

Wenn die Spannungen in radialer und tangentialer Richtung gleich groß sind, sind es auch die Dehnungen:

$$\varepsilon_r = \varepsilon_t = \frac{1-\mu}{E} \cdot \sigma$$

$$\Delta r = \varepsilon_r \cdot r = \frac{1-\mu}{E} \cdot \sigma \cdot r \qquad (4.25)$$

$\Delta r$ = radiale Dehnung
$\mu$ = Querzahl (Poissonsche Zahl)
$\sigma$ = Spannung
$r$ = Radius
$E$ = Elastizitätsmodul

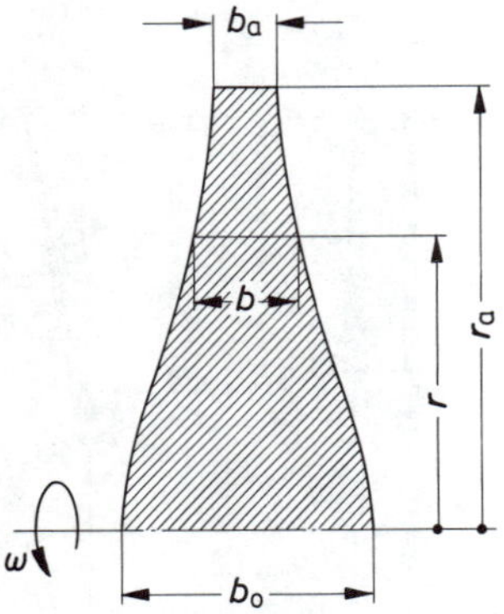


*Bild 4.13 Zur Scheibe gleicher Festigkeit*

## 4.4 Radiale Laufräder

### 4.4.1 Einleitung

Radiale Laufräder werden entweder aus einem Stück gegossen, wie es vor allem bei Pumpenrädern der Fall ist, oder aus Scheiben und Schaufeln zusammengeschweißt, in seltenen Fällen auch verschraubt oder vernietet.

Eine exakte Berechnung der Laufräder unter Einfluß der Fliehkräfte an den Scheiben und Schaufeln, der Strömungskräfte und des Drehmomentes ist auch mit dem aufwendigsten Rechenverfahren nicht möglich.

Hochbeanspruchte Laufräder von Francisturbinen, Zentripetalturbinen, Verdichtern, Speise- und Speicherpumpen werden nach der Methode der finiten Elemente berechnet mit anschließender Kontrolle der Rechnung durch Messung der Spannungen mittels Dehnmeßstreifen [4.19 bis 4.22] an den Originalrädern oder an geometrisch ähnlichen Modellrädern.

Ein vereinfachtes Rechenverfahren für Francisräder findet sich in [4.23], für Radialverdichterräder ohne Deckscheibe in [4.2. und 4.3], für Verdichterräder mit Deckscheibe in [4.24]. Das in [4.24] beschriebene Verfahren läßt sich auch auf Pumpenräder anwenden.

Da die genannten Rechenverfahren und Messungen sehr teuer sind, eignen sie sich schon aus Kostengründen nicht für einfache niedrigbelastete Pumpen-, Verdichter- und Ventilatorenräder, wie sie von zahlreichen Klein- und Mittelbetrieben hergestellt werden, die weder über entsprechend ausgebildetes Personal noch über große Rechenanlagen und hochwertige Meßeinrichtungen verfügen. Für diese niedriger belasteten radialen Laufräder werden in den folgenden Abschnitten Überschlagsrechenverfahren angegeben, die es gestatten, die auftretenden Beanspruchungen zumindest grob abzuschätzen.

### 4.4.2 Überschlägige Berechnung nach Eck

Eck [4.25] zerlegt das Radialrad in Boden- und Deckscheibe und schlägt die Schaufelmasse zur Bodenscheibe dazu. Die maximalen Spannungen in den Scheiben drückt er durch die Spannung in einem schmalen freirotierenden Ring mit einem dem Radaußendurchmesser entsprechenden Durchmesser und eine von der Scheibenform abhängende Formzahl $k_F$ aus:

$$\sigma_{Scheibe} = k_F \cdot \sigma_{Ring}$$

$$\sigma_{Scheibe} = k_F \cdot \varrho \cdot u_2^2 \tag{4.26}$$

$\sigma_{Scheibe}$ = Spannung in der Scheibe
$k_F$ = Formfaktor nach Bild 4.14
$\varrho$ = Dichte
$u_2 = D_2 \cdot \pi \cdot n$ = Umfangsgeschwindigkeit am Außendurchmesser

Für die Bodenscheibe wird $\varrho$ durch $\varrho^*$ ersetzt:

$$\varrho^* = \frac{\text{Scheibenmasse} + \text{Schaufelmasse}}{\text{Scheibenmasse}} \cdot \varrho$$

Eck gibt eine Genauigkeit von etwa 20 bis 30% für sein einfaches Überschlagsverfahren an.

Für Scheibenformen, die nicht in Bild 4.14 enthalten sind, kann der Formfaktor $k_F$ wie folgt grafisch bestimmt werden:

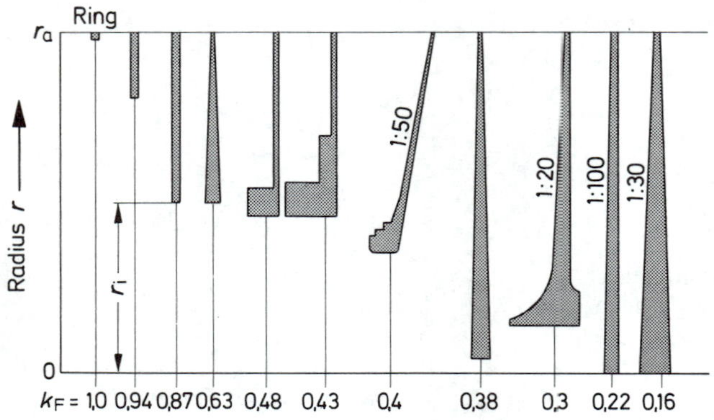


*Bild 4.14 Beiwert* $k_F$ (nach [4.25])

*Bild 4.15*

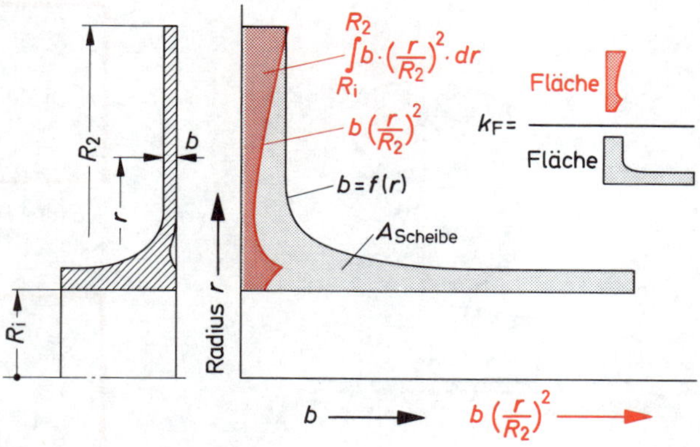


$$k_F = \frac{1}{A_{\text{Scheibe}}} \int_{R_i}^{R_2} b \cdot \left(\frac{r}{R_2}\right)^2 \cdot dr \qquad (4.27)$$

$k_F$ = Formfaktor
$A_{\text{Scheibe}}$ = Rotationsquerschnitt der (halben) Scheibe (Bild 4.15)
$R_i$ = Radius der Bohrung
$R_2$ = Außenradius
$b$ = variable Scheibenbreite
$r$ = variabler Radius

Das Integral wird am besten grafisch gelöst (Bild 4.15).

Auch das im Pumpen- und Ventilatorenbau häufig angewandte Verfahren **zulässige Umfangsgeschwindigkeiten** abhängig von der Laufradkonstruktion und vom Werkstoff anzugeben, beruht letztlich auf der Aussage von Gleichung (4.26), daß nämlich die maximale Spannung im Laufrad proportional zum Quadrat der Außenumfangsgeschwindigkeit ist.

Für Pumpenlaufräder werden beispielsweise folgende Richtwerte genannt (Tabelle 4.3):

## 4.4.3 Zerlegung des Laufrades in Scheiben und Schaufeln

Einige Autoren [4.7; 4.8] zerlegen das Rad in Bodenscheibe und Deckscheibe und berechnen beide als rotierende Scheiben oder Schalen unter Vernachlässigung von Biege- und Torsionsbeanspruchung. Die Masse der Schaufeln wird durch proportionales Erhöhen der Dichte der Bodenscheibe berücksichtigt, d.h. die von den Schaufeln herrührenden Fliehkräfte werden an der Bodenscheibe angreifend gedacht, die Deckscheibe sieht man als frei rotierende gelochte Scheibe an. Diese Modellvorstellung beschreibt die tatsächlichen Spannungen und Verformungen im Radialrad nur sehr unvollkommen.

Bei eingenieteten oder eingeschraubten Schaufeln treten sowohl an den Scheiben als auch an den Schaufeln zusätzliche Spannungen auf durch die punktweise Einleitung der Kräfte an den Löchern in Scheiben und Schaufeln. Eine überschlägige Berechnung der Nieten und Schaufeln kann nach [4.7] oder [4.26] erfolgen.

Für die höchste Biegebeanspruchung in der Schaufel selbst gibt KLUGE [4.7] die einfache Beziehung an:

**Tabelle 4.3 Zulässige Umfangsgeschwindigkeiten in Pumpenlaufrädern**

| Werkstoff | $u_{2zul}$ in m/s |
|---|---|
| Grauguß | 30 m/s |
| Bronze, legierter Grauguß | 50 m/s |
| legierter Stahlguß | etwa 100 m/s und in Sonderfällen darüber |

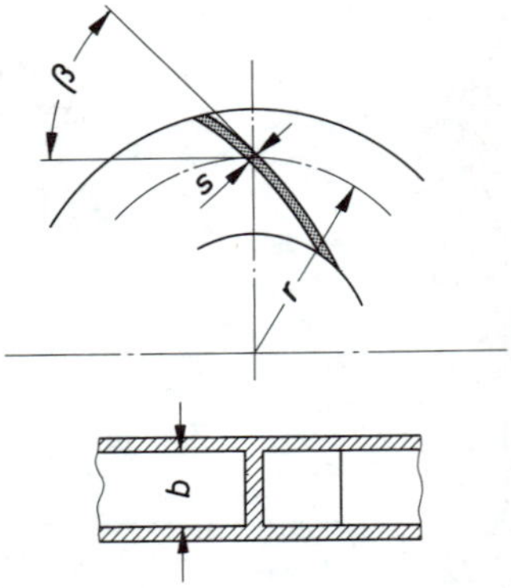


*Bild 4.16 Zur Berechnung der Biegespannung in Schaufeln von Radialrädern*

$$\sigma_{\text{b max}} = \frac{b^2}{2 \cdot s}\, \varrho \cdot r \cdot \omega^2 \cdot \cos\beta \qquad (4.28)$$

$\sigma_{\text{b max}}$ = maximale Biegespannung
$b$ = Schaufelbreite
$s$ = Schaufelstärke
$\beta$ = Schaufelwinkel (b, s, β: siehe Bild 4.16)
$r$ = Radius
$\varrho$ = Schaufeldichte
$\omega$ = Winkelgeschwindigkeit

Diese nur sehr ungenaue Abschätzungsformel liefert, insbesondere für breite Schaufeln, wie sie vor allem im Ventilatorenbau vorkommen, viel zu ungenaue Ergebnisse. Eine wesentlich genauere Erfassung der Berechnung der Schaufelbeanspruchung in radialen Laufrädern kann nach folgendem Abschnitt erfolgen:

### 4.4.4 Berechnung der Schaufelbiegung im Radialrad

BROECKER hat in [4.27] ausführlich die Biegebeanspruchung schmaler und breiter Radialschaufeln theoretisch untersucht und die Rechenergebnisse anhand von Schleuderversuchen nachgeprüft. Für den Praktiker wichtig sind die angegebenen Gebrauchsformeln zur Abschätzung der zulässigen Umfangsgeschwindigkeiten am Außendurchmesser:

a) Kurze, breite Schaufeln ($b_m/l > 1$)

Schaufel beiderseitig fest eingespannt:

$$u_{2\text{zul}} = \frac{r_2}{b_m} \cdot \sqrt{\frac{1{,}6 \cdot f^2 + 1{,}5 \cdot s^2}{f} \cdot \frac{\sigma_{\text{bzul}}}{\varrho \cdot r_s \cdot \cos\beta_m}} \qquad (4.29)$$

Schaufel einseitig fest eingespannt, anderseitig aufliegend:

$$u_{2\text{zul}} = \frac{r_2}{b_m} \cdot \sqrt{\frac{16 \cdot f^2/15 + s^2}{f} \cdot \frac{\sigma_{\text{b zul}}}{\varrho \cdot r_s \cdot \cos\beta_m}} \qquad (4.30)$$

$u_{2\text{zul}}$ = zulässige Umfangsgeschwindigkeit am Außendurchmesser
$r_2 = D_2/2$ = Außenradius
$b_m$ = mittlere Schaufelbreite = $\frac{b_1 + b_2}{2}$
$f$ = Wölbung der Schaufel (Bild 4.17)
$s$ = Schaufelstärke
$\sigma_{\text{b zul}}$ = zulässige Biegespannung
$\varrho$ = Schaufeldichte
$r_s$ = mittlerer „Fliehkraftradius“ $\frac{r_1 + r_2}{2}$
$\beta_m$ = mittlerer Schaufelwinkel $\frac{\beta_1 + \beta_2}{2}$

Bei geraden Schaufeln wird die Wölbung $f$ zu Null, in Gleichung (4.29) muß der erste Bruch unter der Wurzel durch $2 \cdot s$, in Gleichung (4.30) der erste Bruch durch $4 \cdot s/3$ ersetzt werden.

b) Lange, schmale Schaufeln ($b_m/l < 1$)

$$u_{2\text{zul}} = \sqrt[4]{\frac{1-\mu^2}{6}}\,\sqrt{\frac{r_2 \cdot \sigma_{\text{b zul}}}{\varrho \cdot R \cdot \cos\beta_2 \cdot \zeta_{\max}}} \qquad (4.31)$$

$u_{2\text{zul}}$ = zulässige Umfangsgeschwindigkeit
$\mu$ = Querzahl (POISSONSCHE Zahl)
$r_2$ = Außenradius
$\sigma_{\text{b zul}}$ = zulässige Biegebeanspruchung
$\varrho$ = Schaufeldichte
$R$ = Schaufelkrümmungsradius (Bild 4.17)
$\beta_2$ = Schaufelaustrittswinkel
$\zeta_{\max}$ = Beiwert nach Tabelle 4.4

*Bild 4.17 Zur Berechnung der Biegespannung in Schaufeln von Radialrädern*

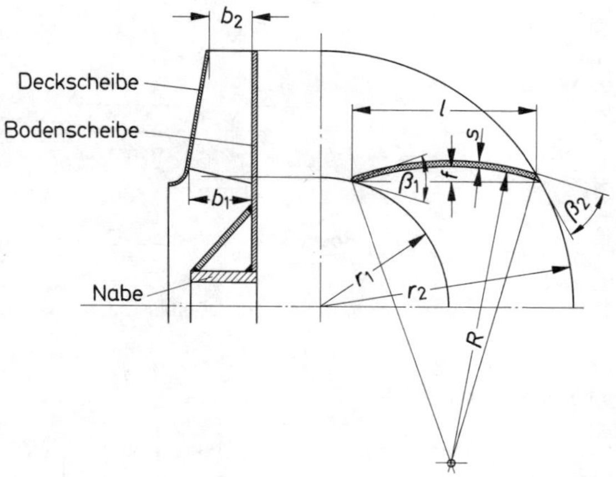


**Tabelle 4.4 Beiwert $\zeta_{max}$**

| beidseitig fest eingespannte Schaufel | einseitig fest eingespannte, anderseitig aufliegende Schaufel |
|---|---|
| 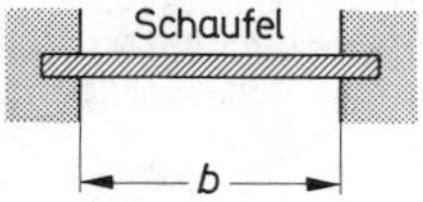  | 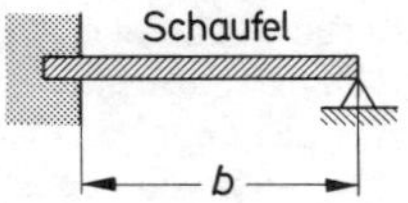  |
| $\zeta_{max} = \dfrac{\sinh \Lambda - \sin \Lambda}{\sinh \Lambda + \sin \Lambda}$ | $\zeta_{max} = \dfrac{(\cosh \Lambda - \cos \Lambda)(\sinh \Lambda - \sin \Lambda)}{\sinh \Lambda \cdot \cosh \Lambda - \sin \Lambda \cdot \cos \Lambda}$ |

mit $\Lambda = \dfrac{\sqrt[4]{\dfrac{3(1-\mu^2)}{2}} \cdot b_2}{\sqrt{R \cdot s}}$

$\mu$ = POISSONsche Zahl
$b_2$ = Laufradaustrittsbreite
$R$ = Schaufelkrümmungsradius
$s$ = Schaufelstärke

BROECKER weist nach, daß bei Stahlschaufeln in Ventilatorenrädern der Luftkrafteinfluß vernachlässigt werden darf, während er bei Kunststofflaufrädern zu berücksichtigen ist. Bei den üblichen rückwärts gekrümmten Schaufeln wirkt die Luftkraft der Fliehkraft entgegen, d.h. entlastet die Schaufel, so daß eine Rechnung nach den oben angegebenen Formeln auf der sicheren Seite liegt.

## 4.4.5 Einige Gestaltungsregeln

Bei gegossenen Laufrädern sollte der Konstrukteur unbedingt die von der Gießerei angegebenen Richtlinien bezüglich der **gießtechnischen Formgebung** beachten.

Diese Richtlinien enthalten i.a. Angaben über

- die Schaufelstärken
- die Schaufelstärken-Toleranzen
- den Schaufelanzug
- die mindestens erforderlichen Kanalaustrittsbreiten
- die Schaufelzahlen
- die Hohlkehlen zwischen Schaufeln und Scheiben
- die Schaufelform und die Verwindung der Schaufeln

In [4.28] werden beispielsweise für gegossene Laufräder von Radialverdichtern folgende Hinweise gegeben:

Schaufeldicke $s \geqq 4$ mm, abhängig vom Raddurchmesser nach Bild 4.18 Kanalaustrittsbreiten:

$$b_{2\,min} = (0{,}03 \text{ bis } 0{,}04) \cdot D_2$$

$$b_{2\,max} = 10 \times \text{Schaufeldicke}$$

Kanaleintrittsbreiten:

$$b_{1\,min} = 1{,}3 \cdot b_{2\,min}$$

$$b_{1\,max} = 0{,}16 \cdot D_2$$

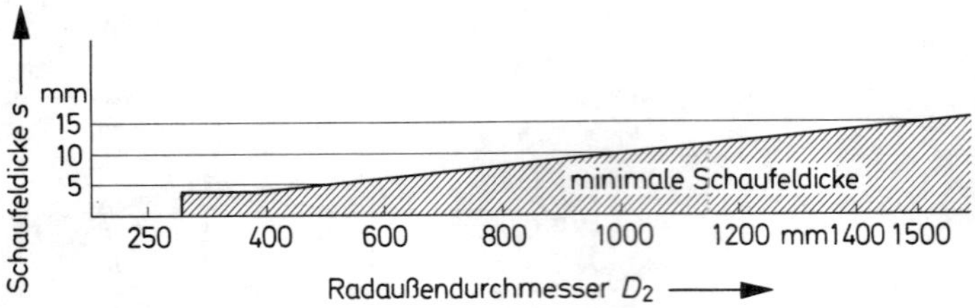


*Bild 4.18*
*Minimale Schaufeldicken*
(nach Fa. Georg Fischer AG, Schaffhausen)

Hohlkehlen zwischen Schaufeln und Scheiben nach Tabelle 4.5:

**Tabelle 4.5 Hohlkehlenradius**

| | | | | | | | | |
|---|---|---|---|---|---|---|---|---|
| Laufraddurchmesser $D_2$ | 300 | 400 | 600 | 800 | 1000 | 1200 | 1500 | mm |
| Hohlkehlenradius | 3 | 4 | 5 | 6 | 6 | 8 | 8 | mm |

Für geschweißte Laufräder lassen sich noch weniger allgemeinverbindliche Richtlinien angeben als für gegossene Räder, da die konstruktive Gestaltung der geschweißten Räder nicht nur von den Abmessungen und von den Werkstoffen von Schaufeln und Scheiben abhängt, sondern auch von den Fertigungseinrichtungen, d.h. von den angewandten Schweißverfahren und der Fertigungsqualität der Werkstatt.
Allgemein kann empfohlen werden, nicht zu unterschiedliche Blechstärken vorzusehen und möglichst dünnwandige Naben zu verwenden.
Bei größeren Laufrädern sollte ein Stützkonus die Verbindung zwischen rohrförmiger Nabe und Bodenscheibe verstärken. Ein am Innenrand der Deckscheibe angebrachter Versteifungsring sorgt besser für einen einwandfreien Rundlauf der Laufradeintrittsöffnung als nur eine angedrückte Krümmung des dünnen Deckscheibenbleches.

**Beispiel 8**

**Aufgabenstellung:**

Welcher Werkstoff ist für das Laufrad der in den Beispielen 1, 3 und 7 behandelten Radialpumpe vorzusehen?

**Lösung:**

Mit einem Außendurchmesser $D_2 = 400\,\text{mm}$ und einer Drehzahl $n = 1450\,\text{min}^{-1}$ beträgt die Umfangsgeschwindigkeit $u_2$:

$$u_2 = D_2 \cdot \pi \cdot n$$

$$u_2 = \frac{0{,}4 \cdot 1450 \cdot \pi}{60}$$

$$u_2 = 30{,}37\,\text{m/s}$$

Nach Tabelle 4.3 ist diese Umfangsgeschwindigkeit gerade noch zulässig für **Grauguß.** Da $u_2$ relativ hoch ist, wird die bessere Werkstoffqualität GG 26 vorgeschlagen. U.U. kann es sinnvoll sein, wegen des besseren Widerstandes gegen Korrosion das Rad auch aus Bronze anzufertigen, oder wenn die Pumpe besonders leicht ausgeführt werden soll aus Aluminium. Eine Festigkeitsberechnung des Laufrades wird in der Praxis schon aus Kostengründen wohl kaum durchgeführt!

# 4.5 Axiale Laufräder

## 4.5.1 Einleitung

Axiale Laufräder bestehen aus den Axialschaufeln, dem trommel- oder scheibenförmigen Nabenkörper und eventuell aus einem über die Schaufelspitzen gelegten Deckband. In den Schaufeln entstehen hervorgerufen durch Fliehkraft und Strömungskräfte Zug-, Biege- und Torsionsbeanspruchungen. In den Nabenkörpern entstehen je nach Art der Schaufelbefestigung relativ komplizierte Spannungsverteilungen, die rechnerisch nur sehr ungenau zu beschreiben sind. Neben der Festigkeitsberechnung der Schaufeln ist auch die Schwingungsberechnung, d.h. die Ermittlung der Eigenfrequenzen besonders wichtig, wobei die Rechenergebnisse insbesondere bei nicht exakt definierbaren Einspannverhältnissen nur Schätzwerte sind. Ggf. können nur Versuche zuverlässige Aussagen über die Festigkeits- und Schwingungsbeanspruchung von axialen Lauf- und Leiträdern liefern.

In den folgenden Abschnitten werden nur die Fliehkraft-, die Biege- und Torsionsbeanspruchung der Axialschaufel behandelt sowie ein einfaches Überschlagsverfahren zur Abschätzung der Biegefrequenzen angegeben. Weitere Einzelheiten über aufwendigere Festigkeits- und Schwingungsrechnungen an Schaufeln, Naben oder Deckbändern müssen der weiterführenden Literatur, z.B. [4.1, 4.2 und 4.13] entnommen werden.

## 4.5.2 Fliehkraftbeanspruchung

Am Schaufelelement $\mathrm{d}m$ (Bild 4.19) greift die Fliehkraft $\mathrm{d}F$ an:

$$\mathrm{d}F = \mathrm{d}m \cdot r \cdot \omega^2$$
$$\mathrm{d}F = \varrho \cdot A \cdot \mathrm{d}r \cdot r \cdot \omega^2$$

Am Radius $r$ ruft die Summe aller Fliehkräfte zwischen $r$ und $r_a$ folgende Zugspannung hervor:

$$\sigma_z = \frac{\int_r^{r_a} \mathrm{d}F}{A} = \frac{1}{A} \int_r^{r_a} \varrho \cdot A \cdot \mathrm{d}r \cdot r \cdot \omega^2$$

$$\sigma_z = \frac{\varrho \cdot \omega^2}{A} \int_r^{r_a} A \cdot r \cdot \mathrm{d}r \qquad (4.32)$$

$\sigma_z$ = Zugspannung am Radius $r$
$\varrho$ = Dichte der Schaufel
$\omega$ = Winkelgeschwindigkeit
$A$ = Schaufelquerschnittsfläche am Radius $r$
$r$ = Radius $r_i \leqq r \leqq r_a$
$r_a$ = Außenradius

Das Integral $\int_r^{r_a} A \cdot r \cdot \mathrm{d}r$ wird am besten grafisch gelöst (Bild 4.19)

In vielen Fällen interessiert nur die Spannung an der Einspannstelle an der Nabe, d.h. am Radius $r_i$:

$$\sigma_{z,i} = \frac{\varrho \cdot \omega^2}{A_i} \int_{r_i}^{r_a} A \cdot r \cdot \mathrm{d}r \qquad (4.33)$$

Für bestimmte Funktionen $A = f(r)$, z.B. lineare oder hyperbolische Abnahme der Schaufelquerschnitte nach außen hin, können für die Gleichungen (4.32) und (4.33) analytische Lösungen der Integrale ange-

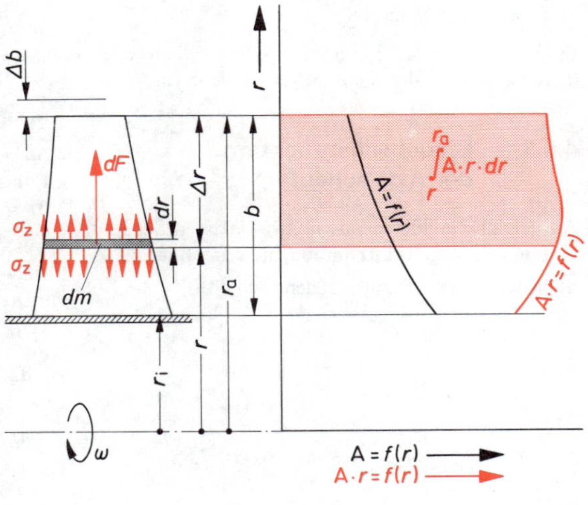


*Bild 4.19*
*Zur Berechnung der Fliehkraftbeanspruchung von Axialschaufeln*

geben werden [4.2, 4.29, 4.30]. Diese Beziehungen gestatten die Berechnung des Spannungsverlaufes längs der Schaufel oder auch nur der maximalen Spannung und der Schaufeldehnungen.

Aus [4.30] werden ohne nochmalige Ableitung folgende Formeln für Schaufeln mit linearer Querschnittsabnahme übernommen:

a) Zugspannung an einem beliebigen Radius $r$:

$$\sigma_z = \varrho \cdot (r_a \cdot \omega)^2 \frac{\Delta r}{r_a} \frac{1 - \frac{1}{2} \cdot \frac{\Delta r}{r_a} + \frac{\Delta r}{b}\left(\frac{A_i}{A_a} - 1\right)\left(\frac{1}{2} - \frac{1}{3} \cdot \frac{\Delta r}{r_a}\right)}{1 + \left(\frac{A_i}{A_a} - 1\right)\frac{\Delta r}{b}} \tag{4.34}$$

b) Zugspannung am Schaufelfuß (an der Nabe):

$$\sigma_z = \varrho \cdot (r_a \cdot \omega)^2 \frac{b}{r_a} \frac{A_a}{A_i}\left[1 - \frac{1}{2} \cdot \frac{b}{r_a} + \left(\frac{A_i}{A_a} - 1\right)\left(\frac{1}{2} - \frac{1}{3} \cdot \frac{b}{r_a}\right)\right] \tag{4.35}$$

c) Schaufellängung:

$$\Delta b = \frac{\varrho \cdot (r_a \cdot \omega)^2 \cdot b^2}{E \cdot r_a}\left(\frac{1}{4} - \frac{1}{9} \cdot \frac{b}{r_a} + \frac{6 - \frac{b}{r_a}}{12\left(\frac{A_i}{A_a} - 1\right)} + \frac{\frac{b}{r_a} - 3 \cdot \ln \frac{A_i}{A_a}}{6\left(\frac{A_i}{A_a} - 1\right)^2} - \frac{\frac{b}{r_a} \cdot \ln \frac{A_i}{A_a}}{6\left(\frac{A_i}{A_a} - 1\right)^3}\right) \tag{4.36}$$

geometrische Größen $r_a$, $\Delta r$, $b$ und $\Delta b$ siehe Bild 4.19

$A_i$ = Querschnitt am Schaufelfuß
$A_a$ = Querschnitt an der Schaufelspitze
$E$ = Elastizitätsmodul

In [4.2, 4.29 und 4.30] sind Diagramme enthalten, die die Bestimmung der Spannungen erleichtern.

### 4.5.3 Biegebeanspruchung der Axialschaufel

An der im Zylinderschnitt $r$ abgewickelten Schaufel greifen folgende Kraftkomponenten an (Bild 4.20):

a) in Umfangsrichtung (Gleichung (2.16)):

$$\mathrm{d}F_u = \varrho \cdot c_m \cdot \mathrm{d}r \cdot t \cdot \Delta w_u$$

$$t = \frac{2 \cdot \pi \cdot r}{z}$$

$c_m = c_{m1} = c_{m2}$ vorausgesetzt!

$$\mathrm{d}F_u = \frac{\varrho \cdot c_m \cdot \Delta w_u \cdot 2 \cdot \pi \cdot r \cdot \mathrm{d}r}{z}$$

b) in axialer Richtung (Längsrichtung):

$$\mathrm{d}F_{ax} = \frac{2 \cdot \pi \cdot r \cdot \mathrm{d}r}{z} \cdot \Delta p$$

wenn $c_m = c_{m1} = c_{m2}$ ist!

$\Delta p = p_2 - p_1$ bei Ventilatoren, Verdichtern und Pumpen
$\Delta p = p_1 - p_2$ bei Turbinen

Aus den Kräften $\mathrm{d}F_u$ und $\mathrm{d}F_{ax}$ ergeben sich an der Schaufeleinspannstelle (Radius $r$) folgende Biegemomente:

a) in Umfangsrichtung:

$$\mathrm{d}M_{b,u} = \mathrm{d}F_u \cdot (r - r_i)$$

$$\mathrm{d}M_{b,u} = \frac{2 \cdot \pi \cdot \varrho}{z} \cdot c_m \cdot \Delta w_u \cdot r(r - r_i) \cdot \mathrm{d}r$$

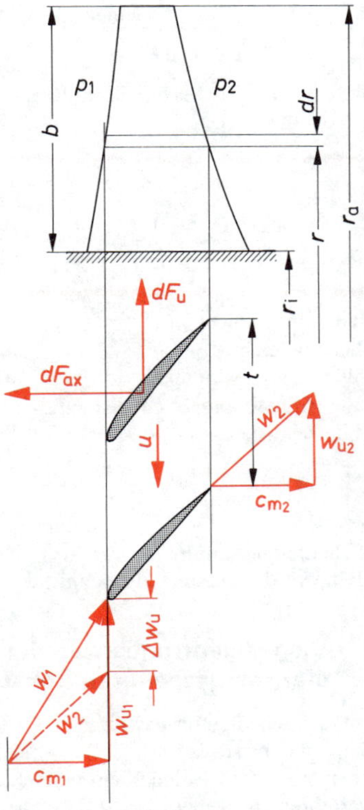


*Bild 4.20 Strömungskräfte an einer Axialschaufel*

Durch Integration der Teilmomente über die gesamte Schaufelhöhe $b$ ergibt sich das Biegemoment am Schaufelfuß:

$$M_{b,u} = \frac{2 \cdot \pi \cdot \varrho \cdot c_m}{z} \int_{r_i}^{r_a} \Delta w_u \cdot r(r - r_i) \cdot dr \tag{4.37}$$

Das Integral in Gleichung (4.37) wird am besten grafisch oder numerisch (in Tabellenform) gelöst. Analog erhält man das Biegemoment in axialer Richtung:

$$dM_{b,ax} = dF_{ax}(r - r_i)$$

$$dM_{b,ax} = \frac{2 \cdot \pi}{z} \cdot \Delta p\,(r - r_i) \cdot r \cdot dr$$

$$M_{b,ax} = \frac{2 \cdot \pi}{z} \cdot \Delta p \int_{r_i}^{r_a} (r - r_i) \cdot r \cdot dr$$

$$M_{b,ax} = \frac{2 \cdot \pi \cdot \Delta p}{z} \left| \frac{r^3}{3} - r_i \cdot \frac{r^2}{2} \right|_{r_i}^{r_a}$$

$$M_{b,ax} = \frac{2 \cdot \pi \cdot \Delta p}{z} \left( \frac{1}{3} \cdot r_a^3 - \frac{r_i \cdot r_a^2}{2} + \frac{1}{6} \cdot r_i^3 \right) \tag{4.38}$$

Die beiden Momente rufen im Schaufelfuß folgende Biegespannung hervor (Bild 4.21):

$$\sigma_b = \frac{s_1}{I_x} \cdot M_{bx} + \frac{s_2}{I_y} \cdot M_{by} \tag{4.39}$$

$\sigma_b$ = Biegespannung im Punkt $S$
$s_1$ = Abstand des Punktes $S$ von der Hauptträgheitsachse $x-x$
$I_x$ = Flächenträgheitsmoment bezogen auf die $x-x$-Achse
$M_{bx}$ = Biegemoment bezogen auf die $x-x$-Achse
$s_2$ = Abstand des Punktes $S$ von der Hauptträgheitsachse
$I_y$ = Flächenträgheitsmoment, bezogen auf die $y-y$-Achse
$M_{by}$ = Biegemoment bezogen auf die $y-y$-Achse

Weitere Informationen über die Berechnung der Biegebeanspruchung von Axialschaufeln, auch bei ungleichförmiger Druck- und Geschwindigkeitsverteilung finden sich in [4.2, 4.31 und 4.32]. Die

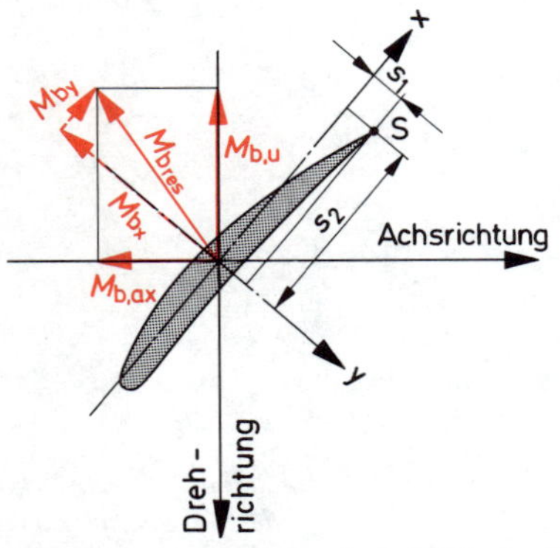


*Bild 4.21 Biegemomente an einer Axialschaufel*

Bestimmung der Flächenträgheitsmomente $I_x$ und $I_y$ kann nach Angaben in [4.2, 4.32 und 4.33] erfolgen. Die Berechnung der Beanspruchung von Kaplanschaufeln ist sehr schwierig, da die räumliche Druck- und Geschwindigkeitsverteilung um die Schaufel nur sehr ungenau anzugeben ist und auch die Verteilung der Spannungen im Schaufelblatt und im Zapfen nur sehr schwer zu erfassen ist. Meist werden deshalb Versuche an Original- oder Modellschaufeln durchgeführt [4.37 bis 4.39].

### 4.5.4 Torsionsbeanspruchung der Schaufel

Die Torsionsbeanspruchung von Axialschaufeln kann in den meisten Fällen vernachlässigt werden. Torsionsbeanspruchungen entstehen durch Strömungskräfte und durch die Fliehkraft. Bei den langen, schlanken und stark verwundenen Schaufeln der Endstufen von Dampfturbinen und den Eintrittsschaufeln großer Axialverdichter müssen die Torsionsspannungen und die Torsionseigenfrequenzen ermittelt werden.

Eine genaue Berechnung der Torsionsbeanspruchung kann nach [4.2] erfolgen. Im Rahmen dieses Buches wird nur folgendes Überschlagsverfahren angegeben:

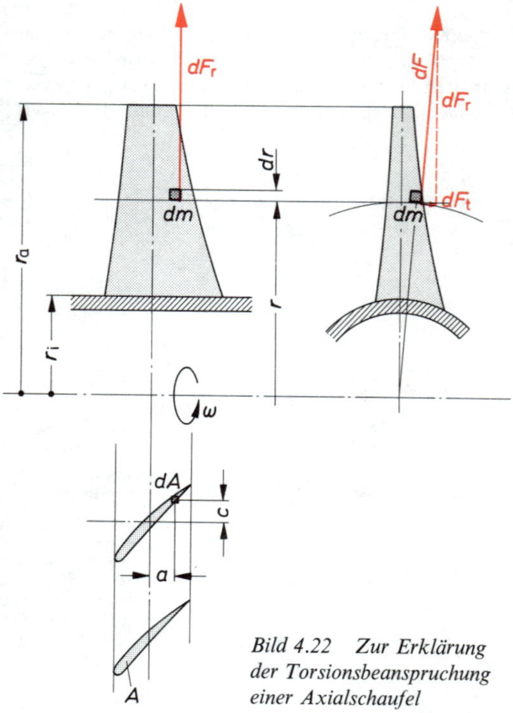


*Bild 4.22 Zur Erklärung der Torsionsbeanspruchung einer Axialschaufel*

Torsionsmoment am Massenelement $dm$ (Bild 4.22):

$$dM_t = dF_t \cdot a$$

Nach [4.5] beträgt das an der Schaufel angreifende gesamte Torsionsmoment:

$$M_t = \varrho \cdot \omega^2 \int_{r_i}^{r_a} I_{xy} \cdot dr \qquad (4.40)$$

$M_t$ = Torsionsmoment
$\varrho$ = Schaufeldichte
$\omega$ = Winkelgeschwindigkeit
$I_{xy}$ = Zentrifugalmoment des Schaufelquerschnittes

$$I_{xy} = \int_{(A)} a \cdot c \cdot dA$$

$A$ = Schaufelquerschnitt
$dA$ = Element des Schaufelquerschnittes

### 4.5.5 Biegeeigenfrequenzen der starr eingespannten Schaufel

Ohne auf die schwingungstechnischen Grundlagen einzugehen, die beispielsweise in [4.1] ausführlich beschrieben sind, wird lediglich ein einfaches Überschlagsverfahren angegeben, das gestattet die Biegeeigenfrequenzen einer fest eingespannten Axialschaufel wenigstens grob abzuschätzen. Nach der empirischen Formel von Geiger [4.1] kann die Biegegrundfrequenz und die Eigenfrequenz der ersten Oberschwingung wie folgt näherungsweise bestimmt werden:

$$f_{b1} \approx \frac{0{,}56}{b^2} \cdot \sqrt{\frac{E \cdot I_{0,23}}{\varrho \cdot A_{0,77}}} \qquad (4.41)$$

$$f_{b2} \approx \frac{3{,}5}{b^2} \cdot \sqrt{\frac{E \cdot I_{0,43}}{\varrho \cdot A_{0,57}}} \qquad (4.42)$$

$f_{b1}$ und $f_{b2}$ = Biegeeigenfrequenzen
$b$ = radiale Schaufelerstreckung (Bild 4.23)
$E$ = Elastizitätsmodul } des Schaufelwerkstoffes
$\varrho$ = Dichte } des Schaufelwerkstoffes
$I$ = kleinstes Flächenträgheitsmoment
$A$ = Schaufelquerschnitt

$I$ und $A$ sind an den Radien $r_i + 0{,}23\,b$, $r_i + 0{,}43\,b$, $r_i + 0{,}57\,b$ und $r_i + 0{,}77\,b$ einzusetzen.

Bei umlaufenden Schaufeln wird die Schaufel gewis-

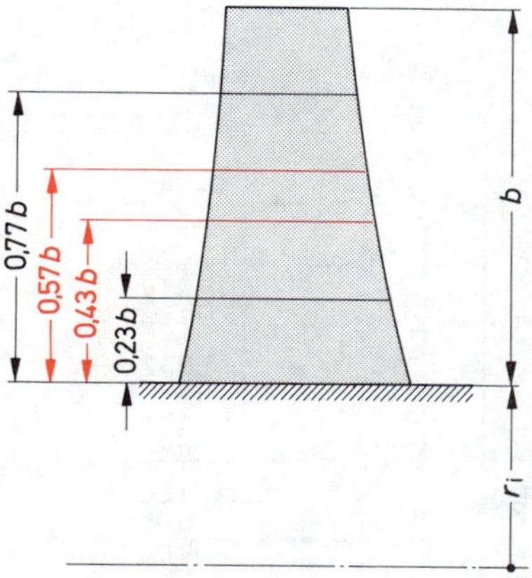


*Bild 4.23 Zur Berechnung der Biegeeigenfrequenz von Axialschaufeln*

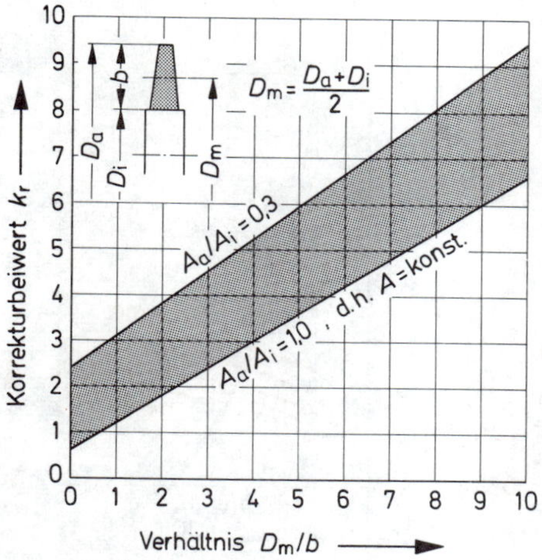


*Bild 4.24 Beiwert $k_r$*

sermaßen durch die Fliehkraft versteift, die Biegefrequenz erhöht sich. Nach [4.31] kann diese korrigierte Biegefrequenz wie folgt bestimmt werden:

$$f_{b,rot} = \sqrt{f_b^2 + k_r \cdot n^2} \qquad (4.43)$$

$f_{b,rot}$ = Biegeeigenfrequenz bei umlaufendem Rotor
$f_b$ = Biegeeigenfrequenz bei stehendem Rotor
$k_r$ = Korrekturbeiwert nach Bild 4.24
$n$ = Drehzahl (in $s^{-1}$)

Die Torsionseigenfrequenz kann rechnerisch nur sehr schwer ermittelt werden, es empfiehlt sich die Durchführung von Versuchen [4.31, 4.34]. Weitere Literatur über die Festigkeit von Axialschaufeln in thermischen Turbomaschinen ist unter [4.35 und 4.36] aufgezählt.

**Beispiel 9**

**Aufgabenstellung:**

Die Schaufel des in den Beispielen 2, 4, 5 und 6 behandelten Axialventilators soll hinsichtlich der Fliehkraftbeanspruchung und der Biegeeigenfrequenzen überprüft werden. Die Schaufel soll aus Aluminiumguß ($\varrho = 2650\,\text{kg/m}^3$; $E = 75\,000\,\text{N/mm}^2$) gefertigt werden und am Schaufelfuß an der Nabe angegossen sein.

**Lösung:**

Zur Ermittlung der durch die Fliehkraft erzeugten Zugspannung im Schaufelfuß nach Gleichung (4.33) benötigt man den Verlauf der Schaufelquerschnittsflächen $A$ zwischen Nabenradius $r_i$ und Außenradius $r_a$; zur Abschätzung der Biegeeigenfrequenzen nach den Gleichungen (4.41) und (4.42) werden Schaufelquerschnitte und Trägheitsmomente an bestimmten Radien (vgl. Bild 4.23) gebraucht.

Deshalb werden zunächst für die 5 Schaufelschnitte (Beispiel 4) die Querschnittsflächen $A = f(r)$ und die Trägheitsmomente $I = f(r)$ anhand des aus [4.32] entnommenen Bildes 4.25 bestimmt (Tabelle 4.6) und in einem Diagramm (Bild 4.26) aufgetragen.

a) Vor der eigentlichen genauen Spannungsermittlung wird überschlägig die Größenordnung der Spannung nach Gleichung (4.3) abgeschätzt:

$$\sigma_{max} = \frac{\varrho \cdot \omega^2}{2} (r_a^2 - r_i^2)$$

$$\varrho = 2650\,\text{kg/m}^3$$

$$\omega = 2 \cdot \pi \cdot n$$

$$n = 49{,}17\,\text{s}^{-1} \text{ (Beispiel 2)}$$

$$\omega = 2 \cdot \pi \cdot 49{,}17 = 308{,}94\,\text{s}^{-1}$$

$$\left.\begin{aligned} r_a &= 0{,}25\,\text{m} \\ r_i &= 0{,}14\,\text{m} \end{aligned}\right\} \text{Beispiel 2}$$

$$\sigma_{max} = \frac{2650 \cdot 308{,}94^2}{2} (0{,}25^2 - 0{,}14^2)$$

$$\sigma_{max} = 5{,}425 \cdot 10^6\,\text{N/m}^2$$

$$\sigma_{max} = 5{,}43\,\text{N/mm}^2$$

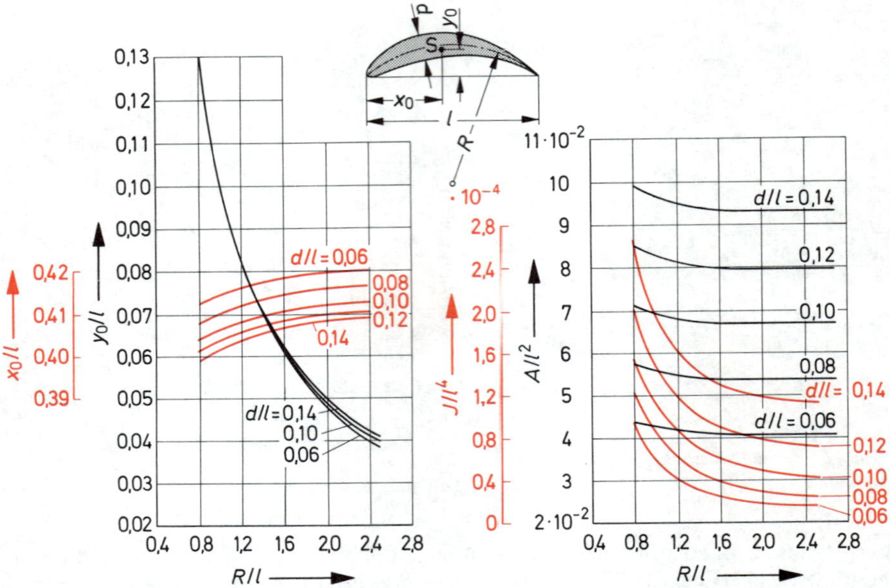


*Bild 4.25 Diagramme zur Bestimmung der Schwerpunktslage, der Querschnittsfläche und des Flächenträgheitsmomentes von Kreisbogenschaufeln*
(nach [4.32])

**Tabelle 4.6 Werte der Axialschaufel**

| Schnitt-Nr. | $1 = a$ | 2 | 3 | 4 | $5 = i$ | |
|---|---|---|---|---|---|---|
| Durchmesser $D_x$ | 0,5 | 0,455 | 0,405 | 0,348 | 0,280 | m |
| Schaufellänge $l$* | 0,085 | 0,090 | 0,095 | 0,105 | 0,120 | m |
| Krümmungsradius $R$* | 0,189 | 0,193 | 0,184 | 0,170 | 0,135 | m |
| Verhältnis $R/l$ | 2,22 | 2,14 | 1,94 | 1,62 | 1,13 | |
| $A/l^2$ aus Bild 4.25 | $6 \cdot 10^{-2}$ | $6 \cdot 10^{-2}$ | $6 \cdot 10^{-2}$ | $6 \cdot 10^{-2}$ | $6{,}2 \cdot 10^{-2}$ | |
| $I/l^4$ aus Bild 4.25 | $0{,}3 \cdot 10^{-4}$ | $0{,}39 \cdot 10^{-4}$ | $0{,}4 \cdot 10^{-4}$ | $0{,}5 \cdot 10^{-4}$ | $0{,}9 \cdot 10^{-4}$ | |
| $A = A/l^2 \cdot l^2$ | $4{,}34 \cdot 10^{-4}$ | $4{,}86 \cdot 10^{-4}$ | $5{,}42 \cdot 10^{-4}$ | $6{,}62 \cdot 10^{-4}$ | $8{,}93 \cdot 10^{-4}$ | $m^2$ |
| $I = I/l^4 \cdot l^4$ | $1{,}98 \cdot 10^{-9}$ | $2{,}56 \cdot 10^{-9}$ | $3{,}26 \cdot 10^{-9}$ | $6{,}08 \cdot 10^{-9}$ | $1{,}86 \cdot 10^{-8}$ | $m^4$ |
| $A \cdot r = A \cdot \frac{D_x}{2}$ | $1{,}085 \cdot 10^{-4}$ | $1{,}11 \cdot 10^{-4}$ | $1{,}10 \cdot 10^{-4}$ | $1{,}15 \cdot 10^{-4}$ | $1{,}25 \cdot 10^{-4}$ | $m^3$ |

* aus Tabelle 2.10 entnommen

Bild 4.26 *Zu Beispiel 9*

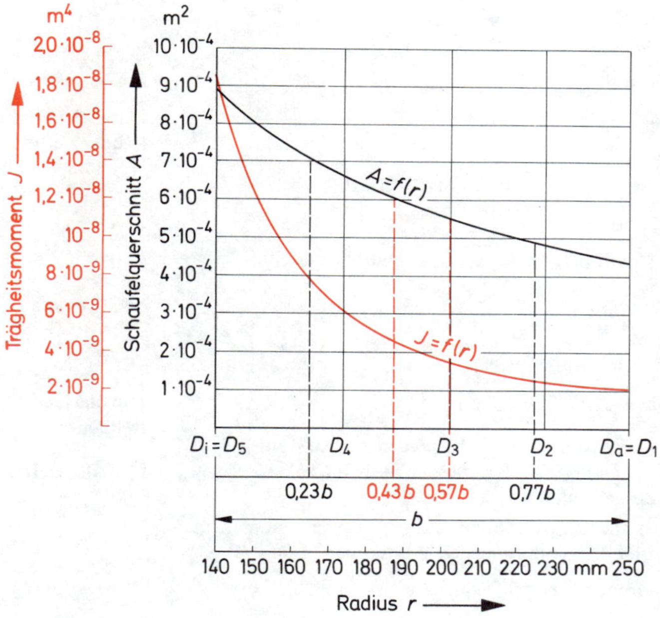


Da selbst die „billigsten“ Aluminiumgußlegierungen (DIN 1725) Streckgrenzen von 80 N/mm² aufweisen, wird man in der Praxis es mit dieser Überschlagsrechnung bewenden lassen, da eine ausreichende Sicherheit vorliegt.

b) Aus didaktischen Gründen wird trotzdem die genauere Ermittlung des Spannungsverlaufes nach Kapitel 4.5.2. durchgeführt.

Die Spannung am Nabenfuß kann mit Hilfe von Gleichung (4.33) abgeschätzt werden:

$$\sigma_{r,i} = \frac{\varrho \cdot \omega^2}{A_i} \int_{r_i}^{r_a} A \cdot r \cdot dr$$

Das Integral wird durch Auftragen der Funktion $A \cdot r = f(r)$ in ein Diagramm und durch grafische Integration (Bild 4.27) bestimmt. Die rot gerasterte Fläche in Bild 4.27 kann mit guter Näherung ohne Benützung eines Planimeters als Rechteckfläche berechnet werden:

Bild 4.27 *Zu Beispiel 9*

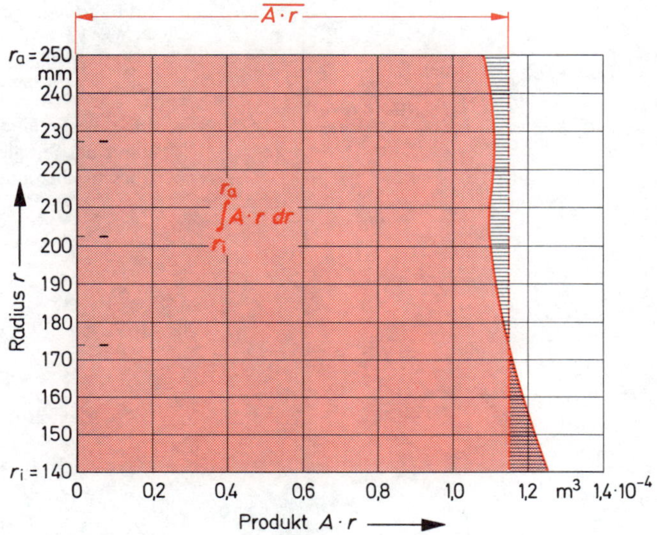

$$\int_{r_i}^{r_a} A \cdot r \cdot dr \approx (r_a - r_i) \cdot \overline{A \cdot r}$$

$$\int_{r_i}^{r_a} A \cdot r \cdot dr \approx 0{,}11 \cdot 1{,}15 \cdot 10^{-4}$$

Damit beträgt die Spannung am Schaufelfuß:

$$\sigma_{r,i} = \frac{2650 \cdot 308{,}94^2}{8{,}93 \cdot 10^{-4}} \cdot 1{,}265 \cdot 10^{-5}$$

$$\sigma_{r,i} = 3582888 \text{ N/m}^2$$

$$\sigma_{r,i} = 3{,}58 \text{ N/mm}^2$$

Die Spannung $\sigma_{r,i}$ beträgt demnach nur 2/3 der Spannung im prismatischen Stab, die zu 5,43 N/mm$^2$ ausgerechnet worden war.

c) Die Biegeeigenfrequenzen betragen mit den aus Bild 4.26 entnommenen Werten von $A$ und $I$:

Grundbiegeeigenfrequenz:

$$f_{b1} \approx \frac{0{,}56}{b^2} \cdot \sqrt{\frac{E \cdot I_{0,23}}{\varrho \cdot A_{0,77}}}$$

$$I_{0,23} = 8 \cdot 10^{-9} \text{ m}^4$$

$$A_{0,77} = 4{,}9 \cdot 10^{-4} \text{ m}^2$$

$$f_{b1} \approx \frac{0{,}56}{0{,}11^2} \cdot \sqrt{\frac{75 \cdot 10^9 \cdot 8 \cdot 10^{-9}}{2650 \cdot 4{,}9 \cdot 10^{-4}}}$$

$$f_{b1} \approx 995 \text{ s}^{-1}$$

Eigenfrequenz der ersten Oberschwingung:

$$f_{b2} \approx \frac{3{,}5}{b^2} \cdot \sqrt{\frac{E \cdot I_{0,43}}{\varrho \cdot A_{0,57}}}$$

$$I_{0,43} = 4{,}6 \cdot 10^{-9} \text{ m}^4$$

$$A_{0,57} = 5{,}5 \cdot 10^{-4} \text{ m}^2$$

$$f_{b2} \approx \frac{3{,}5}{0{,}11^2} \cdot \sqrt{\frac{75 \cdot 10^9 \cdot 4{,}6 \cdot 10^{-9}}{2650 \cdot 5{,}5 \cdot 10^{-4}}}$$

$$f_{b2} \approx 4450 \text{ s}^{-1}$$

Die Biegeeigenfrequenzen liegen bezüglich der Drehzahl $n$ ausreichend hoch!

Durch den Einfluß der Fliehkraft wird die Biegeeigenfrequenz erhöht. Mit einem Flächenverhältnis $A_a/A_i = 4{,}34/8{,}93 = 0{,}49$ und dem Wert

$$D_m/b = \frac{D_a + D_i}{2 \cdot b} = \frac{0{,}5 + 0{,}28}{2 \cdot 0{,}11} = 3{,}55$$

erhält man aus Bild 4.24 einen Korrekturbeiwert:

$$k_r \approx 4$$

und aus Gleichung (4.43) die korrigierten Biegeeigenfrequenzen:

Grundbiegefrequenz:

$$f_{b,rot1} = \sqrt{f_{b1}^2 + k_r \cdot n^2}$$

$$f_{b,rot1} = \sqrt{995^2 + 4 \cdot 49{,}17^2}$$

$$f_{b,rot1} = 1000 \text{ s}^{-1}$$

Eigenfrequenz der ersten Oberschwingung:

$$f_{b,rot2} = \sqrt{4450^2 + 4 \cdot 49{,}17^2}$$

$$f_{b,rot2} = 4451 \text{ s}^{-1}$$

Im vorliegenden Falle hat die Fliehkraft praktisch keinen Einfluß auf die Biegeeigenfrequenzen, die berechneten Erhöhungen der Frequenzen sind kleiner als die Ungenauigkeiten der gesamten Rechnung!

Bei drehbaren Axialschaufeln tritt bei Rotation des Laufrades ein Rückstellmoment auf, das bei schnelllaufenden Maschinen, z.B. bei Axialventilatoren durch Gegengewichte ausgeglichen werden muß, da sonst zu große Schaufelverstellkräfte auftreten und u.U. auch der Schaufelholm zu stark beansprucht wird.

Die Bestimmung der Größe des Rückstellmomentes und der Ausgleichgewichte ist in [4.40] ausführlich beschrieben und an einem Zahlenbeispiel erläutert.

# 4.6 Wellen

## 4.6.1 Rotorformen

Die Läufer der meisten Turbomaschinen bestehen aus schlanken, biegeweichen Wellen und den darauf befestigten scheibenförmigen Laufrädern.
Nach Art der Lagerung des Rotors unterscheidet man zweifach gelagerte Wellen mit fliegendem Laufrad, die übliche Ausführung für einstufige Maschinen (Bild 4.28) und zweiseitig gelagerte Wellen mit je einem Lager auf jeder Gehäuseseite und dem Laufrad bzw. Laufrädern zwischen den Lagern (Bild 4.29). Diese Art der Rotorlagerung wird bei zweiflutigen und mehrstufigen Maschinen angewandt.
Bei der fliegend gelagerten Welle wird auf dem dem Laufrad gegenüberliegenden Wellenende eine Kupplung, eine Riemenscheibe oder ein Zahnrad zur Übertragung des Drehmomentes zur antreibenden oder angetriebenen Maschine aufgebracht. Diese relativ einfachen Wellen weisen i.a. nur geringe Durchmessersprünge auf.
Die zweiseitig gelagerte Welle wird bei größeren Lagerabständen oft als mehrfach abgesetzte Welle ausgeführt mit zur Wellenmitte hin zunehmenden Durchmessern. Zwischen den einzelnen Laufrädern werden u.U. Distanzbüchsen eingeschoben. Das Drehmoment wird an einem Wellenende eingeleitet. Laufräder, Kupplungen, Riemenscheiben oder Zahnräder werden entweder formschlüssig, z.B. über eine Paßfederverbindung bzw. Vielkeilwelle oder kraftschlüssig über eine Schrumpf-, Preß- oder Kegelverbindung mit der Welle verbunden. Schweiß- und Klebeverbindungen kommen nur in sehr kleinen Strömungsmaschinen wie Kleinventilatoren oder kleinen Pumpen gelegentlich vor.

## 4.6.2 Kräfte und Momente

### 4.6.2.1 Allgemeines

Zur Dimensionierung und Nachrechnung von Welle und Lagern benötigt man die Kräfte und Momente, die an den Laufrädern, an der Welle und anderen aufgesetzten Maschinenelementen (z.B. Kupplungen) angreifen. In Bild 4.28 sind die Kräfte an einem fliegend gelagerten Rotor und in Bild 4.29 an einem zweiseitig gelagerten Rotor eingetragen.
Im einzelnen werden folgende Kräfte unterschieden:

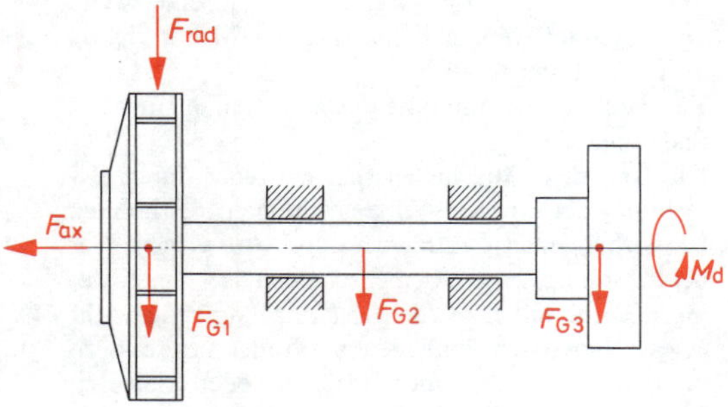


*Bild 4.28 Zweifach gelagerte Welle mit fliegend angeordnetem Laufrad*

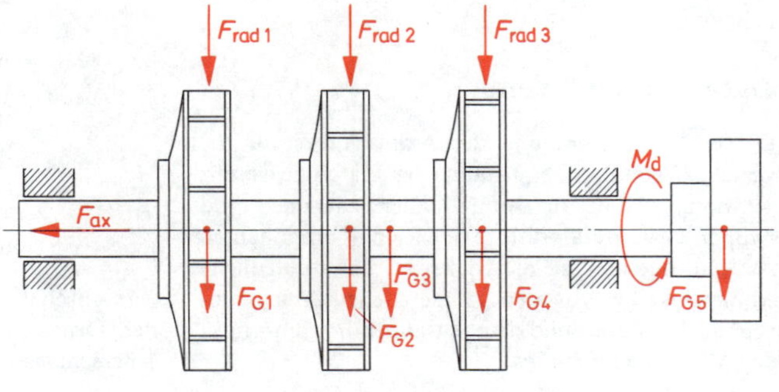


*Bild 4.29 Zweiseitig gelagerte Welle*

a) **Gewichtskräfte** $F_G$ aus Laufradgewichten, Wellengewicht, Gewichte von aufgesetzten Maschinenteilen (z.B. Kupplungen)
b) **Axialschub** $F_{ax}$ in Richtung zur Laufradsaugseite
c) **Radialschub** $F_{rad}$
d) **Unwuchtkräfte** $F_{Un}$
e) **Riemenzug oder Zahnkräfte** $F_z$

Hinzu kommt das übertragene Drehmoment $M_d$, das sich aus Leistung und Drehzahl berechnen läßt:

$$P = M_d \cdot \omega$$

$$M_d = \frac{P}{\omega}$$

$$M_d = \frac{P}{2 \cdot \pi \cdot n} \qquad (4.44)$$

Für die Auslegung der Welle ist das größte sich einstellende Drehmoment der Maschine zugrunde zu legen, das sich aus der maximalen Leistung ergibt. Die maximale Leistung ist aus dem **Kennfeld** der Strömungsmaschine zu entnehmen. Bei Strömungsarbeitsmaschinen, die direkt mit Elektromotoren gekuppelt werden, wird üblicherweise das Drehmoment $M_d$ gleich dem Motordrehmoment gesetzt, wenn vorausgesetzt werden kann, daß der Motor richtig ausgewählt wurde.

Für die Kräftebestimmung dienen folgende Hinweise und Angaben:

Die **Gewichtskräfte** lassen sich entweder durch Berechnung der Einzelgewichte bestimmen oder können bei vorhandenen Laufrädern durch Auswiegen oder bei Kupplungsteilen, Riemenscheiben usw. aus Katalogen entnommen werden. Ist das Laufradgewicht eines geometrisch ähnlichen Laufrades bekannt, so kann das Gewicht eines größeren oder kleineren Laufrades über die 3. Potenz des Durchmesserverhältnisses umgerechnet werden.

Die weiteren Kräfte werden in den folgenden Kapiteln behandelt:

### 4.6.2.2 Der Axialschub

Die exakte Bestimmung des Axialschubes für die verschiedenen Betriebszustände der Maschine ist sehr schwierig, da er als Summe aller statischen und dynamischen Axialkräfte aus vielen Komponenten zusammengesetzt ist, die wiederum unterschiedliche Abhängigkeiten von den geometrischen Abmessungen der Laufräder und dem jeweiligen Betriebspunkt der Maschine haben.

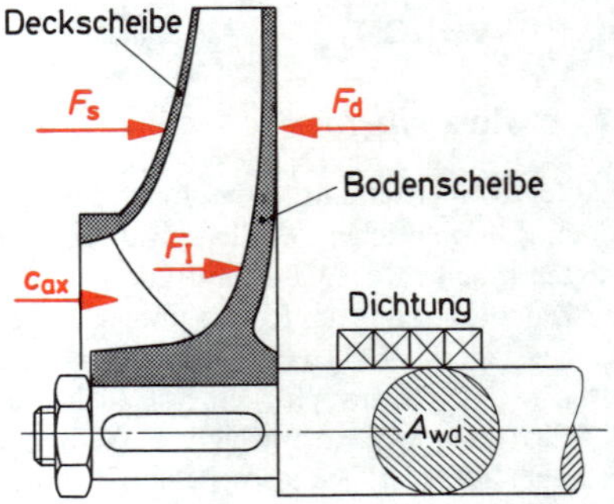


*Bild 4.30 Zur Erklärung des Axialschubes*

Neben den Strömungskräften können auch Axialkräfte durch Gewichtskräfte bei vertikalen oder schrägliegenden Maschinen, durch Zahnradkräfte bei schrägverzahnten Zahnrädern, durch Dichtungskräfte und andere Ursachen auftreten. Im Rahmen dieses Abschnittes werden nur die Strömungskräfte vereinfachend behandelt.

Bei **Radialrädern** (Bild 4.30) kann der Axialschub wie folgt angesetzt werden:

$$F_{ax} = F_D + F_I + F_{WD} + F_{sonstige} \qquad (4.45)$$

$F_{ax}$ = Axialschub
$F_D = F_d - F_s$
$F_d$ = Druckkräfte auf die Bodenscheibe
$F_s$ = Druckkräfte auf die Deckscheibe
$F_I$ = Impulskraft
$F_I = \varrho \cdot \dot{V} \cdot \Delta c_{ax}$
$\varrho$ = Dichte
$\dot{V}$ = Volumenstrom
$\Delta c_{ax}$ = Differenz der Axialkomponenten der Absolutgeschwindigkeit am Laufradeintritt und -austritt
$F_{Wd} = A_{Wd} \cdot \Delta p_{Wd}$
$A_{Wd}$ = Wellenquerschnitt
$\Delta p_{Wd}$ = Druckunterschied vor und hinter der Wellendichtung
$F_{sonstige}$ = Zahnradkraft, Rotorgewicht bei nicht horizontalen Maschinen, magnetischer Zug bei direkt angebauten Elektromotoren usw.

Zur Abschätzung der größten Komponente von $F_{ax}$, der Druckkraft $F_D$ gibt KSB in [4.41] folgende Überschlagsformel an:

$$F_D = (0{,}7 \text{ bis } 0{,}9)\, A_{ne} \cdot \varrho \cdot Y \qquad (4.46)$$

$F_D$ = Druckkraft in $N$
$A_{ne}$ = nicht entlastete Laufradfläche in $m^2$, d.h. Fläche mit unterschiedlichen Drücken auf Boden- und Deckscheibe
$\varrho$ = Dichte des Arbeitsmediums in $kg/m^3$
$Y$ = spezifische Stutzenarbeit in J/kg

Für **Diagonal-** und **Axialräder** wird in der gleichen Quelle folgende Formel vorgeschlagen:

$$F_D = (1{,}0 \text{ bis } 1{,}3) \cdot \frac{D_a^2 \cdot \pi}{4} \cdot \varrho \cdot Y \qquad (4.47)$$

$D_a$ = Laufradaußendurchmesser in m

In [4.42] wird zur Bestimmung der Summe aus Druck- und Impulskraft für **Axialräder** folgende Gleichung empfohlen:

$$F_D + F_I = \frac{D_a^2 \cdot \pi}{4} \cdot \varrho \cdot \left[0{,}9 \cdot Y - \left(\frac{D_i}{D_a}\right)^2 \cdot c_{mo}^2\right] \qquad (4.48)$$

$D_a$ = Laufradaußendurchmesser in m
$D_i$ = Nabendurchmesser in m

$$c_{mo} = \frac{\dot{V}}{\frac{\pi}{4} \cdot D_a^2} = \text{Zuströmgeschwindigkeit in m/s}$$

Weitere Einzelheiten über Axialkräfte, insbesondere in Kreiselpumpen können in [4.43] bis [4.48] nachgelesen werden.

Wenn der durch Druckunterschiede und Strömungskräfte erzeugte Schub nicht ausgeglichen wird, muß er voll vom Festlager aufgenommen werden. Zum Ausgleich, bzw. zur Absenkung des Axialschubes dienen folgende Maßnahmen:

a) Gegenläufige Anordnung von Laufrädern (bei Radialrädern)
b) Anbringen eines druckseitigen Dichtspaltes, kombiniert mit Entlastungsbohrungen (bei Radialrädern) (Bild 4.31 a)
c) Anbringen von Rückenschaufeln (Bild 4.31 b)
d) Anbringen eines Ausgleichskolbens oder einer Entlastungsscheibe (Bild 4.32)

Die genaue Wirkungsweise und die konstruktive Gestaltung der einzelnen Entlastungsmöglichkeiten müssen der Spezialliteratur entnommen werden.

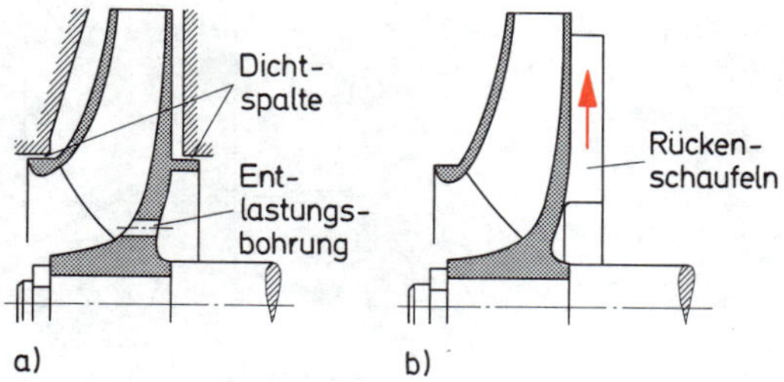


*Bild 4.31 Axialschubausgleich*
*a) Durch Entlastungsbohrungen und Dichtspalte*
*b) Durch Rückenschaufeln*

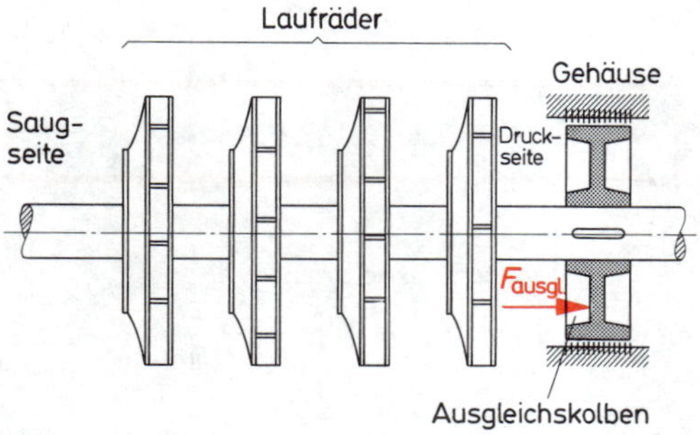


*Bild 4.32 Axialschubausgleich durch Ausgleichskolben*

### 4.6.2.3 Der Radialschub

Unter dem Radialschub versteht man eine am Laufrad angreifende radiale Kraft, die durch die Wechselwirkung von Strömungskräften zwischen Laufrad und Gehäuse bzw. Leitrad entsteht. Man unterscheidet stationäre Radialkräfte, deren Größe und Richtung vom Verhältnis des jeweiligen Volumenstromes zum Auslegevolumenstrom abhängt und instationäre Radialkräfte mit zeitlich veränderlichen Größen und Richtungen.

In der Praxis werden Größe und Richtung von Radialkräften hauptsächlich im Kreiselpumpenbau und hier wiederum vor allem bei Spiralgehäusepumpen bei der Auslegung von Welle und Lagern berücksichtigt.

Für Überschlagsrechnungen wird für einfache Spiralgehäusepumpen folgende Beziehung zur Abschätzung der Größe der Radialkraft empfohlen:

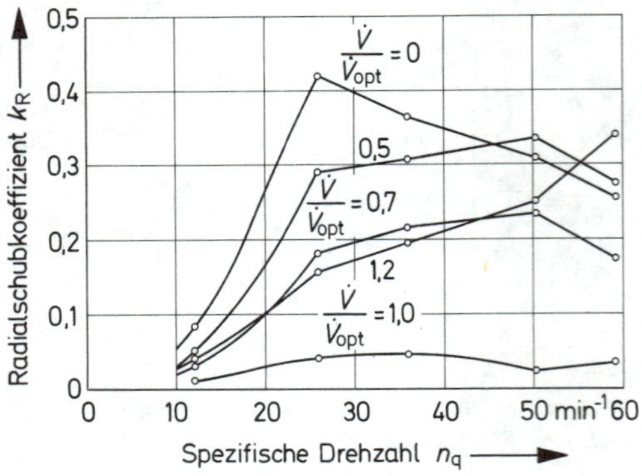


*Bild 4.33 Radialschubkoeffizient* $k_R$ (nach [4.41])

$$F_{rad} = k_R \cdot \varrho \cdot Y \cdot D_2 \cdot b_{2\,ges} \quad (4.49)$$

$F_{rad}$ = Radialkraft in $N$
$k_R$ = Radialschubkoeffizient

$$k_R = 0{,}36 \left[1 - \left(\frac{\dot{V}}{\dot{V}_{opt}}\right)^2\right] \text{ nach [4.45]}$$

$\dot{V}$ = Volumenstrom
$\dot{V}_{opt}$ = Volumenstrom bei bestem Wirkungsgrad
$k_R = f(n_q$ und $\dot{V}/\dot{V}_{opt})$ nach [4.41] siehe Bild 4.33
$\varrho$ = Dichte in kg/m³
$Y$ = Spezifische Stutzenarbeit in J/kg
$D_2$ = Laufradaußendurchmesser in m } Bild 4.34
$b_{2\,ges}$ = gesamte Laufradbreite am Austritt in m } Bild 4.34

Da die Radialkraft von zahlreichen Parametern abhängt, sind zu ihrer genauen Ermittlung Versuche erforderlich.

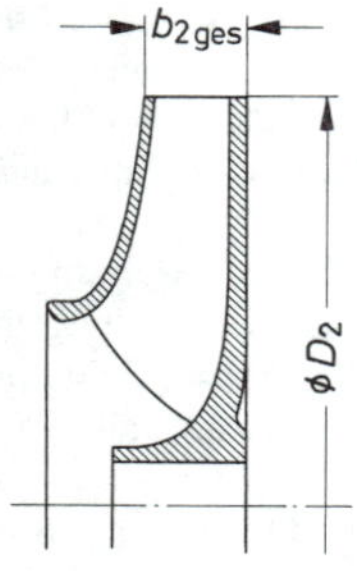


*Bild 4.34 Radialrad*

Weiterführende Literatur ist unter [4.49] bis [4.57] und [4.89] aufgeführt. Der hydraulischen Radialkraft überlagern sich u. U. noch Unwuchten an den Laufrädern und aufgesetzten sonstigen Teilen sowie eventuell Riemenzug oder radial wirkende Zahnradkräfte. Insbesondere bei der Auslegung von Wellen und Lagern von Ventilatoren ist es manchmal erforderlich, die Größe der Unwucht in etwa abzuschätzen. In [4.58] wird dazu folgende „Faustformel" vorgeschlagen:

$$F_{Un} \approx f_z \cdot G_{Laufrad} \quad (4.50)$$

$F_{Un}$ = Unwuchtkraft in N
$G_{Laufrad}$ = Laufradgewicht in N
$f_z$ = 0,5 für Frischluftventilatoren
$f_z$ = 0,8 bis 1,0 für Rauchgasventilatoren

### 4.6.3 Spannungen und Verformungen

Bei der Auslegung von Turbomaschinenwellen genügen in sehr vielen Fällen die Dimensionierung der Nabenverbindungen der Laufräder und der Kupplung und die Nachrechnung der biegekritischen Drehzahl (Kap. 4.6.4). Eine Berechnung des Spannungsverlaufes und der Verformungen ist nur bei ausgesprochen hochbeanspruchten Wellen z. B. in Kesselspeisepumpen [4.59] oder Turboverdichtern erforderlich.

Bei diesen Nachrechnungen werden überprüft:

a) die Sicherheit gegen Dauerbruch
b) die Sicherheit gegen bleibende Verformung

Zur Ermittlung der Sicherheit gegen Dauerbruch muß der Verlauf der Zug-, Biege- und Torsionsspannungen in der Welle unter Berücksichtigung des Belastungszyklus der Maschine und der Werkstoffkennwerte berechnet werden. Diese Berechnungen werden heute praktisch alle mittels Rechenprogrammen auf großen Tischrechnern oder Großrechnern durchgeführt, wobei die Welle in sehr viele Einzelelemente zerlegt wird und auch die Kräfte- und Momentenverteilung sehr fein vorgenommen wird. Bei dieser genauen Berechnung können auch alle Kerben und Wellenabsätze berücksichtigt werden.

Zur Abschätzung der bleibenden Verformung wird die Biegelinie der Welle benötigt, die über Matrizenrechnung per Rechner aus der Differentialgleichung der Biegelinien ermittelt wird. Die altbekannten grafischen Verfahren werden in der Praxis kaum noch

angewandt, da sie zu zeitaufwendig sind. Für einfache Wellen mit geringen Querschnittssprüngen und wenigen Kräften können die Beziehungen zur Berechnung der Spannungen und Verformungen den bekannten Ingenieurhandbüchern entnommen werden.
Von ausschlaggebender Bedeutung beim Wellenentwurf ist die Dimensionierung der Nabenverbindungen der Laufräder, Kupplungen und evtl. Riemenscheiben bzw. Zahnräder. Im Strömungsmaschinenbau kommen praktisch alle im allgemeinen Maschinenbau üblichen form- und kraftschlüssigen Nabenverbindungen vor, wobei die Paßfederverbindung zahlenmäßig vorherrscht.
Bei Pumpen, Ventilatoren und Gebläsen geht man bei der Festlegung der Nabenverbindung an der Kupplung am besten zunächst einmal vom Durchmesser des Motorwellenstummels aus, dimensioniert anschließend die Nabenverbindungen des Laufrades bzw. der Laufräder; bei mehrstufigen Maschinen unter Berücksichtigung der Lager- und Dichtungsstellen. Ausführliche Informationen über die Gestaltung der verschiedenen Nabenverbindungen können in [4.60 bis 4.64] nachgelesen werden. Die Durchmesser der Wellenenden können nach DIN 748 [4.65] festgelegt werden. In dieser Norm ist auch eine Tabelle mit Anhaltswerten für die übertragbaren Drehmomente für Wellenwerkstoffe mit Zugfestigkeiten von 500 bis 600 N/mm² angegeben.

## 4.6.4 Die biegekritische Drehzahl

### 4.6.4.1 Einführung

Unter der biegekritischen Drehzahl des Rotors versteht man die Drehzahlen, bei denen die Durchbiegung der Welle, ausgehend von einer kleinen Durchbiegung der Welle, die beispielsweise durch kleine Unwuchten entstanden sein kann, unzulässig hohe Werte erreicht und Teile des Rotors zum Anstreifen am Gehäuse kommen. Diese kleinen Unwuchten können durch Ablagerungen oder Materialabtrag, insbesondere an den Schaufeln, oder durch Wärmeverzug entstehen.
Die Berechnung der biegekritischen Drehzahl(en) des Rotors ist eine unerläßliche Aufgabe bei der Konstruktion von Turbomaschinen! Ist die Welle in Bezug auf die biegekritische Drehzahl richtig dimensioniert, hält sie i.a. auch allen anderen Beanspruchungen stand.
Eine exakte Ableitung der Beziehungen zur Berechnung der biegekritischen Drehzahl unter dem Einfluß aller Parameter ist eine umfangreiche Angelegenheit der Technischen Mechanik und würde den Rahmen dieses Buches sprengen. Es wird deshalb nur eine

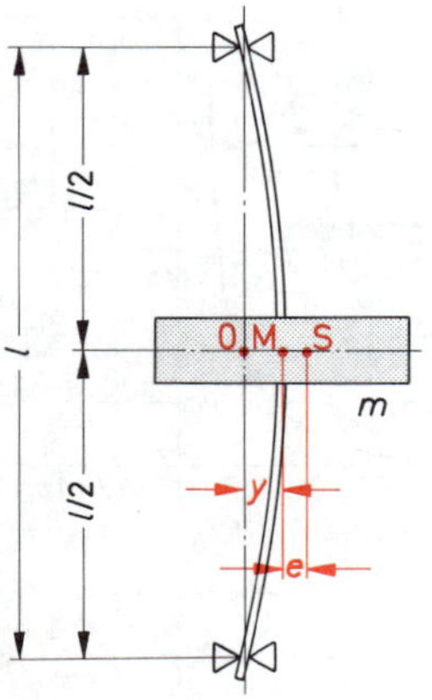


*Bild 4.35 Zur Erklärung der biegekritischen Drehzahl*

einführende Betrachtung an einem vereinfachten System gebracht, um das Grundverständnis für die darzustellende Problematik zu wecken. Vertiefende Studien können anhand der zahlreichen weiterführenden Literatur [4.1, 4.2, 4.6, 4.8 und 4.66] getrieben werden.
Der in Bild 4.35 dargestellte einfache Rotor besteht aus einer masselosen Welle, in deren Mitte eine Scheibe der Masse $m$ aufgebracht ist.
Der Scheibenschwerpunkt $S$ liegt um die Exzentrizität $e$ außerhalb der Wellenachse, wodurch eine Unwuchtkraft von der Größe

$$F_{\text{Un}} = m(e + y) \cdot \omega^2$$

entsteht.
Dieser Unwuchtkraft wirkt eine der Federsteifigkeit der Welle entsprechende Rückstellkraft entgegen:

$$F_{\text{Rück}} = c \cdot y$$

wenn $c$ die Federsteife der Welle und $y$ die Wellenauslenkung in Wellenmitte sind.
Durch Gleichsetzen der beiden Ausdrücke erhält man die Grundbeziehung für die biegekritische Drehzahl:

$$m \cdot (e + y) \cdot \omega^2 = c \cdot y$$

$$m \cdot e \cdot \omega^2 + m \cdot y \cdot \omega^2 = c \cdot y$$

$$y \cdot (c - m \cdot \omega^2) = m \cdot e \cdot \omega^2$$

$$y = \frac{m \cdot e \cdot \omega^2}{c - m \cdot \omega^2}$$

$$y = \frac{e}{\dfrac{c}{m \cdot \omega^2} - 1}$$

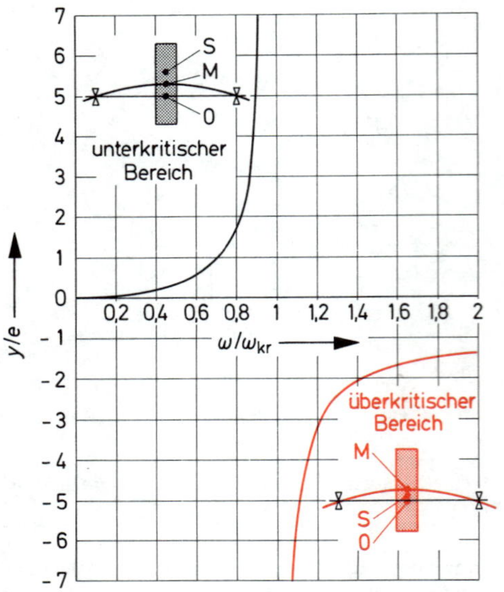


*Bild 4.36 Schwingungsausschläge abhängig vom Verhältnis* $\frac{\text{Betriebsdrehzahl}}{\text{biegekrit. Drehzahl}}$

Für $e \neq 0$ geht die Wellenauslenkung $y \to \infty$, wenn $c/m = \omega^2$ wird. Diesen Zustand bezeichnet man als **Resonanz,** die Kreisfrequenz $\omega$ wird gleich der Biege-Eigenfrequenz der Welle:

$$\omega_{kr} = \sqrt{\frac{c}{m}} \qquad (4.51)$$

Formt man den obigen Ausdruck für die Durchbiegung wie folgt um:

$$\frac{y}{e} = \frac{1}{\frac{c}{m \cdot \omega^2} - 1} = \frac{1}{\frac{\omega_{kr}^2}{\omega^2} - 1}$$

$$\frac{y}{e} = \frac{(\omega/\omega_{kr})^2}{1 - (\omega/\omega_{kr})^2} \qquad (4.52)$$

und stellt man diesen Ausdruck in einem Diagramm dar (Bild 4.36), so erhält man zwei typische Bereiche:

a) den **unterkritischen Bereich** $\omega < \omega_{kr}$
Der Scheibenmittelpunkt $M$ liegt zwischen Schwerpunkt $S$ und Ruhemittelpunkt 0. Der Ausdruck $y/e$ ist positiv, bei Annäherung an den Grenzwert $\omega = \omega_{kr}$ wird $y/e$ unendlich groß, d.h. der Ausschlag $y$ geht gegen $\infty$.

b) den **überkritischen Bereich** $\omega > \omega_{Kr}$
Der Schwerpunkt $S$ liegt zwischen Scheibenmittelpunkt $M$ und Ruhemittelpunkt 0, bei $\omega/\omega_{kr} \to \infty$ sind $S$ und 0 identisch, d.h. die Welle zentriert sich, es tritt keine Unwuchtkraft mehr auf. Weit im überkritischen Gebiet laufende Wellen haben eine gute Laufruhe, was schon von dem schwedischen Dampfturbinenkonstrukteur DE LAVAL erkannt wurde.
Der Ausdruck $y/e$ ist negativ, bei $\omega = \omega_{kr}$ wird $y$ unendlich groß, bei $\omega/\omega_{kr} \to \infty$ wird $y$ Null.

Der Konstrukteur muß die Welle so dimensionieren, daß Resonanz vermieden wird, d.h. der Bereich um $\omega/\omega_{Kr} = 1$ nicht oder nur ganz kurzzeitig gefahren wird.

#### 4.6.4.2 Überschlägige Berechnung der biegekritischen Drehzahl

a) Durch Überlagerung der kritischen Drehzahlen von Wellen mit Einzelmassen

Nach Berechnung der biegekritischen Drehzahlen für Wellen mit Einzelmassen bzw. ohne aufgesetzte Massen nach den Angaben der Tabellen 4.7 und 4.8 wird die Eigenfrequenz des gesamten Rotors, bestehend aus Welle mit mehreren Massen nach der Gleichung von DUNKERLEY näherungsweise bestimmt:

$$\frac{1}{\omega_{kr}^2} = \frac{1}{\omega_{kr1}^2} + \frac{1}{\omega_{kr2}^2} + \ldots + \frac{1}{\omega_{krn}^2} \qquad (4.53)$$

$\omega_{kr}$ = Eigenfrequenz des Rotors
$\omega_{kr1}$; $\omega_{kr2}$; $\omega_{krn}$ Eigenfrequenzen unter dem Einfluß der jeweiligen Masse

Die Formel von DUNKERLEY kann Fehler bis zu 5 bis 10% ergeben!

b) Nach dem Verfahren von KULL [4.67]
Ersetzt man in Gleichung (4.51) die Masse $m$ durch die Gewichtskraft $G$ und die Erdbeschleunigung $g = 9{,}81\ \text{m/s}^2$

$$m = \frac{G}{g}$$

und die Federsteife $c$ durch die Gewichtskraft $G$ und die Durchbiegung $y$

$$c = \frac{G}{y}$$

**Tabelle 4.7 Biegekritische Eigenfrequenzen von masselosen Wellen mit Einzelmasse**

| Nr. | Skizze des Rotors | Formel zur Berechnung der Eigenfrequenz |
|---|---|---|
| 1 | 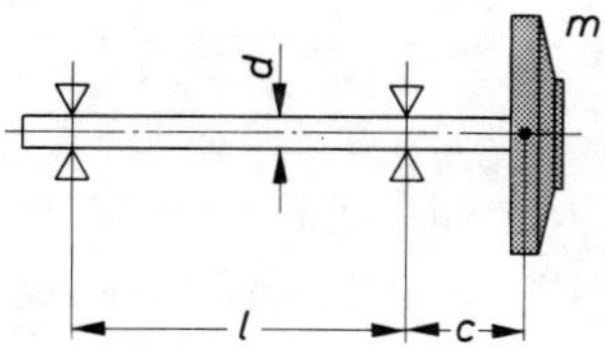 | $\omega_{Kr} = \sqrt{\dfrac{3 \cdot E \cdot I}{m\,(l + c) \cdot c^2}}$<br>$E =$ Elastizitätsmodul der Welle<br>$I = \dfrac{\pi d^4}{64} =$ Trägheitsmoment der Welle |
| 2 | 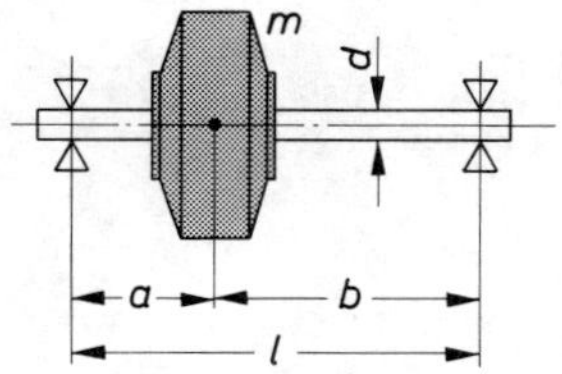 | $\omega_{\mathrm{Kr}} = \sqrt{\dfrac{3 \cdot E \cdot I \cdot l}{a^2 \cdot b^2 \cdot m}}$<br>Sonderfall:<br>$a = b = l/2$<br>$\omega_{\mathrm{kr}} = \sqrt{\dfrac{48 \cdot E \cdot I}{m \cdot l^3}}$ |
| 3 | 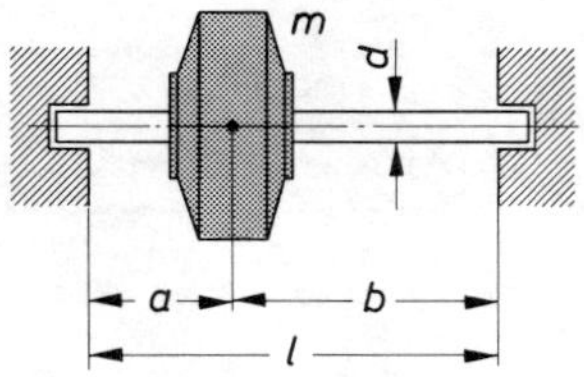 | $\omega_{\mathrm{kr}} = \sqrt{\dfrac{3 \cdot E \cdot I \cdot l^3}{a^3 \cdot b^3 \cdot m}}$<br>Sonderfall:<br>$a = b = l/2$<br>$\omega_{\mathrm{kr}} = \sqrt{\dfrac{192 \cdot E \cdot I}{m \cdot l^3}}$ |
| 4 | 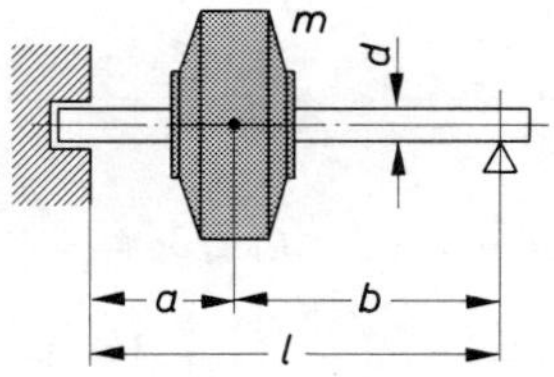 | $\omega_{\mathrm{kr}} = \sqrt{\dfrac{12 \cdot E \cdot I \cdot l^3}{a^3 \cdot b^2 (3\,l + b) \cdot m}}$ |
| 5 | 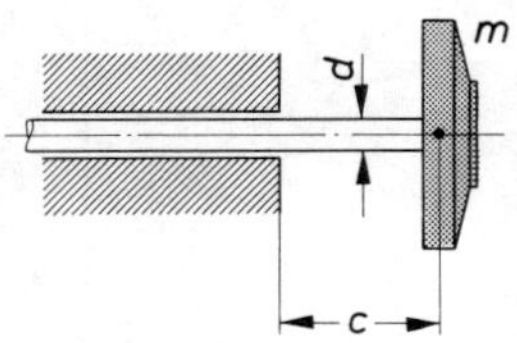 | $\omega_{\mathrm{kr}} = \sqrt{\dfrac{3 \cdot E \cdot I}{m \cdot c^3}}$ |

**Tabelle 4.8 Biegekritische Eigenfrequenz 1. Ordnung von Wellen ohne Einzelmassen**

| Nr. | Skizze der Welle | Formel zur Berechnung der Eigenfrequenz |
|---|---|---|
| 1 | 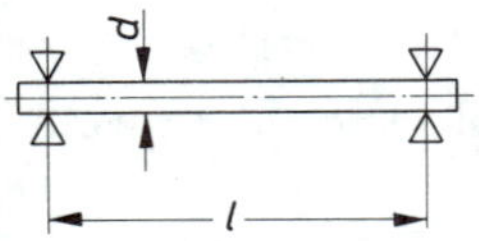 | $\omega_{kr} = \frac{2{,}47}{l^2} \cdot d \cdot \sqrt{\frac{E}{\varrho}}$<br>$E$ = Elastizitätsmodul<br>$\varrho$ = Dichte<br>$d$ = Wellendurchmesser<br>$l$ = Lagerabstand |
| 2 | 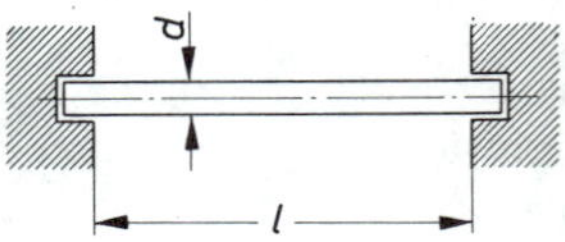 | $\omega_{kr} = \frac{5{,}59}{l^2} \cdot d \cdot \sqrt{\frac{E}{\varrho}}$ |
| 3 | 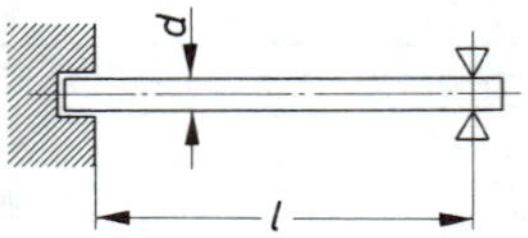 | $\omega_{kr} = \frac{3{,}86}{l^2} \cdot d \cdot \sqrt{\frac{E}{\varrho}}$ |
| 4 | 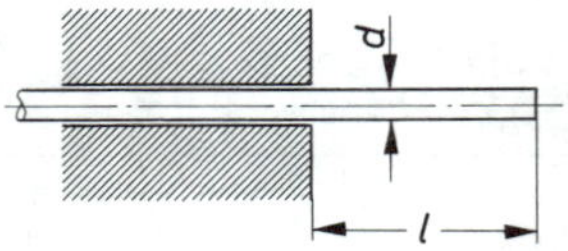 | $\omega_{kr} = \frac{0{,}88}{l^2} \cdot d \cdot \sqrt{\frac{E}{\varrho}}$ |

**Tabelle 4.9 Musterblatt zur Ermittlung der biegekritischen Eigenfrequenz nach Gleichung (4.54)**

| Nr. der Masse | Masse $m$ | Durchbiegung $y$ | Produkt $m \cdot y$ | Produkt $m \cdot y^2$ |
|---|---|---|---|---|
| 1 | $m_1$ | $y_1$ | $m_1 \cdot y_1$ | $m_1 \cdot y_1^2$ |
| 2 | $m_2$ | $y_2$ | $m_2 \cdot y_2$ | $m_2 \cdot y_2^2$ |
| 3 | $m_3$ | $y_3$ | $m_3 \cdot y_3$ | $m_3 \cdot y_3^2$ |
| . | . | . | . | . |
| . | . | . | . | . |
| . | . | . | . | . |
| $n$ | $m_n$ | $y_n$ | $m_n \cdot y_n$ | $m_n \cdot y_n^2$ |
| | | | $\Sigma m \cdot y$ | $\Sigma m \cdot y^2$ |

$$\omega_{kr} = \sqrt{g \cdot \frac{\Sigma m \cdot y}{\Sigma m \cdot y^2}} \qquad (4.54)$$

*Bild 4.37*
*Zur Berechnung der biegekritischen Drehzahl*
(nach KULL)

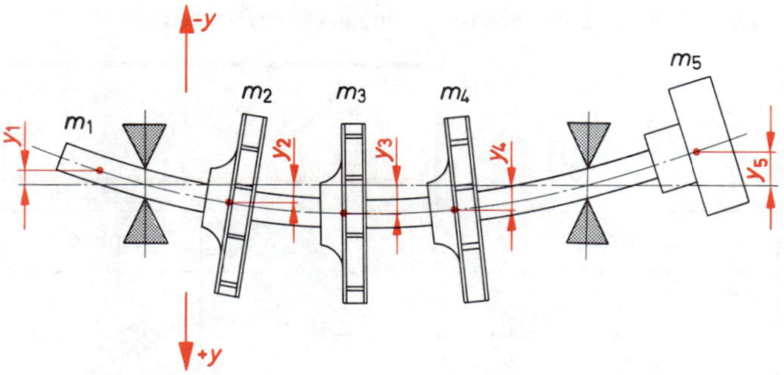


erhält man einen neuen Ausdruck für die biegekritische Drehzahl:

$$\omega_{kr} = \sqrt{\frac{g}{y}}$$

KULL hat nun für eine mit mehreren Massen besetzte Welle die Wellendurchbiegung $y$ in obiger Beziehung durch eine „repräsentative Durchbiegung" ersetzt:

$$y' = \frac{\Sigma\, m \cdot y^2}{\Sigma\, m \cdot y}$$

wodurch folgender einfacher Ausdruck für die biegekritische Drehzahl eines Mehrmassensystems entsteht:

$$\omega_{kr} = \sqrt{g \cdot \frac{\Sigma\, m \cdot y}{\Sigma\, m \cdot y^2}} \qquad (4.54)$$

$g$ = Erdbeschleunigung = 9,81 m/s²
$m$ = Masse
$y$ = Durchbiegung an der Stelle der jeweiligen Masse $m$ } Bild 4.37

Die Auslenkung $y$ fliegend angeordneter Massen, z. B. $y_1$ und $y_5$ in Bild 4.37, sind mit umgekehrtem Vorzeichen in Gleichung (4.54) einzusetzen als die Durchbiegungen der zwischen den Lagern sitzenden Massen.

Die Ermittlung der Eigenfrequenz erfolgt in 2 Schritten:

1) Aufzeichnen der statischen Biegelinie, wobei die Massenkräfte fliegend gelagerter Massen entgegengesetzt anzutragen sind als die Massenkräfte mittig gelagerter Massen. Aus der statischen Biegelinie bestimmt man die erste Näherung der biegekritischen Eigenfrequenz nach Gleichung (4.54).

2) Mit Hilfe der unter 1) bestimmten statischen Auslenkungen $y$ bestimmt man die Unwuchten $F_{Un} = m \cdot y \cdot \omega^2$ und daraus die dynamische Biegelinie. Mit den Auslenkungen $y$ der dynamischen Biegelinie wird nun mit Gleichung (4.54) die zweite Näherung der biegeelastischen Eigenfrequenz, die bereits eine hohe Genauigkeit hat, berechnet.

Sowohl der erste als auch der zweite Rechengang erfolgt am besten tabellarisch (Tabelle 4.9).

c) Kritische Drehzahlen abgesetzter Wellen

TROSKOLANSKI schlägt in [4.68] vor, für abgesetzte Wellen einstufiger, fliegend gelagerter Maschinen die Durchbiegung $y$ am Sitz der Masse $m$ wie folgt abzuschätzen (Tabelle 4.10):

Für zweiseitig gelagerte Wellen wird empfohlen, einen „Ersatzdurchmesser" $d_e$ einzuführen (Bild 4.38):

$$d_e = \frac{d_1 \cdot l_1 + d_2 \cdot l_2 + \cdots + d_n \cdot l_n}{L} \qquad (4.56)$$

Ein genaueres, trotzdem rechnerisch nicht sehr aufwendiges Verfahren zur Ermittlung der biegekritischen Drehzahl abgesetzter Wellen ist in [4.69] beschrieben.

STEPANOFF [4.45] gibt für schwach abgesetzte Wellen mehrstufiger Maschinen folgendes Näherungsverfahren zur Abschätzung der ersten biegekritischen Eigenfrequenzen an:

$$\omega_{kr} = \sqrt{\frac{g}{y}} \qquad (4.57)$$

$$y = \frac{m \cdot g \cdot L^3}{k \cdot E \cdot I} \qquad (4.58)$$

$m$ = Gesamtmasse der Laufräder

**Tabelle 4.10 Eigenfrequenzen einseitig gelagerter Wellen**

$$\omega_{kr} \approx \sqrt{\frac{g}{y_{max}}} \qquad (4.55)$$

| Skizze des Rotors | Gleichung für $y_{max}$ |
|---|---|
| 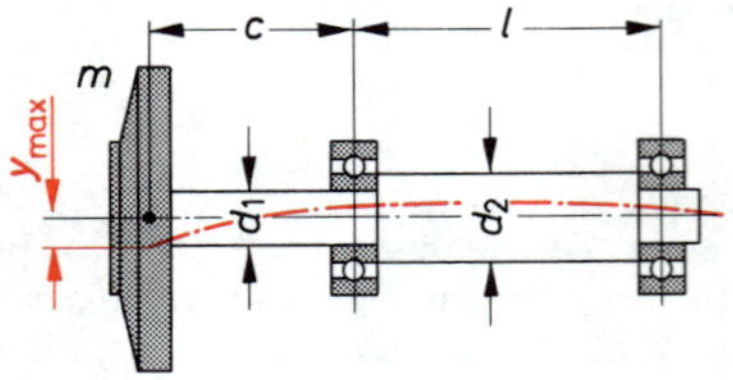 | $y_{max} = \frac{m \cdot g}{3 \cdot E}\left(\frac{c^3}{I_1} + \frac{c^2 \cdot l}{I_2}\right)$ |
| 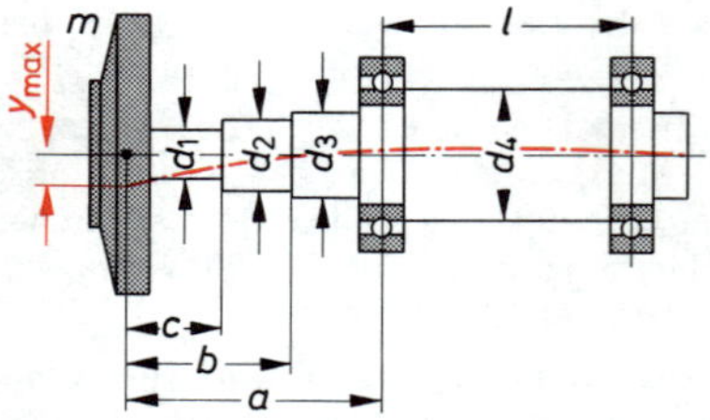 | $y_{max} = \frac{m \cdot g}{3 \cdot E}\left(\frac{c^3}{I_1} + \frac{b^3 - c^3}{I_2} + \frac{a^3 - b^3}{I_3} + \frac{a^2 \cdot l}{I_4}\right)$ |

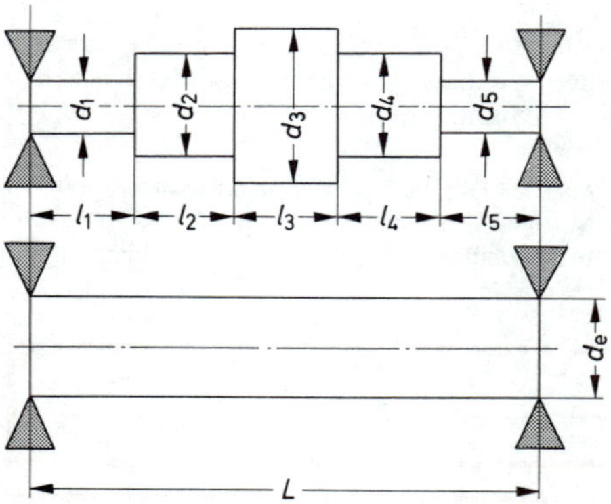


*Bild 4.38 Ersatzdurchmesser einer abgesetzten Welle*

Den Beiwert $k$ entnimmt man aus Bild 4.39 in Abhängigkeit vom Verhältnis

$$\frac{\text{Masse der Welle}}{\text{Masse der Laufräder}}$$

und vom Verhältnis der Längen $L_1/L$.

Weitere Überschlagsverfahren, teilweise unter Benützung von Nomogrammen, finden sich in [4.70].

d) Berechnung der biegekritischen Drehzahl unter Anwendung der Matrizenrechnung

Ausgehend von den MAXWELL'schen Einflußzahlen $\alpha$, d.h. den Wellenauslenkungen unter der Wirkung von Einheitskräften, werden die Fliehkräfte der ausgelenkten Massen angesetzt und daraus der Gleichgewichtsansatz zwischen Fliehkräften und Rückstellkräften aufgestellt. Dieses Verfahren liefert bei einem $n$-Massensystem $n$ Werte für die kritische Winkelgeschwindigkeit $\omega_{kr}$.

An einem Zwei-Massensystem (Bild 4.40) soll der Rechengang kurz erläutert werden:

Die Einflußzahl $\alpha$ ist als Reziprokwert der Federsteife $c$ definiert:

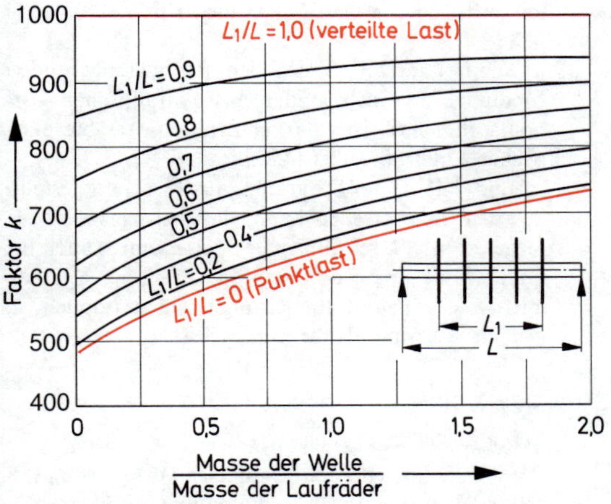


*Bild 4.39 Faktor k* (nach [4.45])

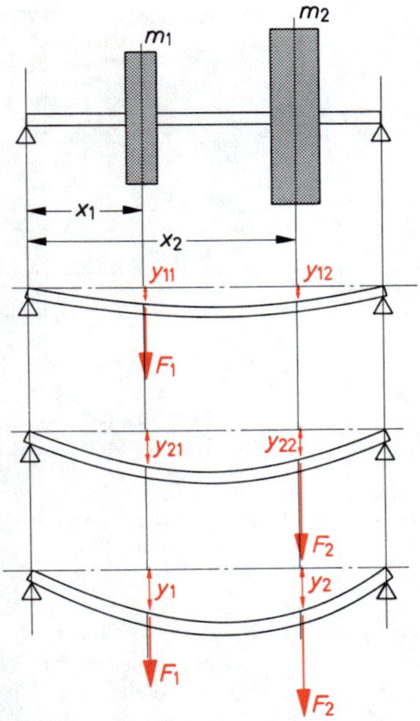


*Bild 4.40 Superpositionsprinzip der elastischen Durchbiegungen*

$$\alpha = \frac{1}{c} \qquad (4.59)$$

Die Durchbiegungen ergeben sich nach dem Superpositionsprinzip:

$$y_1 = y_{11} + y_{21}$$
$$y_1 = \alpha_{11} \cdot F_1 + \alpha_{21} \cdot F_2$$
$$y_2 = y_{12} + y_{22}$$
$$y_2 = \alpha_{12} \cdot F_1 + \alpha_{22} \cdot F_2$$

mit $F_1 = m_1 \cdot y_1 \cdot \omega^2$

und $F_2 = m_2 \cdot y_2 \cdot \omega^2$

erhält man:

$$\text{I)}\ y_1 = \alpha_{11} \cdot m_1 \cdot y_1 \cdot \omega^2 + \alpha_{21} \cdot m_2 \cdot y_2 \cdot \omega^2$$
$$\text{II)}\ y_2 = \alpha_{12} \cdot m_1 \cdot y_1 \cdot \omega^2 + \alpha_{22} \cdot m_2 \cdot y_2 \cdot \omega^2$$

oder als lineares Gleichungssystem für die unbekannten Auslenkungen $y_1$ und $y_2$ geschrieben:

$$\text{I)}\ y_1 \cdot (1 - \alpha_{11} \cdot m_1 \cdot \omega^2) - y_2 \cdot \alpha_{21} \cdot m_2 \cdot \omega^2 = 0$$
$$\text{II)}\ y_2 \cdot (1 - \alpha_{22} \cdot m_2 \cdot \omega^2) - y_1 \cdot \alpha_{12} \cdot m_1 \cdot \omega^2 = 0$$

Durch Division der Gleichungen durch $\omega^2$ und Multiplikation mit $-1$ ergeben sich folgende Ausdrücke:

$$\text{I)}\ y_1 \cdot \left(\alpha_{11} \cdot m_1 - \frac{1}{\omega^2}\right) + y_2 \cdot \alpha_{21} \cdot m_2 = 0$$
$$\text{II)}\ y_1 \cdot \alpha_{12} \cdot m_1 + y_2 \left(\alpha_{22} \cdot m_2 - \frac{1}{\omega^2}\right) = 0$$

Die Determinante dieses Gleichungssystems wird in Matrizenform geschrieben:

$$D = \begin{vmatrix} \left(\alpha_{11} \cdot m_1 - \frac{1}{\omega^2}\right) & \alpha_{21} \cdot m_2 \\ \alpha_{12} \cdot m_1 & \left(\alpha_{22} \cdot m_2 - \frac{1}{\omega^2}\right) \end{vmatrix} = 0$$

Setzt man die Determinante $= 0$, erhält man eine quadratische Gleichung für $\omega \mathrel{\hat{=}} \omega_{kr}$:

$$\left(\frac{1}{\omega_{kr}^2}\right)^2 - (\alpha_{11} \cdot m_1 + \alpha_{22} \cdot m_2)\frac{1}{\omega_{kr}^2} + (\alpha_{11} \cdot \alpha_{22} - \alpha_{12} \cdot \alpha_{21})\, m_1 \cdot m_2 = 0$$

und damit auch zwei kritische Winkelgeschwindigkeiten.
Für die Berechnung derartiger Matrizen werden heute „fertige“ Rechenprogramme eingesetzt.

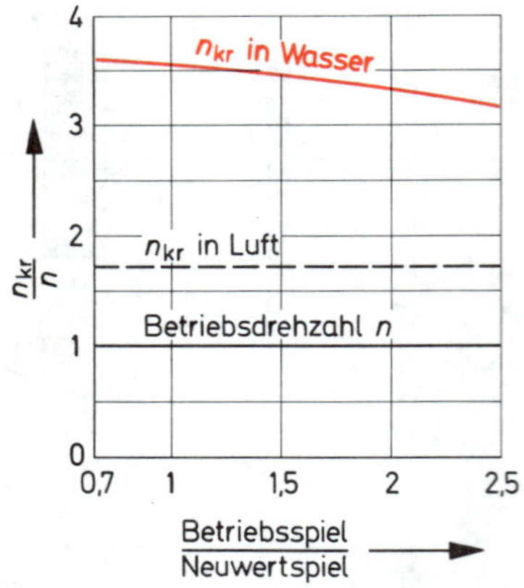


*Bild 4.41 Unterschied zwischen der biegekritischen Drehzahl in Luft und in Wasser* (nach [4.83])

Bei der Berechnung von kritischen Drehzahlen mit sogenannten „Übertragungsmatrizen" werden die Wirkungen der auf der Welle sitzenden Massen, die Wellenanteile selbst, sowie Lagersteifigkeiten und Einspannbedingungen durch entsprechende Kraft-, Deformations- und Momentenbedingungen berücksichtigt [4.71, 4.72].

Weitere Informationen über die biegekritische Drehzahl sind u.a. in [4.73 bis 4.77] und [4.91] enthalten.

### 4.6.4.3 Einflüsse auf die kritische Drehzahl

Die unter dem Einfluß der Größe und Lage der schwingenden Massen und der Wellensteifigkeit nach 4.6.4.2. oder anderen Quellen berechnete biegekritische Drehzahl hat nur eine beschränkte Genauigkeit, da sich noch zahlreiche weitere Einflüsse überlagern. Diese Einflüsse sind:

a) die Kreiselwirkung der Scheiben, erhöht i.a. (bei Gleichlauf) die kritische Drehzahl

b) Federnde Gleit- oder Wälzlagerung, setzt die kritische Drehzahl herab [4.78 bis 4.81]

c) Einfluß der Kupplung mit anderen Wellen, erhöht i.a. die kritische Drehzahl

d) Wirkung von Pressungen an den Nabensitzen, sowie Einspanneffekte an breiten Lagern und Packungsstopfbuchsen, erhöhen die kritische Drehzahl

e) Unrunde Wellenquerschnitte, z.B. durch Paßfedernuten, wodurch Bereiche für die kritische Drehzahl entstehen

f) Die Übertragung großer Axialkräfte und Torsionsmomente erniedrigt die kritische Drehzahl

g) Spaltströmungen an den Wellen- und Laufradspalten, erhöhen in vielen Fällen die kritische Drehzahl [4.85]

h) Dämpfungseinfluß des den Rotor umgebenden Mediums, was insbesondere bei hydraulischen Turbomaschinen zu einer starken Erhöhung der biegekritischen Drehzahl führt [4.82].

In Bild 4.41 ist ein Diagramm aus [4.83] dargestellt, aus dem man ersehen kann, daß beispielsweise die biegekritische Drehzahl einer Speisepumpe, auch bei um den Faktor 2,5 erhöhten Spielen in den Spalten, mit Wasser gefüllt immer noch einen doppelt so großen Wert hat als die „Luftkritische".

**Beispiel 10**

**Aufgabenstellung:**

Die Welle der in den Beispielen 1, 3, 7 und 8 behandelten einstufigen Radialpumpe soll überschlägig dimensioniert werden.

**Lösung:**

a) Festlegung der Wellenabmessungen

In den Beispielen 1 und 3 wurden bereits ermittelt, bzw. waren gegeben:

Pumpenleistung $P = 52{,}1$ kW
Motorleistung $P_{mot} = 55$ kW
Drehzahl $n = 1450\,\text{min}^{-1}$
Laufradaußendurchmesser $D_2 = 400$ mm
Das Laufrad ist in Bild 2.19 dargestellt

Nach DIN 24255 (Tabelle 10.2 in „Strömungsmaschinen – Aufbau und Wirkungsweise") hat die Welle für den Pumpentyp 150–400 folgende Grenzmaße (Bild 4.42):

Wellenlänge $f = 530$ mm
Wellenstummellänge $l = 110$ mm
Wellenstummeldurchmesser $d = 42$ mm

Der in Beispiel 1 mit $d_w = 40$ mm festgelegte Wellendurchmesser in der Laufradnabe wird auf 42 mm erhöht, wodurch beide Wellenenden den gleichen Durchmesser $d = 42$ mm haben.

Der Motor hat einen Wellenstummeldurchmesser von 60 mm, bei einer Länge $l = 140$ mm. Die unterschiedlichen Wellendurchmesser von Pumpe und Motor werden bei der Auslegung der Kupplung (Beispiel 14) berücksichtigt. Ausgehend von diesen Eckmaßen werden folgende weiteren Abmessungen (in Bild 4.42 rot eingetragen) festgelegt:

Lagerabstand $l = 130$ mm
Abstand $c = 260$ mm
Lagerbohrung $d_L = 50$ mm
größter Wellendurchmesser $d_{max} = 65$ mm

Das **Laufradgewicht** wurde zu 130 N berechnet, was durch Vergleich mit einem geometrisch ähnlichen Rad bestätigt wurde.

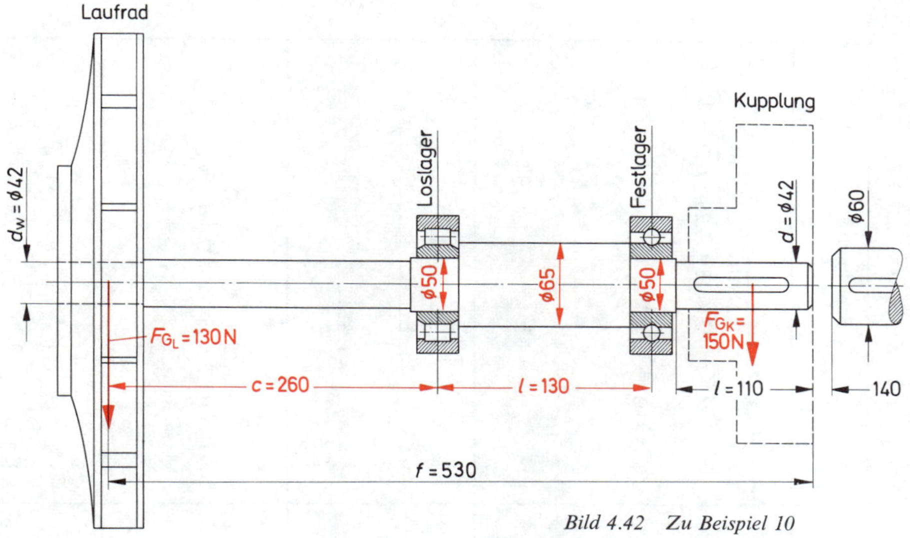


*Bild 4.42 Zu Beispiel 10*

Das **Kupplungsgewicht** wird zu 150 N geschätzt, was später im Beispiel 14 nachgeprüft wird.

b) Nachprüfung der Torsionsbeanspruchung der Nabensitze

Legt man die Motornennleistung von 55 kW zugrunde, erhält man folgendes Drehmoment:

$$M_d = \frac{P}{2 \cdot \pi \cdot n}$$

$$M_d = \frac{55000}{2 \cdot \pi \cdot 24{,}17}$$

$$M_d = 362{,}2 \text{ N} \cdot \text{m}$$

Nach DIN 6885 ergeben sich für die Paßfedernut in den beiden Wellenzapfen die in Bild 4.43 eingetragenen Maße:

Breite $b = 12$ mm
Tiefe $t_1 = 5$ mm

Berechnet man die Torsionsspannung bezogen auf den einbeschriebenen Durchmesser $d_i = d - t_1 = 37$ mm, erhält man:

$$\tau_t = \frac{M_d}{W_t} = \frac{M_d}{0{,}2 \cdot d_i^3}$$

$$\tau_t = \frac{362{,}2 \cdot 10^3}{0{,}2 \cdot 37^3}$$

$$\tau_t = 35{,}8 \text{ N/mm}^2$$

Nimmt man sicherheitshalber eine Kerbwirkungszahl $\beta_k$ von 3 an, erhöht sich die Torsionsspannung an der Nut auf:

$$\tau_{tk} = \beta_K \cdot \tau_t$$

$$\tau_{tk} = 3 \cdot 35{,}8$$

$$\tau_{tk} = 107{,}4 \text{ N/mm}^2$$

Wird als Wellenwerkstoff der Stahl Ck 45 verwendet, so hat dieser bei einer Streckgrenze von $\sigma_{0,2} \approx 335$ N/mm² (DIN 17200/17210) und einer zulässigen Torsionsspannung von $\sigma_{0,2}/2 \approx 170$ N/mm² immer noch eine zusätzliche Sicherheit von

$$S = \frac{\tau_{t\,zul}}{\tau_{tk}} = \frac{170}{107{,}4} = 1{,}6$$

Diese Sicherheit ist ausreichend!

c) Die biegekritische Drehzahl wird überschlägig an einem stark vereinfachten Wellenmodell ($d = d_{min} = 42$ mm) vorgenommen (Tabelle 4.11):

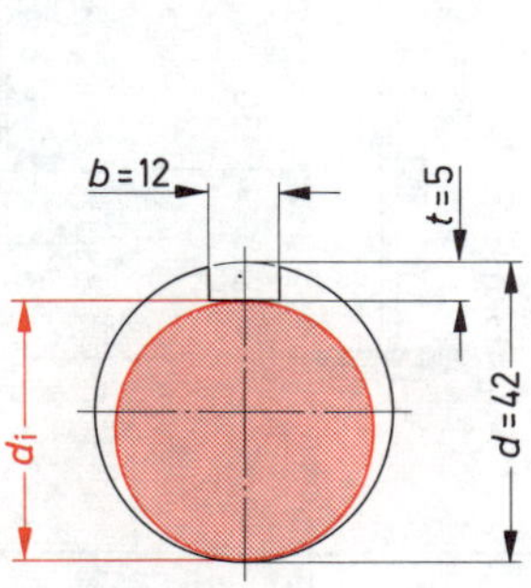


*Bild 4.43 Zu Beispiel 10*

**Tabelle 4.11 Überschlägige Ermittlung der biegekritischen Drehzahl (Beispiel 10)**

| Nr. | Skizze | Formeln aus Tabelle 4.7 oder 4.8 | Berechnung |
|---|---|---|---|
| 1 | 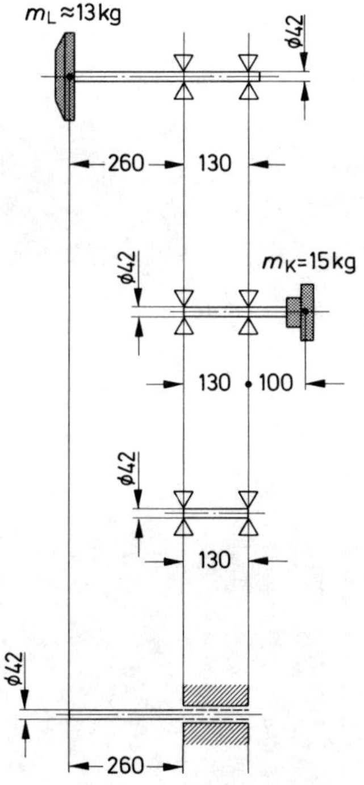 | $\omega_{kr1} = \sqrt{\dfrac{3 \cdot E \cdot I}{m_L (l + c) \cdot c^2}}$<br>$E = 2 \cdot 10^{11}\ N/m^2$<br>$I = \dfrac{\pi \cdot d_{min}^4}{64} = \dfrac{\pi \cdot 0{,}042^4}{64}$<br>$I = 1{,}53 \cdot 10^{-7}\, m^4$ | $\omega_{kr1} = \sqrt{\dfrac{3 \cdot 2 \cdot 10^{11} \cdot 1{,}53 \cdot 10^{-7}}{13\,(0{,}13 + 0{,}26) \cdot 0{,}26^2}}$<br>$\omega_{kr1} = 517{,}54\, s^{-1}$ |
| 2 | | $\omega_{kr2} = \sqrt{\dfrac{3 \cdot E \cdot I}{m_k (l + c) \cdot c^2}}$ | $\omega_{kr2} = \sqrt{\dfrac{3 \cdot 2 \cdot 10^{11} \cdot 1{,}53 \cdot 10^{-7}}{15\,(0{,}13 + 0{,}1) \cdot 0{,}1^2}}$<br>$\omega_{kr2} = 1631{,}22\, s^{-1}$ |
| 3 | | $\omega_{kr3} = \dfrac{2{,}47}{l^2} \cdot d_{min} \cdot \sqrt{\dfrac{E}{\varrho}}$<br>$\varrho \approx 7800\, kg/m^3$ | $\omega_{kr3} = \dfrac{2{,}47}{0{,}13^2} \cdot 0{,}042 \cdot \sqrt{\dfrac{2 \cdot 10^{11}}{7800}}$<br>$\omega_{kr3} = 31\,083\, s^{-1}$ |
| 4 | | $\omega_{kr4} = \dfrac{0{,}88}{l^2} \cdot d_{min} \cdot \sqrt{\dfrac{E}{\varrho}}$ | $\omega_{kr4} = \dfrac{0{,}88}{0{,}26^2} \cdot 0{,}042 \cdot \sqrt{\dfrac{2 \cdot 10^{11}}{7800}}$<br>$\omega_{kr4} = 2768{,}6\, s^{-1}$ |

Die Biegeeigenfrequenz $\omega_{kr}$ ergibt sich nach der Formel von DUNKERLEY:

$$\frac{1}{\omega_{kr}^2} = \frac{1}{\omega_{kr1}^2} + \frac{1}{\omega_{kr2}^2} + \frac{1}{\omega_{kr3}^2} + \frac{1}{\omega_{kr4}^2}$$

$$\frac{1}{\omega_{kr}^2} = \frac{1}{517{,}54^2} + \frac{1}{1631{,}22^2} + \frac{1}{31083^2} + \frac{1}{2768{,}6^2}$$

$$\omega_{kr} = 485{,}6$$

und damit

$$n_{kr} = \frac{\omega_{kr}}{2 \cdot \pi}$$

$$n_{kr} = \frac{485{,}6}{2 \cdot \pi}$$

$$n_{kr} = 77{,}29\,\text{s}^{-1} = 4637\,\text{min}^{-1}$$

Diese biegekritische Drehzahl ist mehr als dreimal so groß als die Betriebsdrehzahl $n = 1450\,\text{min}^{-1}$, d.h. es liegt ausreichende Sicherheit vor. Die berechnete „luftkritische Drehzahl" $n_{kr} = 4800\,\text{min}^{-1}$ erhöht sich nochmals wesentlich durch die Dämpfungswirkung des Wassers in der Pumpe (vgl. Bild 4.41). Auch die als Dichtung vorgesehene Packungsstopfbuchse (Beispiel 13) erhöht die kritische Drehzahl wesentlich. Die durch die Lagerelastizität bedingte Absenkung der kritischen Drehzahl wird durch die geschilderten Einflüsse mehr als aufgehoben. Eine genauere, aufwendigere Nachrechnung der biegekritischen Drehzahl oder des Spannungsverlaufes und Verformung der Welle ist nicht erforderlich.

### 4.6.5 Die torsionskritische Drehzahl

Lange, schlanke und damit drehweiche Wellen mit großen Massen haben manchmal relativ niedrige torsionskritische Drehzahlen, so daß u.U. eine rechnerische Nachprüfung erforderlich wird.

Im Strömungsmaschinenbau sind vor allem die dünnen und langen Wellen in vertikalen Pumpen und Wasserturbinen (Bild 4.44) hinsichtlich der Resonanzen zwischen torsionskritischer Drehzahl und Betriebsdrehzahl gefährdet.

Für diese Zwei-Massensysteme kann die torsionskritische Drehzahl wie folgt angesetzt werden:

$$\omega_{tkr} = \sqrt{\frac{I_p \cdot G}{l} \cdot \frac{\theta_1 + \theta_2}{\theta_1 \cdot \theta_2}} \qquad (4.60)$$

$\omega_{tkr}$ = torsionskritische Winkelgeschwindigkeit

$I_p$ = polares Trägheitsmoment der Welle

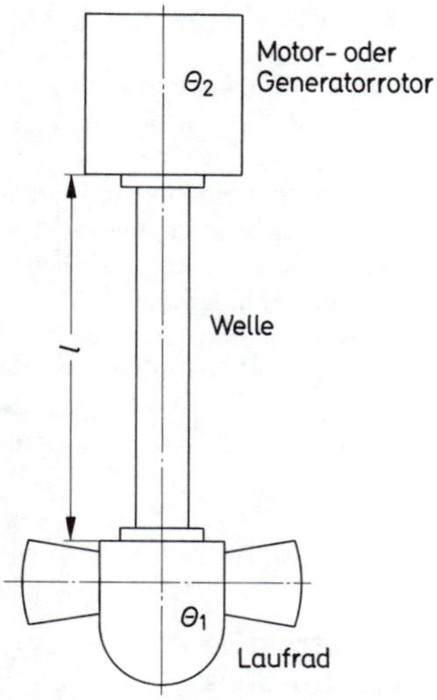


*Bild 4.44 Zur torsionskritischen Drehzahl*

$I_p = \frac{\pi}{32} \cdot d^4$ bei Vollwellen

$I_p = \frac{\pi}{32}\left(d_a^4 - d_i^4\right)$ bei Hohlwellen

$G$ = Gleitmodul ≈ 80 000 N/mm² für Stahl

$l$ = Wellenlänge

$\left.\begin{matrix}\theta_1\\ \theta_2\end{matrix}\right\}$ Massenträgheitsmomente der Massen 1 und 2

Weitere Einzelheiten über torsionskritische Drehzahlen können in [4.60] nachgelesen werden.

### 4.6.6 Gestaltungsregeln und Betriebshinweise

Um einen einwandfreien, betriebssicheren Lauf der Welle zu gewährleisten, sollten vom Konstrukteur und Betreiber der Strömungsmaschine folgende Regeln und Hinweise beachtet werden:

a) Betriebsdrehzahl in genügendem Abstand von der biegekritischen oder auch torsionskritischen Drehzahl festlegen und auch im Betrieb halten. Bei überkritisch laufenden Maschinen ist beim Abstellen der Maschine, d.h. Herunterfahren der Drehzahl ein längeres Verweilen in der kritischen Drehzahl bzw.

den kritischen Drehzahlen bei Mehrmassensystemen zu vermeiden.

b) Keine großen Durchmessersprünge vorsehen, Welle möglichst der Form des Balkens gleicher Biegefestigkeit annähern.

c) Wellenabsätze und Eindrehungen gut abrunden, scharfe Einstiche möglichst vermeiden.

d) Bei sehr schnell laufenden Maschinen Keil- und Paßfederverbindungen möglichst nicht anwenden.

e) Stillstandskorrosion und Erosion durch Fremdkörper bzw. Abrieb an Dichtungsstellen durch konstruktive Maßnahmen, z.B. Schutzhülsen oder Schutzrohre bzw. durch geeignete Werkstoffe verhindern oder zumindest gering halten.

f) Spiele nicht zu eng einstellen, damit Anstreifen in kritischen Betriebszuständen vermieden wird.

g) Sorgfältiges Ausrichten von Gehäuse, Lagern, Rotor und Kupplung, damit kein Verkanten oder Verklemmen der Welle eintritt.

h) Saug- und Druckrohrleitung nicht am Gehäuse abstützen, da sich dieses sonst verformt und die Welle verklemmt bzw. die Spiele unzulässig klein werden.

i) Rotor statisch und dynamisch sorgfältig auswuchten auch nach Revisionen und Reparaturen.

Weitere Konstruktionshinweise, insbesondere für Dampfturbinenwellen werden in [4.84] gegeben.

# 4.7 Rotoren

## 4.7.1 Konstruktive Ausführungen von Rotoren

Unter dem Begriff „Rotoren“ werden in diesem Abschnitt **Trommelrotoren** und aus einem vollen Schmiedestück herausgearbeitete **Scheibenrotoren** verstanden. Aus Laufrädern oder Laufradscheiben und Wellen zusammengesetzte Läufer wurden im Kapitel 4.6. behandelt.

**Scheibenrotoren** werden entweder aus vollen Schmiedestücken spanabhebend herausgearbeitet oder aus Wellenstücken und Scheiben zusammengeschweißt (Bild 4.45). Sie werden in Kammerturbinen der Gleichdruckbauart eingesetzt.

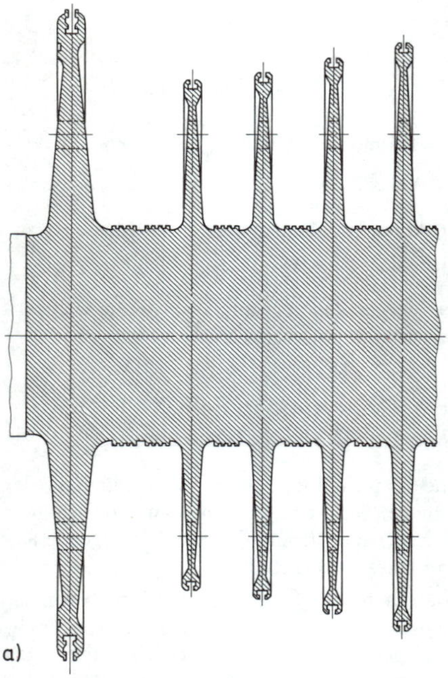

a)

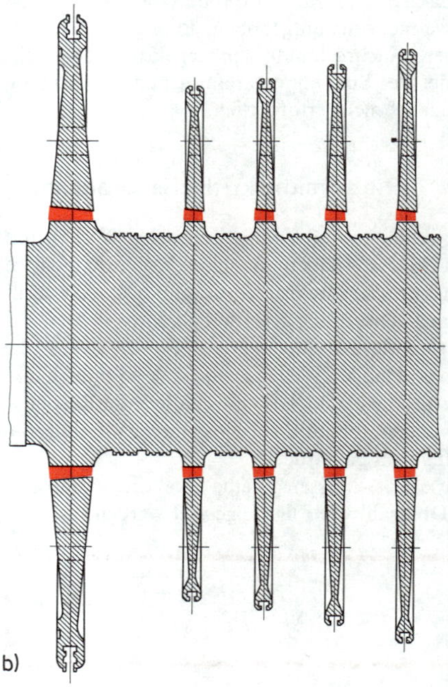

b)

*Bild 4.45 Scheibenrotor* (nach Fa. Escher Wyss)
*a) aus dem Vollen herausgearbeitet*
*b) aus Welle und Scheiben zusammengeschweißt*

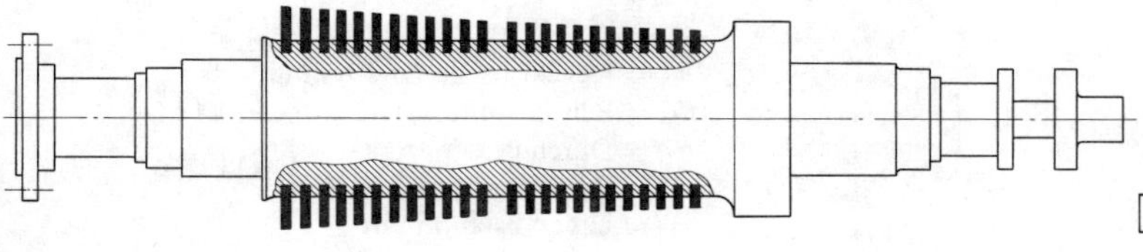

*Bild 4.46 Massiver Trommelrotor*

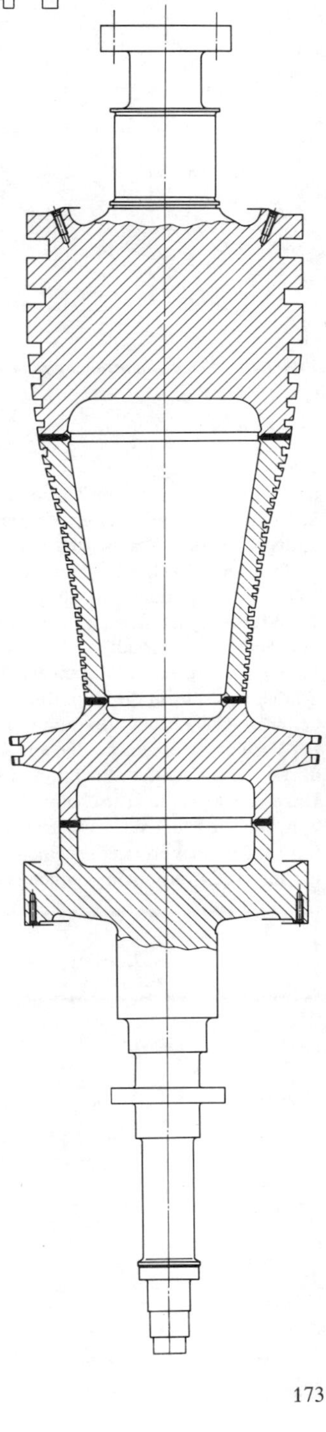

*Bild 4.47*
*Geschweißter Trommelrotor*
(nach Fa. BBC)

**Trommelrotoren** sind entweder aus einem massiven Schmiedestück (Monoblock) gefertigt (Bild 4.46), aus Teilscheiben zusammengeschweißt (Bauart BBC/Bild 4.47), oder, wie im Gasturbinenbau, vor allem bei Flugtriebwerken üblich, aus dünnen Scheiben und Wellenstücken in Leichtbauweise zusammengebaut (Bild 4.48). Diese schweren Trommelrotoren werden in Dampfturbinen der Überdruck-Trommelbauweise und in stationären Gasturbinen und Axialverdichtern eingesetzt.
Einzelheiten über die Konstruktion und Herstellung geschweißter Turbinen- und Verdichterläufer können in [4.86 bis 4.88] nachgelesen werden. Die bei BBC üblichen Schweißnahtformen sind in Bild 4.49 dargestellt.

## 4.7.2 Berechnung der Rotoren

Die Berechnung derartig großer und schwerer und demnach auch teurer Rotoren [4.4], von deren störungsfreiem Lauf die Sicherheit und Verfügbarkeit

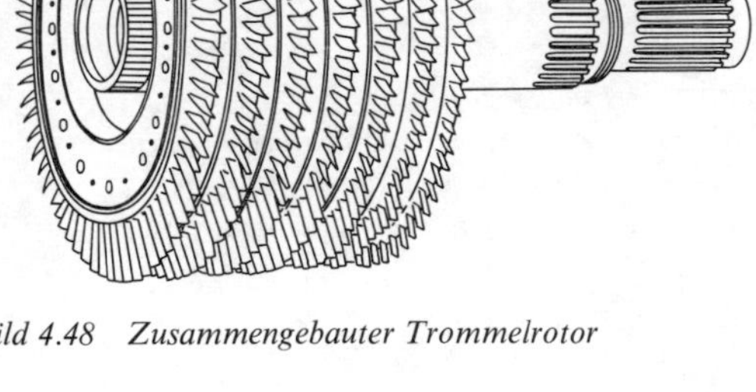


*Bild 4.48 Zusammengebauter Trommelrotor*

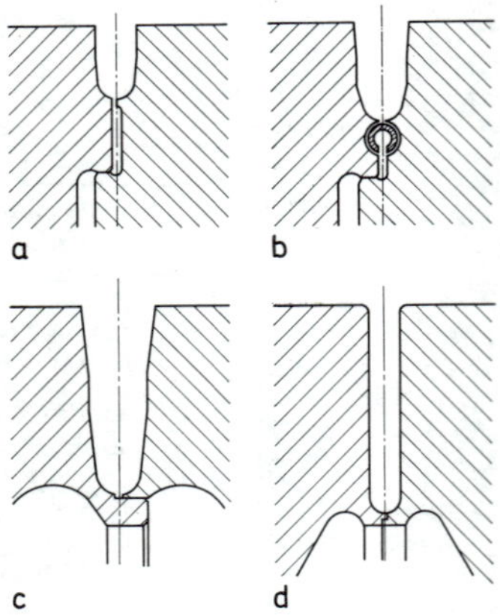


*Bild 4.49 Schweißnahtformen bei Trommelrotoren* (nach Fa. BBC)

der Turbomaschinen abhängen, erfolgt hinsichtlich Spannungsbeanspruchung, Verformung und Schwingungen in der Praxis heute ausschließlich über umfangreiche Rechenprogramme, die nur auf großen EDV-Anlagen laufen. So können beispielsweise mit der Methode der finiten Elemente der Spannungs- und Temperaturverlauf im Rotor sowie seine Verformungen sehr genau bestimmt werden.

Studierende, die für die Durchführung von Studienarbeiten solche Rechenprogramme in der Regel nicht zur Verfügung haben, werden auf Kapitel 4.6 und die dort zitierte Fachliteratur hingewiesen.

Um wenigstens die kritische Drehzahl abschätzen zu können, wird folgendes Überschlagsverfahren empfohlen, das der Verfasser bei einem Studienaufenthalt bei Fa. BBC/Mannheim kennengelernt hat:

$$n_{kr} = K_{kr} \cdot \frac{d}{l^2} \qquad (4.61)$$

$n_{kr}$ = biegekritische Drehzahl in $s^{-1}$
$K_{kr}$ = Beiwert in m/s nach Tabelle 4.12
$d$ = Durchmesser an der Dichtung in m } Bild 4.50
$l$ = Lagerabstand in m } Bild 4.50

In [4.60] ist die grafische Bestimmung der statischen und dynamischen Biegelinie sowie die Berechnung der biegekritischen Drehzahl eines Scheibenrotors als Beispiel durchgeführt.

Nach Fertigstellung der Rotoren werden sie im Herstellerwerk zahlreichen Prüfungen und Kontrollen unterworfen wozu u.a. gehören:

a) Warmrundlaufkontrolle bei höheren Temperaturen, um zu prüfen ob sich der Läufer eventuell thermisch verkrümmt.

b) Schleudern mit erhöhter Drehzahl (Schleuderdrehzahl), die im Regelfall mindestens das 1,3-fache der Betriebsdrehzahl beträgt zur groben Überprüfung der Festigkeit.

c) Statisches Auswuchten und dynamisches Auswuchten bei vorgeschriebenen Wuchtdrehzahlen, u.U. im Vakuumkanal. Der Konstrukteur muß im Rotor entsprechende Bohrungen oder Nuten zum Unterbringen der Auswuchtgewichte vorsehen, desgleichen in den Gehäusen verschließbare Öffnungen, durch die im zusammengebauten Zustand, auch bei späteren Revisionen, die Wuchtgewichte herausgenommen und nach eventuellen Änderungen wieder hineingebracht werden können.

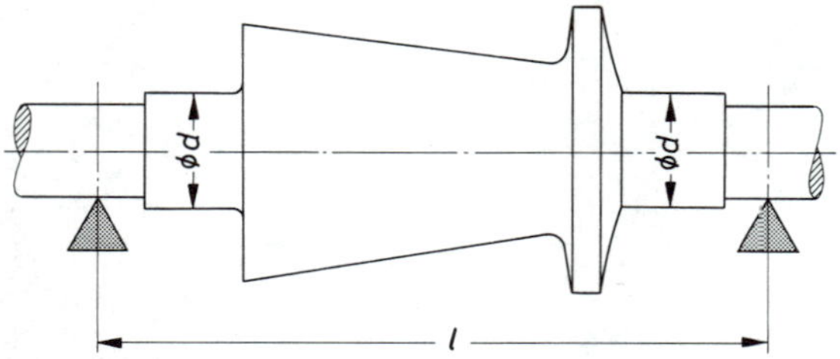


*Bild 4.50*
*Zur Abschätzung der biegekritischen Drehzahl von Trommelrotoren*

**Tabelle 4.12 Beiwert $K_{kr}$**

| Nr. | Skizze des Rotors | Beiwert $K_{kr}$ in $\frac{m}{s}$ |
|---|---|---|
| 1 | 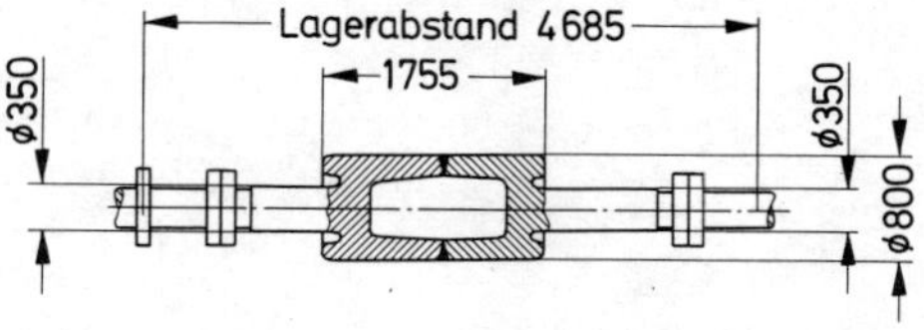 | 1630 |
| 2 | 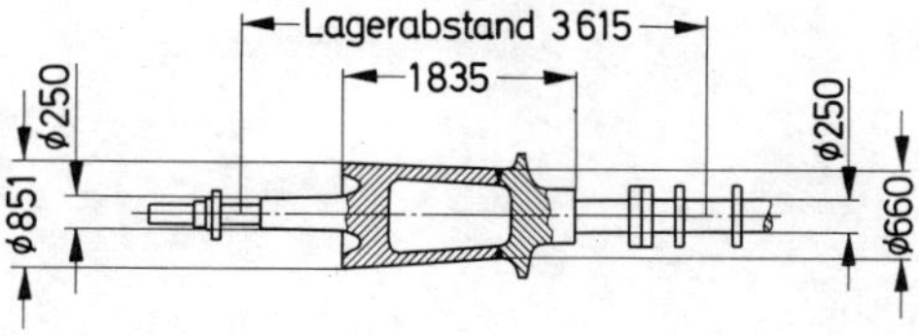 | 1730 |
| 3 | 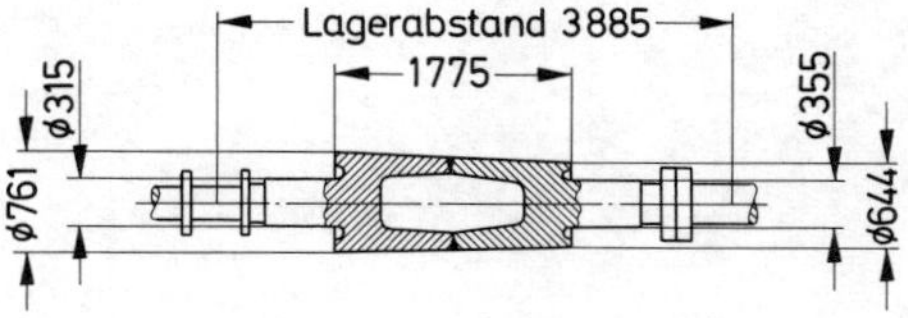 | 1820 |
| 4 | 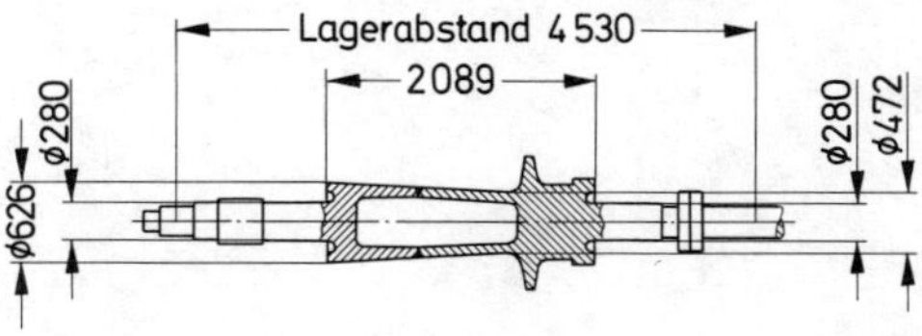 | 1930 |
| 5 | 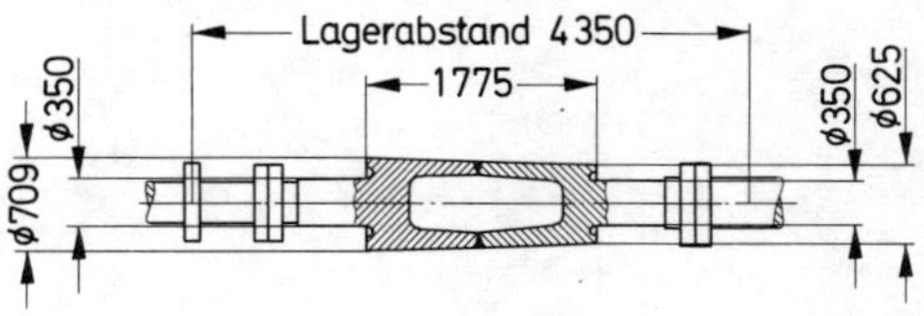 | 1970 |
| 6 | 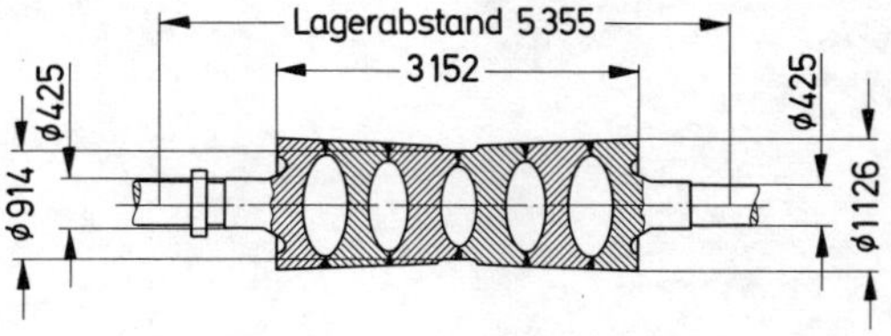 | 2070 |
| 7 | 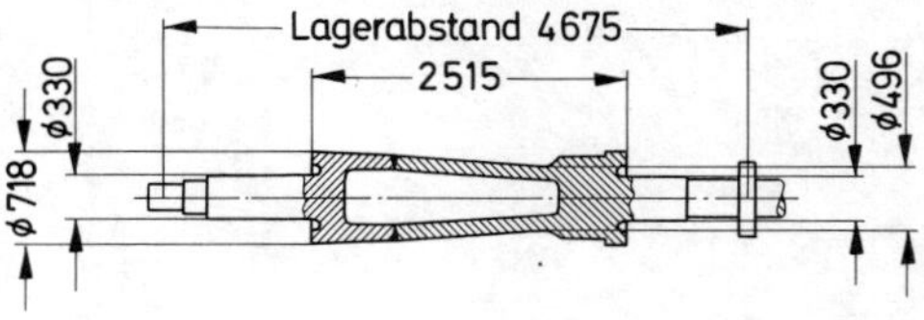 | 2330 |

# 5 Gehäuseteile

## 5.1 Einleitung

Gehäuse von Turbomaschinen haben oft eine relativ komplizierte Form, die eine genaue Berechnung der Spannungen und Verformungen nicht gestattet. Man hilft sich durch Überschlagsrechnungen an geometrisch einfachen Körpern wie kreiszylindrischen Schalen, ebenen oder gewölbten Platten, Kugelschalen, Flanschen und Stutzen, die man an die Gestalt der tatsächlichen Gehäuse annähert.
Mit Hilfe moderner Rechenverfahren, z.B. der Methode der finiten Elemente ist es so möglich Spannungen und Dehnungen mit relativ hohen Genauigkeiten zu berechnen. Zusätzliche Versuche stützen die Rechenergebnisse. Erschwert werden derartig aufwendige Berechnungen und auch Versuche bei Auftreten großer zeitlicher Temperaturschwankungen, wie es beispielsweise bei thermischen Turbinen und Speisepumpen der Fall ist. Bei bekannten Wärmezyklen, d.h. Aufheiz- und Abkühlvorgängen lassen sich auch hier zuverlässige Aussagen über Spannungen, Dehnungen und Temperaturverteilungen machen [5.1].
Der eingeschränkte Rahmen dieses Buches gestattet nicht auf diese Fragestellungen einzugehen, es werden deshalb in den folgenden Abschnitten nur die typischen, einfachen Gehäuseelemente kurz behandelt, die mit relativ einfachen Berechnungsmethoden zu erfassen sind.

## 5.2 Zylindrische Schalen unter innerem Überdruck

In einem kreiszylindrischen Hohlkörper (Rohr) mit dem Außendurchmesser $D_a$ und dem Innendurchmesser $D_i$, der an beiden Enden mit Deckeln verschlossen ist, treten unter der Wirkung des Überdruckes $p$ an einem Element $dV$ am Durchmesser $D$ (Bild 5.1) folgende drei Spannungen auf [5.2, 5.3, 5.4]:

a) Tangentialspannung (in Umfangsrichtung):

$$\sigma_t = p \cdot \frac{\left(\frac{D_a}{D}\right)^2 + 1}{\left(\frac{D_a}{D_i}\right)^2 - 1} \qquad (5.1)$$

b) Radialspannung:

$$\sigma_r = -p \cdot \frac{\left(\frac{D_a}{D}\right)^2 - 1}{\left(\frac{D_a}{D_i}\right)^2 - 1} \qquad (5.2)$$

c) Längsspannung (in Achsrichtung):

$$\sigma_{ax} = p \cdot \frac{1}{\left(\frac{D_a}{D_i}\right)^2 - 1} \qquad (5.3)$$

In Bild 5.1 sind diese 3 Spannungsverläufe eingetragen.
Üblicherweise werden die 3 Spannungen nach der Gestaltänderungs-Energie-Hypothese (GE-Hypothese) zu einer Vergleichsspannung zusammengefaßt:

$$\sigma_v = p \cdot \frac{\sqrt{3} \cdot \left(\frac{D_a}{D}\right)^2}{\left(\frac{D_a}{D_i}\right)^2 - 1} \qquad (5.4)$$

Der Verlauf der Vergleichsspannung $\sigma_v$ ist ebenfalls in Bild 5.1 angegeben.

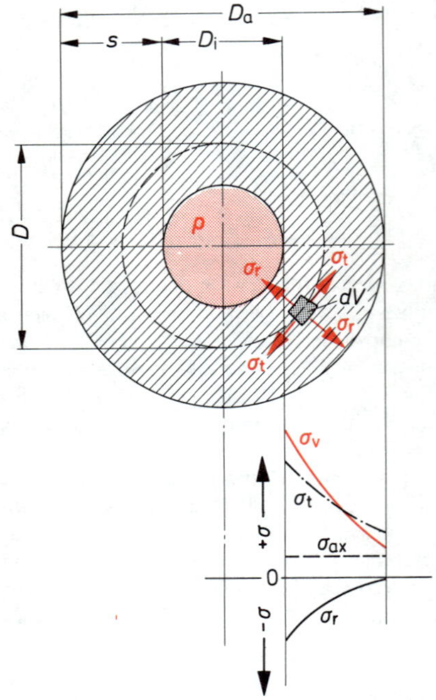


*Bild 5.1 Dickwandiger Hohlzylinder unter innerem Überdruck*

Aus Gleichung (5.4) erkennt man, daß die größte Anstrengung am Innendurchmesser $D_i$ auftritt:

$$\sigma_{v\max} = p \cdot \frac{\sqrt{3} \cdot \left(\frac{D_a}{D_i}\right)^2}{\left(\frac{D_a}{D_i}\right)^2 - 1} \qquad (5.5)$$

Diese Beziehungen gelten nur für eine rein elastische Verformung innerhalb des Hookeschen Bereiches.
Der Spannungsverlauf bei überelastischer Verformung und bei vollplastischer Verformung kann in [5.2] und [5.3] nachgelesen werden.
Der Innendurchmesser weitet sich unter der Druckeinwirkung um den Betrag

$$\Delta D_i = p \cdot \frac{D_i}{E} \cdot \left(\frac{D_a^2 + D_i^2}{D_a^2 - D_i^2} + \mu\right) \qquad (5.6)$$

der Außendurchmesser um

$$\Delta D_a = p \cdot \frac{D_a}{E} \cdot \left(\frac{2 \cdot D_i^2}{D_a^2 - D_i^2}\right) \qquad (5.7)$$

auf.

$E$ = Elastizitätsmodul
$\mu$ = Poissonsche Zahl

Für kleine Wandstärken ($s \ll D_i$) kann mit der bekannten „Kesselformel" gearbeitet werden:

$$\sigma_t = \frac{F}{2 \cdot A}$$

$$\left.\begin{array}{l} F = p \cdot D_i \cdot l \\ A = s \cdot l \end{array}\right\} \text{Bild 5.2}$$

$$\sigma_t = \frac{p \cdot D_i \cdot l}{2 \cdot s \cdot l}$$

$$\sigma_t = \frac{p \cdot D_i}{2 \cdot s} \qquad (5.8)$$

Die im AD-Merkblatt B1 „Zylindrische Mäntel und Kugeln unter innerem Überdruck" [5.5] angegebene Beziehung zur Berechnung der Wandstärke $s$ basiert letztlich auf dieser „Kesselformel".

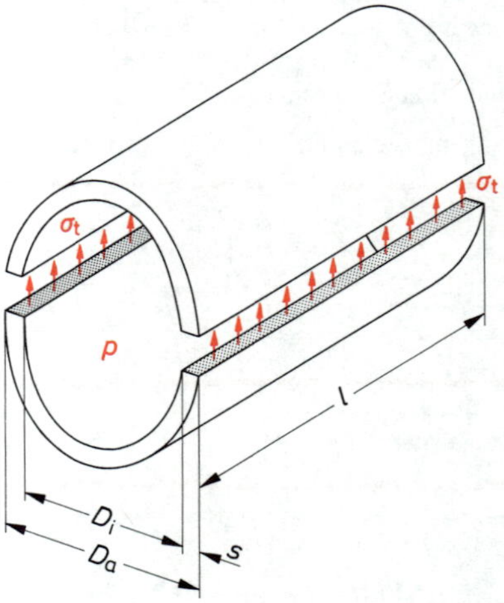


*Bild 5.2 Dünnwandiger Hohlzylinder unter innerem Überdruck*

Im Bereich $D_a/D_i \leqq 1,2$:

$$s = \frac{D_a \cdot p}{20 \cdot \frac{K}{S} \cdot v + p} + c_1 + c_2 \qquad (5.9)$$

$s$ = Wandstärke in mm
$D_a$ = Außendurchmesser in mm
$p$ = Innendruck in bar (als Überdruck!)
$K$ = Festigkeitskennwert in $N/mm^2$, entspricht praktisch der Streckgrenze des Werkstoffes
$S$ = Sicherheitsbeiwert, siehe AD-Merkblatt B0; im Strömungsmaschinenbau kann in den meisten Fällen $S = 1{,}5$ gesetzt werden.
$v$ = Verschwächungsbeiwert
bei nahtlosen Trommeln = 1
bei geschweißten Trommeln je nach Schweißnahtgüte $\leqq 1$

$c_1$, $c_2$ } Zuschläge nach AD-Merkblatt B 0

in vielen Anwendungsfällen kann $c_1 = 0$ und $c_2 = 1$ mm gesetzt werden.

Bei größeren Wandstärken, d.h. für den Bereich $1{,}2 < \frac{D_a}{D_i} \leqq 1{,}5$ gibt AD-Merkblatt B10 folgende Formel zur Abschätzung der Wandstärke an:

$$s = \frac{D_a \cdot p}{23 \cdot \frac{K}{S} - p} + c_1 + c_2 \qquad (5.10)$$

Bedeutung der Größen siehe Legende zu (5.9)

Tritt durch Heizen oder Kühlen **Wärmedurchfluß** durch die Zylinderwand auf, so treten zusätzlich **Wärmespannungen** auf. Auf der wärmeren Seite entstehen zusätzliche Druck-, auf der kälteren Seite Zugspannungen.
Nach AD-Merkblatt B 10 „Dickwandige zylindrische Mäntel unter innerem Überdruck" können diese zusätzlichen Wärmespannungen wie folgt angenähert berechnet werden:

am Innendurchmesser $D_i$:

$$\Delta\sigma_{w,i} = \frac{1}{2} \cdot \frac{E}{1-\mu} \cdot \alpha \cdot \Delta T \cdot A \qquad (5.11)$$

am Außendurchmesser $D_a$:

$$\Delta\sigma_{w,a} = \frac{1}{2} \cdot \frac{E}{1-\mu} \cdot \alpha \cdot \Delta T \cdot B \qquad (5.12)$$

$\Delta\sigma_{w,i}$, $\Delta\sigma_{w,a}$ } Wärmespannungen in $N/mm^2$
$E$ = Elastizitätsmodul in $N/mm^2$
$\mu$ = Poissonsche Zahl
$\alpha$ = Wärmedehnungswert in 1/K
$\Delta T = T_a - T_i$ = Temperaturdifferenz in K
$A$, $B$ } Beiwerte nach Tabelle 5.1

**Tabelle 5.1**
**Beiwerte A und B**

| $D_a/D_i$ | 1,2 | 1,3 | 1,4 | 1,5 | 1,6 | 1,8 |
|---|---|---|---|---|---|---|
| A | 1,06 | 1,09 | 1,11 | 1,13 | 1,15 | 1,20 |
| B | −0,94 | −0,91 | −0,89 | −0,87 | −0,85 | −0,80 |

Weitere Angaben zu Wärmespannungen finden sich u.a. in [5.3, 5.4 und 5.6].

## 5.3 Kreisförmige ebene Platten

Ausgehend von der Differentialgleichung für die elastische Linie der ebenen kreisförmigen Platte mit kleiner Wandstärke $s$ und rotationssymmetrischer Belastung [5.7]:

$$\frac{\mathrm{d}}{\mathrm{d}r}\left[\frac{1}{r}\frac{\mathrm{d}}{\mathrm{d}r}\left(r\frac{\mathrm{d}f}{\mathrm{d}r}\right)\right] = F_{\mathrm{r}} \cdot \frac{12\,(1-\mu^2)}{E \cdot s^3} \quad (5.13)$$

$r$ = Radius
$f$ = Durchbiegung } Bild 5.3

$F_{\mathrm{r}}$ = Querkraft am Radius $r$
$\mu$ = Querzahl (Poissonsche Zahl)
$E$ = Elastizitätsmodul
$s$ = Plattendicke

werden für die wichtigsten im Turbomaschinenbau vorkommenden Platten- und Belastungsformen Gleichungen für die Durchbiegung und die größte Spannung in Tabelle 5.2 zusammengestellt. Weitere Angaben über Platten können in [5.1, 5.3, 5.7 und 5.8] nachgelesen werden.

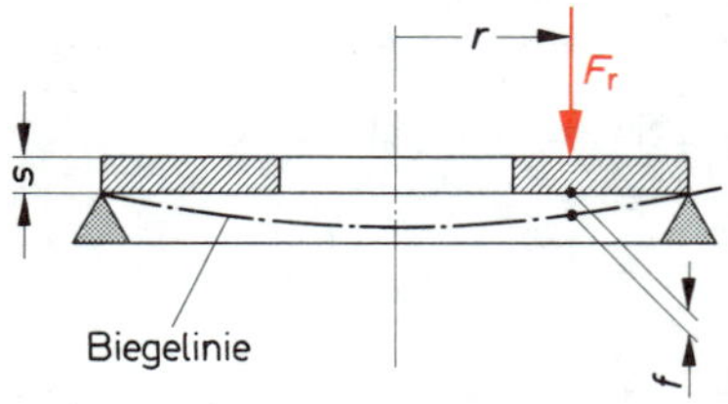


*Bild 5.3 Zur Biegelinie der ebenen Platte*

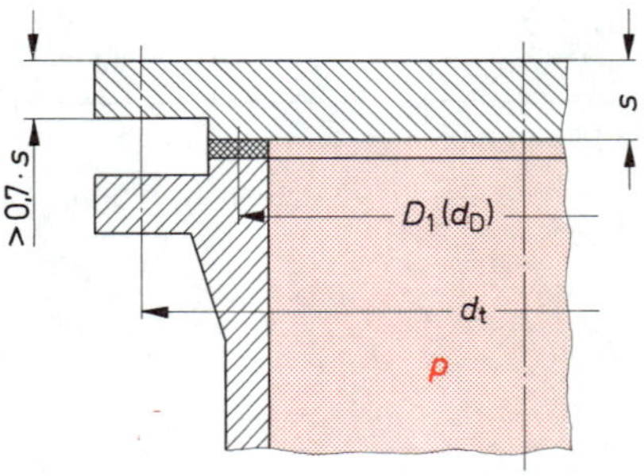


*Bild 5.4 Ebene Platte mit zusätzlichem Randmoment*

Im AD-Merkblatt B5 „Ebene Böden und Platten nebst Verankerungen“ werden für im Behälterbau und auch im Strömungsmaschinenbau häufig vorkommende Plattenkonstruktionen folgende Beziehungen angegeben:

a) Platten ohne Randmoment:

$$s = C \cdot D_1 \cdot \sqrt{\frac{p \cdot S}{10 \cdot K}} \quad (5.14)$$

$s$ = Wanddicke in mm
$C$ = Beiwert nach Tabelle 5.3
$D_1$ = Berechnungsdurchmesser in mm nach Tabelle 5.3
$p$ = Druck in bar
$S$ = Sicherheitsbeiwert nach AD-Merkblatt B 0 (brauchbarer Mittelwert $S \approx 1{,}5$ bis 1,8)
$K$ = Festigkeitskennwert in N/mm² ($K \mathrel{\hat{=}}$ Streckgrenze)

b) Bei Platten mit zusätzlichem gleichsinnigem Randmoment (Bild 5.4) beträgt die Wandstärke $s$:

$$s = C_1 \cdot D_1 \cdot \sqrt{\frac{p \cdot S}{10 \cdot K}} \quad (5.15)$$

$s$ = Wandstärke in mm
$D_1$ = Bezugsdurchmesser nach Bild 5.4 ($D_1 \mathrel{\hat{=}} d_{\mathrm{D}}$)
$C_1$ = Beiwert nach Bild 5.5
$p$, $S$, $K$ siehe Legende Gleichung (5.14)

Beiwert $\delta$ in Bild 5.5 ist wie folgt definiert:

$$\delta = 1 + 4 \cdot \frac{k_1 \cdot S_{\mathrm{D}}}{d_{\mathrm{D}}}$$

$S_{\mathrm{D}} = 1{,}2$
$k_1$ = Dichtungskennwert (siehe Kap. 5.7)

**Tabelle 5.2 Spannungen und Verformungen von kreisförmigen Platten**

<table>
<tr><th>Nr.</th><th>Skizze</th><th colspan="4">größte Spannung</th><th colspan="3">größte Durchbiegung</th></tr>
<tr><td>1</td><td>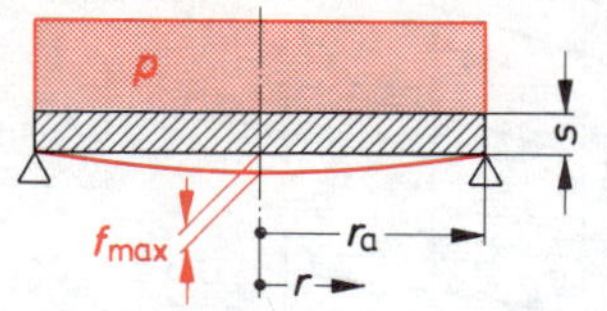
</td><td colspan="4">$\sigma_{max} = 1{,}24 \cdot p \cdot \frac{r_a^2}{s^2}$<br>bei $r = 0$</td><td colspan="3">$f_{max} = 0{,}7 \cdot \frac{p \cdot r_a^4}{E \cdot s^3}$<br>bei $r = 0$</td></tr>
<tr><td rowspan="4">2</td><td rowspan="4">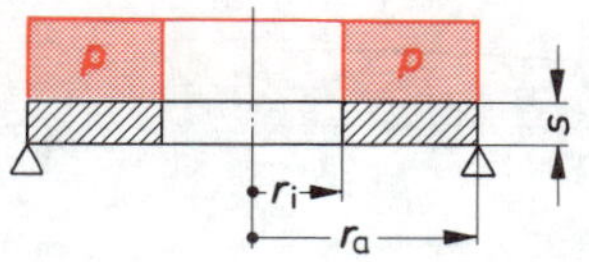
</td><td colspan="4">$\sigma_{max} = k_1 \cdot \frac{p \cdot r_a^2}{s^2}$</td><td colspan="3">$f_{max} = k_2 \cdot \frac{p \cdot r_a^4}{E \cdot s^3}$</td></tr>
<tr><td>$r_i/r_a$</td><td>0,8</td><td>2/3</td><td>1/2</td><td>1/3</td><td>1/5</td><td>1/10</td></tr>
<tr><td>$k_1$</td><td>0,592</td><td>0,976</td><td>1,44</td><td>1,88</td><td>2,19</td><td>2,39</td></tr>
<tr><td>$k_2$</td><td>0,184</td><td>0,414</td><td>0,664</td><td>0,824</td><td>0,813</td><td>0,748</td></tr>
<tr><td>3</td><td>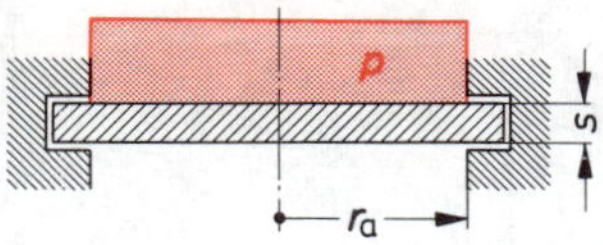
</td><td colspan="4">$\sigma_{max} = 0{,}75 \cdot \frac{p \cdot r_a^2}{s^2}$<br>für $r = r_a$; d.h. am Rand</td><td colspan="3">$f_{max} = 0{,}17 \cdot \frac{p \cdot r_a^4}{E \cdot s^3}$</td></tr>
<tr><td rowspan="4">4</td><td rowspan="4">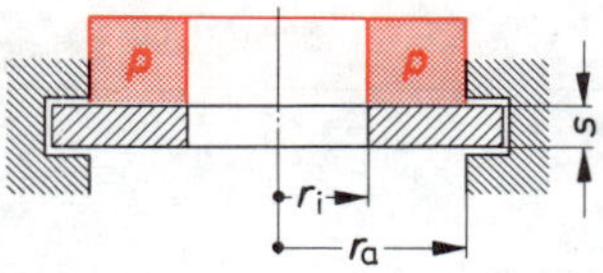
</td><td colspan="4">$\sigma_{max} = k_3 \cdot \frac{p \cdot r_a^2}{s^2}$</td><td colspan="3">$f_{max} = k_4 \cdot \frac{p \cdot r_a^4}{E \cdot s^3}$</td></tr>
<tr><td>$r_i/r_a$</td><td>0,8</td><td>2/3</td><td>1/2</td><td>1/3</td><td>1/5</td><td>1/10</td></tr>
<tr><td>$k_3$</td><td>0,104</td><td>0,26</td><td>0,48</td><td>0,656</td><td>0,729</td><td>0,746</td></tr>
<tr><td>$k_4$</td><td>0,002</td><td>0,014</td><td>0,058</td><td>0,13</td><td>0,176</td><td>0,182</td></tr>
<tr><td>5</td><td>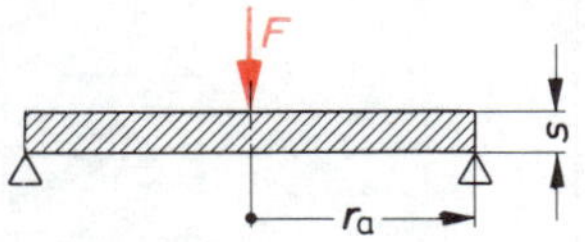
</td><td colspan="4">$\sigma_{max} = \frac{F\left(1{,}1586 + 0{,}6318 \cdot \ln \frac{r_a}{s}\right)}{s^2}$</td><td colspan="3">$f_{max} = 0{,}5515 \cdot \frac{F \cdot r_a^2}{E \cdot s^3}$</td></tr>
<tr><td>6</td><td>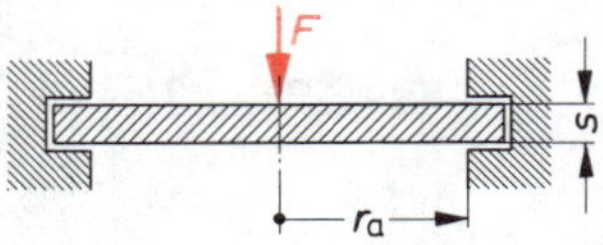
</td><td colspan="4">$\sigma_{max} \frac{F\left(0{,}6786 + 0{,}6318 \cdot \ln \frac{r_a}{s}\right)}{s^2}$</td><td colspan="3">$f_{max} = 0{,}2172 \cdot \frac{F \cdot r_a^2}{E \cdot s^3}$</td></tr>
<tr><td rowspan="4">7</td><td rowspan="4">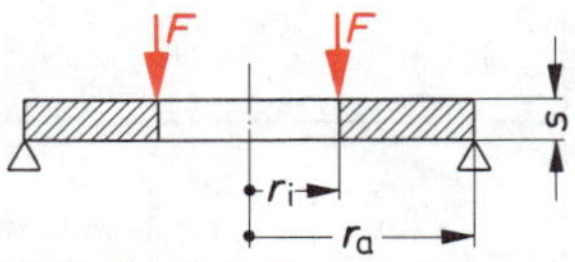

F = Ringlast am Innenrand !</td><td colspan="4">$\sigma_{max} = k_5 \cdot \frac{F}{s^2}$</td><td colspan="3">$f_{max} = k_6 \cdot \frac{F \cdot r_a^2}{E \cdot s^3}$</td></tr>
<tr><td>$r_i/r_a$</td><td>0,8</td><td>2/3</td><td>1/2</td><td>1/3</td><td>1/5</td><td>1/10</td></tr>
<tr><td>$k_5$</td><td>1,1</td><td>1,26</td><td>1,48</td><td>1,88</td><td>2,41</td><td>3,22</td></tr>
<tr><td>$k_6$</td><td>0,34</td><td>0,52</td><td>0,67</td><td>0,73</td><td>0,70</td><td>0,632</td></tr>
<tr><td rowspan="4">8</td><td rowspan="4">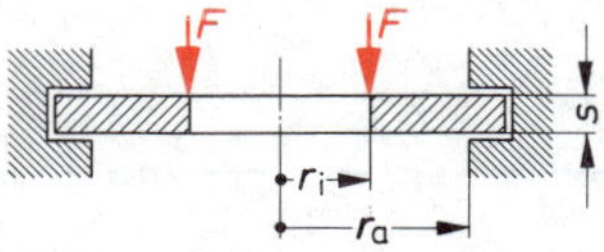

F = Ringlast am Innenrand !</td><td colspan="4">$\sigma_{max} = k_7 \cdot \frac{F}{s^2}$</td><td colspan="3">$f_{max} = k_8 \cdot \frac{F \cdot r_a^2}{E \cdot s^3}$</td></tr>
<tr><td>$r_i/r_a$</td><td>0,8</td><td>2/3</td><td>1/2</td><td>1/3</td><td>1/5</td><td>1/10</td></tr>
<tr><td>$k_7$</td><td>0,196</td><td>0,327</td><td>0,463</td><td>0,665</td><td>1,345</td><td>2,51</td></tr>
<tr><td>$k_8$</td><td>0,005</td><td>0,024</td><td>0,081</td><td>0,172</td><td>0,238</td><td>0,249</td></tr>
</table>

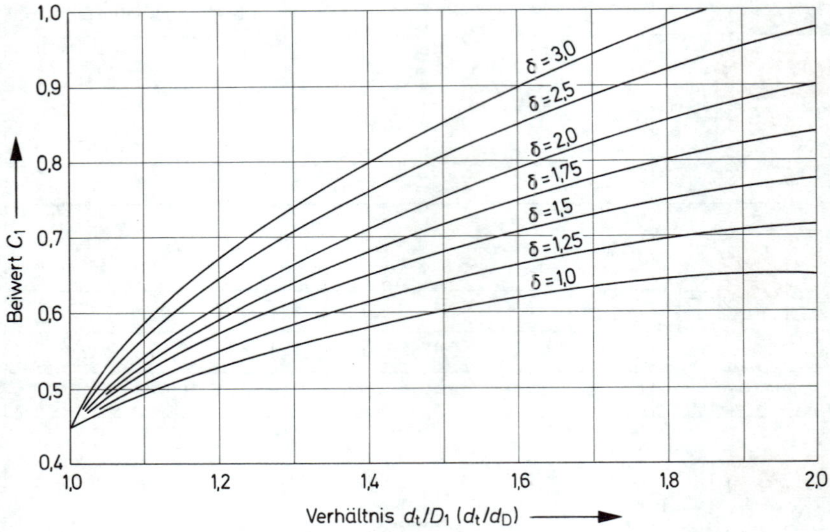


*Bild 5.5*
*Beiwert $C_1$*

**Tabelle 5.3 Berechnungsdurchmesser $D_1$ und Beiwert $C$ von runden Platten**

| Nr. | Skizze | Beiwert $C$ |
|---|---|---|
| 1 | 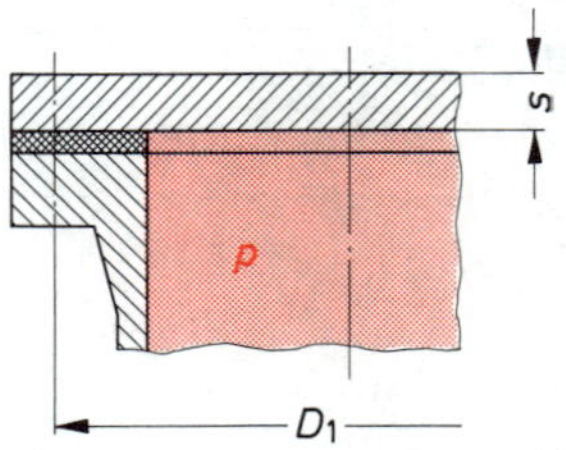 | 0,35 |
| 2 | 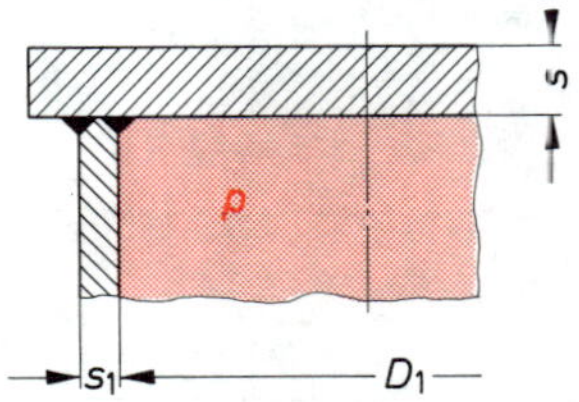 | für $s \leqq 3 \cdot s_1$: $C = 0{,}4$<br>für $s > 3 \cdot s_1$: $C = 0{,}45$ |
| 3 | 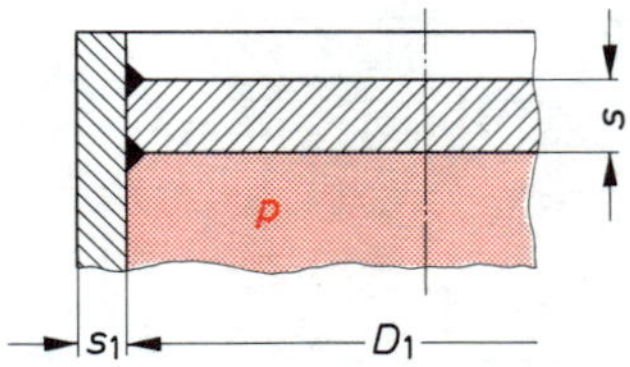 | für $s \leqq 3 \cdot s_1$: $C = 0{,}35$<br>für $s > 3 \cdot s_1$: $C = 0{,}40$ |

# 5.4 Gewölbte Böden

Gewölbte Böden bestehen aus dem kugelförmig gekrümmten Mittelteil mit dem Krümmungsradius $R$, der Krempe mit dem Radius $r$ und einem kurzen zylindrischen Ansatz mit dem Außendurchmesser $D_a$ und der Höhe $h_1$ (Bild 5.6).
Es werden sogenannte Vollböden (Bild 5.6a) in Klöpper-, Korbbogen- und Halbkugelform und Böden mit Stutzen (Bild 5.6b) unterschieden.
Die überschlägige Bestimmung der Wandstärke $s$ erfolgt nach AD-Merkblatt B 3 „Gewölbte Böden unter innerem und äußerem Überdruck". Wesentlich ausführlichere Angaben sind in [5.2] zu finden.

$$s = \frac{D_a \cdot p \cdot \beta}{40 \cdot \frac{K}{S} \cdot v} + c_1 + c_2 \qquad (5.16)$$

$s$ = Wandstärke in mm } Bild 5.6
$D_a$ = Außendurchmesser in mm } Bild 5.6
$p$ = Innendruck in bar
$\beta$ = Berechnungsbeiwert nach Bild 5.7
$K$ = Festigkeitskennwert in N/mm² (≙ Streckgrenze)
$S$ = Sicherheitsbeiwert } nach AD-Merkblatt B 0
$v$ = Verschwächungsbeiwert } nach AD-Merkblatt B 0
$c_1$, $c_2$ } Zuschläge } nach AD-Merkblatt B 0

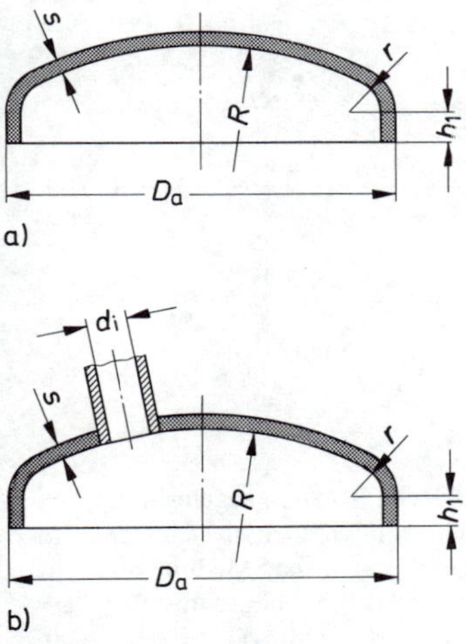


*Bild 5.6 Gewölbte Böden*

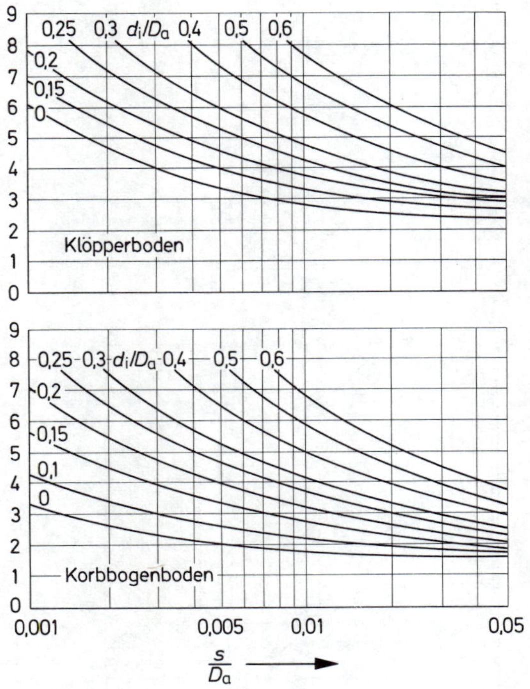


*Bild 5.7 Beiwert β*

## 5.5 Kugelschalen

In einer Kugelschale mit dem Außendurchmesser $D_a$ und dem Innendurchmesser $D_i$ entsteht unter der Wirkung eines inneren Überdruckes an einem beliebigen Durchmesser $D$ zwischen $D_i$ und $D_a$ folgender Spannungszustand:

a) Tangentialspannung:

$$\sigma_t = p \cdot \frac{0{,}5 \cdot \left(\frac{D_a}{D}\right)^3 + 1}{\left(\frac{D_a}{D_i}\right)^3 - 1} \qquad (5.17)$$

b) Radialspannung:

$$\sigma_r = -\,p \cdot \frac{\left(\frac{D_a}{D}\right)^3 - 1}{\left(\frac{D_a}{D_i}\right)^3 - 1} \qquad (5.18)$$

Die Vergleichsspannung $\sigma_v$ wird meist nach der Gestaltsänderungs-Energie-Hypothese gebildet:

$$\sigma_v = \sigma_t - \sigma_r = p \cdot \frac{1{,}5 \cdot \left(\frac{D_a}{D}\right)^3}{\left(\frac{D_a}{D_i}\right)^3 - 1} \qquad (5.19)$$

wobei die maximale Spannung am Innendurchmesser $D_i$ auftritt. Die Wandstärkenberechnung für Durchmesserverhältnisse $D_a/D_i \leqq 1{,}2$ kann nach AD-Merkblatt B 1, d.h. nach den Gleichungen (5.9) und (5.10) erfolgen.

## 5.6 Stutzen

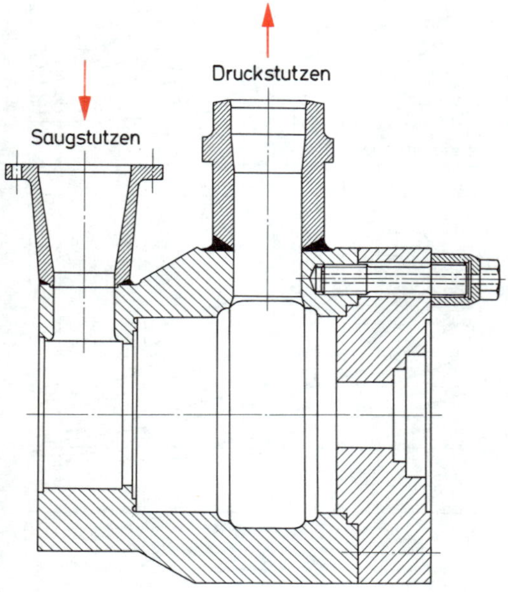


In die Wände der zylindrischen, kegeligen, kugeligen oder beliebig gekrümmten Gehäuseschalen werden Stutzen eingesetzt, durch die das Medium ins Gehäuse einströmt bzw. aus dem Gehäuse abströmt. Diese Stutzen können eingeschweißt sein, wie bei dem in Bild 5.8 dargestellten Topfgehäuse einer Kesselspeisepumpe oder angegossen, wie bei dem Dampfturbinengehäuse in Bild 5.9. Diese Gehäusestutzen enden in einem schraubbaren Flansch oder in einer vorbereiteten Schweißkante zum direkten Einschweißen in die Rohrleitung.

Die festigkeitsmäßige Nachrechnung der Zone um die Durchdringungsstelle von Stutzen und Gehäuse ist relativ aufwendig [5.9, 5.10], weshalb nur auf die stark vereinfachte Betrachtung nach AD-Merkblatt B 9 verwiesen wird.

Die Wandstärke $s_A$ des Grundzylinders (Bild 5.10) kann nach Gleichung (5.9) berechnet werden, wobei der Verschwächungsbeiwert $v$ durch den speziellen Verschwächungsbeiwert $v_A$ ersetzt wird.

*Bild 5.8 Gehäuse einer Speisepumpe*

*Bild 5.9 Dampfturbinengehäuse*

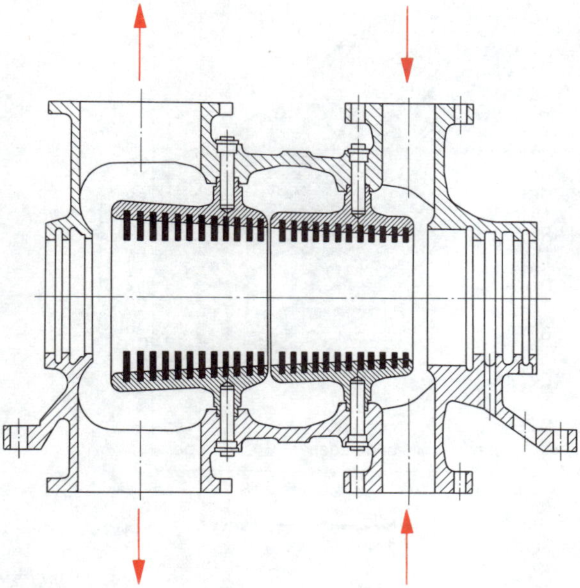

*Bild 5.10 Stutzen*

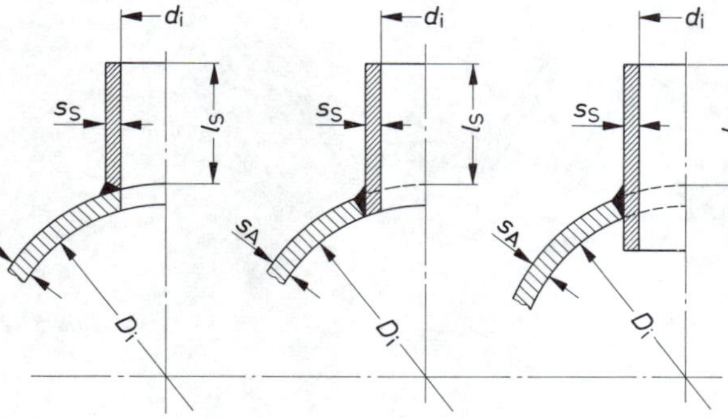


$$s = \frac{D_a \cdot p}{20 \cdot \frac{K}{S} \cdot v_A + p} + c_1 + c_2 \qquad (5.20)$$

Gleichung (5.20) gilt auch für kugelige Grundkörper. Die Verschwächungsbeiwerte für zylindrische, kegelige und kugelförmige Grundkörper können aus Bild 5.11 entnommen werden. Die Wandstärkenverhältnisse $s_S/s_A$ sollten kleiner als 2,0 sein. Die Länge $l_S$ des Stutzens sollte nicht kleiner als

$$l_S \geqq 1{,}25 \cdot \sqrt{(d_i + s_S) \cdot s_S} \qquad (5.21)$$

ausgeführt werden.

Werden mehrere Stutzen am Gehäuse angeordnet, kann die gegenseitige Beeinflussung der Gehäuseausschnitte vernachlässigt werden, wenn die Stegbreite $l$ zwischen den Stutzen (Bild 5.12) größer als folgender Grenzwert gemacht wird:

$$l \geqq 2 \cdot \sqrt{(D_i + s_A) \cdot s_A} \qquad (5.22)$$

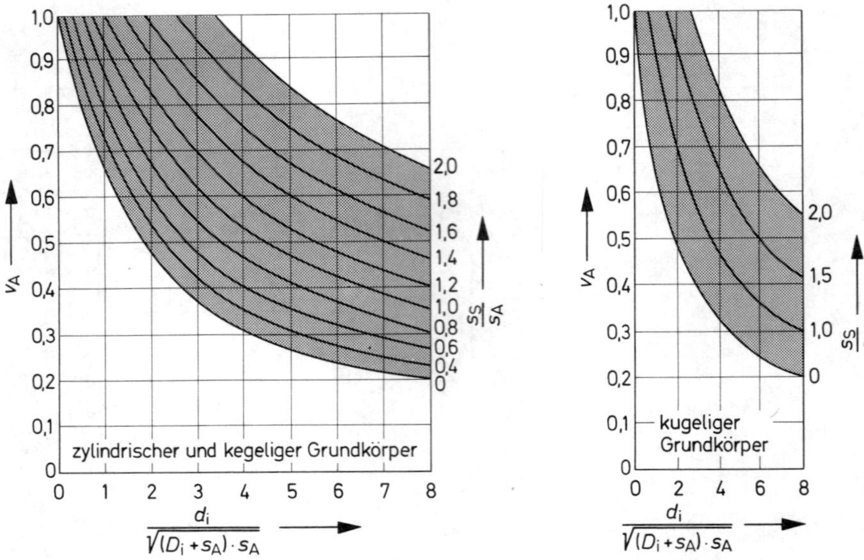


*Bild 5.11 Verschwächungsbeiwert* $v_A$

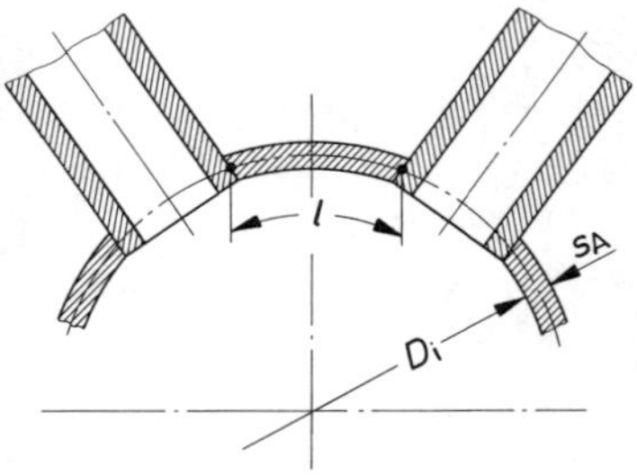


*Bild 5.12 Stutzen*

## 5.7 Flansche

### 5.7.1 Flanscharten

Gegossene Gehäuse erhalten angegossene Flansche, Stahlgußgehäuse gelegentlich auch angeschweißte Vorschweißflansche, in geschmiedete Gehäuse (Bild 5.8) werden genormte oder nicht genormte Vorschweißflansche oder auch längere Rohrstücke mit angeschmiedeten Flanschen eingesetzt.
Aus Blech zusammengeschweißte Gehäuse werden in den meisten Fällen mit Aufschweißflanschen versehen, die entweder aus Blechen ausgebrannt oder aus Stabmaterial flachen Querschnittes gefertigt werden. Sehr dünne Blechmäntel, beispielsweise bei Ventilatorgehäusen erhalten auch angebördelte (angedrückte) Flansche.

Soweit wie möglich hält man sich bei der Festlegung der Flanschmaße an vorgegebene Normen des Rohrleitungsbaues. Es würde den Rahmen des Buches bei weitem überschreiten, sämtliche nationalen und fremden Flanschnormen wiederzugeben. Es muß hier auf die Fachliteratur [5.11 bis 5.14] verwiesen werden.
In den Kapiteln 10 – Kreiselpumpen – und 11 – Ventilatoren, Gebläse, Verdichter – des Bandes „Strömungsmaschinen 1 – Aufbau und Wirkungsweise" sind in den Maßtabellen der Pumpen, Ventilatoren und Gebläse auch die Flanschabmessungen der Druck- und Saugstutzen mit angegeben.
Eine Übersicht über die genormten Flansche aus Grauguß oder Stahlguß, über Vorschweißflansche und lose Flansche mit Anschweißbund ist als Aus-

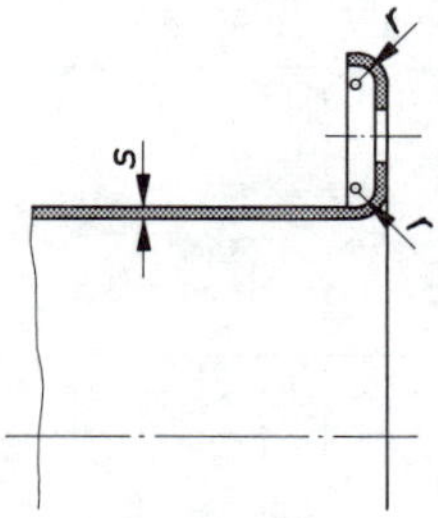


*Bild 5.13 Angedrückter Blechflansch*

schnitt aus DIN 2500 [5.15] in Tabelle 5.4 zusammengestellt. Man sieht aus dieser Zusammenstellung, daß Graugußflansche bis zu Nenndrücken von PN 40, Stahlgußflansche bis PN 400 genormt sind. Die eigentlichen Maßnormen mit den Flanschmaßen sind in der 4. Zeile der Tabelle 5.4 aufgeführt.

Zur Lösung von Beispiel Nr. 11 werden die Flanschmaße von Graugußflanschen des Nenndruckes PN 16 benötigt, die in DIN 2533 genormt sind und in Tabelle 5.5 wiedergegeben werden.

Die Flanschanschlußmaße sind in DIN 2501 [5.16] genormt und in [5.11] aufgeführt. Vorschweißflansche sind in den Normen DIN 2627/2638 festgelegt, Blindflansche in DIN 2527.

Die Einsatzbereiche von Aufschweißflanschen, ausgedrückt durch das Produkt $d_i \cdot p$, sowie Richtlinien für die Schweißnahtstärken sind in Tabelle 5.6 (aus [5.17]) zusammengestellt.

Die Ausführung von angebördelten Flanschen (Bild 5.13) ist nicht genormt. Die Flanschmaße, insbesondere die Krümmung $r$ hängen von der Blechstärke $s$ und dem Fertigungsverfahren ab.

Falls lose Flansche an angebördelte Rohrstutzen angesetzt werden, können die Abmessungen in Anlehnung an DIN 2641/2642 [5.18] festgelegt werden.

## 5.7.2 Rohrflansche (Rundflansche)

Die Dimensionierung von Rohrflanschen erfolgt, soweit genormte Flansche vorliegen am besten nach DIN 2505 [5.19] oder nach AD-Merkblatt B 8 „Flansche“ [5.17], soweit nicht andere Vorschriften (z.B. API-Normen, ISO-Normen) angewandt werden müssen, beispielsweise bei Maschinen, die für den Export bestimmt sind.

Die Rechengänge zur Ermittlung der Kräfte, der Flanschabmessungen und der Flanschfestigkeit erfolgt in stark gekürzter Form; eine ausführlichere Behandlung der Flanschberechnung ist in [5.2, 5.3 und 5.11] enthalten.

### 5.7.2.1 Die äußeren Kräfte

Auf den Flansch (Bild 5.14) wirken folgende äußeren Kräfte ein:

a) die Rohrkraft $F_{R,p}$

$$F_{R,p} = p \cdot \frac{\pi}{4} \cdot d_i^2 \qquad (5.23)$$

b) die Ringflächenkraft $F_F$

$$F_F = p \cdot \frac{\pi}{4} \cdot (d_D^2 - d_i^2) \qquad (5.24)$$

beide Kräfte faßt man zur Innendruckkraft zusammen:

c) die Innendruckkraft $F_i$

$$F_i = F_{R,p} + F_F$$

$$F_i = p \cdot \frac{\pi}{4} \cdot d_D^2 \qquad (5.25)$$

d) bei der Dichtungskraft $F_D$ werden unterschieden:

1) die Dichtungskraft zum Vorverformen der Dichtung bei der Flanschmontage:

$$F_{DV} = \pi \cdot d_D \cdot k_0 \cdot k_D \qquad (5.26)$$

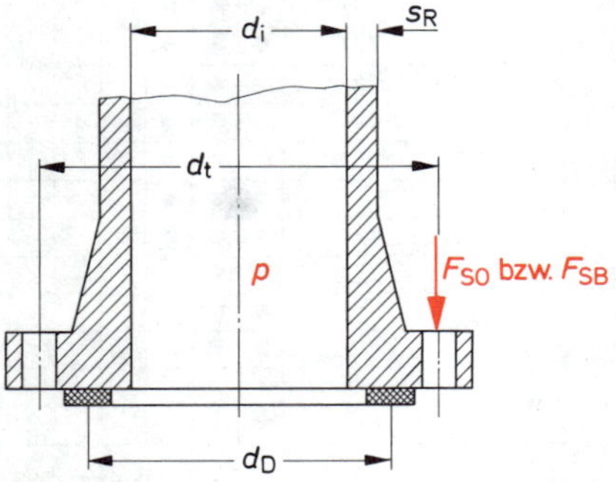


*Bild 5.14 Rohrflansch*

**Tabelle 5.4** (Teil 1) **Genormte Grauguß- und Stahlgußflansche** (nach DIN 2500)

| Flanschart | Gußeisenflansche und Stahlgußflansche | | | | | | | | | | | | | | | | |
|---|---|---|---|---|---|---|---|---|---|---|---|---|---|---|---|---|---|
| Bild | 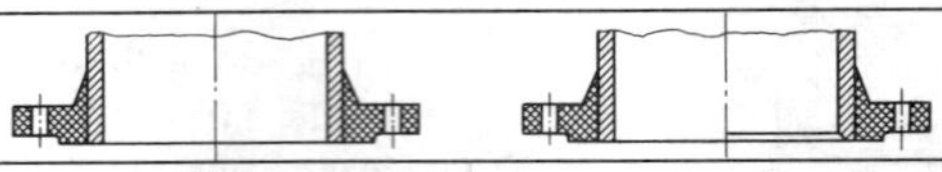 | | | | | | | | | | | | | | | | |
| Werkstoff – Flansch | GG | | | | | | | GS | | | | | | | | | |
| Werkstoff – Schraube | 4 D | | | | C 3 | | | 4 D | C 35 | | | | C 45 | | | | |
| Maßnorm siehe DIN | 2530 | 2531 | 2532 | 2533 | 2534 | 2535 | | 2543 | 2544 | 2545 | 2546 | 2547 | 2548 | 2549 | 2550 | 2551 | |
| Nenndruck | 1 | 6 | 10 | 16 | 25 | 40 | | 16 | 25 | 40 | 64 | 100 | 160 | 250 | 320 | 400 | |
| Nennweiten 10 | | ● | | ● | | ● | | | | ● | | | ● | ● | ● | ● | |
| 15 | | ● | | ● | | ● | | | | ● | | | ● | ● | ● | ● | |
| 20 | | ● | | ● | | ● | | | | ● | | | | | | | |
| 25 | | ● | | ● | | ● | | | | ● | | | ● | ● | ● | ● | |
| 32 | | ● | | ● | | ● | | | | ● | | | | | | | |
| 40 | | ● | | ● | | ● | | | | ● | | | ● | ● | ● | ● | |
| 50 | | ● | | ● | | ● | | | | ● | ● | | ● | ● | ● | ● | |
| 65 | | ● | | ● | | ● | | | | ● | ● | | ● | ● | ● | ● | |
| 80 | | ● | [1]) | ● | | ● | | ● | | ● | ● | | ● | ● | ● | ● | |
| 100 | | ● | | ● | | ● | | ● | | ● | ● | | ● | ● | ● | ● | |
| 125 | | ● | | ● | | ● | | ● | | ● | ● | ● | ● | ● | ● | ● | |
| 150 | | ● | | ● | | ● | | ● | | ● | ● | ● | ● | ● | ● | ● | |
| (175) | | ● | | ● | ● | ● | | ● | ● | ● | ● | ● | ● | ● | ● | ● | |
| 200 | | ● | | ● | ● | ● | | ● | ● | ● | ● | ● | ● | ● | ● | ● | |
| 250 | | ● | ● | ● | ● | ● | | ● | ● | ● | ● | ● | ● | ● | ● | | |
| 300 | | ● | ● | ● | ● | ● | | ● | ● | ● | ● | ● | ● | ● | | | |
| 350 | | ● | ● | ● | ● | ● | | ● | ● | ● | ● | ● | | | | | |
| 400 | | ● | ● | ● | ● | ● | | ● | ● | ● | ● | ● | | | | | |
| (450) [2]) | | | ● | ● | | | | | | ● | | | | | | | |
| 500 | | ● | ● | ● | ● | | | ● | ● | ● | ● | ● | | | | | |
| 600 | | ● | ● | ● | | | | ● | ● | ● | ● | ● | | | | | |
| 700 | | ● | ● | ● | | | | ● | ● | ● | ● | ● | | | | | |
| 800 | | ● | ● | ● | | | | ● | ● | ● | ● | | | | | | |
| 900 | | ● | ● | ● | | | | ● | ● | ● | ● | | | | | | |
| 1000 | | ● | ● | ● | | | | ● | ● | ● | ● | | | | | | |
| 1200 | ● | ● | ● | | | | | ● | ● | ● | ● | | | | | | |
| 1400 | ● | ● | ● | | | | | ● | ● | ● | | | | | | | |
| 1600 | ● | ● | ● | | | | | ● | ● | ● | | | | | | | |
| 1800 | ● | ● | ● | | | | | ● | ● | | | | | | | | |
| 2000 | ● | ● | ● | | | | | ● | ● | | | | | | | | |
| 2200 | ● | ● | ● | | | | | ● | | | | | | | | | |
| 2400 | ● | ● | ● | | | | | ● | | | | | | | | | |
| 2600 | ● | ● | ● | | | | | ● | | | | | | | | | |
| 2800 | ● | ● | ● | | | | | | | | | | | | | | |
| 3000 | ● | ● | ● | | | | | | | | | | | | | | |
| 3200 | ● | ● | | | | | | | | | | | | | | | |
| 3400 | ● | ● | | | | | | | | | | | | | | | |
| 3600 | ● | ● | | | | | | | | | | | | | | | |
| 3800 | ● | | | | | | | | | | | | | | | | |
| 4000 | ● | | | | | | | | | | | | | | | | |
| Technische Lieferbedingungen | siehe Maßnormen | | | | | | | | | | | | | | | | |

[1]) 4 Schrauben für Nenndruck 10

[2]) Für diese Nennweite gibt es keine Vorschweißflansche

**Tabelle 5.4** (Teil 2)

| Flanschart | | Vorschweißflansche | | | | | | | | | | | | Lose Flansche mit Anschweißbund oder Vorschweißbund | | | | | | |
|---|---|---|---|---|---|---|---|---|---|---|---|---|---|---|---|---|---|---|---|---|
| Bild | | 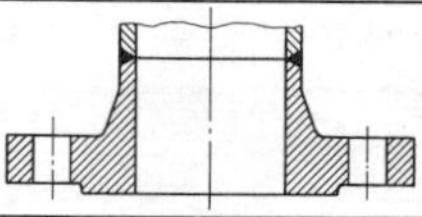 | | | | | | | | | | | | 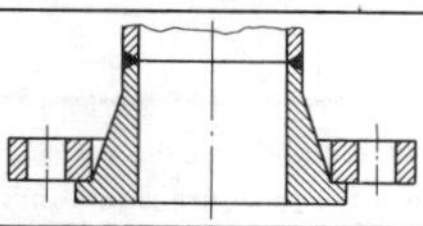 | | | | | | |
| Werkstoff | Bund | — | | | | | | | | | | | | RSt 42-2 | | | | St 37-2 | | |
| | Flansch | St 37-2 | | | | | | RSt 42-2 | | | | | | St 42 | | | | St 37 | | |
| | Schraube | 4 D | | | | C 35 | | | C 45 | | | | | C 45 | | | | 4 D | | |
| Maßnorm siehe DIN | | 2630 | 2631 | 2632 | 2633 | 2634 | 2635 | 2636 | 2637 | 2638 | 2628 | 2629 | 2627*) | | 2667 | 2668 | 2669 | | 2673 | |
| Nenndruck | | 1 | 6 | 10 | 16 | 25 | 40 | 64 | 100 | 160 | 250 | 320 | 400 | | 160 | 250 | 320 | | 10 | |
| Nennweiten | 10 | | ● | | ● | | ● | | ● | ● | | ● | ● | | | | | | ● | |
| | 15 | | ● | | ● | | ● | | ● | ● | ● | ● | ● | | | | | | ● | |
| | 20 | | ● | | ● | | ● | | | | | | | | | | | | ● | |
| | 25 | | ● | | ● | | ● | | ● | ● | ● | ● | ● | | | | | | ● | |
| | 32 | | ● | | ● | | ● | | ● | | | | | | | | | | ● | |
| | 40 | | ● | | ● | | ● | | ● | ● | ● | ● | ● | | | | | | ● | |
| | 50 | | ● | | ● | | ● | ● | ● | ● | ● | ● | ● | | | | | | ● | |
| | 65 | | ● | | ● | | ● | ● | ● | ● | ● | ● | ● | | | | | | ● | |
| | 80 | | ● | 1) | ● | | ● | ● | ● | ● | ● | ● | ● | | | | | | ● | |
| | 100 | | ● | | ● | | ● | ● | ● | ● | ● | ● | ● | | ● | ● | ● | | ● | |
| | 125 | | ● | | ● | | ● | ● | ● | ● | ● | ● | ● | | ● | ● | ● | | ● | |
| | 150 | | ● | | ● | | ● | ● | ● | ● | ● | ● | ● | | ● | ● | ● | | ● | |
| | (175) | | | | ● | ● | ● | ● | ● | ● | ● | ● | | | ● | ● | ● | | ● | |
| | 200 | | ● | ● | ● | ● | ● | ● | ● | ● | ● | ● | ● | | ● | ● | ● | | ● | |
| | 250 | | ● | ● | ● | ● | ● | ● | ● | ● | ● | ● | | | ● | ● | ● | | ● | |
| | 300 | | ● | ● | ● | ● | ● | ● | ● | ● | | | | | ● | | | | ● | |
| | 350 | | ● | ● | ● | ● | ● | ● | ● | | | | | | | | | | ● | |
| | 400 | | ● | ● | ● | ● | ● | ● | | | | | | | | | | | ● | |
| | 500 | | ● | ● | ● | ● | ● | | | | | | | | | | | | ● | |
| | 600 | | ● | ● | ● | ● | | | | | | | | | | | | | ● | |
| | 700 | | ● | ● | ● | ● | | | | | | | | | | | | | ● | |
| | 800 | | ● | ● | ● | ● | | | | | | | | | | | | | ● | |
| | 900 | | ● | ● | ● | ● | | | | | | | | | | | | | ● | |
| | 1000 | | ● | ● | ● | ● | | | | | | | | | | | | | ● | |
| | 1200 | ● | ● | ● | ● | | | | | | | | | | | | | | ● | |
| | 1400 | ● | ● | ● | ● | | | | | | | | | | | | | | | |
| | 1600 | ● | ● | ● | ● | | | | | | | | | | | | | | | |
| | 1800 | ● | ● | ● | ● | | | | | | | | | | | | | | | |
| | 2000 | ● | ● | ● | ● | | | | | | | | | | | | | | | |
| | 2200 | ● | ● | ● | | | | | | | | | | | | | | | | |
| | 2400 | ● | ● | ● | | | | | | | | | | | | | | | | |
| | 2600 | ● | ● | ● | | | | | | | | | | | | | | | | |
| | 2800 | ● | ● | ● | | | | | | | | | | | | | | | | |
| | 300 | ● | ● | ● | | | | | | | | | | | | | | | | |
| | 3200 | ● | ● | | | | | | | | | | | | | | | | | |
| | 3400 | ● | ● | | | | | | | | | | | | | | | | | |
| | 3600 | ● | ● | | | | | | | | | | | | | | | | | |
| | 3800 | ● | | | | | | | | | | | | | | | | | | |
| | 4000 | ● | | | | | | | | | | | | | | | | | | |
| Technische Lieferbedingungen | | siehe DIN 2519 | | | | | | | | | | | | | | | | | | |

*) z. Z. noch Entwurf

1) 4 Schrauben für Nenndruck 10

DK 621.643.412-034.13 DEUTSCHE NORMEN Februar 1976

# Gußeisenflansche

Nenndruck 16

**DIN 2533**

Cast iron flanges; nominal pressure 16

Brides en fonte grise; pression nominale 16

## Anwendungsbereich

Zulässige Temperaturen und Betriebsdrücke siehe DIN 2401 Teil 2 (Vornorm).

Der Berechnung haben die Kennwerte von GG-20 zugrunde gelegen.

Die Festigkeitskennwerte der für das Gußstück gewählten Gußsorte dürfen am Flansch 200 N/mm² nicht unterschreiten.

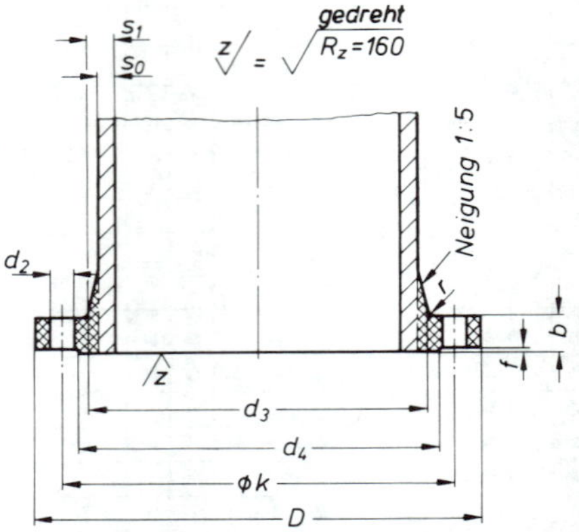


Maße in mm

Angabe eines Gußeisenflansches mit Dichtleiste Form C von Nennweite 100 in Zeichnungen und Fertigungsunterlagen:

Flansch C 100 DIN 2533

| Nennweite | Flansch | | | Übergang | | | | Dichtleiste | | Schrauben | | | Gewicht eines kreuzschraffierten Flansches (7,2 kg/dm³) |
|---|---|---|---|---|---|---|---|---|---|---|---|---|---|
| | $D$ | $b$ | $k$ | $s_0$ | $d_3$ | $s_1$ max. | $r$ | $d_4$ | $f$ | Anzahl | Gewinde | $d_2$ | kg ≈ |
| **10** | 90 | 14 | 60 | 6 | 30 | 10 | 4 | 40 | 2 | 4 | M 12 | 14 | 0,504 |
| **15** | 95 | 14 | 65 | 6 | 37 | 11 | 4 | 45 | 2 | 4 | M 12 | 14 | 0,573 |
| **20** | 105 | 16 | 75 | 6,5 | 42 | 11 | 4 | 58 | 2 | 4 | M 12 | 14 | 0,798 |
| **25** | 115 | 16 | 85 | 7 | 49 | 12 | 4 | 68 | 2 | 4 | M 12 | 14 | 0,969 |
| **32** | 140 | 18 | 100 | 7 | 60 | 14 | 5 | 78 | 2 | 4 | M 16 | 18 | 1,67 |
| **40** | 150 | 18 | 110 | 7,5 | 68 | 14 | 5 | 88 | 3 | 4 | M 16 | 18 | 1,78 |
| **50** | 165 | 20 | 125 | 7,5 | 80 | 15 | 5 | 102 | 3 | 4 | M 16 | 18 | 2,44 |
| **65** | 185 | 20 | 145 | 8 | 95 | 15 | 5 | 122 | 3 | 4 | M 16 | 18 | 2,94 |
| **80** | 200 | 22 | 160 | 8,5 | 114 | 17 | 6 | 138 | 3 | 8 | M 16 | 18 | 3,63 |
| **100** | 220 | 24 | 180 | 9,5 | 136 | 18 | 6 | 158 | 3 | 8 | M 16 | 18 | 4,49 |
| **125** | 250 | 26 | 210 | 10 | 165 | 20 | 8 | 188 | 3 | 8 | M 16 | 18 | 6,24 |
| **150** | 285 | 26 | 240 | 11 | 190 | 20 | 8 | 212 | 3 | 8 | M 20 | 22 | 7,38 |
| **(175)** | 315 | 28 | 270 | 12 | 217 | 21 | 8 | 242 | 3 | 8 | M 20 | 22 | 9,25 |
| **200** | 340 | 30 | 295 | 12 | 246 | 23 | 8 | 268 | 3 | 12 | M 20 | 22 | 11,2 |
| **250** | 405 | 32 | 355 | 14 | 298 | 24 | 10 | 320 | 3 | 12 | M 24 | 26 | 15,1 |
| **300** | 460 | 32 | 410 | 15 | 348 | 24 | 10 | 378 | 4 | 12 | M 24 | 26 | 17,5 |
| **350** | 520 | 36 | 470 | 16 | 404 | 27 | 10 | 438 | 4 | 16 | M 24 | 26 | 24,6 |
| **400** | 580 | 38 | 525 | 18 | 458 | 29 | 10 | 490 | 4 | 16 | M 27 | 30 | 29,9 |
| **(450)** | 640 | 40 | 585 | 19 | 510 | 30 | 10 | 550 | 4 | 20 | M 27 | 30 | 36,5 |
| **500** | 715 | 42 | 650 | 21 | 564 | 32 | 12 | 610 | 4 | 20 | M 30 | 33 | 48,2 |
| **600** | 840 | 48 | 770 | 24 | 672 | 36 | 12 | 725 | 5 | 20 | M 33 | 36 | 72,3 |
| **700** | 910 | 54 | 840 | 26 | 764 | 32 | 12 | 795 | 5 | 24 | M 33 | 36 | 67,6 |
| **800** | 1025 | 58 | 950 | 29 | 870 | 35 | 12 | 900 | 5 | 24 | M 36 | 39 | 87,6 |
| **900** | 1125 | 62 | 1050 | 32 | 976 | 38 | 12 | 1000 | 5 | 28 | M 36 | 39 | 99,2 |
| **1000** | 1255 | 66 | 1170 | 35 | 1082 | 41 | 12 | 1115 | 5 | 28 | M 39 | 42 | 135 |

Eingeklammerte Nennweiten möglichst vermeiden.

Fortsetzung Seite 2

Fachnormenausschuß Rohre, Rohrverbindungen und Rohrleitungen (FR) im DIN Deutsches Institut für Normung e.V.

Werte von Beispiel 11

**Tabelle 5.6 Aufschweißflansche**
(nach AD-Merkblatt B8)

| Nahtausführung | Schweißnahtdicke | Begrenzung $d_i \cdot p$ mm bar |
|---|---|---|
| 1. 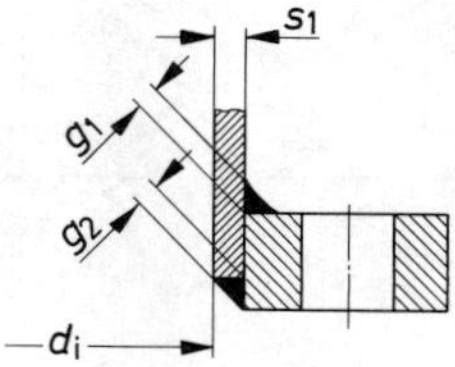 | $g_1 + g_2 \geqq 1{,}4 \cdot s_1$ | 10 000 |
| 2. 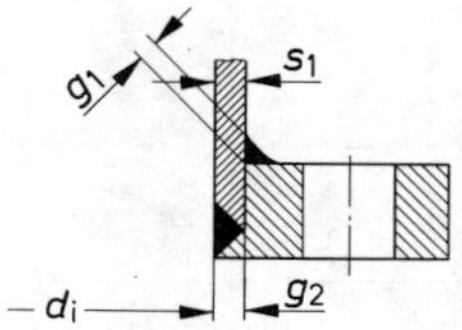 | $g_1 + g_2 \geqq 1{,}4 \cdot s_1$ | 10 000 |
| 3. 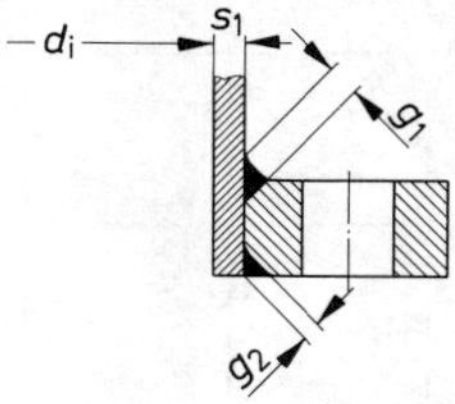 | $g_1 + g_2 \geqq 2 \cdot s_1$ | 20 000 |
| 4. 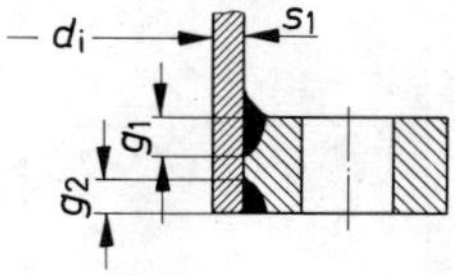 | $g_1 + g_2 \geqq 2 \cdot s_1$ | — |
| 5. 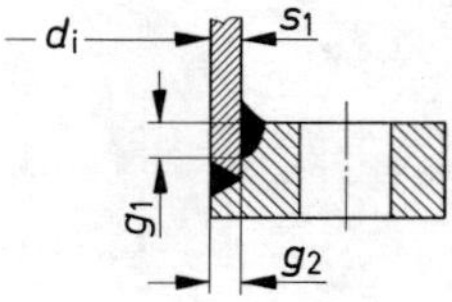 | $g_1 + g_2 \geqq 2 \cdot s_1$ | — |
| Der Unterschied zwischen $g_1$ und $g_2$ darf nicht mehr als 25 % betragen. | | |

**Tabelle 5.7** (Teil 1) **Dichtungskennwerte (Ausschnitt aus DIN 2505)**

| | | | | | Flüssigkeiten | | | | Gase und Dämpfe | | | |
|---|---|---|---|---|---|---|---|---|---|---|---|---|
| Nr. | Dichtungsart | Dichtungsform | Benennung | Werkstoff | Vorverformen $k_0$ mm | Vorverformen $k_0 \cdot k_D$ $N$/mm | $k_1$ mm | $V$ | Vorverformen $k_0$ mm | Vorverformen $k_0 \cdot k_D$ $N \cdot$ mm | $k_1$ mm | $V$ |
| 1 | Weichstoffdichtungen | 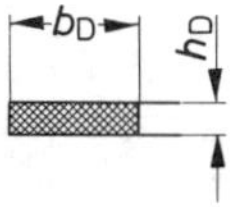  | Flachdichtungen nach DIN 2690 bis DIN 2692 | Dichtungspappe getränkt | – | $20\,b_D$ | $b_D$ | 2 | – | – | – | – |
| 2 | | | | Gummi | – | $1 \cdot b_D$ | $0{,}5\,b_D$ | 40 | – | $2 \cdot b_D$ | $0{,}5 \cdot b_D$ | 20 |
| 3 | | | | Teflon | – | $20 \cdot b_D$ | $1{,}1\,b_D$ | 2,5 | – | $25 \cdot b_D$ | $1{,}1 \cdot b_D$ | 2 |
| 4 | | | | *It* | – | $15 \cdot b_D$ | $b_D$ | 30 | – | $200\sqrt{\frac{b_D}{h_D}}$ | $1{,}3 \cdot b_D$ | 6 |
| 5 | Metalldichtungen |  | Flachdichtung nach DIN 2694 | | $0{,}8 \cdot b_D$ | – | $b_D + 5$ | 1,9 | $b_D$ | – | $b_D + 5$ | 1,5 |
| 6 | |  $z$ = Anzahl der Kämme | Kammprofildichtung nach DIN 2697 | | $0{,}4\sqrt{z}$ | – | $g + 0{,}2 \cdot z$ | 2,5 | $0{,}5 \cdot \sqrt{z}$ | – | $g + 0{,}2 \cdot z$ | 2 |

**Tabelle 5.7** (Teil 2) **Formänderungswiderstand $k_D$ von Metalldichtungen**

| Werkstoff | $k_D$ in $N/mm^2$ bei | | | | | |
|---|---|---|---|---|---|---|
| | 20 °C | 100 °C | 200 °C | 300 °C | 400 °C | 500 °C |
| weiches Aluminium | 100 | 40 | 20 | (5) | – | – |
| Kupfer | 200 | 180 | 130 | 100 | (40) | |
| Weicheisen | 350 | 310 | 260 | 210 | 170 | (80) |
| Stahl St 35 | 400 | 380 | 330 | 260 | 190 | (120) |
| Stahl 13 Cr Mo 44 | 450 | 450 | 420 | 390 | 330 | 280 |
| Austenitischer Stahl | 500 | 480 | – | – | 390 | 350 |

Die Beiwerte $k_0$ und $k_D$ können für einzelne Dichtungsarten aus Tabelle 5.7 entnommen werden; vollständige Angaben finden sich in [5.19 oder 5.11].
2) die Betriebsdichtungskraft zum Dichthalten der Flanschverbindung:

$$F_{DB} = p \cdot \pi \cdot d_D \cdot k_1 \cdot S_D \qquad (5.27)$$

Beiwert $k_1$ kann aus Tabelle 5.7 entnommen werden, der Sicherheitsbeiwert $S_D$ sollte $= 1{,}2$ gemacht werden.
Zu diesen Kräften kommen u.U. noch zusätzliche Rohrleitungskräfte $F_{zus}$, die von den Rohrleitungen her auf die Maschinenflansche einwirken hinzu.

#### 5.7.2.2 Schraubenkraft

Die Flansche sind über die Schrauben so zu verspannen, daß bei der Montage die erforderliche Vorverformung der Dichtung gewährleistet wird und daß die Verbindung im Betriebszustand dicht bleibt.
Daraus folgt für die Schraubenkraft im Einbauzustand:

$$F_{SO} \geqq F_{DV} + F_{zus} \qquad (5.28)$$

und im Betriebszustand:

$$F_{SB} = F_{R,p} + F_{zus} + F_F + F_{DB} \qquad (5.29)$$

Die Schraubenkraft $F_{SO}$ im Einbauzustand darf die Dichtung nicht überbeanspruchen:

$$F_{SO} \leqq V \cdot F_{DV} \qquad (5.30)$$

Beiwert $V$ siehe Tabelle 5.7/Teil 1!
Bei Weichstoff- und Metallweichstoffdichtungen muß, falls das Setzen der Dichtung nicht durch Nachziehen der Schrauben ausgeglichen wird zu $F_{SB}$ nach Gleichung (5.29) ein 20 %iger Zuschlag gemacht werden.
Die Berechnung der vor allem im Pumpenbau angewandten It-Dichtungen ist in [5.20] ausführlich beschrieben.

#### 5.7.2.3 Berechnung der Flansche

a) Äußeres Biegemoment:
Auf den Flansch wirkt folgendes äußeres Biegemoment (Bild 5.14):

im Montagezustand:

$$M_0 = F_{SO} \cdot a_D \qquad (5.31)$$

im Betriebszustand:

$$M_B = F_R \cdot a_R + F_F \cdot a_F + F_{DB} \cdot a_D \qquad (5.32)$$

mit den Hebelarmen:

**Tabelle 5.8 Flanschwiderstände nach DIN 2505**

**Flansche mit kegeligem Ansatz**

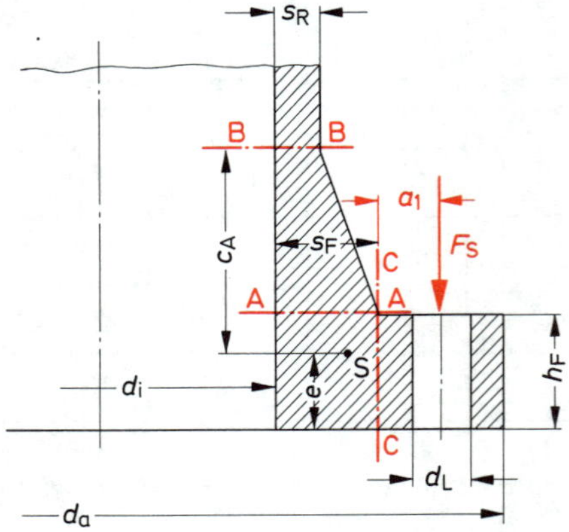


Bild 5.15

für $d_i \leqq 1000\,\text{mm}$:

$$W_{A-A} = \frac{\pi}{4}\,[(d_a - d_i - 2\cdot d'_L)\cdot h_F^2 + (d_i + s_F)(s_F^2 - s_1^2)]$$

$$W_{B-B} = \pi\,[(d_a - d_i - 2\cdot d'_L)\cdot e^2 + \frac{1}{4}\,(d_i + s_R)\,(s_R^2 - s_1^2)]$$

für $d_i > 1000\,\text{mm}$

$$W_{A-A} = 1{,}2\cdot\frac{\pi}{4}\,[(d_a - d_i - 2\cdot d'_L)\cdot h_F^2 + 0{,}8\,(d_i + s_F)(s_F^2 - s_1^2) + 0{,}1\cdot s_F\,(d_i + s_F)\cdot h_F]$$

$$W_{B-B} = 1{,}2\cdot\pi\,[(d_a - d_i - 2\cdot d'_L)\cdot e^2 + 0{,}2\,(d_i + s_R)(s_R^2 - s_1^2) + 0{,}5\cdot s_R\,(d_i + s_R)\cdot c_A]$$

$$W_{C-C} = \frac{\pi}{4}\cdot h_F^2\,(d_a - 2\cdot d'_L)$$

mit dem zugehörigen Moment:
$M = F_s \cdot a_1$

**Aufschweißflansche**

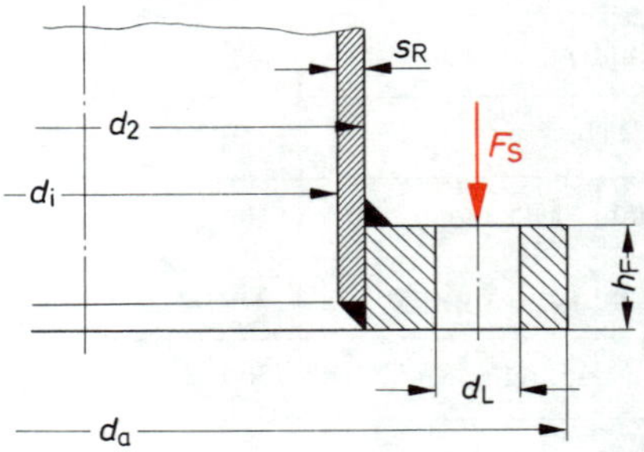


Bild 5.16

$$W = 0{,}9\cdot\frac{\pi}{4}\,[(d_a - d_2 - 2\cdot d'_L)\cdot h_F^2 + (d_i + s_R)\,(s_R^2 - s_1^2)]$$

es bedeuten:

$d'_L = d_L\left(1 - \frac{DN}{1000}\right)$ für DN < 500

$d'_L = \frac{d_L}{2}$ für DN > 500

$s_1$ = rechnerische Mindestwandstärke

$$s_1 = \frac{F_{R\,ges}}{\pi\,(d_i + s_R)\cdot K}$$

$e$ = Schwerpunktskoordinate (Bild 5.15)

$$a_D = \frac{1}{2} \cdot (d_t - d_D)$$

$$a_F = \frac{1}{2} \cdot \left(d_t - \frac{d_i + d_D}{2}\right) = \frac{2 \cdot d_t - d_i - d_D}{4}$$

$$a_R = \frac{1}{2} \cdot [d_t - (d_i + s_R)]$$

b) Flanschwiderstand:

Der Flanschwiderstand $W$ von Flanschen mit kegelig angesetztem Flansch und von Aufschweißflanschen kann aus Tabelle 5.8 entnommen werden. Weitere Einzelheiten über Widerstände von Flanschen finden sich in [5.2, 5.3, 5.4 und 5.11].

c) Für den jeweiligen Flanschquerschnitt wird die Festigkeitsbedingung

$$\frac{M}{W} \leqq \frac{K}{S} \cdot \frac{1}{z} \qquad (5.33)$$

$M$ = äußeres Biegemoment
$W$ = Widerstandsmoment
$K$ = Festigkeitskennwert
$S$ = Sicherheitsbeiwert ≈ 1,5, bezogen auf die Streckgrenze bei Stählen
$S$ = 4 bis 7 bei Gußeisen, bezogen auf die Bruchgrenze
$z$ = Werkstoffaktor

nachgeprüft.

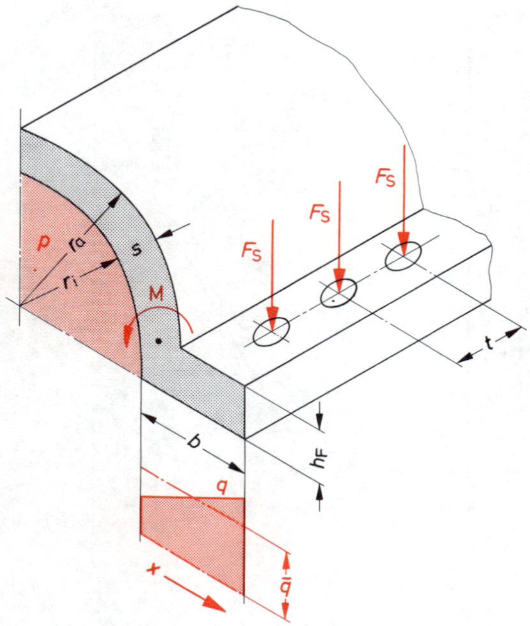


*Bild 5.17 Gehäuselängsflansch*

## 5.7.3 Gehäuseflansche (horizontale Teilflansche)

Zur ungefähren Ermittlung des Pressungsverlaufes $q$ in der Trennfuge und des Momentes $M$ am Flanschansatz (Bild 5.17) wird folgende Gleichgewichtsbeziehung für die vertikalen Kräfte angesetzt:

$$p \cdot r_i + \bar{q} \cdot b - \frac{F_S}{t} = 0 \qquad (5.34)$$

Nach einem Ansatz von TRAUPEL [5.4] kann die Pressungsdifferenz $\Delta q$ wie folgt bestimmt werden:

$$\Delta q = 3 \cdot \bar{q} + 6 \cdot \frac{\left(\frac{F_S}{t}\right) \cdot a_s - r_i^2 (p \cdot F_p + \alpha \cdot E \cdot \Delta T \cdot F_T)}{b^2} \qquad (5.35)$$

Beiwerte $F_p$ und $F_T$ nach Bild 5.18

$\alpha$ = Wärmeausdehnungszahl
$\Delta T$ = Temperaturdifferenz zwischen innen und außen
$E$ = Elastizitätsmodul

alle anderen Größen siehe Bild 5.17

daraus kann das Biegemoment $M$ am Flanschübergang zum Gehäuse abgeleitet werden [5.4]:

$$M = \frac{F_S}{t} \cdot a_s - b^2 \left(\frac{\bar{q}}{2} + \frac{\Delta q}{6}\right) \qquad (5.36)$$

damit kann näherungsweise die Biegespannung abgeschätzt werden:

$$\sigma_b \approx \frac{6 \cdot M}{s^2 \cdot t} \qquad (5.37)$$

Bei der Berechnung des Flansches geht man in folgenden Schritten vor:

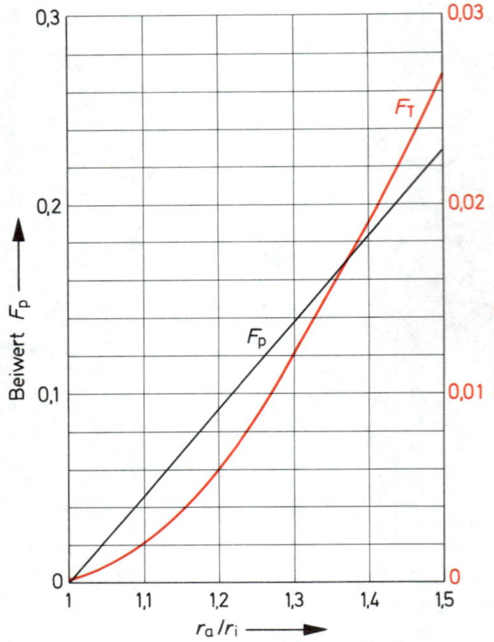


*Bild 5.18 Beiwerte $F_p$ und $F_T$*

a) Annahme einer mittleren Pressung $\bar{q}$

b) Berechnung der auf die Teilung bezogenen Schraubenkraft $F_S/t$ nach Gleichung (5.34)

c) Berechnung der Differenzpressung $\Delta q$ nach Gleichung (5.35)

d) Kontrollen:

1. $|\Delta q| < \bar{q}$ ?
2. $\bar{q} - \Delta q > p$ ?

e) Berechnung des Biegemomentes nach Gleichung (5.36)

f) Abschätzung und Überprüfung der Biegespannung nach Gleichung (5.37)

Die Flanschhöhe $h_F$ wird abhängig vom Druck $p$ gewählt. Bei Hochdruckmaschinen beträgt $h_F$ das 3- bis 4-fache der Trommelwandstärke $s$.

Liegt der Flansch nicht auf der gesamten Breite $b$ auf, sondern auf einer inneren und äußeren Dichtkante (Bild 5.19), so ergeben sich etwas geänderte Beziehungen [5.4].

$$p \cdot r_i + q_1 \cdot b_1 + q_2 \cdot b_2 - \frac{F_S}{t} = 0 \quad (5.38)$$

$$q_1 > p \quad (5.39)$$

$$\frac{F_S}{t} = \frac{1}{a_2 - a_s}[q_1 (a_2 - a_1) \cdot b_1 + p \cdot r_i \cdot a_2 - r_i^2 (p \cdot F_p + \alpha \cdot E \cdot \Delta T \cdot F_p) \quad (5.40)$$

$$q_2 = \frac{1}{b_2}\left(\frac{F_S}{t} - q_1 \cdot b_1 - p \cdot r_i\right) \quad (5.41)$$

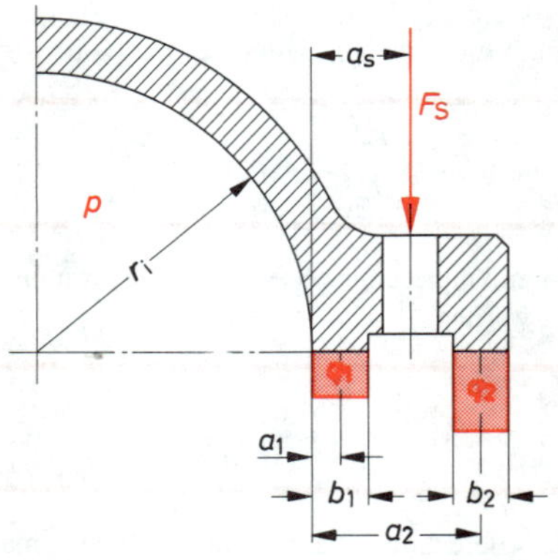


*Bild 5.19 Gehäuselängsflansch mit Dichtkanten*

$q_2$ muß positiv sein, da sonst der Flansch aufklaffen würde!

Die oben dargestellten Beziehungen gelten nur für unendlich lange Teilflansche.

Flansche an kugeligen Gehäusen können nach Angaben in [5.4] berechnet werden.

Weiterführende Literatur zur Berechnung horizontaler Teilflansche ist unter [5.21 bis 5.24] aufgeführt.

Seit Einführung moderner Rechenverfahren, insbesondere der Methode der finiten Elemente können auch Flansche genauer berechnet werden, die oben wiedergegebenen einfachen Formeln dienen nur zur groben Abschätzung der Pressungen und Spannungen bzw. als erste Orientierung vor der Anwendung genauerer Rechenverfahren.

### 5.7.4 Schrauben

Einfache Schraubenverbindungen, ohne Temperatureinfluß und ohne Berücksichtigung des Kriechverhaltens der Schrauben können nach AD-Merkblatt B 7 „Schrauben", nach DIN 2505 oder nach VDI-Richtlinie 2230 [5.25] ausgelegt und nachgerechnet werden.

Im AD-Merkblatt B 7 wird folgende Formel zur Berechnung des Schraubenkerndurchmessers $d_k$ bei Vollschaftschrauben bzw. des Schaftdurchmessers $d_s$ bei Dehnschrauben angegeben:

$$d_k \quad \text{bzw.} \quad d_s = Z \cdot \sqrt{\frac{F_S}{K}} + c_5 \qquad (5.43)$$

$d_k$ = Kerndurchmesser in mm
$d_s$ = Schaftdurchmesser in mm
$Z$ = Hilfswert
$Z$ = 1,38 bis 1,6 bei Dehnschrauben nach DIN 2510 [5.26]
$Z$ = 1,51 bis 1,75 bei Vollschaftschrauben z. B. nach DIN 2509 oder DIN 931
$F_S$ = Schraubenkraft in N
$K$ = Festigkeitskennwert in N/mm² z. B. nach AD-Merkblatt W 7 [5.27]

$$c_5 = \text{Zuschlag} \begin{cases} c_5 = 3\,\text{mm für } Z \cdot \sqrt{\dfrac{F_S}{K}} = 20\,\text{mm} \\[2ex] c_5 = 1\,\text{mm für } Z \cdot \sqrt{\dfrac{F_S}{K}} = 50\,\text{mm} \end{cases}$$

In DIN 2505, Gleichung (19) wird eine ähnliche Beziehung angegeben:

$$d_k = \sqrt{\frac{4 \cdot F_S}{\pi \cdot \dfrac{K}{S}}} \qquad (5.44)$$

$d_k$ = Gewindekerndurchmesser in mm
$d_s = 0{,}9 \cdot d_k$ bei Dehnschrauben
$F_S$ = Schraubenkraft in N
$K$ = Festigkeitskennwert in N/mm² z. B. nach DIN 17 240
$S$ = Sicherheitsbeiwert nach Tabelle 5.9

In DIN 2505 sind alle Angaben zum Aufzeichnen des **Verspannungsschaubildes** im Montage- und Betriebszustand, auch unter Temperatureinfluß, enthalten.

**Tabelle 5.9 Sicherheitsbeiwert $S$ von Schrauben**

| Schraubenart | Betriebszustand | Montagezustand und unter Prüfdruck |
|---|---|---|
| Dehnschrauben | $S = 1{,}5$ | $S = 1{,}1$ |
| Vollschaftschraube | $S = 1{,}6$ | $S = 1{,}2$ |

Auch alle Veränderungen in der Schraube und im Flansch beim Anfahren, Aufheizen, Abstellen und Wiederanfahren werden beschrieben. Auch in [5.11] werden die Schraubenverbindungen von Rohrflanschen sehr ausführlich und praxisnahe behandelt, wobei insbesondere auch die Diagramme zur Bestimmung der Schraubenanzugsmomente für den Praktiker von großem Nutzen sind.

In der VDI-Richtlinie 2230 werden die verschiedenen Verspannungszustände und -schaubilder von Flanschverbindungen beschrieben und in Beispiel 5.5 eine Rohrflanschverbindung der Nennweite DN 200, die unter dem Nenndruck PN 40 steht zahlenmäßig ausführlich durchgerechnet und die Verspannungsschaubilder aufgezeichnet.

Bei den hochbeanspruchten Flanschschrauben von Dampfturbinen und Gasturbinen werden weiche Hülsenmuttern verwendet und zusätzlich noch Hülsen zwischen Mutter und Flansch angeordnet (Bild 5.20). Beim Anheizen und Abkühlen der Maschinen treten zusätzliche Probleme auf, da Flansche und Schraubenbolzen unterschiedliche Temperaturen annehmen. Außerdem beginnen die Bolzen bei hohen Temperaturen zu kriechen, wodurch die Vorspannung teilweise verloren geht. Eine ausführliche Beschreibung dieser Vorgänge ist in [5.28] enthalten. TRAUPEL (5.4) gibt folgende Gesamtspannung in den Schrauben von unter Temperatur stehenden Flanschen an:

$$\sigma_{ges} = \sigma_0 + \Delta\sigma \qquad (5.45)$$

$\sigma_0$ = Spannung bei gleichen Temperaturen in Flansch und Schraube

$$\sigma_0 = \frac{F_S}{d_s^2 \cdot \dfrac{\pi}{4}} \qquad (5.46)$$

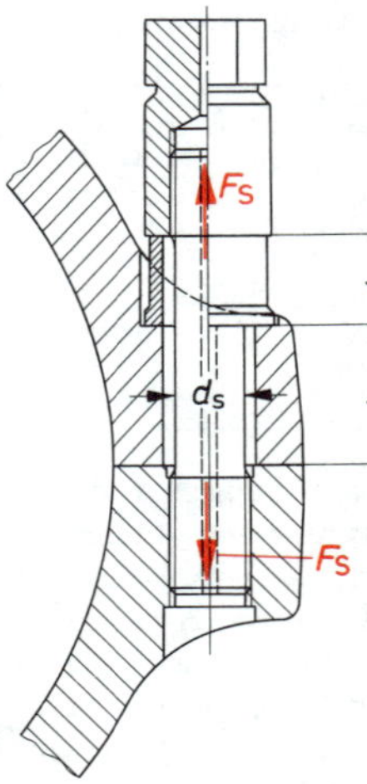


*Bild 5.20 Flanschverschraubung*

$\Delta\sigma =$ zusätzliche Spannung bei Temperaturunterschied zwischen Flansch und Schraube

$$\Delta\sigma = \alpha \cdot E \cdot \Delta T \frac{h_F}{h_F + 2 \cdot l_2} \qquad (5.47)$$

$\alpha =$ Wärmeausdehnungszahl in 1/K
$E =$ Elastizitätsmodul
$T =$ Temperaturunterschied zwischen Flansch und Schraube
$h_F =$ Flanschhöhe } Bild 5.20
$l_2 =$ Hülsenhöhe }

**Beispiel 11**

**Aufgabenstellung:**

Für das Spiralgehäuse der in den Beispielen 1, 3, 7 und 10 behandelten Radialpumpe sollen die Flanschmaße des Druck- und Saugstutzens festgelegt werden.

**Lösung:**

Nach DIN 24255 „Kreiselpumpen mit Spiralgehäusen ND 10“ (Tabelle 10.2 in „Strömungsmaschinen – Aufbau und Wirkungsweise“) sollten für Druck- und Saugflansch Flansche für Nenndruck PN 10 nach DIN 2532 verwendet werden. Für die Nennweiten DN = 10 bis 200 sind aber die Flanschabmessungen von PN 10 identisch mit den Flanschabmessungen von PN 16 nach DIN 2533.
In den vorangehenden Beispielen waren festgelegt worden:

Druckstutzennennweite $DN_D = 150$
Saugstutzennennweite $DN_S = 200$

Die zugehörigen Zeilen werden in DIN-Blatt 2533 (Tabelle 5.5) rot gekennzeichnet.
Die in der Norm vorgeschlagene Wandstärke $s_0 = 11$ bzw. 12 mm kann für das gesamte Spiralgehäuse beibehalten werden und ist sicher reichlich dimensioniert für die geringe Förderhöhe von 50 m.
Im Druckflansch $DN_D = 150$ werden 8 Schrauben M 20, im Saugflansch $DN_S = 200$ werden 12 Schrauben M 20 vorgesehen.
Spiralgehäuse von Pumpen so kleiner Förderhöhen werden i.a. nicht nachgerechnet, sondern die Wandstärken nach Erfahrung und in Anlehnung an die Flanschmaße festgelegt.
Höher beanspruchte Spiralgehäuse werden nach der Schalentheorie nachgerechnet [5.29] und in vielen Fällen auch meßtechnisch nachgeprüft [5.30].

## 5.8 Fixierung von Gehäusen

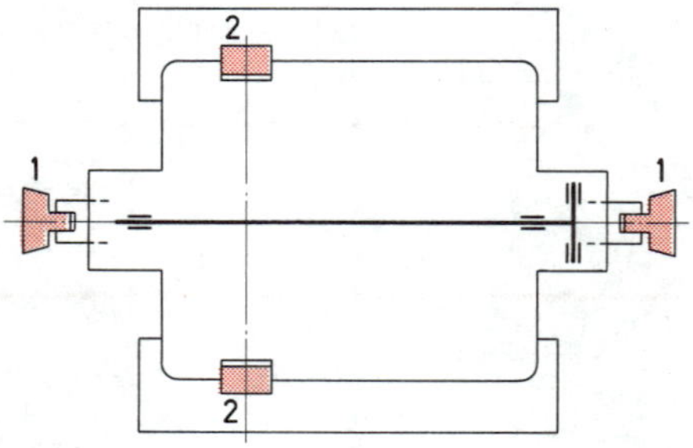


Die Gehäuse der großen und schweren Turbomaschinen, insbesondere der thermischen Maschinen müssen so auf dem Fundament gelagert werden, daß eine zentrische axiale Verschiebung und eine Querbewegung während des Betriebes möglich sind. Ein Auflager dient als Fixpunkt (Stelle 2 in Bild 5.21). Von diesem Fixpunkt aus kann das Gehäuse nach beiden

*Bild 5.21 Gehäusefixierung* (nach Fa. DEMAG)

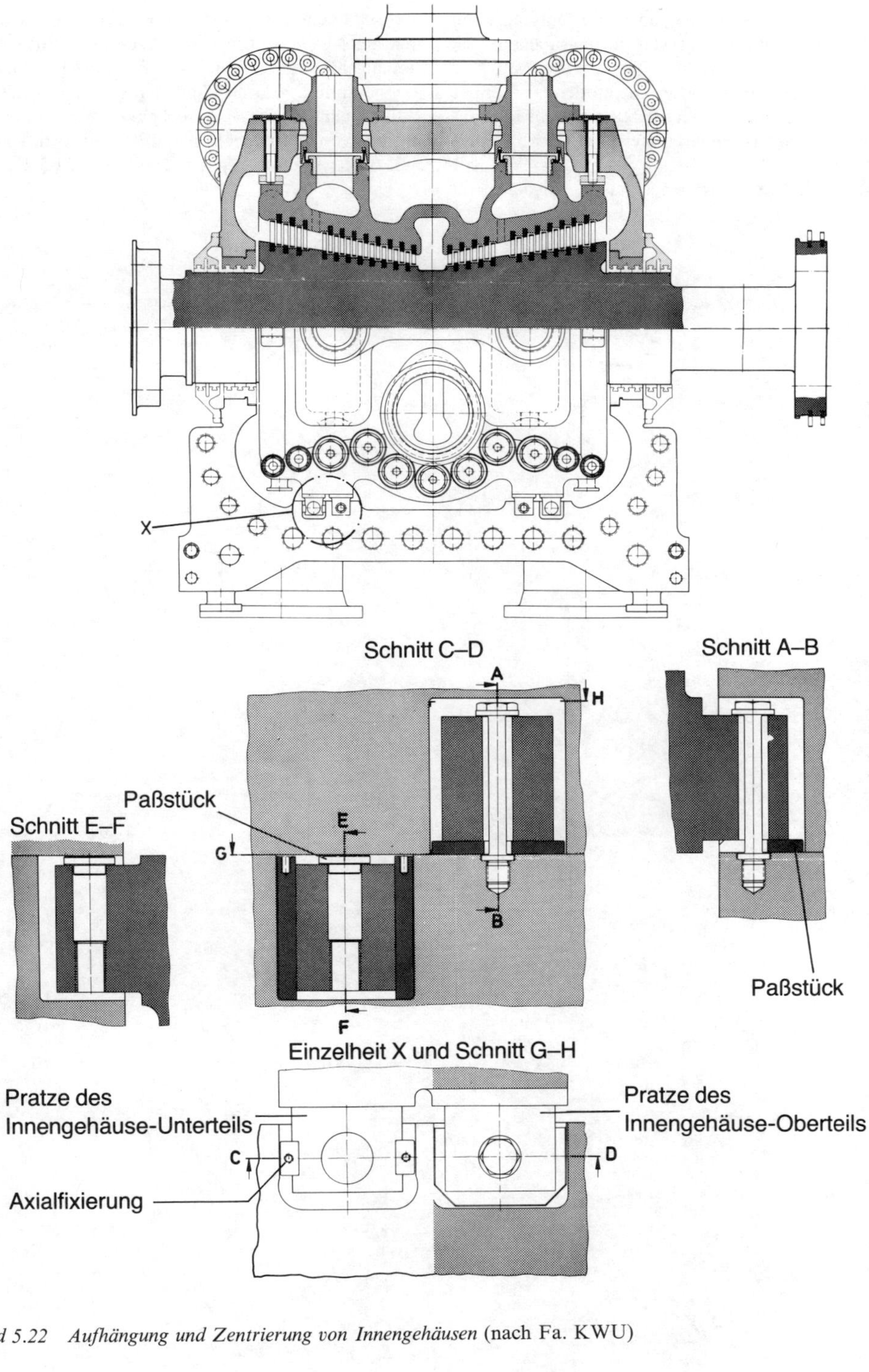


*Bild 5.22 Aufhängung und Zentrierung von Innengehäusen* (nach Fa. KWU)

Seiten hin axial „wachsen“ oder „schrumpfen“. Für die zentrische Führung sorgen Führungsnocken (Stelle 1) in der Maschinenachse. Die Gehäuseabstützung erfolgt bei thermischen Maschinen oder bei Pumpen für heiße Flüssigkeiten über Pratzen in Achshöhe, die bei längsgeteilten Gehäusen meist am Oberteil angebracht sind.

Bei zweischaligen Turbinengehäusen, bei denen die Leitschaufeln in einer inneren Schale, dem sogenannten Leitschaufelträger befestigt sind, müssen sich die Innengehäuse radial und axial frei bewegen können, da sie andere Wärmedehnungen mitmachen als die Außengehäuse. Diese Beweglichkeit wird durch ein System von Zentrierbolzen und Pratzenabstützungen mit Gleitsteinen [5.31] gewährleistet (Bild 5.22).

# 6 Wellendichtungen

## 6.1 Berührungsdichtungen

### 6.1.1 Packungsstopfbuchsen

#### 6.1.1.1 Einleitung

Packungsstopfbuchsen sind Berührungsdichtungen zur Abdichtung gleitender Flächen, bei denen im Dichtungsraum Weichpackungen, Dichtmassen oder formbeständige Packungen durch axiale Kräfte so verspannt werden, daß sie radial nahezu vollständig abdichten.

Der Einsatz von Packungsstopfbuchsen ist im Pumpenbau wegen des einfachen konstruktiven Aufbaues, der geringen Gefahr plötzlichen Versagens, der einfachen Wartung und ggf. leichten Reparatur, der geringen Empfindlichkeit gegen abrasive Medien und nicht zuletzt auch der niedrigen Herstellungskosten nach wie vor weit verbreitet. Nachteilig macht sich bemerkbar, daß der Einsatzbereich hinsichtlich Druck und Gleitgeschwindigkeit relativ eng begrenzt ist (Bild 6.1) und keine ausreichenden und zuverlässigen Berechnungsunterlagen für die Auslegung hochbeanspruchter Packungsstopfbuchsen vorliegen.

Eine Vielzahl von Packungswerkstoffen gestattet den Einsatz von Packungsstopfbuchsen für die Abdichtung der meisten Medien, natürlich innerhalb der in Bild 6.1 angegebenen Einsatzgrenzen.

Bei der Auslegung und konstruktiven Gestaltung einer Packungsstopfbuchse ist immer die Betriebssicherheit zu beachten, da von der sicheren Funktion der Dichtung ja nicht nur der Betrieb beispielsweise einer Pumpe abhängt, sondern u. U. die Verfügbarkeit großer und teurer Produktions- oder Versorgungseinrichtungen.

#### 6.1.1.2 Konstruktiver Aufbau und Wirkungsweise

Eine einfache Packungsstopfbuchse (Bild 6.2) besteht aus folgenden Bauteilen:

① Stopfbuchsgehäuse
② Packungsraum, in dem die Packungen untergebracht werden
③ Stopfbuchsbrille
④ Schrauben
⑤ Grundring (kann u. U. wegfallen)
⑥ Welle

*Bild 6.1*
*Einsatzbereiche der Packungsstopfbuchsen*

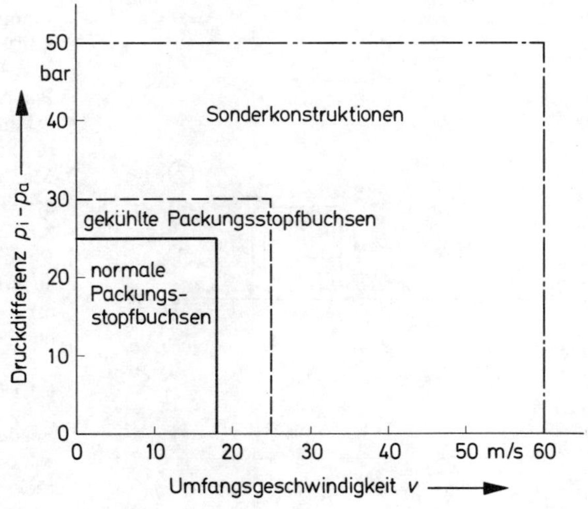

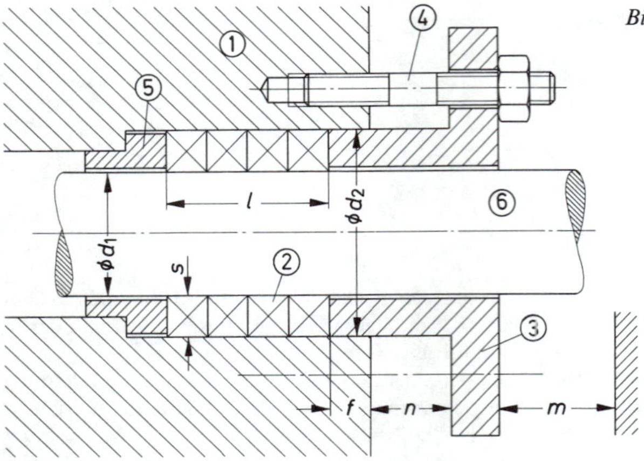


*Bild 6.2 Packungsstopfbuchse*

Die Packung muß den Dichtspalt zwischen Gehäuse und Welle so sperren, daß nur die zur **Schmierung und Kühlung** unbedingt erforderliche **Mindestleckagemenge** austritt, d.h. die Packungsstopfbuchse muß ständig „tropfen". Dieser kleine Leckagestrom muß aufgefangen und abgeleitet werden.

Die Packung muß den Ungenauigkeiten in Form und Oberfläche der Welle sowie dem Wellenschlag elastisch und ohne Ermüdungserscheinungen folgen.

Das unter Druck stehende Medium will auf drei Undichtigkeitswegen entweichen (Bild 6.3):

① **Axialer Undichtigkeitsweg** im eigentlichen **Dichtspalt** zwischen Welle und Packung. Diese Abdichtung ist am schwierigsten, da hier die Relativbewegung der Dichtflächen stattfindet und andererseits ein gewisser Leckagestrom zur Schmierung und Kühlung der Reibflächen durch den Spalt fließen soll.

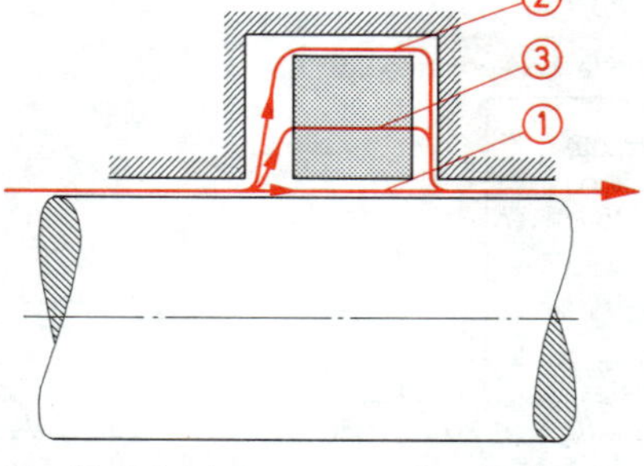


*Bild 6.3 Undichtigkeitswege an einer Packung*

② **Radialer und axialer Undichtigkeitsweg** längs der radialen und axialen Teil- bzw. Auflageflächen. Diese Abdichtung ist wie bei ruhenden Flachdichtungen durch den hohen Axialdruck leicht zu erreichen.

③ Weg der **Werkstoff- und Teilfugenundichtigkeit.** Die Werkstoffundichtigkeit läßt sich durch ein dichtes Gefüge des Packungsmaterials, die Teilfugenleckage durch Versatz der Teilfugen oder durch Verwendung ungeteilter Packungsringe vermeiden.

Das Prinzip der einfachen Stopfbuchse nach Bild 6.2 erfährt je nach Anwendungsfall gewisse Abwandlungen, beispielsweise beim Einsatz am Saugstutzen von Kreiselpumpen, wenn die Pumpe im Saugbetrieb arbeitet, d.h. die Packungsstopfbuchse gegen das Eindringen von Luft in den Saugstutzen abdichten muß. In diesem Falle wird zur Sicherung einwandfreien Betriebes Sperrwasser von der Druckseite der Pumpe zur saugseitigen Packungsstopfbuchse geführt, da diese sonst Luft ansaugen würde und nicht ausreichend geschmiert und gekühlt wäre.

Bei Abdichtung gegen sehr hohe Drücke oder bei gefährlichen Medien werden zusätzlich **Vorstopfbuchsen** angeordnet, zur Trennung zweier verschiedener Medien mittels Sperrgas sogenannte **Doppeldichtungen.** Stopfbuchsen in Pumpen für heiße Flüssigkeiten, z.B. Speisepumpen, werden **gekühlt**, Packungen in Pumpen für Flüssigkeiten, die leicht erstarren oder auskristallisieren, werden **geheizt.** Im Abschnitt 6.1.1.6. werden einige derartige Sonderkonstruktionen beschrieben.

### 6.1.1.3 Packungswerkstoffe

Bei der Auswahl der Packungsart und des Packungswerkstoffes müssen folgende Beanspruchungen berücksichtigt werden:

a) Die **mechanische Beanspruchung,** durch Druck, Gleitgeschwindigkeit und Reibung, die zu einem Ermüden und Verschleißen des Packungswerkstoffes führt. Der Verschleiß wird erhöht, d.h. die Lebensdauer gemindert, wenn abrasive Medien oder Flüssigkeiten, die im Dichtspalt auskristallisieren abzudichten sind.

b) Die **thermische Belastung** durch die Temperatur des abzudichtenden Arbeitsmediums und durch die im Dichtspalt entstehende Reibungswärme kann zum Verhärten und Einschrumpfen des Packungsmaterials und damit zum Undichtwerden der Dichtung führen.

c) Der **chemische Angriff** aggressiver Medien kann zu einer Zersetzung, Erweichung oder auch Verhärtung der Packung und damit zum Ausfall der Dichtung führen. Besonders gefährlich ist diese chemische Beanspruchung, wenn sie mit hoher mechanischer und thermischer Belastung einhergeht.

Durch Auswahl geeigneter Packungsarten z. B. Gewebearten und Werkstoffe können i.a. innerhalb des in Bild 6.1 dargestellten Einsatzbereiches anhand von **Firmenkatalogen** oder durch **Beratung** seitens des Packungsherstellers betriebssichere Stopfbuchsen mit großer Lebensdauer gebaut werden.

An Packungsarten werden unterschieden:

a) Weichstoffpackungen
b) Metall-Weichstoffpackungen
c) Formbeständige Packungen
d) Knetpackungen

a) **Weichstoffpackungen** bestehen aus nichtmetallischen Werkstoffen, meist in Faserform, die zu Strängen oder Ringen gesponnen, geflochten oder gedreht werden. Die aus Hanf, Baumwolle, Asbestfasern, Kunststoffasern usw. bestehenden Textilien werden mit einem Imprägnierungsstoff haltbarer gemacht. Bei der Trockenimprägnierung werden Kautschuk, Kunststoff, Grafit, Molybdänsulfit usw. zugesetzt, bei der Fettimprägnierung Talg, Schmierfette oder Schmieröle. Die Resistenz der verschiedenen Packungsmaterialien gegen Temperatur-, Druck- und mechanischer Beanspruchung kann aus den Katalogen und Druckschriften der Hersteller ersehen werden. Die Auswahl eines geeigneten Packungswerkstoffes ist nach wie vor weitgehend Erfahrungssache!

b) **Metall-Weichstoff-Packungen** sind Mischkonstruktionen aus Weichstoffen und Metallen. In die Weichstoffe werden Metalldrähte oder -bänder eingeflochten bzw. in Metall-Hohlringe werden Weichstoffe und Schmierstoffe eingefüllt.

Als Metalle kommen Kupfer, Zinn, Blei oder weiche Legierungen in Frage. Durch die Verwendung von Metalleinlagen bzw. Ummantelungen gelingt es zwar einen geringeren Verschleiß d.h. eine höhere Lebensdauer zu erzielen, wegen der geringeren Querelastizität müssen jedoch größere axiale Verspannkräfte aufgebracht werden, was eine kräftigere Konstruktion erfordert.

c) **Formbeständige Packungen** enthalten Ringe aus weichen Metallen wie Weißmetall, Bronze, Kupfer, Blei oder Kohle, Sinterstoffen usw. Sie wirken ähnlich wie Gleitlager und eignen sich für schwierige Betriebsbedingungen d.h. für hohe Temperaturen, hohe Drücke und große Gleitgeschwindigkeiten. Sie werden am besten so gestaltet, daß sie sich zum Ausgleich von Reibverschleiß selbsttätig nachstellen können.

d) Bei **Knetpackungen** wird eine formlose Dichtmasse in den Packungsraum eingestampft bzw. außerhalb vorgeformte Ringe eingelegt. Als Material kommen Grafit, Metallstaub, Kohlestaub usw. in Betracht. Weitere Einzelheiten über Packungswerkstoffe können u.a. aus [6.1] bis [6.3] entnommen werden.

### 6.1.1.4 Gestaltungshinweise

Für die Wahl der Hauptabmessungen, der zulässigen Toleranzen und für die konstruktive Ausführung werden folgende Hinweise gegeben:

a) Die Festlegung der **Packungsbreite** *s* und damit bei gegebenem Wellendurchmesser $d_1$ auch der **Packungsdurchmesser** $d_2$ kann nach DIN 3780 erfolgen:

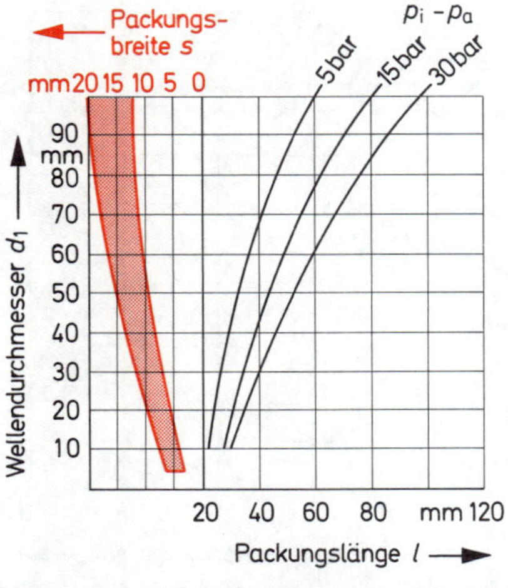


*Bild 6.4 Auswahldiagramm für Packungsbreite s und Packungslänge l* (nach Fa. Burgmann)

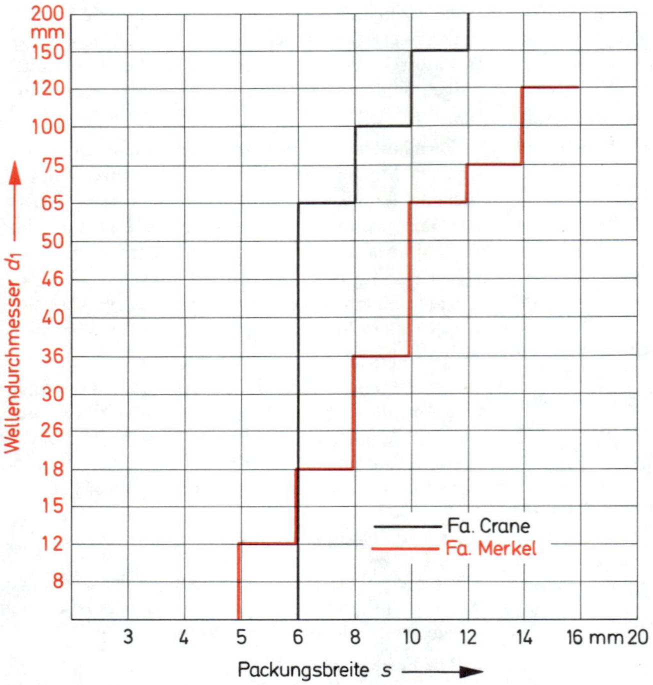


*Bild 6.5*
*Auswahldiagramm für die Packungsbreite s*
(nach Fa. Crane und Fa. Merkel)

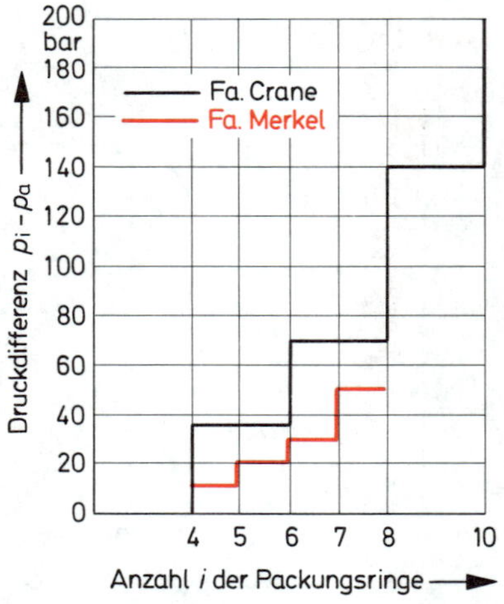


*Bild 6.6 Auswahldiagramm für die Anzahl i der Packungsringe* (nach Fa. Crane und Fa. Merkel)

$$s = \sqrt{d_1} \text{ bis } 2 \cdot \sqrt{d_1} \qquad (6.1)$$

$s$ und $d_1$ in mm!

In neueren Fachaufsätzen [6.4] bis [6.6] wird empfohlen, den oberen Wert $s = 2 \cdot \sqrt{d_1}$ anzustreben.
Einige Packungshersteller geben ebenfalls Empfehlungen für die Wahl der Packungsbreite $s$. In Bild 6.4 ist ein Auswahldiagramm der Fa. BURGMANN, in Bild 6.5 die Zuordnungen der Packungsbreite $s$ zum Wellendurchmesser $d_1$ nach Angaben der Firmen MERKEL und CRANE dargestellt.
WISSEROTH hat in [6.5] und [6.6] Formeln abgeleitet zur Abschätzung der Packungsbreite $s$ unter Berücksichtigung der **Wärmeentwicklung** und des **Wellenschlages.** Diese Formeln ergeben wesentlich größere Packungsbreiten $s$ als nach DIN 3780 bzw. nach Angaben der Packungshersteller.

b) Die **Packungslänge** $l$ und damit die **Zahl** $i$ **der Packungsringe** nimmt mit steigendem Druck zu. Sie kann entweder nach folgender Faustformel

*Bild 6.7 Auswahldiagramm für die Packungslänge l*
(nach Fa. *Goetzewerke AG*)

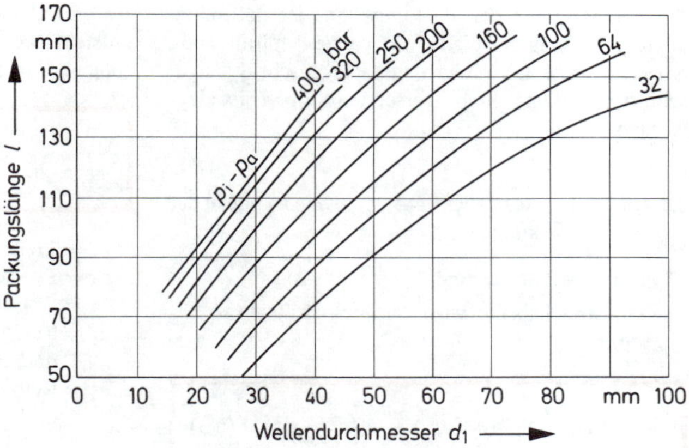


$$l \approx (6 \text{ bis } 8) \cdot s \text{ oder } l \approx (2 \text{ bis } 2{,}5) \cdot d_1 \quad (6.2)$$

abgeschätzt oder aus den Diagrammen der Bilder 6.4, 6.6 und 6.7 entnommen werden.

In [6.4] wird empfohlen, kurze Packungen mit nur wenigen Ringen, u. U. nur mit einem Ring, auszuführen. Die heute teilweise noch üblichen großen Packungslängen erbringen nur eine vermeintlich höhere Betriebssicherheit, dafür aber Schwierigkeiten bei der Wärmeabfuhr.

c) Die **Rauhtiefe** der Gleitfläche an der Welle sollte unter 4 bis 5 µm liegen. Die Oberfläche soll jedoch keinesfalls feinstbearbeitet z. B. poliert sein, darf aber keine Riefen, Rattermarken oder gewindeartigen Schleifspuren enthalten. Um den Verschleiß klein zu halten, können die Oberflächen der Welle **gehärtet** oder **hartverchromt** sein. Wenn genügend Platz vorhanden ist, sollten Wellen durch auswechselbare gehärtete **Schonbüchsen** geschützt werden.

d) Die **Laufgenauigkeit** soll hoch sein, d. h. es werden größtmögliche Rundheit, zentrischer Lauf (kleinstmöglicher Schlag) und geringe Durchbiegung (hohe Steifigkeit) vorausgesetzt. Fa. *Crane* gibt beispielsweise als untere Grenze für die Laufgenauigkeit 0,025 mm an! Je größer die Drehzahl bzw. die Gleitgeschwindigkeit ist, desto höher sind die Anforderungen hinsichtlich Laufgenauigkeit.

e) Die zulässigen **Durchmesserabweichungen** (Toleranzen) können aus Bild 6.8 entnommen werden.

Einige **praktische Konstruktionshinweise** mögen vor allem dem Anfänger helfen, Fehler in der Gestaltung der Stopfbuchse zu vermeiden:

Die Stopfbuchse ist so zu konstruieren, daß man gut in sie hineinsehen, sie gut säubern und leicht, d. h. möglichst ohne Anwendung von Sonderwerkzeugen wieder verpacken sowie die Brille ohne Behinderung gleichmäßig anziehen kann.

Die Brille muß genügend weit in den Packungsraum (Maß *f* in Bild 6.2) hineinragen, um eine gute Führung zu erhalten; das Maß *n* ist ausreichend groß vorzusehen, damit genügend Nachstellmöglichkeit durch Anziehen der Stopfbuchsbrille besteht. Auch das Maß *m* ist ausreichend festzulegen, um genügend Platz zum Ausbau verbrauchter Packungsringe und zum Einlegen neuer Ringe zu haben.

Die Druckflächen an Grundring und Brille sind gerade, d. h. ohne Anschrägungen auszuführen, da sonst u. U. das Packungsmaterial in die Spalte zwischen diesen Bauteilen und der Welle gedrückt wird.

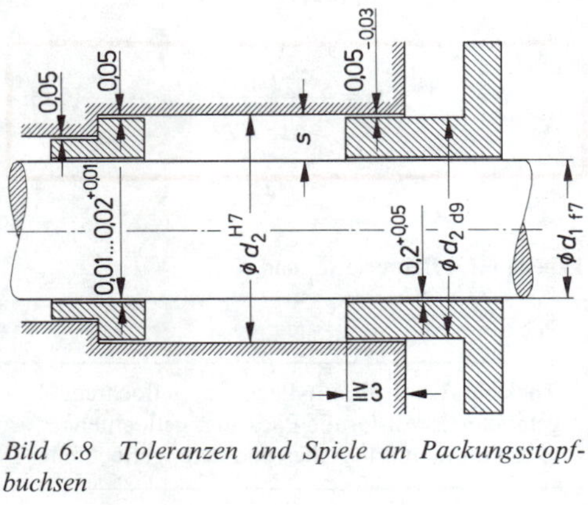


*Bild 6.8 Toleranzen und Spiele an Packungsstopfbuchsen*

Bei der Montage der Packungsringe ist darauf zu achten, daß diese nicht als ganzes spiralförmig eingelegt werden, sondern die Ringe schräg angeschnitten und einzeln mit versetzten Stößen eingelegt werden.

### 6.1.1.5 Kräfte, Drücke und Momente an und in der Packung

a) **Im montierten Zustand**

Die Stopfbuchsbrille wird mit der **Brillenkraft** $F_B$ angezogen:

$$F_B = K_f \cdot (p_i - p_a) \cdot \frac{\pi}{4} \cdot (d_2^2 - d_1^2) \qquad (6.3)$$

$K_f$ = Faktor > 1, der vom Packungswerkstoff und von der abzudichtenden Druckdifferenz $p_i - p_a$ abhängt
$K_f$ = 1,2 bis 2,0 nach [6.4]
$K_f$ = 1,4 nach [6.7]
$p_i$ = Innendruck
$p_a$ = Außendruck
$d_2$ = Packungsdurchmesser
$d_1$ = Wellendurchmesser

Durch die Wirkung der Brillenkraft $F_B$ wird die Packung von der ursprünglichen Länge $L$ auf die vorgespannte Länge $l$ zusammengedrückt (Bild 6.9).

$$l = K_l \cdot L \qquad (6.4)$$

Der Faktor $K_l$ beträgt etwa 0,85 bei einer Pressung von $p_B = 50$ bar und verringert sich auf 0,33 bei einer Pressung von $p_B = 900$ bar [6.8]. Dabei ist $p_B$ die Pressung an der Stopfbuchsbrille:

$$p_B = \frac{F_B}{\frac{\pi}{4}(d_2^2 - d_1^2)} \qquad (6.5)$$

An einer beliebigen Stelle $x$ (Bild 6.9) der Packung entsteht nach einem Ansatz von J.L. THOMSON [6.8] folgende Pressung (Spannung):

$$p_x = p_B \cdot e^{-(\mu_1 + \mu_2)\frac{K_q \cdot x}{s}} \qquad (6.6)$$

$p_x$ = Pressung an der Stelle $x$
$p_B$ = Pressung an der Stopfbuchsbrille
$e$ = Basis des natürlichen Logarithmus
$\mu_1$ = Reibungszahl für Reibung zwischen Gehäuse und Packung
$\mu_2$ = Reibungszahl für Reibung zwischen Welle und Packung
$K_q$ = Querzahl = Verhältnis $\frac{\text{Radialdruck}}{\text{Axialdruck}}$
$K_q$ = 0 für vollkommen starre Körper
$K_q$ = 1,0 für vollkommen elastische Körper
$K_q$ = 0,6 bis 1,0 bei Weichstoffpackungen

Anhaltswerte für $\mu$ und $K_q$ siehe Tabelle 6.1

$s$ = Packungsbreite
$x$ = variabler Abstand in axialer Richtung

Nimmt man an, daß die Reibwerte $\mu_1$ und $\mu_2$ gleich groß sind, vereinfacht sich Gleichung (6.6):

$$p_x = p_B \cdot e^{-2 \cdot \mu \frac{K_q \cdot x}{s}} \qquad (6.7)$$

Am inneren Packungsende stellt sich demnach der Druck $p_0$ ein:

$$p_0 = p_B \cdot e^{-2 \cdot \mu \frac{K_q \cdot l}{s}} \qquad (6.8)$$

Der Druck $p_0$ sollte etwas größer sein als der Innendruck $p_i$! Nach Gleichung (6.7) fällt die Pressung in der Packung im Montagezustand von der Brille zum Packungsanfang hin stark ab. Dieser Pressungsabfall ist umso größer, je länger die Packung und umso weicher das Packungsmaterial sind.

**Tabelle 6.1 Beiwerte $K_q$ und $\mu$**

| Packungsart | $K_q$ | $\mu$ |
|---|---|---|
| trockene Asbest-Grafit-Packung, geflochten | 0,77 | 0,09 |
| gefettete Asbest-Grafit-Packung, geflochten | 0,77 | 0,07 |
| teflonimprägnierte Asbestpackung, geflochten | 0,75 | 0,11 |

*Bild 6.9 Pressungen in der Packung*

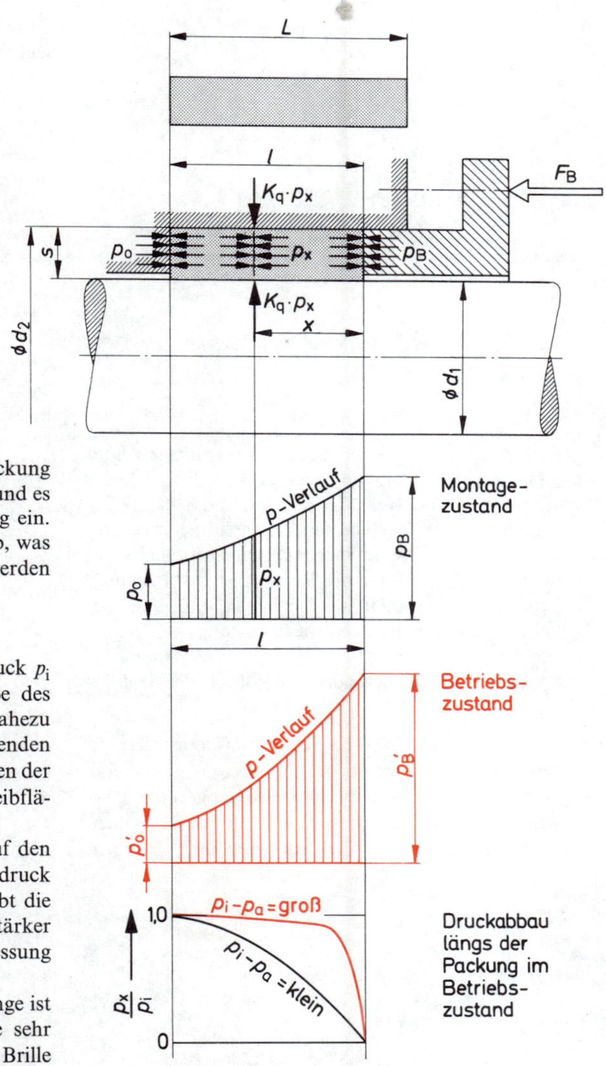


Nach dem Anziehen der Brille setzt sich die Packung durch die **Relaxation des Packungswerkstoffes** und es stellt sich eine ausgeglichenere Druckverteilung ein. Die Brillenkraft nimmt etwa um 25 bis 50% ab, was durch erneutes Anziehen wieder ausgeglichen werden sollte.

b) **Im Betriebszustand**

Im Betriebszustand tritt innen der Betriebsdruck $p_i$ auf und die Welle dreht sich. Je nach Größe des Innendruckes $p_i$ ist die Packungsstopfbuchse nahezu völlig dicht oder hat infolge der sich einstellenden Spaltströmung eine gewisse **Leckage,** die ja wegen der erforderlichen Kühlung und Schmierung der Reibfläche gewünscht wird.

Längs der Packung wird der Druck von $p_i$ auf den Außendruck $p_a$, der meist dem Umgebungsdruck entspricht, abgebaut. Der Innendruck $p_i$ schiebt die Packung weiter zusammen und drückt sie stärker gegen die Stopfbuchsbrille, so daß sich die Pressung an ihr auf $p'_B$ erhöht (Bild 6.9).

Aus der Druckverteilung über der Packungslänge ist zu ersehen, daß die einzelnen Packungsringe sehr unterschiedlich belastet sind, wobei der an der Brille sitzende Ring die größte Zusammenpressung zu ertragen und der am Packungsgrund sitzende erste Ring die größte Dichtwirkung zu erbringen hat.

Das an der Packung entstehende **Reibmoment** hängt ab von der Druckdifferenz $p_i - p_a$, von der Leckage d.h. vom Schmierzustand im Spalt, von der Packungsart, von der Zahl der Packungsringe und von der Betriebsdauer. Der gesamte Komplex ist noch wenig erforscht, d.h. man ist auf Erfahrungen angewiesen. In [6.4] sind einige Angaben über das Reibmoment enthalten.

Im gleichen Aufsatz wird eine empirische Beziehung für die **Belastbarkeit** der Packungsdichtung vorgeschlagen:

$$(p_i - p_a) \cdot v^m = C \cdot \dot{V}_L^n \qquad (6.9)$$

$p_i - p_a$ = Druckdifferenz
$v = d_1 \cdot \pi \cdot n$ = Gleitgeschwindigkeit
$\dot{V}_L$ = Leckagestrom
$m$, $n$, $C$ } empirische, auf dem Versuchswege zu gewinnende Beiwerte

Auf dieser Gleichung aufbauend werden **Belastungsdiagramme** für verschiedene Ausführungen von Packungsstopfbuchsen erstellt.

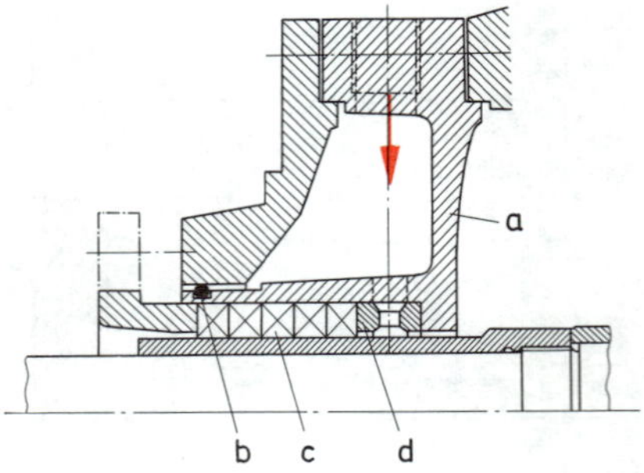


*Bild 6.10 Gespülte Packungsstopfbuchse* (nach [6.10])

In [6.8] werden einige interessante Aussagen zum Kriechverhalten und zur Veränderung der Leckage, d.h. über das **Zeitverhalten** gemacht und in Diagrammen dargestellt. Nach diesen Beobachtungen verbessert sich die Dichtheit einer Packungsstopfbuchse im Laufe der Zeit infolge der Relaxation der Packung, natürlich nur innerhalb der normalen Standzeit, d.h. Lebensdauer des Packungswerkstoffes.

### 6.1.1.6 Einige besondere Stopfbuchskonstruktionen

Zur Erzielung einer hohen Lebensdauer ist ein gleichmäßiges Anziehen der Stopfbuchsbrille und eine möglichst gleichmäßige Druckverteilung in der Pakkung erforderlich. In [6.2] und [6.9] wird dazu vorgeschlagen die Brille zweiteilig mit balligem Druckstück auszuführen. Zusätzlich können zwischen Schrauben und Brille Druckfedern angeordnet werden. Durch Einschieben einer axial frei beweglichen Schiebehülse zwischen Gehäuse und Packungsringen kann eine gleichmäßigere Belastung aller Ringe erreicht werden [6.9].

In Kreiselpumpen für abrasive, aggressive, schmutzige, übelriechende oder giftige Flüssigkeiten müssen zwangsweise **gespülte Stopfbuchsen** eingebaut werden. Das Spülmittel wird über einen **Sperrkammerring** der Packung zugeführt und verhindert, daß das Fördermedium austritt oder die Packung beschädigt (Bild 6.10).

Saugseitige, beispielsweise im Saugkrümmer angeordnete Stopfbuchsen dichten nicht gegen Überdruck der Förderflüssigkeit ab, sondern verhindern das Ansaugen von Luft in den Saugstutzen der Pumpe, d.h. dichten gegen äußeren Überdruck. Die Dichtwirkung wird ebenfalls durch Zufuhr von **Sperrwasser** erzielt (Bild 6.11). Weitere Beschreibungen derartiger Sonderkonstruktionen finden sich in [6.10].

Besonders interessant sind Stopfbuchsdichtungen für heiße Flüssigkeiten, die unter hohem Druck stehen und hohe Gleitgeschwindigkeiten $v$, wie sie beispielsweise in Kesselspeisepumpen vorkommen. Bei diesen Hochleistungsdichtungen (Bild 6.12) genügt nicht nur die Kühlung des Stopfbuchsgehäuses, sondern auch die Reibfläche an der Welle wird vom Kühlwasser unterspült. Zusätzlich wird das heiße Fördermedium vorgekühlt und sein hoher Druck in Drosselspalten schon etwas abgebaut. Auch die Stopfbuchsbrille wird hohl ausgeführt und vom Kühlwasser durchspült.

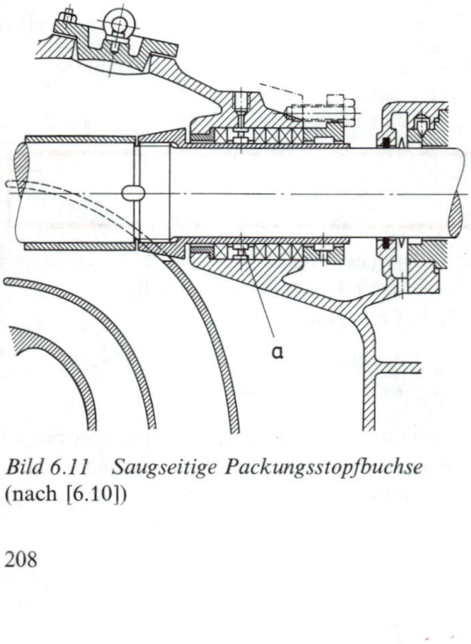


*Bild 6.11 Saugseitige Packungsstopfbuchse* (nach [6.10])

**Beispiel 12**

**Aufgabenstellung:**

Für die in den Beispielen 1, 3, 7, 10 und 11 behandelte Radialpumpe soll die Wellendichtung als Packungsstopfbuchse ausgelegt werden.

**Lösung:**

In Beispiel 10 wurde die Welle dimensioniert. Der Wellendurchmesser an der Dichtungsstelle beträgt 42 mm (Bild 4.42). Durch Anbringen einer **Schonbüchse** von 50 mm Außendurchmesser wird die Welle im Bereich der Dichtung gegen Verschleiß geschützt.

Nach Gleichung (6.1) ergibt sich eine **Packungsbreite** $s$:

$$s = \sqrt{d_1} \text{ bis } 2 \cdot \sqrt{d_1}$$

$$s = \sqrt{50} \text{ bis } 2 \cdot \sqrt{50}$$

$$s = 7 \text{ bis } 14\,\text{mm}$$

*Bild 6.12 Gekühlte Packungsstopfbuchse*
(nach Fa. KSB)

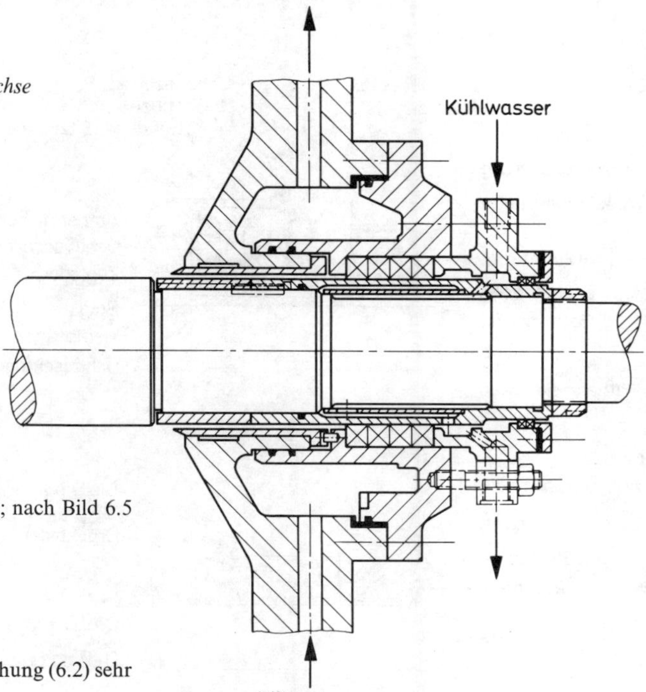


Nach Bild 6.4 beträgt $s \approx 8$ bis 15 mm; nach Bild 6.5 $s \approx 6$ bis 10 mm.
Gewählt wird:

$$s = 10\,\text{mm}$$

Die **Packungslänge** $l$ würde nach Gleichung (6.2) sehr groß werden:

$l \approx (6$ bis $8)\,s \approx 60$ bis 80 mm!
$l \approx (2$ bis $2{,}5)\,d_1 \approx 100$ bis 125 mm!

Nach Bild 6.4 reichen für einen Druckunterschied $p_i - p_a = 5$ bar ($H = 50$ m!) 33 bis 34 mm, nach Bild 6.6 genügen 4 Ringe.
Deshalb wird die Zahl $i$ der Packungsringe auf

$$i = 4$$

festgelegt.
Bei dem geringen Druckunterschied $p_i - p_a = 5$ bar ist eine Berechnung des Pressungsverlaufes und der Stopfbuchsschrauben nicht erforderlich.
Überschlägt man die Brillenkraft nach Gleichung (6.3)

$$F_B \approx K_f (p_i - p_a) \cdot \frac{\pi}{4} \cdot (d_2^2 - d_1^2)$$

$$F_B \approx 2 \cdot 5 \cdot 10^5 \cdot \frac{\pi}{4} \cdot (0{,}07^2 - 0{,}05^2)$$

$$F_B \approx 1885\,\text{N}$$

und nimmt für die beiden Schrauben ein Gewinde M 10 an, so ergibt sich folgende Zugspannung in den Schrauben beim Anziehen der Stoffbuchsbrille:

$$\sigma_{Schr} \approx \frac{F_B/2}{d_k^2 \cdot \frac{\pi}{4}} = \frac{1885/2}{8{,}16^2 \cdot \frac{\pi}{4}} = 18\,\text{N/mm}^2$$

Dieser Wert liegt weit unterhalb der Streckgrenze einfacher Schraubenstähle! Außerdem werden erfahrungsgemäß die Stopfbuchsen in der Praxis wesentlich stärker angezogen.
Da die Gleitgeschwindigkeit

$$v = \pi \cdot d_1 \cdot n$$

$$v = \pi \cdot 0{,}05 \cdot 24{,}17$$

$$v = 3{,}8\,\text{m/s}$$

relativ klein ist und auch seitens des Mediums (kaltes, sauberes Wasser) und des Druckes ($p_i - p_a \approx 5$ bar) keine besonderen Anforderungen an den Packungswerkstoff gestellt werden, finden sich geeignete Packungsmaterialien in jedem Herstellerkatalog!

## 6.1.2 Axiale Gleitringdichtungen

### 6.1.2.1 Einleitung

Axiale Gleitringdichtungen sind wartungsfreie Berührungsdichtungen hoher Betriebssicherheit für den Einsatz bei schwierigen Betriebsbedingungen. Sie werden sowohl in Großserien bis zu einigen Millionen Stück der gleichen Type als auch als besondere Einzelstücke von spezialisierten Herstellern für nahezu alle denkbaren Einsatzfälle gefertigt. Der Konstrukteur der Strömungsmaschine in die die Gleitring-

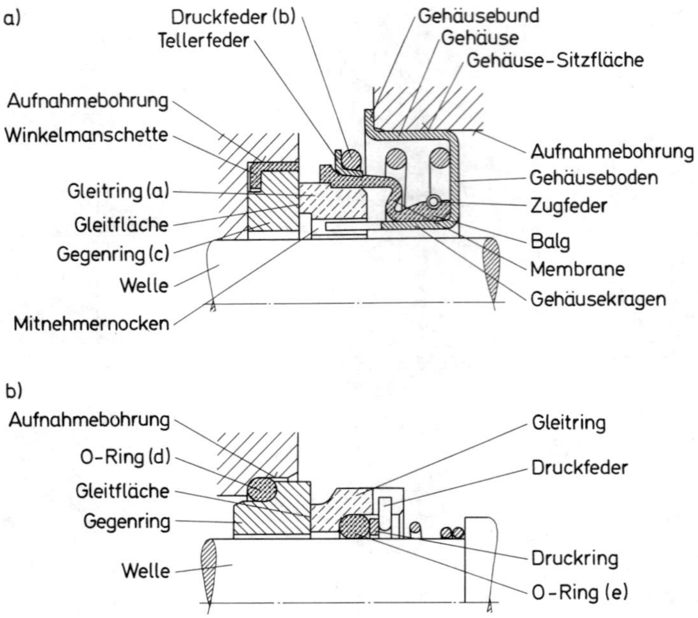


*Bild 6.13*
*Gleitringdichtung*
(nach Fa. KACO)

dichtung eingebaut wird, muß nur eine geeignete Dichtung aus einem Katalog auswählen oder in Sonderfällen speziell entwickeln und bauen lassen. Er selbst muß nur die Einsatzdaten zusammenstellen und dem Dichtungshersteller geben.

Die Anforderungen an Gleitringdichtungen sind i.a.:

a) hohe bis höchste Dichtheit
b) möglichst geringer Verschleiß, d.h. große Standzeiten
c) hohe Zuverlässigkeit, d.h. kein Ausfall, keine Wartung, keine Reparaturen
d) Geringes Reibmoment und damit geringe Wärmeentwicklung
e) kleiner Einbauraum bei guter Zugänglichkeit
f) geringer Preis

Diese Anforderungen sind in den letzten Jahren weiter gestiegen, insbesondere in der Reaktortechnik und in der Chemieindustrie.
Gleitringdichtungen werden für folgende Einsatzbereiche verwendet:

a) Wellendurchmesser

$d_1 = 5$ bis 500 mm – einteilige Ringe
$d_1$ bis 1000 mm und mehr – mehrteilige Ringe

b) Druckbereich

$p_i = 10^{-5}$ mbar bis 450 bar

c) Temperaturbereich

$t = -200\,°C$ bis $+450\,°C$

d) Gleitgeschwindigkeit $v_g$ von ganz niedrig bis über 100 m/s. Gleitringdichtungen müssen gegen wäßrige Lösungen, Säuren, Laugen, Kohlenwasserstoffe, Flüssiggase, radioaktive Gase und Flüssigkeiten und eine Vielzahl anderer Medien abdichten. Im Vergleich zu Packungsstopfbuchsen kommen Gleitringdichtungen mit weniger Einbauraum aus, sind nicht empfindlich gegen ein Schlagen der Welle und verschleißen Welle oder Schonbüchse nicht, da sie ja eigene Gleitflächen haben. Gleitringdichtungen sind jedoch empfindlicher gegen Trockenlauf als Packungsstopfbuchsen und werden von abrasiven Medien leichter und schneller zerstört, weshalb sie durch eine absolut saubere Flüssigkeit gespült werden müssen.

### 6.1.2.2 Aufbau und Wirkungsweise

Axiale Gleitringdichtungen (Bild 6.13) bestehen aus dem axial durch eine Druckfeder (b) verspannten **Gleitring** (a) und dem gegen ihn angepreßten **Gegenring** (c). Die dynamische Abdichtung findet in der Dichtfläche (Gleitfläche) zwischen beiden Ringen statt. Beide Ringe werden durch statische Abdichtungen, beispielsweise durch O-Ringe im Gehäuse und auf der Welle abgedichtet ((d) und (e)).
Der Gleitring kann entweder mit der Welle umlaufen (Bild 6.13b) oder im Gehäuse befestigt werden (Bild 6.13a). Eine Verdrehsicherung nimmt das an den gleitenden Dichtflächen entstehende Drehmoment

**Tabelle 6.2 Abrieb des Gleitringes von Gleitringdichtungen nach Fa. KACO/Heilbronn**

| Werkstoffpaarung Gleitring/Gegenring | spezifischer Abrieb in $\frac{\mu m}{km\ Gleitweg}$ |
|---|---|
| Kunststoff/Metall | $2 \cdot 10^{-3}$ |
| Hartkohle/Metall | $1{,}4 \cdot 10^{-3}$ |
| Hartkohle/Metalloxyd | $0{,}4 \cdot 10^{-3}$ |

auf. Durch richtige Wahl der Federcharakteristik ergibt sich eine über eine lange Zeit nahezu gleichbleibende axiale Anpreßkraft.

Üblicherweise wird die Dichtung so eingebaut, daß das Medium gegen die Zentrifugalkraft im Dichtspalt von außen nach innen strömen muß. Dies verstärkt die Dichtwirkung.

Als **Werkstoffe** für Gleit- und Gegenring kommen in Frage:

Kunststoffe, Kunstkohle und Graphit, Metalle, Metalloxyde und Karbide. Bei der Bestimmung der geeigneten Werkstoffe in Abhängigkeit vom Medium, dem Druck, der Gleitgeschwindigkeit und der Temperatur kommt es vor allem auf die Wahl der richtigen **Werkstoffpaarung** an, die die Lebensdauer und die Notlaufeigenschaften der Gleitringdichtung festlegt. Von Fa. KACO, Heilbronn werden folgende Werte für den **Abrieb,** der letztlich die Gebrauchsdauer der Dichtung bestimmt angegeben (Tabelle 6.2). Diese Werte wurden aus einer größeren Zahl von Einzelversuchen bei einer Gleitgeschwindigkeit von $v_g = 7\,m/s$, einem Anpreßdruck der Gleitflächen von $p_g = 20\,N/cm^2$, bei einer Temperatur von 90 °C gemittelt. Das Medium war Kühlflüssigkeit von Verbrennungsmotoren.

Besonders wichtig für die Dichtheit und die Lebensdauer ist auch die **Oberflächenbeschaffenheit** von Gleit- und Gegenring. Die Rauhtiefen liegen üblicherweise im Bereich zwischen 0,015 und 0,5 µm.

Ausführliche Angaben zur Wahl der Gleitwerkstoffe und zur Abschätzung der verschiedenen Einflüsse auf die Gebrauchsdauer, wie Reibung, Gleitdruck, Gleitgeschwindigkeit, Temperatur, Schmiereigenschaft des Mediums, Festkörpereinschluß im Medium, Oberflächenbeschaffenheit, Einfluß von Schwingungen usw., können in dem Standardwerk von E. Mayer [6.11] und den Katalogen, Handbüchern und Druckschriften der Hersteller nachgelesen werden.

### 6.1.2.3 Kräfte und Momente an der Gleitringdichtung

An einer einfachen Gleitringdichtung greifen folgende Kräfte an (Bild 6.14):

a) Die **Federkraft** $F_F$

b) Die **hydraulische Kraft** $F_H$

$$F_H = A_H \cdot p_i$$

$$A_H = \frac{\pi}{4} \cdot (d_{H1}^2 - d_{H2}^2)$$

c) Die **Kraft im Spalt** $F_{Sp}$

hängt ab von der Spaltform, den Rauhtiefen der Gleitflächen und dem **Belastungsverhältnis** $k$, das wie folgt definiert ist:

$$k = \frac{A_H}{A_{Gleit}}; \quad A_{Gleit} = \frac{\pi}{4}(d_a^2 - d_i^2) = d_m \cdot \pi \cdot b$$

$k$ liegt üblicherweise im Bereich 0,7 bis 1,2

*Bild 6.14*
*Kräfte an einer Gleitringdichtung*

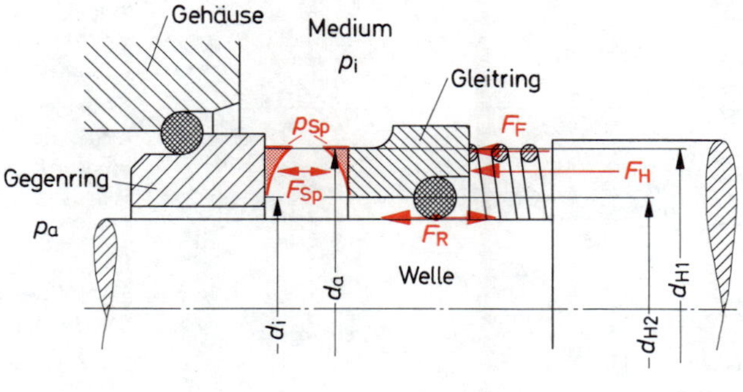

**Tabelle 6.3 Belastungsverhältnisse von Gleitringdichtungen**

| entlastete Gleitringdichtung | Grenzfall | belastete Gleitringdichtung |
|---|---|---|
| 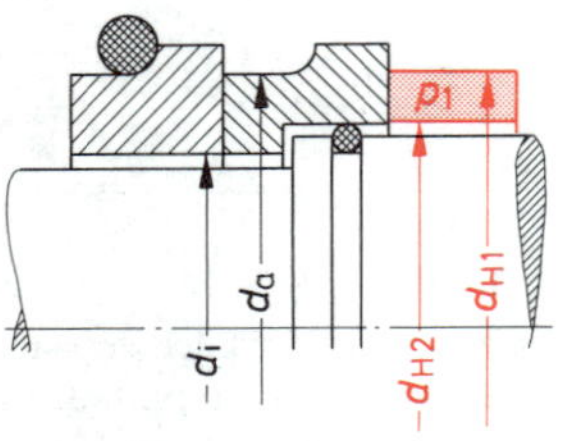  Bild 6.15a | 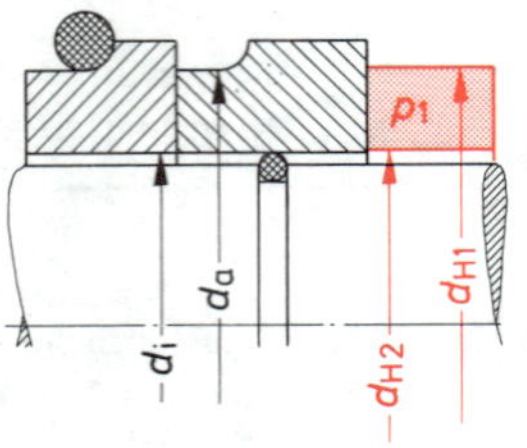  Bild 6.15b | 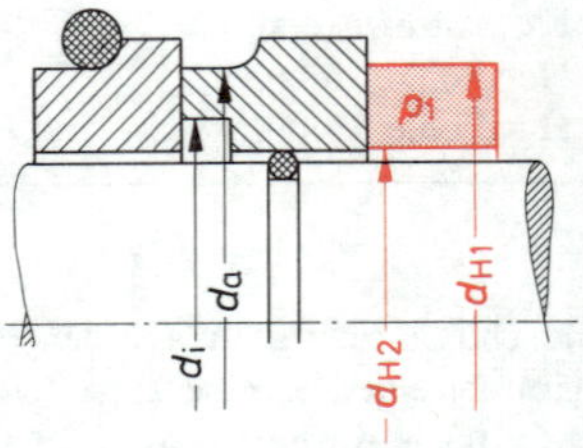  Bild 6.15c |
| $k < 1$ | $k = 1$ | $k > 1$ |
| üblicher Bereich in der Praxis: $k = 0{,}6$ bis $0{,}9$ | | üblicher Bereich in der Praxis: $k = 1{,}1$ bis $1{,}2$ |

Man unterscheidet die drei in Tabelle 6.3 zusammengestellten Belastungsfälle.

Mit sinkendem $k$-Wert steigt zwar die Sicherheit gegen Überhitzung infolge großer Reibungswärme, es vergrößert sich aber die Gefahr, daß die Dichtflächen abheben, d.h. die Dichtung undicht wird.

d) Die **Reibkraft** $F_R$ des radialen Dichtelementes kann praktisch nicht exakt angegeben werden. Sie nimmt im Laufe der Betriebszeit ab.

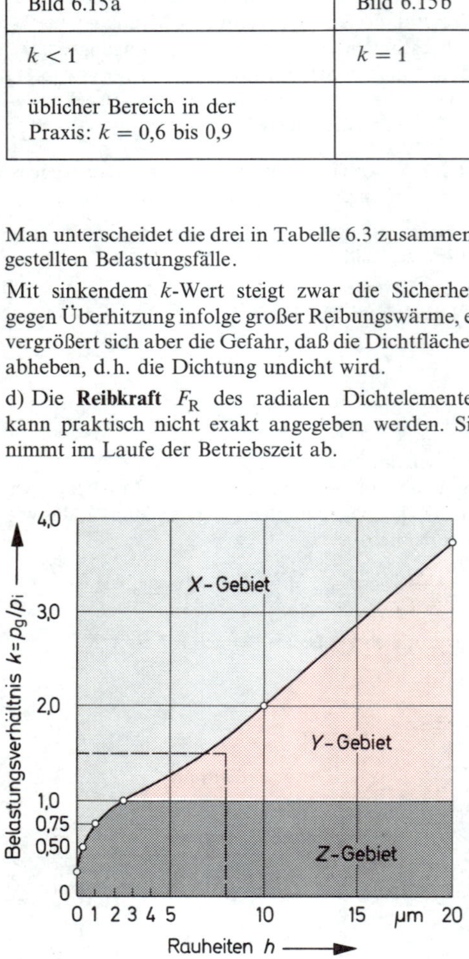


*Bild 6.16 Reibungszustände von Gleitringdichtungen* (nach [6.11])

e) Die **Gesamtkraft** $F_{ges}$ ist die eigentliche Dichtungskraft:

$$F_{ges} = F_F \pm F_H - F_{Sp} \pm F_R \qquad (6.10)$$

Die Gleitringdichtung ist nur dann dicht, wenn die Gesamtkraft $F_{ges}$ positiv ist, d.h. wenn die Summe der Schließkräfte größer ist als die Summe der Öffnungskräfte!

Definiert man eine **mittlere Gleitpressung** $p_g$ zwischen Gleitring und Gegenring

$$p_g = \frac{F_{ges}}{A_{Gleit}}$$

und bezieht diese mittlere Gleitpressung auf den Innendruck $p_i$, so kann man nach MAYER [6.11] abhängig von diesem Druckverhältnis $p_g/p_i$ und der Rauhigkeit der Gleitflächen drei **Reibungszustände** unterscheiden (Bild 6.16):

**X-Gebiet:** Druck $p_i$ und Spaltdruck $p_{Sp}$ sind sehr klein; die Gleitpressung $p_g$ ist sehr viel größer als der Spaltdruck $p_{Sp}$. Es herrscht **Grenzreibung** mit starker Wärmeentwicklung und großem Reibverschleiß.

**Y-Gebiet:** Die Gleitpressung $p_g$ ist größer als der Innendruck $p_i$; die Pressung $p_{Sp}$ im Spalt kleiner als die Gleitpressung. Die Dichtung ist dicht, es herrscht **Mischreibung** im Spalt.

Im **Z-Gebiet** ist der Spaltdruck $p_{Sp}$ größer als die

Gleitpressung $p_g$, der Innendruck $p_i$ kann größer, gleich oder kleiner sein als der Spaltdruck $p_{Sp}$, d. h. die Dichtung kann undicht werden. Im Spalt ist **Misch- und Flüssigkeitsreibung** vorhanden.

Gleitringdichtungen sollten möglichst im Y-Gebiet betrieben werden.

Das **Reibungsmoment** $M_R$ an den Gleitflächen kann nach folgender einfacher Beziehung abgeschätzt werden:

$$M_R = \pi \cdot \frac{d_m^2}{2} \cdot b \cdot p_g \cdot \mu_R \qquad (6.11)$$

$M_R$ = Reibmoment
$d_m$ = mittlerer Durchmesser der Gleitfläche — Bild 6.17
$b$ = Dichtbreite
$p_g$ = mittlere Gleitpressung
$\mu_R$ = Reibungsbeiwert, der meist im Bereich 0,04 bis 0,1 liegt und hauptsächlich vom Druck $p_g$ und von der Gleitgeschwindigkeit $v_g$ abhängt.

Weitere Angaben zur Bestimmung des Reibmomentes finden sich in [6.11].

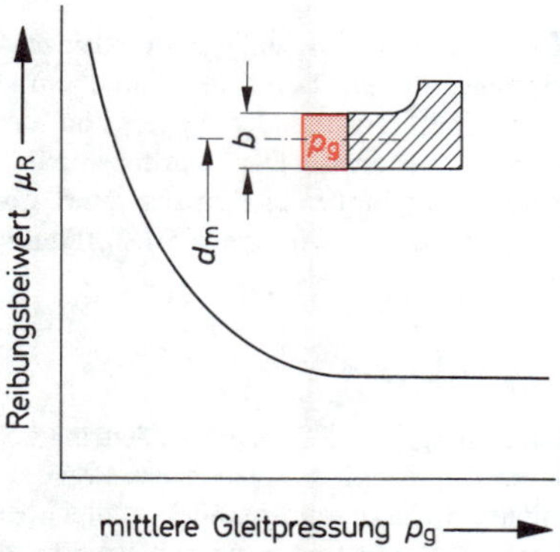


*Bild 6.17 Zum Reibungsmoment von Gleitringdichtungen*

### 6.1.2.4 Anordnungen und Ausführungen von Gleitringdichtungen

Eine Gleitringdichtung kann entweder im Innern des Druckraumes (Bild 6.18) oder außerhalb (Bild 6.19) untergebracht werden. Bei beiden Anordnungen kann sowohl der Gleitring als auch der Gegenring umlaufen. Bei der Innenanordnung schließt der Gegenring den Druckraum gegen das Freie ab.

Feststehende Gleitringe haben den Vorteil geringerer Massenkräfte und geringerer Reibungskräfte, umlaufende Gleitringe leiten die Reibungswärme besser ab. Bei den innerhalb des Flüssigkeitsraumes sitzenden Dichtungen (Bilder 6.18 und 6.19a) besteht eher die Möglichkeit chemischen Angriffes der Dichtung als bei der Anordnung nach Bild 6.19b. Die Anordnungen 6.18b und 6.19b haben den Vorteil der leichten Kontrolle der Dichtung, insbesondere des Dichtspaltes, bei Konzeption nach Bild 6.19b kommt noch die Möglichkeit des schnellen Auswechselns einer beschädigten Dichtung.

In der Praxis kommen zu den dargestellten vier Standardkonstruktionen noch Sonderkonstruktionen wie schwimmend angeordnete, doppeltwirkende und gekühlte Gleitringdichtungen hinzu. Bezüglich der Federausführung unterscheidet man drehrichtungsabhängige und -unabhängige Konstruktionen.

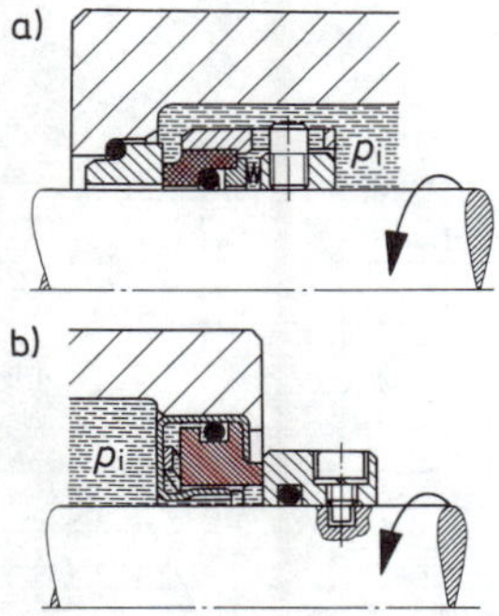


*Bild 6.18 Innen angeordnete Gleitringdichtung* (nach [6.11])
*a) Gleitring umlaufend*
*b) Gleitring stehend*

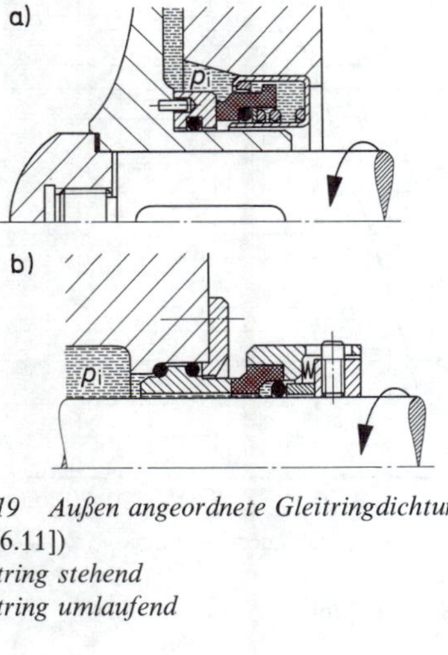


*Bild 6.19 Außen angeordnete Gleitringdichtung* (nach [6.11])
*a) Gleitring stehend*
*b) Gleitring umlaufend*

Die Hauptmaße von innenliegenden Einzel-Gleitringdichtungen in nicht-entlasteter und entlasteter Ausführung mit umlaufender Feder sind in DIN 24960 [6.12] genormt. Die Norm enthält auch Angaben über die Maße des Einbauraumes, über die Oberflächenrauhigkeit und die Werkstoffkennzeichnung.

### 6.1.2.5 Leckage

Eine Berechnung der Leckage einer Gleitringdichtung nach der in Kapitel 6.2.2. angegebenen Beziehung für die laminare Strömung im parallelwandigen Radialspalt ergibt nur sehr ungenaue Schätzwerte, da die Annahme einer klassischen laminaren Spaltströmung für die Strömung im Spalt zwischen Gleit- und Gegenring nicht zutrifft.

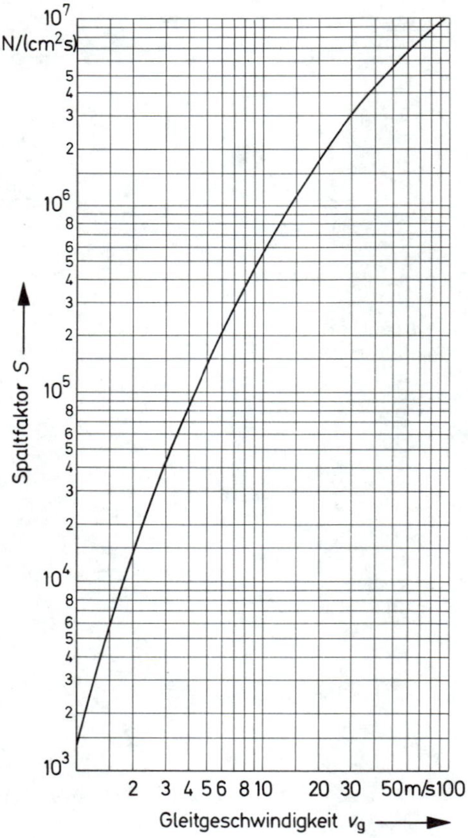


*Bild 6.20 Spaltfaktor S* (nach [6.11])

MAYER u.a. [6.11] haben in zahlreichen Versuchsreihen die Einflüsse der technischen Beschaffenheit des Dichtspaltes, der mechanischen und thermischen Verwerfung der Ringe, der Oberflächenbeschaffenheit, des Druckes im Spalt u.a. untersucht und folgende Gleichung für die Abschätzung der Leckage vorgeschlagen:

$$\dot{V}_L = \frac{\pi \cdot d_a \cdot (p_i - p_a) \cdot h^2 \cdot S}{p_g^2} \qquad (6.12)$$

$\dot{V}_L$ = Leckage
$d_a$ = Eintrittsdurchmesser der Flüssigkeit an der Gleitfläche (siehe Bild 6.14)
$p_i$ = abzudichtender Druck
$p_a$ = Außendruck
$h$ = Spaltweite
$S$ = Spaltfaktor (nach Bild 6.20)
$p_g$ = Gleitdruck

Die Bedingungen der Versuche, die zur Gleichung (6.12) geführt haben, wurden innerhalb folgender Grenzen variiert:

Viskosität $\eta = 0{,}5 \cdot 10^{-4}$ bis $500 \cdot 10^{-4}$ Pa · s
Dichtbreite $b = 0{,}5$ bis 15 mm
Spalthöhe $h = 0{,}3$ bis 50 $\mu$m
Gleitdruck $p_g = 15$ bis 2000 N/cm²
Gleitgeschwindigkeit $v_g = 0$ bis 105 m/s
Belastungsverhältnis $p_g/p_i = 0{,}55$ bis 4,0

**Gleichung (6.12) gilt für Grenzreibung**, d.h. für das X-Gebiet in Bild 6.16.

Bei Vorliegen von **Mischreibung,** d.h. im Y-Gebiet empfiehlt MAYER folgende empirische, ebenfalls auf Messungen beruhende Abschätzformel:

$$\dot{V}_L = \frac{C_2 \cdot \pi \cdot d_a \cdot (p_i - p_a) \cdot \eta \sqrt{v_g \cdot b}}{p_g^2} \qquad (6.13)$$

$\eta$ = dynamische Viskosität
$C_2$ = empirischer Beiwert, der von den konstruktiven Daten der Dichtung abhängt (Einheit: $cm/s^{3/2}$)

Bei **reiner Flüssigkeitsreibung,** d.h. Berührungslosigkeit der Gleitflächen entsteht ähnlich wie in einem axialen Gleitlager eine laminare Durchströmung des Spaltes, deren Volumenstrom nach einem Ansatz von VOGELPOHL [6.13] bestimmt werden kann:

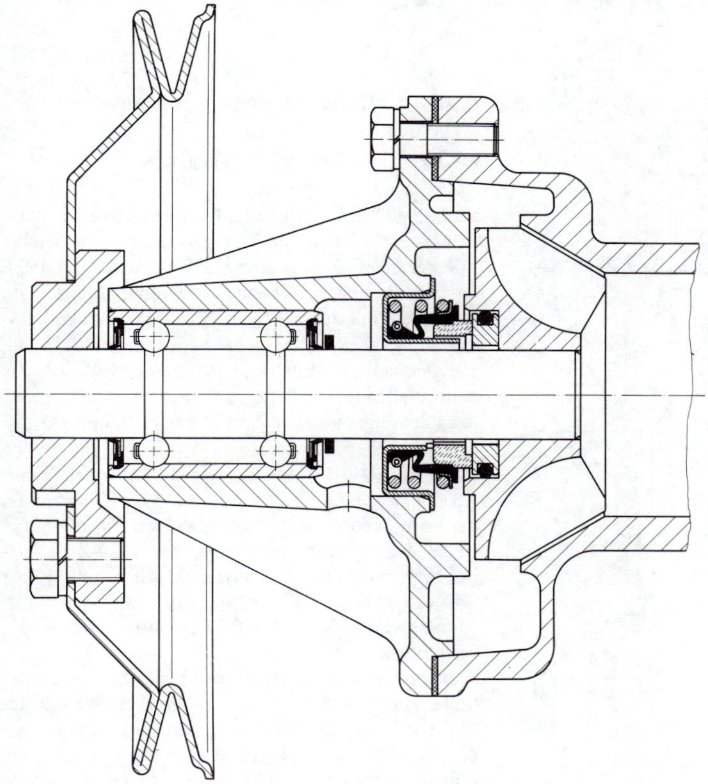

*Bild 6.21*
*Beispiel für den Einsatz einer Gleitringdichtung*
(nach Fa. KACO)

$$\dot{V}_L = C_3 \cdot \pi \cdot d_a \cdot (p_i - p_a) \sqrt{\frac{\eta \cdot b \cdot v_g^3}{p_g^3}} \qquad (6.14)$$

$C_3$ = dimensionsloser Strömungsfaktor, der von den konstruktiven Abmessungen und den Randeinflüssen abhängt

### 6.1.2.6 Beispiele

Das erste Beispiel behandelt den Einsatz von Gleitringdichtungen in einfacher Bauweise, wie sie in großen Stückzahlen in **Kühlwasserpumpen für Verbrennungsmotoren** eingebaut werden. In Bild 6.21 wird die Abdichtung der Kühlwasserpumpe eines PKW-Motors für folgende Daten nach Fa. KACO-Heilbronn gezeigt:

Wellendurchmesser $d_1 = 16\,\text{mm}$
max. Drehzahl $n_{max} = 6500\,\text{min}^{-1}$
Medium: Motor-Kühlflüssigkeit
max. Temperatur des Mediums $t_{max} = 115\,°\text{C}$
max. Druck $p_{imax} = 1{,}5$ bar (als Überdruck)
Dichtung der Fa. KACO/Heilbronn
Type AAH 17,5 × 36,45/42 × 16,25 APFK
Werkstoff des Gegenringes: Austenitisches Gußeisen

Ein weiteres Beispiel vom Einsatz von Gleitringdichtungen in der **Kraftwerkstechnik** zeigt, daß hier Dichtungen von höchster Funktions- und Betriebssicherheit mit hohen Standzeiten geschaffen wurden. Bei den hohen Speisewassertemperaturen müssen Kühlvorrichtungen eingebaut werden, um Kavitation und Ausdampfen des Speisewassers zu verhindern.
Dem Einsatz von Gleitringdichtungen in konventionellen und nuklearen Kraftwerken sind in [6.11] zwei besondere Abschnitte gewidmet.
Bild 6.22 zeigt eine von Fa. Burgmann/Wolfratshausen gelieferte Dichtungskonstruktion für eine KSB-Vollastspeisepumpe eines 650-MW-Spitzenlastkraftwerkes.
Die Daten der Pumpe bzw. der Dichtung sind:

Förderstrom $\dot{V} = 2530\,\text{m}^3/\text{h}$
Drehzahlbereich:
von $100\,\text{min}^{-1}$ (Trudelbetrieb) bis $5600\,\text{min}^{-1}$ (Schnellschluß)
Gleitgeschwindigkeit $v_g = 1$ bis $58{,}5\,\text{m/s}$
Druck vor der eigentlichen Gleitringdichtung:
$p_i \leqq 20$ bar
Speisewassertemperatur $t = 157\,°\text{C}$

Der eigentlichen Gleitringdichtung wurde eine doppeltwirkende, berührungsfreie, gegenläufige Gewindedichtung vorgeschaltet.

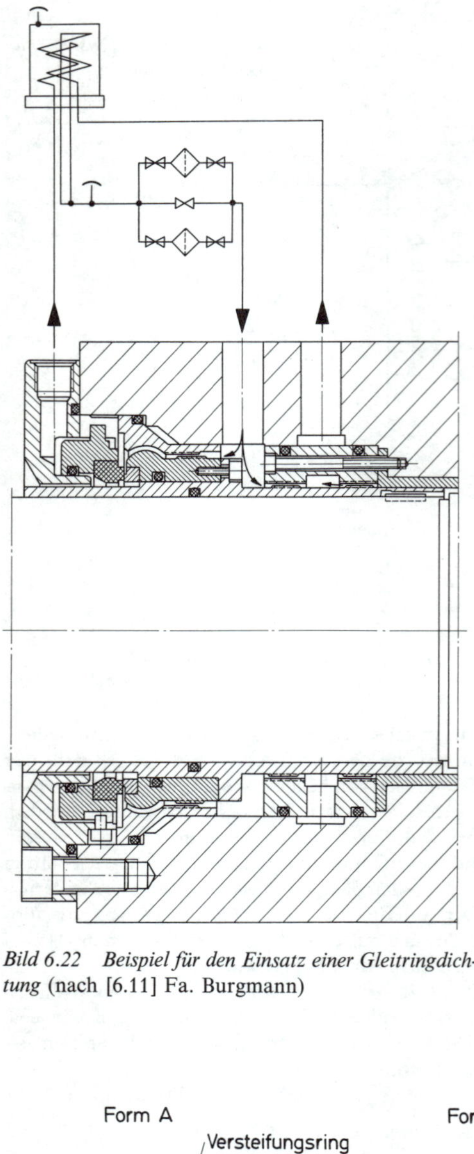

*Bild 6.22 Beispiel für den Einsatz einer Gleitringdichtung* (nach [6.11] Fa. Burgmann)

### 6.1.3 Radial-Wellendichtringe

#### 6.1.3.1 Aufbau und Wirkungsweise

Radial-Wellendichtringe sind einbaufertige Dichtelemente zur radialen Abdichtung rotierender Wellen bei nur geringen Druckunterschieden bis maximal 0,5 bar. Sie bestehen aus einer Elastomer-Manschette und einem mit dieser Manschette zusammenvulkanisierten metallischen Versteifungsring (Bild 6.23). Die radiale Dichtpressung der Dichtkante ergibt sich aus dem Wellenübermaß gegenüber dem Durchmesser der Dichtlippe und der Anpreßkraft einer ringförmigen Schraubenzugfeder.

In DIN 3760 [6.14] sind die beiden Bauformen A und AS (mit Schutzlippe) genormt. Bei Wellendichtringen der Form A sorgt der Außenmantel aus Elastomer für einen dichten und festen Sitz in der Aufnahmebohrung, auch bei Gehäusewerkstoffen mit hohen Wärmedehnungskoeffizienten. Durch den elastischen Mantel werden Verletzungen der Aufnahmebohrung vermieden.

Wellendichtringe der Bauform AS haben eine Schutzlippe, die Verschmutzungen von der eigentlichen Dichtstelle fernhalten. Den Raum zwischen Dichtlippe und Schutzlippe kann man zusätzlich mit Fett füllen und dadurch den Verschleiß an der Dichtstelle verringern.

Darüberhinaus haben die Dichtungshersteller zahlreiche nicht genormte Sonderbauformen entwickelt.

Nach DIN 3760 werden vier Elastomere unterschieden, deren Wahl sich nach der Art des abzudichtenden Mediums, der maximal zulässigen Temperatur und der Umfangsgeschwindigkeit der Welle richtet (Tabelle 6.4).

In Strömungsmaschinen werden Radial-Wellendichtringe vornehmlich als **Schutzdichtungen** eingesetzt, beispielsweise zum Abdichten von Lagern.

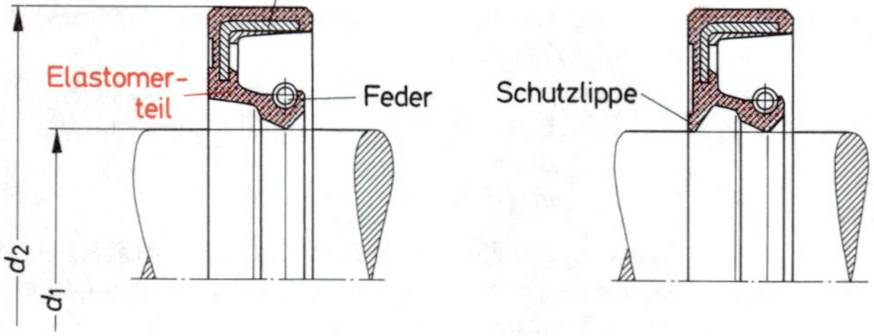


*Bild 6.23 Bauformen von Radial-Wellendichtringen* (nach DIN 3760)

*Bild 6.24 Einsatzbereiche von Radial-Wellendichtringen* (nach Fa. KACO)

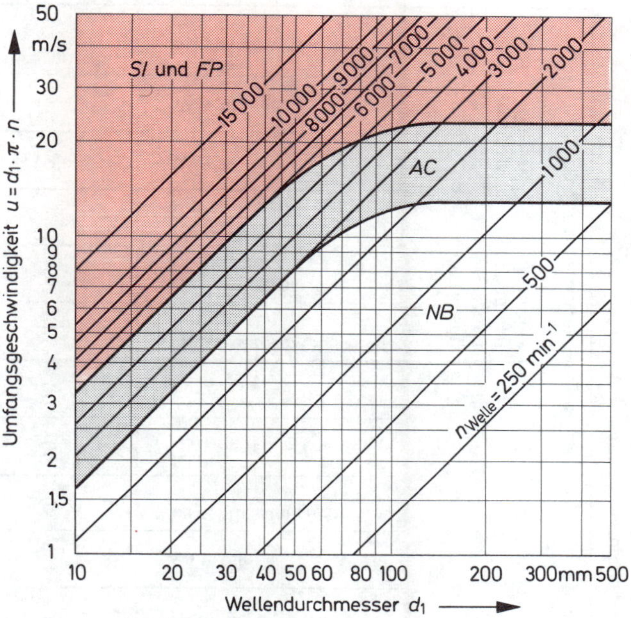


**Tabelle 6.4 Werkstoffe von Radial-Wellendichtringen (nach DIN 3760)**

| Werkstoffkenn-buchstaben | Basis-Elastomer | Farbkennzeichnung |
|---|---|---|
| NB | Nitril-Butadien-Kautschuk | weiß: RAL 9002 |
| AC | Acrylat-Kautschuk | gelb: RAL 1012 |
| SI | Silicon-Kautschuk | blau: RAL 5009 |
| FP | Fluor-Kautschuk | rot: RAL 3000 |

### 6.1.3.2 Auswahl der Dichtung

Die Auswahl der Dichtung im **drucklosen Betriebsfall** erfolgt abhängig von Wellendurchmesser $d_1$, Drehzahl $n$ und Umfangsgeschwindigkeit $u$ nach dem in Bild 6.24 dargestellten Diagramm (In der DIN 3760 findet sich als Bild 3 ein ähnliches Schaubild). Zusätzlich muß die chemische und thermische Beständigkeit des Elastomers überprüft werden. In Tabelle 6.5 sind die gebräuchlichsten zulässigen Temperaturen nach Angaben von Fa. KACO/Heilbronn zusammengestellt:

Tabelle 4/DIN 3760 enthält vergleichbare Werte.
Bei **Druckbeaufschlagung** müssen nach DIN 3760 die in Tabelle 6.6 aufgeführten Grenzwerte eingehalten werden.

### 6.1.3.3 Konstruktionsrichtlinien

Bezüglich des Einbaues von Radial-Wellendichtringen sind neben den Einbauvorschriften der Hersteller folgende allgemeine Hinweise unbedingt zu beachten:

a) Um die Dichtlippe beim Einbau nicht zu beschädigen wird die Welle je nach Einbaurichtung abgerundet oder angeschrägt (Bild 6.25).

b) Die Rauhtiefen im Laufflächenbereich müssen im Bereich $R_t = 1$ bis 4 µm liegen. Es dürfen keine gewindeartigen Riefen vorhanden sein.

c) Die Oberflächenhärte der Lauffläche soll mindestens 45 HRC betragen, bei verschmutzten Medien und Umfangsgeschwindigkeiten über 4 m/s mindestens 55 HRC. Die Eindringtiefe der Härtung sollte mindestens 0,3 mm sein.

**Tabelle 6.5 Thermische und chemische Beständigkeit der Elastomere von Radial-Wellendichtringen** (nach Fa. KACO)

| | | | | | Abzudichtende Medien mit zulässigen Dauertemperaturen in °C | | | | | | | | | | | | |
|---|---|---|---|---|---|---|---|---|---|---|---|---|---|---|---|---|---|
| | | | | | Medien auf Mineralölbasis | | | | | | | schwer entflammbare Druckflüssigkeiten (VDMA 24 317) | | | Sonstige Medien | | |
| Bezeichnung der SYGUMIN-Mischung | Farbe | Basis-Elastomer | Shore A Härte | zulässige Tieftemperatur in °C (Kältebeständigkeit) | Motorenöle | Getriebeöle | Hypoid-Getriebeöle | ATF-Öle | Druckflüssigkeiten (s. VDMA 24 318) | Heizöle EL + L | Fette | HSB: Wasser-Öl-Emulsionen | HSC: wässrige Lösungen | HSD: wasserfreie Flüssigkeiten | Wasser | Waschlaugen | Bremsflüssigkeiten |
| NB-75 128 | grün | Nitril-Butadien | 75 ± 5 | −40 | 100 | 100 | 80 | 100 | 90 | 90 | 90 | 90 | 70 | – | 90 | 90 | – |
| NB-80 120 | grün | Nitril-Butadien | 80 ± 5 | −30 | 100 | 100 | 80 | 100 | 90 | 90 | 90 | 90 | 70 | – | ○ | ○ | – |
| NB-70 142 | schwarz | Nitril-Butadien | 68 ± 5 | −30 | ○ | ○ | ● | ○ | ○ | ● | 90 | ○ | ○ | – | 100 | 100 | – |
| AC-80 803 | schwarz | Poly-acrylat | 80 ± 5 | −30 | 130 | 120 | 120 | 130 | 120 | ● | ● | – | – | – | – | – | – |
| SI-80 404 | rot | Silikon | 70 ± 5 | −50 | 150 | 130 | ● | ● | ● | – | ● | ● | ○ | ● | ○ | ○ | ● |
| FP-75 604 | braun | Fluor-polymer | 80 ± 5 | −30 | 170 | 150 | 150 | 170 | 150 | 150 | ● | ● | ○ | 150 | ○ | ○ | ● |

○ beständig, im allgemeinen aber nicht eingesetzt! – nicht beständig ● bedingt beständig

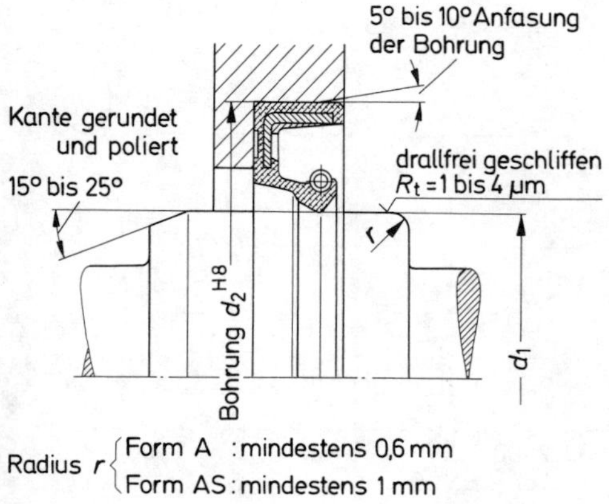


*Bild 6.25 Konstruktionshinweise für den Einbau von Radial-Wellendichtringen* (nach DIN 3760)

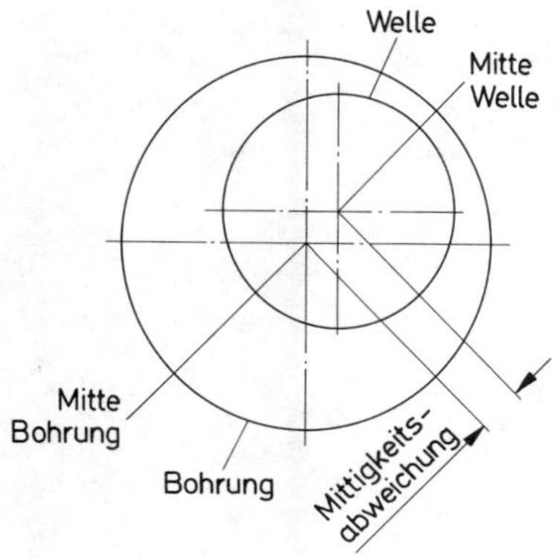


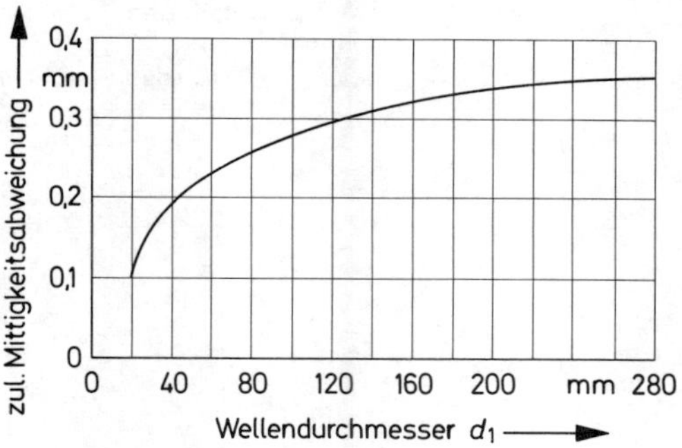


*Bild 6.26 Zulässige Mittigkeitsabweichungen von Radial-Wellendichtringen* (nach Fa. KACO)

d) Die in DIN 3760/Tabelle 6 genormten Laufflächenbreiten dürfen nicht unterschritten werden.

e) Die Mittigkeitsabweichung (Koaxialität) muß unterhalb der im Diagramm in Bild 6.26 dargestellten Grenzkurve liegen.

f) Die Rundlaufungenauigkeit (Schlag) der Welle muß in kleinen Grenzen gehalten werden, da sonst, insbesondere bei großen Drehzahlen, die Dichtkante infolge ihrer Trägheit der Wellenbewegung nicht folgen könnte. In Bild 6.27 ist die zulässige Rundlaufabweichung nach Angaben der Fa. KACO in Abhängigkeit von der Drehzahl dargestellt. Die Kurven decken sich weitgehend mit denen von Bild 8 in DIN 3760.

g) Für den Bohrungsdurchmesser $d_2$ ist das ISO-Toleranzfeld H 8 vorzusehen. Die Rauhtiefe der Bohrung soll unterhalb von 16 µm liegen. Die Bohrung ist mit etwa 5° bis 10° anzufasen.

**Reibleistung** und **Leckage** von Radial-Wellendichtringen sind nur schwer zu erfassen. Neuere Forschungsergebnisse darüber finden sich in [6.15]. Der KACO-Katalog enthält ein Diagramm zur Abschätzung der Reibleistung und damit zur Wärmeentwicklung an der Dichtstelle.

**Tabelle 6.6 Grenzwerte bei Druckbeaufschlagung**

| Druck-unterschied bar max. | Drehzahl der Welle min$^{-1}$ | dabei aber Umfangsgeschwindigkeit m/s max. |
|---|---|---|
| 0,5 | bis 1000 | 2,8 |
| 0,35 | bis 2000 | 3,15 |
| 0,2 | bis 3000 | 5,6 |

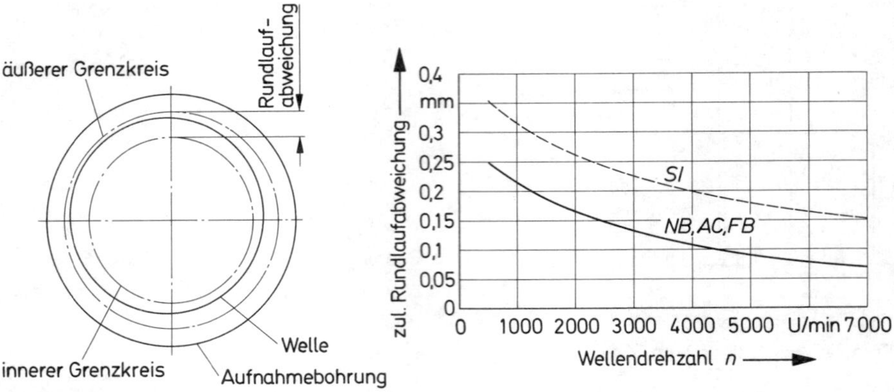


*Bild 6.27 Zulässige Rundlaufabweichung von Radial-Wellendichtringen* (nach Fa. KACO)

**Tabelle 6.7 Einteilung der Spaltdichtungen nach der Geometrie**

| Bezeichnung | Skizze | Bemerkungen |
|---|---|---|
| glatter Spalt | 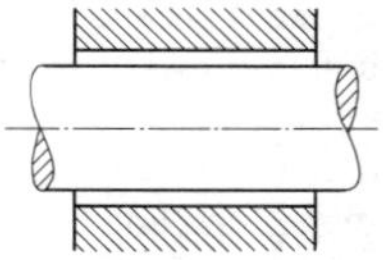 | axiale Verschiebung möglich |
| Labyrinthspalt | 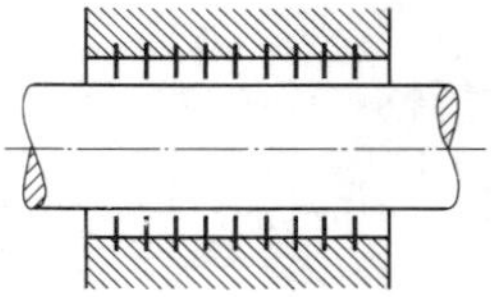 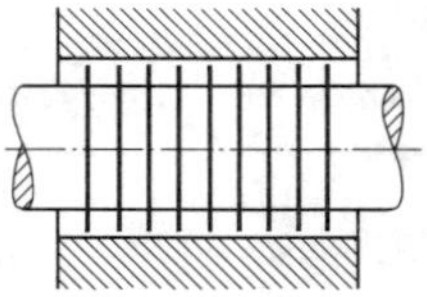 | axiale Verschiebung möglich |
| Labyrinth | 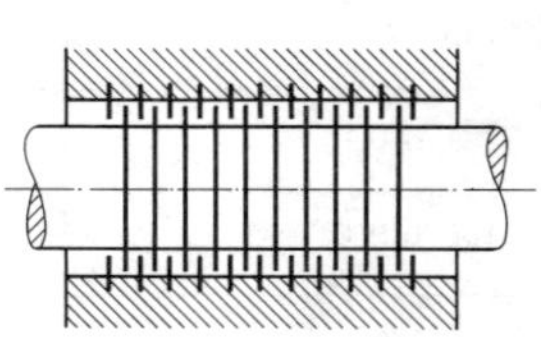 | axiale Verschiebung nicht möglich |

# 6.2 Berührungsfreie Dichtungen

## 6.2.1 Einleitung und Einteilung

Berührungsfreie Dichtungen dichten Räume unterschiedlichen Druckes oder gleichen Druckes (als Schutzdichtungen) ab ohne gegenseitige Berührung von Welle und Gehäuse. Durch die Spalte der Dichtung strömt das Medium vom Raum höheren Druckes zum Raum niedrigeren Druckes. Berührungsfreie Dichtungen haben demnach immer eine gewisse Durchlässigkeit, d.h. die Leckage wird nie Null. Berührungsfreie Dichtungen sind theoretischen Überlegungen und Berechnungen leichter zugänglich, da die Beziehungen zur Bestimmung der Leckage aus bekannten Gleichungen der Strömungslehre und Thermodynamik abgeleitet werden können.

Man kann die berührungsfreien Dichtungen nach verschiedenen Gesichtspunkten einteilen:

a) nach der Spaltgeometrie
b) nach der Art des abzudichtenden Mediums
c) nach der Strömungsform im Spalt

Eine Systematisierung nach der Spaltgeometrie findet sich in Tabelle 6.7:

Nach Art des Strömungsmediums werden unterschieden:

**inkompressible Spaltströmungen** von Flüssigkeiten

und **kompressible Spaltströmungen** von Gasen und Dämpfen

Analog zur Rohrströmung können zwei Strömungsformen auftreten:

**laminare Strömung** bei kleinen Reynolds-Zahlen, d.h. kleinen Spaltweiten, geringen Druckunterschieden und zähen Medien

und **turbulente Strömung** bei großen Reynolds-Zahlen, d.h. großen Spaltweiten, großen Druckunterschieden und weniger zähen Medien.

## 6.2.2 Drucklose berührungsfreie Dichtungen

Zur drucklosen Abdichtung von Räumen gegen Eindringen von Schmutz oder Spritzwasser werden bei hohen Drehzahlen berührungsfreie Dichtungen an Stelle von Berührungsdichtungen eingesetzt, da diese wegen der entstehenden starken Wärmeentwicklung zu hohem Verschleiß ausgesetzt wären. In Strömungsmaschinen werden drucklose Spalt- oder Labyrinthabdichtungen hauptsächlich zur Abdichtung von Lagern angewandt. In [6.16] sind zahlreiche Konstruktionen derartiger berührungsfreier Lagerabdichtungen beschrieben. Aus dieser Arbeit ist in Tabelle 6.8 eine Zusammenstellung der wichtigsten berührungsfreien Wälzlagerabdichtungen wiedergegeben.

## 6.2.3 Spaltdichtungen

### 6.2.3.1 Der axiale Spalt

a) **Bei laminarer inkompressibler Strömung**

Unter der Annahme laminarer inkompressibler Strömung und bei Vernachlässigung des Stoßverlustes am Spalteintritt und des Austrittsverlustes am Spaltende läßt sich für die inkompressible Spaltströmung im konzentrischen Kreisringspalt folgende Durchflußgleichung, d.h. Beziehung für die Leckage ableiten ([6.1], [6.17], [6.18]):

$$\dot{V}_L = \frac{(p_1 - p_2) \cdot s^3 \cdot \pi \cdot d_m}{12 \cdot \eta \cdot l} \quad (6.15)$$

$\dot{V}_L$ = Leckage-Volumenstrom
$p_1$ = Druck vor dem Spalt
$p_2$ = Druck nach dem Spalt
$s$ = Spaltweite } Bild 6.28
$d_m$ = mittlerer Spaltdurchmesser } Bild 6.28
$l$ = Spaltlänge } Bild 6.28
$\eta$ = dynamische Viskosität

Diese, auch in vielen anderen Quellen angegebene Beziehung liefert in der Praxis oft nur sehr ungenaue Werte, da die Spalte in Strömungsmaschinen oft weder konzentrisch noch koaxial sind. Da sich eine Spaltwand bewegt, beispielsweise die Welle in einer Büchse, tritt u.U. ein zusätzlicher Transporteffekt auf, der die Leckage erheblich beeinflussen kann.

Beachtenswert an Gleichung (6.15) ist die wichtige, sich mit praktischen Erfahrungen deckende Aussage, daß sich die Leckage mit der dritten Potenz der Spaltweite $s$ ändert.

Berücksichtigt man die Verluste an Spaltein- und -austritt, kommt man nach [6.1] und [6.18] zu folgender Schreibweise der Durchflußgleichung:

$$\dot{V}_L = \pi \cdot d_m \cdot s \cdot \sqrt{\frac{2 \cdot (p_1 - p_2)}{\varrho\left(\lambda \cdot \frac{l}{2s} + 1{,}5\right)}} \quad (6.16)$$

wobei $\lambda$ die Rohrreibungszahl des Spaltes ist und für den engen konzentrischen Spalt zu

**Tabelle 6.8 Berührungsfreie Wälzlagerabdichtungen nach** ([6.16])

| Bauform | Schemabild | Drehzahlgrenze n [1/min] | Dichtungsvermögen | | Vorteile | Nachteile | Besondere Hinweise |
|---|---|---|---|---|---|---|---|
| | | | Nach innen (Schmiermittel) | Nach außen | | | |
| Spaltdichtung | 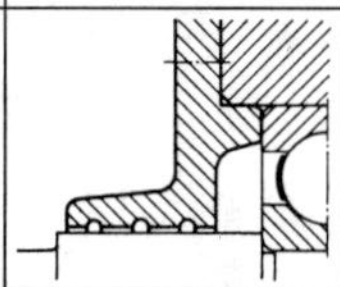 | Unbegrenzt | Fett | Mäßiger Staubanfall | Billig, kein Verschleiß, keine Erwärmung | Schmutz und Feuchtigkeit wandern an Welle entlang in Lagerraum | Spaltbreite 0,1 – 0,3 mm, möglichst langer Spalt |
| Spaltdichtung mit Spritzring | 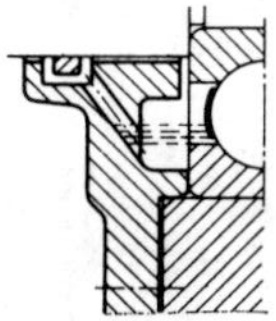 | Unbegrenzt | Öl (Fett) | – | Kein Verschleiß, keine Erwärmung | – | Ölrückflußbohrung wegen Schaumbildung unter Ölniveau legen |
| Schleuderring aus Kunststoff | 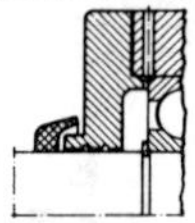 | Ca. 3000 | Fett | Schmutz, etwas Feuchtigkeit | Billig, einfache Montage, kein Verschleiß, keine Erwärmung | Bei hohen Drehzahlen hebt Gummikragen von Welle ab | Volle Schleuderwirkung ab ca. 300 U/min, Temperaturgrenze 100 °C |
| Labyrinthdichtung | 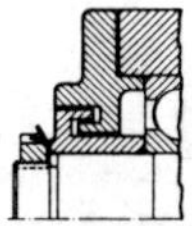 | Unbegrenzt | Fett (Öl) | Starker Schmutz, Feuchtigkeit | Kein Verschleiß, keine Erwärmung | Im allgemeinen teuer, mehrstufige Labyrinthe erfordern viel Platz | Nachschmierung der Labyrinthgänge erhöht Dichtwirkung, mit Welle umlaufender Labyrinthring schleudert Fremdstoffe ab, Spalte möglichst klein halten |
| Federnde Dichtscheibe (Nilosring) | 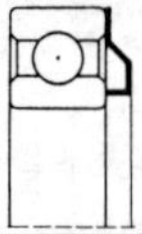 | Nach Einlaufzeit unbegrenzt | Fett | Schmutz, (Feuchtigkeit) | Billig, raumsparend, Seitenfläche des Lagers dient als Gleitfläche | Bis auf Sonderbauarten anfangs schleifende Dichtung (Reibungsverluste, Wärme) | Besonders gut für starre, nicht zerlegbare Lager geeignet, 2 Nilosringe mit dazwischenliegender Fettkammer steigern Dichtwirkung beachtlich |
| Gewindedichtung | 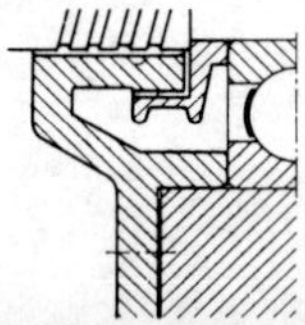 | Unbegrenzt | Öl | – | In radialer Richtung geringer Platzbedarf, kein Verschleiß, keine Erwärmung | Nur eine Drehrichtung zulässig, fördert Staub in Lagerraum, nur während des Betriebes wirksam | Gegenläufiges Schraubengewinde mit Sperrflüssigkeit dichtet auch bei Druckdifferenz gasdicht ab, Fördergewinde in drehendem oder ruhendem Teil |

*Bild 6.28 Axialer Spalt – Druckabfall bei inkompressibler Strömung*

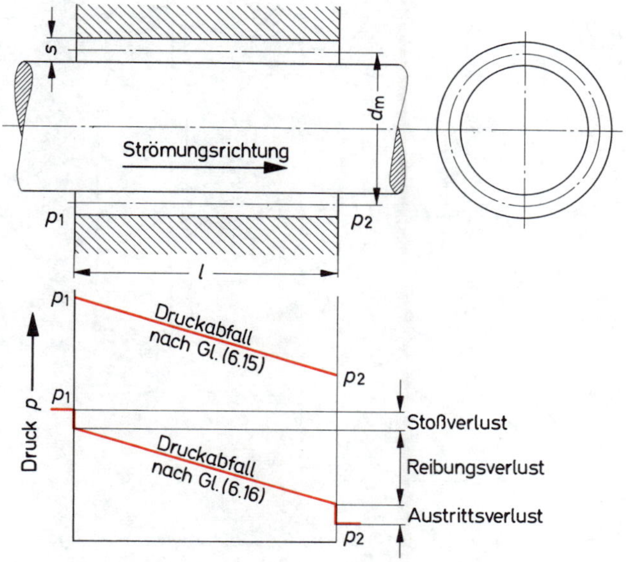


$$\lambda = \frac{96}{Re} \qquad (6.17)$$

angesetzt werden kann.
Hierbei ist die Reynolds-Zahl $Re$ selbst wie folgt definiert:

$$Re = \frac{2 \cdot \dot{V}_L}{d_m \cdot \pi \cdot \nu} \qquad (6.18)$$

$\nu$ = kinematische Viskosität des Mediums

Da der Leckage-Volumenstrom $\dot{V}_L$ über die Reynolds-Zahl in die rechte Seite der Gleichung (6.16) eingeht, kann aus dieser Gleichung die Leckage nicht explizit berechnet werden wie in Gleichung (6.15) sondern muß iterativ oder mit Hilfe einer quadratischen Gleichung bestimmt werden.

b) **bei turbulenter inkompressibler Strömung**

Turbulente inkompressible Strömungen mit Reynolds-Zahlen über der kritischen Reynolds-Zahl, die bei Spaltströmungen im Bereich von 2300 bis 4000 liegt, kommen bei Spaltströmungen sehr selten vor. Eine grobe Abschätzung der Leckage kann mittels Gleichung 6.16 erfolgen, wobei folgende Werte für die Rohrreibungszahl $\lambda$ einzusetzen sind:

hydraulisch glatter Spalt:

$$\lambda = \frac{0{,}427}{Re^{1/4}}$$

hydraulisch rauher Spalt:

$$\lambda = \frac{1}{\left(1 - 2 \cdot \lg \dfrac{k}{2s}\right)^2}$$

mit $k$ als mittlerer Rauhigkeit der Spaltwände

Nach Weissenberger [6.17] kann die Leckage im turbulent inkompressibel durchströmten Spalt wie folgt berechnet werden:

$$\dot{V}_L = \pi \cdot d_m \cdot s \sqrt{\frac{(p_1 - p_2) \cdot s}{2 \cdot l \cdot \varrho}} \cdot \left(3{,}45 + 5{,}52 \cdot \lg \frac{s}{2 \cdot \nu} \sqrt{\frac{(p_1 - p_2) \cdot s}{2 \cdot l \cdot \varrho}}\right) \qquad (6.19)$$

Weitere Angaben über Spaltströmungen in Kreiselpumpen finden sich in [6.7] und [6.19].

c) **Bei kompressibler Strömung**

eines Gases oder Dampfes durch den Spalt expandiert das Medium, d.h. Druck und Temperatur nehmen ab, die Geschwindigkeit zu. Ist der Druckunterschied

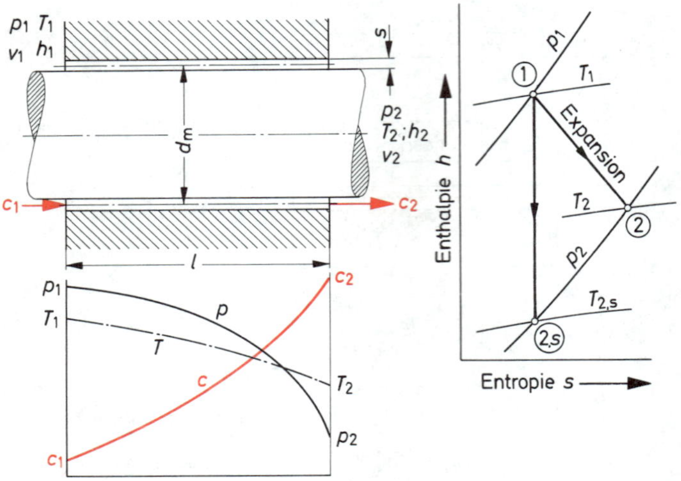


*Bild 6.29 Axialer Spalt – Druckabfall bei kompressibler Strömung*

klein, d.h. $p_1/p_2 < 1{,}1$ bis 1,3 z.B. bei Spaltdichtungen in Ventilatoren und Niederdruckgebläsen, kann die Strömung hinreichend genau als inkompressibel angesehen werden und die Leckage mittels der Gleichungen (6.15) bis (6.19) abgeschätzt werden.

Die Druckabsenkung bei kompressibler Expansionsströmung ist nicht mehr linear über der Spaltlänge wie bei der inkompressiblen Strömung sondern am Spaltende wesentlich stärker als am Spaltanfang. An den Spaltwänden tritt Wärmetausch mit dem durch den Spalt strömenden Medium auf.

In Bild 6.29 sind die Verläufe der Druck-, Temperatur- und Geschwindigkeitsänderung längs des Spaltes sowie der Expansionsvorgang im *h-s*-Diagramm qualitativ dargestellt.

Unter Vernachlässigung des Wärmetausches und der Anfangsgeschwindigkeit $c_1$ erhält man in Anlehnung an die Rohr- und Behälterströmung ([6.17] und [6.18]) folgende Abhängigkeit des ausströmenden Massenstromes vom Druck $p_1$ vor dem Spalt und der Mediumsdichte $\varrho_1$:

$$\dot{m}_L \sim A_{Spalt} \cdot \sqrt{p_1 \cdot \varrho_1}$$

Für einfache Überschlagsrechnungen wird folgende Gebrauchsformel empfohlen:

$$\dot{m}_L = \varepsilon \cdot A_{Spalt} \cdot \sqrt{p_1 \cdot \varrho_1} \qquad (6.20)$$

$\dot{m}_L$ = Leckage-Massenstrom
$\varepsilon$ = Ausflußzahl $= f(p_2/p_1, \lambda, l, s, \varkappa)$
$A_{Spalt}$ = Spaltfläche $= \pi \cdot d_m \cdot s$
$p_1$ = Druck vor dem Spalt
$\varrho_1$ = Dichte vor dem Spalt $= \dfrac{1}{v_1}$ oder $\dfrac{p_1}{R_i \cdot T_1}$
$R_i$ = individuelle Gaskonstante
$T_1$ = Temperatur vor dem Spalt

In Bild 6.30 sind die ε-Werte für die beiden Isentropenexponenten $\varkappa = 1{,}4$ und $\varkappa = 1{,}3$ abhängig vom Druckverhältnis $p_2/p_1$ und vom Beiwert $\lambda \cdot l/(2\,s)$ dargestellt. Die strichpunktierte Gerade trennt den überkritischen vom unterkritischen Bereich.

Für Druckverhältnisse $p_2/p_1$ die kleiner sind als das sogenannte **kritische Druckverhältnis** $(p_2/p_1)_{krit}$ bleibt ε konstant, nämlich gleich dem Maximalwert. Dies erklärt sich daraus, daß ab einem bestimmten Druckverhältnis, nämlich dem kritischen, am Spaltende sich eine Austrittsgeschwindigkeit einstellt, die gleich der Schallgeschwindigkeit ist.

Bei großem Reibungswiderstand, d.h. großem $\lambda \cdot l/(2\,s)$ kann ε auch nach folgender Näherungsgleichung bestimmt werden:

$$\varepsilon = \sqrt{\frac{1 - (p_2/p_1)^2}{\dfrac{\lambda \cdot l}{2 \cdot s}}} \qquad (6.21)$$

Die Berechnung des Massenstromes nach Gleichung (6.20) stellt nur eine einfache Überschlagsrechnung dar.

Genauer, aber auch aufwendigere Rechenverfahren sind in [6.17] angegeben:

1) Darstellung und Behandlung der Expansionsströmung im Enthalpie-Entropie-Diagramm in Form der FANNO-Kurve

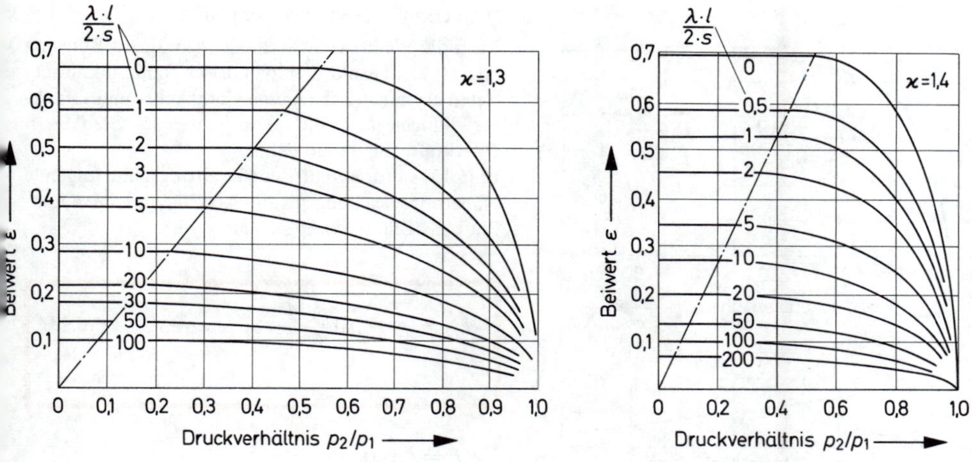


*Bild 6.30 Ausflußzahl ε*

2) Rechenverfahren von SALZMANN und FRAVI
3) Rechenverfahren von EGLI
4) Rechnerisch-grafische Methode nach BAER, RICHTER oder CLAUSNITZER

d) **Der exzentrische Spalt**

Sowohl theoretisch als auch experimentell läßt sich nachweisen, daß bei laminarer Spaltströmung, d.h. Reynolds-Zahlen unter 2300 bis 4000 die Leckage mit dem Quadrat der Exzentrizität zunimmt ([6.17, 6.20]). Bei maximaler Exzentrizität d.h. bei $e/s_0 = 1{,}0$ beträgt das Verhältnis der Leckage bei konzentrischer Lage 2,5. Bei turbulenter Strömung ist die Vergrößerung der Leckage bei exzentrischer Lage wesentlich geringer.

In Bild 6.31 ist das Verhältnis der Leckage bei exzentrischem Spalt abhängig von der relativen Exzentrizität $e/s_0$ dargestellt.

e) **Spaltverlustleistung in Radialpumpen**

Bei bekannter Leckage ergibt sich folgende Spaltverlustleistung an den Spalten eines radialen Pumpenlaufrades:

$$P_{v,Spalt} = \frac{\varrho \cdot Y \cdot \dot{V}_L}{\eta_i} \qquad (6.22)$$

$P_{v,Spalt}$ = Spaltverlustleistung
$\varrho$ = Dichte des Fördermediums
$Y$ = spezifische Stutzenarbeit des Laufrades
$\dot{V}_L$ = Spaltleckage
$\eta_i$ = innerer Wirkungsgrad des Laufrades

Die Spaltverlustleistung kann relativ durch Bezug auf den Leistungsbedarf $P$ ausgedrückt werden:

$$P_{v,Spalt}/P$$

Diese spezifische Spaltverlustleistung hängt nach Angaben von Fa. KSB sehr stark von der spezifischen Drehzahl $n_q$ des Rades und der relativen Spaltweite ab. In Bild 6.32 sind diese Abhängigkeiten nach [6.21] dargestellt.

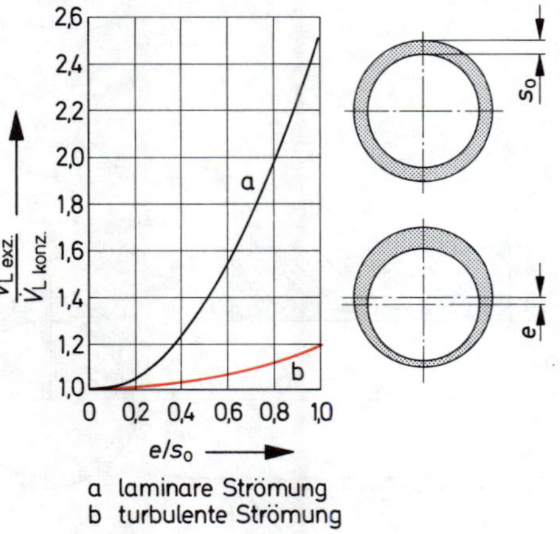


*Bild 6.31 Leckage beim exzentrischen Spalt*

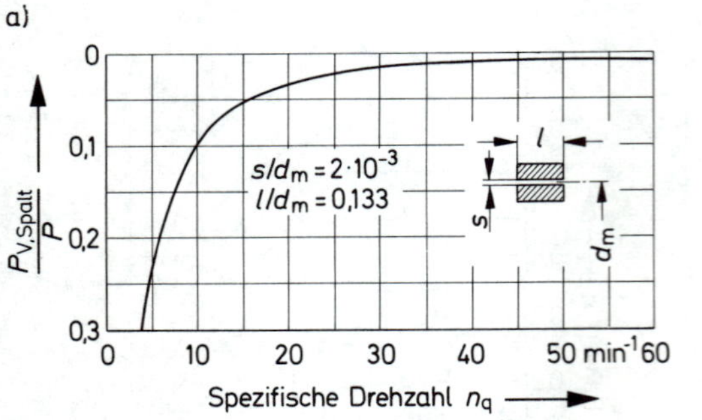


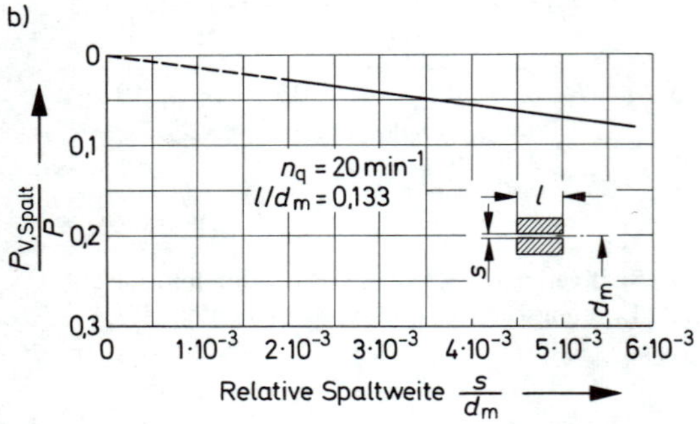


*Bild 6.32 Spaltverlustleistung* (nach [6.21])

f) Querkräfte beim axialen Spalt

Liegt die Welle exzentrisch oder schräg zur Bohrung oder ist nicht exakt kreiszylindrisch sondern konisch, treten asymmetrische Geschwindigkeits- und Druckverteilungen auf, die ähnlich wie in Gleitlagern **Querkräfte** zur Folge haben.

In [6.17] ist für exzentrische Kreisringspalte folgende Näherungsgleichung für die Abschätzung der Querkraft $F_r$ (Bild 6.33) abgeleitet:

$$|F_r| = (p_1 - p_2)\,\frac{d_i \cdot l^2}{4 \cdot s_0} \cdot \lambda \cdot \delta\,\frac{\mu^2}{\sqrt{\dfrac{1}{\mu^4} - \delta^2}} \quad (6.23)$$

$F_r$ = Querkraft
$p_1$ = Druck vor dem Spalt
$p_2$ = Druck nach dem Spalt
$d_i$ = Durchmesser des Zapfens
$s_0$ = Spaltwerte bei zentrischer Lage
$\lambda$ = Rohrreibungszahl bei zentrischer Lage
$\delta$ = relative Exzentrizität = $e/s_0$

$$\mu = \text{Durchflußbeiwert} = \frac{1}{\sqrt{\dfrac{\lambda \cdot l}{2 \cdot s_0} + 1}}$$

Auf diese Zusammenhänge, auch bei Mehrfachspalten, hat vor allem Prof. LOMAKIN hingewiesen, weshalb man die zentrierende Wirkung dieser radialen Spaltkräfte auch als **LOMAKIN-Effekt** bezeichnet [6.1]; [6.17].

### 6.2.3.2 Der radiale Spalt

a) **Inkompressible Strömung**

bei inkompressibler, laminarer Strömung durch einen parallelwandigen Radialspalt (Bild 6.34) stellt sich bei

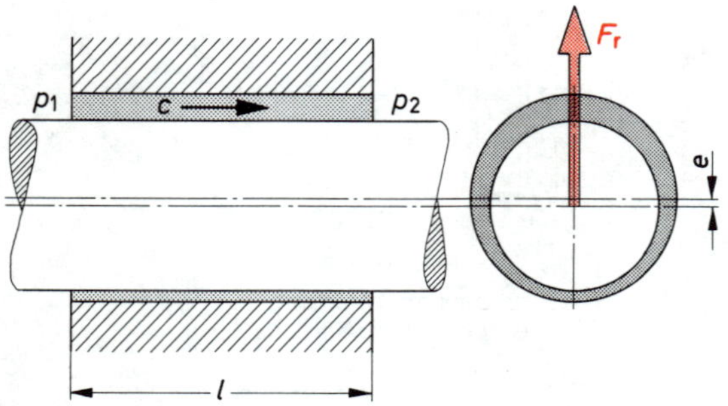


*Bild 6.33*
*Querkraft bei exzentrischem Spalt*

ruhenden Spaltwänden angenähert folgende Leckage ein:

$$\dot{V}_\mathrm{L} = \frac{p_1 - p_2}{12 \cdot \eta \cdot b} \cdot \pi \cdot d_\mathrm{m} \cdot s^3 \qquad (6.24)$$

$\dot{V}_\mathrm{L}$ = Leckage
$p_1$ = Druck vor dem Spalt
$p_2$ = Druck nach dem Spalt
$\eta$ = dynamische Viskosität des Mediums
$b$ = radiale Spalthöhe

$d_\mathrm{m}$ = mittlerer Spaltdurchmesser = $\frac{d_\mathrm{a} + d_\mathrm{i}}{2}$

$s$ = Spaltweite

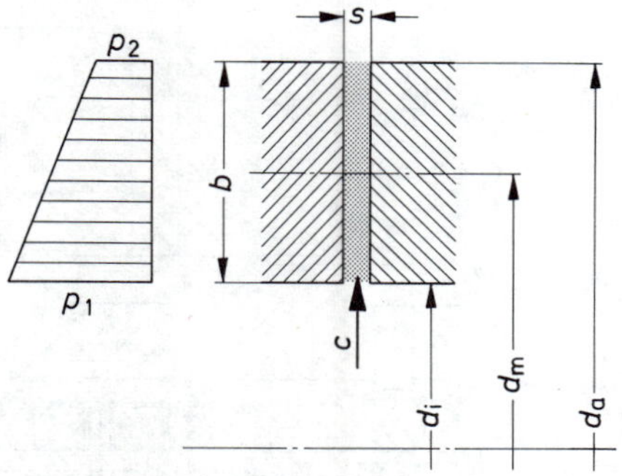

*Bild 6.34 Radialspalt*

Bei **Rotation** einer der Spaltwände nimmt die Leckage infolge der Fliehkraftwirkung zu und kann wie folgt abgeschätzt werden:

$$\dot{V}_\mathrm{L} = \frac{s^3}{6 \cdot \eta \cdot \ln\left(\frac{d_\mathrm{a}}{d_\mathrm{i}}\right)} \left[0{,}0375 \cdot \varrho \cdot \omega^2 \left(d_\mathrm{a}^2 - d_\mathrm{i}^2\right) + (p_1 - p_2)\right] \qquad (6.25)$$

b) **kompressible Strömung**

Bei der kompressiblen Strömung unterscheidet man nach der Art der Zustandsänderung **adiabate** und **isotherme** Spaltströmungen und nach dem Strömungszustand **laminare** und **turbulente** Strömung. Für die in der Praxis sich meist einstellende isotherme Expansionsströmung sind die Formeln zur Bestimmung des Leckage-Massenstromes in Tabelle 6.9 zusammengestellt:

### 6.2.3.3 Schwimmringdichtungen

Schwimmringdichtungen (Floating Seal) bestehen aus mehreren hintereinandergeschalteten radial beweglichen Drosselringen (Bild 6.35). Aufgrund des Lomakin-Effektes zentrieren sich die Dichtringe selbsttätig, d.h. folgen den Wellenauslenkungen oder Gehäuseverkrümmungen. Der Druckabbau erfolgt zum einen durch Drosselung wie in einer glatten Drosselbüchse, zum anderen durch zusätzliche

**Tabelle 6.9 Leckage-Massenströme bei kompressibler Strömung durch einen Radialspalt**

| | laminare Strömung $Re < 2000$ bis $3000$ | turbulente Strömung $Re > 2000$ bis $3000$ |
|---|---|---|
| Strömung von innen nach außen $p_1 > p_2$ | $\dot{m}_\mathrm{L} = \frac{\pi \cdot s^3 (p_1^2 - p_2^2)}{12 \cdot \eta \cdot R_\mathrm{i} \cdot T \cdot \ln \frac{d_\mathrm{a}}{d_\mathrm{i}}}$ | $\dot{m}_\mathrm{L} = \sqrt{\frac{4 \cdot \pi^2 s^3 (p_1^2 - p_2^2)}{\bar{\lambda} \cdot R_\mathrm{i} \cdot T \left(\frac{1}{d_\mathrm{i}} - \frac{1}{d_\mathrm{a}}\right)}}$ |
| Strömung von außen nach innen $p_2 > p_1$ | $\dot{m}_\mathrm{L} = \frac{\pi \cdot s^3 (p_2^2 - p_1^2)}{12 \cdot \eta \cdot R_\mathrm{i} \cdot T \cdot \ln \frac{d_\mathrm{a}}{d_\mathrm{i}}}$ | $\dot{m}_\mathrm{L} = \sqrt{\frac{4 \cdot \pi^2 \cdot s^3 (p_2^2 - p_1^2)}{\bar{\lambda} \cdot R_\mathrm{i} \cdot T \left(\frac{1}{d_\mathrm{i}} - \frac{1}{d_\mathrm{a}}\right)}}$ |

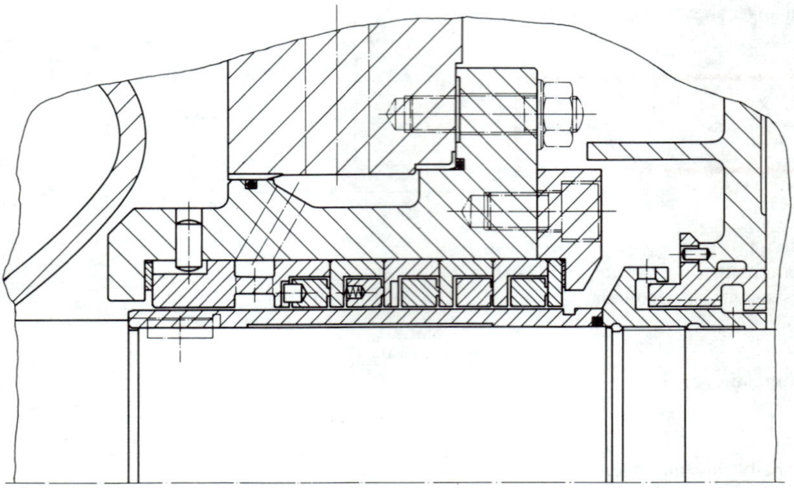

*Bild 6.35 Schwimmringdichtung* (nach Fa. KSB)

Druckverluste beim Anströmen der Ringe, ist also höher als beim glatten Spalt.

Die Ringe werden durch einen Stift gegen Verdrehen gesichert und im drucklosen Zustand durch Federn im Gehäuse so angepreßt, daß der druckbeaufschlagte Schwimmring nur im axialen Spalt durchströmt wird, d.h. nicht umspült wird.

Da auch Schwimmringe Verschleiß unterliegen, ist die Auswahl geeigneter Werkstoffpaarungen von großer Bedeutung, insbesondere da es in Ausnahmesituationen zu metallischen Kontakt zwischen Welle und Schwimmring kommen kann, d.h. die Werkstoffe müssen gute Notlaufeigenschaften haben.

Nach [6.22] können etwa folgende Werte für Schwimmringdichtungen angegeben werden:

Druckabbau $\Delta p = 6$ bis 20 bar je Ring
maximal zulässige Umfangsgeschwindigkeit $u_{max} = 75$ bis 80 m/s
Standzeiten über 15000 Stunden
Durchmesserspiele $\Delta d = d_{i,Ring} - d_{Welle} = 0{,}2$ bis 0,4 mm

## 6.2.4 Labyrinthspaltdichtungen

### 6.2.4.1 Durchflußgleichungen (Leckage)

In einer Labyrinth(spalt)dichtung strömt das Medium aus einem Raum höheren Druckes durch mehrere **Drosselstellen** in einen Raum niedrigeren Druckes. An den eingeschnürten Drosselstellen wird Druckenergie in Geschwindigkeitsenergie umgewandelt. In den erweiterten Räumen nach den Drosselstellen wird die kinetische Energie fast vollständig in Reibungswärme, d.h. „Verlustenergie" umgesetzt.

In [6.1] wurden vom Verfasser folgende Durchflußgleichungen abgeleitet:

a) **für inkompressible Medien (Flüssigkeiten)**

$$\dot{V}_L = \mu \cdot d_m \cdot \pi \cdot s \cdot \sqrt{\frac{2(p_1 - p_2)}{\varrho}} \qquad (6.26)$$

$\dot{V}_L$ = Leckage-Volumenstrom
$\mu$ = Durchflußbeiwert nach Tabelle 6.10
$d_m$ = mittlerer Spaltdurchmesser } Tabelle 6.10
$s$ = Spaltweite } Tabelle 6.10
$p_1$ = Druck vor der Dichtung
$p_2$ = Druck nach der Dichtung
$\varrho$ = Dichte des Mediums

b) **für kompressible Medien (Gase und Dämpfe)**

$$\dot{m}_L = \Phi \cdot A_{Spalt} \cdot \sqrt{p_1 \cdot \varrho_1} \qquad (6.27)$$

$\dot{m}_L$ = Leckage-Massenstrom
$\Phi$ = Durchflußbeiwert
für Labyrinthdichtungen: Bild 6.36
für Labyrinthspaltdichtungen: Bild 6.37
$A_{Spalt}$ = Spaltquerschnitt $= \pi \cdot d_m \cdot s$
$p_1$ = Druck vor der Dichtung
$\varrho_1$ = Dichte des Mediums vor der Dichtung

In [6.23] wird folgende empirische Durchflußgleichung, deren Ableitung und die darin enthaltenen Beiwerte auf zahlreiche Versuchswerte zurückgeht, angegeben:

**Tabelle 6.10 Durchflußbeiwerte $\mu$**

| Labyrinthform | Durchflußbeiwert |
|---|---|
| 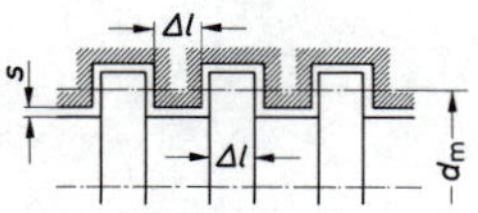 | $\mu = \dfrac{1}{\sqrt{1{,}5 + \lambda \cdot \dfrac{\Sigma \Delta l}{2s} + z}}$<br>$\lambda \approx 0{,}04$<br>$z$ = Anzahl der Zähne |
| 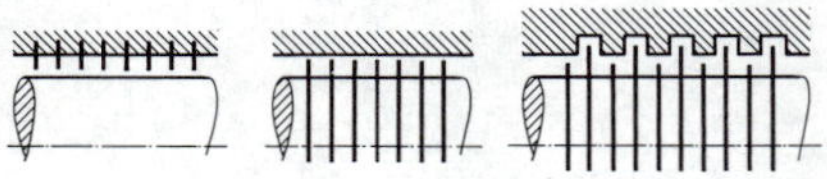 | $\mu = \dfrac{\alpha}{\sqrt{z}}$<br>$\alpha = 0{,}6$ bis $0{,}8$<br>$z$ = Anzahl der Dichtringe (Bleche) |

$$\dot{m}_L = \frac{1}{\sqrt{A + k \cdot \sqrt{\dfrac{B \cdot s}{\Delta r}} + C}} \cdot \sqrt{\frac{s}{a}} \cdot \frac{\pi \cdot d_m \cdot s}{\sqrt{z}} \cdot \sqrt{\frac{p_1^2 - p_2^2}{p_1} \cdot \varrho_1} \qquad (6.28)$$

$\dot{m}_L$ = Leckage-Massenstrom

$k$, $A$, $B$, $C$ } Beiwerte nach Tabelle 6.11

$\Delta r$ = Abstand zwischen Welle und Gehäuse (siehe Tabelle 6.11)

$s$ = Spaltweite

$a$ = Abstand zwischen den Blechen

$d_m$ = mittlerer Spaltdurchmesser

$z$ = Anzahl der Bleche

$p_1$ = Druck vor der Dichtung

$p_2$ = Druck nach der Dichtung

$\varrho_1$ = Dichte vor der Dichtung

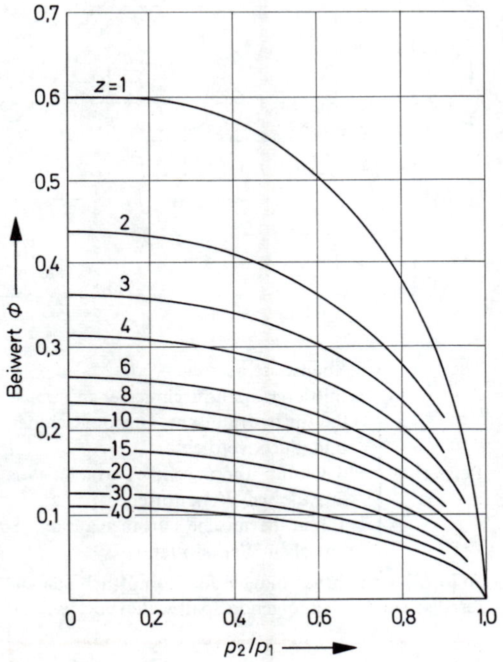


*Bild 6.36 Durchflußbeiwert Φ von Labyrinthdichtungen* (nach W. Traupel)

### 6.2.4.2 Gestaltungshinweise

In der Fachliteratur findet man häufig die Empfehlung die Spaltweite $s$ im Hinblick auf Fertigungstoleranzen, thermische Dehnungen, Wellen- und Gehäuseverformungen sowie Schwingungen wie folgt festzulegen:

$$s = A \cdot \frac{d_m}{1000} + 0{,}25 \qquad (6.29)$$

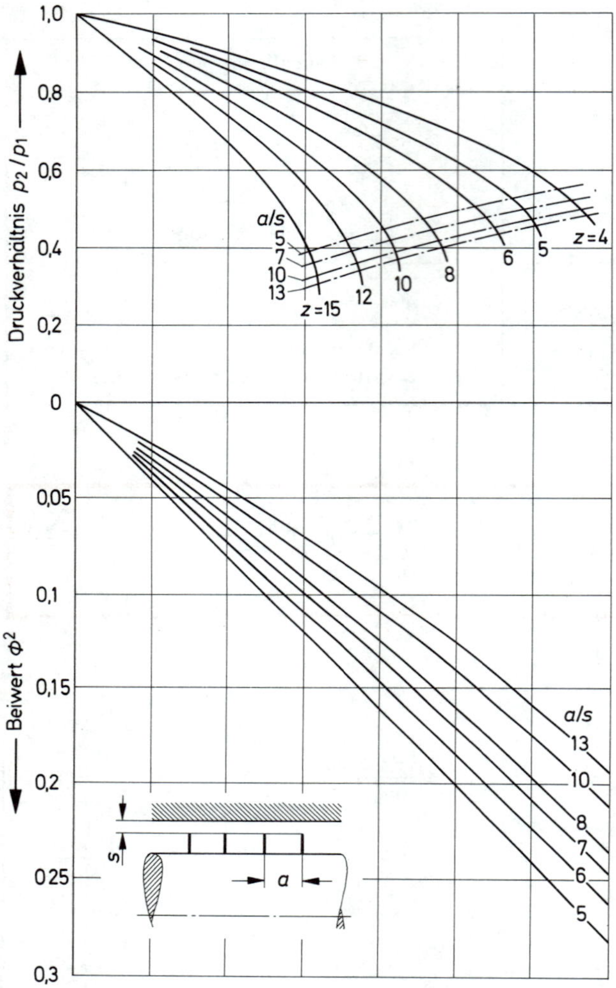


*Bild 6.37*
*Durchflußbeiwert Φ von Labyrinthspaltdichtungen*
(nach W. TRAUPEL)

$s$ = Spaltweite in mm
$d_m$ = mittlerer Spaltdurchmesser in mm

Beiwert $A$:
- = 0,6 für hydraulische Turbomaschinen und Turboverdichter
- = 0,85 für thermische Turbinen aus ferritischen Werkstoffen
- = 1,3 für thermische Turbinen aus austenitischen Werkstoffen

In [6.23] wird vorgeschlagen, für Dampfturbinen aus ferritischen Stählen folgende Spaltweiten vorzusehen:

$$s = 0{,}5 \frac{d_m}{1000} + 0{,}35 \qquad (6.30)$$

Um ein Anstreifen bei langen und biegeweichen Wellen zu vermeiden, sollte die Spaltweite $s$ größer sein als folgender Grenzwert:

$$s = 1{,}7 \cdot 10^{-4} \cdot l_L \qquad (6.31)$$

$s$ = Spaltweite in mm
$l_L$ = Lagerabstand in mm

In Bild 6.38 ist eine Labyrinthkonstruktion für Dampfturbinen (nach Fa. BBC) dargestellt mit einer Tabelle (6.12) mit Angaben über die Mindestspaltweiten $s_{min}$ abhängig vom mittleren Schaufeleintrittsdurchmesser $D_1$ der Turbine.

**Tabelle 6.11  Beiwerte zur Gleichung (6.28)**

| Art der Dichtung | $k$ | $A$ | $B$ | $C$ | Bereich |
|---|---|---|---|---|---|
| 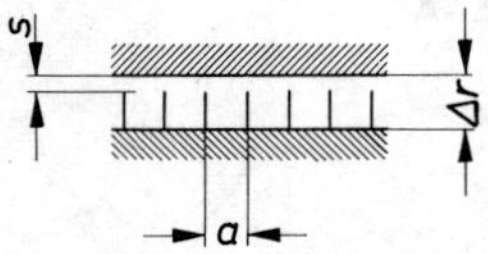 | $+1$ | 0,0620 | 0,00678 | $-0{,}000652$ | $0{,}1 < \frac{s}{\Delta r} < 0{,}55$ |
| 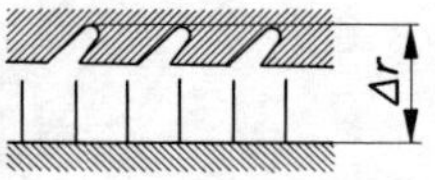 | $+1$ | 0,0500 | 0,0640 | $-0{,}0028$ | $0{,}05 < \frac{s}{\Delta r} < 0{,}21$ |
| 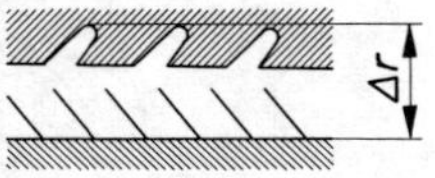 | $+1$ | 0,081 | 0,03405 | $-0{,}00161$ | $0{,}05 < \frac{s}{\Delta r} < 0{,}18$ |
| 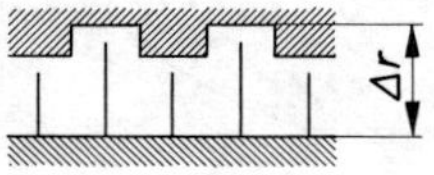 | $-1$ | 2,195 | $-23{,}62$ | 5,30 | $0{,}02 < \frac{s}{\Delta r} < 0{,}20$ |
| 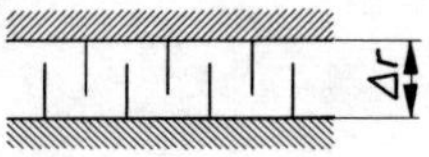 | $-1$ | 1,182 | $-10{,}45$ | 1,82 | $0{,}07 < \frac{s}{\Delta r} < 0{,}17$ |

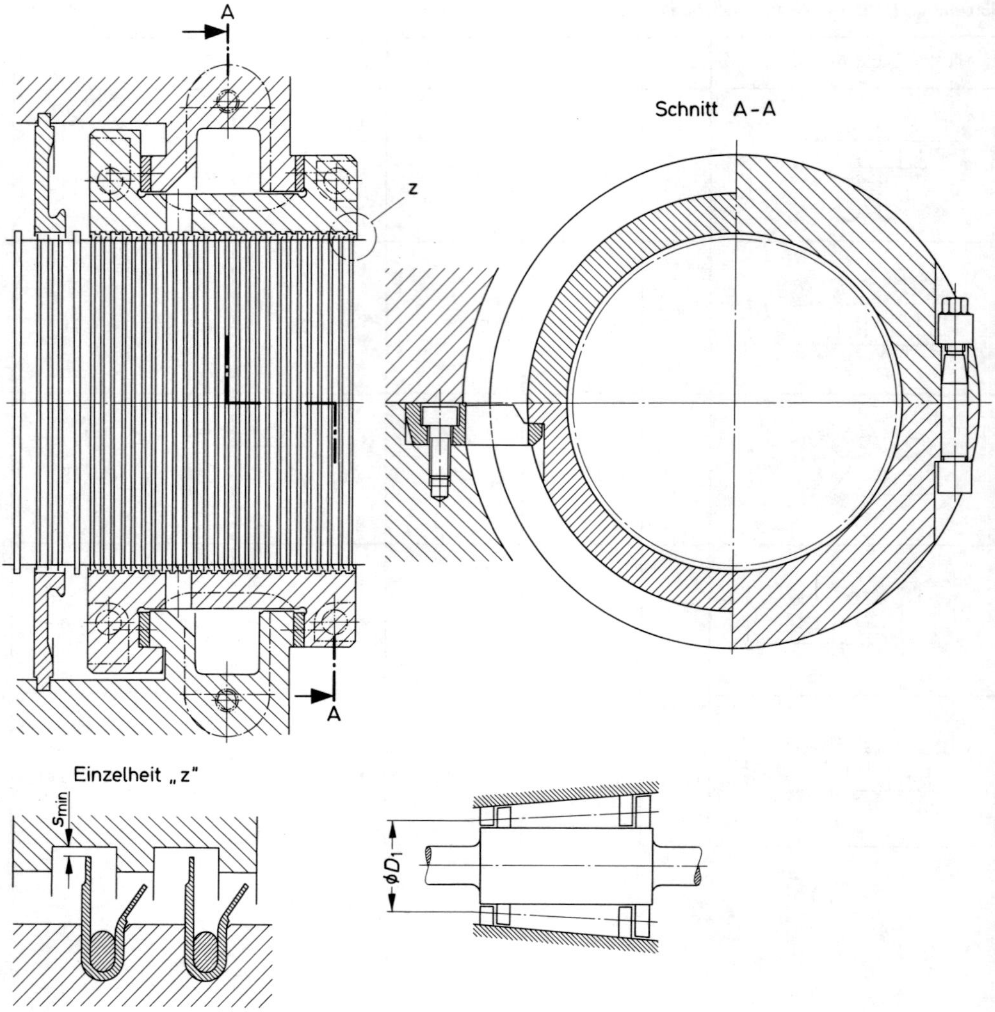


*Bild 6.38 Labyrinthdichtung für Dampfturbinen*
(nach Fa. BBC)

**Tabelle 6.12 Minimale Spaltweiten**

| $\varnothing D_1$ in mm | 0 bis 150 | 151 bis 250 | 251 bis 350 | 351 bis 450 | 451 bis 550 | 551 bis 650 | 651 bis 750 | 751 bis 850 | > 850 |
|---|---|---|---|---|---|---|---|---|---|
| $s_{min}$ in mm | 0,3 | 0,3 | 0,4 | 0,5 | 0,6 | 0,7 | 0,8 | 0,8 | 0,8 |

# 7 Lager

## 7.1 Einleitung

In Strömungsmaschinen kommen zur Lagerung des Rotors sowohl Gleitlager als auch Wälzlager zum Einsatz. Während bei Großmaschinen, d.h. Wasserturbinen, Dampfturbinen, stationären Gasturbinen, Speicherpumpen, Speisepumpen, Rohrpumpen und Turboverdichtern fast ausschließlich radiale und axiale **Gleitlager** der verschiedensten Konstruktionen verwendet werden, werden die Rotoren kleinerer Maschinen, z.B. von Serienpumpen und Ventilatoren von Ausnahmen abgesehen in **Wälzlagern** gelagert. Auch die schnellaufenden Rotoren von Turbotriebwerken werden im Hinblick auf den in der Luftfahrttechnik erforderlichen Leichtbau wälzgelagert.
In vielen Fällen ist die Alternative – Gleitlager oder Wälzlager? – leicht anhand bewährter Vorbilder zu beantworten; es gibt aber auch Situationen, wo diese Entscheidung nicht so leicht zu treffen ist, da Gleit- und Wälzlager in einem Wettbewerb stehen. Der Konstrukteur der Turbomaschine muß dann die Vor- und Nachteile beider Lagerungsarten gegeneinander abwägen und nach Beratungen mit dem Kunden und den Lagerherstellern seine Wahl treffen.
Im Großmaschinenbau erfolgt Auslegung und Konstruktion der Lager meist durch Spezialisten anhand der Vorgaben des Turbomaschinenkonstrukteurs, bei kleineren und mittleren Maschinen gehört auch die Lagerkonstruktion zum Aufgabengebiet des Konstrukteurs. Anhand der folgenden knappen Ausführungen soll es vor allem dem Anfänger ermöglicht werden, die wichtigsten Regeln und Hinweise für die Auswahl und Auslegung von Gleit- und Wälzlagern kennenzulernen, ohne daß deshalb die Grundlagen, die in den Bereich der Maschinenelemente gehören, wiederholt werden.

## 7.2 Gleitlager

### 7.2.1 Bauformen

Im Strömungsmaschinenbau kommen wie im übrigen Maschinenbau die in Bild 7.1 dargestellten klassischen vier Lagerformen vor:

a) **Radiallager** oder Querlager mit einer senkrecht zur Achse wirkenden Lagerkraft. Diese Lager werden als Loslager in horizontalachsigen Maschinen eingesetzt [7.1].

b) **Radiale Führungslager** mit nur ungenau zu definierender Lage und Größe der Lagerkraft, wie sie vor allem in vertikalachsigen Maschinen verwendet werden.

c) **Axiallager** oder Längslager zur Aufnahme von großen Axialkräften mit definierter Richtung.

d) **Radiallager mit axialer Führung,** zur Aufnahme großer Radialkräfte und kleiner Axialkräfte. Diese Lager werden als Festlager in horizontalachsigen Maschinen eingesetzt.

Im Turbomaschinenbau werden praktisch nur **hydrodynamisch geschmierte Gleitlager** verwendet, da hydrostatische Lager wegen der erforderlichen hohen Betriebsdrücke ein zu hohes Betriebsrisiko darstellen.
In Tabelle 7.1 (aus [7.2]) sind die fünf typischen Bauformen von radialen Gleitlagern gegenübergestellt und verglichen, die auch im Turbomaschinenbau vorkommen. Besonders bewährt haben sich in großen und schnellaufenden Maschinen die Mehrflächengleitlager (MGF) und Segmentlager, die zwar schwierig und teuer herzustellen sind aber auch hohe Tragfähigkeiten aufweisen.

### 7.2.2 Radiallager

Radiallager aller in Tabelle 7.1 dargestellten Formen können nach der **hydrodynamischen Schmiertheorie** hinsichtlich Geschwindigkeits- und Druckverteilung im Spalt, Exzentrizität des Wellenzapfens, Reibungsfaktor, durchschnittliche Erwärmung des Schmiermittels u.a. Größen berechnet werden. Zwischen den nach der Theorie errechneten Werten und den im Lager sich tatsächlich einstellenden Größen bestehen

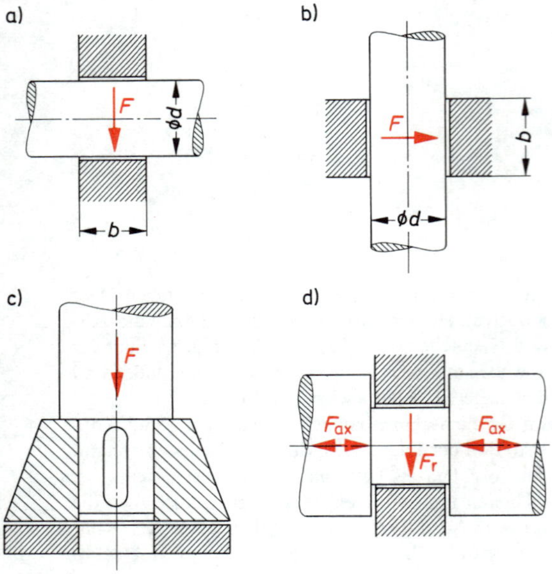


*Bild 7.1 Bauformen von Gleitlagern*

jedoch je nach Betriebsfall mehr oder minder große Abweichungen. Diese Differenzen sind darauf zurückzuführen, daß sich die Drehzahl beim Hoch- oder Abfahren der Maschine ändert, daß die Lagerspiele durch unterschiedliche Erwärmung von Lagerschale und Welle variieren und daß sich die Viskosität im Spalt ändert. Deshalb haben die rein rechnerischen Ergebnisse nur beschränkte Aussagekraft und es empfiehlt sich, zusätzlich **Versuche** durchzuführen [7.2].

Die Berechnungsverfahren für Radiallager können in folgenden Quellen nachgesehen werden:

a) für Kreislager in [7.1], [7.7], [7.43] bis [7.45]
b) für Mehrgleitflächenlager in [7.8] und [7.9]
c) für Segmentlager in [7.10] bis [7.13]

Für eine schnelle überschlägige Abschätzung der Lager- und Schmiermitteldaten, am besten in Form einer tabellarischen Berechnung anhand spezieller Formulare geht man wie folgt vor:

a) Gegeben sind:

Wellendurchmesser $d$
Drehzahl $n$
Lagerkraft $F$

b) Annahmen:

1. Annahme:
Lagerbreite $b$ im Rahmen

$$0{,}3 < \frac{b}{d} < 0{,}8$$

**Tabelle 7.1 Lagerbauformen**

| | Kreislager | Zitronenlager | Taschenlager | MGF-Lager | Segmentlager |
|---|---|---|---|---|---|
| | 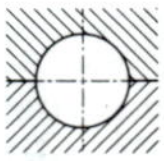 | 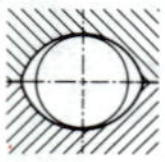 | 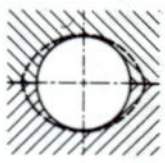 | 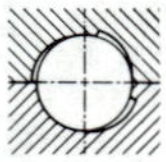 | 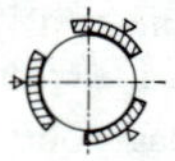 |
| Herstellbarkeit | Einfach | Einfach | Einfach | Schwierig | Mittlere Schwierigkeit |
| Montage | Einfach | Einfach | Einfach | Einfach | Mittlere Schwierigkeit |
| Preis | Billig | Billig | Teurer | Teurer | Teurer |
| Reparaturmöglichkeit | Einfach | Einfach | Einfach | Schlecht | Mässig |
| Belastung | Klein | Mäßig | Mäßig | Besser | Sehr hoch |
| Stabilität | Klein | Mäßig | Mäßig | Hoch | Sehr hoch |
| Dämpfung | Mäßig | Mäßig | Besser | Gut | Mäßig |
| Verluste | Groß | Groß | Groß | Groß | Klein |
| Reserveteile | Ganzes Lager | Ganzes Lager | Ganzes Lager | Ganzes Lager | Nur Segmente |
| Beeinflussung durch Wellengeometrie | Groß | Mäßig | Groß | Groß | Klein |

daraus kann der mittlere Lagerdruck

$$\bar{p} = \frac{F}{b \cdot d} \qquad (7.1)$$

berechnet werden.

2. Annahme:
Wahl des relativen Lagerspiels $\psi$ beispielsweise nach Bild 7.2:

$$\psi = \frac{D - d}{d} \qquad (7.2)$$

3. Annahme:
kleinste Schmierspaltdicke $h_0$

$\frac{1}{7} \cdot \psi \cdot d < h_0 < \Sigma$ Rauhigkeiten von Welle und Lager + $\Sigma$ Wellendurchbiegungen

c) Berechnungen:
Aus der 2. und 3. Annahme wird die relative Schmierschichtdicke berechnet:

$$\delta = \frac{2 \cdot h_0}{\psi \cdot d} \qquad (7.3)$$

Kontrolle: $0{,}04 < \delta < 0{,}30$!

Für das angenommene Breitenverhältnis $b/d$ und die relative Schmierspaltstärke $\delta$ wird aus Bild 7.3 die **Sommerfeldzahl** *So* bestimmt. Aus der Sommerfeldzahl *So* läßt sich die erforderliche dynamische Viskosität $\eta$ des Schmiermittels abschätzen:

$$\eta = \frac{\bar{p} \cdot \psi^2}{So \cdot \omega} \qquad (7.4)$$

$\eta$ = dynamische Viskosität des Schmieröles
$\bar{p}$ = mittlerer Lagerdruck nach Gleichung (7.1)
$\psi$ = relatives Lagerspiel
$So$ = Sommerfeldzahl nach Bild 7.3
$\omega = 2 \cdot \pi \cdot n$ = Winkelgeschwindigkeit

Die für die Aufrechterhaltung der hydrodynamischen Schmierung erforderliche Mindestölmenge beträgt:

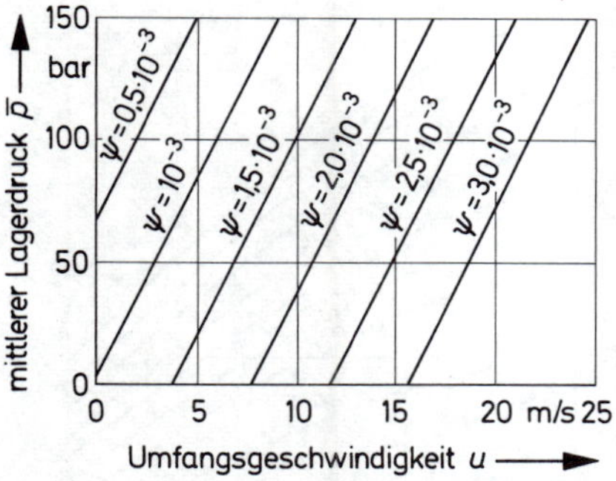


*Bild 7.2 Zur Wahl des relativen Lagerspieles $\psi$*

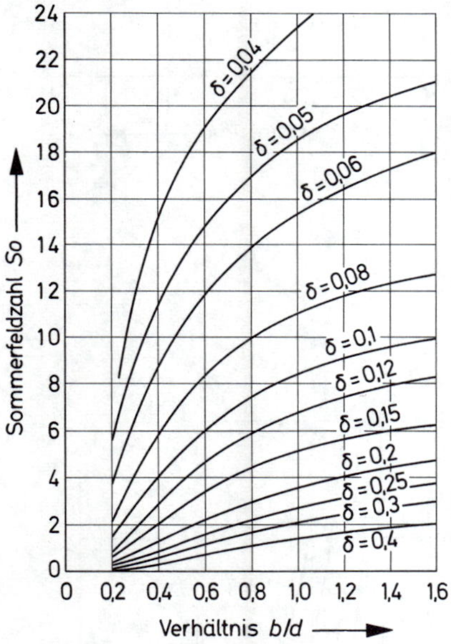


*Bild 7.3 Zur Wahl der Sommerfeldzahl*

$$\dot{V}_{\text{Öl,min}} = \frac{1}{2} \cdot d^2 \cdot \omega \cdot \psi \cdot b \cdot y \qquad (7.5)$$

$\dot{V}_{\text{Öl,min}}$ = Mindestölmenge
$d$ = Wellendurchmesser
$\omega = 2 \cdot \pi \cdot n$ = Winkelgeschwindigkeit
$\psi$ = relatives Lagerspiel
$b$ = Lagerbreite
$y$ = Beiwert nach Bild 7.4

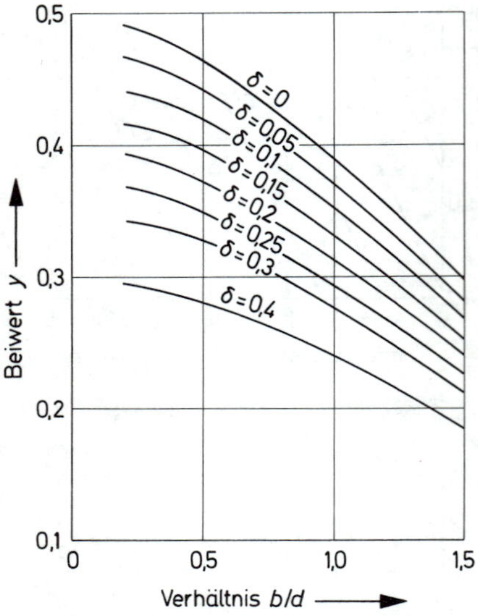


*Bild 7.4 Beiwert y*

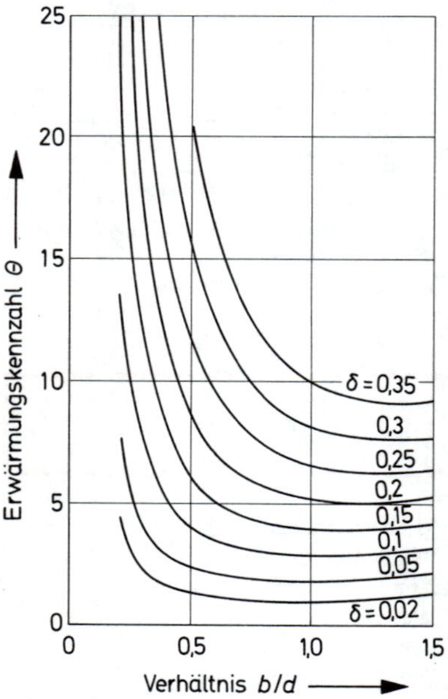


*Bild 7.5 Erwärmungskennzahl*

Die Erwärmung des Lageröles kann nach folgender Beziehung abgeschätzt werden:

$$\Delta t \approx \frac{\bar{p} \cdot \theta}{18} \qquad (7.6)$$

$\Delta t$ = Temperaturanstieg des Schmieröles
$\bar{p}$ = mittlerer Lagerdruck **in bar**
$\theta$ = Erwärmungskennzahl aus Bild 7.5

Der mindest erforderliche Öleintrittsdruck ergibt sich aus der mittleren Ölgeschwindigkeit im Spalt:

$$p_{\mathrm{zu,min}} \approx 0{,}5 \cdot \frac{\varrho}{2} \cdot u^2 \qquad (7.7)$$

$p_{\mathrm{zu,min}}$ = Mindestzuführdruck
$\varrho$ = Öldichte

$u = \frac{d}{2} \cdot \omega$ = Umfangsgeschwindigkeit

Das oben beschriebene Überschlagsverfahren eignet sich nur für eine grobe Lagerprojektierung beispielsweise im Rahmen einer Studienarbeit. In der Praxis werden entweder „fertige“ Gleitlager von spezialisierten Herstellern eingesetzt, wobei die Hersteller in ihren Katalogen nicht nur die Lagerabmessungen sondern auch die Auslegung der Lager und die Auswahl des Schmiermittels genau angeben, oder es wird mit wesentlich mehr Rechenaufwand mit Hilfe von Computern unter Hereinnahme zahlreicher theoretischer und empirischer Daten und Verknüpfungen eine zuverlässige Lagerdimensionierung [7.2, 7.10] durchgeführt.

Die konstruktive Ausführung des Lagers, die Auswahl des Lagermetalls bzw. in Sonderfällen des Kunststoffes aus dem die Lagerschale hergestellt wird, die Wahl des Schmiermittels, die Abdichtung des Lagers, die konstruktive Lösung der Einstellbarkeit des Lagers und andere bezüglich Konstruktion, Werkstoffe oder Montage auftretender Fragen erfolgt anhand langjähriger Erfahrungen und kann hier nicht in wenigen knappen Regeln zusammengefaßt werden. Zusätzlich zu der unter [7.2, 7.5 und 7.10] aufgeführten Literatur werden für die Konstruktion von Lagern für hydraulische Turbomaschinen die unter [7.14 und 7.15] genannten Literaturstellen empfohlen. Bezüglich der Auswahl von Schmierstoffen und Gestaltung der Schmiereinrichtungen kann die VDI-Richtlinie 2202 [7.16] viele Hinweise geben.

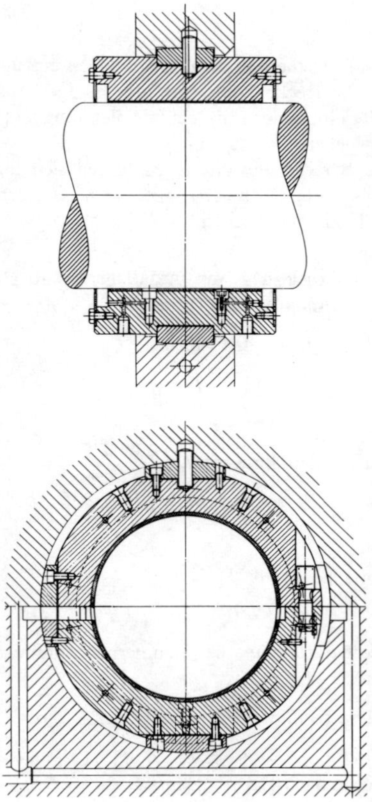

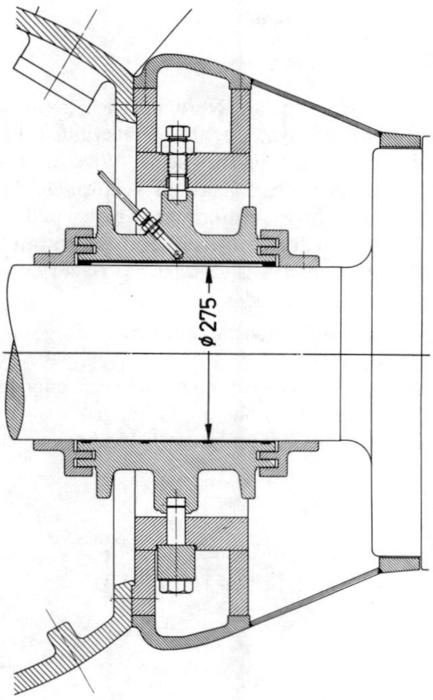


*Bild 7.6* *Lager einer Dampfturbine* (nach Fa. BBC)

*Bild 7.7* (rechts oben) *Fettgeschmiertes Lager einer Kaplan-Rohrturbine* (nach Fa. J. M. Voith)

Als Beispiele für die Ausführung großer Radiallager sind in Bild 7.6 ein radiales Gleitlager für eine Großdampfturbine der Fa. BBC [7.2] und in Bild 7.7 das fettgeschmierte Hauptlager einer Kaplan-Rohrturbine der Fa. J.M. Voith [7.15] dargestellt.

Nach Ansicht des Verfassers finden sich in der einschlägigen Literatur viel zu wenig Hinweise für die Anwendung „fertiger" Gleitlager, die von spezialisierten Herstellern bezogen werden können. In Bild 7.8 ist ein MGF-Radiallager der Fa. GLYCO zu sehen.

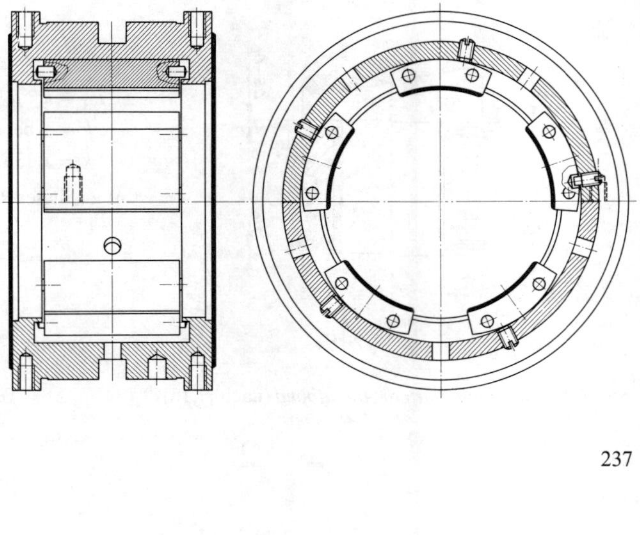

*Bild 7.8* (rechts)
*MGF-Radiallager* (nach Fa. GLYCO)

## 7.2.3 Axiallager

### 7.2.3.1 Einleitung

Axiallager arbeiten im Normalbetrieb nach dem Prinzip der hydrodynamischen Schmierung, d.h. das Schmiermittel wird infolge seiner Viskosität und Haftung an den Oberflächen in keilförmige Spalte hineingezogen. In den keilförmigen Spalten bildet sich eine Druckverteilung aus, die der Lagerkraft das Gleichgewicht hält. Es werden 3 Bauarten von Axiallagern unterschieden:

a) Axiallager mit glatten Anlaufbunden für geringere Belastungen

b) Axiallager mit eingearbeiteten ebenen oder balligen Gleitflächen für höhere Belastungen

c) Axiallager mit Kippsegmenten für höchste Belastungen

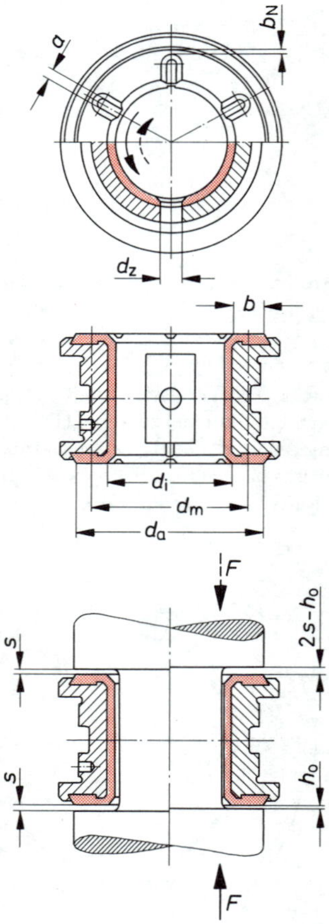


*Bild 7.9 Lager mit glattem Anlaufbund* (nach [7.18])

Ohne auf die theoretischen Grundlagen einzugehen werden die Rechengänge für die 3 Lagerbauarten ohne Herleitung der Formeln in Anlehnung an [7.18] wiedergegeben.
Weitere Berechnungsunterlagen finden sich u.a. in [7.19] bis [7.21]. Große Spurlager für Wasserturbinen sind in [7.22] beschrieben.

### 7.2.3.2 Auslegung von Axiallagern mit glatten Anlaufbunden (Bild 7.9)

a) Breite der tragenden Fläche:

$$b = \frac{d_a - d_i}{2}$$

b) mittlerer Durchmesser $d_m$

$$d_m = \frac{d_a + d_i}{2}$$

c) Tragfläche $A$:

$$A = 0{,}8 \cdot \pi \cdot d_m \cdot b$$

d) Anhaltswerte für die Schmiernutenbreite $a$ in Tabelle 7.2

e) mittlere Umfangsgeschwindigkeit:

$$u_m = d_m \cdot \pi \cdot n$$

$u_m$ sollte nach [7.18] < 3 m/s sein

f) mittlere Flächenpressung:

$$\bar{p} = \frac{F}{A}$$

$\bar{p}$ sollte nach [7.18] < 6 bar sein!

g) daraus ergibt sich die zulässige Lagerkraft:

$$F_{max} = p_{max} \cdot A$$

h) die Reibungszahl $\mu$ liegt nach [7.18] bei etwa

$$\mu = 0{,}05$$

i) damit kann die **Reibleistung** berechnet werden:

$P_R = k \cdot \mu \cdot F u_m$

$k = 1$ bei einseitigen Anlaufflächen

$k = 1{,}33$ bei beidseitigen Anlaufflächen

j) Zu dieser Reibleistung gehört die Schmierölmenge:

$$\dot{V}_{Öl} = \frac{P_R}{c \cdot \varrho \cdot \Delta t}$$

$$c \cdot \varrho = 172{,}5 \cdot 10^4 \frac{N \cdot m}{m^3 \cdot °C}$$

$\Delta t$ = Temperaturerhöhung

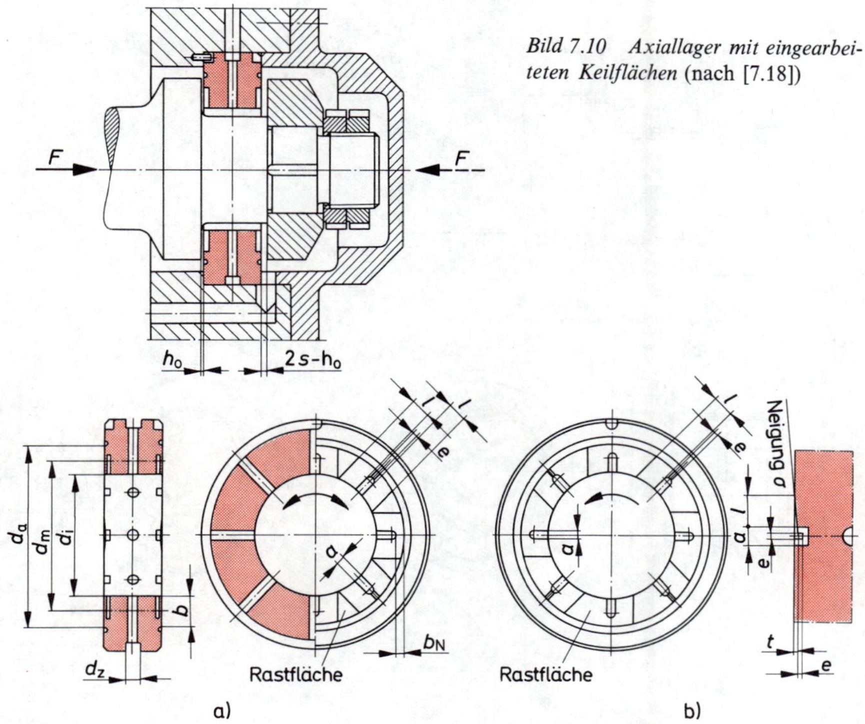


*Bild 7.10 Axiallager mit eingearbeiteten Keilflächen* (nach [7.18])

### 7.2.3.3 **Auslegung von Axiallagern mit eingearbeiteten Keilflächen** (Bilder 7.10 und 7.11)

a) Breite der Keilfläche in Radialrichtung:

$$b = \frac{d_a - d_i}{2}$$

b) mittlerer Durchmesser

$$d_m = \frac{d_a + d_i}{2}$$

c) Länge der Keilfläche in Umfangsrichtung:

$$l = (0{,}7 \text{ bis } 0{,}9) \cdot b$$

d) Tragfläche bei gleichbleibender Drehrichtung (Bilder 7.10b und 7.11b):

$$A = 0{,}8 \cdot \pi \cdot d_m \cdot b$$

e) Tragfläche bei wechselnder Drehrichtung (Bilder 7.10a und 7.11a):

$$A = 0{,}4 \cdot \pi \cdot d_m \cdot b$$

f) Zahl der Keilflächen bei gleichbleibender Drehrichtung:

$$z_{gl} = \frac{0{,}8 \cdot \pi \cdot d_m}{l}$$

g) Zahl der Keilflächen bei wechselnder Drehrichtung

$$z_w = \frac{0{,}4 \cdot \pi \cdot d_m}{l}$$

**Tabelle 7.2 Richtwerte für Schmiernutenbreite a**

| Bereich von $d_m$ (mm) | Anhaltswerte für $a$ (mm) |
|---|---|
| 75 bis 125 | 4 bis 6 |
| 125 bis 200 | 6 bis 10 |
| 200 bis 275 | 10 bis 12,5 |
| 275 bis 350 | 12,5 bis 15 |
| 350 bis 500 | 15 bis 17,5 |

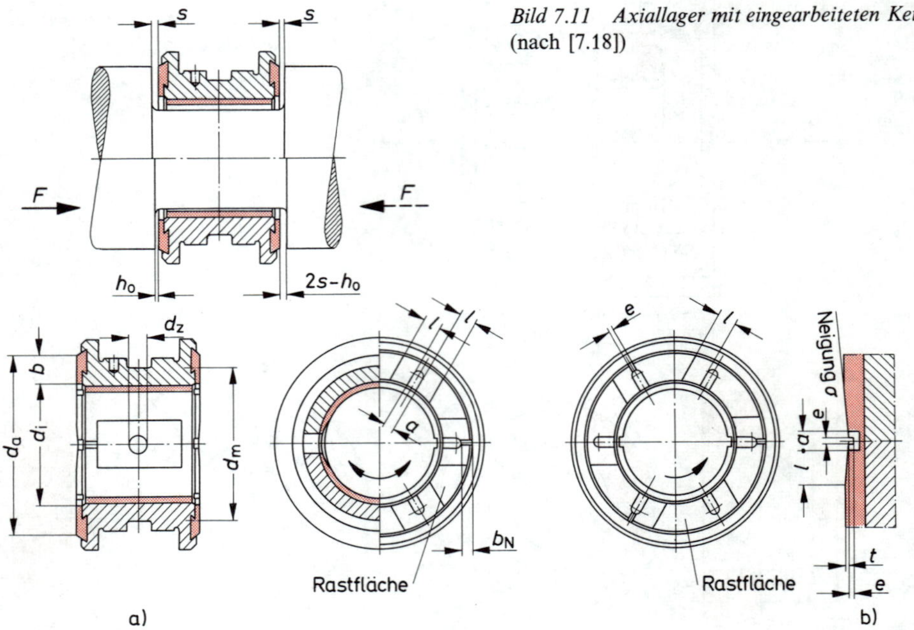


*Bild 7.11 Axiallager mit eingearbeiteten Keilflächen* (nach [7.18])

Die Zahl der Schmiernuten ist gleich der Zahl der Keilflächen. Die Schmiernutenbreite $a$ kann auch für Keilflächen-Axiallager aus Tabelle 7.2 entnommen werden.

h) Die Gesamtrastfläche bei gleichbleibender Drehrichtung beträgt:

$$A_{Rgl} = [\pi \cdot d_m - z_{gl}(l + a)] \cdot b$$

i) und bei wechselnder Drehrichtung:

$$A_{Rw} = [\pi \cdot d_m - z_w(2 \cdot l + a)] \cdot b$$

j) die mittlere Umfangsgeschwindigkeit ist wieder definiert zu:

$$u_m = d_m \cdot \pi \cdot n$$

k) die mittlere Flächenpressung beträgt:

$$\bar{p} = \frac{F}{z \cdot l \cdot b}$$

l) die dynamische Viskosität des Schmieröles kann abhängig von der Drehrichtung und der Art der Belastung aus Tabelle 7.3 entnommen werden:

$\eta$ = dynamische Viskosität in mPas
$F$ = Lagerkraft in N
$n$ = Drehzahl in $s^{-1}$
$b$ = Breite in m
$d_m$ = mittlerer Durchmesser in m

**Tabelle 7.3 Berechnung der dynamischen Viskosität**

| | statische Belastung | dynamische Belastung |
|---|---|---|
| gleichbleibende Drehrichtung | $\eta = \frac{10^{-4} \cdot F}{1{,}6 \cdot 60 \cdot n_ü \cdot b^2 \cdot d_m}$ | $\eta = \frac{10^{-4} \cdot F_ü}{1{,}6 \cdot 60 \cdot n \cdot b^2 \cdot d_m}$ |
| wechselnde Drehrichtung | $\eta = \frac{10^{-4} \cdot F}{0{,}8 \cdot 60 \cdot n_ü \cdot b^2 \cdot d_m}$ | $\eta = \frac{10^{-4} \cdot F_ü}{0{,}8 \cdot 60 \cdot n \cdot b^2 \cdot d_m}$ |

$$n_ü = \left(\frac{1}{2{,}5} \text{ bis } \frac{1}{3{,}5}\right) n \quad \text{für } u_m < 25\,\text{m/s}$$

$$n_ü = \left(\frac{1}{3{,}5} \text{ bis } \frac{1}{4{,}5}\right) n \quad \text{für } u_m > 25\,\text{m/s}$$

$$F_ü = (1{,}5 \text{ bis } 2) \cdot F \quad \text{für } u_m < 25\,\text{m/s}$$

$$F_ü = (2 \text{ bis } 2{,}5) \cdot F \quad \text{für } u_m > 25\,\text{m/s}$$

m) Für die Schmierspalthöhe $h_0$ wird in [7.18] angegeben:

kleinste Schmierspalthöhe

$$h_0 = 10^{-3} \cdot \sqrt{\frac{47{,}5 \cdot \eta \cdot u_m \cdot b}{\bar{p}}}$$

zulässige kleinste Schmierspalthöhe $h_{0zul}$

$$h_{0zul} = 10^{-5} \cdot \sqrt{5 \cdot d_m}$$

$h_0, b$ und $d_m$ in m
$\eta$ in mPas
$u_m$ in m/s
$\bar{p}$ in Pa

n) Für die Keilgeometrie (Bild 7.12) wird empfohlen:

Schmierkeiltiefe:

$$t = \frac{h_0}{0{,}25}$$

Schmierkeilneigung:

$$\sigma = \frac{t}{l}$$

o) Mit der Reibungszahl

$$\mu = 2{,}85 \cdot \sqrt{\frac{10^{-3} \cdot \eta \cdot u_m}{\bar{p} \cdot b}}$$

$\eta$ in mPas
$u_m$ in m/s
$\bar{p}$ in Pa
$b$ in m

ergibt sich die

p) **Reibleistung:**

belastete Seite:

$$P_{Rb} = \mu \cdot F \cdot u_m$$

unbelastete Seite:

$$P_{Ru} = 0{,}256 \cdot 10^{-2} \frac{\eta_k \cdot u_m^2 \cdot d_m \cdot b}{2 \cdot s - h_0}$$

$\eta_k$ = Viskosität des kalten Öles in mPas
$u_m$ in m/s
$d_m$, $b$, $s$, $h_0$ in m

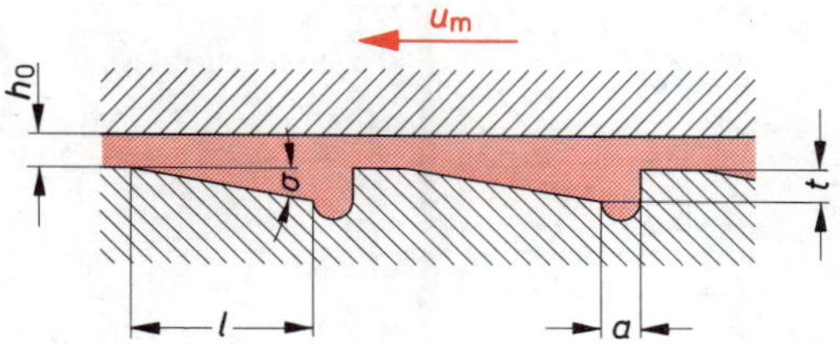


*Bild 7.12 Zur Keilgeometrie*

Gesamtreibleistung:

$$P_R = P_{Rb} + P_{Ru}$$

q) Aus der Reibleistung kann die erforderliche Kühlölmenge bestimmt werden:

$$\dot{V}_{Öl} = \frac{P_R}{c \cdot \varrho \cdot \Delta t}$$

$\dot{V}_{Öl}$ in m³/s
$P_R$ in W

$$c \cdot \varrho = 172{,}5 \cdot 10^4 \frac{N \cdot m}{m^3 \cdot °C}$$

$\Delta t$ = Temperaturerhöhung des Öles im Lager

Zu diesem Ölvolumenstrom gehört eine Zulaufbohrung von:

$$d_z = \sqrt{\frac{4 \cdot V_{Öl}}{\pi \cdot c_{Öl}}}$$

$c_{Öl} = 1$ bis $2\,\text{m/s}$

r) Der durch die Schmiernuten austretende Ölstrom beträgt auf der belasteten Lagerseite:

$$\dot{V}_b = 83{,}5 \cdot z_{Nut} \cdot \frac{h^3 \cdot a \cdot \Delta p}{\eta \cdot b_N}$$

auf der unbelasteten Lagerseite:

$$\dot{V}_u = \dot{V}_b \left(\frac{2 \cdot s - h_0}{h_0}\right)^3$$

$h = h_0 + \frac{t}{2}$ bei gleichbleibender Drehrichtung

$h = h_0 + t$ bei wechselnder Drehrichtung

$h, a, b_N, s$ und $h_0$ in m

$\Delta p$ = Ölüberdruck in Pa

$\eta$ = dynamische Viskosität des austretenden Öles in mPas

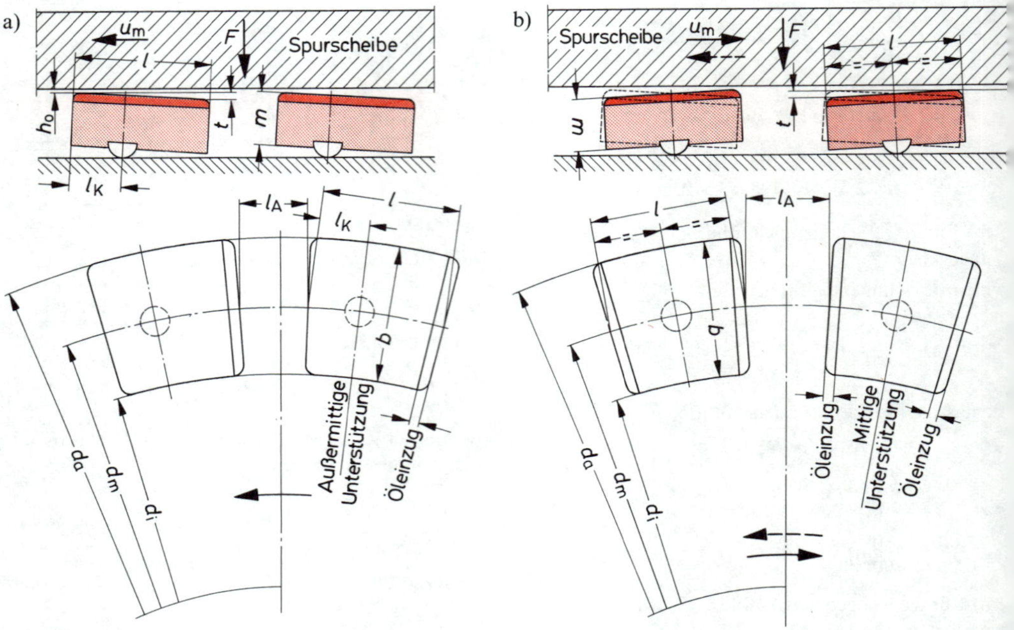


*Bild 7.13 Kippsegment – Axiallager* (nach [7.18])

Kontrolle:
bei einseitigen Axiallagern

$$\dot{V}_b \geqq \dot{V}_{Öl}$$

bei beidseitigen Axiallagern

$$\dot{V}_b + \dot{V}_u \geqq \dot{V}_{Öl}$$

s) Durchfluß bei $i$ Schmiernutendurchstichen (je Lagerseite)

$$\dot{V}_d = 35{,}15 \cdot i \cdot \frac{e^4 \cdot \Delta p}{\eta \cdot b_N}$$

$e$, $b_N$ in m
$\Delta p$ in Pa
$\eta$ in mPas

Kontrolle:
bei einseitigen Axiallagern

$$\dot{V}_b + \dot{V}_d \geqq \dot{V}_{Öl}$$

bei beidseitigen Axiallagern

$$\dot{V}_b + \dot{V}_u + \dot{V}_d \geqq \dot{V}_{Öl}$$

### 7.2.3.4 Kippsegment-Axiallager

a) Die Breite der Segmente (Bild 7.13) beträgt:

$$b = \frac{d_a - d_i}{2}$$

b) der mittlere Durchmesser:

$$d_m = \frac{d_a + d_i}{2}$$

c) die Länge der Segmente in Umfangsrichtung:

$$l = (0{,}8 \text{ bis } 1{,}33) \cdot b$$

d) die Tragfläche:

$$A = 0{,}8 \cdot \pi \cdot d_m \cdot l$$

e) der Abstand der Kippsegment-Unterstützung sollte gewählt werden:
bei gleichbleibender Drehrichtung (Bild 7.13a):

$$l_k = (0{,}33 \text{ bis } 0{,}42) \cdot l$$

bei wechselnder Drehrichtung (Bild 7.13b)

$$l_k = 0{,}5 \cdot l$$

f) die Anzahl der Kippsegmente berechnet sich zu:

$$z_k = \frac{0{,}8 \cdot \pi \cdot d_m}{l}$$

g) der Abstand zwischen den Kippsegmenten

$$l_A = \frac{\pi \cdot d_m}{z_k} - l$$

h) die mittlere Umfangsgeschwindigkeit beträgt:

$$u_m = d_m \cdot \pi \cdot n$$

i) und die mittlere Flächenpressung:

$$\bar{p} = \frac{F}{z_k \cdot l \cdot b}$$

j) Die dynamische Viskosität $\eta$ kann nach folgender Beziehung abgeschätzt werden:

$$\eta = \frac{10^{-4} \cdot F}{1{,}6 \cdot 60 \cdot n_{ü} \cdot b^2 \cdot d_m} \quad \text{bei statischer Belastung}$$

$$\eta = \frac{10^{-4} \cdot F_{ü}}{1{,}6 \cdot 60 \cdot n \cdot b^2 \cdot d_m} \quad \text{bei dynamischer Belastung}$$

in mPas!

alle anderen Einheiten siehe 7.2.3.3.!

$$n_{ü} = \left(\frac{1}{2{,}5} \text{ bis } \frac{1}{3{,}5}\right) \cdot n \quad \text{bei } u_m < 25\,\text{m/s}$$

$$n_{ü} = \left(\frac{1}{3{,}5} \text{ bis } \frac{1}{4{,}5}\right) \cdot n \quad \text{bei } u_m > 25\,\text{m/s}$$

$F_{ü} = (1{,}5 \text{ bis } 2) \cdot F$ bei $u_m < 25\,\text{m/s}$

$F_{ü} = (2 \text{ bis } 2{,}5) \cdot F$ bei $u_m > 25\,\text{m/s}$

k) Die kleinste Schmierspaltdicke beträgt:

$$h_0 = 10^{-3} \cdot \sqrt{\frac{c_1 \cdot 10 \cdot \eta \cdot u_m \cdot b}{\bar{p}}}$$

mit Beiwert $c_1$:

| $b/l$ | 0,75 bis 1,25 | 1,5 | 1,75 | 2 |
|---|---|---|---|---|
| $c_1$ | 6,75 | 6,35 | 5,9 | 5,4 |

l) Die Reibungszahl errechnet sich aus:

$$\mu = c_2 \cdot \sqrt{\frac{10^{-3} \cdot \eta \cdot u_m}{\bar{p} \cdot b}}$$

mit Beiwert $c_2$:

| $b/l$ | 0,75 bis 1,25 | 1,5 | 1,75 | 2 |
|---|---|---|---|---|
| $c_2$ | 2,85 | 3,0 | 3,1 | 3,25 |

m) Damit kann die Reibleistung bestimmt werden:
belastete Seite:

$$P_{R,b} = \mu \cdot F \cdot u_m$$

unbelastete Seite (bei beidseitigen Lagern):

$$P_{r,u} = 0{,}256 \cdot 10^{-2} \cdot \frac{\eta \cdot u_m^2 \cdot d_m \cdot b}{2 \cdot s - h_0}$$

mit $s$ als Lagerspiel (vgl. Bilder 7.10 und 7.11)
die gesamte Reibleistung beträgt damit:
bei einseitigen Lagern:

$$P_R = P_{R,b}$$

bei beidseitigen Lagern:

$$P_R = P_{R,b} + P_{R,u}$$

n) damit kann die erforderliche Kühlölmenge geschätzt werden:

$$\dot{V}_{Öl} = \frac{P}{c \cdot \varrho \cdot \Delta t}$$

mit $c \cdot \varrho = 172{,}5 \cdot 10^4 \dfrac{N \cdot m}{m^3 \cdot °C}$

o) Für die Festlegung der Dicke $m$ der Kippsegmente wird in [7.18] empfohlen:

$$m = 0{,}25 \cdot \sqrt{b^2 + l^2}$$

In Bild 7.14 ist das Konstruktionsprinzip eines Spurlagers, wie es in Wasserturbinen und Speicherpumpen eingesetzt wird, dargestellt.

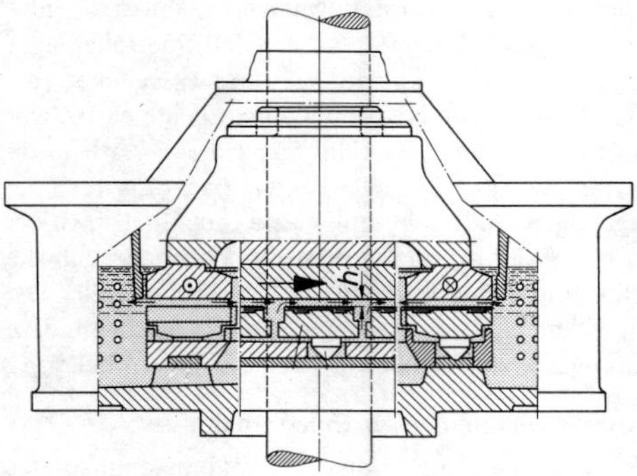


*Bild 7.14* *Spurlager* (Prinzipskizze) (nach Fa. Escher Wyss)

## 7.3 Wälzlager

### 7.3.1 Einleitung

Wälzlager sind genormte, austauschbare Maschinenelemente, die einen hohen Entwicklungsstand erreicht haben und in verschiedenen Bauformen in großen Stückzahlen auch im Strömungsmaschinenbau eingesetzt werden. Für ihre Verwendung sprechen die hohe Tragfähigkeit bei geringen Abmessungen, was zu kompakten und leichten Konstruktionen führt, die geringen Reibungskräfte durch das **Abwälzen** der Wälzkörper, was geringe Leistungsverluste zur Folge hat, zu niedrigen Lagertemperaturen führt und damit eine einfache, anspruchslose Schmierung – in vielen Fällen mit Fett – erlaubt. Im Gegensatz zu den Gleitlagern hängt ihre Tragfähigkeit nicht so sehr von der Drehzahl und von der Schmierung ab, sie eignen sich demnach besonders auch für den Einsatz bei schwankenden Lasten und Drehzahlen. Manche Wälzlagerbauarten, z.B. Rillenkugellager, können Radial- und Axialkräfte gemeinsam aufnehmen, während Gleitlager jeweils für die beiden Kraftrichtungen getrennt ausgelegt werden.
In den folgenden Abschnitten wird in knapper Form das wichtigste über die Auswahl, Auslegung und Gestaltung von Wälzlagerungen aufgeführt. Einzelheiten müssen der zitierten Speziallliteratur entnommen werden.

### 7.3.2 Wahl der Lagerart

Von den zahlreichen Lagerarten, die zum Standardprogramm der Wälzlagerhersteller gehören, werden für die Rotorlagerung in Turbomaschinen, vor allem Rillenkugellager, Schrägkugellager, Zylinderrollenlager, Pendelrollenlager und Axial-Pendelrollenlager eingesetzt. Andere Lagerarten kommen seltener vor. Für die Wahl der Lagerart können keine einfachen, allgemein gültigen Regeln angegeben werden, da sowohl die Anforderungen an das Lager als auch die Lagereigenschaften komplex sind. Letztlich spielt bei der Wahl der optimal geeigneten Lagerart auch die Erfahrung des Konstrukteurs eine große Rolle. Die folgenden Hinweise sollen deshalb vor allem dem Anfänger bei der Auswahl von Wälzlagern helfen.

a) Berücksichtigung der **Platzverhältnisse**

Meistens liegt durch die Wellenabmessungen der Bohrungsdurchmesser des Lagers fest. Für kleine Wellendurchmesser eignen sich vor allem Rillenkugellager, für große Wellendurchmesser Rillenkugellager, Zylinderrollenlager und Pendelrollenlager. Durch die üblichen drei Durchmesser- und die vier Breitenreihen (DIN 616) gibt es zu jedem Wellendurchmesser (Bohrungsdurchmesser) i.a. zwölf Lagergrößen zur Berücksichtigung der Platzverhältnisse.

b) Die **Belastung** der Lager ist in erster Linie für die Wahl der Lagerart und natürlich auch der Lagergröße maßgebend.

Rollenlager können bei gleichen Abmessungen radial höher belastet werden als Rillenkugellager. Große axiale Lasten sollten von Axiallagern aufgenommen werden. Kombinierte Belastungen, aus Radial- und Axialkräften zusammengesetzt, werden von Schrägkugellagern und Kegelrollenlagern sehr gut ertragen, in geringerem Maße auch von Rillenkugellagern und Pendelrollenlagern.

c) Bei **Schiefstellungen der Welle** sind winkelbewegliche Lager erforderlich, wobei entweder das Lager als Pendellager ausgeführt wird oder als sogenanntes Y-Lager mit einem balligen Außenring im Gehäuse schwenken kann.

d) Auch die geforderte **Drehzahl** hat einen Einfluß auf die Wahl der Lagerart. Bei radialer Last können mit Rillenkugellagern und Zylinderrollenlagern hohe Drehzahlen erreicht werden, bei kombinierter Belastung mit Schrägkugellagern.

e) Wird **geräuscharmer Lauf** gewünscht, sollten vorwiegend Rillenkugellager verwendet werden.

f) Die Lagerung der Turbomaschinenwelle erfolgt i.a. in einem **Fest-** und einem **Loslager.** Das Loslager verhindert ein Verspannen der Lager, beispielsweise bei Wärmedehnungen der Welle. Zylinderrollenlager mit bordfreiem Ring haben eine gute **axiale Verschiebbarkeit,** d.h. eignen sich besonders als Loslager. Sie gestatten Axialverschiebungen nach beiden Richtungen zwischen Rollen und Laufbahn. Bei anderen Lagerarten muß einer der Ringe eine lose Passung haben.

g) Bei der Wahl der Lagerart können u.U. auch Ein- und Ausbaubedingungen, die Steifigkeit (Federung) des Lagers und seine Laufgenauigkeit eine Rolle spielen. Vor allem Lager mit hohen Drehzahlen sollten hohe Laufgenauigkeiten haben.

### 7.3.3 Wahl der Lagergröße (Dimensionierung)

Bei der Wahl der Lagergröße werden durch Rechnung und andere Überlegungen folgende Größen ermittelt bzw. überprüft:

a) die Lebensdauer bzw. die Tragfähigkeit
b) die Gebrauchsdauer oder Verschleißlaufzeit

zu a) Bestimmung der nominellen Lebensdauer

Unter der nominellen Lebensdauer eines Wälzlagers versteht man entweder die Zahl der Umdrehungen oder die Zahl der Betriebsstunden (bei unveränderter Drehzahl), die das Lager aushält, ohne daß Werkstoffermüdungen an den Ringen oder Wälzkörpern auftreten. Nach ISO erreichen 90% einer größeren Menge Lager des gleichen Typs unter gleichen Einsatzbedingungen diese Lebensdauer oder überschreiten sie.

Die nominelle Lebensdauer ausgedrückt in Betriebsstunden kann nach folgender Beziehung (Fa. SKF) bestimmt werden:

$$L_h = \frac{1\,000\,000}{60 \cdot n} \left(\frac{C}{F}\right)^p \qquad (7.8)$$

$L_h$ = nominelle Lebensdauer in Stunden
$n$ = Drehzahl in $min^{-1}$
$C$ = dynamische Tragzahl des Lagers in $N$ kann aus Katalogen entnommen werden
$C$ ändert sich mit der Lagertemperatur
$C_t = f_t \cdot C$
$f_t$ = Temperaturfaktor nach Tabelle 7.4
$F$ = Lagerlast in $N$
$F = X \cdot F_r + Y \cdot F_a$ bei zusammengesetzter Beanspruchung
$F_r$ = Radialkraft
$F_a$ = Axialkraft
$X$ = Radialfaktor des Lagers } aus Katalog entnehmen
$Y$ = Axialfaktor des Lagers }
$p$ = 3 für Kugellager
$p$ = 10/3 für Rollenlager

Die **modifizierte Lebensdauer** (nach ISO) berücksichtigt die statistische Ausfallwahrscheinlichkeit, den Lagerwerkstoff und besondere Betriebsbedingungen:

$$L_{na} = a_1 \cdot a_2 \cdot a_3 \cdot L_h \qquad (7.9)$$

$L_h$ = nominelle Lebensdauer nach Gleichung (7.8)
$a_1$ = Beiwert zur Berücksichtigung der Ausfallwahrscheinlichkeit nach Tabelle 7.5
$a_2$ = Beiwert für Wälzlagerwerkstoff
für herkömmliche gehärtete Wälzlagerstähle = 1
für Sonderstähle > 1
$a_3$ = Beiwert für Betriebsbedingungen, insbesondere zur Berücksichtigung der Schmierung

Da $a_2$ und $a_3$ voneinander abhängen, werden sie zusammengefaßt:

$$a_{23} = a_2 \cdot a_3$$

Der Beiwert $a_{23}$ kann abhängig vom Verhältnis der Betriebsviskosität des Schmiermittels zur erforderlichen Viskosität aus Bild 7.15 entnommen werden.

Die nominelle Lebensdauer von Wälzlagern in Turbomaschinen liegt je nach Einsatzgebiet im Bereich 20 000 bis 100 000 h.

b) Nach der praktischen Erfahrung überwiegt bei Wälzlagern nicht die Werkstoffermüdung als Ausfallursache sondern der Verschleiß!

Der bekannte Wälzlagerhersteller FAG hat aufgrund umfangreicher Versuche an Lagern in verschiedenen Einsatzfällen eine Methode zur Abschätzung der **Verschleißlaufzeit** entwickelt.

Es wird ein **Verschleißfaktor** $f_v$ eingeführt:

$$f_v = \frac{V}{e_0} \qquad (7.10)$$

$V$ = Spielvergrößerung in µm
$e_0$ = Konstante die von der Lagerbohrung $d$ abhängt

**Tabelle 7.4 Temperaturfaktor $f_t$**

| | | | | | |
|---|---|---|---|---|---|
| Lagertemperatur | 150 | 200 | 250 | 300 | °C |
| Temperaturfaktor $f_t$ | 1,0 | 0,9 | 0,75 | 0,6 | |

**Tabelle 7.5 Beiwert für Ausfallwahrscheinlichkeit**

| | | | | | | |
|---|---|---|---|---|---|---|
| Ausfallwahrscheinlichkeit in % | 1 | 2 | 3 | 4 | 5 | 10 |
| Beiwert $a_1$ | 0,21 | 0,33 | 0,44 | 0,53 | 0,62 | 1 |

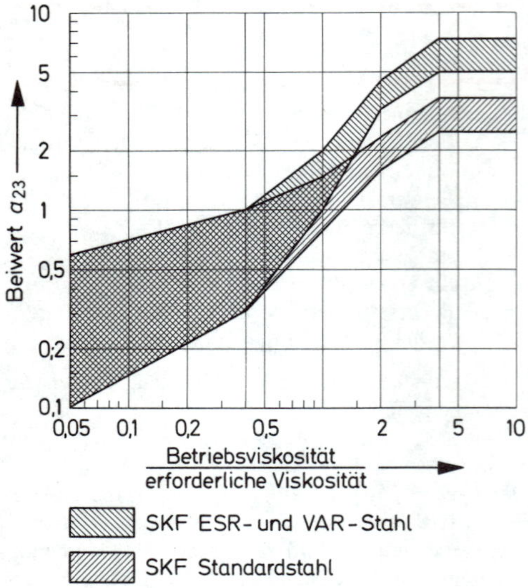


*Bild 7.15 Beiwert* $a_{23}$ (nach Fa. SKF)

Die Ergebnisse der Verschleißuntersuchungen werden in Form eines Diagrammes (Bild 7.16) dargestellt. Den in den einzelnen Maschinen eingebauten Wälzlagern werden die die Betriebsverhältnisse berücksichtigenden Betriebsfelder *a* bis *k* und erfahrungsgemäß zulässige Verschleißfaktoren $f_v$ zugeordnet. Durch Eintragen der Verschleißfaktoren $f_v$ (entspricht horizontalen Linien im Diagramm) ergibt sich an den Schnittpunkten der $f_v$-Linien mit den Begrenzungskurven der Betriebsfelder die zu erwartenden minimalen und maximalen Verschleißlaufzeiten $L_v$.

Für Turbomaschinen wurden von FAG in Tabelle 7.6 folgende Angaben über die Betriebsfelder und Verschleißfaktoren gemacht.
Weitere Angaben über die Ermittlung der Lebensdauer und der Verschleißlaufzeit finden sich in [7.23] bis [7.28].

### 7.3.4 Drehzahlgrenzen

Die maximal zulässige Drehzahl eines Wälzlagers hängt vor allem ab von der Lagerbauart, von der Lagergröße und von der Größe und Art der Lagerbelastung. Darüberhinaus spielen auch Schmierung und Kühlung, Ausführung des Käfigs und die Größe der Lagerluft eine Rolle.
Die Lagerhersteller geben in ihren Katalogen bei den einzelnen Lagertypen und -größen die Drehzahlgrenzen bei Fettschmierung und Ölbadschmierung an. Diese Werte gelten für geringe Lagerbelastungen und nominelle Lebensdauerwerte über 100 000 Stunden. Bei größeren Lagern, ab etwa einem mittleren Durchmesser

$$d_m = \frac{D + d}{2}$$

von 100 mm und nominellen Lebensdauern unter 50 000 Stunden reduzieren sich die in den Katalogen angegebenen Drehzahlgrenzen. Auch bei axial stärker belasteten Pendelrollenlagern wird die Drehzahlgrenze herabgesetzt.
Der Konstrukteur der Lagerkonstruktion muß zur Einhaltung der Drehzahlgrenze darauf achten, daß das richtige Betriebsspiel eingehalten wird, Wellen und Gehäuse möglichst steif sind, die Lagerabdichtung richtig funktioniert und die richtige Schmierung angewandt wird.

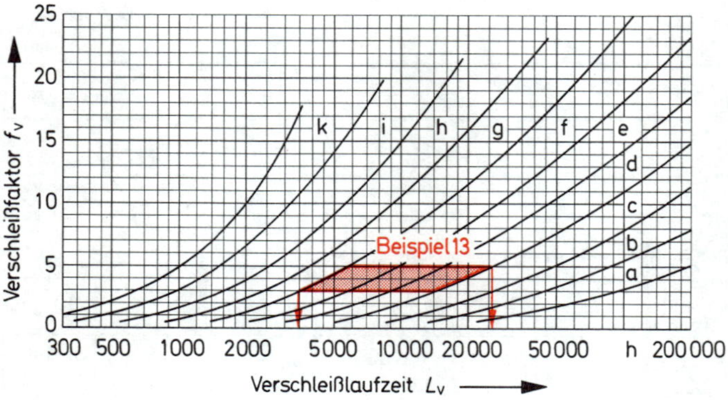


*Bild 7.16 Diagramm zur Abschätzung der Verschleißlaufzeit* (nach Fa. FAG)

**Tabelle 7.6 Werte zur Ermittlung der Verschleißlaufzeit**

| Maschine | Betriebsfelder | Verschleißfaktor $f_v$ |
|---|---|---|
| kleine Ventilatoren und Gebläse | f bis h | 5 bis 8 |
| mittlere Ventilatoren und Gebläse | d bis f | 3 bis 5 |
| große Ventilatoren und Gebläse | c bis d | 3 bis 5 |
| Kreiselpumpen | d bis f | 3 bis 5 |
| Turboverdichter | d bis f | 3 bis 5 |

Die Drehzahlgrenzen können durch besondere Maßnahmen erhöht werden:

a) Anwendung von Ölumlaufschmierung, Ölnebelschmierung oder Öleinspritzschmierung
b) besondere Käfigausführung und Käfigwerkstoffe
c) besonders genaue Bearbeitung der Lagersitze
d) Vergrößerung der Lagerluft

Durch diese Verbesserungen kann die Drehzahlgrenze bei Rillenkugellager bis zum 3-fachen, bei Zylinderrollenlagern bis zum 2,2-fachen und bei einseitigen Schrägkugellagern bis zum 1,5-fachen angehoben werden.
Weitere Einzelheiten über das Problem der Drehzahlgrenze können in [7.29] bis [7.31] nachgelesen werden.

## 7.3.5 Toleranzen und Passungen

Die **Toleranzen** der Wälzlager sind in DIN 620 bzw. in ISO-Normen festgelegt. Man unterscheidet Lager mit Normaltoleranzen, wie sie auch im Strömungsmaschinenbau meistens verwendet werden und Lager mit eingeengten Toleranzen der Genauigkeitsklassen P 6, P 5 und P 4.
Die Toleranzen erstrecken sich über:

a) die Maßgenauigkeit der Durchmesser und Breiten
b) die Formgenauigkeit der Durchmesser und der Breitenschwankung
c) die Laufgenauigkeit, d.h. Radialschlag, Seitenschlag und Axialschlag
d) u.U. die Winkeleinstellbarkeit

Die Toleranzen sind in den Katalogen der Hersteller tabelliert. Der Konstrukteur muß wissen, daß er für Lager höherer Genauigkeit einen wesentlich höheren Preis zahlen muß als für Lager mit Normaltoleranzen!
Bei der **Passungswahl** sollten vor allem folgende Gesichtspunkte beachtet werden:

a) Sichere Befestigung und gleichmäßige Unterstützung der Lagerringe
b) Einfacher Ein- und Ausbau (Montage)
c) u.U. Verschiebbarkeit des Loslagers

Die Hersteller geben in ihren Katalogen Empfehlungen an für die Wahl der Toleranzfelder von Welle und Gehäuse, abhängig von der Art der Belastung (Punktlast oder Umfangslast) von der Größe der Bohrung *d*, von der Höhe der Belastung und der Forderung auf leichte Verschiebbarkeit der Ringe.
Bei mittleren Durchmessern und den üblichen Belastungen liegen viele Passungen in dem in Tabelle 7.7 angegebenen Bereich:

**Tabelle 7.7 Übliche Wälzlagerpassungen**

| | Welle | Gehäuse |
|---|---|---|
| Kugellager | j 5 bis k 5 | J 6 |
| Rollenlager | k 5 bis m 5 | K 6 |

## 7.3.6 Lagerluft

Unter Lagerluft versteht man das Maß, um das sich ein Lagerring gegenüber dem anderen Ring in radialer Richtung (Radialluft) oder axialer Richtung (Axialluft) unbelastet verschieben läßt.
Man unterscheidet zwischen der Lagerluft des nichteingebauten Lagers und der Lagerluft des eingebauten, betriebswarmen Lagers. Die Luft des eingebauten Lagers ist kleiner als die Luft des nichteingebauten Lagers, weil durch die Passungsübermaße der Innenring aufgeweitet und der Außenring zusammengedrückt wird. Hinzu kommt noch der Einfluß der Temperatur.
Für einwandfreien Lauf des Lagers ist vor allem die richtige Wahl bzw. Einstellung der Radialluft wichtig. Bei Kugellagern sollte die radiale Betriebsluft etwa Null sein, Zylinderrollenlager und Pendelrollenlager sollten immer eine geringe radiale Betriebsluft haben. Da Passungen und Betriebsverhältnisse sehr unterschiedlich sein können, bieten die Lagerhersteller neben Lagern mit der normalen Lagerluft auch Lager mit verkleinerter radialer Lagerluft (Zeichen C 2) oder

vergrößerter Radialluft (Zeichen C 3, C 4 und C 5) an. Die Werte für die Lagerluft sind in Tabellen in den Katalogen aufgeführt.
Bei Lagern in Strömungsmaschinen, die mit Medien mit höheren Temperaturen arbeiten und die Lager ebenfalls erhöhte Temperaturen zu ertragen haben, empfiehlt sich die Anwendung der Luftgruppe C 3 oder gar C 4.

### 7.3.7 Gestaltungsfragen

Die Lagerung eines Turbomaschinenrotors besteht im Normalfall aus einem Loslager und einem Festlager. Das Festlager fixiert die Welle in radialer und axialer Richtung, das Loslager nur in radialer Richtung.
Als Festlager eignen sich vornehmlich Rillenkugellager, Pendelrollenlager oder paarweise eingebaute Schrägkugellager; als Loslager Zylinderrollenlager der Bauformen NU und N.
Die sogenannte „gegenseitige Führung", bei der die Welle von jedem der Lager nur in einer Richtung axial geführt wird, wird bei kleinen Pumpen und Ventilatoren, bei denen nur geringe Wellendehnungen zu erwarten sind angewandt.
Die radiale Befestigung der Lager auf der Welle und im Gehäuse erfolgt durch entsprechend gewählte Passungen. Durch zu lose sitzende Lagerringe können Schäden an den Lagern oder den umgebenden Teilen entstehen.
Zur Übertragung größerer Axialkräfte reicht eine feste Passung keinesfalls aus, weshalb insbesondere bei Festlagern beide Lagerringe durch konstruktive Maßnahmen fixiert werden müssen. Gebräuchlich sind das Anlegen der Lager an eine Wellen- oder Gehäuseschulter, das Anbringen von Abstandshülsen, Wellenmuttern oder auch Sprengringen. Die Verwendung von Lagern mit kegeliger Bohrung ist im Strömungsmaschinenbau äußerst selten.
Die Abmessungen von Wellen- und Gehäuseschultern, Abstandshülsen und Nuten sind unter Einhaltung der Anschlußmaße und Rundungen des Lagers, die in den Katalogen angegeben sind, festzulegen.

### 7.3.8 Abdichtung

Bei der Abdichtung von Wälzlagern [7.32] werden die bekannten Dichtungsarten der berührungsfreien (nichtschleifenden) und berührenden (schleifenden) Dichtungen angewandt. In Tabelle 6.8 wurden die wichtigsten berührungsfreien Wälzlagerdichtungen nach [7.32] bereits dargestellt.
Bei den Berührungsdichtungen werden bei Umfangsgeschwindigkeiten unter 4 m/s und Temperaturen unter 100 °C nach wie vor Filzringe verwendet, bei höheren Umfangsgeschwindigkeiten sollten Radialwellendichtringe (vgl. Kap. 6.1.3.) eingesetzt werden. Weitere Dichtungen sind der sogenannte V-Ring, der Nilosring und in ausgesprochenen Sonderfällen die Gleitringdichtung.
In Tabelle 7.8 (aus [7.32]) sind die gebräuchlichsten Berührungsdichtungen zur Wälzlagerabdichtung gegenübergestellt.
In Zweifelsfällen muß der Rat eines Wälzlagerherstellers eingeholt werden.

### 7.3.9 Schmierung

Der vom Schmiermittel aufgebaute Schmierfilm soll die gegenseitige metallische Berührung zwischen Wälzkörpern, Lagerringen und Käfig verhindern und dadurch das Lager vor Verschleiß und Korrosion schützen. Im Gegensatz zu den hydrodynamisch geschmierten Gleitlagern kommen die Wälzlager, die im Gebiet der Mischreibung arbeiten mit verhältnismäßig geringen Schmiermittelmengen aus. Da die Schmierfähigkeit des Schmiermittels im Laufe der Zeit infolge Verschmutzung, Alterung und mechanischer Beanspruchung nachläßt, muß es in bestimmten Zeitabständen ergänzt oder ausgewechselt werden (Schmierfristen, Ölwechsel).
Wälzlager werden im Regelfall mit Fett oder Öl geschmiert. Ausschlaggebend für die Wahl des Schmiermittels sind neben Lagergröße und Lagerbelastung vor allem die Drehzahl und die Betriebstemperatur.
Für die Auswahl der Schmierfette und Schmieröle, die Festlegung der Nachschmierfristen bzw. Ölwechselfristen und die konstruktive Gestaltung der Schmiereinrichtungen hat FAG eine ausgezeichnete Druckschrift herausgebracht [7.33], die die diesbezüglichen Angaben in den Katalogen ergänzt. Aus diesem Arbeitsheft wird ein Diagramm zur Bestimmung der Fettgruppe (Bild 7.17) und ein Diagramm zur Bestimmung der erforderlichen Viskosität bei Ölschmierung (Bild 7.18) entnommen.
In beiden Diagrammen bedeuten:

$n$ = Betriebsdrehzahl
$n_g$ = Drehzahlgrenze nach Kap. 7.3.4.

In Bild 7.17 bedeuten:

$F$ = Lagerlast
$C$ = dynamische Tragzahl
$f$ = 1 für beliebig belastete Kugellager und überwiegend radial belastete Rollenlager ($F_a/F_r \leqq 1$)
$f$ = 2 für überwiegend axial belastete Rollenlager ($F_a/F_r > 1$)

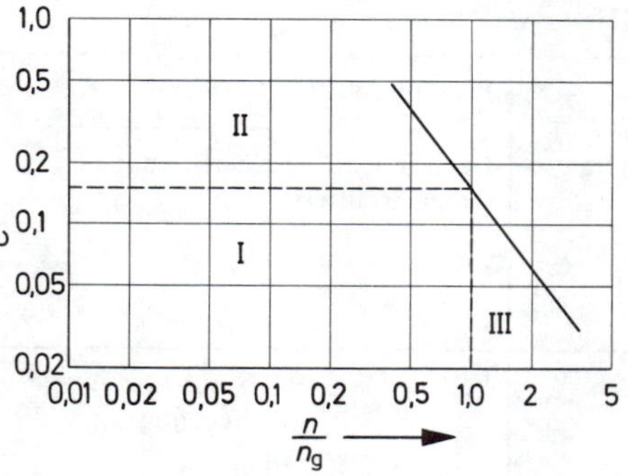


Feld I Wälzlagerfette nach DIN 51 825
Feld II Hochdruckfette
Feld III Fette für schnellaufende Lager

*Bild 7.17 Diagramm zur Auswahl von Wälzlagerfetten* (nach Fa. FAG)

Die Nachschmierfristen für fettgeschmierte Lager sind in Bild 7.19 abhängig vom Verhältnis $n/n_g$ aufgetragen [7.33], Bild 7.20 enthält die Wechselfristen für Öltauchschmierung, Bild 7.21 Angaben über die Ölmengen bei Umlaufschmierung.

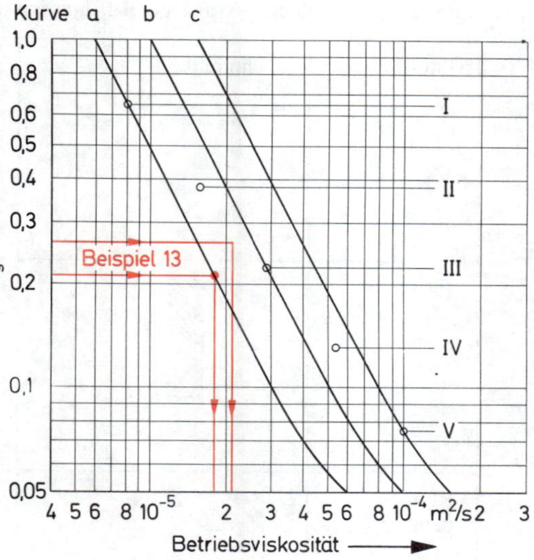


I Radial-Zylinderrollenlager, radial belastet
II Radial-Rillenkugellager, Schrägkugellager, Pendelkugellager
Kurve a bei Radiallast
Kurve b bei Axiallast
III Vierpunktlager
IV Kegelrollenlager, Radial-Pendelrollenlager
Kurve b bei Radiallast
Kurve c bei Axiallast
V Axial-Rillenkugellager, Axial-Pendelrollenlager, Axial-Zylinderrollenlager, Tonnenlager

*Bild 7.18 Diagramm zur Bestimmung der Ölviskosität* ▶ (nach Fa. FAG)

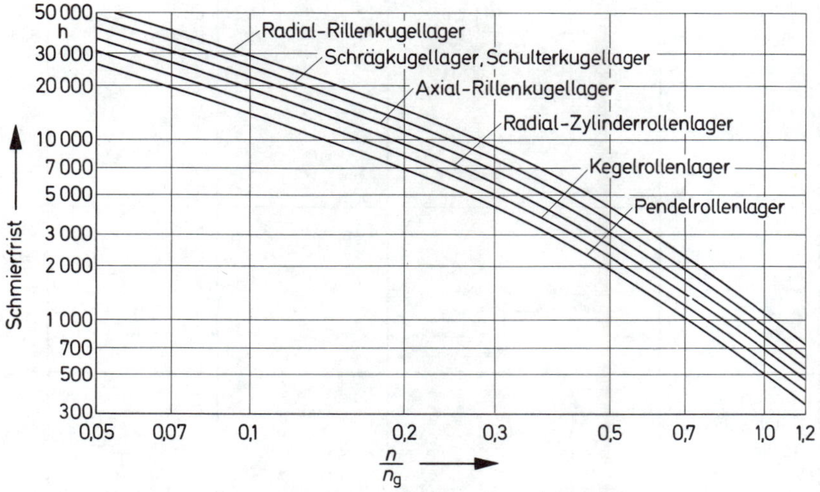


*Bild 7.19 Diagramm zur Bestimmung der Schmierfristen fettgeschmierter Wälzlager* (nach Fa. FAG)

**Tabelle 7.8 Berührende Wälzlagerabdichtungen nach [7.32]**

| Bauform | Schemabild | Zulässige Umfangsgeschwindigkeit $v$ [m/s] (Standardtypen) | Dichtungsvermögen | |
|---|---|---|---|---|
| | | | Nach innen (Schmiermittel) | Nach außen |
| Filzring | 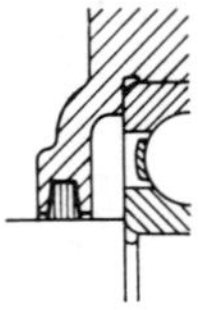 | 4 | Fett | Staub, wenig Feuchtigkeit |
| Radialdichtring | 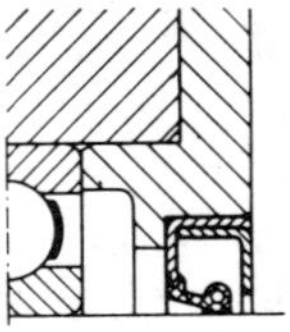 | 12 | Öl<br>Fett | Flüssige Medien, Staub, erhöhter Schmutzanfall, wenn Dichtspalt ausreichend geschmiert wird |
| O-Ring | 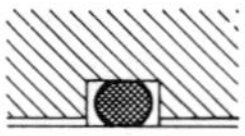 | 0,5 | Öl<br>Fett | Schlamm |
| Gleitringdichtung | 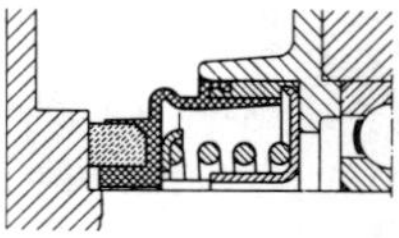 | 15 | Öl<br>Fett | Flüssige Medien, Schmutz |
| V-Ring | 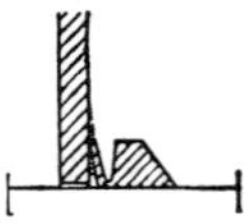 | 12 | Fett<br>Öl | Flüssige Medien, Staub |
| Federnde Dichtscheibe (Nilosring) | 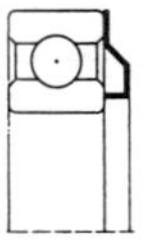 | | Siehe Tabelle 6.8 | |

| Vorteile | Nachteile | Besondere Hinweise |
|---|---|---|
| Billige Dichtung, geringe Bearbeitungskosten (Drehen, Putzen) für normalen Drehzahlbereich, leichter Einbau | Nachlassen der Elastizität des Filzes (Spaltbildung), Reibungswärme | Normen für Filzringe DIN 5419<br>Filz vor Gebrauch mit Öl tränken.<br>Für Betriebstemperaturen über 110°C Ringe aus Kunststoff, Graphit und Asbest (selbstschmierend) |
| Dichtet gut ab, solange Lippe und Gleitfläche unbeschädigt sind | Verschleiß der Anlauffläche erschwert Austausch, aufwendig bei großen Durchmessern und hohen Drehzahlen (Werkstoff, Bearbeitung), Reibungswärme | Normen DIN 6503, 6504, neu DIN 3760. Vorsicht beim Einbau, Gleitfläche im Einstichverfahren schleifen. Viele Bauformen aus Perbunan und Sonderwerkstoffen wie Polyacrylat (bis 22 m/s), Viton, Teflon (35 m/s). Ab 8 m/s möglichst gehärtete und feingeschliffene verchromte Laufflächen |
| Geringer Platzbedarf | Reibungsmoment schwankt auch bei enger Tolerierung der Spalthöhe in weiten Grenzen | Umfangsgeschwindigkeiten bis 4 m/s sind zu erreichen durch<br>1. profilierten O-Ring (kreuzförmiger Querschnitt),<br>2. O-Ringe auf kegliger Hülse. Längung durch Alterung. –<br>Zulässige Erwärmung 80°–100 °C |
| Dichtdruck bleibt lange Zeit konstant, gute Notlaufeigenschaften (selbstschmierende Gleitwerkstoffe) | Teuer, oft großer Platzbedarf, Reibungswärme | Leckage verringert sich während des Einlaufvorganges, gasdicht durch mit Sperrmedium gefüllte Dichtungskammer. Sonderkonstruktionen genügen hohen Anforderungen bezüglich Drehzahl, Druck und Temperatur (Kunstkohle- und Metalldichtungen) |
| Billige Dichtung, Feindrehen und Putzen der Lauffläche genügt, einfache Montage | – | Bei Fluchtfehlern seitlich abstützen.<br>Über 12 m/s Metallstützring um Dichtung legen, Temperaturgrenze 100 °C, bei ölgeschmierten Lagern evtl. Lippe an Gehäuseinnenwand schleifen lassen |
| | Siehe Tabelle 6.8 | |

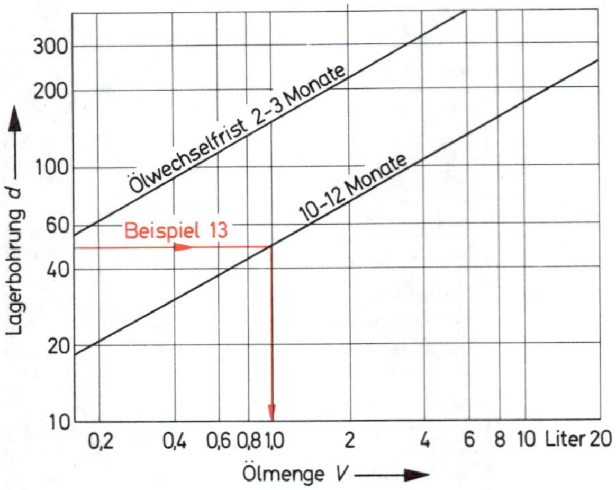


*Bild 7.20 Diagramm zur Abschätzung der Ölwechselfrist* (nach Fa. FAG)

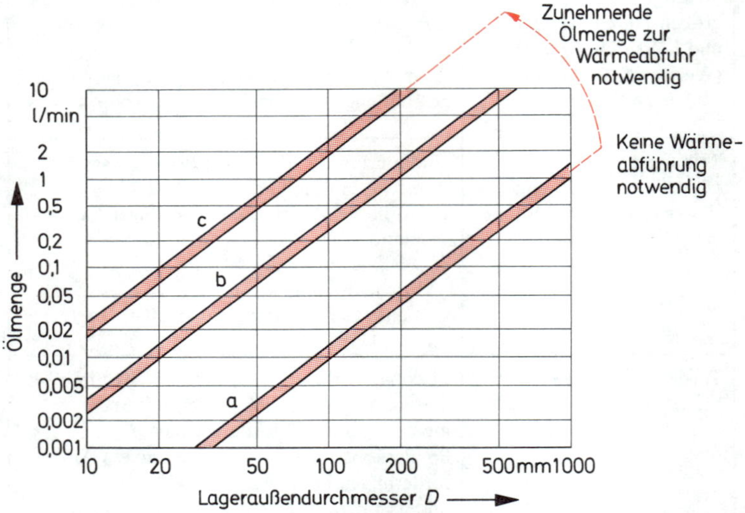


a zur Schmierung ausreichende Ölmenge
b obere Grenze für Lager symmetrischer Bauform
c obere Grenze für Lager unsymmetrischer Bauform

*Bild 7.21 Diagramm zur Abschätzung der erforderlichen Ölmenge bei Umlaufschmierung* (nach Fa. FAG)

### 7.3.10 Montage

Wälzlager sind wegen ihrer hohen Präzision besonders empfindlich gegen unsachgemäße Behandlung, insbesondere gegen ungünstige Aufbewahrung vor dem Einbau, Verschmutzungen und falsche Montage. Obwohl die Montage der Lager meist nicht in den Verantwortungsbereich des Konstrukteurs fällt, sollte er sich trotzdem mit dem richtigen Umgang mit Wälzlagern vertraut machen. Dies kann neben der Beobachtung der betrieblichen Praxis auch durch Lektüre der Richtlinien der Hersteller geschehen. Besonders zu empfehlen ist dabei die unter [7.34] zitierte Broschüre. Sie enthält neben Hinweisen für den richtigen Ein- und Ausbau der Lager auch wertvolle Aussagen über Schmierung und Schmierstoffe und über Lagerschäden aufgrund der verschiedensten Fehler, darunter auch konstruktive Fehler

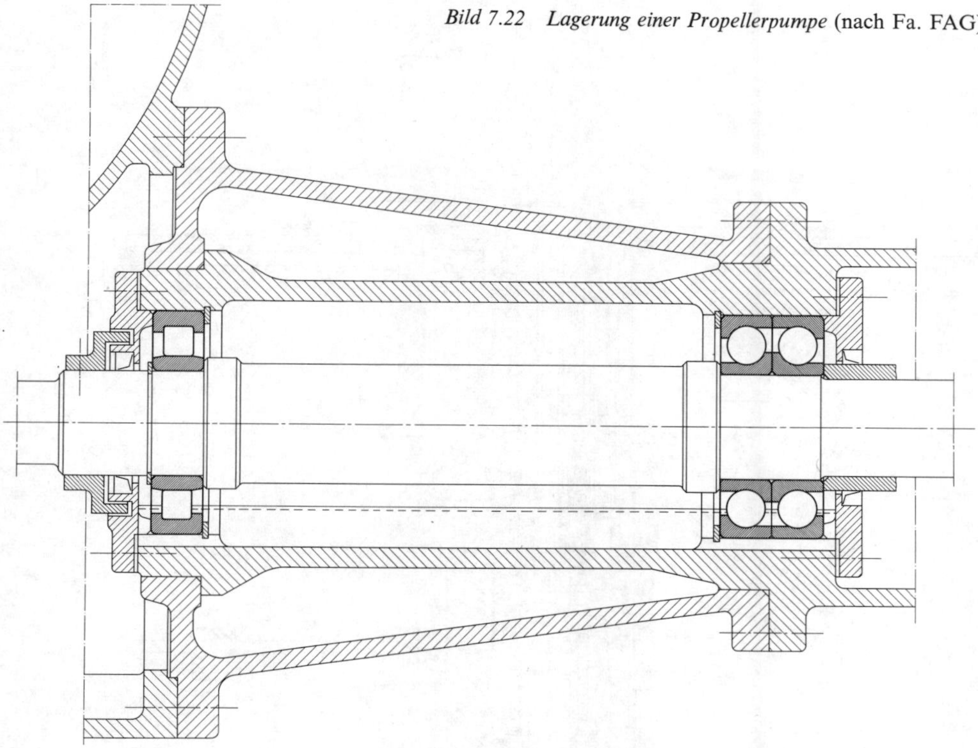

*Bild 7.22 Lagerung einer Propellerpumpe* (nach Fa. FAG)

und Einbaufehler. Im Tabellenanhang des Büchleins finden sich Angaben über Toleranzen von Welle, Gehäuse und Lager, Lagerluft und über Wälzlagerfette.

Der Konstrukteur der Strömungsmaschine muß dafür sorgen, daß das Lager ohne große Schwierigkeiten ein- und ausgebaut werden kann, möglichst ohne Verwendung von Sondervorrichtungen. Dazu sind an Welle und Gehäuse u. U. Gewinde für Abdrückschrauben vorzusehen.

## 7.3.11 Beispiele

Als Beispiele werden aus [7.35] die Lagerung einer Axialpumpe und einer Gasturbine übernommen.

**Axialpumpe (Bild 7.22)**

Pumpendaten:

Volumenstrom $\dot{V} = 1440\,m^3/h$
Förderhöhe $H = 9\,m$
Drehzahl $n = 1450\,min^{-1}$
Leistungsbedarf $P = 44\,kW$

Als Lager wurden ausgewählt:

**Loslager:**

Zylinderrollenlager NU 314, das bei einer rein radialen Lagerkraft von 11 000 N eine nominelle Lebensdauer von 58 000 h hat.

Passungen: Welle k5, Gehäuse J7

**Festlager:**

Zwei Schrägkugellager 7314 B.UA in X-Anordnung, die bei einer äquivalenten Lagerkraft von 10 500 N eine nominelle Lebensdauer von 31 000 h haben

Passungen: Welle k5, Gehäuse J7

Mit einem Verschleißfaktor $f_v$ von 3 bis 5 und den Betriebsfeldern *d* bis *f* (Tabelle 7.6) ergibt sich nach Bild 7.16 eine Verschleißlaufzeit im Bereich von 3500 bis 27 000 h, d.h. weniger als die nominellen Lebensdauerwerte der Lager. Es ist zu erwarten, daß die Lager aufgrund von Verschleiß ausfallen.

Die Schmierung wird als Öltauchschmierung ausgeführt. Der Ölstand reicht etwa bis zur Mitte der untersten Wälzkörper. Die Abdichtung erfolgt durch Radialwellendichtringe, auf der Laufradseite ist zusätzlich ein Labyrinth angeordnet.

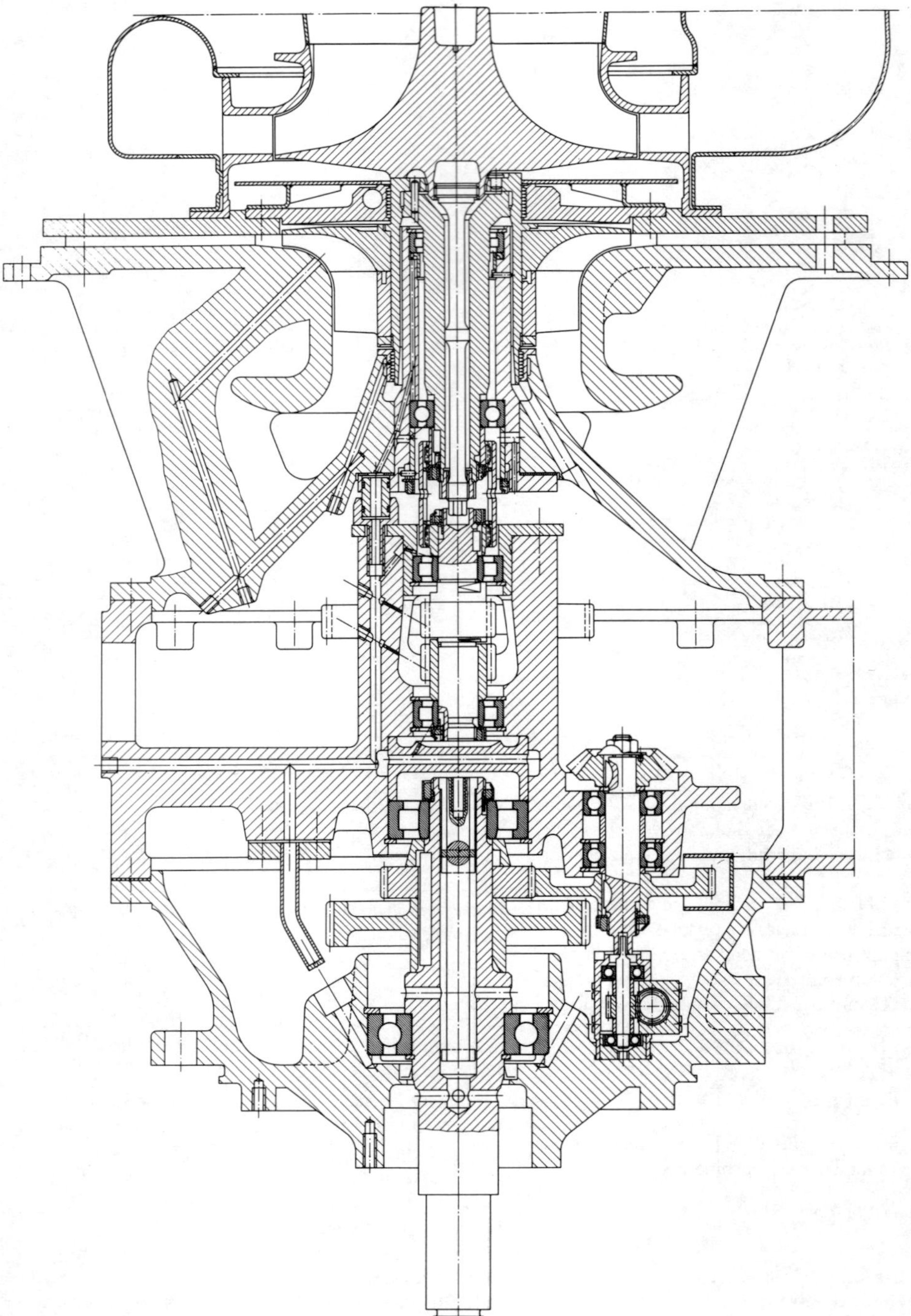

*Bild 7.23* *Lagerung einer Gasturbine*
(nach Fa. FAG)

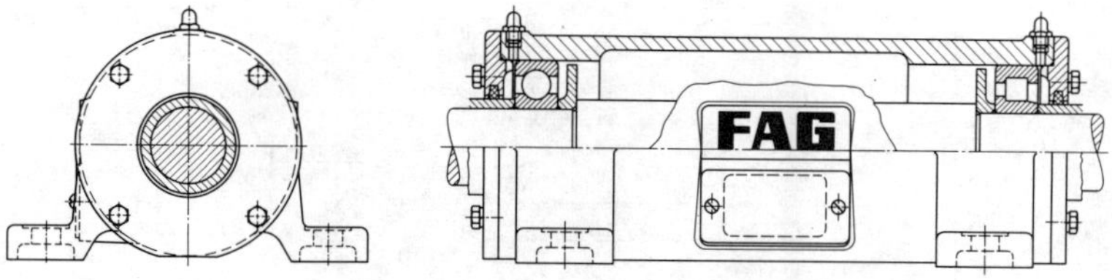


*Bild 7.24*
*Ventilatorlagerung*
(nach Fa. FAG)

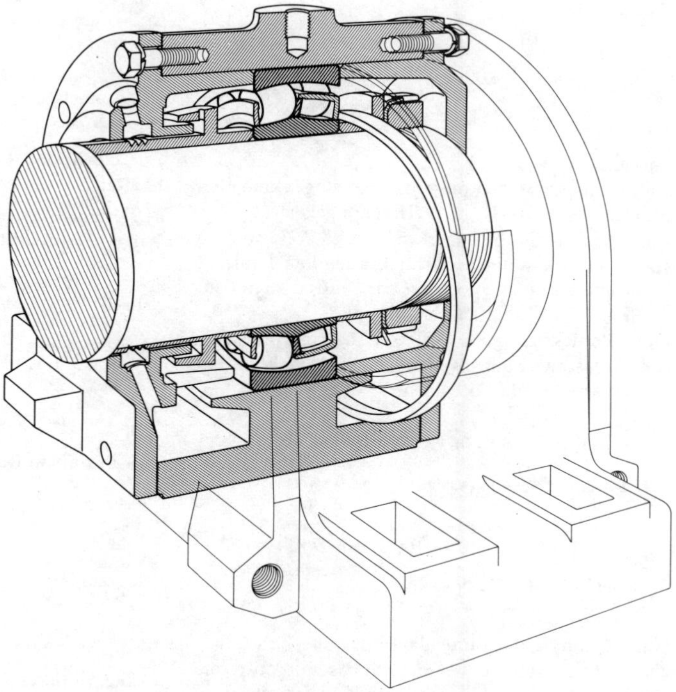

*Bild 7.25*
*Stehlagergehäuse für Ölschmierung*
(nach Fa. SKF)

**Gasturbine (Bild 7.23)**

Die in Bild 7.23 dargestellte Kleingasturbine hat eine Leistung von 75 kW, eine Rotordrehzahl von 50 000 $min^{-1}$ und eine Abgangsdrehzahl von 6000 $min^{-1}$.
Die Lager sind durch das Rotorgewicht, Strömungskräfte und Zahnradkräfte belastet.
Wegen der hohen Drehzahl und der hohen Temperatur werden nur Rillenkugellager und Zylinderrollenlager in Genauigkeitsausführung verwendet, die zusätzlich wegen der Maßstabilität besonders wärmebehandelt wurden. Die Käfige sind entweder aus Sonderbronze oder aus Leichtmetall gefertigt.
Die Schmierung ist als Druck-Umlaufschmierung konzipiert, das Schmieröl wird von der Stirnseite in die Lager gespritzt.
An dieser Stelle sei auch auf die besonderen Lagerausführungen für einflutige und einstufige Ventilatoren hingewiesen, bei denen Gehäuse, Lager und Welle als fertige Baueinheit vom Lagerhersteller bezogen werden kann (Bild 7.24).
Schwere zweiflutige oder mehrstufige Pumpen, Ventilatoren und Gebläse, bei denen die normalen fettgeschmierten Lager in den üblichen Stehlagergehäusen nicht mehr ausreichen, bieten die Wälzlagerhersteller für Pendelrollenlager Stehlagergehäuse für Ölschmierung an (Bild 7.25).
Weitere Unterlagen über den Einsatz von Wälzlagern in Strömungsmaschinen finden sich u.a. in [7.36] bis [7.41].

**Beispiel 13**

**Aufgabenstellung:**

Für die in den Beispielen 1, 3, 7, 10, 11 und 12 behandelte Radialpumpe sollen die Lager ausgelegt werden.

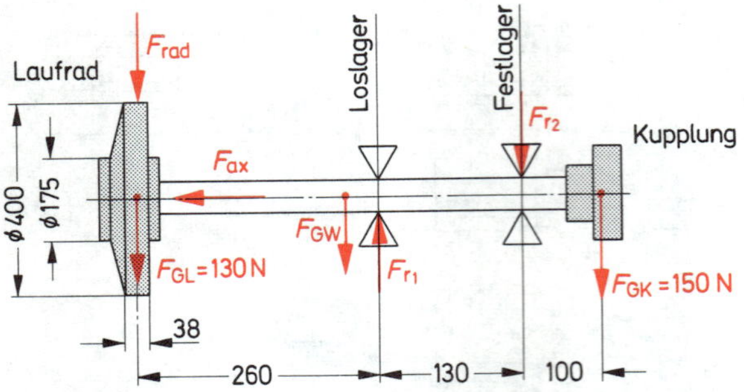


*Bild 7.26 Beispiel 13*

**Lösung:**

Spiralgehäusepumpen dieser Abmessungen und Leistungen werden meist in **Wälzlagern** gelagert.

Zur Berechnung der **Lagerkräfte** (Bild 7.26) werden außer den bekannten Gewichtskräften von Laufrad, Welle und Kupplung noch der am Laufrad angreifende Axial- und Radialschub benötigt.

Ohne Berücksichtigung der Wirkung der vorgesehenen Entlastungsbohrungen würde der Axialschub in grober Abschätzung betragen:

$$F_{ax} \approx F_D \approx (0{,}7 \text{ bis } 0{,}9)\, A_{ne} \cdot \varrho \cdot Y$$

$$A_{ne} \approx 0{,}175^2 \cdot \frac{\pi}{4} = 0{,}024\,\text{m}^2$$

$$F_{ax} \approx (0{,}7 \text{ bis } 0{,}9) \cdot 0{,}024 \cdot 1000 \cdot 50 \cdot 9{,}81$$

$$F_{ax} \approx 8240 \text{ bis } 10\,595\,\text{N}$$

Nimmt man an, daß durch die Entlastungsbohrungen eine Verringerung des Axialschubes auf etwa die Hälfte stattfindet, kann mit einiger Sicherheit mit

$$F_{ax} \approx 4500\,\text{N}$$

weitergerechnet werden.

Der Radialschub beträgt nach Gleichung (4.49):

$$F_{rad} = k_R \cdot \varrho \cdot Y \cdot D_2 \cdot b_{2\,ges}$$

Die spezifische Drehzahl $n_q$ war in Beispiel 1 zu $n_q = 22{,}3\,\text{min}^{-1}$ ausgerechnet worden.

Damit beträgt der Radialschubkoeffizient $k_R$ nach Bild 4.33:

$k_R = 0{,}035$ im Auslegepunkt $(\dot{V}/\dot{V}_{opt} = 1{,}0)$

bis $k_R = 0{,}32$ bei Volldrosselung $(\dot{V}/\dot{V}_{opt} = 0)$

$$b_{2\,ges} = b_2 + 10\,\text{mm} = 38\,\text{mm}$$

Der Radialschub liegt demnach voraussichtlich innerhalb folgender Grenzen, je nach Drosselzustand:

$$F_{rad} = (0{,}035 \text{ bis } 0{,}32) \cdot 1000 \cdot 50 \cdot 9{,}81 \cdot 0{,}4 \cdot 0{,}038$$

$$F_{rad} = 261 \text{ bis } 2386\,\text{N}$$

Für die beiden Lager ergeben sich damit folgende **Kräfte:**

a) **Loslager** (überträgt nur Radialkräfte)

1. bei kleinstem Radialschub:

$$F_{r1\,min} = \frac{(F_{GL} + F_{rad\,min}) \cdot 390 - F_{GK} \cdot 100}{130} + \frac{F_{GW}}{2}$$

$$F_{r1\,min} = \frac{(130 + 261) \cdot 390 - 150 \cdot 100}{130} + \frac{100}{2}$$

$$F_{r1\,min} = 1108\,\text{N}$$

2. bei größtem Radialschub:

$$F_{r1\,max} = \frac{(F_{GL} + F_{rad\,max}) \cdot 390 - F_{GK} \cdot 100}{130} + \frac{F_{GW}}{2}$$

$$F_{r1\,max} = \frac{(130 + 2386) \cdot 390 - 150 \cdot 100}{130} + \frac{100}{2}$$

$$F_{r1\,max} = 7483\,\text{N}$$

3. die mittlere, d.h. durchschnittliche Radialkraft wird zu

$$F_{r1m} = \frac{F_{r1\,min} + 2 \cdot F_{r1\,max}}{3}$$

festgelegt:

$$F_{r1m} = \frac{1108 + 2 \cdot 7483}{3}$$

$$F_{r1m} = 5358\,\text{N}$$

b) Festlager (überträgt Radial- und Axialkräfte)

1. Radialkraft bei kleinstem Radialschub:

$$F_{r2\,min} = \frac{(F_{GL} + F_{rad\,min}) \cdot 260 - F_{GK} \cdot 230}{130} + \frac{F_{GW}}{2}$$

$$F_{r2\,min} = \frac{(130 + 261) \cdot 260 - 150 \cdot 230}{130} + \frac{100}{2}$$

$$F_{r2\,min} = 567\,\text{N}$$

2. Radialkraft bei größtem Radialschub

$$F_{r2max} = \frac{(F_{GL} + F_{radmax}) \cdot 260 - F_{GK} \cdot 230}{130} + \frac{F_{GW}}{2}$$

$$F_{r2max} = \frac{(130 + 2386) \cdot 260 - 150 \cdot 230}{130} + \frac{100}{2}$$

$$F_{r2max} = 4817\,\text{N}$$

3. mittlere Radialkraft

$$F_{r2m} = \frac{F_{r2min} + 2\,F_{r2max}}{3}$$

$$F_{r2m} = \frac{567 + 2 \cdot 4817}{3}$$

$$F_{r2m} = 3400\,\text{N}$$

4. Axialkraft:

$$F_{ax} \approx 4500\,\text{N}$$

Die **Lagerauswahl** erfolgt in Tabelle 7.9:

Die **Verschleißlaufzeit** beider Lager liegt nach Bild 7.16 für einen Verschleißfaktor $f_v = 3$ bis 5 und die Betriebsfelder *d* bis *f* (Tabelle 7.6) im Bereich $L_v = 3500$ bis 27000 h, d.h. die nominelle Lebensdauer $L_h$ des Festlagers liegt im Mittelfeld dieser Verschleißlaufzeit.

Als Schmierung wird **Öltauchschmierung** mit einem Öl der kinematischen Viskosität $\nu \approx 2 \cdot 10^{-5}\,\text{m}^2/\text{s}$ (Bild 7.18) vorgeschlagen. Nach Bild 7.20 beträgt die erforderliche Ölmenge $V$ bei der Lagerbohrung $d = 50$ mm und einer Ölwechselfrist von 10 bis 12 Monaten mindestens 1 Liter. In der Praxis wird wesentlich mehr Öl eingefüllt.

Zur Abdichtung der Wälzlager werden **Radial-Wellendichtringe** empfohlen, um eine sichere Abdichtung zu gewährleisten. Einzelheiten dazu können aus Kapitel 6.13 entnommen werden.

**Tabelle 7.9 Lagerauswahl (Beispiel 13)**

<table>
<tr><th>Loslager</th><th>Festlager</th></tr>
<tr><td>
Lagerkraft: $F_{r1m} = 5358\,\text{N}$<br>
Drehzahl: $n = 1450\,\text{min}^{-1}$<br>
Lagerbohrung: $d = 50\,\text{mm}$<br>
vorgesehenes Lager:<br>
<br>
**Zylinderrollenlager NU 310**<br>
<br>
Außendurchmesser $D = 110\,\text{mm}$<br>
dynamische Tragzahl $C = 80\,000\,\text{N}$<br>
<br>
Drehzahlgrenzen:<br>
bei Fettschmierung $5600\,\text{min}^{-1}$<br>
bei Ölschmierung $6700\,\text{min}^{-1}$<br>
d.h. beide > $n = 1450\,\text{min}^{-1}$!<br>
<br>
nominelle Lebensdauer nach Gleichung (7.8):<br>
<br>
$L_h = \frac{1\,000\,000}{60 \cdot n} \cdot \left(\frac{C}{F}\right)^p$<br>
<br>
$L_h = \frac{1\,000\,000}{60 \cdot 1450} \cdot \left(\frac{80\,000}{5358}\right)^{10/3}$<br>
<br>
$L_h = 94\,212\,h$
</td><td>
Lagerkräfte: $\begin{cases}\text{radial: } F_{r2m} = 3400\,\text{N} \\ \text{axial: } F_{ax} = 4500\,\text{N}\end{cases}$<br>
<br>
Drehzahl $n = 1450\,\text{min}^{-1}$<br>
Lagerbohrung $d = 50\,\text{mm}$<br>
<br>
vorgesehenes Lager:<br>
<br>
**Zweireihiges Schrägkugellager 3310**<br>
<br>
Außendurchmesser $D = 110\,\text{mm}$<br>
dynamische Tragzahl $C = 80\,000\,\text{N}$<br>
<br>
Drehzahlgrenzen:<br>
bei Fettschmierung: $4000\,\text{min}^{-1}$<br>
bei Ölschmierung: $5300\,\text{min}^{-1}$<br>
d.h. beide > $n = 1450\,\text{min}^{-1}$!<br>
<br>
Äquivalente Lagerlast:<br>
<br>
$F = X \cdot F_r + Y \cdot F_a$<br>
<br>
$\frac{F_a}{F_r} = \frac{4500}{3400} = 1{,}32 > e = 0{,}86$<br>
<br>
$X = 0{,}62$<br>
<br>
$Y = 1{,}17$<br>
<br>
$F = 0{,}62 \cdot 3400 + 1{,}17 \cdot 4500$<br>
<br>
$F = 7373\,\text{N}$<br>
<br>
nominelle Lebensdauer nach Gleichung (7.8):<br>
<br>
$L_h = \frac{1\,000\,000}{60 \cdot n} \cdot \left(\frac{C}{F}\right)^p$<br>
<br>
$L_h = \frac{1\,000\,000}{60 \cdot 1450} \cdot \left(\frac{80\,000}{7373}\right)^3$<br>
<br>
$L_h = 14\,683\,h$<br>
<br>
dieser Wert ist etwas niedrig!
</td></tr>
</table>

# 8 Kupplungen

Von den zahlreichen im Maschinen- und Fahrzeugbau eingesetzten Kupplungen, die in der VDI-Richtlinie 2240 [8.1] systematisch geordnet sind, werden im Strömungsmaschinenbau hauptsächlich nur folgende Kupplungsarten eingesetzt und deshalb in dieser kurzen Übersicht behandelt:

a) Feste Kupplungen (Flanschkupplungen, Scheibenkupplungen)
b) Elastische Kupplungen
c) Zahnkupplungen

## 8.1 Feste Kupplungen

### (Flanschkupplungen, Scheibenkupplungen)

Bei großen Strömungsmaschinen, d.h. Wasserturbinen, Dampfturbinen, Gasturbinen, Speicherpumpen und Großverdichtern werden Turbomaschine und Generator bzw. Motor oder verschiedene Turbomaschinen untereinander mittels fester Kupplungen, meist in Form von Flanschkupplungen verbunden.
Feste Kupplungen sind drehstarre Verbindungen, die sich nur für stoßfreien Betrieb mit kleinen Drehmomentschwankungen eignen. Scheibenkupplungen zum festen Aufziehen oder Aufschrumpfen auf Wellenenden bis zu 250 mm Durchmesser und für übertragbare Drehmomente bis zu 118 000 Nm sind in DIN 116 (Tabelle 8.1) genormt [8.2]. Für angeschmiedete Kupplungsflansche können die in Bild 8.1 eingetragenen maximal zulässigen Leistungen und Drehzahlen abhängig vom Wellendurchmesser $d_1$ als erste Richtwerte für einen Kupplungsentwurf angenommen werden. Die zugehörigen Konstruktionsmaße sind in Tabelle 8.2 zusammengestellt.
Das Drehmoment wird üblicherweise durch **Reibschluß** übertragen. Die Schrauben müssen die zur Verspannung der Kupplungsflansche erforderliche Kraft aufbringen. Das übertragbare Drehmoment kann nach folgender Beziehung bestimmt werden:

$$T \leqq \mu \cdot (z \cdot F_S - F_a) \cdot \frac{k}{2} \qquad (8.1)$$

$T$ = übertragbares Drehmoment
$\mu$ = Reibungskoeffizient ≈ 0,1 bis 0,2 je nach Oberflächenbeschaffenheit
$z$ = Anzahl der Schrauben
$F_S$ = Schraubenkraft
$F_a$ = axiale Zugkraft an der Welle
$k$ = Schraubenkreisdurchmesser

Betrachtet man die Schrauben als **Scherbolzen,** so kann folgendes Moment übertragen werden:

$$T \leqq \frac{\tau_{zul} \cdot z \cdot \pi \cdot k \cdot d_6^2}{8} \qquad (8.2)$$

$\tau_{zul}$ = zulässige Scherspannung des Schraubenbolzens
$d_6$ = Durchmesser des Schraubenbolzens

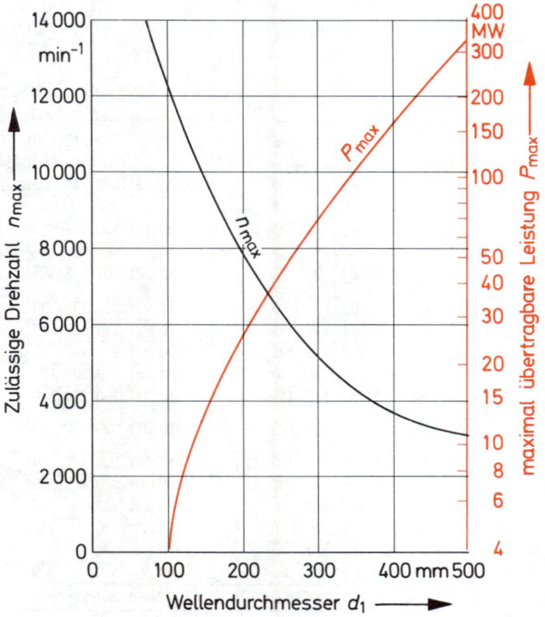


*Bild 8.1 Übertragbare Leistungen und zulässige Drehzahlen von Flanschkupplungen*

Tabelle 8.1 **Scheibenkupplungen**

**DK 621.825.24** DEUTSCHE NORMEN **Dezember 1971**

Antriebselemente

# Scheibenkupplungen

## Maße, Drehmomente, Drehzahlen

**DIN 116**

Motor elements, flange couplings, principal measures, twisting moments, number of revolutions

Maße in mm

▽ (▽▽)

Oberflächen Reihe 2 DIN 3141

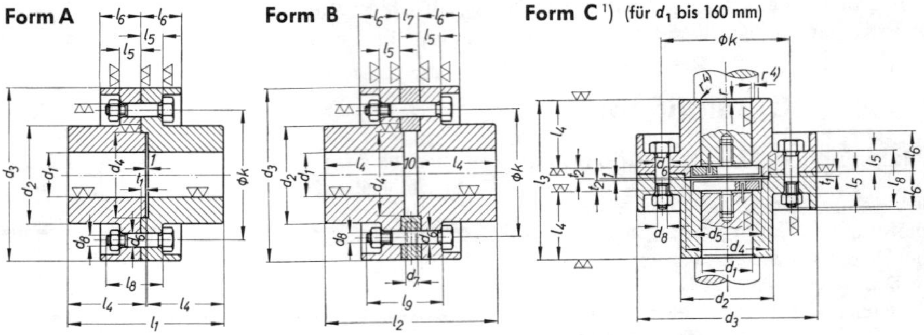


Bezeichnung einer vollständigen Scheibenkupplung Form A von Durchmesser $d_1 = 140$ mm [2]:

Scheibenkupplung A 140 DIN 116

| $d_1$ N7 [3] | $d_2$ | $d_3$ | $d_4$ H7/h8 | $d_5$ | $d_6$ H7 | $d_7$ | $k$ | $l_1$ | $l_2$ | $l_3$ | $l_4$ | $l_5$ | $l_6$ | $l_7$ | $r$ [4] | $t_1$ | $t_2$ | zu verwendende Sechskant-Paßschrauben nach DIN 609: $d_8$ | für Form A und C: $l_8$ | für Form B: $l_9$ | Anzahl | übertragbares Drehmoment $T$ nach DIN 748 [5] Blatt 1 Nm | Drehzahl 1/min max. |
|---|---|---|---|---|---|---|---|---|---|---|---|---|---|---|---|---|---|---|---|---|---|---|---|
| **25** | 58 | 125 | 50 | 45 | 11 | M 10 | 90 | 101 | 110 | 117 | 50 | 16 | 31 | 16 | 1,6 | 3 | 8 | M 10 | 45 | 60 | 3 | 46,2 | 2120 |
| **30** | | | | | | | | | | | | | | | 2 | | | | | | | 87,5 | |
| **35** | 72 | 140 | 65 | 55 | | | 100 | 121 | 130 | 141 | 60 | | | | 2 | | 10 | | | | | 150 | 2000 |
| **40** | | | | | | | | | | | | | | | | | | | | | | 236 | |
| **45** | 95 | 160 | 75 | 65 | 11 | M 10 | 125 | 141 | 150 | 169 | 70 | 18 | 34 | 16 | 2 | 3 | 14 | M 10 | 50 | 65 | 3 | 355 | 1900 |
| **50** | | | | | | | | | | | | | | | 3 | | | | | | | 515 | |
| **55** | 110 | 180 | 90 | 75 | 13 | | 140 | 171 | 180 | 203 | 85 | | 37 | | | | 16 | M 12 | | 70 | 4 | 730 | 1800 |
| **60** | | | | | | | | | | | | | | | | | | | | | | 975 | |
| **70** | 130 | 200 | 100 | 85 | 13 | M 10 | 160 | 201 | 210 | 233 | 100 | 23 | 41 | 18 | 4 | 4 | 16 | M 12 | 60 | 80 | 6 | 1700 | 1700 |
| **80** | 145 | 224 | 115 | 95 | | | 180 | 221 | 230 | 261 | 110 | | | | | | 20 | | | | 8 | 2650 | 1600 |
| **90** | 164 | 250 | 135 | 105 | 17 | | 200 | 241 | 250 | 281 | 120 | 30 | 54 | | | | 20 | M 16 | 80 | 100 | 8 | 4120 | 1500 |
| **100** | 180 | 280 | 150 | 120 | | | 224 | 261 | 270 | 301 | 130 | | | | | | | | | | | 5800 | 1400 |
| **110** | 200 | 300 | 165 | 130 | 17 | M 10 | 250 | 281 | 290 | 329 | 140 | 33 | 60 | 18 | 5 | 4 | 24 | M 16 | 85 | 105 | 8 | 8250 | 1320 |
| **120** (125) | 225 | 335 | 185 | 145 | | | 280 | 311 | 320 | 359 | 155 | | | | | | | | | | 10 | 12500 | 1250 |
| **140** | 250 | 375 | 210 | 160 | 21 | M 12 | 310 | 341 | 350 | 397 | 170 | 40 | 70 | | | | 28 | M 20 | 105 | 125 | 10 | 19000 | 1180 |
| **160** | 290 | 425 | 240 | 180 | 25 | | 350 | 401 | 410 | 457 | 200 | | 75 | | 6 | | | M 24 | 110 | | | 30700 | 1120 |
| **180** | 325 | 450 | 265 | – | 25 | M 12 | 380 | 451 | 460 | – | 225 | 45 | 80 | 20 | – | 5 | – | M 24 | 120 | 140 | 12 | 45000 | 1060 |
| **200** | 360 | 500 | 290 | – | | | 420 | 501 | 510 | – | 250 | | | | – | | – | | | | 16 | 61500 | 1000 |
| **220** | 400 | 560 | 310 | – | 32 | | 470 | 541 | 550 | – | 270 | 52 | 95 | | – | | – | M 30 | 140 | 160 | 14 | 82500 | 950 |
| **250** | 450 | 630 | 390 | – | | | 540 | 601 | 610 | – | 300 | | | | – | | – | | | | 16 | 118000 | 900 |

Eingeklammerte Größe 125 nicht für Neukonstruktionen

Fußnoten siehe Seite 2

Fortsetzung Seite 2

Fachnormenausschuß Maschinenbau im Deutschen Normenausschuß (DNA)

**Tabelle 8.2 Abmessungen von Flanschkupplungen**

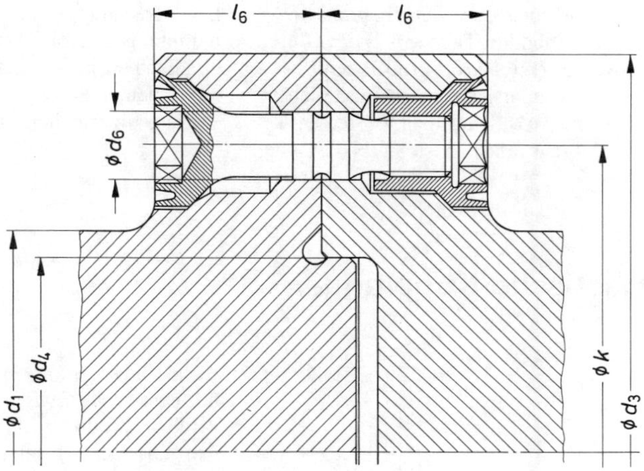


| | | | | | | | | | |
|---|---|---|---|---|---|---|---|---|---|
| Ø $d_1$ | 45 | 55 | 65 | 75 | 85 | 100 | 110 | 125 | 140 |
| Ø $d_3$ | 105 | 125 | 145 | 160 | 180 | 205 | 225 | 250 | 280 |
| Ø $k$ | 75 | 90 | 105 | 115 | 135 | 155 | 170 | 195 | 220 |
| Ø $d_4$ | 40 | 48 | 58 | 65 | 75 | 90 | 100 | 110 | 125 |
| Schraubenzahl $z$ | 6 | 6 | 6 | 6 | 8 | 10 | 10 | 12 | 12 |
| Ø $d_6$ | 11 | 11 | 13 | 13 | 17 | 23 | 26 | 26 | 29 |
| $l_6$ | 28 | 30 | 34 | 34 | 42 | 45 | 47 | 47 | 52 |

| | | | | | | | | | |
|---|---|---|---|---|---|---|---|---|---|
| Ø $d_1$ | 160 | 180 | 200 | 225 | 250 | 280 | 315 | 355 | 400 |
| Ø $d_3$ | 310 | 335 | 370 | 410 | 460 | 525 | 565 | 625 | 705 |
| Ø $k$ | 245 | 265 | 290 | 320 | 360 | 415 | 445 | 500 | 560 |
| Ø $d_4$ | 140 | 160 | 180 | 200 | 225 | 250 | 280 | 315 | 355 |
| Schraubenzahl $z$ | 12 | 12 | 12 | 12 | 12 | 12 | 12 | 12 | 12 |
| Ø $d_6$ | 32 | 35 | 40 | 45 | 52 | 58 | 65 | 70 | 78 |
| $l_6$ | 55 | 60 | 70 | 80 | 90 | 100 | 110 | 120 | 135 |

Das nach Gleichung (8.2) berechnete Drehmoment ist bei den meisten Kupplungsausführungen größer als das nach Gleichung (8.1) berechnete.

Die Kupplungsflansche sind meist aus dem Wellenmaterial geschmiedet, seltener aufgeschrumpft oder angeschweißt. Sie werden durch einen Bund (DIN 116/Form A und Maßbild in Tabelle 8.2) oder durch eine Zwischenscheibe (DIN 116/Form B) zentriert.

Die Paßbolzen werden in gemeinsam ausgeriebene Bohrungen eingesetzt. Als Schrauben werden entweder Sechskant-Paßschrauben nach DIN 609 oder Sonderausführungen (siehe Maßbild in Tabelle 8.2) verwendet. Es empfiehlt sich die Schrauben formschlüssig zu sichern. Zum Abdrücken der Flansche werden zwei Gewinde für Abdrückschrauben vorgesehen.

Die Berechnung und Konstruktion derartig großer Kupplungen erfolgt bei den Großmaschinenherstellern nach eigenen Werksnormen und Konstruktionsrichtlinien.

Weitere Einzelheiten finden sich in [8.3] und [8.4].

## 8.2 Elastische Kupplungen

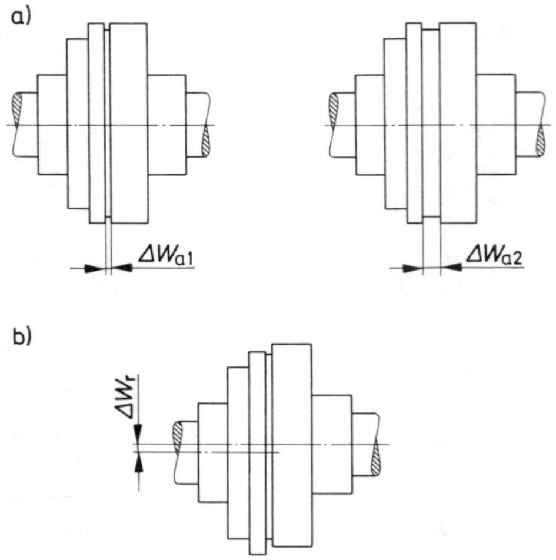


Elastische Kupplungen sind schlupffreie Kupplungen mit elastischen Zwischengliedern, die axial-, radial-, winkel- und drehnachgiebig sind (Bild 8.2).

Antriebstechnisch erfüllen elastische Kupplungen folgenden Zweck:

a) Minderung und Dämpfung von Drehmomentstößen

b) Dämpfung von Schwingungen

c) Vermeidung von Resonanzen, d.h. Verschiebung kritischer Drehzahlbereiche

d) Aufnahme axialer, radialer und winkeliger Verlagerungen, die durch Fertigungs- und Montageungenauigkeiten, Temperaturschwankungen, Querkräfte u.a. Ursachen entstehen.

Die Stoß- und Schwingungsdämpfung beruht hauptsächlich auf der Speicher- und Dämpfungswirkung der federnden, elastischen Übertragungselemente, die aus Stahl, Gummi oder Kunststoff bestehen können. Die Auslegung elastischer Kupplungen erfolgt in der Praxis normalerweise nach den Katalogangaben der Kupplungshersteller. Um nicht einen Hersteller durch Hereinnahme seiner Katalogwerte zu bevorzugen, wird die Auslegung nach DIN 740 [8.5] in gekürzter Form wiedergegeben.

In Tabelle 8.3 ist Blatt 1 der DIN 740 mit den Hauptmaßen bis zu Wellenbohrungen von 100 mm und Nenndrehmomenten bis 2500 Nm wiedergegeben. Kupplungen zur Übertragung großer Momente

*Bild 8.2 Verlagerungen und Verdrehung von elastischen Kupplungen* (nach Fa. Flender, Bocholt)
*a) axiale Verlagerung*
*b) radiale Verlagerung*
*c) Winkelverlagerung*
*d) Verdrehung*

**Tabelle 8.3 Nachgiebige Wellenkupplungen**

DK 621.825 DEUTSCHE NORMEN März 1975

# Nachgiebige Wellenkupplungen

Hauptmaße Nenndrehmomente

**DIN 740** Blatt 1

Flexible couplings, dimensions, nominal torque

Diese Norm gilt für schlupffreie Kupplungen in axial-, radial-, winkel-, drehnachgiebiger und drehstarrer Ausführung.

Maße in mm

Die Kupplungen brauchen der bildlichen Darstellung nicht zu entsprechen; nur die angegebenen Maße sind einzuhalten.

## Nachgiebige Elemente in einer Kupplungshälfte

**Form A**

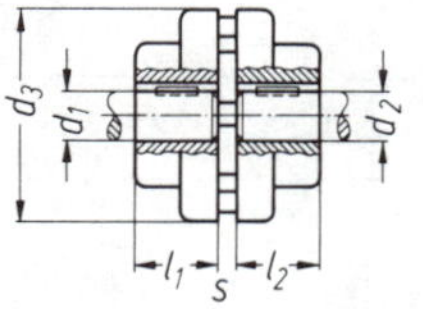


**Form AZ**

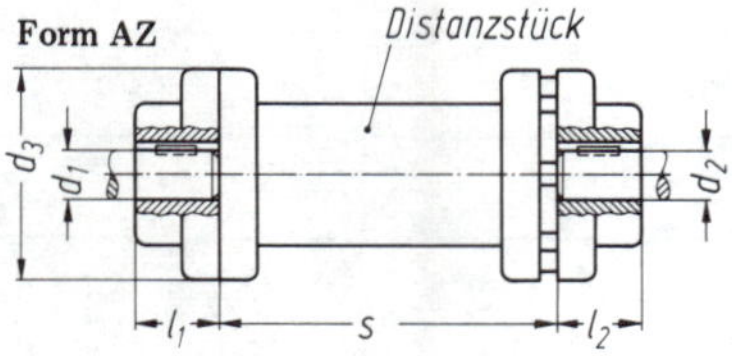


## Nachgiebige Elemente zwischen beiden Kupplungshälften

**Form B**

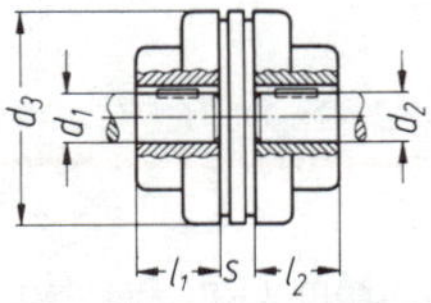


**Form BZ**

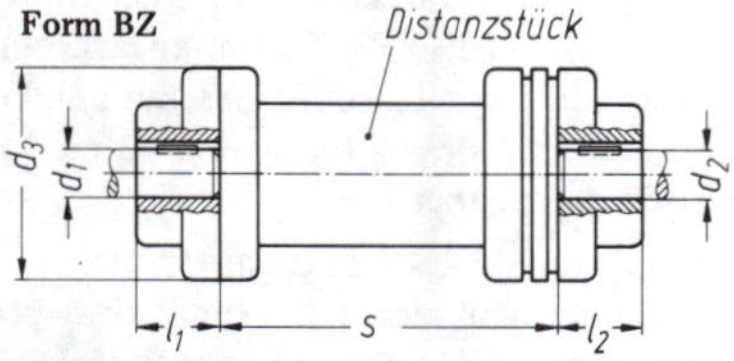


*s* ist der jeweilige Abstand der Wellenenden.

| Nenndrehmoment (Baugröße) $T_{KN}$ N m 1) | Ausführung der nachgiebigen Elemente: gummielastisch; Fertigbohrung $d_1$, $d_2$ H7 2) Reihe 1 min. | Reihe 1 max. | Reihe 2 min. | Reihe 2 max. kleinere Bohrung | Reihe 2 max. größere Bohrung | metallelastisch Reihe 3 min. | Reihe 3 max. | $d_3$ 3) max. Form A, AZ | $d_3$ 3) max. Form B, BZ | $l_1$ $l_2$ | s 4) Form A | Form A zul. Abw. | Form B | Form AZ und BZ | | | | zul. Abw. |
|---|---|---|---|---|---|---|---|---|---|---|---|---|---|---|---|---|---|---|
| 10 | 11 | 28 | 11 | 24 | 28 | 7 | 13 | 90 | wegen der unterschiedlichen Konstruktionen ist das Maß $d_3$ den Herstellerkatalogen zu entnehmen. | 20 bis 30 | 2,5 | ± 0,5 | wegen der unterschiedlichen Konstruktionen ist das Maß *s* den Herstellerkatalogen zu entnehmen. | 100 | 140 | | | ± 0,5 |
| 25 | 11 | 32 | 11 | 28 | 32 | 9 | 16 | 100 | | 25 bis 40 | 3 | ± 1 | | 100 | 140 | | | ± 1 |
| 63 | 16 | 42 | 16 | 38 | 42 | 12 | 29 | 112 | | 35 bis 50 | 3 | ± 1 | | 100 | 140 | — | | ± 1 |
| 100 | 19 | 48 | 19 | 42 | 48 | 15 | 36 | 125 | | 40 bis 60 | 3,5 | ± 1,5 | | 100 | 140 | | — | ± 1,5 |
| 160 | 19 | 55 | 19 | 48 | 55 | 20 | 48 | 140 | | 45 bis 70 | 3,5 | ± 1,5 | | 100 | 140 | | | ± 1,5 |
| 250 | 24 | 60 | 24 | 55 | 60 | 24 | 55 | 160 | | 50 bis 80 | 3,5 | ± 1,5 | | 100 | 140 | 180 | | ± 1,5 |
| 400 | 26 | 65 | 26 | 60 | 65 | 26 | 60 | 180 | | 55 bis 90 | 3,5 | ± 1,5 | | 100 | 140 | 180 | | ± 1,5 |
| 630 | 32 | 75 | 32 | 75 | 75 | 32 | 75 | 200 | | 70 bis 100 | 3,5 | ± 1,5 | | 100 | 140 | 180 | 250 | ± 1,5 |
| 1000 | 42 | 85 | 42 | 80 | 85 | 42 | 85 | 224 | | 75 bis 110 | 4 | ± 2 | | 100 | 140 | 180 | 250 | ± 1,5 |
| 1600 | 55 | 90 | 55 | 90 | 90 | 55 | 90 | 250 | | 80 bis 120 | 4 | ± 2 | | 100 | 140 | 180 | 250 | ± 1,5 |
| 2500 | 70 | 100 | 70 | 100 | 100 | 70 | 100 | 280 | | 90 bis 140 | 5,5 | ± 2,5 | | 100 | 140 | 180 | 250 | ± 1,5 |

Reihe 1: Kupplung mit gummielastischen Elementen, deren Naben gleich große Maximalbohrungen zulassen.

Reihe 2: Kupplung mit gummielastischen Elementen, deren Naben unterschiedliche Maximalbohrungen zulassen. Ob $d_1$ oder $d_2$ die größere Bohrung ist, muß den Herstellerkatalogen entnommen werden.

Reihe 3: Kupplung mit metallelastischen Elementen.

1) Das Nenndrehmoment gibt auch die Baugröße an und ist gerechnet mit 1 kp m = 10 N m (Genauwert 1 kp = 9,80665 N).

2) Andere Toleranzfelder nach Vereinbarung.

3) Der Außendurchmesser $d_3$ darf bei einer Grauguß-Ausführung der Kupplungshälften maximal so groß sein, daß die zulässige Umfangsgeschwindigkeit $v$ = 36 m/s nicht überschritten wird. Kupplungen für höhere Umfangsgeschwindigkeiten bedingen andere Werkstoffe, die jeweils mit dem Hersteller zu vereinbaren sind.

4) Bei Erwärmung kann sich der Abstand *s* der Wellenenden über die Tabellenangabe hinaus ändern. In diesen Fällen ist Rücksprache mit dem Hersteller erforderlich.

Fortsetzung Seite 2
Erläuterungen Seite 2

Fachnormenausschuß Maschinenbau (FM) im Deutschen Normenausschuß (DNA)

Beispiel 14

**Tabelle 8.4 Temperaturfaktor $S_t$**

| $t$ °C | Naturgummi (NR) | $S_t$ für Werkstoffmischung Polyurethan Elastomere (PUR) | Acrylnitril-Butadien-Kautschuk (NBR) (Perbunan N) |
|---|---|---|---|
| $-20 < t < +30$ | 1,0 | 1,0 | 1,0 |
| $+30 < t < +40$ | 1,1 | 1,2 | 1,0 |
| $+40 < t < +60$ | 1,4 | 1,5 | 1,0 |
| $+60 < t < +80$ | 1,8 | nicht zulässig | 1,2 |

und damit größerer Abmessungen müssen aus Katalogen der Kupplungshersteller entnommen werden. Die Auslegung der elastischen Kupplung erfolgt nach DIN 740 aufgrund physikalischer Gesetzmäßigkeiten und nicht wie in der Praxis meist noch üblich nach rein empirischen Angaben.

a) Belastung durch das Nenndrehmoment:
Das Nenndrehmoment der Kupplung muß größer sein als das Nennmoment der Lastseite (angetriebene Seite):

$$T_{KN} \geqq T_{LN} \cdot S_t \quad (8.3)$$

$T_{KN}$ = Nenndrehmoment
$T_{LN}$ = Größtwert des aus Leistung und Drehzahl errechneten Lastdrehmomentes
$S_t$ = Temperaturfaktor nach Tabelle 8.4

b) Belastung durch Drehmomentstöße:
Das zulässige Maximaldrehmoment der Kupplung muß mindestens so groß sein wie die Drehmomentstöße:

antriebsseitiger Stoß

$$T_{Kmax} \geqq M_A \cdot T_{AS} \cdot S_A \cdot S_z \cdot S_t \quad (8.4a)$$

lastseitiger Stoß

$$T_{Kmax} \geqq M_L \cdot T_{LS} \cdot S_L \cdot S_z \cdot S_t \quad (8.4b)$$

beidseitiger Stoß

$$T_{Kmax} \geqq (M_A \cdot T_{AS} \cdot S_A + M_L \cdot T_{LS} \cdot S_L) \cdot S_z \cdot S_t \quad (8.4c)$$

$T_{Kmax}$ = Maximaldrehmoment der Kupplung, das kurzzeitig (mehr als $10^5$ mal) als schwellender Drehmomentstoß in gleichem Drehsinn übertragen werden kann oder mehr als $10^4$ mal als wechselnder Drehmomentstoß
$M_A$ = Massenfaktor Antriebsseite

$$M_A = \frac{\theta_L}{\theta_A + \theta_L}$$

$M_L$ = Massenfaktor Lastseite

$$M_L = \frac{\theta_A}{\theta_A + \theta_L}$$

$\theta_A$ = Massenträgheitsmoment der Antriebsseite
$\theta_L$ = Massenträgheitsmoment der Lastseite
$T_{AS}$ = Stoßmoment der Antriebsseite
$T_{LS}$ = Stoßmoment der Lastseite
$S_A$ = Stoßfaktor der Antriebsseite ≈ 1,8
$S_L$ = Stoßfaktor der Lastseite ≈ 1,8
$S_z$ = Anlauffaktor nach Tabelle 8.5
$S_t$ = Temperaturfaktor nach Tabelle 8.4

Weitere Nachrechnungen für die Einflüsse von
c) Belastung durch ein periodisches Wechseldrehmoment
d) Dauerwechseldrehmoment
e) Belastung durch Wellenverlagerung
können der DIN 740/Blatt 2 entnommen werden.

**Tabelle 8.5 Anlauffaktor $S_z$**

| Anlaufhäufigkeit $Z$ in $1/h$ | $\leqq 120$ | $120 < Z \leqq 240$ | $> 240$ |
|---|---|---|---|
| $S_z$ | 1,0 | 1,3 | Rückfrage beim Hersteller |

# 8.3 Zahnkupplungen

Zahnkupplungen nehmen axiale Wellenausdehnungen auf, bei Bogenzahnkupplungen, wie sie in der Praxis meist eingesetzt werden, werden auch Winkelabweichungen und Mittenversetzungen, d.h. Fluchtfehler ausgeglichen.

Zahnkupplungen sind drehstarre Kupplungen.

Durch die mit hoher Genauigkeit gefertigte Verzahnung wird eine gleichmäßige Übertragung großer Momente bei kleinen Abmessungen, d.h. niedrigen Gewichten und Massenträgheitsmomenten ermöglicht. Zahnkupplungen erhalten eine Ölfüllung, bzw. bei größeren Umfangsgeschwindigkeiten eine Ölumlaufschmierung, wodurch bei geringem Wartungsaufwand sehr hohe Lebensdauerwerte erreicht werden. Zahnkupplungen großer Turbomaschinen werden vom Strömungsmaschinenhersteller entworfen und gebaut, kleinere Turbomaschinen erhalten handelsübliche Zahnkupplungen, die von spezialisierten Herstellern bezogen werden. In Bild 8.3 ist beispielsweise der Einsatzbereich der von Fa. Flender hergestellten Bogenzahnkupplung „ZAPEX“ dargestellt.

Im Speicherpumpenbau kommen gelegentlich auch schaltbare Zahnkupplungen vor.

Die Winkelabweichungen $\alpha$ sollten bei den meisten Bogenzahnkupplungen unter 1° liegen. Die zulässigen Mittenversetzungen $y$ (Bild 8.4) hängen von der Kupplungs- und Wellenkonstruktion ab und können aus den Katalogen entnommen oder von den Herstellern erfragt werden. Das gleiche gilt auch für die zulässigen axialen Verschiebungen.

*Bild 8.3 Einsatzbereich der Bogenzahnkupplung "ZAPEX" der Fa. Flender/Bocholt*

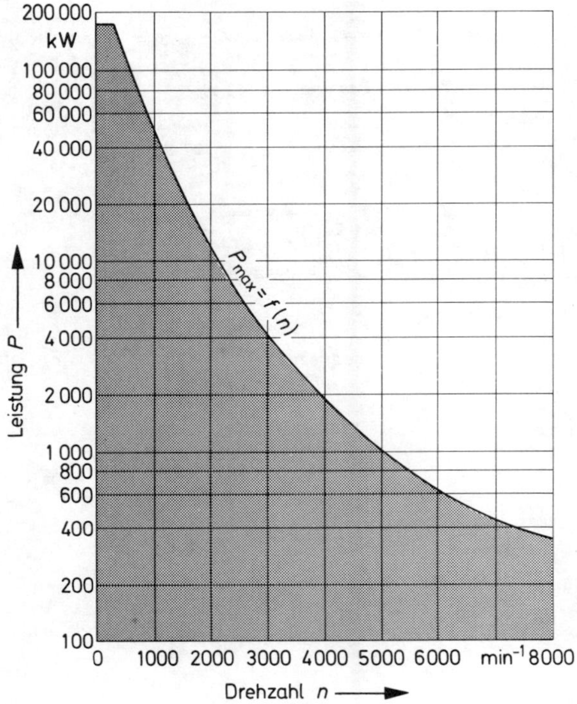

**Beispiel 14**

**Aufgabenstellung:**

Für die in den Beispielen 1, 3, 7, 10, 11, 12 und 13 behandelte Radialpumpe soll die Kupplung ausgewählt werden.

**Lösung:**

Vorgesehen wird, wie bei Pumpen dieser Größenordnung üblich, eine **elastische Kupplung.**

Die Auswahl erfolgt nach Kapitel 8.2.

Das Lastdrehmoment wurde (bezogen auf die Motorleistung) bereits in Beispiel 10 zu 362,2 N berechnet, worin eine gewisse Reserve steckt. Da die Faktoren $S_t$ und $S_z$ jeweils zu 1,0 angesetzt werden können, da der Temperaturbereich bei 20 °C bis +30 °C und die Anlaufhäufigkeit $z$ unter 120 liegen und auch mit großen Stößen nicht gerechnet werden muß, ergibt sich nach Tabelle 8.3 eine Kupplung der Baugröße 400 – Form A (in Tabelle 8.3 rot gekennzeichnet). Die nächstgrößere Kupplung wäre zu groß dimensioniert. Sowohl der Wellenzapfen der Pumpe ($d = 42$ mm) als auch der des Motors ($d = 60$ mm) passen zur Kupplung, da die maximale Bohrung bei 65 mm liegt.

Aus dem **Katalog** der Fa. Fr. Flender, Bocholt wurde die Kupplungstype EUPEX, Bauart A, dreiteilig der Größe 13 ausgewählt.

In der Kupplungsnabe können Bohrungen bis 75 bzw. 70 mm untergebracht werden, d. h. sie ist ausreichend dimensioniert für die Wellenzapfendurchmesser $d_{Pumpe} = 42$ mm und $d_{Motor} = 60$ mm.

Die Masse des auf der Pumpenwelle befestigten Kupplungsteiles beträgt 15 kg.

Die nächstkleinere Kupplung A 12 wäre bezüglich des Quotienten $\frac{\text{Leistung}}{\text{Drehzahl}}$ zu knapp bemessen.

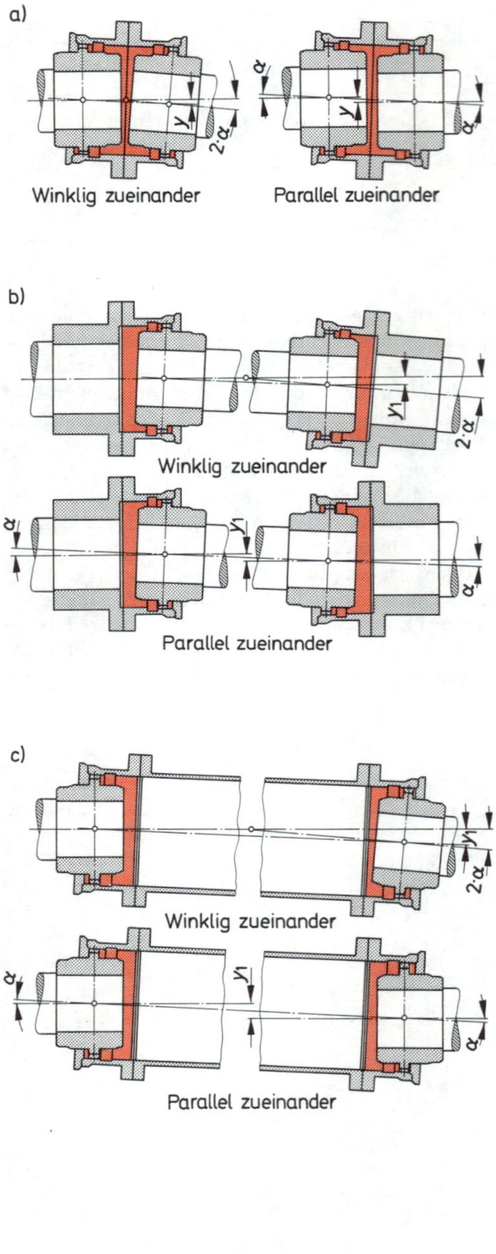


*Bild 8.4 Einbaumöglichkeiten und Mittenversetzungen von Bogenzahnkupplungen (nach Fa. Flender/Bocholt)*

*a) Verbindung zweier Wellenenden*

*b) mit Zwischenwelle*

*c) mit Rohr-Zwischenstück*

# 9 Fundamente

## 9.1 Allgemeines

Unter Fundamenten werden rahmenartige, kastenförmige oder tischartige Unterstützungskonstruktionen verstanden, die die Strömungsmaschine aufnehmen. Diese Fundamentrahmen müssen nicht nur die statischen Gewichtskräfte der Maschine übernehmen sondern auch dynamische Kräfte, wie sie beispielsweise durch Unwuchten oder Stöße entstehen. Gleichzeitig müssen diese Fundamentkonstruktionen so torsionssteif sein, daß sie das Rotationsmoment des zwischen Antriebsmaschine und angetriebener Maschine wirkenden Drehmomentes übernehmen. Auch extreme Belastungsfälle wie sie z. B. durch Kurzschluß in der elektrischen Maschine oder durch ausnahmsweise starke Unwuchten bei Schaufelschäden auftreten können, müssen von der Fundamentkonstruktion ohne Schaden ausgehalten werden.
Das Fundament muß so ausgelegt werden, daß es keine Eigenfrequenz in der Nähe der Betriebsdrehzahlen hat, da dadurch die Schwingungsamplituden der abgestützten Maschine gefährlich erhöht würden. Die Fundamentkonstruktion muß verhindern, daß Störkräfte, insbesondere Schwingungen an die Umgebung, d.h. an das Gebäude in dem die Maschine aufgestellt ist weitergeleitet werden. Diese Forderung nach möglichst guter Vibrationsfreiheit für Gebäude und benachbarte Maschinen und Anlagen fällt auch in den Bereich des Umweltschutzes.

## 9.2 Zur Konstruktion der Fundamente

Kleine und mittlere Strömungsmaschien, z. B. Kreiselpumpen, Ventilatoren und Gebläse werden, falls sie nicht direkt auf Betonfundamente gesetzt werden, auf einfachen Rahmen- oder Kastenfundamenten abgestützt.
Die kastenförmigen Fundamente sind entweder aus Gußeisen oder werden aus Stahlblechen zusammengeschweißt. Mit Rücksicht auf schwingungsarme Konstruktionen sollten steife, schwere Konstruktionen mit nicht zu kleinen Wandstärken vorgesehen werden.
Bei Turbinen und Arbeitsmaschinen mit größerer Schmierölanlage bietet es sich an, den Fundamentkasten als Ölbehälter auszubilden in dem auch alle Hilfseinrichtungen der Ölanlage untergebracht werden.
Fundamentrahmen in offener Bauweise werden aus U-, I-, T- oder L-Profilen möglichst biege- und verwindungssteif zusammengeschweißt. Auf diesen Rahmen werden Gehäuse, Lagerböcke (falls diese vom Gehäuse getrennt sind) und Antriebsmaschine bzw. Generator aufmontiert.
Um das Gebäude zu schonen, empfiehlt sich Fundamentrahmen oder -kasten auf federnde **Schwingelemente** zu lagern.

Die großen Stahlfundamente zur Aufnahme von Dampf- oder Gasturbosätzen werden als Tischkonstruktionen, bestehend aus einer steifen Tischplatte, Stützen und Bodenplatte konstruiert [9.1, 9.2]. Auslegung, Berechnung und Konstruktion derartig großer und schwerer Fundamente, die auch im Zusammenhang mit der Gebäudekonstruktion gesehen werden müssen, fallen nicht mehr in den eigentlichen Verantwortungsbereich des Turbomaschinenkonstrukteurs sondern sind Bauingenieuraufgaben.
Bei der Lage der Eigenfrequenz des Fundamentes zur Betriebsdrehzahl unterscheidet man:

a) Das hochabgestimmte Fundament, bei dem die tiefste Eigenfrequenz des Fundamentes über der höchsten Betriebsdrehzahl liegt. Man erreicht dies durch ein starres, schweres Fundament und durch die Elastizität des Bodens bzw. einer Zwischenschicht (Bild 9.1a). Hochabgestimmte Fundamente werden nur für Maschinen mit Drehzahlen $\leqq 1500\,\text{min}^{-1}$ eingesetzt, da die Eigenwerte des Bodens üblicherweise im Bereich 19 bis 34 Hz liegen [9.2].

b) Das tiefabgestimmte Fundament mit Grundfrequenzen (mindestens eine) unterhalb der Betriebs-

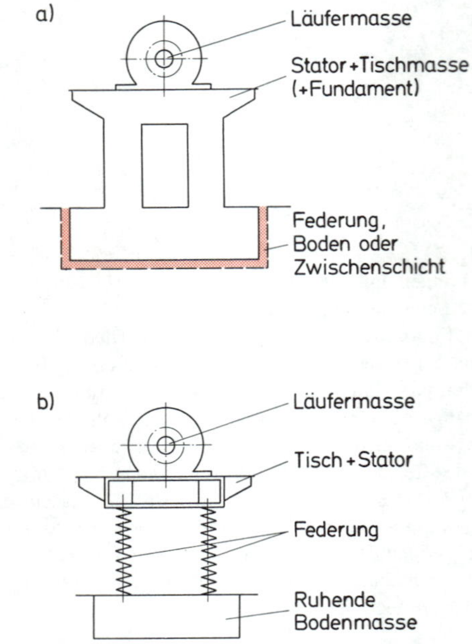


*Bild 9.1 Abstimmungsarten* (nach [9.1])
*a) hochabgestimmtes Fundament*
*b) tiefabgestimmtes Fundament*

drehzahl. Bei diesen Fundamenten wirken die Stützen als Federn (Bild 9.1b).

Bei beiden Fundamentarten muß eine Resonanzlage durch einen gewissen Abstand zu niedrigeren und höheren Frequenzen hin vermieden werden.

Die Auslegung von tiefabgestimmten Fundamenten erfordert eine aufwendige Schwingungsrechnung. In Bild 9.2 ist das Verhältnis der Federkraft $c \cdot y$ zur erregenden Kraft, in diesem Fall eine Unwuchtkraft $m_{\text{Rot}} \cdot r \cdot \omega^2$ in Abhängigkeit vom Frequenzverhältnis $\frac{\omega}{\omega_e}$ für verschiedene Dämpfungsgrade dargestellt.

Dabei ist $\omega = 2 \cdot \pi \cdot n$ die der Betriebsdrehzahl entsprechende Frequenz und

$$\omega_e = \sqrt{\frac{c}{m_{\text{ges}}}}$$

die Eigenfrequenz des Fundamentes mit

$$m_{\text{ges}} = m_{\text{Rot}} + m_{\text{Stat}}.$$

Das Dämpfungsverhältnis $k/k_k$ bezieht die Dämpfung $k$ auf die kritische Dämpfung $2 \cdot \frac{c}{\omega_e}$.

Der Bereich $0{,}8 < \frac{\omega}{\omega_e} < 1{,}2$ (rot gerastert) ist wegen Resonanzgefahr tunlichst zu meiden!

Um die Kraftwirkungen nach außen, d.h. auf das Gebäude gering zu halten, sollte bei Tiefabstimmung das Frequenzverhältnis $\omega/\omega_e$ oberhalb von $\sqrt{2}$ liegen [9.1].

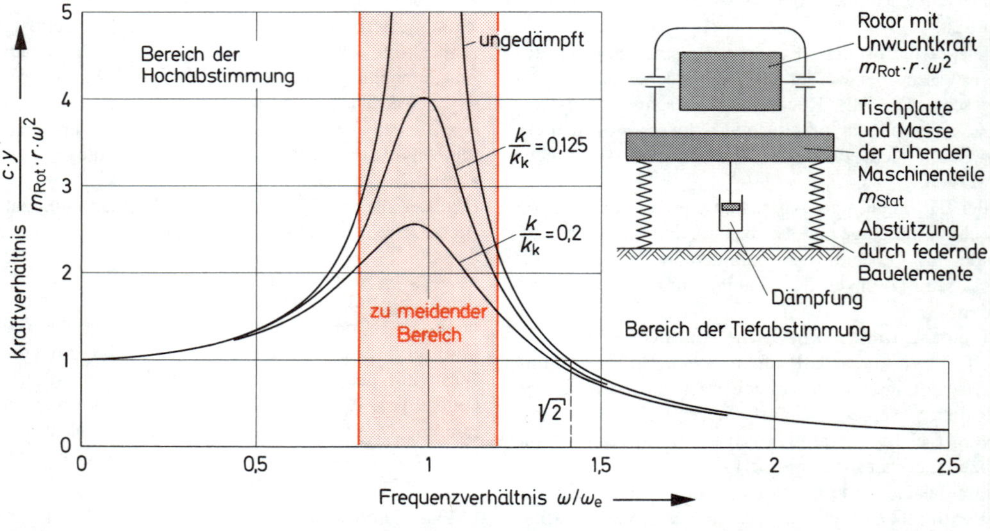


*Bild 9.2 Kräfteverhältnis eines Einmassensystems in Abhängigkeit von der Abstimmung* (nach [9.1])

# Literaturverzeichnis


**Literatur zu Kapitel 1**

1.1 Bohl, W.: *Strömungsmaschinen 1* – Aufbau und Wirkungsweise. Vogel-Verlag, Würzburg 1988.

1.2 Quantz, L.; Meerwarth, K.: *Wasserkraftmaschinen.* Springer-Verlag, 1963.

1.3 Ribaux, A.: *Angewandte Hydraulik III* – Turbomaschinen. Verlag La Moraine, Genf o.J.

1.4 Raabe, J.: *Hydraulische Maschinen und Anlagen.* Teil 2: Wasserturbinen. VDI-Verlag, 1970.

1.5 Wernicke, G.: Die hydraulische Entwicklung der Freistrahlturbine für das Kraftwerk Kurobegawa Nr. 4. Voith – *Forschung und Konstruktion* – Heft 7/1961.

1.6 Vercellini, R.: Contribution à l'analyse des résultats d'essais de Turbines Pelton. *Informations Techniques Charmilles,* Nr. 8/1961.

1.7 Bovet, M.Th.: Contribution à l'étude du tracé d'aubage d'une turbine à réaction du type Francis. *Informations Techniques Charmilles,* Nr. 9/1963.

1.8 Dziallas, R.: Beitrag zur hydraulischen Auslegung von Kaplanturbinen. Voith – *Forschung und Konstruktion* – Heft 1/1955.

1.9 Thuss, W.: Über Strömungsmessungen in Kaplanturbinen. Voith – *Forschung und Konstruktion* – Heft 1/1955.

1.10 Osterwalder, J.: Analyse der Verlustquellen bei Francis- und Kaplanturbinen und Beispiele für deren Verminderung. *Escher-Wyss-Mitteilungen,* Heft 3/1964.

1.11 Mühlemann, E.: Große Kaplanturbinen. *Escher-Wyss-Mitteilungen* Heft 1/1969

1.12 Osterwalder, J.: Kaplanturbinen für hohe Gefälle Escher-Wyss – *Hydraulische Anlagen* – o.J.

1.13 Hironka, K.: Hydraulic Study of Deriaz Turbine and Pump-Turbine. *Mitsubishi Technical-Review,* No. 2/1965

1.14 Teufelsberger, A.: Auswahl eines optimalen Schaufelprofils für Dampfturbinenstufen. *Brown Boveri Mitteilungen,* 1976 (Band 63), Heft 2, Seite 123 ff.

1.15 Verschiedene Verfasser: Siemens-Zeitschrift 41. Jahrgang (1967). Beiheft *„Dampfturbinen großer Leistung".*

1.16 Traupel, W.: *Thermische Turbomaschinen,* 1. Band, 3. Auflage. Springer-Verlag, 1977.

1.17 Schröder, K.: *Große Dampfkraftwerke,* 3. Band/Teil B. Springer-Verlag, 1968.

1.18 Dejc, M.E.; Trojanovskij, B.M.: Untersuchung und Berechnung axialer Turbinenstufen. VEB-Verlag-Technik/Berlin, 1973.

1.19 Cordes, G.: Strömungstechnik der gasbeaufschlagten Axialturbine. Springer-Verlag, 1963.

1.20 Bolte, W.: Zur Berechnung und Optimierung des Wirkungsgrades axialer Strömungsmaschinen. *VDI-Forschungsheft,* 501/1964.

1.21 Martin, O.: *Dampf- und Gasturbinen.* Verlag Walter de Gruyter, 1971.

1.22 Dietzel, F.: *Dampfturbinen,* 2. Auflage. Hanser-Verlag, 1970.

1.23 Rehbach, J.: Entwicklungsarbeiten an Turbinenschaufeln. Sonderdruck der Fa. GHH aus *GHH-Technische Berichte,* 3/65; 4/65; 1/66.

1.24 Biniaris, S.: Die Berechnung der quasidreidimensionalen reibungsfreien kompressiblen Strömung in axialen Turbomaschinen. *VDI-Bericht,* Nr. 193 von 1973.

1.25 Dzung, L.S.: Schräge Anströmung durch ein axiales Schaufelgitter. *Brown-Boveri-Mitteilungen.* Nr. 6/1977, Seite 352 ff.

1.26 Kolb, W.: Einstufige Zentripetalturbinen *MTZ – Motortechnische Zeitschrift,* 25. Jahrgang 1964/Heft 3 und 5.

1.27 Kolb, W.: Ein Beitrag zur Auslegung einstufiger, rein radial beschaufelter Zentripetalturbinen. *MTZ – Motortechnische Zeitschrift,* 22. Jahrgang 1961, Seite 204 und 333.

1.28 Schulz, H.: Die Pumpen. 13. Auflage. Springer-Verlag, 1977

1.29 Pekrun, M.: Wirkungsgrade und Verlustzahlen bei Kreiselpumpen. Vortragsveröffentlichung, Heft 157. Haus der Technik, Essen. Vulkanverlag, 1968.

1.30 Stepanoff, A.J.: Radial- und Axialpumpen. Springer-Verlag, 1959.

1.31 Grabow, G.: Ermittlung der hydraulischen Abmessungen der Laufräder für Kreiselpumpen und Kreiselverdichter. *Zeitschrift Konstruktion,* 13. Jahrgang (1961), Seite 234/237.

1.32 Ausländer, J.: Zur Bestimmung der Hauptabmessungen von Kreiselpumpen. *Zeitschrift Konstruktion,* 10. Jahrgang (1958), S. 407/410.

1.33 PFLEIDERER, C.: Die Kreiselpumpen für Flüssigkeiten und Gase. Springer-Verlag, 1961.

1.34 SAALFELD, K.: Einige neuere Gedanken zur Laufradberechnung von radialen und halbaxialen Kreiselpumpen *KSB-Technische Berichte,* Nr. 11 (1966).

1.35 DOMM, U.; DERNEDDE, R.: Über eine Auswahlregel für die Lauf- und Leitschaufelzahl von Kreiselpumpen. *KSB-Technische Berichte,* Nr. 9 (1965).

1.36 BOLTE, W.: Ein Verfahren zur Abschätzung der Haupt-Abmessungen und des Wirkungsgrades von Kreiselpumpen. Zeitschrift *Brennstoff–Wärme–Kraft,* 1971, Nr. 11, S. 467 ff.

1.37 TROSKOLAŃSKI, T.; LAZARKIEWICZ, S.: Kreiselpumpen – Berechnung und Konstruktion – Birkhäuser-Verlag: Basel und Stuttgart, 1976

1.38 de KOVATS, A.; DESMUR, C.: Pumpen/Ventilatoren/Kompressoren. Verlag: G. Braun, Karlsruhe, 1968.

1.39 SCHMALFUSS, H.-G.: Hinweise zur Bemessung von Kreiselpumpen für die Gebäudetechnik. VDI-Z 119 (1977), Nr. 1/2, Seite 116 ff.

1.40 PROTIĆ, Z.; PETKOVIĆ, Z.: Einfluß der Größe des Laufraddurchmessers auf die optimalen Kennzahlen der radialen langsamläufigen Kreiselpumpen. Vortrag auf der VDMA-Pumpentagung. Karlsruhe, 1978.

1.41 PEKRUN, M.: Abmessungskennzahlen und Einheitsschnittbilder von Kreiselpumpen. *KSB-Technische Berichte,* Nr. 3 (1961).

1.42 PETERMANN, J.; VULLIOD, G.: Untersuchungen auf dem Gebiet der Zentrifugalpumpen. *Charmilles Technische Informationen,* Nr. 13 (1971).

1.43 ENGELBERG, F.: Auslegen radialer Pumpenstufen nach Wirkungsgrad und Kavitation. Zeitschrift *Maschinenmarkt,* 82. Jahrgang (1976), S. 100 ff.

1.44 BOLTE, W.: Zur Optimierung von Radialpumpen. Reihe 7, Nr. 46 (1978) der Fortschritt-Berichte der *VDI-Zeitschriften.* VDI-Verlag, Düsseldorf.

1.45 BLÁHA, J.: Optimale spezifische Drehzahlen von Propellerpumpen. Zeitschrift *Maschinenmarkt,* Jahrgang 76 (1970), S. 1384 ff.

1.46 BLÁHA, J.: Entwurf der Laufschaufeln von Propellerpumpen. Zeitschrift *Maschinenmarkt,* Jahrgang 76 (1970), S. 1404 ff.

1.47 BLÁHA, J.: Typbildung bei Propellerpumpen. Zeitschrift *Maschinenmarkt,* Jahrgang 76 (1970). S. 2451 ff.

1.48 PFENNINGER, A.: Propellerpumpen. Escher-Wyss Sonderdruck „*Hydraulische Anlagen*", 1953.

1.49 DIN 24163 (Entwurf). Ventilatoren. Leistungsmessung – Normkennlinien.

1.50 MARCINOWSKI, H.: Einstufige Turboverdichter. Zeitschrift *Chemie-Ingenieur-Technik,* 31. Jahrgang, 1959, S. 237 ff.

1.51 BOMMES, L.: Verwendung des Ähnlichkeitsgrundsatzes im Ventilatorenbau. Zeitschrift *Heizung–Lüftung–Haustechnik,* Bd. 20 (1969), S. 47/55, S. 113/117.

1.52 ECK, B.: Die Bedeutung dimensionsloser Kennzahlen für Kreiselmaschinen im besonderen für Gebläse und Ventilatoren. Zeitschrift *Konstruktion,* 12. Jahrgang (1960), Seite 252/254.

1.53 OSSENKOPP, TH.: Gesichtspunkte für die Auswahl von Ventilatoren. Zeitschrift *Heizung–Lüftung–Haustechnik,* Bd. 25 (1974), S. 221/225.

1.54 MODE, F.: Ventilatoranlagen, 4. Auflage. Verlag de Gruyter, 1972.

1.55 ECK, B.: Ventilatoren, 5. Auflage. Springer-Verlag, 1972.

1.56 SENTEK, J.; FORTUNA, S.: Modelluntersuchungen an Ventilatoren. Zeitschrift *Heizung–Lüftung–Haustechnik,* Bd. 28 (1977), S. 497 ff.

1.57 HÖNMANN, W.: Untersuchung der Grenzschichtablösung im Saugraum eines Radialventilators. Zeitschrift *Heizung–Lüftung–Haustechnik,* Bd. 13 (1962), Nr. 4/5/6/8.

1.58 HÖNMANN, W.: Zum Problem der optimalen Laufradbreite bei Radialventilatoren. Zeitschrift *Heizung–Lüftung–Haustechnik,* Bd. 12 (1961), S. 161/167.

1.59 MARCINOWSKI, H.: Druckerhöhung, Wirkungsgrad und Leistungsbedarf bei Ventilatoren. Zeitschrift *Heizung–Lüftung–Haustechnik,* Bd. 10 (1959), S. 141/148.

1.60 MARCINOWSKI, H.: Optimalprobleme bei Axialventilatoren. Zeitschrift *Heizung–Lüftung–Haustechnik,* Bd. 8 (1957), S. 273/85 und 295/96; sowie Voith – *Forschung und Konstruktion* – Heft 5 (1959).

1.61 BÜHNING, P.: Über das Verhalten von extrem schnelläufigen Axialmaschinen. *VDI-Forschungsheft* 468, Ausgabe B, Band 24, 1958.

1.62 LAUX, H.: Zum Problem der optimalen Auslegung von Axialventilatoren. Zeitschrift *Heizung–Lüftung–Haustechnik.* Band 12 (1961), S. 170 ff.

1.63 HAUSENBLAS, H.: Zur optimalen Auslegung von einstufigen Axialgebläsen. Zeitschrift *Konstruktion,* Bd. 23 (1971), S. 143/145.

1.64 ESCHE, D.: Beitrag zur Entwicklung von Kühlgebläsen für Verbrennungsmotoren. *MTZ Motortechnische Zeitschrift,* 37 (1976), S. 399/403.

1.65 BOHL, W.: Entwicklung und Konstruktion einer Reihe zweistufiger Axialgebläse. Zeitschrift *Maschinenmarkt,* Bd. 84 (1978), S. 1188/1191.

1.66 MARCINOWSKI, H.: Die Auslegung von Ventilatoren für Kraftfahrzeug-Kühlanlagen. *MTZ Motortechnische Zeitschrift* 19 (1958), S. 304/311.

1.67 STRSCHELETZKY, M.: Gleichgewichtsformen der rotationssymmetrischen Rotationsströmung mit konstantem Drall in geraden, zylindrischen Rotationshohlräumen. Voith – *Forschung und Konstruktion* – Nr. 5 (1959)

1.68 MARCINOWSKI, H.: Der Einfluß des Laufradspaltes bei leitradlosen frei ausblasenden Axialventilatoren. Voith – *Forschung und Konstruktion* – Nr. 3 (1958).

1.69 ECKERT, B.; SCHNELL, E.: Axial- und Radialkompressoren. Springer-Verlag, 1961.

1.70 ZWEIFEL, O.: Die Frage der optimalen Schaufelteilung bei Beschaufelungen von Turbomaschinen, insbesondere bei großer Umlenkung in den Schaufelreihen. *Brown-Boveri-Mitteilungen,* 1945, S. 436/444.

1.71 ENGELHARDT, W.: Experimentelle Untersuchungen an Querstromgebläsen bei veränderlichen Reynolds-Zahlen. *Strömungsmechanik und Strömungsmaschinen,* Heft 9, Februar, 1971. Verlag G. Braun, Karlsruhe.

1.72 DE FRIES, J.R.: 66 Jahre Querstromventilator. *VDI – Berichte,* Bd. 38, 1959.

1.73 COESTER, R.: Theoretische und experimentelle Untersuchungen an Querstromgebläsen. Mitteilungen aus dem Institut für Aerodynamik an der ETH, Zürich, Nr. 28.

1.74 SIMON, H.: Entwicklung einer Standard-Laufradreihe mit räumlich verwundenen, rückwärtsgekrümmten Schaufeln für stationäre Radialverdichter. *VDI-Z* 119 (1977), Nr. 1/2, S. 121 ff.

1.75 FISTER, W.; KOTZUR, J.: Untersuchungen zur Weiterentwicklung von radialen Turboverdichtern. *GHH-Technische Berichte* 1/69.

1.76 SCHMALFUSS, H.-G.: Strömungstechnische Entwicklungsarbeiten an Turboverdichtern. *DEMAG-Nachrichten* Nr. 195, S. 8/15.

1.77 KLUGE, F.: Kreiselgebläse und Kreiselverdichter radialer Bauart. Springer-Verlag, 1953.

1.78 BOLTE, W.: Zur Optimierung von Radialverdichtern Zeitschrift *BWK* 26 (1974), Nr. 6, S. 257 ff.

1.79 BOLTE, W.: Ein Verfahren zur Abschätzung des Wirkungsgrades von Radialverdichtern. Zeitschrift *BWK* 19 (1967), Nr. 8, S. 381 ff.

1.80 SENTEK, J.: Beitrag zum Ermitteln der Stufenzahl von Radialverdichtern. *VDI-Z* 119 (1977), Nr. 7, S. 357 ff.

1.81 PFAU, H.: Aufgaben und Probleme bei der Gestaltung von Einwellen-Turboverdichtern radialer Bauart. *DEMAG-Nachrichten* 192, S. 16/24.

1.82 FARKAS, F.: Die Entwicklung der Brown Boveri Gasturbinen-Kompressoren. *Brown-Boveri-Mitteilungen* 1977, Band 64, Heft 1, S. 52 ff.

1.83 HORLOCK, J.H.: Axialkompressoren. Verlag G. Braun, Karlsruhe 1967.

1.84 TRAUPEL, W.: Die Theorie der Strömung durch Radialmaschinen. Verlag G. Braun, Karlsruhe 1962.

1.85 GÖDE, E.; RHYMING, I. L.: Dreidimensionale Berechnung der Strömung in einem Francislaufrad. *Technische Rundschau Sulzer* (1987), Heft 4, S. 31/35.

1.86 GÖDE, E.; PESTALOZZI, J.: Berechnung der Strömung in einer Rohrturbine. *Technische Rundschau Sulzer* (1987), Heft 2, S. 21/25.

1.87 SCHROEDER, CH.: Experimentelle Untersuchungen zur Auslegung hochbelasteter Axialventilatoren. Dissertation T. U. Braunschweig 1982.

1.88 SCHILLER, F.: Theoretische und experimentelle Untersuchungen zur Bestimmung der Belastungsgrenze bei hochbelasteten Axialventilatoren. Dissertation T. U. Braunschweig 1984.

1.89 BRODERSEN, S.: Experimentelle Untersuchungen an hochbelasteten Axialventilatoren mit kleinem Nabenverhältnis. Dissertation T. U. Braunschweig 1986.

**Literatur zu Kapitel 2**

2.1 SCHOLZ, N.: *Aerodynamik der Schaufelgitter,* Band I. Verlag G. Braun, Karlsruhe 1965.

2.2 BETZ, A.: Einführung in die Theorie der Strömungsmaschinen. Verlag G. Braun, Karlsruhe 1959.

2.3 TRAUPEL, W.: *Thermische Turbomaschinen* Band 1, 3. Auflage. Springer-Verlag 1977.

2.4 KÄPPELI, E.: Strömungslehre III. *Blaue TR-Reihe,* Heft 115. Hallwag-Verlag: Bern und Stuttgart 1976.

2.5 PETERMANN, H.: Der Strömungsverlauf in und hinter Laufschaufelkanälen von radialen Kreiselpumpen und Verdichtern. *VDI-Z.* 103 (1961), Nr. 17, S. 748/752.

2.6 FISTER, W.: Sichtbarmachung der Strömungen in Radialverdichterstufen, besonders der Relativströmung in rotierenden Laufrädern, durch Funkenblitze. *Brennstoff–Wärme–Kraft* 18 (1966), Nr. 9, S. 425/429.

2.7 ECKARDT, D.: Strömungsuntersuchungen im Laufrad einer Hochleistungs-Radialverdichterstufe. *VDI-Berichte* 264 (1976), „Thermische Strömungsmaschinen", S. 141/148.

2.8 SCHMALFUSS, H.-G.: Strömungsformen in Radiallaufrädern von Turboverdichtern. *VDI-Berichte* 193 (1973), „Strömungstechnische Probleme bei der Entwicklung von Strömungsmaschinen", S. 117/127.

2.9 FISTER, W.; KOTZUR, J.: Untersuchungen zur Weiterentwicklung von radialen Turboverdichtern. *GHH-Technische Berichte* 1/69.

2.10 SCHMALFUSS, H.-G.: Strömungstechnische Entwicklungsarbeiten an Turboverdichtern. *DEMAG-Nachrichten* 195 (1970), S. 8 bis 24.

2.11 ECKERT, B.; SCHNELL, E.: *Axial- und Radialkompressoren,* 2. Auflage. Springer-Verlag, 1961.

2.12 PFLEIDERER, C.: *Die Kreiselpumpen für Flüssigkeiten und Gase,* 5. Auflage, Springer-Verlag, 1961.

2.13 MAKAY, E.: Design of fluid-movers. Machine Design 43 (1971), Nr. 12, S. 140/144. Kurznotiz darüber in: Zeitschrift *Konstruktion* 1973 (Band 25), Heft 3, S. 108/110.

2.14 ECK, B.: *Ventilatoren* – 5. Auflage. Springer-Verlag, 1972.

2.15 TRAUPEL, W.: Die Theorie der Strömung durch Radialmaschinen. Verlag G. Braun, Karlsruhe 1962.

2.16 STEPANOFF, A.J.: *Radial- und Axialpumpen.* Springer-Verlag, 1959.

2.17 SCHULZ, H.: *Die Pumpen* – 13. Auflage. Springer-Verlag, 1977.

2.18 TROSKOLAŃSKI, A.T.; LAZARKIEWICZ, ST.: *Kreiselpumpen* – Berechnung und Konstruktion. Birkhäuser-Verlag, 1976.

2.19 RÜTSCHI, K.: Der Einfluß der Leitvorrichtungen auf Leistung und Wirkungsgrad von Kreiselpumpen. *Schweizerische Bauzeitung,* 79. Jahrgang 1961/Heft 15.

2.20 FACHBACH, H.; PÀLFFY, S.: Gestaltung beschaufelter Umlenkkanäle in mehrstufigen Pumpen. Zeitschrift Konstruktion 27 (1975) S. 28–30

2.21 PFAU, H.: Aufgaben und Probleme bei der Gestaltung von Einwellen-Turboverdichtern radialer Bauart. *DEMAG-Nachrichten* 192 (1969), S. 16/24.

2.22 SÖRGEL, G.: Untersuchungen am schaufellosen und beschaufelten Diffusor einer Radialgebläsestufe. *Maschinenbautechnik* 17 (1968), Heft 11, S. 576/582.

2.23 HÜTTE: *Das Ingenieurs Taschenbuch Maschinenbau,* Teil A, 28. Auflage.

2.24 PFLEIDERER/PETERMANN: *Strömungsmaschinen,* 5. Auflage. Springer Verlag, 1986.

2.25 RIEGELS, F.W.: *Aerodynamische Profile.* Verlag R. Oldenbourg, 1958.

2.26 HOLZENBERGER, K.: Experimentelle Untersuchung der Winkelübertreibung an ruhenden Axialgittern. Zeitschrift *Konstruktion* 9 (1957), S. 212/225.

2.27 v. SCHWERDTNER, O.-A.: Strömungsuntersuchungen an Turbinenschaufeln *Siemens-Zeitschrift,* 41. Jahrgang (1967). Beiheft „Dampfturbinen großer Leistung".

2.28 ASCHENBRENNER, A.: Untersuchungen über den Einfluß des Abstandes zwischen Lauf- und Leitrad auf das Betriebsverhalten einstufiger Axialpumpenbeschaufelungen Zeitschrift *Konstruktion* 18 (1966), Heft 8, S. 336/345.

2.29 PFENNINGER, A.: Propellerpumpen. Escher-Wyss Sonderdruck *„Hydraulische Anlagen"*, 1953.

2.30 MÖHLE, H.: Untersuchungen über den Einfluß des Abstandes zwischen Lauf- und Leitrad. Zeitschrift *Konstruktion* 13 (1961), Heft 6, S. 213/222.

2.31 BOHL, W.: Entwicklung und Konstruktion einer Reihe zweistufiger Axialgebläse. Zeitschrift *Maschinenmarkt* 84 (1978), Seite 1188/1191.

**Literatur zu Kapitel 3**

3.1 *KSB – Kreiselpumpen-Lexikon.* Fa. KSB/ Frankenthal, 2. Auflage, 1980.

3.2 *VDI/VDE – Richtlinie 2041.* Drosselgeräte für Sonderfälle.

3.3 *AMCA – Standard 210-74.* Laboratory Methods of Testing Fans for Rating, 1975.

3.4 SIEKMANN, H.; HOLZHÜTER, E.: Die Gestaltung der Einlaufkammer für spezifisch schnelläufige Pumpen. Referat, gehalten auf der VDMA-Pumpentagung in Karlsruhe, Oktober 1973.

3.5 DOMM, U.; ROSEMANN, P.; SIEKMANN, H.: Modelluntersuchung der Einlaufströmung einer großen Kühlwasserpumpe. *KSB-Technische Berichte,* Heft 16, April 1973.

3.6 MIGOD, A.; SIEKMANN, H.: Einfluß von Kühlverfahren und Zulaufbedingungen auf die Bauart von Kühlwasserpumpen für Wärmekraftwerke. *KSB-Technische Berichte,* Heft 17/1977.

3.7 BOHL, W.: *Technische Strömungslehre,* 8. Auflage 1988. Vogel-Verlag, Würzburg.

3.8 KÄPPELI, E.: *Strömungslehre I.* Blaue TR-Reihe, Heft 113. Verlag Technische Rundschau 1974.

3.9 TRAUPEL, W.: *Thermische Turbomaschinen,* Band I, 3. Auflage. Springer-Verlag, 1977.

3.10 QUANTZ, L.; MEERWARTH, K.: *Wasserkraftmaschinen.* Springer-Verlag, 1963.

3.11 RAABE, J.: *Hydraulische Maschinen und Anlagen.* Teil 2 – Wasserturbinen. VDI-Verlag, Düsseldorf. 1970.

3.12 KOOPMANN, D.: Die innengesteuerten Düsen für die Freistrahlturbinen des Kopswerks. Voith – *Forschung und Konstruktion,* Heft 15, 1967.

3.13 SPRENGER, H.: Experimentelle Untersuchungen an geraden und gekrümmten Diffusoren. Mitteilung Nr. 27 des Instituts für Aerodynamik der ETH-Zürich, 1959. Verlag Leemann-Zürich.

3.14 PRECHTER, H.: Gesichtspunkte zur Auslegung von Diffusoren unter Berücksichtigung neuerer Forschungsergebnisse. Zeitschrift *Maschinenmarkt,* Nr. 82 (1961), Heft 13, Oktober 1961.

3.15 ALBRING, W.: *Angewandte Strömungslehre,* 4. Auflage. Verlag Theodor Steinkopf, Dresden 1970.

3.16 LINNEKEN, H.: Betrachtungen über Wirkungsgrade gasdurchströmter Diffusoren. Zeitschrift *Konstruktion,* Nr. 15 (1963), Heft 7.

3.17 KLINE, S.J.; ABBOTT, D.; FOX, R.: Die günstigste Konstruktion von Diffusoren mit geraden Wänden. Zeitschrift *Konstruktion,* Nr. 12 (1960), Heft 5.

3.18 WAITMAN, B.A.; RENEAN, L.R.; KLINE, S.J.: Einfluß des Stömungszustandes vor der Erweiterung auf die Umsetzung der Geschwindigkeitsenergie bei zweimensionalen Diffusoren mit ebenen Wänden. Zeitschrift *Konstruktion,* Nr. 15 (1963), Heft 10.

3.19 TRAUPEL, W.: *Die Theorie der Strömung durch Radialmaschinen.* Verlag G. Braun, Karlsruhe, 1962.

3.20 ECK, B.: *Ventilatoren,* 5. Auflage. Springer-Verlag 1972.

3.21 PÁLLFY, S.: Die Strömung im Spiralgehäuse einstufiger Zentrifugalpumpen. *Schweizerische Bauzeitung* 93. Jahrgang, Heft 34, August 1975.

3.22 RÜTSCHI, K.: Der Einfluß der Leitvorrichtungen auf Leistung und Wirkungsgrad von Kreiselpumpen. *Schweizerische Bauzeitung* 79. Jahrgang, Heft 15, April 1961.

3.23 STEPANOFF, A.J.: *Radial- und Axialpumpen.* Springer-Verlag, 1959.

3.24 PFLEIDERER, C.; PETERMANN, H.: *Strömungsmaschinen,* 5. Auflage. Springer-Verlag, 1986.

3.25 SCHULZ, H.: *Die Pumpen,* 13. Auflage. Springer-Verlag, 1977.

3.26 HÖNMANN, W.: Zum Problem der optimalen Laufradbreite bei Radialventilatoren. *Heizung–Lüftung–Haustechnik* 12 (1961), Nr. 6, S. 161/167.

3.27 DZIALLAS, R.: Beitrag zur hydraulischen Auslegung von Kaplanturbinen Voith – *Forschung und Konstruktion,* Heft 1/1955.

3.28 KETTNER, P.: Strömung in der Spirale radialer Strömungsmaschinen. Heft 3 *„Strömungsmechanik und Strömungsmaschinen".* Braun-Verlag, Karlsruhe, 1965.

3.29 MÜLLER, K.J.: Bemessung und Betriebsverhalten von Spiralen radialer Strömungsarbeitsmaschinen. *VDI-Berichte* Nr. 193/1973.

3.30 PEKRUN, M.; FLÖRKEMEIER, K.-H.: Vergleichende Untersuchungen über Spiralgehäuse von Kreiselpumpen mit radialen und tangentialem Druckstutzen. Referat, gehalten auf der VDMA-Pumpentagung in Karlsruhe, September 1978.

3.31 MÜLLER, H.-P.: Experimentelle Untersuchungen an Kegeldiffusoren einer mehrstufigen Radialverdichterspirale. Zeitschrift *Brennstoff–Wärme–Kraft* 28 (1976), S. 97/101.

3.32 HUTAREW, G.: Über die Ausbildung von Zuleitungen von Strömungsmaschinen, insbesondere von vertikalen Kreiselpumpen. Zeitschrift *Energie* 13 (1961), S. 289/292.

3.33 OFFENHÄUSER, H.: Gestaltung von Zu- und Abströmung großer Kreiselpumpen. Vortrag auf der VDMA-Pumpentagung in Karlsruhe Oktober 1973.

3.34 TOMICA, H.; WONSAK, G.; SAXENA, S.V.: Ausbildung und Untersuchung von Saugkrümmern für zweiflutige, radial angeströmte Kreiselpumpen. Vortrag auf der VDMA-Pumpentagung in Karlsruhe. Oktober 1973.

3.35 PEKRUN, M.; SAXENA, S.V.: Gestaltung und Untersuchung von Saugkrümmern für vertikale Halbaxial- und Propellerpumpen. Vortrag auf der VDMA-Pumpentagung in Karlsruhe. Oktober 1973.

3.36 HUTAREW, G.: Vertikale Kreiselpumpen in offenen Kammern mit Einlauftrichtern und mit Beschleunigungskrümmern. *VDI-Z.* 114, Nr. 8/1972.

3.37 HAUSENBLAS, H.: Versuche an Abströmgehäusen thermischer Turbomaschinen. Zeitschrift *Konstruktion* 15 (1963), Heft 12, S. 492/494.

3.38 BÖHM, J.; CONRAD, W.: Die Geschwindigkeitsverteilung im Endquerschnitt von Turbinen-Abdampfstutzen bei verschiedener Zuströmung. Zeitschrift *Konstruktion* 13 (1961), Heft 6, S. 223/225.

3.39 SUTER, P.; GIRSBERGER, R.: Strömungstechnische Gestaltung des Austrittsstutzens von Axialmaschinen. *Traupel-Festschrift.* Juris-Verlag. Zürich 1974.

3.40 KAUFMANN, K.: Zur Bestimmung freier Begrenzungen einer Strömung in einem ebenen Krümmer. Voith – *Forschung und Konstruktion* Heft 19. August 1969.

3.41 BOHL, W.: Ventilatoren. Vogel-Buchverlag, Würzburg, 1983.

3.42 TRÖGER, M.: Auslegung von Doppelspiralgehäusen. *information pumpen und verdichter* 2 (1986). VEB-Kombinat Pumpen und Verdichter, DDR 4020 Halle.

3.43 HANS, W.: Untersuchungen über den Reibungszuschlag bei der Auslegung von Spiralgehäusen für Radialverdichter. *Maschinenbautechnik* 8 (1959), Heft 8, S. 397/399.

**Literatur zu Kapitel 4**

4.1 ZIEGLER, G.: *Maschinendynamik.* Carl Hanser Verlag, 1977.

4.2 TRAUPEL, W.: *Thermische Turbomaschinen,* 2. Band, 2. Auflage. Springer-Verlag, 1968.

4.3 LÖFFLER, K.: *Die Berechnung von rotierenden Scheiben und Schalen.* Springer-Verlag, 1961.

4.4 HOHN, A.: Die Rotoren großer Dampfturbinen. *Brown-Boveri-Mitteilungen* 1973, Heft 9.

4.5 SCHNEIDER, G.: *Verbrennungskraftmaschinen.* Carl Hanser Verlag, 1967.

4.6 BIEZENO, C.B.; GRAMMEL, R.: *Technische Dynamik,* Bd. 2, 2. Auflage. Springer-Verlag, 1953.

4.7 KLUGE, F.: *Kreiselgebläse und Kreiselverdichter radialer Bauart.* Springer-Verlag, 1953.

4.8 PFLEIDERER, C.: *Die Kreiselpumpen für Flüssigkeiten und Gase,* 5. Auflage. Springer-Verlag, 1961.

4.9 ten BOSCH, M.: *Berechnung der Maschinenelemente,* 3. Auflage. Nachdruck 1972. Springer-Verlag.

4.10 KRITZER, R.: Berechnung der Spannungen und des Festigkeitsverhaltens rotierender Scheiben und Schwungräder. Zeitschrift *Konstruktion* 24 (1972), Heft 5, S. 186–194.

4.11 SALZMANN, F.: Kurvenscharen zur Berechnung rotierender Radscheiben mittels konischer Teilringe nach dem Verfahren von Keller. *Escher-Wyss-Mitteilungen* (1938), Nr. 3, S. 63 ff.

4.12 KISSEL, W.; SALZMANN, F.: Kurvenscharen zur Berechnung der Spannungen in rotierenden und ungleichmäßig erwärmten Scheiben nach dem Verfahren von Keller. *Escher-Wyss-Mitteilungen,* Sonderheft „Dampfturbinen" (1950/51), S. 69 ff.

4.13 ROEMER, H.-W.: *Dampfturbinen.* Giradet-Verlag, 1972.

4.14 FRANECK, H.; RECKE, H.-G.: Berechnung von Laufrädern mit der Methode der finiten Elemente. Zeitschrift *Maschinenbautechnik* 23 (1974), Heft 9, S. 423/426.

4.15 PAK, M.: Ein Rechenprogramm zur Festigkeitsberechnung rotationssymmetrischer Scheiben beliebig veränderlicher Dicke mit Hilfe des Gitterrostverfahrens. Zeitschrift *Konstruktion* 28 (1976), S. 386/390.

4.16 RÖMER, M.: Spannungsoptische Untersuchung eines Axialturbinenrades. Zeitschrift *Konstruktion* 19 (1967), Heft 7, S. 255/261.

4.17 WOLF, H.; SIMON, B.: Modelluntersuchungen an rotierenden Teilen des Turbinen- und Generatorbaues zur Unterstützung der Festigkeitsberechnung und Konstruktion. Zeitschrift *Konstruktion* 23 (1971), Heft 1, S. 269/275.

4.18 SÄHN, S.: Beanspruchung von Kreisringscheiben bei hohen Temperaturen durch rotationssymmetrische Belastung. Zeitschrift *Maschinenbautechnik* 23 (1974), Heft 9, S. 423/426.

4.19 ANGEHRN, R.; HÖLLER, K.; BARP, B.: Vergleich berechneter und gemessener Spannungswerte bei Francisturbinenläufern hoher spezifischer Drehzahl. *Escher-Wyss-Mitteilungen* 50 (1977), Heft 1, S. 25/28.

4.20 FISTER, W.; HEIDERICH, H.: Rechnerische Verformungs- und Spannungsermittlung von Radialpumpenlaufrädern unter Berücksichtigung von Fluid- und Fliehkräften. Vortrag auf der VDMA-Pumpentagung in Karlsruhe. September 1978.

4.21 PAK, M.: Berechnung der Spannungsverteilung in Radialverdichterlaufrädern mit Hilfe des Gitterrostverfahrens. Zeitschrift *Konstruktion* 27 (1975), Heft 9, S. 329/334.

4.22 GRUBITZSCH, W.; GEBBENSLEBEN, R.: Untersuchungen zur Beanspruchung des Modell-Laufrades einer Pumpenturbine. Zeitschrift *Maschinenbautechnik* 27 (1978), Heft 8, S. 340/349.

4.23 RAABE, J.: *Hydraulische Maschinen und Anlagen,* Teil 2, Wasserturbinen. VDI-Verlag, 1970.

4.24 SCHLACHTER, W.: Vereinfachte Spannungsberechnung in Radialrädern mit Deckscheiben. *Traupel-Festschrift.* Zürich, 1974.

4.25 ECK, B.: *Ventilatoren,* 5. Auflage. Springer-Verlag, 1972.

4.26 BOLTE, W.: Festigkeitsberechnung der Laufräder von Radialverdichtern. Zeitschrift *Konstruktion* 14 (1962), Heft 7, S. 281/282.

4.27 BROECKER, E.: Berechnung der Schaufelbiegung bei radialen Laufrädern von Strömungsmaschinen. Zeitschrift *Konstruktion* 19 (1967), Heft 7, S. 241/254.

4.28 Fa. Georg Fischer AG, Schaffhausen: *+GF+ Information – Stahlguß,* Heft I/1968, Kompressorenräder.

4.29 LINNECKEN, H.: Fliehkraftspannungen in radialstehenden Schaufeln axialer Turbomaschinen. Zeitschrift *Konstruktion* 12 (1960), Heft 12, S. 504/507.

4.30 DREIER, H.; HACHMANN, H.; STRICKLE, E.: Berechnung von axialen Lüfterrädern aus Kunststoff. Zeitschrift *MTZ* 26 (1965), Nr. 9, S. 367/373.

4.31 KRUSCHIK, J.: *Die Gasturbine,* 2. Auflage. Springer-Verlag, Wien 1960.

4.32 ECKERT, B.; SCHNELL, E.: *Axial- und Radialkompressoren,* 2. Auflage. Springer-Verlag, 1960.

4.33 BEGLINGER, V.: Festigkeitstechnische Kenngrößen von Doppelkreisbogen-Profilen. Zeitschrift *Konstruktion* 18 (1966), Heft 11, S. 467/469.

4.34 ROEDER, A.: Die Endschaufeln der größten volltourigen Norm-Niederdruckturbine. *Brown-Boveri-Mitteilungen* (63) 1976, Heft 2, S. 115/122.

4.35 MONTOYA, J.: Gekoppelte Biege- und Torsionsschwingungen einer stark verwundenen rotierenden Schaufel. *Brown-Boveri-Mitteilungen* (53) 1966, Heft 3, S. 216/230.

4.36 WERNER, L.: Berechnung der mechanischen Beanspruchung von Niederdruckschaufeln niedriger Eigenfrequenz. *Siemens-Zeitschrift* 41 (1967), Beiheft „Dampfturbinen großer Leistung".

4.37 OSTERWALDER, J.: Hydrodynamische Kraftwirkungen an Kaplanschaufeln und ihre Bedeutung bei Festigkeitsuntersuchungen. *Escher-Wyss-Mitteilungen* 40 (1967), Heft 1, S. 26/28.

4.38 GREIN, H.; BARP, B.: Experimentelle Spannungsbestimmung an Kaplanschaufeln. *Escher-Wyss-Mitteilungen* 43 (1970), Heft 2, S. 22/27.

4.39 BARP, B.; SCHWEIZER, F.; FLURY, E.: Betriebsspannungen an Kaplanschaufeln. *Escher-Wyss-Mitteilungen* 46 (1973), Heft 2, S. 10/15.

4.40 SCHULZE, G.: Das Rückstellmoment rotierender Schaufelblätter und sein Ausgleich. Zeitschrift *Konstruktion* 13 (1961), Heft 5, S. 187/191.

4.41 KSB: *Kreiselpumpen-Lexikon*, 2. Auflage, 1980.

4.42 DE KOVÁTS, A.; DESMUR, G.: *Pumpen, Ventilatoren und Kompressoren*. Verlag G. Braun, Karlsruhe, 1968.

4.43 ZILLING, H.: Untersuchung des Axialschubs und der Strömungsvorgänge in den Radseitenräumen einer einstufigen radialen Kreiselpumpe mit Leitrad. Dissertation Universität (TH) Karlsruhe, veröffentlicht in *Strömungsmechanik und Strömungsmaschinen*, Heft 15/1973.

4.44 DOMM, U.; ZILLING, H.: Über die Axialkräfte in einstufigen radialen Kreiselpumpen. *KSB-Technische Berichte* 12 (1967).

4.45 STEPANOFF, A.J.: *Radial- und Axialpumpen*. Springer-Verlag.

4.46 SCHULZ, H.: *Die Pumpen*, 13. Auflage. Springer-Verlag, 1977.

4.47 LINNECKEN, H.: Die Berechnung des Axialschubes radialer Verdichterstufen. Zeitschrift *Konstruktion* 14 (1962), Heft 11, S. 432/433.

4.48 SCHWARZ, D.; WESCHE, W.: Radial- und Axialschubmessungen an einer doppelflutigen einstufigen Kreiselpumpe. Vortrag auf der VDMA Pumpentagung, Karlsruhe 1973.

4.49 GREIN, H.; BACHMANN, P.; BARP, B.; ANNEN, H.; SCHWEIZER, F.: Radialkräfte an hydraulischen Turbomaschinen. *Technische Rundschau SULZER*. Heft 1/1975, S. 37/48.

4.50 MEIER-GROTIAN, J.: Untersuchungen der Radialkraft auf das Laufrad einer Kreiselpumpe bei verschiedenen Spiralgehäuseformen. *VDI-Berichte*, Nr. 193 (1973).

4.51 GRABOW, G.: Radialdruck bei Kreiselpumpen. *„Pumpen und Verdichter"*, Halle (DDR) 1964, Heft 2.

4.52 BIHELLER, H.J.: Radial Force on the Impeller of Centrifugal Pumps With Volute, Semivolute, and Fully Concentric Casings. Transactions of the ASME – *Journal of Engineering* for Power, Juli 1965, S. 319/322.

4.53 AGNOSTELLI, A.; NOBLES, D.; MOCKRIDGE, C.R.: An Experimental Investigation of Radial Thrust in Centrifugal Pumps. Transactions of the ASME – *Journal of Engineering* for Power, April 1960, S. 120/126.

4.54 HERGT, P.; KRIEGER, P.: Hydraulische Kräfte und Momente, die auf den Läufer von Spiralgehäusepumpen einwirken. *KSB-Technische Berichte*, Heft 16 (1973), S. 10/16.

4.55 HERGT, P.; KRIEGER, P.: Radialkräfte in Leitradpumpen. *KSB-Technische Berichte*, Heft 16 (1973), S. 32/39.

4.56 DOMM, U.; HERGT, P.: Radialkräfte auf Laufräder in Spiralgehäusepumpen *KSB-Technische Berichte*, Heft 15 (1971), S. 27/34.

4.57 HERGT, P.: Einfluß der hydraulischen Kräfte auf die konstruktive Gestaltung von einstufigen Kreiselpumpen mit fliegend gelagertem Laufrad. Vortrag VDMA-Pumpentagung. Karlsruhe 1978.

4.58 ESCHMANN, P.; HASBARGEN, L.; WEIGAND, K.: *Die Wälzlagerpraxis*. Verlag von R. Oldenbourg. München, 2. Auflage, 1978.

4.59 FREI, A.: Berechnung der Sicherheit von Pumpenwellen gegen bleibende Verformung und Ermüdung mit Hilfe eines Computers. *SULZER-Forschungsheft* 1973, S. 19/28.

4.60 SCHMIDT, F.: *Berechnung und Gestaltung von Wellen*, 2. Auflage. Springer-Verlag, 1967.

4.61 CORNELIUS, E.A.: Die Dauerdrehwechselfestigkeit von Wellen unter dem Einfluß von Preßsitzen. Zeitschrift *Konstruktion* 9 (1957), Heft 8, S. 299/303.

4.62 CORNELIUS, E.A.: Die Dauerdrehwechselfestigkeit von Wellen unter dem Einfluß verschiedener Verbindungen zwischen Welle und Nabe. Zeitschrift *Konstruktion* 10 (1958), Heft 3, S. 112/113.

4.63 CORNELIUS, E.A.; CONTAG, D.: Die Festigkeitsminderung von Wellen unter dem Einfluß von Wellen-Naben-Verbindungen durch Lötung, Nut und Paßfeder, Kerbverzahnungen und Keilprofile bei wechselnder Drehung. Zeitschrift *Konstruktion* 14 (1962), Heft 9, S. 337/343.

4.64 CORNELIUS, E.A.; SCHMIDT, P.: Das Ringfederspannelement als Verbindung von Welle und Nabe. Zeitschrift *Konstruktion* 13 (1961), Heft 3, S. 91/100

4.65 DIN 748, Blatt 1: *Zylindrische Wellenenden*. Abmessungen – Nenndrehmomente.

4.66 GASCH, R.; PFÜTZNER, H.: *Rotordynamik*. Springer-Verlag, 1975.

4.67 KULL, G.: Neue Beiträge zum Kapitel Kritische Drehzahlen schnell umlaufender Wellen. *VDI-Zeitschrift* 62 (1918), S. 249 ff.

4.68 TROSKOLANSKI, T.; LAZARKIEWICZ, ST.: *Kreiselpumpen*. Berechnung und Konstruktion, 3. Auflage. Birkhäuser-Verlag, 1976.

4.69 GEIPEL, W.: Rechnerisches Verfahren zur Ermittlung der biegekritischen Grundschwingung zweifach gelagerter Wellen. Zeitschrift *Konstruktion* 13 (1961), Heft 5, S. 199/201.

4.70 DANNHORN, H.: *Kritische Drehzahl und Wellenabmessung*. Werkstattblatt Nr. 586. Hanser-Verlag, 1973.

4.71 DEKAAT, R.: Berechnung der Biegekritischen von Maschinen und Maschinenteilen mit Hilfe reduzierter Übertragungsmatrizen. Vortrag auf der VDMA-Pumpentagung. Karlsruhe 1978.

4.72 SAVCI, M.: Programmierte Ermittlung der kritischen Drehzahlen von Wellen unter Berücksichtigung ihrer Lagersteifigkeit und der Kreiselwirkung. Zeitschrift *Konstruktion* 23 (1971), Heft 2, S. 41/45.

4.73 THOMAS, E.; SCHUBER, K.H.: Programmsystem zur Berechnung von Biegeschwingungszuständen an Turbomaschinenwellen. Zeitschrift *Maschinenbautechnik* 26 (1977), Heft 7, S. 322/326.

4.74 BUERHOP, H.; MAHRENHOLTZ, O.: Rechnerangepaßtes Modell zur Berechnung der Eigenschwingungen von Wellen. Zeitschrift *Konstruktion* 26 (1974), Heft 2, S. 41/45.

4.75 WAUER, J.: Biegekritische Drehzahlen von Wellen mit eingestochenen Scheiben. Zeitschrift *Konstruktion* 26 (1974), Heft 9, S. 357/360.

4.76 MARKERT, R.; PFÜTZNER, H.; GASCH, R.: Biegeschwingungsverhalten rotierender Wellen beim Durchlaufen der kritischen Drehzahlen. Zeitschrift *Konstruktion* 29 (1977), Heft 9, S. 355/365.

4.77 NORDMANN, R.: Schwingungen von Turborotoren. Zeitschrift *Konstruktion* 30 (1978), Heft 9, S. 345/351.

4.78 GRGIC, A.: Biegekritische Drehzahlen elastisch gelagerter Rotoren mit Berücksichtigung des Kreiselmomentes der Rotormasse. Zeitschrift *Konstruktion* 22 (1970), Heft 9, S. 345/350.

4.79 THOMAS, H.-J.: Zur Laufstabilität einfacher Turborotoren, besonders bei Spalterregung. Zeitschrift *Konstruktion* 30 (1978), Heft 9, S. 339–344.

4.80 LINNEMANN, H.; WETTMANN, K.: Laufstabilität thermischer Turbomaschinen. *BBC-Nachrichten* 55 (1973), Heft 12, S. 396/401.

4.81 EHRICH, R.: Kritische Drehzahlen und Schwingungen von Turboläufern. Sonderdruck der Fa. BORSIG/Berlin.

4.82 KRÄMER, E.: Über den Einfluß des umgebenden Mediums auf die Schwingungen von Maschinenwellen. *Konstruktion* 25 (1973), Heft 4, S. 142/148.

4.83 MATTHIAS, H.B.: Speisepumpen für Dampfkraftwerke und Nuklearkraftwerke bis 1300 MW Blockleistung, in W. Bohl u.a. *Pumpen und Pumpenanlagen*. Lexika-Verlag, 1979.

4.84 KUSE, G.: Hinweise für die Konstruktion der Wellen von Dampfturbinen Zeitschrift *Konstruktion* 14 (1962), Heft 11, S. 433/435.

4.85 PILTZ, E.: Belastungen von Dampfturbinenlaufrädern bei Auslenkungen der Welle. Zeitschrift *Konstruktion* 24 (1972), Heft 4.

4.86 MÜLLER, E.-O.: Geschweißte Turbinenläufer. *BBC-Nachrichten* 47 (1965), Heft 6, Seite 277/283.

4.87 DIEN, W.: Stand des Schweißens von Rotoren. *BBC-Druckschrift* CH-T 060 063 D.

4.88 BROWN, BOVERI & CIE: Geschweißte Rotoren für Dampfturbinen. *BBC-Druckschrift* CH-T 060 072 D.

4.89 SCHWARZ, D.; WESCHE, W.: Radialschub an doppelflutigen einstufigen Kreiselpumpen. *Technische Rundschau Sulzer* Heft 2/1978, S. 63–68.

4.90 WYSSMANN, H.: Rotordynamik: Anwendung auf Turbokompressoren. *Technische Rundschau Sulzer* Heft 4/1983, S. 9/14.

4.91 REICHLE, M.: Rechnerische Ermittlung der Durchbiegung einer abgesetzten Welle unter beliebiger Belastung. *Zeitschrift antriebstechnik* 26 (1987), Nr. 12, S. 49/54.

4.92 BIALLOWONS, G.: Kurzfristig durchführbare Spannungsberechnung für geschlossene Radialverdichterräder mit Gitterrostelementen. *Fortschritt-Berichte der VDI-Zeitschriften,* Reihe 7, Nr. 75, 1983.

4.93 FEUCHTE, B.: Biegeschwingungen an Rotoren von Kreiselpumpen und Kreiselverdichtern in hydrodynamischen Gleitlagern. *Maschinenbautechnik* (1987), Heft 3, S. 108/114.

4.94 SELKE, P.; BORCH, J.; HÄSSNER, O.: Programm für die Berechnung der Durchbiegung abgesetzter zylindrischer Wellen mit Hilfe der Kleinrechentechnik. *Maschinenbautechnik* (1987), Heft 6, S. 276/277.

4.95 BUSSE, L.; HEIBERGER, D.; WOHLRAB, R.: Wellendynamik großer Turbogruppen – Vergleich der Rechnung mit dem Betriebsverhalten. *VGB Kraftwerkstechnik* 65 (1985), Heft 5, S. 481/487.

**Literatur zu Kapitel 5**

5.1 MATTHIAS, H.-B.: Speisepumpen für Dampfkraftwerke und Nuklearkraftwerke bis 1300 MW Blockleistung, in W. Bohl u.a. *„Pumpen und Pumpenanlagen*. Lexika-Verlag, 1979.

5.2 SCHWAIGERER, S.: *Festigkeitsberechnung im Dampfkessel-, Behälter- und Rohrleistungsbau,* 3. Auflage. Springer-Verlag, 1978.

5.3 KLAPP, E.: *Festigkeit im Apparate- und Anlagenbau.* Werner-Verlag, Düsseldorf 1970.

5.4 TRAUPEL, W.: *Thermische Turbomaschinen,* 2. Band, 2. Auflage. Springer-Verlag, 1968.
5.5 AD-Merkblätter: Sammlung einzelner AD-Merkblätter oder Taschenbuch-Ausgabe 1977. Beuth-Verlag, Berlin, 1977.
5.6 SCHNELL, W.; AKASOY, S.: Vergleich der Methoden zur Spannungsberechnung für dickwandige Behälter unter Wärmebelastung. Zeitschrift *Konstruktion* 30 (1978), Heft 2, S. 45/52.
5.7 BARP, B.; FREIMANN, C.: Elastizitätsgleichungen kreisförmiger Platten. Sonderheft. herausgegeben von der Forschungsabteilung der Escher-Wyss-AG/Zürich.
5.8 ten BOSCH, M.: *Berechnung der Maschinenelemente.* Reprint. Springer-Verlag, 1972.
5.9 KUPFER, W.: Berechnung der elastischen Spannungen in zylindrischen Behältern mit Stutzen. Zeitschrift *Maschinenbautechnik* 27 (1978), Heft 8, S. 359/363.
5.10 SCHWAIGERER, S.: Festigkeitsbegrenzung von Abzweigstücken unter Innendruck. Zeitschrift *Technische Überwachung* 9 (1968), Nr. 11, S. 372/377.
5.11 WAGNER, W.: *Rohrleitungselemente aus Stahl.* Vogel-Verlag, Würzburg, 1978.
5.12 DIN-Taschenbuch Nr. 9: *Gußrohrleitungen,* 3. Auflage. Beuth-Verlag, 1976.
5.13 DIN-Taschenbuch Nr. 15: *Normen für Stahlrohrleitungen,* 3. Auflage. Beuth-Verlag, 1976.
5.14 SCHMIDT, D.: *Rohrleitungstechnik*-Taschenbuch. Vulkan-Verlag. Essen, 1970.
5.15 DIN 2500: Flansche, Allgemeine Angaben-Übersicht.
5.16 DIN 2501: Flanschanschlußmaße.
5.17 AD-Merkblatt B8: Flansche.
5.18 DIN 2641/2642: Lose Flansche – Vorschweißbördel – Glatte Bunde.
5.19 DIN 2505: Berechnung von Flanschverbindungen (Vornorm.)
5.20 WAGNER, W.: It-Dichtungen in Rohrleitungs-Flanschverbindungen. Zeitschrift *Wärme* 82, Heft 1, S. 8/16.
5.21 NASITTA, Kh.: Über die Beanspruchung der Teilfugenschrauben im Flansch eines Turbinengehäuses. Zeitschrift *Konstruktion* 9 (1957), Heft 2, S. 57/63.
5.22 ULLMANN, K.: Experimentelle Untersuchung zur Flächenpressung in Teilfugen von Turbinengehäuseflanschen. Zeitschrift *Maschinenbautechnik* 14 (1965), Heft 11, S. 571/575.
5.23 REUTER, H.: Die Flanschverbindung im Dampfturbinenbau *BBC-Nachrichten* 1958, Heft 12, S. 355/365.
5.24 PADBERG, W.: Betriebssicherheit von Dampfturbinen in Doppelmantelbauweise. *BBC-Nachrichten* 1958, Heft 12, S. 348/354.
5.25 VDI-2230: Systematische Berechnung hochbeanspruchter Schraubenverbindungen.
5.26 DIN 2510: Schraubenverbindungen mit Dehnschaft.
5.27 AD-Merkblatt W7: Schrauben und Muttern aus Stahl.
5.28 KRÄMER, E.: Spannungen in Flanschschrauben von Dampfturbinen *BBC-Nachrichten* 1958, Heft 12, S. 366/373.
5.29 DERNEDDE, R.; PIEKAREK, E.: Festigkeitsberechnung für das Spiralgehäuse von Kreiselpumpen mit Hilfe eines Programmes für dünne rotationssymmetrische Schalen. Vortrag VDMA-Pumpentagung. Karlsruhe 1973.
5.30 JARAUSCH, R.; ALBRECHT, H.; SAXENA, S.V.: Festigkeitsuntersuchungen an Pumpenspiralgehäusen unter Einsatz der Stresscoaat- und Dehnungsmeßtechnik, Vortrag VDMA-Pumpentagung, Karlsruhe 1973.
5.31 HAAS, H.: Bauelemente und Baureihen der Siemens Großturbinen. *Siemens-Zeitschrift* 41 (1967), Beiheft Dampfturbinen großer Leistung.

**Literatur zu Kapitel 6**

6.1 SCHMID, E. u.a.: *Handbuch der Dichtungstechnik.* Lexika-Verlag, 1980.
6.2 TRUTNOVSKY, K.: *Berührungsdichtungen* 2. Auflage. Springer-Verlag, 1975.
6.3 VEIT, G.: *Taschenbuch der Dichtungstechnik.* Carl-Hanser-Verlag, 1971.
6.4 BOHNER, K.; BLENKE, H.; RAIBLE, G.: Stopfbuchsendichtungen für Wellen berechnen und konstruieren. Zeitschrift *Maschinenmarkt* Bd. 83 (1977), S. 1719/1722.
6.5 WISSEROTH, K.: Zur Energetik von Stopfbuchsenpackungen. Zeitschrift *Konstruktion* Bd. 27 (1975), S. 188/191.
6.6 WISSEROTH, K.: Stopfbuchsenpackungen mit ungewöhnlich großer Lebensdauer. *VDI-Z.* Bd. 117 (1975), Nr. 5, S. 223–226.
6.7 TROSKOLANSKI, A.T.; LAZARKIEWICZ, ST.: *Kreiselpumpen – Berechnung und Konstruktion* – Birkhäuser-Verlag, 1976.
6.8 TRUTNOVSKY, K.: Die Wirkungsweise von Weichpackungsstopfbuchsen. Zeitschrift *Konstruktion* Bd. 20 (1968), S. 220/224.
6.9 MÜLLER, H.K.: Weichpackungsstopfbuchsen mit ausgeglichener Anpressung. Zeitschrift *Konstruktion* Bd. 20 (1968), S. 224/226.
6.10 HIEDL, H.; SCHAFFER, G.: Entwicklung der Wellendichtungen bei Kreiselpumpen. Zeitschrift *Maschinenmarkt* Bd. 75 (1969), Nr. 29, S. 585/588.
6.11 MAYER, E.: *Axiale Gleitringdichtungen,* 7. Auflage. VDI-Verlag, 1982.

6.12 DIN 24960, Teile 1 und 2: Gleitringdichtungen – Einzel-Gleitringdichtungen – Hauptmaße für den Einbau, Wellendichtungsraum, Bezeichnung und Werkstoffschlüssel. November 1976.

6.13 VOGELPOHL, G.: *Betriebssichere Gleitlager,* 2. Auflage. Springer-Verlag, 1967.

6.14 DIN 3760: Radial-Wellendichtungen. April 1972.

6.15 NEUGEBAUER, G.; SCHUCANY, R.: Kennwerte von Radial-Wellendichtringen. Zeitschrift *Maschinenbautechnik* Bd. 27 (1978).

6.16 HALLIGER, L.: *Abdichtung von Wälzlagern.* TZ für praktische Metallbearbeitung 1966/Heft 4, oder Sonderdruck Dd 4921 a. 4.67, Reg. 751, der Fa. SKF, Schweinfurt.

6.17 TRUTNOVSKY, K.: *Berührungsfreie Dichtungen,* 2. Auflage. VDI-Verlag.

6.18 BOHL, W.: *Technische Strömungslehre*, 4. Auflage. Vogel-Verlag, 1980.

6.19 STEPANOFF, A.J.: *Radial- und Axialpumpen.* Springer-Verlag, 1959.

6.20 WIEDMANN, K.; BERNER, P.: Experimentelle Untersuchung durchströmter Ringspalte mit veränderlicher Exzentrizität. Zeitschrift *„technic"* 1974/Nr. 26, S. 2335/2339.

6.21 KSB: Kreiselpumpen-Lexikon, 2. Auflage, 1980.

6.22 STURM, H.D.; DACH, H.: Technischer Stand der heute verwendbaren Systeme von Wellenabdichtungen und deren Einsatzgrenzen aus der Sicht des Pumpenherstellers. Referat gehalten auf der VDMA-Pumpentagung in Karlsruhe, September 1978.

6.23 MARTIN, P.: Beitrag zur Durchflußberechnung von Spaltdichtungen. Zeitschrift *„Wärme"* 1971 (Bd. 77), Heft 5, oder Sonderdruck SA 03 S 38 der Fa. MAN, Nürnberg.

6.24 ZEUS, D.: Turbokompressordichtung. *cav chemieanlagen + verfahren* (1987), Heft 9, S. 37/42.

**Literatur zu Kapitel 7**

7.1 VDI 2204: Gleitlagerberechnung. Hydrodynamische Gleitlager für stationäre Belastung.

7.2 HOHN, A.: Die Lager von Dampfturbogruppen. *Brown-Boveri-Mitteilungen* 62 (1975), Heft 3, S. 72/83.

7.3 MILOWIZ, K.: Berechnung und Konstruktion von Radialgleitlagern, 3. Auflage. *Technische Rundschau* – Blaue Reihe, Heft 3. Hallwag-Verlag, 1957.

7.4 VOGELPOHL, G.: *Betriebssichere Gleitlager.* 2. Auflage, Springer Verlag 1967.

7.5 LEYER, A.: Theorie der Gleitlager bei Vollschmierung. *Technische Rundschau* – Blaue Reihe, Heft 46. Hallwag-Verlag, 1961.

7.6 VDI-Berichte, Band 36/1959: Gestaltung von Lagerungen mit Gleit- und Wälzlagern.

7.7 SASSENFELD, H.; WALTHER, A.: Gleitlagerberechnungen. *VDI-Forschungsheft* 441/1954.

7.8 FRÖSSEL, W.: Berechnung von Gleitlagern mit radialen Gleitflächen. Zeitschrift *Konstruktion* 14 (1962), Heft 5, S. 169/180.

7.9 FRÖSSEL, W.: Das Gleitlager und seine Entwicklung, herausgegeben von der Gleitlagerfabrik und Metallgießerei Herzberg GmbH.

7.10 VARGA, Z.: Kippsegment-Radiallager 900 mm für Dampfturbogruppen: Eigenschaften und Erprobung. *Brown-Boveri-Mitteilungen* 64 (1977), Heft 6, S. 309/320.

7.11 HILGENDORF, J.: Beitrag zur Berechnung und Konstruktion von Segmentlagern mit balligen Gleitflächen und beweglichen Segmenten. Voith – *Forschung und Konstruktion,* Heft 20, 1972.

7.12 KLUMPP, R.: Die Eigenschaften von Kippsegment-Radiallagern. Zeitschrift *Konstruktion* 28 (1976), Heft 8, S. 320/324.

7.13 OTT, H.H.: Kippsegment-Radiallager mit Schmiermittel von veränderlicher Viskosität. *VDI-Berichte* Nr. 248, 1975.

7.14 MEISSNER, L.: Lager und Regulierorgane sowie deren Ölversorgung bei Wasserkraftmaschinen. Voith – *Forschung und Konstruktion,* Heft 1, 1955.

7.15 HILGENDORF, J.: Fett- und wassergeschmierte Gleitlager bei Wasserturbinen und Pumpen. Voith – *Forschung und Konstruktion,* Heft 15, 1967.

7.16 VDI 2202: Schmierstoffe und Schmiereinrichtungen für Gleit- und Wälzlager.

7.17 POLLMANN, E.: Probleme der Lagerung bei Dampfturbinen großer Leistung. *Siemens-Zeitschrift* 41 (1967), Beiheft Dampfturbinen großer Leistung.

7.18 GRAU, E.; LOEWIÉ, H.; RASMUS, W.; ZEHNPFENNIG, F.: *Axiallagerberechnungen* in GOLDSCHMIDT informiert ... 3/78, Nr. 45, S. 16/45.

7.19 FRÖSSEL, W.: Berechnung axialer Gleitlager mit ebenen Gleitflächen. Zeitschrift *Konstruktion* 13 (1961), Heft 4, Seite 138/148 und 192/197.

7.20 FRÖSSEL, W.: Berechnung axialer Gleitlager mit balligen Gleitflächen. Zeitschrift *Konstruktion* 13 (1961), S. 253/261.

7.21 FRICKE, J.: Das Axiallager mit kippbeweglichen Kreisgleitschuhen. *VDI-Forschungsheft* 567 (1975).

7.22 OBRIST, H.: Spurlager für hydroelektrische Maschinengruppen. Escher-Wyss, Sonderdruck 11 055.

7.23 ESCHMANN, P.: *Das Leistungsvermögen der Wälzlager*. Springer-Verlag, 1964.

7.24 HAMPP, W.: *Wälzlagerungen – Berechnung und Gestaltung –*, Konstruktionsbuch Nr. 23 der Reihe Konstruktionsbücher. Springer-Verlag, 1971.

7.25 PALMGREN, A.: *Grundlagen der Wälzlagertechnik,* 3. Auflage. Franckh'sche Verlagshandlung. Stuttgart 1964.

7.26 ESCHMANN, P.; HASBARGEN, L.; WEIGAND, K.: *Die Wälzlagerpraxis.* Verlag von R. Oldenbourg, 1953.

7.27 JÜRGENSMEIER, W.; BEZOLD, v.H.: *Gestaltung von Wälzlagerungen.* Konstruktionsbuch Nr. 4 der Reihe Konstruktionsbücher. Springer-Verlag, 1953.

7.28 ESCHMANN, P.: *Die Gebrauchsdauer der Wälzlager.* Publ. Nr. 40117 der Fa. FAG, Schweinfurt.

7.29 BURCKHARDT, M.: Zur Konstruktion und Berechnung raschlaufender Wälzlager. Zeitschrift *Konstruktion* 14 (1962), Heft 12, S. 469/479.

7.30 KORRENN, H.: Wälzlager bei höheren Drehzahlen und bei Anforderungen an Geräuscharmut. Zeitschrift *„TZ für praktische Metallbearbeitung"* 56 (1962), Heft 7, S. 392/399.

7.31 Fa. SKF: Richtlinien für Drehzahlgrenzen der Wälzlager. *Wälzlagertechnische Mitteilung* Nr. 20.

7.32 HALLIGER, L.: Abdichtung von Wälzlagern. Zeitschrift *„TZ für praktische Metallbearbeitung"* 60 (1966), Heft 4, S. 207/218.

7.33 FAG: Publ. Nr. 81103. Schmierung von Wälzlagern.

7.34 FAG: Publ. Nr. 80100 DB. Montage von Wälzlagern.

7.35 FAG: Publ. Nr. 00200 DA. Die Gestaltung von Wälzlagerungen.

7.36 PEKRUN, M.: Lagerungen in Kreiselpumpen. *VDI-Berichte,* Band 36 (1959).

7.37 SKF: Lagerungen senkrechter Elektromaschinen und Wasserturbinen. *Wälzlagertechnische Mitteilung* Nr. 16.

7.38 SKF: Finnische Kaplanrohrturbine mit SKF-Lagern. Die *Kugellager-Zeitschrift* Nr. 4/1959.

7.39 TIMKEN: TIMKEN-Kegelrollenlager in Pumpen und Verdichtern (Druckschrift).

7.40 SKF Druckschrift 3201 T: Lager für Pumpen und Verdichter.

7.41 SKF Druckschrift 3213 T: Lager für Ventilatoren.

7.42 SKF: Produktinformation 400, Schmierung von Wälzlagern.

7.43 DIN 31652/Teil 1 Hydrodynamische Radial-Gleitlager im stationären Betrieb, Berechnung von Kreiszylinderlagern.

7.44 DIN 31652/Teil 2 Hydrodynamische Radial-Gleitlager im stationären Betrieb, Funktionen für die Berechnung von Kreiszylinderlagern.

7.45 DIN 31652/Teil 3 Hydrodynamische Radial-Gleitlager im stationären Betrieb, Betriebsrichtwerte für die Berechnung von Kreiszylinderlagern.

7.46 DIN 31653/Teil 1 Hydrodynamische Axial-Gleitlager im stationären Betrieb, Berechnung von Axialsegmentlagern.

7.47 DIN 31653/Teil 2 Hydrodynamische Axial-Gleitlager im stationären Betrieb, Funktionen für die Berechnung von Axialsegmentlagern.

7.48 DIN 31653/Teil 3 Hydrodynamische Axial-Gleitlager im stationären Betrieb, Betriebsrichtwerte für die Berechnung von Axialsegmentlagern.

7.49 DIN 31654/Teil 1 Hydrodynamische Axial-Gleitlager im stationären Betrieb, Berechnung von Axial-Kippsegmentlagern.

7.50 DIN 31654/Teil 2 Hydrodynamische Axial-Gleitlager im stationären Betrieb, Funktionen für die Berechnung von Axial-Kippsegmentlagern.

7.51 DIN 31654/Teil 3 Hydrodynamische Axial-Gleitlager im stationären Betrieb, Betriebsrichtwerte für die Berechnung von Axial-Kippsegmentlagern.

7.52 DIN 31699 Gleitlager, Wellen-Bunde-Spurscheiben, Form- und Lagertoleranzen und Oberflächenrauheit.

7.53 DIN 31670/Teil 8 Gleitlager, Qualitätssicherung von Gleitlagern, Prüfung der Form- und Lageabweichungen und Oberflächenrauheit an Wellen, Bunden und Spurscheiben.

**Literatur zu Kapitel 8**

8.1 VDI 2240: Wellenkupplungen – Systematische Einteilung nach ihren Eigenschaften.

8.2 DIN 116: Scheibenkupplungen. Maße, Drehmomente, Drehzahlen.

8.3 SCHRÖDER, K.: *Große Dampfkraftwerke,* Dritter Band, Teil B. Die Kraftwerksausrüstung. Springer-Verlag, 1968.

8.4 BEITZ, W.; WOLLSCHINA, W.: Berechnung und Gestaltung von Starrkupplungen im Großmaschinenbau. Zeitschrift *Konstruktion* 16 (1964), Heft 4, S. 135/139.

8.5 DIN 740: Nachgiebige Wellenkupplungen. Blatt 1 Hauptmaße, Nenndrehmoment. Blatt 2 Begriffe, Auslegung.

8.6 SCHÖNBERG, W.: Auswahl und Auslegung elastischer Wellenkupplung. *VDI-Berichte* 299, Die Wellenkupplung als Systemelement. VDI-Verlag, 1977.

8.7 PEEKEN, H.; TROEDER, CH.: Auswirkungen des Wellenversatzes bei elastischen Kupplungen. *VDI-Berichte* 299.

8.8 FLEISS, R.; PAHL, G.: Radial- und Axialkräfte beim Betrieb von Zahnkupplungen. *VDI-Berichte* 299.

## Literatur zu Kapitel 9

9.1 DIETZ, H.: Stahlfundamente für Turbomaschinen. Merkblatt Nr. 146 der Beratungsstelle für Stahlverwendung/Düsseldorf.

9.2 DIETZ, H.: Zum Entwurf von Maschinenfundamenten. Zeitschrift *Brennstoff-Wärme-Kraft* 21 (1969), Heft 6, S. 317/321.

9.3 VOEGTLE, G.: Konstruktion und Berechnung von Maschinenfundamenten in Kraftwerken. *Brown Boveri Technik* Heft 7/1985, S. 336/342.

9.4 VOEGTLE, G.: Federfundamente für Turbosätze, *BBC-Nachrichten* Heft 12/1977, S. 522/526.

9.5 DIN 24259/Teil 1 Pumpen – Grundplatten für Maschinen – Maße.

9.6 DIN 24259/Teil 2 Pumpen – Grundplatten für Maschinen – Auswahlreihe für Kreiselpumpen nach DIN 24256 – Maße, Zuordnungen.

9.7 RUSCHKE, P.: Die Abstimmung ist entscheidend. *cav chemieanlagen + verfahren* (1987), Heft 9, S. 105/108.

9.8 KRÄMER, E.: Gemeinsame Schwingungsrechnung von Rotor und Fundament bei Turbomaschinen. *VDI-Berichte* Nr. 381 (1980), S. 121/127.

# Stichwortverzeichnis

## G



## H



## I



## K



## L



## M



## N



## P

## Q



## R



## S



## T

## U



## V



## W



## Z

Ideenmagazin für die moderne Technik

»techno tip« berichtet schnell und präzise über alle technischen Disziplinen.
Jeden Monat liefert Ihnen »techno tip« wertvolle, praxisnahe Informationen: aktuelle Produktberichte, die Ihnen Neu- und Weiterentwicklungen zeigen; praxisorientierte Problemlösungen zur Förderung der Technologieübertragung; interessante Fachbeiträge, die sich am Machbaren orientieren.

Überzeugen Sie sich!
Ihr kostenloses Probe-Exemplar liegt bereit beim
Vogel-Verlag KG
Leser-Service
Gaby Höfert
Postfach 67 40
8700 Würzburg

**VOGEL**Würzburg